V 16.97 .+7
9.o.1

HISTOIRE

DE LA

NAVIGATION INTÉRIEURE

DE LA FRANCE.

BRUXELLES,

A LA LIBRAIRIE PARISIENNE, FRANÇAISE ET ÉTRANGÈRE,

RUE DE LA MADELEINE, 438.

IMPRIMERIE DE H. FOURNIER,
RUE DE SEINE, N° 14.

HISTOIRE

DE LA

NAVIGATION INTÉRIEURE

DE LA FRANCE;

AVEC UNE EXPOSITION DES CANAUX A ENTREPRENDRE
POUR EN COMPLÉTER LE SYSTÈME;

PRÉCÉDÉE DE CONSIDÉRATIONS GÉNÉRALES SUR LA POSITION GÉOGRAPHIQUE DE CE ROYAUME, SUR LA DIRECTION DE SES FLEUVES ET RIVIÈRES, ET SUR SON COMMERCE EXTÉRIEUR ET INTÉRIEUR ; SUIVIE D'UN ESSAI SUR LES CAUSES QUI ONT RETARDÉ JUSQU'A CE JOUR L'ÉTABLISSEMENT DES CANAUX DANS CE PAYS, SUR LES MOYENS QUI PEUVENT EN FAVORISER L'EXÉCUTION, AINSI QUE SUR LES PRINCIPES DE LÉGISLATION ET D'ADMINISTRATION AUXQUELS ILS DOIVENT ÊTRE SOUMIS; ET ACCOMPAGNÉE D'UNE CARTE DES CANAUX EXÉCUTÉS ET DE CEUX A ENTREPRENDRE ;

DÉDIÉE AU ROI.

Par J°. DUTENS,

Inspecteur divisionnaire au corps royal des Ponts-et-Chaussées, chevalier de l'ordre royal de la Légion-d'Honneur, membre honoraire de la Société de physique et d'histoire naturelle de Genève, de la Société d'émulation de Rouen, et membre correspondant de la Société royale des sciences, belles-lettres et arts de Clermont-Ferrand, auteur des *Mémoires sur les travaux publics de l'Angleterre*, etc.

TOME PREMIER.

PARIS,

A. SAUTELET ET Cᵉ, LIBRAIRES, RUE RICHELIEU, N° 14.
ALEXANDRE MESNIER, LIBRAIRE, PLACE DE LA BOURSE.

M. DCCC. XXIX.

AU ROI.

SIRE,

De tout temps les Rois qui ont régné sur la France, et particulièrement les Rois de votre auguste race, ont fait de l'ouverture des canaux et du perfectionnement de la navigation intérieure, un des principaux objets de leur sollicitude.

Pénétrée, Sire, des mêmes vues, Votre Majesté a jugé que, si la Providence a doté le sol de la France de produits aussi variés, ses desseins cependant ne seraient pleinement accomplis que lorsque, par l'établissement multiplié de ces premières artères de la circulation, la totalité de vos sujets serait appelée à un partage plus égal de tous ses dons.

Cette pensée de Votre Majesté, qui fut commune à votre auguste frère, Louis XVIII, d'immortelle mémoire, a été embrassée avec autant d'empressement que de reconnaissance par la France entière. Sous la direction éclairée du magistrat auquel Votre Majesté a confié l'administration des Ponts-et-Chaussées, des compagnies n'ont pas tardé à fournir de nombreux exemples de ce qu'on peut attendre de l'esprit d'association, et bientôt neuf canaux à point de partage, destinés à unir entre eux cinq des principaux fleuves qui arrosent le vaste territoire de la France, et sept autres lignes de navigation, vont, sur une étendue de six cents lieues, procurer au commerce de nouveaux débouchés et de précieux moyens de communication.

Mais, Sire, ce n'était pas assez de ces grands travaux pour la gloire de votre règne, et, comme pour assurer le succès des nouvelles lignes de navigation qui allaient s'étendre sur la France, de toutes parts les conseils généraux des départemens, secondant avec le plus heureux accord les intentions de Votre Majesté, se sont empressés d'ouvrir une multitude de routes secondaires sans lesquelles ces mêmes lignes ne pourraient remplir qu'imparfaitement leur destination. D'un autre côté, par les soins de nouvelles compagnies particulières, des ponts se sont élevés ou s'élèvent journellement sur des fleuves que souvent on ne pouvait franchir sans de graves dangers, et là où des canaux ne pouvaient être creusés qu'avec des dépenses excessives, des chemins de fer vont présenter des débouchés aussi faciles qu'économiques aux riches mines d'un combustible sans le secours duquel l'industrie se trouverait souvent entravée ou arrêtée dans ses rapides progrès.

Aucun règne, SIRE, ne vit, par d'aussi importans travaux, s'ouvrir à la fois plus de sources de richesse, de puissance et de bonheur ! Combien, SIRE, cet ensemble de pensées, cette réunion de vues et d'efforts, qui ont déjà produit de si grands résultats, ont droit de plaire à VOTRE MAJESTÉ; et combien la protection qu'elle leur accorde, excite dans le cœur de tous vos sujets de reconnaissance pour vos bienfaits et d'amour pour votre auguste personne !

C'est au moment, SIRE, où se manifeste un élan aussi universel vers toutes les entreprises d'utilité publique, et où les spéculations semblent avoir plus particulièrement pour objet l'établissement des voies navigables, que, me bornant à la matière qui a fait plus spécialement le sujet de mes études, et qui offre déjà un champ si vaste aux méditations des hommes d'État, des administrateurs et des hommes de l'art, j'ai pensé qu'il pouvait être utile de retracer l'histoire des travaux exécutés jusqu'à ce jour pour établir les diverses lignes dont se compose aujourd'hui la navigation intérieure de la

France , et de signaler celles qu'il reste à faire pour en porter le système à son plus haut degré de perfection.

Puisse ce travail, SIRE, que vous avez daigné me permettre de publier sous vos augustes auspices , n'être pas sans quelque utilité pour le service de VOTRE MAJESTÉ ! Puisse-t-il faire naître quelques idées qui ne soient pas perdues pour la prospérité d'un pays qui vous devra son bonheur et pour le plus grand éclat d'un règne dont la reconnaissance publique transmettra d'âge en âge le glorieux souvenir !

Je suis, avec le plus profond respect,

SIRE,

DE VOTRE MAJESTÉ,

Le très-humble, très-obéissant serviteur
et fidèle sujet,

DUTENS.

PRÉFACE.

Une ère nouvelle s'ouvre pour la France : les forces industrielles et commerciales long-temps ralenties dans leurs progrès par une terrible révolution, et forcées ensuite de se replier sur elles-mêmes sous un gouvernement que la fausse position de son chef mettait en guerre avec tous les autres gouvernemens, ne tendent aujourd'hui qu'à prendre un nouvel essor sous les institutions protectrices de toutes les libertés que le peuple français devra à ses princes légitimes.

Mais si, dans cet élan si prompt et si subit de toutes les facultés productrices, l'industrie agricole et l'industrie manufacturière, stimulées par les besoins et les goûts d'une civilisation sans cesse croissante, et aidées dans leur action réciproque par les conceptions et les découvertes du génie des sciences et des arts, sont près d'atteindre, si elles ne les dépassent déjà, les demandes de la consommation, on ne peut toutefois disconvenir qu'elles se trouveraient bientôt arrêtées dans leur progrès si l'industrie commerciale, qui se charge de projeter leurs produits dans la circulation générale, moins heureuse qu'elles et privée des moyens qui lui sont propres, ne pouvait, en réduisant le surcroît de prix qu'elle leur ajoute, parvenir à mettre ces produits à la portée d'un plus grand nombre de consommateurs.

Or, ces moyens sont les routes et particulièrement les canaux qui permettent de réduire au moindre taux possible le prix des transports qui figure plus ou moins dans celui de toutes les marchandises.

Mais, il faut le dire, c'est relativement à l'établissement de ces dernières voies, réclamées avec tant d'instance par le commerce, que la

France est le plus en retard, et qu'il est dès-lors plus urgent d'éveiller l'attention du Gouvernement et de faire un appel aux efforts qui peuvent seuls les créer.

Chez les peuples anciens et sous le régime de l'esclavage, les Gouvernemens pouvaient exécuter en peu de temps ces grands ouvrages qui nous étonnent aujourd'hui, mais qui, cimentés par les sueurs et le sang d'une classe proscrite, attestent moins leur grandeur que leur état de barbarie.

Chez les nations modernes, sous l'empire de lois constitutionnelles et sous le régime des systèmes financiers qui en fondent et en règlent la puissance, les Gouvernemens, ne retirant des impôts que des produits toujours restreints dans de justes limites par la consommation volontaire qui en est la source principale, ne peuvent pourvoir aux dépenses de ces grandes créations qu'à l'aide des moyens que l'esprit d'association peut seul rendre utiles, en les réunissant et en les dirigeant vers un but déterminé.

Cet esprit d'association, résultat naturel et des lois politiques et du système financier qui régissent aujourd'hui la France, ne peut qu'y prendre de jour en jour de plus profondes racines, et devenir ainsi le plus puissant auxiliaire du Gouvernement.

C'est donc lorsque les besoins et les vœux du commerce se manifestent par des signes aussi certains, et que l'esprit d'association, unissant ses forces à celles du Gouvernement, paraît le plus disposé à satisfaire à ces besoins et à ces vœux, que j'ai cru convenable de présenter au Gouvernement, aux compagnies et à tous les Français un ouvrage dans lequel, après avoir constaté les travaux exécutés jusqu'à ce jour pour procurer au commerce les lignes de navigation intérieure dont il est en possession, j'essaierai de signaler celles qu'il reste à faire pour en compléter le système.

Si la France a plus qu'un autre État à désirer la multiplication des canaux à travers son riche territoire, ce n'est pas qu'elle ne soit peut-être le pays où l'on ait publié le plus d'écrits sur ce genre de communications. La découverte des écluses, qui devait opérer une si grande révolution dans le système de la navigation, ne fut pas plus tôt connue que dès-lors aucun canal ne semblant plus impossible, on vit paraître une foule de mémoires ou d'écrits qui avaient presque tous pour objet la jonction des deux mers. L'établissement du canal de Briare, celui du canal de Languedoc qui ne tarda pas à le suivre, ne firent qu'entretenir ce mouvement des esprits dont ces deux grandes lignes de navigation furent le premier résultat. Ne considérant que ceux de ces écrits qui parurent à une époque moins éloignée de nous, et sans parler d'une thèse qui, à l'occasion d'un prix proposé par l'Académie des Inscriptions et Belles-Lettres de Paris, fut soutenue à Strasbourg, le 6 novembre 1770, sur le même sujet, par J. L. Ritter et J. C. Rœderer, sous la présidence de Jérémie-Jacques Oberlin (1), de plusieurs mémoires d'Allemand qui parurent en 1779, des ouvrages de Bellidor et de Perronnet qui rendirent de si grands services à la science de l'ingénieur, on doit dire qu'on trouve dans les ouvrages de Linguet, et surtout dans ceux de Defer de la Noerre sur les canaux, plusieurs vues administratives au succès desquelles il ne manqua que de paraître dans un temps où l'on eût eu une connaissance plus exacte de l'économie politique.

A la tête de ces derniers écrits, qui, ne traitant la plupart que de quelques points de théorie ou n'ayant pour objet que quelques canaux particuliers, n'ont présenté que rarement, et toujours d'une manière incomplète, le système général de la navigation de la France, on doit sans doute, et sans aucune comparaison, placer l'ouvrage de De Lalande, mine abondante et inépuisable de documens utiles, recueillis avec autant de bonne foi que sagement présentés, mais qui, publié depuis un demi-siècle, laisse beaucoup à désirer aujourd'hui, et qui,

─────────────

(1) Cette thèse, intitulée : *Prisca jungendorum marium fluviorumque molimina*, fut augmentée par Oberlin, et forma un ouvrage plus considérable imprimé à Strasbourg, en 1775, sous ce titre : *Jungendorum marium fluviorumque omnis ævi molimina.*

faute de méthode, n'offre que des faits isolés, difficiles à retenir et
incapables de former cet ensemble si utile à la mémoire, et que l'administrateur, ou tout autre lecteur, eût désiré y trouver. On dirait
que De Lalande, en commençant cet ouvrage, n'avait eu d'abord en
vue que d'écrire l'histoire du canal de Languedoc, mais qu'ensuite, entraîné par l'abondance d'une matière qui ne pouvait être sans attrait
pour un esprit aussi animé de l'amour du bien public, il avait successivement ajouté à cette première partie de son travail l'histoire des autres
canaux qui avaient été exécutés ou qu'on s'était proposé d'établir.

A la vérité, depuis le livre de De Lalande, plusieurs ouvrages, riches
de toutes les découvertes de la théorie et de l'expérience, ont été publiés
sur la construction des canaux; toutefois on ne peut nier qu'il n'existe encore aujourd'hui, dans l'histoire de cette partie du service public, une
lacune qu'il est à souhaiter de faire disparaître. Si l'on ne peut passer
sous silence le rapport fait, le 24 fructidor an III, à la Convention, par
ses comités d'agriculture et arts et des travaux publics, et qui témoigne
d'une étendue de vues très-remarquable; si l'art n'a pu que gagner à
la publication de l'histoire du canal de Languedoc, par le général An-
dréossy, à celle des Mémoires de M. Gauthey, inspecteur-général des
Ponts-et-Chaussées, mis au jour et enrichis de notes précieuses par
M. Navier, aussi habile géomètre que bon écrivain, et à celle des écrits de
M. le baron de Prony et de M. Girard, dans lesquels ces savans ingénieurs
ont déployé les hautes connaissances et la précision qui caractérisent toutes
leurs productions; enfin, si l'on ne peut que donner les plus grands
éloges à l'ouvrage de M. Huerne de Pommeuse, qui, plus qu'un autre,
satisfait aux conditions que je me suis proposé de remplir, mais dans
lequel n'ont pu être comprises plusieurs lignes qui doivent concourir à
former un système complet de navigation intérieure; et si, dans un ouvrage posthume de M. Brisson, on ne peut qu'admirer la rare sagacité
avec laquelle, encadrant les lignes de navigation aujourd'hui existantes
dans le tableau du nouveau système qu'il propose, cet ingénieur a su,
à la seule inspection des cartes, calculer, avec un grand degré de pro-

babilité, la possibilité des canaux qui doivent le composer, on ne peut néanmoins, tout en reconnaissant le mérite de ces divers ouvrages, disconvenir que, sous le rapport historique, ils ne laissent subsister en entier la lacune que l'on remarque dans la série des faits et des différentes circonstances qui ont accompagné la création des divers canaux dont nous sommes aujourd'hui en possession.

Or, c'est particulièrement à remplir cette lacune qu'est destiné l'ouvrage que je présente en ce moment au public.

Ce fut aussi dans cette vue que M. le directeur-général des Ponts-et-Chaussées, qui avait reconnu que l'instant était arrivé de diriger vers la création des canaux cette heureuse disposition que manifestaient tous les esprits en faveur des entreprises d'utilité publique, et de profiter de cet heureux élan pour achever plusieurs canaux qui étaient depuis long-temps commencés, m'invita à m'occuper pour la France d'un travail semblable à celui que je venais de publier sur la navigation de l'Angleterre.

Mais, pour m'acquitter convenablement de cette tâche, je crus devoir adopter une marche différente de celle qu'avait suivie De Lalande, et qui, en donnant à mon travail plus de simplicité, lui donnerait par cela même, si j'ose m'exprimer ainsi, plus de grandeur.

Il ne fallait pour cela que voir les faits et se défendre de tout esprit de système.

Considérant donc d'abord sous un aspect général la position géographique de la France, suivant de l'œil les chaînes de montagnes qui se projettent à sa surface, les bassins qui les séparent et les fleuves qui, après avoir sillonné le fond de ces bassins, arrivent aux deux mers qui enceignent au midi et à l'ouest son vaste territoire, je reconnais, en l'admirant, tout ce que la nature a prodigué à ce beau pays pour faire jouir ses habitans des avantages d'un commerce extérieur qui n'aspire qu'à s'étendre, et d'un commerce intérieur qui de jour en jour ne peut devenir que plus actif.

Ramenant bientôt mes regards plus près de moi, et me restreignant au rôle d'historien et d'ingénieur, après avoir suivi et constaté, dans une reconnaissance détaillée, le cours particulier de chacune des rivières dont se compose la navigation naturelle de la France, et les services qu'elles rendent au commerce dans leur état actuel, je retrouve les premières traces des travaux entrepris pour établir les premières lignes dont va se former la navigation artificielle, et je vois qu'il n'est aucune de ces premières lignes à l'ouverture de laquelle n'ait présidé cette idée à la fois si simple et si grande, celle de la jonction des deux mers entre lesquelles s'interpose, sur plus de la moitié de son périmètre, le vaste territoire de la France.

C'est en effet d'après cette idée, donnée par la position géographique et la situation respective des bassins qui se partagent ce royaume, et indiquée par les premiers besoins du commerce qui ne cherchait qu'à s'étendre à l'extérieur, que, sur ma proposition et après avoir pris l'opinion de plusieurs inspecteurs-généraux et divisionnaires, M. le directeur-général des Ponts-et-Chaussées se décida à présenter, dans son rapport au Roi, du 4 août 1820, le tableau des différentes lignes dont se compose l'ensemble de la navigation intérieure de la France, lui donnant la préférence sur un autre projet qui lui avait été proposé et suivant lequel toutes ces lignes, se dirigeant comme d'un centre vers la circonférence, fussent parties de Paris pour se rendre aux différens points des frontières.

Cette dernière co-ordination des lignes navigables, toute systématique, toute arbitraire, et uniquement imaginée à l'instar de celle des grandes routes pour la facilité des bureaux de l'administration, m'a paru autant en opposition avec les faits physiques qu'avec les faits moraux, avec les réalités géologiques et hydrographiques qu'avec les exigences commerciales et avec l'histoire des vues et des travaux qui ont occupé à la fois le Gouvernement et les particuliers pendant plusieurs siècles.

Les canaux, en se liant aux fleuves et aux rivières, et en se combinant avec certaines dispositions des montagnes, ne forment en quelque sorte qu'une extension du système hydrographique et géologique d'un pays:

les séparer de ces grands phénomènes de la nature pour en rattacher la nomenclature à des villes qui ne sont venues qu'après tant de siècles se former sur les bords de ces grands cours d'eau, c'est, en le dénaturant, en rapetisser l'objet, destinés qu'ils sont à vivifier non-seulement quelques cités, mais encore de vastes provinces; c'est méconnaître les besoins généraux du commerce; c'est enfin trahir l'histoire en effaçant tous les souvenirs, et en brisant tous les liens qui, dans cette partie de l'administration publique, unissent le passé avec le présent. L'histoire générale des peuples ne comprend-elle donc pas l'histoire particulière de chaque élément de leur existence sociale? Chaque nation n'a-t-elle donc pas l'histoire de ses lois, celle de ses mœurs, de ses arts, de son agriculture? Pourquoi n'aurait-elle pas celle de sa navigation comme elle aurait celle de son industrie et de son commerce?

Gardons-nous de céder à cette tendance de quelques esprits, qui, rejetant dans un commun oubli toutes les institutions, tous les travaux, toutes les gloires et tous les souvenirs du passé, eussent voulu voir s'élever, en quelque sorte comme d'un sol encore vierge, tout l'édifice social.

Les idées heureusement ont pris aujourd'hui une tout autre direction : à ce dédain superbe pour toutes les existences passées a succédé une philosophie plus douce et plus humaine, qui se plaît, avec une remarquable ardeur, à interroger nos archives nationales et les monumens des siècles qui nous ont précédés, et cherche, dans ses études archéologiques et même dans ses investigations littéraires, à renouer la chaîne des temps.

Lors donc que je n'eusse pas eu pour objet, dans cet ouvrage, de présenter l'histoire complète de ce qui a eu lieu pour l'établissement des lignes qui forment le système de la navigation intérieure de la France, et que je n'eusse eu en vue que d'en offrir un simple tableau, je n'eusse eu garde de les subordonner à une nomenclature qui aurait tendu à faire disparaître les souvenirs de faits qui sont encore dans la mémoire de tous les Français; et, comme depuis Strabon, que nous aurons occasion de citer, jusqu'à ce moment où l'on exécute les canaux de Monsieur et

de Bourgogne, il n'a pas été ouvert un seul canal à point de partage qui
n'ait eu, comme ceux-ci, pour but d'effectuer ou de perfectionner la
jonction des deux grands versans qui divisent la France, ce sera cette
idée-mère, de laquelle on voit naître successivement le système de la
navigation intérieure de la France, qui me fournira l'ordre que je sui-
vrai dans l'histoire si compliquée des différens canaux dont il se compose.

Ainsi donc, de même que ce système consiste principalement en six
grandes lignes qui se forment elles-mêmes de plusieurs canaux, et qui,
ayant toutes, soit immédiatement, soit au moyen du Rhône, leur
origine dans la Méditerranée, viennent, en traversant la France dans
des sens différens, aboutir à l'Océan par une ou plusieurs branches, de
même la partie de cet ouvrage consacrée à la description de la navigation artificielle actuelle de ce royaume, se trouve partagée en six divisions principales, qui se subdivisent ensuite quelquefois en plusieurs
articles.

Par la même raison, ces six premières lignes, donnant naissance à
des ramifications d'un ordre inférieur, au premier rang desquelles se font
remarquer celles qui tendent vers Paris, de même aussi, à la suite des
six divisions principales et après le paragraphe dans lequel figurent les
lignes qui servent plus particulièrement à l'approvisionnement de cette
capitale, viennent se placer les titres sous lesquels sont rangés les canaux
secondaires.

Cette première partie de l'ouvrage, qui comprend, avec la description des fleuves et rivières navigables, l'histoire de la navigation artificielle, et dans laquelle, en ne donnant toutefois aux articles des canaux
sur lesquels nous possédons déjà de nombreux écrits que l'extension
indispensable, je rappellerai les différentes discussions auxquelles a
donné lieu leur exécution, tant sous le rapport administratif que sous
celui de l'art, sera l'objet du premier volume.

Dans le second volume, recherchant, sous la forme d'un essai qui lui
sert d'introduction, quelle est la masse totale des produits du sol et de
l'industrie de la France, quelle est celle versée par le commerce dans

la circulation, et enfin quelle est la portion de cette dernière masse, qui, aujourd'hui transportée par terre, serait susceptible de prendre voie par eau dans l'hypothèse d'un système complet de canalisation, je déduis, à raison de son parcours moyen que je détermine, le produit du droit de navigation qui résulterait du mouvement des diverses marchandises dont elle se compose, et, par suite, l'étendue des canaux que mettrait à même d'ouvrir le capital correspondant au produit annuel résultant de ce droit.

Cette donnée une fois acquise, et sans ajouter toutefois aux calculs qui l'ont procurée d'autre confiance que celle due à ce genre de supputations fondées cependant sur les probabilités les plus plausibles, je trace, en suivant le même ordre que dans l'histoire des lignes déjà existantes, le tableau des nouveaux canaux à entreprendre pour donner au système actuel de la navigation intérieure toute l'extension que réclament les besoins du commerce, et dont la plupart ont été l'objet d'études approfondies.

Enfin, près d'arriver au terme de ma tâche, je n'aurais pas cru l'avoir entièrement remplie si je n'avais fait suivre cette dernière partie de mon ouvrage de considérations sur la législation à laquelle doivent être soumises ces lignes de navigation.

Dans ces considérations, rédigées dans un but purement adminis-tratif, je m'attache à examiner par qui doivent être exécutés les canaux, et quels sont ceux qui peuvent être exécutés par le Gouvernement à défaut de concessions particulières; après avoir recherché quelles sont les circonstances les plus favorables au développement de l'esprit d'as-sociation, je traite des différens modes de concession, du droit de navigation, de son équité, de ses limites, de son influence sur le prix général des transports, et de sa liaison avec le droit de passé sur les routes. Enfin, je termine en examinant quel droit d'intervention et quelle part de surveillance le Gouvernement et l'administration doivent exer-cer sur les canaux au moment de leur approbation, et pendant et après leur exécution.

TOM. I.

c

Tel est le plan que j'ai suivi dans cet ouvrage commencé il y a plus de huit années, interrompu pendant long-temps, et que je n'ai pu reprendre et conduire à sa fin sans avoir de nombreuses obligations à plusieurs ingénieurs et à différentes personnes qui ont écrit sur la même matière ou s'en sont occupées. Parmi les premiers, il en est plusieurs dont je n'ai point donné les noms dans le cours de cet écrit et qui n'en ont pas moins des droits à mes remerciemens; je ne puis oublier l'obligeance de MM. Fèvre, ingénieur en chef-directeur du canal du Nivernais; Bonnetat, ingénieur en chef au canal de Bourgogne; Vigoureux et Lejeune, ingénieurs en chef au canal latéral à la Loire; Vauvilliers, Auniet et Dutens le jeune, ingénieurs en chef au canal du Duc de Berri, et dont le dernier m'a secondé avec tant de zèle dans les opérations relatives à la rédaction des projets de ce canal; enfin M. Legrand, ingénieur en chef, aujourd'hui secrétaire du conseil général des Ponts-et-Chaussées. Parmi les secondes, je dois citer avec reconnaissance M. Dubrena, chef du bureau des plans de la direction générale des Ponts-et-Chaussées, qui a bien voulu donner ses soins à la composition de la carte jointe à cet ouvrage; et enfin je ne puis que me louer de la complaisance de M. Ravinet, sous-chef du premier bureau de la division de la navigation de la même direction, à qui je dois de nombreux renseignemens, et dont le *Dictionnaire hydrographique de la France*, le premier dans lequel on trouve la nomenclature des rivières navigables et des canaux, m'a été souvent de la plus grande utilité.

INTRODUCTION.

IL est peu de nations en Europe qui, dans l'état actuel de la civilisation, ne jouissent plus ou moins des avantages du commerce intérieur et extérieur; mais chez chacune de ces nations ces deux genres de commerce présentent un aspect très-différent.

Là où les produits sont peu variés et semblables dans les diverses parties d'un même territoire, comme chez les peuples du nord, et là où ils sont très-variés, mais de même nature dans chaque canton, comme chez les peuples du midi, ces causes très-différentes produisent néanmoins les mêmes effets; dans ces deux cas, le commerce intérieur n'y est susceptible que de peu d'activité. D'un autre côté, chez les premiers peuples, le sol n'offrant que peu de produits différens, le commerce extérieur, pour suppléer à leur insuffisance, y prend nécessairement une grande extension; tandis que chez les derniers, tous les désirs étant satisfaits, le besoin d'échanges avec les nations lointaines s'y fait moins ressentir.

En Angleterre, en Pologne et en Russie, dans le nord; en Espagne et en Italie, dans le midi; les produits du sol de chacun de ces États sont pour ainsi dire homogènes. Là, le commerce intérieur n'est susceptible que d'un faible développement. Par exception, la chaux et le charbon de terre sont les

principaux objets d'échanges entre le nord et le midi de l'Angleterre, dont le territoire se trouve divisé en deux natures
de sol très-distinctes : du reste, chaque canton possédant à
peu de chose près les mêmes productions n'a que peu d'é-
changes à faire avec les cantons voisins. La Pologne ne peut
avoir non plus qu'un commerce intérieur très-borné ; son
commerce extérieur peut seul exiger de longs transports du
centre, ou des parties opposées, aux points où elle embarque les
blés qu'elle vient échanger contre les vins et les autres productions du midi qu'elle importe. La Russie, si l'on excepte
les fourrures de ses provinces boréales, dont on ressent encore
le besoin dans ses provinces du midi, montrant partout les
mêmes cultures et les mêmes céréales, ne doit étendre son
commerce intérieur qu'à d'assez faibles distances malgré
l'immensité de son territoire. Enfin, l'Espagne et l'Italie,
dans leurs produits si divers, offrent le même phénomène par
une raison tout-à-fait contraire : sous ces climats heureux,
toutes les provinces, également favorisées par la nature,
peuvent se passer les unes des autres, et même, si elles le
voulaient, et si leur industrie répondait à leur position, de
toutes les autres parties du monde.

Il n'en est pas de même de la France : placée par sa position géographique sous des climats différens, ses produits sont
très-divers ; et de cette diversité de ses produits et de l'étendue de son territoire, résulte un besoin d'échanges qui se fait
sentir intérieurement à de grandes distances. Ses provinces
du nord et une grande partie de celles de l'est et surtout
de l'ouest, ne produisent que des grains et des fourrages,

tandis que celles du midi recueillent principalement les vins, les fruits et les huiles. L'échange de ces productions d'une nature différente nécessite donc des transports entre des points très-éloignés les uns des autres, et exige par conséquent une circulation intérieure très-active; enfin, d'un autre côté, quelque riche qu'elle soit de cette variété, la France, qui diffère sous ce rapport des États du midi, ne pourrait cependant se passer, au même point que l'Espagne et l'Italie, des produits que peut seul lui procurer le commerce extérieur.

Mais si, par la direction de ses fleuves et de ses nombreuses rivières, qui se prêtent d'une manière si favorable à l'établissement du système de navigation le plus parfait, la France possède déjà jusqu'à un certain point et peut réunir un jour au plus haut degré tous les moyens de satisfaire aux besoins sans cesse croissans de son commerce intérieur, ce même système de navigation lui présente encore les plus remarquables facilités non-seulement pour se procurer, par le commerce extérieur et en échange des produits qui ne sont propres qu'à son territoire, le petit nombre de ceux que la nature lui a refusés, mais même, si elle le veut, pour en répandre autour d'elle le bienfait par le commerce de transit dont son heureuse position au milieu des différentes nations qui l'avoisinent la met à même de recueillir les précieux avantages.

C'est cet ensemble de faits, c'est ce concours de circonstances qui distinguent si éminemment la France des autres nations, que nous paraissent devoir présenter sous leur véritable jour les considérations préliminaires auxquelles nou allons nous livrer un moment sur la position géographique de ce grand État, sur la disposition respective de ses fleuves et de ses rivières navigables, sur son commerce extérieur et intérieur, sur l'état actuel de sa navigation, et sur quelques principes qui paraissent lui être applicables.

De la position géographique de la France, et de sa division par bassins.

Si l'on observe la carte, on voit que la France, placée entre 42° 20' et 51° 5' de latitude, baignée au nord et à l'ouest par l'Océan sur une longueur de côtes de 370 lieues, et au sud par la Méditerranée sur un littoral de 120 lieues d'étendue, s'appuie au midi sur les Pyrénées, à l'est sur les Hautes-Alpes, le Jura et les Vosges, et est bornée, partie à l'est par le cours du Rhin, et au nord par la Bavière rhénane, la province prussienne du bas Rhin, et le royaume des Pays-Bas.

Ce royaume, dans sa forme hexagone, s'étend sur une superficie de 27,000 lieues carrées, ou 5,340 myriamètres carrés ; et sa population, non compris celle de la Corse, qui, en 1827, était de 185,079 habitans, s'élevait, à la même époque, à 31,666,466 habitans.

Ainsi que les grands États de l'Europe, la France est traversée par la ligne de faîte qui, partant des monts élevés de Chemokonski, situés entre les sources du Volga et de la Dwina, et se prolongeant jusqu'à l'extrémité sud de l'Espagne, divise en deux versans généraux, l'un au nord-ouest, et l'autre au sud-est, les territoires de cette partie du monde.

Cette grande dorsale européenne, entrant en France par 47° 30', s'élève d'abord au nord avec le Jura, et, après avoir projeté dans la même direction la courte mais forte branche des Vosges, s'avance ensuite vers l'ouest avec les monts Faucilles, d'où, se retournant ensuite brusquement au sud, elle va, par le plateau de Langres, la Côte-d'Or, la longue chaîne des Cévennes, continuer à l'ouest, en s'y réunissant, les Pyrénées centrales et occidentales, et entrer en Espagne aux sources de l'Heure-Peleca et de l'Agra.

L'espace compris entre les Cévennes et les Alpes Graïes et Cottiennes forme le bassin du Rhône qui, descendant des hauteurs du mont St.-Gothard, traversant le lac de Genève, et forçant le passage entre les Alpes et le Jura, se retourne de l'est à l'ouest pour recevoir l'Ain, et, à la vue de Lyon, la Saône, et qui, reprenant ensuite de nouveau sa direction du nord au midi, et après avoir reçu l'Isère, la Drôme, le Roubion, l'Ardèche, la Cèze, et, sous les murs d'Avignon, la fougueuse Durance, vient, après un cours de 120 lieues, se perdre, par sa double embouchure, dans la Méditerranée.

Le bassin du Rhône, qui s'agrandit encore, pour ainsi dire, à l'est du bassin côtier du Var, que forment à leur point de rencontre les Alpes Cottiennes et les Apennins, et à l'ouest du bassin de l'Aude et de l'Hérault, et de celui de la Gly et du Tet, que voit naître de ses flancs la chaîne des Cévennes avant de se réunir aux Pyrénées, est à peu près entièrement compris dans le territoire français, et forme avec ces bassins secondaires le versant total de la Méditerranée.

Revenant sur nos pas, nous retrouvons cette première branche que la dorsale, avant de se retourner vers le sud, pousse à droite vers le nord, et qui, sous le nom de Vosges, en formant à l'ouest la partie du bassin du Rhin qui se trouve sur la France, vient se terminer, en forme de cap, au point où ce fleuve, après avoir borné le territoire français depuis Huningue jusqu'au-dessus de Lauterbourg et avoir reçu de ce côté la rivière d'Ill, se retourne vers l'ouest bien au-dessus des limites de ce royaume pour venir se perdre dans la mer du Nord.

Nous portant vers la gauche, et indépendamment de cette première branche, nous voyons les monts Faucilles, ce grand chaînon de la dorsale, pousser encore, comme d'un large tronc, trois branches principales dont la première, se prolongeant du sud-est au nord-ouest, par les monts de la Moselle, ouvre, en s'inclinant à gauche, une vallée spacieuse qui recevrait le nom de bassin si cette dénomination n'était spécialement affectée, dans notre système, à ces grandes dépressions du sol où coulent les fleuves qui se rendent à la mer, et du fond de laquelle surgit la Moselle, qui, portant la vie, sur la moitié de son cours irrégulier, dans trois des plus riches départemens de la France, va se jeter dans le Rhin, sous les murs de Coblentz, après un développement total de plus de quatre-vingts lieues.

A l'ouest de cette première branche des monts Faucilles, une seconde branche qui, sous les noms de monts d'Argonne et d'Ardennes occidentales, la suit parallèlement jusqu'aux limites du territoire français, ne s'en éloigne que d'environ une lieue et demie pour livrer un étroit bassin à la Meuse qui, prenant sa source dans les monts Faucilles, reçoit, après un cours de cent lieues sur la France, et au-delà de ses frontières, les eaux de la Sambre, et vient se jeter dans la mer à peu de distance des plages où se perd le Rhin.

La même branche, s'écartant ensuite brusquement de la première et se dirigeant du sud à l'ouest jusqu'aux sources de la Sambre, ouvre, à cette hauteur, par une triple ramification, au nord le bassin de l'Escaut qui coule du sud au nord sur vingt lieues de longueur, et le bassin de l'Aa, qui n'est séparé du précédent que par un léger rameau; au midi celui de la Somme qui, après un cours de cinquante lieues, va se jeter dans la mer au-dessous de St.-Valery; et enfin enceint au nord, par sa longue projection, le vaste bassin de la Seine qui, prenant sa source en Bourgogne, près du village de Chanceaux, se dirige d'abord du sud au nord et ensuite de l'est à l'ouest, reçoit à droite la rivière d'Aube près de Marcilly, à gauche celle d'Yonne à Montereau, puis, à droite, la Marne, à peu de distance au-dessus de Paris, et au-dessous, encore à droite, l'Oise, à Conflans-Ste.-Honorine, enfin, à gauche, l'Eure, aux Damps, près de Pont-de-l'Arche, et vient se rendre dans l'Océan au Hâvre, après un cours total de cent soixante lieues.

Du plateau de Langres, prolongement méridional des monts Faucilles, s'élève, entre les sources de l'Armançon et de l'Ouche, la troisième branche, qui, après s'être infléchie d'abord vers le sud-ouest, se dirige ensuite du sud-est au nord-ouest, sur cent lieues de longueur, par les monts du Morvan; le

Tom. J.

d

plateau d'Orléans et les montagnes de Normandie et d'Arrée,
jusqu'au-dessus des sources de la Sarthe et de la Rille, et,
après avoir projeté, en s'épanouissant, six rameaux, au nord
jusqu'à Honfleur, au nord-ouest jusqu'à la pointe de la Hou-
gue, à l'ouest d'une part jusqu'au Conquet, et de l'autre,
jusqu'à la pointe du Raz, et au midi, d'abord jusqu'à Sar-
zeau et ensuite jusqu'à St.-Nazaire, se termine en donnant
naissance aux six bassins côtiers de l'Orne, de la Selune, de
la Rance, de l'Aulne, du Blavet et de la Vilaine; enfin, cette
même branche, en fermant sur sa longue étendue le bassin de
la Seine, borne au nord celui de la Loire, ce grand fleuve
qui, prenant sa source dans les montagnes du Vivarais, appendice des Cévennes, au mont Gerbier, près Ste.-Eulalie,
reçoit successivement à gauche les rivières de l'Allier, du
Cher, de l'Indre, de la Vienne et de la Thouet, prend à droite
la Mayenne, ensuite à gauche le Layon et la Sèvre-Nantaise,
enfin à droite l'Erdre, et, après un cours de deux cent vingt
lieues, va porter à la mer le tribut de ses rapides ondes, entre
Paimbœuf et St.-Nazaire, à douze lieues au-dessous de
Nantes.

Toujours à l'est, mais plus au midi des monts élevés de
l'Auvergne qui ne se lient aux Cévennes, ce long chaînon de
la dorsale, que par la montagne de la Margeride, près des
sources de l'Allier, se projette du Mont-d'Or une branche qui,
se prolongeant par les montagnes du Limousin, le mont Jar-
gean et le plateau de Gatine, borne, dans son développement,
par son versant septentrional le bassin de la Loire, et par son
versant méridional celui de la Garonne, puis se divise aux

sources de la Tardoire, affluent de la Charente, en deux rameaux extrêmes pour ouvrir le bassin côtier de la Charente.

Cette rivière qui, de Cheronnac, sur les confins de l'Angoumois, à trois lieues nord-ouest de Rochechouart, se
développe, dans son cours sinueux, sur quatre-vingts
lieues de longueur, se jette dans la mer à quelques lieues
au-dessous de Rochefort, après s'être grossie des eaux de la
Boutonne.

Enfin, tout-à-fait au midi, les derniers chaînons de la dorsale, qui se composent, sous le nom de Cévennes, des montagnes du Vivarais, du Gévaudan, des Garrigues, de celles de
l'Orb, des monts d'Espinouse, des montagnes Noires et du
coteau de St.-Félix, en se réunissant aux Pyrénées centrales,
ferment, par leurs parois du nord, le large bassin de la Garonne
qui, divisé un moment à son origine par la courte branche
qui, partant du plomb du Cantal, sépare les sources de la Dordogne et du Lot, n'est plus resserré à l'ouest à son extrémité
que par le faible rameau qui, s'élevant des Pyrénées, entre
les sources de la Garonne et celles de l'Adour, non loin du
Pic du midi, forme, au-dessous des sources de l'Estampon
et du Ciron, par sa bifurcation, au nord le bassin côtier
du Leyre et des côtes des Landes, et au midi celui de
l'Adour.

Plusieurs rivières importantes sillonnent par leur cours
rapide le bassin de la Garonne : la Dordogne, entre autres,
par son développement de près de cent lieues, pourrait le
disputer à plusieurs fleuves si, tributaire de la Garonne à laquelle elle se joint au bec d'Ambès, elle ne laissait l'honneur

de ce nom à ce beau fleuve qui, prenant sa source au pied des Pyrénées, s'enrichit, sur son cours de cent quarante lieues, à droite, des eaux du Salat, de l'Ariège, du Tarn et de l'Aveyron; à gauche, du Gers et de la Baysc; et encore à droite, du Lot, et, au-dessous de Bordeaux, de la Dordogne elle-même, où, changeant alors son nom en celui de Gironde, elle va enfin se rendre à la mer non loin des rochers sur lesquels s'élève la tour de Cordouan.

Descendant ensuite vers le midi, on trouve le Leyre qui prend sa source près de Tauriot, et va se perdre, après un cours de dix-huit lieues, dans le bassin d'Arcachon; et enfin plus au midi encore, à une lieue au-dessous de la ville de Bayonne, l'embouchure de l'Adour qui, prenant sa source dans les Pyrénées, au Pic du midi, se grossit, dans son cours de cinquante lieues de longueur, à droite des eaux de la Midouze, et à gauche, de celles du Gave-de-Pau, de la Bidouze et de la Nive.

Telle est la constitution physique et la disposition des différentes chaînes de montagnes qui divisent la France en plusieurs bassins dans lesquels coulent autant de fleuves et une multitude de rivières qui fécondent les diverses contrées de ce grand pays et offrent dans tous les sens à l'agriculture, à l'industrie et au commerce des moyens aussi variés qu'étendus de production, de fabrication et de transport.

Ces bassins, au nombre de vingt-un, se divisent en six grands bassins, où coulent les six principaux fleuves qui arrosent la France : le Rhin, la Meuse, la Seine, la Loire, la Garonne et le Rhône ; et quinze petits bassins desquels surgissent les quinze fleuves de l'Escaut, de l'Aa, de la Somme, de l'Orne, de la Selune, de la Rance, de l'Aulne, du Blavet, de la Vilaine, de la Charente, du Leyre, de l'Adour, de la Gly, de l'Hérault et du Var.

Des six grands fleuves, trois, la Seine, la Loire et la Garonne; et des quinze autres petits fleuves, trois également, la Somme, la Charente et l'Adour, coulent, sur la plus grande longueur de leur cours, de l'est à l'ouest; un seul grand fleuve, le Rhône, et deux petits, la Vilaine et l'Hérault, coulent du nord au midi; et enfin deux des grands fleuves, le Rhin et la Meuse, et quatre autres petits fleuves, l'Escaut, l'Orne, la Vire et la Selune, coulent dans une direction contraire, du midi au nord.

Ces deux directions principales et perpendiculaires l'une à l'autre des six premiers et des neuf derniers fleuves, leur font jouer un rôle tout différent dans les services qu'ils sont susceptibles de rendre aux deux principales directions des mouvemens du commerce extérieur et du commerce intérieur.

En effet, il est à remarquer que ceux des fleuves qui se dirigent de l'est à l'ouest, exportant de l'intérieur aux ports, et important des ports vers le centre les différents objets d'échanges, se trouvent particulièrement destinés au service du commerce extérieur, tandis que les autres fleuves qui se dirigent du midi au nord ou du nord au midi, se trouvant avoir leur cours dans le sens le plus ordinaire des mouvemens du commerce intérieur, semblent devoir plus spécialement servir aux transports auxquels il donne lieu et pouvoir se lier aux lignes de navigation dont il réclame le secours.

C'est ce que l'examen des deux directions qui sont particulières à ces deux espèces de commerce nous fera apercevoir
plus distinctement.

Du commerce extérieur de la France.

Les nations méditerranées ne font de commerce extérieur
qu'avec les nations qui leur sont voisines, ou, seulement par
leur intermédiaire, avec les nations lointaines : elles sont de
plus dans l'impuissance de fonder des colonies, et si, à des
époques très-éloignées les unes des autres, quelque partie de
leur population vient à s'écouler au dehors, ces émigrations,
produites par la misère des temps et le plus souvent par
de grandes calamités publiques, ne font que détacher de la
mère-patrie quelques malheureux enfans qui bientôt n'ont
plus de relations avec la métropole.

La France au contraire, possédant un immense littoral sur
l'Océan et sur la Méditerrarée, fut une des premières nations
que leur position appela à commercer avec les autres peuples.
Déjà, sous les Romains, la Gaule, qui avait vu long-temps
avant s'élever l'antique Marseille, vit se former les ports
d'Arles, de Narbonne, de Bordeaux et plusieurs autres. Indépendamment des grandes et magnifiques voies de terre dont
les débris nous causent encore de l'étonnement, les deux
grands fleuves du midi, le Rhône et la Garonne, présentaient des moyens de débouchés naturels qui ne pouvaient
que favoriser l'extension du commerce. Dès ce temps, on vit

s'établir, sur toutes les rivières navigables, des compagnies et corporations de marchands qui, à l'aide de grands privilèges et sous le nom général de *Nautes*, se chargèrent des transports qui s'effectuaient sur ces rivières.

A la vérité, ce premier période de prospérité fut de courte durée; bientôt après, les Francs, et, à leur suite, d'autres barbares ayant envahi la Gaule, aux sages réglemens d'un peuple déjà avancé dans la civilisation succédèrent tous les genres de vexations que put suggérer aux nouveaux conquérans une insatiable cupidité. Un bateau qui arrivait à une ville était assujetti à une foule de droits de navigation dont la totalité excédait souvent la valeur des chargemens. Toute industrie, tout commerce devait s'anéantir sous un tel régime.

Au septième siècle, on vit renaître pendant quelque temps le commerce qui prit sa direction naturelle du midi au nord. Malheureusement cette lueur de prospérité ne fut que passagère; elle disparut pour ne renaître qu'un instant sous Charlemagne.

Tel est l'ascendant des grands caractères, qu'à l'exemple de ce monarque tous les seigneurs se livrèrent à l'agriculture et encouragèrent les arts et le commerce, qui prirent une rapide extension. Mais bientôt, attirés par un état si florissant, les Normands vinrent encore porter le ravage, le pillage, le feu et la mort sur ces bords qui commençaient à briller d'un nouvel éclat, et pendant un siècle, toute communication, toute relation commerciale fut interrompue entre la France et les autres nations.

Toutefois, plusieurs Rois de France cherchèrent depuis à ranimer l'industrie. Saint Louis, le premier, considérant le commerce comme un des élémens de la puissance nationale, s'occupa de lui assurer, par des réglemens, une sûreté dont il n'avait joui jusqu'alors que par intervalles; plus de liberté lui fut accordée. Ce sage monarque renversa les barrières que l'ignorance avait élevées contre l'exportation des produits de l'industrie intérieure.

Dès ce moment, un nouveau jour sembla luire pour la France : ce pays, qui vit ses côtes septentrionales envahies par les comtes de Flandres, les ducs de Bourgogne, de Normandie et de Bretagne, le reste de son littoral sous le joug des Anglais, et les côtes du midi sous la domination du comte de Toulouse et des rois de Majorque, d'Aragon et de Castille, n'avait que peu de ports sur l'Océan et aucun sur la Méditerranée, lorsque la réunion du comté de Toulouse à la couronne ouvrit à la France une communication avec cette mer.

Cette nouvelle voie, en procurant l'entrée aux épiceries, aux parfums, aux soieries et aux riches étoffes de l'Orient, inspira aux habitans le désir de perfectionner l'agriculture et les manufactures pour se procurer des objets d'échanges, et pour réduire le tribut qu'on ne payait qu'avec peine à l'étranger.

Ce mouvement, secondé par Philippe-le-Bel, donna naissance à quelques réglemens protecteurs du commerce, et dès cette époque les progrès des arts suivirent ceux de la civilisation et ne furent que momentanément arrêtés par les guerres civiles de la Ligue et de la Fronde.

Le littoral de l'Océan étant rendu depuis long-temps à la France par la réunion de la Flandre, de la Normandie et de la Bretagne, et ensuite par l'affranchissement des autres provinces de l'ouest dont les Anglais furent chassés, dès 1562 l'amiral de Coligny envoya Jean Ribaud dans la Floride; et en 1601, une société formée en Bretagne expédia deux navires dans l'Orient dont les Portugais, les Anglais et les Hollandais se disputaient les richesses.

Telle fut l'aurore du commerce extérieur de la France : depuis, il brilla du plus vif éclat. Mais si les malheurs d'une révolution sans exemple dans les fastes de l'histoire ont, sous ce rapport, fait déchoir ce royaume de son premier état de grandeur, les ressources dont la nature l'a doué et dont nous avons off. le tableau dans le paragraphe précédent, doivent faire croire que non-seulement il reprendra un jour parmi les autres nations le rang qu'il a occupé pendant si long-temps, mais encore qu'en cherchant à donner à son commerce extérieur un plus grand développement il ne peut manquer de s'élever à la place à laquelle sa position géographique et ses nombreux objets d'échange lui donnent droit de prétendre.

En effet, les immenses progrès de toutes les branches d'industrie dans la France entière, et particulièrement dans la capitale de ce royaume, n'ont-ils pas révélé tout ce à quoi peut aspirer une nation de trente millions d'hommes ? N'indiquent-ils pas assez vers quel but doit se porter une activité qui dépasse par ses produits les besoins de sa propre consommation, et vers quelle nouvelle voie il convient au Gouvernement de diriger une surabondance de force qui, obligée de se replier sur elle-même, étoufferait le principe qui l'a fait naître?

Malheureusement cet état de choses, qui se manifeste par des symptômes si évidens, n'est pas encore assez vivement senti par tous les esprits, et il n'est peut-être pas impossible d'en découvrir la cause.

L'état d'hostilité auquel, pendant plusieurs années, la France s'est trouvée condamnée vis-à-vis des autres puissances, n'a que trop contribué à fausser l'opinion de quelques personnes sur les avantages que présente le commerce étranger à toute nation déjà parvenue à un certain degré de civilisation. On dirait qu'habituées qu'elles ont été, par une trop longue privation de toute relation extérieure, à plier les principes qu'elles se faisaient sur la richesse à cette situation forcée et sur laquelle elles cherchaient à se faire illusion, elles comptent encore aujourd'hui pour trop peu de chose les ressources de cette branche particulière de commerce, parmi les moyens de prospérité que les nations peuvent avoir à leur disposition.

Aucun écrit des économistes cependant n'autorise une semblable doctrine. Si le plus grand nombre de ces écrivains a placé au premier rang le commerce intérieur, qui, en ouvrant des débouchés immédiats et par des retours plus prompts, favorise puissamment, dans le premier âge de la richesse, le développement de toutes les branches d'industrie, aucun d'eux néanmoins n'a méconnu les heureux effets du commerce étranger sur la prospérité des nations, lorsque ce développement a acquis une certaine extension. Sans parler de ceux qui soutiennent que le commerce étranger est le fondement du commerce intérieur (1), tous reconnaissent, en définitive, que si le commerce intérieur fonde la richesse commerciale, c'est du moins le commerce étranger qui l'accomplit; et si quelques-uns d'entre eux, d'ailleurs unanimes sur ses avantages, ont été dissidens sur le degré d'influence qu'il peut exercer sur la fortune nationale, c'est seulement parce qu'ils ne se sont pas accordés sur l'époque à laquelle il était convenable à une nation de s'y livrer, ou plutôt sur le moment où, par les progrès de son industrie agricole et manufacturière, elle était amenée et dès-lors forcée à s'en occuper, sous peine de voir se flétrir ces deux branches de travail au sein même de l'abondance (2).

Or, telle est certainement la position de la France : redevable en quelque sorte à l'état de blocus par lequel elle a été

---

(1) Davenant, Steward, Ganilh.

(2) Adam Smith, qui, tout en se débattant contre les économistes français, n'a pas toujours cependant échappé à l'influence de leurs idées, trace néanmoins avec toute la force et la sagesse de son beau génie le tableau le plus satisfaisant des heureux effets du commerce étranger.

« L'importation de l'or et de l'argent, dit-il, n'est pas le principal bénéfice et encore « bien moins le seul qu'une nation retire de son commerce étranger. Quels que soient « les pays entre lesquels s'établit un tel commerce, il procure à chacun de ces pays « deux avantages distincts : il emporte ce superflu du produit de leur terre et de leur « travail pour lequel il n'y a pas de demande chez eux, et à la place il rapporte en « retour quelque autre chose qui y est en demande. Il donne une valeur à ce qui « leur est inutile, en l'échangeant contre quelque chose qui peut remplir une partie « de leurs besoins ou ajouter à leurs jouissances. Par lui les bornes étroites du « marché intérieur n'empêchent plus que la division du travail ne soit portée au « plus haut point de perfection dans toutes les branches particulières de l'art et des

tenue pendant dix années en dehors de tous les peuples de l'Europe et de l'autre hémisphère, de la création de plusieurs nouvelles branches d'industrie et de l'extension de celles qu'elle possédait déjà, et dont les besoins dévorans d'une longue guerre exaltaient encore la force productive, elle n'a pu que les voir se dessécher sous le poids des fruits qu'elles avaient portés, aussitôt que sa consommation, rentrant dans les limites plus bornées de son revenu ordinaire, a cessé d'y entretenir le principe de vie qui les avait précédemment animées.

De toutes parts en France, et particulièrement dans le nord et aux environs de la capitale, la production a surpassé la consommation; le génie des sciences et des arts, plus indépendant et plus prompt dans son action sur l'industrie manufacturière éveillée par la civilisation et le goût des modes et des vives jouissances, que ne l'est l'esprit d'amélioration dans celle qu'il exerce sur l'industrie agricole toujours bornée par les lois de la nature, y a élevé la masse des produits annuels

---

« manufactures. En ouvrant un marché plus étendu pour tout le produit du travail « qui excède la consommation intérieure, il encourage la société à perfectionner le « travail, à en augmenter la puissance productive, à en grossir le produit annuel, « et à multiplier par là les richesses et le revenu national. Tels sont les grands et « importans services que le commerce étranger est sans cesse occupé à rendre, et « qu'il rend à tous les différens pays entre lesquels il est établi. Il produit de grands « avantages pour tous ces pays, *quoique cependant le pays de la résidence du* « *marchand en tire encore de plus grands en général que les autres, parce que* « *naturellement ce marchand s'occupe à fournir aux besoins de son propre* « *pays et à en exporter les produits superflus, plus qu'il ne s'occupe de ceux* « *de tout autre pays.* » (Tome iii, chap. i, page 41, traduction de Germain Garnier, édition d'Agasse; 1802.)

de la première au-dessus de celle des produits de la dernière
qui, chez nous comme chez toutes les nations qui possèdent
un grand territoire, forme et formera encore pendant long-
temps la plus grande partie du revenu annuel. De là cette
stagnation que l'on remarque depuis quelques années dans
plusieurs manufactures et cette quantité énorme de marchandises qui encombrent la plupart des magasins ; de là la
gêne de plusieurs maisons qui, entraînées par l'impulsion
irrésistible donnée à la production, voient se déprécier aujourd'hui entre leurs mains des masses de marchandises dont
la vente au-dessous de leur prix de fabrique vient consommer leur ruine.

Avant l'apparition de ce nouveau phénomène dans les fastes
de l'économie politique, les écrivains qui ont traité de cette
science avaient toujours pensé que la production ne pouvait
jamais excéder la consommation, mais ici les faits ont parlé,
du moins dans l'état actuel du commerce extérieur de la
France ; et, soit que d'abord excitée, ainsi que nous l'avons
dit, par certaines circonstances auxquelles elles se sont accoutumées, soit que depuis, se confiant à la protection d'un
gouvernement réparateur qu'elles croient disposé à leur faciliter
auprès des autres nations de nouveaux débouchés, elles aient
espéré trouver des moyens assurés d'écoulement à leurs produits, il n'en est pas moins vrai que l'industrie manufacturière
ainsi que l'industrie agricole éprouvent aujourd'hui dans
plusieurs de leurs branches des mécomptes qui en feraient
craindre l'entier abandon de la part d'un grand nombre de
producteurs qui les cultivent, si l'on ne s'attachait à faire

naître les circonstances qui peuvent non-seulement les rendre à la vie, mais encore favoriser en elles un développement qu'on ne pourrait arrêter qu'au détriment de la richesse publique.

Mais quelles sont ces circonstances? Ce ne sont certainement pas celles qui se réduiraient, ainsi que se le persuadent quelques personnes, à imprimer une plus grande activité au commerce intérieur. Il n'est que trop évident que les forces productives dépassent depuis long-temps chez nous la faculté de consommer, que la production dépasse la capacité du revenu sur lequel seul se règle la consommation, et que si ce revenu, somme de tous les revenus des classes agricoles, manufacturières et commerçantes qui composent, à quelques exceptions près, l'ensemble de la nation, et que nous avons vu languir dans la torpeur la plus funeste, ne peut plus, par l'état même de la question, recevoir d'accroissement du commerce intérieur, ce ne doit plus être alors que de l'action du commerce étranger qu'il peut espérer quelque amélioration.

C'est en effet dans le seul commerce étranger qu'une nation peut trouver non-seulement le débouché nécessaire à la consommation complète de ses produits, à laquelle l'insuffisance de son revenu ne lui permet pas d'atteindre, mais encore, par les bénéfices qui résulteront de leur échange ou de leur vente, les moyens les plus certains d'accroître ce revenu, seule et unique mesure de la consommation et de toutes les jouissances.

Sans l'extension de son commerce étranger, la France, dont les forces productrices acquerront de jour en jour un plus grand développement, présenterait bientôt le spectacle de la gêne et de la détresse au milieu de l'abondance. Dans un état de choses si désastreux pour les fortunes particulières et si funeste aux finances du Gouvernement, elle serait condamnée au double malheur, ou de s'arrêter dans son essor, ou, déçue par la fertilité même de son sol et par la vivacité laborieuse de ses habitans, de réduire d'autant plus sa consommation qu'elle produirait davantage. Accablée dans ce dernier cas par ses propres richesses, elle jouirait d'autant moins qu'elle s'environnerait de plus d'objets de jouissances, elle s'appauvrirait de tout ce qui enrichit les autres nations, elle s'affaiblirait par un excès de force, elle se consumerait de son propre feu.

En vain voudrait-on faire observer que cette superfétation des produits du travail disparaîtra aussitôt que, par la réunion des efforts qui semblent se diriger aujourd'hui de toutes les parties de la France vers l'ouverture des routes et des canaux, on sera parvenu à élargir le marché intérieur et à imprimer au commerce de province à province toute la célérité et l'activité dont il est susceptible. S'il est certain que l'on doive beaucoup espérer de ce concours unanime de volontés et de sacrifices de tous les départemens pour la multiplication de ces moyens de transport, il n'en est pas moins hors de doute cependant que, quelque facilité et quelque célérité qu'on parvienne à établir dans les transactions et dans les échanges du commerce intérieur, le goût et l'étude des sciences et des arts, qui font de plus en plus des progrès dans toutes les classes, et l'esprit d'invention qui découvre tous les jours de nouveaux procédés, devancent actuellement dans leur marche rapide celle beaucoup plus lente de la fortune publique, et, en exaltant cette inquiétude ambitieuse qui s'empare de tous les esprits, tendent à élever toujours de plus en plus la production au-dessus de la consommation.

Sans doute, si, dans sa progression croissante, l'esprit de spéculation, aidé des ressources sans cesse renaissantes des sciences et des arts, devançait continuellement les besoins de la consommation, il devrait arriver un jour que, ne trouvant plus dans le marché même de l'étranger qu'un débouché insuffisant, il éprouverait nécessairement les mêmes obstacles que ceux qui s'opposent aujourd'hui à sa plus grande extension dans l'intérieur. Quelques personnes pensent que l'Angleterre n'est pas éloignée de toucher à ce terme. Mais si, contre toutes les idées qu'on doit se former des progrès de la civilisation et du développement successif des facultés humaines, il doit en être ainsi, combien, grace à l'étendue et à la richesse de notre sol, ne sommes-nous pas loin encore d'avoir rempli, dans cette vaste carrière de bonheur et de prospérité, les destinées qui semblent nous être réservées!

Mieux partagée que l'Angleterre, qui ne fonde, en plus grande partie, son commerce étranger que sur l'exportation de produits industriels dont les autres nations, par leur propre travail, peuvent un jour apprendre à se passer, la France, qui possède, dans son sol aussi étendu que varié, une mine inépuisable de produits naturels qui, par les qualités qui leur sont propres, lui assurent sans rivalité l'entrée et la conservation des marchés du monde entier, n'a point la crainte d'étendre au-delà des bornes ses spéculations extérieures que la consommation de ses nombreux habitans retiendra toujours dans de justes limites.

D'un autre côté, non moins heureuse dans son industrie manufacturière, la France a l'avantage d'appliquer son propre travail à plusieurs matières premières qu'elle doit à son climat, et le goût et l'élégance des formes que ses artistes et ses ouvriers savent apporter dans la fabrication de la plupart des produits industriels, lui donnent sur toutes les autres nations une supériorité qu'elle semble devoir conserver long-temps, et dont l'entière disparition, si elle était possible, ne pourrait porter un coup bien sensible à son existence économique assise principalement sur les larges bases qu'elle tient de la nature et de sa position.

Il est donc évident, d'après ce qui précède, que l'époque où un peuple, par les progrès qu'il a faits dans toutes les branches de son industrie, ne peut rétablir l'équilibre entre la puissance de produire et la faculté de consommer, ni élever les moyens des contribuables au niveau des dépenses de son gouvernement, sans recourir aux ressources que peut seule lui procurer une plus grande extension de son commerce étranger; il est donc évident, disons-nous, que cette époque, qui n'est pour ce peuple qu'un indice irrécusable d'un plus grand développement dans ses élémens de richesse et de prospérité, est aujourd'hui arrivée pour la France (1).

_____

(1) En effet, pour se convaincre de la situation extraordinaire où se voit réduite la France, celle de dépasser à la fois, par une force surabondante de production, les limites resserrées de sa propre consommation, et de ne pouvoir prendre cepen-

S'il en est ainsi, et si l'extension du commerce étranger, au point où l'industrie est parvenue en France, est devenue une des conditions sans lesquelles ce grand royaume ne peut que

---

dant, dans le mouvement du commerce général des autres peuples du monde, la part que sembleraient devoir lui attribuer la grandeur de son territoire et les progrès de son industrie, il ne faut que comparer la faible masse de produits qu'elle verse dans la circulation extérieure avec celle des importations des autres nations.

Le tableau comparatif du commerce de la France et de deux autres puissances qui semblent sous plusieurs rapports pouvoir rivaliser avec elle, ne peut paraître ici sans intérêt.

Suivant M. Moreau de Jonnès, les forces commerciales de la France, de la Grande-Bretagne et des États-Unis, dans les années 1823 et 1824, se présentent ainsi qu'il suit :

	France. fr.	Grande-Bretagne. fr.	États-Unis. fr.
Commerce intérieur . .	6,476,160,000	8,601,800,000	2,493,000,000
—— extérieur . .	847,450,000	1,894,275,000	786,991,000
	7,323,610,000	10,496,075,000	3,279,991,000

Exportations.

	fr.	fr.	fr.
Prod. natur. indigènes.	149,050,000	75,725,000	248,955,000
— industriels indigènes.	260,000,000	810,850,000	13,036,000
— étrangers.	52,000,000	253,875,000	142,000,000
Totaux.	461,050,000	1,140,450,000	403,991,000

Importations.

	386,380,000	753,825,000	381,000,000
Différence ou balance. .	74,670,000	386,625,000	12,991,000

Ce tableau démontre assez combien la France, dont le territoire et la population sont doubles du territoire et de la population de l'Angleterre, et dont la population est triple de celle des États-Unis, est au-dessous de ces deux puissances, en exprimant même, sans égard à ces rapports, leurs forces commerciales actuelles respectives d'une manière absolue.

INTRODUCTION.   xxv

voir s'arrêter la prospérité à laquelle il a droit d'aspirer, il n'est donc point d'efforts et d'encouragemens que le Gouvernement ne doive mettre en usage tant à l'extérieur qu'à l'intérieur pour le faire jouir de ce bienfait.

On voit, en effet, que la masse générale du commerce de la France, comparée à celles de l'Angleterre et des États-Unis, n'est à la première que comme 1 est à 1,43, et à la seconde seulement comme 1 est à 0,45 ;

Que les exportations totales de la France ne sont à celles de l'Angleterre que comme 1 est à 2,67, et à celles des États-Unis comme 1 est à 0,87 ;

Que les exportations des produits agricoles du même pays sont à celles de l'Angleterre comme 1 est à 0,50, et à celles des États-Unis comme 1 est à 1,67 : situation qui démontre assez qu'en France et aux États-Unis l'exportation des produits agricoles dépassant de beaucoup celle des produits industriels, les Gouvernemens de ces deux pays sont intéressés à encourager spécialement l'industrie manufacturière, et à lui ouvrir à l'extérieur tous les débouchés qui peuvent favoriser son développement ;

Enfin, que le commerce d'entrepôt de la France n'est à celui de l'Angleterre que comme 1 est à 4,56, et à celui des États-Unis que comme 1 est à 2,73.

Que sera-ce si l'on a égard à la différence de la population de la France à celle des deux États auxquels on l'a comparée ? Alors les différences que nous avons trouvées entre les diverses branches de commerce que nous avons examinées, s'accroîtront dans une bien autre proportion.

C'est ainsi que, si l'on cherche à connaître quel est le revenu moyen que chaque individu de la nation anglaise et que chaque habitant de la France peut employer à sa consommation, on trouve, en prenant la somme des commerces intérieur et extérieur de ces deux États, que le premier peut disposer chaque année d'une somme de 750 fr., tandis que le second ne peut dépenser que celle de 245 fr.

Cette faculté du peuple anglais d'atteindre à une si haute consommation et à toutes les jouissances qu'elle procure, n'est due qu'à l'étendue de son revenu qu'il a su augmenter par tous les profits successifs du commerce étranger.

Si l'extrême division des propriétés en France, moins favorable à la formation des capitaux qu'à l'accroissement de la population, ne paraît pas lui permettre de donner de long-temps à son commerce étranger une aussi grande extension que

f.

Or, un des encouragemens les plus efficaces que puisse recevoir le commerce extérieur, est la réduction du prix des
objets à échanger avec les nations étrangères, et par consé-

---

celle qu'a reçue en Angleterre ce commerce auquel nous attribuons en majeure
partie cette énorme richesse qui met à même chaque individu de ce peuple d'élever
autant sa consommation, il n'en est pas moins vrai que, malgré cette circonstance
de la plus grande division des propriétés, qui, d'un autre côté, devient une garantie
en faveur des dernières classes du peuple contre cette affreuse misère qui, chez nos
voisins, met à la charge de la nation une assez forte partie de sa population, il n'en
est pas moins vrai que, par une meilleure direction dans les forces du travail et
par les soins d'un Gouvernement sage et éclairé, on pourrait, sous ce rapport,
améliorer le bien-être de chaque habitant de la France.

Certes, pour atteindre ce but, il ne suffit pas de se borner, ainsi que le dit un de
nos économistes, à encourager le seul fait de la consommation. Outre que ce système
se réfute par les plus simples règles du raisonnement, on a vu que si la consommation en France n'est pas ce qu'elle devrait être, ce n'est pas faute de production,
puisque l'agriculteur se plaint de ce que ses greniers fléchissent sous le poids de ses
récoltes, que le manufacturier et le marchand se désespèrent de l'encombrement
de leurs magasins, et le capitaliste de l'engorgement de ses capitaux qui restent sans
emploi, mais bien seulement, comme nous l'avons dit, parce que le revenu de
chaque individu ne lui permet pas d'élever davantage sa consommation, malgré
l'abondance de tous les produits qui insulte, pour ainsi dire, à sa misère.

Dans une semblable position, il n'y a pour une nation que deux moyens d'en
sortir, moyens qui, en réagissant l'un sur l'autre, se prêtent un mutuel secours :
l'un est d'obtenir dans la fabrication des produits, par la confection des routes et
des canaux, dont le but spécial est de réduire les frais de transport des matières
premières, un abaissement de prix qui, en les mettant plus en rapport avec le
revenu des particuliers, puisse en étendre la consommation à un plus grand nombre
de classes; l'autre, de chercher à multiplier les débouchés à l'extérieur, et par là
d'encourager l'écoulement de cette portion des produits naturels et industriels qui,
à raison du perfectionnement toujours croissant des procédés auxquels ils sont dus,
et malgré les efforts intérieurs qu'on fera pour étendre la consommation, en excé-
deront néanmoins toujours de plus en plus les besoins.

quent celle du prix des transports des matières premières dans
l'intérieur et des produits manufacturés depuis le point de leur
fabrication jusqu'au lieu de leur embarquement, réduction
qui ne peut être due qu'à la multiplication des communications par eau, et dont l'effet est d'autant plus admirable qu'il
concourt à la fois et au bien-être des individus, en mettant,
par l'abaissement des prix, les objets de consommation à la
portée d'un plus grand nombre de classes, et à la prospérité
nationale en activant également par là le commerce extérieur et le commerce intérieur dont nous allons parler.

Du commerce intérieur de la France.

Ainsi que nous en avons déjà fait l'observation, la différence
des latitudes sous lesquelles se trouvent les provinces septentrionales et méridionales de la France, en apporte de notables
dans la nature de leurs produits.

Les plantes céréales se cultivent dans les départemens du
Nord, du Pas-de-Calais, du Rhin et de la Moselle, dans ceux
du Calvados, des Côtes-du-Nord, de la Somme, de l'Aisne,
de l'Eure, de la Meurthe et des Ardennes, en plus grande
abondance que dans les départemens méridionaux;

D'un autre côté, la vigne se cultive particulièrement dans
ces derniers;

Le lin, le chanvre, les graines pour les huiles grasses, se
cultivent aussi dans le nord;

L'olivier, le mûrier, les fruits, le châtaignier, dans le
midi;

Le miel, la cire et les épiceries qui nous viennent du Levant sont aussi transportés du midi au nord ;

Les bois viennent principalement des départemens du midi et de l'est. Le bois de liège vient surtout du département de Lot-et-Garonne ;

La houille se tire particulièrement des départemens du nord, de l'est et du midi, et se transporte de ces points dans le centre et dans l'ouest de la France.

Si l'on passe aux produits de l'industrie, on voit que les fers travaillés sous mille formes, les objets d'orfévrerie, de bijouterie, d'ébénisterie, les lainages de toute espèce, les cotons filés et tissés, les toiles, les linons, les batistes et les dentelles, et beaucoup de produits des beaux-arts, sont fournis par les départemens du nord de la France aux départemens du midi ;

Les papiers par les départemens de l'est ;

Les savons blancs par le midi, les savons noirs par le nord.

En général, l'échange de ces produits s'opère donc le plus communément entre le nord et le midi, et par conséquent à de grandes distances. Enfin, on calcule que la totalité des échanges du nord au sud de la France équivaut à la moitié du commerce de la France entière avec toutes les autres nations (1).

Cette considération, et de plus celle que ces mêmes produits

___

(1) *Forces commerciales de la France*, par M. le baron Charles Dupin, tome II, page 267.

sont généralement de première nécessité et d'une consommation plus étendue, sont donc une double raison qui doit engager le Gouvernement à s'attacher à en faire baisser les prix
et à les mettre ainsi à la portée de la généralité des habitans de
la France qui ont droit à ces premiers bienfaits de la nature
et du perfectionnement des arts dont, en définitive, le premier
objet doit être le plus grand bonheur des hommes réunis en
société.

C'est particulièrement chez les nations continentales, et
lorsque la division de la propriété y favorise la population,
que le bonheur individuel devient un des élémens de la puissance nationale.

On s'accorde généralement aujourd'hui à reconnaître que la
stagnation du commerce tient à ce que la production excède
en ce moment la consommation.

Or, si véritablement, ainsi que nous le pensons, ce dernier
fait est constant, il démontre que la masse des capitaux qui servent à la production est proportionnellement plus considérable qu'il n'est nécessaire, comparativement aux facultés des
consommateurs et à l'aisance sans laquelle ils ne peuvent jouir
des commodités dont ils ne se privent jamais que par le
manque des moyens qui peuvent les leur procurer.

Mais ces moyens diminuent ou augmentent en raison de
l'élévation ou de l'abaissement du prix des objets de consommation; et comme le prix du transport est une des parties in-
tégrantes de la valeur vénale de tous les genres de produits,
soit agricoles, soit industriels, il est donc de l'intérêt comme
du devoir du Gouvernement de chercher à opérer la réduc-

tion de ce prix, non-seulement pour procurer à toutes les classes du peuple le plus grand bien-être possible, mais encore pour s'assurer l'accès des marchés étrangers et fournir par là de plus grands moyens de développement à l'industrie et au commerce.

Il n'existe qu'une opinion sur la manière de résoudre ce problème : il serait superflu de répéter ici que c'est la multiplication et le perfectionnement des communications, parmi lesquelles celles que fournit la navigation ont sur celles de terre un avantage démontré par l'expérience, celui de présenter une économie d'environ les deux tiers, et qui pourrait, d'après les moyens que nous nous attachons à indiquer, s'accroître dans un plus grand rapport.

La préférence à accorder aux communications par eau sur celles par terre a été reconnue de tout temps. La France a la gloire d'avoir donné le premier exemple de cette dernière espèce de communications ; et aujourd'hui le Gouvernement ne cherche pas seulement les moyens de terminer, avec la célérité que réclament les besoins du commerce, les nouveaux canaux qu'il a entrepris, mais il voudrait encore donner à ce système de communications tout le développement dont il est susceptible dans un pays que sa position et l'esprit entreprenant de ses habitans appellent à jouir de tous les bienfaits de l'industrie et du commerce, seules bases sur lesquelles puissent reposer aujourd'hui la puissance et le bonheur des nations.

Pour seconder de si louables vues, il ne s'agit peut-être que de se faire des idées plus justes que celles qu'on s'est formées jusqu'à présent sur le système de la navigation artificielle, et, en proportionnant les moyens au but qu'on se propose, de multiplier ainsi les ressources qui peuvent assurer au Gouvernement un plus prompt résultat; ce sont ces idées et ces moyens que nous essaierons de présenter dans quelques observations sur la navigation et sur les différens systèmes de canaux dont elle peut se composer.

De la navigation en général, et de quelques principes qui sont en particulier applicables à la France.

La navigation offrit le premier moyen de transport aux hommes réunis en société ; on la trouve en usage chez les nations les plus anciennes ; on voit représentés, parmi les différens sujets qui décorent les temples d'Égypte, des bateaux munis de leur gouvernail et d'agrès déjà assez compliqués, et dont les premiers habitans de ce pays se servaient dans les temps les plus reculés, tandis qu'aujourd'hui même les descendans de ces anciens peuples n'emploient encore que des chariots d'une structure très-grossière. L'établissement des routes suppose en effet un concert d'intérêts et de volontés entre les habitans du pays qu'elles traversent, et par conséquent un degré déjà assez élevé de civilisation. Les rivières au contraire sont des chemins naturels que les hommes ont trouvés tout faits.

Non-seulement les gouvernemens s'attachèrent, dans tous les temps, à perfectionner la navigation des rivières, mais ils cherchèrent encore à étendre ce bienfait de la nature en formant des rivières artificielles.

C'est en effet la seule dénomination qu'on puisse donner aux canaux qui furent ouverts par les anciens, et même par les modernes, avant l'invention des écluses. Le canal qui, traversant l'isthme de Suez, devait établir une communication entre la mer Rouge et la Méditerranée; celui qui, en ouvrant l'isthme de Corinthe, devait joindre les deux ports de Cenchrée et de Léchée et unir la mer Égée à la mer Ionienne, n'eussent été que de nouveaux bras de mer: et le canal de Ravenne, ou la *fosse d'Auguste;* celui de Parme et de Plaisance, ou la *fosse Scaurienne;* le canal des marais Pontins, qui fut creusé parallèlement à la voie Appienne, sous le règne d'Auguste; celui de Marius qui procurait une communication entre Marseille et un des bras du Rhône, enfin celui qui, projeté par L. Vétus, général romain, devait unir la Moselle au Rhône, et celui même qui fut ouvert par Drusus, du Rhin à l'Issel, ne devaient être et n'ont été en effet que de nouveaux bras de rivières qui ne pouvaient être établis utilement qu'autant que la différence de niveau entre leurs points de départ et d'arrivée n'offrait pas une trop forte pente et une rapidité qui eût nui à leur navigation.

La sollicitude avec laquelle les anciens cherchèrent à établir plusieurs de ces canaux, bien qu'ils eussent tous les vices qu'offrent généralement les cours d'eau abandonnés à leur propre impulsion et se trouvassent le plus ordinairement privés du volume d'eau nécessaire, atteste donc la préférence que, dès les premiers siècles de la civilisation, le commerce donnait aux transports par eau sur ceux qui pouvaient s'effectuer par terre.

C'était particulièrement dans les Gaules, qui se trouvent arrosées, ainsi qu'on l'a vu, par plusieurs grands fleuves, que les services de la navigation devaient être justement appréciés.

En effet, suivant Strabon, dès la plus haute antiquité l'agriculture étant florissante dans ce riche pays, on y transportait déjà par eau toutes les productions du sol; et le même auteur, dans la description des fleuves qui traversent cette partie de l'Europe, désigne avec un soin remarquable l'espèce de bateaux qui, dès cette époque, naviguaient sur leur cours.

Ces communications naturelles que les Romains trouvèrent établies dans les Gaules, devinrent donc l'objet de leurs soins ou du moins de la protection qu'ils accordèrent aux sages institutions qui en garantissaient le libre usage au commerce, jusqu'au moment où, l'introduction des moulins à eau ayant eu lieu dans l'occident vers la fin du quatrième siècle, et les Francs s'étant attribué la propriété des différens cours d'eau qui traversaient leurs domaines, leurs descendans obstruèrent le lit du plus grand nombre par la construction de ces nouvelles machines, et assujettirent leur navigation à des péages qui, se multipliant de plus en plus sous toutes les formes et se renouvelant toutes les fois que l'on passait du territoire d'un seigneur sur le territoire du seigneur limitrophe, l'entravèrent de mille obstacles qui ne tendirent à rien moins qu'à l'anéantir sur plusieurs rivières.

C'est à ce moment qu'on peut faire remonter l'origine de cette lutte qui s'établit entre les navigateurs qui fréquentaient ces rivières et les propriétaires qui construisirent des usines sur leur cours, lutte qui, se continuant de diverses manières depuis ces temps reculés, n'a point encore entièrement cessé de nos jours.

Il n'est aucun écrivain qui n'ait gémi de ce premier envahissement de la propriété nationale et des empiètemens successifs de l'intérêt particulier sur l'intérêt général, auxquels une législation toujours entravée dans ses moyens de répression par la considération d'une propriété dont les titres sont difficiles à démêler, ne peut opposer encore aujourd'hui qu'une police faible et incertaine; tous se sont réunis pour attribuer à ces différens abus la décadence et la ruine de la navigation intérieure, et plusieurs de nos rois, et notamment François Ier, n'ont cessé de prendre la défense de la navigation contre les usurpations et les anticipations des seigneurs et des propriétaires de moulins qui de tout temps ont su se soustraire au pouvoir des lois et des règlemens rendus sur cette matière.

Il est certain que souvent les propriétaires des usines, parlant au nom de l'industrie que le Gouvernement cherche à protéger, ont fait fléchir auprès de lui la cause de la navigation dont l'intérêt général, plus vague et moins immédiat, n'a pas pu employer pour sa défense des voix aussi éloquentes. Toutefois, si l'on ne peut disconvenir que les barrages qui sont établis sur plusieurs rivières, doivent entraver en certains cas la navigation, il est vrai de dire aussi, qu'à l'exception des grands fleuves et de plusieurs rivières qui, de leur propre fond, sont riches d'un volume d'eau suffisant, il existe beaucoup d'autres rivières qui, attendu leur peu de hauteur d'eau, ne seraient point navigables si ces retenues artificielles ne leur procuraient la profondeur qui les rend susceptibles de l'être.

A la vérité, les voies destinées au passage des bateaux qui doivent franchir les chutes occasionées dans le niveau des eaux par ces retenues ou barrages, sont généralement de la construction la plus vicieuse et présentent presque toujours, dans leur manœuvre, les plus grandes difficultés et souvent même les dangers les plus graves.

Mais ces inconvéniens, contre lesquels réclament à chaque instant les navigateurs, ne peuvent-ils donc pas diminuer de jour en jour, si le Gouvernement veut déployer la sévérité dont la justice lui fait la loi? En effet, si les propriétaires des usines pour le mouvement desquelles on a formé des barrages à travers les rivières, ont été obligés, dans l'origine et dans un temps où les écluses à sas étaient inconnues, de construire des voies pour franchir sans danger ces mêmes barrages qu'ils n'ont pu élever qu'à cette condition, le Gouvernement, se re-plaçant en quelque sorte à l'époque où il permit leur établisse-ment, n'a-t-il donc pas le droit d'exiger de leurs propriétaires que, suivant dans leur développement les progrès des con-structions hydrauliques, ils substituent à ces anciennes portes les écluses que des connaissances plus avancées ont su mettre depuis en usage?

De cette manière, non-seulement les barrages ne seraient plus un obstacle pour la navigation, ainsi qu'on l'a trop légè-rement imaginé jusqu'à présent, mais ils lui procureraient au contraire toute la facilité dont en plusieurs cas elle n'aurait pu jouir sans leur secours.

Certes, ces moyens, justes et raisonnables en eux-mêmes, ne peuvent être rejetés parmi les vains projets d'une chimérique perfection, et tout doit nous les faire entrevoir comme les prochains résultats d'une législation qui s'améliore tous les jours.

Mais si l'on ne peut s'empêcher de reconnaître que plusieurs rivières d'une faible largeur et d'un médiocre volume, sont, par la régularité de leur cours, susceptibles de ces améliorations et peuvent, sous ce rapport, devenir également utiles et à l'industrie et à la navigation, on ne peut cependant se dissimuler que plusieurs fleuves et rivières, par la grande étendue de leur lit, par l'impétuosité de leurs eaux, et surtout par la masse énorme de leurs crues qui en altèrent subitement le régime et, à certaines époques, changent de simples ruisseaux en de rapides torrens, on ne peut, dit-on, se dissimuler que ces fleuves ne se montrent souvent rebelles à ces perfectionnemens de l'art. Ce serait vainement, en effet, qu'on voudrait enchaîner et maîtriser le cours impétueux de fleuves tels que la Loire et le Rhône : il n'est point de gouvernement qui voulût subvenir aux dépenses qu'exigerait l'exécution de semblables projets, et, lors même qu'il serait démontré qu'à force de sacrifices de pareilles entreprises ne seraient pas impossibles, tous les principes d'une sage administration s'y opposeraient dans un moment où l'on reconnaît que la richesse nationale ne suit le plus souvent dans ses progrès d'autres règles que celles qui régissent les fortunes privées.

On peut donc dire que, dans l'état actuel du commerce qui

réclame une circulation active et prompte, ces grands fleuves ne répondent plus à ses besoins sur une grande longueur de leur cours, et que, pendant la plus grande partie de l'année, leur navigation supérieure offre une multitude de difficultés qui en paralysent les services. Il n'est pas en effet sans exemple que des bateaux aient séjourné plusieurs mois dans des ports de refuge, faute du volume d'eau à l'aide duquel ils eussent franchi l'espace qu'ils devaient parcourir avant de parvenir à leur destination; et l'on peut établir en principe qu'à mesure que l'industrie et le commerce prendront plus d'extension, il deviendra d'autant plus important de substituer à la navigation naturelle de certaines rivières sujettes aux alternatives des sécheresses et des débordemens, la navigation artificielle qui offre à la circulation un secours constant, toujours en rapport avec ses besoins, et d'une exécution presque toujours facile (1).

---

(1) Sans rechercher ici les différentes causes qui ont pu contribuer à amener l'état de détérioration dans lequel se trouvent aujourd'hui la plupart des rivières en France, on est obligé de reconnaître, d'après une foule de faits rapportés par divers historiens, que plusieurs d'entre elles, qui offraient jadis un moyen facile de navigation, ne sont plus susceptibles de rendre les mêmes services. Des rivières qui, du temps de Strabon, étaient navigables, ne pourraient recevoir aujourd'hui les moindres barques.

Cet état de choses, qui n'a fait qu'empirer de jour en jour, était déjà le sujet d'observations et de plaintes graves de la part du commerce dès le seizième siècle, et particulièrement vers le milieu du dix-huitième.

« On croirait, dit de Lalande, page 419, que la France, où la pente des rivières « est disposée avec tant d'avantage, entretient une navigation florissante dans l'inté- « rieur de ses provinces, qu'un commerce immense doit enrichir par la vente

C'est sans doute parce qu'on ressent aujourd'hui la nécessité de remplacer et de suppléer souvent la navigation des rivières par des lignes artificielles de navigation, et parce qu'on est d'accord sur l'avantage d'en étendre le bienfait à un grand nombre de contrées qui en sont totalement privées, qu'on doit chercher à réduire la première dépense d'établissement de ces lignes, afin de mettre soit le Gouvernement, soit les particuliers, à portée d'en faire jouir plus promptement le commerce.

Et, en effet, s'il est d'une grande et puissante nation de

« facile de leurs denrées superflues et la fourniture presque immédiate de tous leurs
« besoins; cependant il reste encore à créer dans ce royaume une navigation des
« rivières; elle existe à peine sur les grands fleuves, et d'une façon si précaire, à
« cause de mille obstacles, qu'il est de l'intérêt de l'État d'y pourvoir incessam-
« ment, comme il est du devoir d'un auteur citoyen d'en chercher et d'en indiquer
« les moyens. »

De Lalande a voulu rendre ce service à la France, mais les circonstances, et d'un autre côté trop de confiance en des remèdes qui n'étaient point en rapport avec le mal, ne pouvaient que tromper ses espérances : il ne semblait attendre l'amélioration des rivières que de la suppression des péages qui s'y percevaient au nom des seigneurs et au nom du domaine, et que de l'exécution de nouveaux réglemens de police. Nul doute que ces deux moyens ne fussent les premiers dont on dut se servir en faveur de la navigation fluviale, mais lors même que, par leur emploi, on fût parvenu, ce qui ne parait pas possible, à rendre aux rivières leur état primitif, dont la détérioration tient aussi à d'autres causes, on n'eût point encore obtenu pour la navigation du plus grand nombre des fleuves et des rivières, la sûreté, la constance, et par conséquent la célérité et la certitude des arrivages à jour fixe que réclame aujourd'hui le commerce, et que peuvent seuls lui procurer la canalisation de ces mêmes rivières et surtout, la plupart du temps, l'établissement de canaux latéraux à leur cours.

chercher à laisser aux générations à venir des monumens de sa prospérité, ne doit-elle pas plutôt appeler les efforts du génie sur ces grandes constructions urbaines qui deviennent l'ornement et la gloire de nos cités, que l'exciter à prodiguer un luxe inutile dans l'établissement de simples lignes de navigation qui ne voient flotter sur leur cours que les barques modestes d'une industrie dont l'économie double les moyens, et d'un commerce qui ne prospère qu'en raison de ses profits? Gardons-nous toutefois de reprocher trop amèrement à nos prédécesseurs d'avoir apporté dans leurs travaux trop de faste et de grandeur; l'excès du grand peut être fatal, mais n'est pourtant qu'une noble erreur. Qu'il nous suffise de remarquer que les temps sont changés; que l'ordre social est assis sur d'autres bases; que la génération présente est pressée de jouir; que toutes les industries et le commerce demandent de tous les points de la France de nouvelles communications, et que tout retard dont l'unique cause serait l'emploi de moyens qui, en dépassant le but, ne tendraient qu'à arrêter dans leur essor des vues si favorables au plus grand bien-être de la société, serait une faute irrémissible aux yeux de la génération future.

Les personnes qui se sont occupées de cette question se sont généralement accordées à proposer de substituer aux dimensions suivies jusqu'à ce jour dans l'exécution des canaux, des dimensions inférieures dont elles ont déduit, par opposition au système actuel, celui auquel elles ont donné le nom de petite navigation.

Mais quelles seront les proportions dans lesquelles devront

se renfermer les dimensions à donner à la petite navigation ? Voilà ce qu'il s'agit de déterminer.

Ainsi que nous l'avons déjà exposé dans un autre écrit, plusieurs ingénieurs distingués, induits en erreur par les systèmes présentés par Fulton, et par les essais de plusieurs mécanismes en apparence très-ingénieux qui ont eu lieu en Angleterre mais qui, ainsi qu'on l'a reconnu depuis, n'ont pas eu tout le succès qu'on en attendait, ont proposé de réduire les dimensions des canaux à des proportions telles que les bateaux qui y navigueraient ne seraient plus, selon eux, que des caisses dont le chargement n'excèderait guère celui des voitures ordinaires du roulage.

Mais lors même que, dans l'établissement du système de petite navigation employé en Angleterre où ces ingénieurs cherchaient à puiser leurs exemples, nos voisins fussent descendus, pour la fixation de la capacité des bateaux, à d'aussi petites dimensions, ce qui n'est pas, il s'agirait encore de savoir si cette réduction serait applicable aux bateaux que la nature de nos transports nous force d'employer. En effet, les différens objets de transport en Angleterre, où l'on jouit d'ailleurs d'un système de grande navigation déjà très-étendu, ne consistent qu'en charbons de terre, en chaux, briques, sable, tuiles, minerais, plâtres, engrais, fers, plomb et grains, toutes matières qui peuvent être transportées sous toutes les formes et sous le plus petit volume, tandis qu'en France au contraire, indépendamment des mêmes marchandises, le commerce a encore à transporter les bois de construction et de chauffage, les meules, les canons, les ancres, les vins, les eaux-de-vie, les huiles, qui prennent plus de place et exigent dans la forme des bateaux de plus grandes dimensions.

Cette différence dans les circonstances particulières à notre commerce et à celui de l'Angleterre, nous obligerait donc à en observer une dans les dimensions à donner aux bateaux destinés à naviguer sur nos canaux, si, comme on l'avait présumé jusqu'à ce jour, il était vrai que les Anglais eussent réellement réduit les bateaux dont ils se servent à une aussi petite capacité que celle dont on n'a cessé de nous parler pendant plus de vingt années. Mais, ainsi qu'on vient de le faire observer, les dimensions auxquelles on voulait assujettir la petite navigation en France n'existent pas même en Angleterre, si l'on en excepte trois ou quatre petits canaux sur lesquels sont établis des plans inclinés, et qui, consacrés à l'exploitation particulière de quelques mines, ne forment pas ensemble une longueur totale de plus de douze à quinze lieues. On sait en effet aujourd'hui que, sur environ neuf cents lieues de canaux qui traversent en différentes directions le sol de l'Angleterre proprement dite, cinq cents lieues environ sont ouvertes en grande navigation, c'est-à-dire que les écluses ont de 23 à 26^m de longueur et 4^m,60 de largeur, et quatre cents lieues en petite navigation dont les écluses, égales en longueur à celles établies sur les grands canaux, c'est-à-dire de 23 à 26^m de longueur, ont seulement la moitié de leur largeur, c'est-à-dire 2^m,30; de sorte que, dans ce système général de communications, la largeur des écluses de la petite navigation étant partie aliquote de celle des écluses de la grande navigation, savoir seulement la moitié, en conservant la même longueur, les

h.

bateaux de la petite navigation, aussi longs que ceux de la grande, mais d'une largeur sous-double, se réunissent deux à deux pour naviguer sur les grands canaux et passent à cette condition, ainsi accouplés et sans perte d'eau, à travers les écluses de ces canaux.

Or, ce système de navigation, qui est sans doute bien différent, comme on le voit, de celui que pendant long-temps on avait supposé exister en Angleterre et dont les avantages sont consacrés par une longue expérience, paraît concilier toutes les convenances du commerce et de l'économie et est d'autant plus applicable à la navigation de la France que, les grands canaux qui existent dans ce pays étant ouverts sur une plus grande dimension que ceux de l'Angleterre, il serait facile, tout en établissant le système de petite navigation, et d'après le même principe, de lui donner des dimensions propres à lui permettre de transporter les marchandises qui font l'objet de son commerce et qui, sans cette augmentation, eussent pu difficilement prendre voie sur les canaux de petite navigation ; de telle sorte que, les écluses de nos canaux ayant généralement 32^m,50 de longueur entre les buscs et 5^m,20 de largeur, les écluses des canaux de petite navigation pourront avoir, si on le trouve nécessaire, la même longueur de 32^m,50 et 2^m,70 de largeur, et admettre ainsi des bateaux de 28^m de longueur, de 2^m,50 de largeur, de 1^m,30 de hauteur et du port de 40 à 50 tonneaux métriques ; disposition qui paraît satisfaire aux conditions qui nous sont imposées par la nature de notre commerce.

Tel serait donc le système de petite navigation qui semblerait applicable à la France et dont il nous paraît urgent, dans l'état actuel de son industrie agricole et manufacturière, et dans l'intérêt de son commerce, de faire jouir le plus promptement possible ce grand royaume.

On a souvent comparé ce système avec celui de la grande navigation, et quelques personnes ont pensé que, sous le rapport de la réduction du prix du transport, l'avantage restait au dernier. On observe qu'un bateau qui porte une charge quadruple ne coûte d'établissement que le double, et qu'il peut être conduit par le même nombre d'hommes. Mais cet avantage, le seul que puissent mettre en avant les partisans de la grande navigation, n'est-il pas plus que balancé par celui de la réduction du prix d'établissement du canal, réduction dans la proportion de laquelle, en dernière analyse, doit diminuer aussi le droit de navigation?

Il est reconnu, en effet, que la dépense d'établissement d'un canal à grande section et tel que ceux qui ont été ouverts jusqu'à ce jour en France, est souvent presque double de celle qu'exige la confection d'un canal à petite section ; mais lors même que cette remarquable différence n'en amènerait pas une dans le droit de navigation qui compensât la diminution du prix de transport alléguée en faveur de la grande navigation, ne serait-elle donc pas plus que suffisante pour faire adopter le système de la petite navigation qui, moins dispendieux, devient par cela même susceptible d une plus grande extension?

Ne semble-t-il pas d'ailleurs que s'il y a quelque chose qu'on doive surtout chercher en administration, c'est un juste rapport des moyens avec la fin qu'on se propose? n'est-ce pas faire un pas vers la perfection, que de simplifier les machines et d'obtenir dans leur prix une réduction qui mette à même de les multiplier autant que le besoin l'exige?

Indépendamment de ces considérations, la réduction des dimensions des canaux de petite navigation offre encore l'inappréciable avantage de ne pas enlever à jamais à l'agriculture une aussi grande superficie de terrains, et permet de plus à l'ingénieur de diriger la ligne du canal sur une multitude de points où, avec des dimensions plus considérables, il lui eût été souvent impossible de l'asseoir sans d'immenses travaux.

De cette manière, en effet, et surtout lorsqu'il s'agira de diriger sa ligne dans une étroite vallée et le long d'une rivière, alors, sans être obligé, ainsi qu'on y est souvent forcé, de détourner à grands frais la rivière pour livrer le passage au canal, il pourra facilement le maintenir sur le coteau sans danger et le mettre ainsi hors de l'atteinte des crues du fleuve, au-dessus des inondations duquel il pourra être assis. Dans ces cas, bornant la largeur de son canal à celle uniquement nécessaire pour le passage d'un seul bateau de 2^m,50 de largeur, et supprimant momentanément le chemin de halage du côté de la terre, il pourra restreindre celui qu'il devra conserver du côté du large à la seule dimension nécessaire de 2 à 3 mètres.

En réduisant ainsi la masse des ouvrages d'art à l'indispensable nécessaire, les aquéducs qui doivent servir à l'écoulement des eaux de pluie au-dessous du canal, seront construits sur la plus petite longueur possible, et, en établissant toutefois les ponts sur les grandes communications que traversera le canal, avec la solidité que doit avoir toute construction qui se trouve faire partie d'une communication publique, on pourra multiplier, autant que les convenances l'exigeront, les ponts qui doivent servir à l'exploitation de l'agriculture. Ces ponts, dont l'ouverture n'excèdera pas alors 2^m,70, pourront être facilement formés par de simples tabliers en charpente qui se manœuvreront au moyen de l'appareil le plus simple, le moins dispendieux, et toujours à la portée des facultés des particuliers qui, sans craindre d'être constitués en de trop grandes dépenses, pourront demander à les construire à leurs frais pour leur service privé.

De cette manière enfin, et ainsi que nous le verrons par la suite, d'utiles communications pourraient s'établir dans des cantons où le commerce ne pouvant prendre un aussi grand développement que dans d'autres contrées plus favorisées par leur position, ne fournirait pas un droit de navigation suffisant pour couvrir les frais d'établissement de canaux de plus grandes dimensions.

C'est ainsi que, se renfermant dans de sages limites et en ne donnant aux ouvrages de la navigation que les seules proportions nécessaires pour atteindre le but qu'on se propose, le Gouvernement pourra parvenir à établir toutes les lignes de navigation que semble réclamer de sa sollicitude l'intérêt de la circulation générale.

Mais, pour arriver à ce but, il est nécessaire avant tout de reconnaître et de constater quelles sont les ressources et les richesses que nous tenons de la nature et dont nous ont fait jusqu'à présent ou sont près de nous faire jouir les efforts de l'art, afin d'y rattacher, comme aux premiers linéamens fournis par la constitution topographique de ce vaste pays ou déjà établis par nos prédécesseurs, les nouvelles lignes de navigation qui doivent compléter ce grand système de communications.

C'est ce double objet que nous nous sommes proposé de remplir en publiant cet ouvrage.

HISTOIRE

DE LA

NAVIGATION INTÉRIEURE

DE LA FRANCE.

PREMIÈRE SECTION.

De la navigation naturelle ou des rivières.

Les avantages qui ressortent de l'heureuse position de la France n'ont pas échappé à l'observation des anciens, et les idées qu'ils se sont formées de ceux qui doivent résulter pour le commerce intérieur de ses riches contrées, de la direction des fleuves et des rivières qui traversent son territoire, semblent avoir été les mêmes qui depuis, ont guidé de nos jours le gouvernement dans l'établissement des lignes artificielles dont se compose son système actuel de navigation.

« Toute la Gaule, dit Strabon, est arrosée par des fleuves qui descendent « des Alpes, des Pyrénées et des Cévennes, et qui vont se jeter les uns « dans l'Océan, les autres dans la Méditerranée. Les lieux qu'ils traver- « sent sont, pour la plupart, des plaines et des collines qui donnent nais- « sance à des ruisseaux assez forts pour porter bateau. Les lits de tous « ces fleuves sont, les uns à l'égard des autres, si heureusement disposés « par la nature, qu'on peut aisément transporter les marchandises de « l'Océan à la Méditerranée, et réciproquement : car la plus grande « partie du transport se fait par eau, en descendant ou en remontant les « fleuves, et le peu de chemin qui reste à faire par terre est d'autant

« plus commode qu'on n'a que des plaines à traverser. Le Rhône sur-
« tout a un avantage marqué sur les autres fleuves pour le transport des
« marchandises; non-seulement parce que ses eaux communiquent avec
« celles de plusieurs autres fleuves, mais encore parce qu'il se jette dans
« la Méditerranée qui l'emporte sur l'Océan, comme nous l'avons déjà
« dit, et parce qu'il traverse d'ailleurs les plus riches contrées de la
« Gaule.

« Relativement aux productions de la Gaule, la Narbonnaise entière
« donne les mêmes fruits que l'Italie. Cependant, à mesure qu'on avance
« vers le nord et les Cévennes, l'olivier et le figuier disparaissent,
« quoique tout le reste y croisse. Il en est de même de la vigne; elle
« réussit moins dans la partie septentrionale de la Gaule : tout le reste
« produit beaucoup de blé, de millet, de glands, et abonde en bétail de
« toute espèce. Aucun terrain n'y est en friche, si ce n'est les parties
« occupées par des marais ou par des bois; encore ces lieux mêmes sont-
« ils habités; ce qui néanmoins est l'effet de la grande population, plutôt
« que de l'industrie des habitans : car les femmes y sont très fécondes
« et excellentes nourrices; mais les hommes sont portés à l'exercice de
« la guerre plutôt qu'aux travaux de la terre. Aujourd'hui cependant,
« forcés de mettre bas les armes, ils s'occupent d'agriculture. »

Et plus loin, car nous ne craindrons point d'encourir le reproche de
tomber dans une répétition apparente en continuant à citer ce judicieux
auteur qui, dans le passage suivant, ne fait qu'ajouter une nouvelle
force à celui qui le précède.

« Je l'ai déjà dit, et je le répète encore; ce qui mérite surtout d'être
« remarqué dans cette contrée, c'est la parfaite correspondance qui règne
« entre ses divers cantons, par les fleuves qui les arrosent et par les
« deux mers dans lesquelles ces derniers se déchargent; correspondance
« qui, si l'on y fait attention, constitue en grande partie l'excellence de ce
« pays, par la grande facilité qu'elle donne aux habitans de communi-
« quer les uns avec les autres, et de se procurer réciproquement tous les
« secours et toutes les choses nécessaires à la vie. Cet avantage devient sur-

« tout sensible en ce moment où, jouissant du loisir de la paix, ils s'ap-
« pliquent à cultiver la terre avec plus de soin et se civilisent de plus en
« plus. Une si heureuse disposition de lieux, par cela même qu'elle
« semble être l'ouvrage d'un être intelligent plutôt que l'effet du ha-
« sard, suffirait pour prouver la Providence ; car, on peut remonter
« le Rhône bien haut avec de grosses cargaisons qu'on transporte en
« divers endroits du pays par le moyen d'autres fleuves navigables qu'il
« reçoit et qui peuvent également porter des bateaux pesamment char-
« gés. Ces bateaux passent du Rhône sur la Saône, et ensuite sur le
« Doubs qui se décharge dans ce dernier fleuve : de là, les marchan-
« dises sont transportées par terre jusqu'à la Seine qui les porte à l'Océan,
« à travers les pays des *Lexovii* et des *Caletes* (les habitans des rivages
« méridionaux et septentrionaux de l'embouchure de la Seine), éloignés
« de l'île de Bretagne de moins d'une journée.

« Cependant comme le Rhône est difficile à remonter à cause de sa
« rapidité, il y a des marchandises que l'on préfère de porter par terre
« au moyen de chariots ; par exemple, celles qui sont destinées pour
« les *Arverni* (les habitans de l'Auvergne), et celles qui doivent être
« embarquées sur la Loire, quoique ces cantons avoisinent en partie le
« Rhône. Un autre motif de cette préférence est que la route est unie
« et n'a que huit cents stades environ. On charge ensuite ces marchandises
« sur la Loire qui offre une navigation commode. Ce fleuve sort des
« Cévennes et va se jeter dans l'Océan.

« De Narbonne on remonte à une petite distance l'*Atax* (l'Aude) ;
« mais le chemin qu'on a ensuite à faire par terre, pour gagner la Ga-
« ronne, est plus long ; on l'évalue à sept ou huit cents stades. Ce dernier
« fleuve se décharge également dans l'Océan. »

Si dans ces deux passages si remarquables et qui donnent une si juste
idée de la position respective des cinq grands fleuves qui arrosent la
France, ainsi que des besoins de son agriculture et de son commerce,
le plus ancien des géographes qui aient fait connaître ces contrées, n'indique pas d'une manière aussi formelle la jonction du Rhône au Rhin dont

s'occupa, un siècle après, *Lucius Vetus* (1), et qu'on peut considérer, pour ainsi dire, comme une communication européenne, le même auteur ne semble-t-il pas avoir signalé la triple jonction du Rhône avec la Seine, la Loire et la Garonne, et avoir ainsi tracé, plus de quinze siècles avant le commencement de son exécution, le système de navigation intérieure que la nature a assigné à la France, et dont le gouvernement et les particuliers n'ont fait, jusqu'à ce jour, que suivre dans leurs efforts l'impérieuse et salutaire indication.

C'est d'après cette idée si simple et si féconde, et que nous verrons se reproduire souvent par la suite comme l'unique principe qui ait dirigé toutes les vues dans la formation successive de ce même système de navigation, que, tenant compte toutefois des connaissances dont s'est enrichie de nos jours la géologie, nous commencerons avant tout par présenter dans cette section la description détaillée des six grands fleuves qui traversent ce royaume, en n'assujettissant du reste celle plus compliquée des quinze petits fleuves qui vivifient les côtes étendues de son vaste territoire, qu'au seul ordre qui, en en faisant ressortir avec plus de précision l'importance, pourra en faciliter en même temps la reconnaissance sur la carte.

---

(1) Vetus Mosellam atque Ararim, factâ inter utrumque fossâ, connectere parabat, ut copiæ per mare, dein Rhodano et Arare subvectæ, per eam fossam, mox fluvio Mosellâ in Rhenum, exin Oceanum decurrerent. (C. Cornelii Taciti Annalium, lib. XIII, § 53.)

BASSINS

DES

SIX GRANDS FLEUVES.

VERSANT DE LA MÉDITERRANÉE.

§ I. — BASSIN DU RHONE.

Le Rhône, qui prend sa source dans les Alpes, au mont de la Fourche près du mont Saint-Gothard, et qui, après avoir reçu dans son cours, de cent vingt lieues de longueur du nord au midi, le tribut de plusieurs rivières au nombre desquelles figurent la Saône et la fougueuse Durance, et parmi lesquelles quatre seulement sont navigables, se divise à Fourques en deux bras, formant l'île de la Camargue, et va se jeter dans la Méditerranée par cette double embouchure, l'une à l'est, appelée le grand Rhône, à la Tour-Saint-Louis, et l'autre à l'ouest, appelée le petit Rhône, près les îles Saintes-Maries.

Sa navigation, qui ne commençait autrefois que de Seyssel, et qui, au moyen d'un canal exécuté en 1827, et contournant la perte du fleuve, commence aujourd'hui du fort de l'Écluse, s'étend jusqu'à son embouchure sur 520 kil. de longueur.

La branche du petit Rhône, qui ne sert que rarement à la navigation à laquelle supplée aujourd'hui le canal de Beaucaire, parcourt, depuis Fourques jusqu'aux îles Saintes-Maries, un espace de 68 kilomètres.

Les plus grands bateaux qui naviguent sur le Rhône ont de 24 à 27ᵐ de longueur et de 4 à 7ᵐ de largeur, et les plus petits 5ᵐ de longueur et

1ᵐ de largeur. Le tirant d'eau des premiers est de 1ᵐ 5o et celui des derniers de 0ᵐ 4o. La charge des plus grands bateaux n'excède pas 5o,ooo kilog.

Les barques de mer remontent jusqu'à Beaucaire. Les lieux principaux de commerce et d'entrepôt qui se trouvent situés sur son cours sont : dans le département de l'Ain, Arlod, Le Parc, Seyssel, Cordon, Le Sault, Lagnieu, Miribel; dans le département du Rhône, Lyon, Givors, Condrieux; dans le département de l'Isère, Vienne; dans le département de la Drôme, Saint-Vallier, Valence; dans le département de l'Ardèche, Tournon, La Voulte, le Teil, le Pont-Saint-Esprit, Roquemaure, Villeneuve; dans le département de Vaucluse, Avignon; dans le département du Gard, Beaucaire; et dans le département des Bouches-du-Rhône, Tarascon et Arles.

Depuis Arlod on flotte, à travers les rochers, des bois de marine et autres. Au Parc, où se termine la navigation ascendante, se fait un dépôt considérable de sels qui viennent du Languedoc; on remonte un peu de vins et beaucoup de charbon de terre provenant des houillères de Rive-de-Gier.

On construit à Seyssel et à Culles beaucoup de bateaux pour la navigation du Rhône et de la Saône. On embarque pour Lyon des bois de construction, de la pierre de taille blanche et de l'asphalte. La pierre de taille de Villebois, dont il se fait une grande consommation soit à Lyon, soit à Vienne, soit dans les villes voisines du Rhône, dans les départemens de l'Isère, de la Drôme et de l'Ardèche, s'embarque au saut du Rhône. Lyon reçoit aussi par cette voie des charbons de bois, des fagots, des fruits, et particulièrement les pommes du Bugey. Les épiceries, les vins et les huiles de la Provence et du Languedoc remontent le Rhône, ainsi que les produits des papeteries d'Annonay. Le transport des soies se fait par le roulage.

Affluens principaux.

Le 1ᵉʳ affluent à droite, la rivière d'Ain, qui a son origine dans les montagnes du Jura, près de Nozeroy, est flottable, à l'exception d'une interruption de 1,2oo ᵐ à l'aval du pont de Poitte, depuis le pont de Navoy jusqu'à la Chartreuse de Vaucluse, sur 22 kil. de longueur, et navigable, depuis ce dernier lieu jusqu'à son embouchure dans le Rhône près d'Anthon, sur 97 kil. de longueur.

Sur cette rivière, où il n'existe ni écluses, ni pertuis les bateaux franchissent, mais seulement en descendant, les barrages qui y sont construits pour l'usage des moulins.

Ces bateaux ont de 5ᵐ à 30ᵐ de longueur, et des ᵐ, 80 à 5ᵐ de largeur, et tirent de 0ᵐ, 30 à 1ᵐ d'eau.

Les lieux de commerce et d'entrepôt situés sur son cours sont, dans les départemens du Jura et de l'Ain, Condes, Thoirette, Neuville et Varambon.

On flotte en radeaux, et pour le service de la marine, sur la partie supérieure de l'Ain, des bois de chêne et de sapin qui proviennent des montagnes du Jura; sa navigation sert principalement au transport du plâtre pris à Villette. On construit des bateaux à Condes, Thoirette et Neuville.

La navigation de l'Ain est entièrement descendante, celle ascendante ne pouvant avoir lieu, tant à cause des barrages, dont il a été parlé plus haut, que par la difficulté d'établir des chemins sur ses bords escarpés.

La même rivière reçoit celle de la *Bienne*, qui prend naissance à Belle-Fontaine dans le département du Jura, et a son embouchure à Condes dans le département de l'Ain.

Le flottage qui commence au-dessus de Saint-Claude se prolonge jusqu'à Dortan, sur 20 kil. de longueur; la navigation se fait depuis Dortan jusqu'à son embouchure, sur 5 kil. de longueur.

Les bateaux qui naviguent sur cette rivière sont des mêmes dimensions que ceux de la rivière de l'Ain.

Le flottage de cette rivière consiste dans le transport des bois de chêne et de sapin provenant des montagnes du Jura, et la navigation, qui n'a lieu qu'en descendant, consiste dans le transport des ouvrages de tour et de quincaillerie qui s'exécutent à Dortan.

Le 2ᵉ *affluent à droite*, le *Saône*, une des plus belles rivières de la France, prend sa source à Vioménil, dans les montagnes des Vosges, et après avoir traversé, dans son cours du nord au midi, les départemens des Vosges, de la Haute-Saône, de la Côte-d'Or, de Saône-et-Loire et du Rhône, vient s'emboucher dans le Rhône, sous la ville de Lyon, au hameau de la Mulatière.

Le flottage qui a lieu sur cette rivière, depuis Monthureux jusqu'à Gray, s'effectue sur une longueur de 132 kil., et sa navigation, qui commence à ce dernier point et se termine à Lyon, parcourt un espace de 289 kil.

La pente de cette rivière, depuis le moulin du Mont-de-Savignon jusqu'à Gray, est rachetée par les pertuis du moulin du Mont-de-Savignon et de celui de Châtillon, et par les pertuis de Jonvelle, d'Ormoy, de Bettaucourt, de Baulay, d'Atremoulin, d'Aflondrey, de Port-sur-Saône, de Scey-sur-Saône, de Soin, de Charentenay, de Ray, de Sevreux, de Vereux et de Gray. La largeur des deux premiers de ces pertuis est de 4ᵐ, et celle des quatorze derniers varie de 5 à 8ᵐ.

Les bateaux qui naviguent sur cette rivière ont, savoir : les plus grands, 32ᵐ de longueur et 8ᵐ de largeur; les plus petits, 8ᵐ de longueur et 2ᵐ,50 de largeur : les premiers tirent 1ᵐ,60 d'eau et les derniers 0ᵐ,60.

Les lieux de commerce et d'entrepôt les plus importans sur cette rivière sont : Port-sur-Saône, Gray, Pontaillier, Auxonne, Saint-Jean-de-Losne, Seurre, Chauvort, Châlons, Tournus, Mâcon, Saint-Laurent, Thoissey, Belleville, Mont-Merle, Ville-Franche, Trévoux et Lyon.

Il se fait déjà un transport considérable de diverses marchandises sur cette rivière, qui, ainsi que nous le verrons dans la deuxième section, doit servir avec le Doubs, au moyen du canal de Monsieur, à unir le Rhône au Rhin.

Tous les merrains fabriqués dans la forêt de Darney et ses environs sont transportés sur des voitures jusqu'au-dessous de Monthureux; ils y sont jetés à l'eau et flottés jusqu'à Jonvelle, où on les met en coupons pour être transportés par eau jusqu'à Corre, département de la Haute-Saône : ils y sont réunis en trains , et enfin conduits à Lyon et dans le midi de la France. La Saône transporte, depuis Monthureux jusqu'à Jonvelle, environ cent cinquante milliers de merrains par année pour le commerce des vins du midi ; elle transporte aussi, mais rarement, des bois de chêne pour le service de la marine.

Indépendamment des merrains, les objets d'exportation qui descendent la Saône sont des céréales de toute espèce, des fers , des fourrages, des bois de chauffage et de construction ; les objets d'importation, ou qui remontent la Saône, sont des vins et eaux-de-vie du midi de la France , des huiles , des sels , des épiceries , des denrées coloniales , et divers produits manufacturés.

Quoique la Saône ne soit navigable que jusqu'à Gray, elle est cependant susceptible de le devenir au-dessus à peu de frais : déjà les bateaux vides descendent des divers chantiers de construction établis à l'amont de Gray, tant sur cette rivière que sur ses affluens.

Il n'y a sur la Saône qu'une seule écluse à sas avec double porte ; elle se trouve à Gray ; mais on s'en sert peu, parce que, étant unique, un passelis de plus coûte d'autant moins à franchir, que celui de Gray est précisément le mieux organisé de tous ceux qui existent sur la Saône.

La Saône, qui rend de si grands services au commerce par sa direction et par la facilité de sa navigation, s'enrichit encore de celles de deux affluens qui offrent de précieux débouchés aux produits agricoles et industriels qui prennent naissance dans les pays voisins de sa riche vallée, et desquels affluens on va donner la description.

1° Le *Doubs*, qui prend sa source au pied du mont Jura, coule du midi au nord-est, sur environ trente lieues de longueur, et, se retournant brusquement pour suivre une direction parallèle et contraire, du nord-est au sud-ouest, va se jeter, après plusieurs sinuosités, un parcours d'environ quatre-vingts lieues de longueur, dans la Saône, à Verdun.

Cette rivière, dont la navigation intérieure fut, dans les premiers temps les plus anciens, sur laquelle il fut fait plusieurs ouvrages, et qui, ainsi que nous le verrons par la suite, a reçu son dernier perfectionnement sur la portion de son cours qui forme, depuis Dôle jusqu'à Montbéliard, la partie extrême de la branche méridionale du canal de Monsieur, ne figurera ici que pour le flottage qui a lieu au-dessus de cette branche jusqu'à Morteau, et au-dessous de la même branche, depuis Dôle jusqu'à Verdun, sur une étendue totale de 220,700^m.

Ce flottage sert au transport des bois de construction et autres, et devient par son activité du plus grand intérêt pour le commerce.

La partie du cours du Doubs qui, ainsi qu'on vient de le dire, est commune au canal de Monsieur, pouvant être considérée comme offrant dans plusieurs points une navigation naturelle, on ne craindra pas de faire ici un double emploi en désignant les lieux d'entrepôt et de commerce qui sont situés sur le cours de cette rivière, depuis Goumoy jusqu'à Verdun, et lesquels sont Voujaucourt, L'Isle, Clerval, Besançon, Dôle, Navilly et Verdun.

2° La *Seille*, qui a sa source près de Francot, à environ deux lieues au sud de Poligny, va se jeter, après un cours de vingt-quatre lieues, dans la Saône, à La Truchère, un peu au-dessous de Tournus.

Cette rivière, n'étant pas naturellement navigable, a été canalisée au moyen de quatre barrages et de quatre écluses de 6^m, 50 de largeur, depuis Louhans jusqu'à son embouchure, sur une longueur totale de 59 kil. 1/2.

Les bateaux qui naviguent sur cette rivière ont de 15 à 20^m de longueur, de 4^m à 6^m,50 de largeur, et tirent de 0^m,80 à 1^m,30 d'eau.

La navigation de cette rivière a principalement pour objet la remonte jusqu'à Louhans des charbons de terre et des pierres, dont son arrondissement est entièrement privé, et la descente de grains, de bois, de fers, de cercles, de tonneaux, et d'une grande quantité d'échalas pour les vignes situées le long de la Saône et du Rhône.

Le 3° *affluent du Rhône, à gauche, l'Isère*, prend sa source au pied du mont Iseran, en Piémont; entre dans le Dauphiné, passe au fort Barreaux, baigne Grenoble, s'approche de Sassenage, coule sous Romans, et se jette ensuite dans ce fleuve à deux lieues au-dessus de Valence, après un cours de quarante lieues sur le territoire de la France.

Flottable depuis Moustier, en Piémont, elle ne commence à porter bateau qu'à Montmeillan, sur la frontière de France; sa navigation, qui se prolonge jusqu'à son embouchure, s'étend sur 139 kil. 1/2 de longueur.

Ses bateaux ont de 10 à 33ᵐ de longueur, 3ᵐ,80 à 6ᵐ,50 de largeur, et leur tirant d'eau est de 0ᵐ,60 à 1ᵐ,50.

Les lieux principaux de commerce et d'entrepôt situés sur l'Isère sont Le Chylas, Goncelin, Grenoble, Vurey, Saint-Gervais, Beauvoir et Romans.

On embarque à Grenoble, pour le midi de la France, du fer, des chanvres, des toiles de Voiron, des toiles peintes, des draperies, des bois de sapin, des pommes et du plâtre. On remonte toutes les marchandises dont cette ville est l'entrepôt, et qui sont fournies par le commerce de Marseille, et principalement du sel.

Le 4ᵉ affluent à droite, est l'*Ardèche*, qui, prenant sa source dans les montagnes des Cévennes, au-dessus d'Astet, en un point appelé Cap d'Ardèche, va se jeter, après un cours de dix-huit lieues, dans le Rhône, à Saint-Just d'Ardèche, à une lieue du Pont-Saint-Esprit.

L'Ardèche commence à être flottable au-dessus de Meyres; sa navigation n'a lieu, à raison de sa grande rapidité, qu'à Saint-Martin-d'Ardèche, 109 kil. plus bas, et continue jusqu'à son embouchure sur une longueur seulement de 8 kil.

Ses bateaux, sur cette petite étendue, ont de 5 à 8ᵐ de longueur, de 2ᵐ,50 à 3ᵐ de largeur, et de 0ᵐ,50 à 0ᵐ,60 de tirant d'eau.

Le seul endroit principal de commerce et d'entrepôt est Saint-Martin-d'Ardèche.

Par le flottage se transportent les bois de construction et les bois à brûler qui s'exploitent dans les forêts de Saint-Remeze, et seulement, par la navigation, les pierres qui servent à l'entretien des enrochemens des piles du pont de Saint-Just-d'Ardèche.

VERSANT DE L'OCÉAN.

§ II.—BASSIN DU RHIN.

Le RHIN prend sa source dans les Alpes, au pied du mont Saint-Gothard, non loin de celle du Rhône; et, après avoir, ainsi que lui, parcouru la Suisse, mais plus au nord, et en traversant le lac de Constance, entre sur le territoire de la France, où, se retournant aussitôt du sud au nord, et après avoir cotoyé ses limites depuis Huningues jusqu'un peu au-dessus de Lauterbourg, il s'en éloigne d'environ cinquante lieues, et va se perdre, par un double bras, dans les sables de l'Océan.

Devenu seulement flottable au-dessous de Lauffenbourg, ce fleuve ne commence, au milieu de la multitude d'îles qui coupent et divisent son cours irrégulier, à être navigable que depuis Bâle jusqu'à son embouchure, et sur le territoire français, que sur une longueur seulement de 178 kil.

Les bateaux qui naviguent sur le Rhin ont, savoir : les plus grands, de 24ᵐ, 70 à 32ᵐ, 60 de longueur, et de 3ᵐ, 58 à 4ᵐ, 80 de largeur, et les plus petits, de 9ᵐ à 25ᵐ de longueur, et de 1ᵐ, 15 à 3ᵐ, 90 de largeur.

Le tirant d'eau des premiers est, au-dessus de Strasbourg, de 0ᵐ, 98, au-dessous, jusqu'à Neubourg, de 1ᵐ, 30, et au-delà, de 1ᵐ, 65; celui des derniers, dans les mêmes intervalles, est de 0ᵐ, 50, de 1ᵐ, 10 et de 1ᵐ, 20.

Les lieux de commerce et d'entrepôt les plus importans situés sur le cours du Rhin sont Bâle, Strasbourg, Manheim, Mayence, Coblentz et Cologne.

La navigation de ce grand fleuve est loin de répondre à l'idée qu'on pourrait s'en faire d'après l'immensité de son cours. L'incertitude de cette navigation et les difficultés qu'elle éprouve de la part des îles et hauts-fonds qui parsèment le lit de ce fleuve, difficultés dont le commerce sera affranchi par l'établissement de la branche septentrionale du canal de Monsieur, qui lui est parallèle, ne lui ont pas permis de prendre un grand essor.

Ce n'est en effet que depuis peu d'années que la navigation du Rhin a pris quelque activité en remontant de Strasbourg à Bâle. Précédemment on construisait à Bâle des bateaux en sapin, que l'on chargeait de marchandises, et que l'on faisait descendre jusqu'au lieu de leur destination, où on les dépeçait. Les marchandises qui descendent le Rhin de Bâle à Strasbourg consistent en quelques étoffes fabriquées en Suisse, et principalement en bois de construction.

De Strasbourg en Allemagne et en Hollande, les grands bateaux peuvent charger mille cinquante quintaux métriques ; les petits de cinq cents à cinq cent cinquante. On paie pour le transport du demi-quintal métrique :

de Strasbourg à Mayence . . . . 2 fr. 57 c.

de Mayence à Strasbourg . . . . 3 fr. 55 c.

de Strasbourg à Manheim . . . . 2 fr. 10 c.

de Manheim à Strasbourg . . . . 3 fr. 2 c.

de Strasbourg à Francfort . . . . 2 fr. 75 c.

et de Francfort à Strasbourg . . . . 3 fr. 80 c.

Les principales marchandises transportées par le Rhin à Schreck, Spire, Manheim, Worms, Mayence, Francfort, Coblentz et Cologne, sont des vins, huiles, verreries, chanvres, sirops, dont le dépôt se fait à Freysten, rive droite : celles qui arrivent à Kehl, même rive, consistent en café, sucre, sirop, tabac en feuilles ; enfin, celles qui entrent à Strasbourg se réduisent à du fer, du plomb, des chiffons, du coton, de l'arsenic et de la colle-forte. Les bateaux de Strasbourg à Mayence font trente voyages par an, et chargent ordinairement 24,650 kilog. ; ce qui produit un transport de 744,900 kilog. Il vient quelques bateaux de Bâle à Mayence, qui sont construits en planches de sapin ; ils ont 20ᵐ de longueur sur 4ᵐ,50 de largeur. Ils chargent six cents quintaux métriques, et prennent de 0ᵐ, 80 à 0ᵐ, 95 de tirant d'eau ; il en passe vingt à vingt-cinq par an ; ils transportent du riz, des fromages et des vins. Le prix du transport pour 50 kilog., de Bâle à Mayence, varie; mais il est ordinairement de 6 fr. Ces bateaux, arrivés à Mayence, sont vendus, attendu qu'ils ne peuvent servir que pour un voyage. Il passe annuellement sur le Rhin par ces bateaux, treize mille huit cents quintaux métriques de marchandises.

Il navigue en outre sur le Rhin de grands bateaux, de Kehl à Manheim, qui chargent du sel transporté par voiture de Strasbourg à Kehl ; il s'en expédie de dix mille à quinze mille sacs par an, pesant chacun 100 kilog., et destinés pour le grand-duché de Baden ; ces bateaux ont 25ᵐ de longueur, 4ᵐ de largeur, et prennent de 1ᵐ, 70 à 1ᵐ, 75 de tirant d'eau.

On flotte sur le Rhin, pour la Hollande, des bois de sapin provenant de la Forêt Noire. Les flottes sont annuellement au nombre de soixante-quinze, et se composent de 12,600ᵐˑ de bois de sapin, et de 562ᵐˑ de bois de chêne de marine. On flotte en outre, de la rive droite du Rhin, à l'usage du département du Bas-Rhin, 28,080ᵐˑ de bois de sapin et trente mille planches environ.

Le Rhin ne compte, sur la France, que deux affluens, l'Ill et la Moselle.

Affluens principaux. Le 1ᵉʳ *affluent du Rhin à gauche, l'Ill*, prend sa naissance à Winckel, près l'extrémité du département du Haut-Rhin, arrondissement d'Altkirch, passe sous Altkirch, Mulhausen, Ensisheim, Colmar, Schelestat, Benfeld et Strasbourg, et va se jeter dans le Rhin près du village de Vantzenau, deux lieues au-dessous de Strasbourg.

Sa navigation, qui a lieu au moyen de seize pertuis et d'une écluse à sas, commence au Ladhoff, à 3,500ᵐ au-dessous de Colmar, et s'étend jusqu'à son embouchure, sur 99 kilom. de longueur.

Les quatorze premiers pertuis, situés à Schelestat, Ehwiller, Ebers-

heim, Ebersmunster, Kogensheim, Scmersheim, Huttenheim, Benfel-
den, Sand, Matzenheim, Osthausen, Erstein, Northausen et Vibolsheim,
sont construits en charpente avec poutrelles, et ont de 5ᵐ à 7ᵐ, 33 de
longueur. Les deux derniers, situés à Graffenstaden et Illkirch, sont
construits en maçonnerie avec poutrelles, et ont 5ᵐ, 20 de largeur. Enfin, l'écluse à sas a 45ᵐ de longueur, et 4ᵐ, 50 de largeur..

Les plus grands bateaux qui naviguent sur l'Ill ont de 18ᵐ à 22ᵐ, 50
de longueur, et de 2ᵐ à 2ᵐ, 50 de largeur, et les plus petits, 9ᵐ de longueur, et de 1ᵐ à 1ᵐ, 90 de largeur ; le tirant d'eau des grands bateaux
est de 0ᵐ, 75, et celui des petits de 0ᵐ, 45.

Les lieux principaux de commerce situés sur son cours sont Colmar,
Schelestat et Strasbourg.

Les objets de commerce qui descendent par l'Ill de Colmar à Strasbourg, consistent en vins, fromages, blés, foins et bois de chauffage,
en papiers et indiennes provenant des fabriques du Haut-Rhin, et en
sucres de la raffinerie de Guebviller. A la remonte, on transporte de la
garance, des huiles, de l'alun, de la potasse, des cotons bruts, du sucre
et du café.

Dans les fortes eaux, c'est-à-dire à deux ou trois pieds au-dessus des
moyennes eaux, les bateaux de l'Ill peuvent charger quatre-vingt-dix
quintaux métriques ; la charge ordinaire est de cinquante à soixante
quintaux métriques. Les prix de transport varient à raison du volume
des marchandises ; celles qui sont lourdes paient, de Strasbourg à Colmar et de Colmar à Strasbourg, 1 fr. 50 c. les 50 kilog. ; celles qui sont
légères, et qui prennent plus de place dans les bateaux, paient 1 f. 80 c.
Les premières paient, de Strasbourg à Schelestat, et réciproquement,
1 fr. les 50 kil., et les secondes de 1 fr. 20 c. à 1 fr. 50 c.

Il a été transporté sur l'Ill, en trois cent vingt-trois voyages, du
1ᵉʳ juillet 1818 au 30 juin 1819, 620,812 kilog. de marchandises.

Il est arrivé à Strasbourg, par le canal du Rhin à l'Ill, venant d'autre
Rhin, en l'année 1818, 5,294ᵐ de bois de construction de 10ᵐ, 15ᵉ d'é-
paisseur, 634,634ᵐ courans, au-dessous de 0,68ᵉ d'épaisseur ; cent vingt-

sept mille cent quatre-vingt-six lattes de 4ᵐ de longueur, et cent quarante-cinq mille trois cent soixante-une lattes de 2ᵐ de longueur. Il a de
même été transporté sur la rivière d'Ill, venant du Rhin à Vantzenau,
28,877ᵐˡ de bois de sapin de construction, cent quarante-sept mille huit
cent cinquante planches et trente-cinq mille huit cent soixante planches
à bateaux ; ces bois sont transportés par trains de flottes.

Le 2ᵉ affluent, la Moselle, qui prend sa source dans les Vosges,
au-delà de Bussang, au pied de la côte de Taye, et qui reçoit elle-
même deux affluens navigables, passe à Remiremont, Épinal, Châ-
tel, Bayon, Toul, Pont-à-Mousson, s'approche de Gorze, baigne Metz,
Thionville, Sierk, et, après avoir quitté le territoire de la France et ar-
rosé le grand-duché du Bas-Rhin, sur à peu près le tiers de sa longueur,
va terminer dans le Rhin, sous les murs de Coblentz, son cours irrégulier de plus de quatre-vingts lieues de développement.

Le flottage qui se fait sur cette rivière, sur 149 kil. de longueur,
commence à Dommartin, et la navigation, qui prend à Frouard, se prolonge jusqu'à la frontière, sur 115 kil. de longueur.

Dans la traversée du département des Vosges, et dans celui de la
Meurthe jusqu'à Toul, on fait accidentellement, pour le passage des
trains, des brèches dans les barrages des moulins. De Toul à Frouard,
il existe des pertuis de flottage dans les moulins de Toul, Gondre-
ville, Fontenay, Villey, St-Étienne, Liverdun et Frouard, qui ont
de 2 à 4ᵐ, et un sas, dans l'intérieur de Metz, de 36ᵐ de longueur
et de 5ᵐ,75 de largeur.

Les bateaux qui naviguent sur cette rivière ont : les plus grands, de
25 à 32ᵐ de longueur, et de 3 à 4ᵐ de largeur, et les plus petits, de 14 à
15ᵐ de longueur, et de 2 à 3ᵐ de largeur ; le tirant d'eau des premiers
est, savoir : à vide, de 0ᵐ,60, et chargés, de 1ᵐ,79 ; et celui des derniers, à vide, de 0ᵐ, et chargés, de 0ᵐ,45.

Les lieux principaux de commerce et d'entrepôt situés sur son
cours sont, dans le département des Vosges, Épinal ; dans le département de la Meurthe, Pont-à-Mousson ; dans celui de la Moselle,

Metz, Hukange, Thionville et Sierck; et en Prusse, Trèves et Coblentz.

Depuis la source de la Moselle jusqu'à Épinal, on flotte annuellement de 900 à 1200 stères de bois de chauffage, à l'usage de cette dernière ville, et des planches, bois de construction et de merrains, destinés pour les départemens de la Meurthe et de la Moselle.

Par ses affluens, particulièrement par les ruisseaux d'Esse et de Rupt-de-Matle, la Moselle reçoit, année commune, 40,000 stères de bois de chauffage, qui sont flottés jusqu'à Pont-à-Mousson, où ils sont chargés sur bateaux et transportés à Metz. Les bois de construction, les planches de sapin et les merrains sont transportés en trains de flottes; leur quantité annuelle est :

En bois de chauffage........................ 40,000 stères.
Pièces de construction...................... 13,600
Planches de bois de sapin................... 400,000
Pièces de merrains ou douves............... 5,000

Indépendamment de ces objets, on transporte aussi, sur la Moselle, des vins tant du pays que du Midi, des fers en gueuses, de la houille, de la quincaillerie et des ardoises, qui de Trèves remontent jusqu'à Thionville, Metz et Nancy.

La Moselle reçoit deux affluens, savoir :

1° La *Meurthe*, qui prend sa source sur le revers de l'une des montagnes du Valtin, à peu de distance de Fraise et de Plainfaing, traverse St.-Diez, passe à Raon, arrose Baccarat, Blainville et Rosières, et va se jeter dans la Moselle, un peu au-dessous de Frouard, à environ deux lieues de Nancy.

Son flottage, qui se fait au moyen de quatre-vingt-six pertuis pratiqués à travers les quatre-vingt-six barrages de prise d'eau des moulins établis entre Plainfaing et Nancy, et de 2ᵐ à 4ᵐ de largeur, commence à Plainfaing, et se prolonge sur une longueur de 129 kil.; et sa navigation, qui n'a lieu qu'à Nancy, s'étend seulement sur une longueur de 11 kil.

Ses plus grands bateaux ont de 25ᵐ à 30ᵐ de longueur, et de 3ᵐ, à

3ᵐ, 5o de largeur ; ses plus petits ; de 14ᵐ à 15ᵐ de longueur, et 2ᵐ de largeur ; leur tirant d'eau est de 0ᵐ, 4o à 0ᵐ, 6o.

Les lieux les plus importans de commerce, sont Raon-L'étape, Lunéville, St.-Nicolas et Nancy.

Les flottes se construisent au port de Raon-L'étape, d'où elles se transportent à Lunéville, St.-Nicolas, Nancy, et jusqu'à Pont-à-Mousson, par la Moselle ; elles sont annuellement au nombre de 5oo environ, portant ensemble, savoir :

Planches de sapin........................... 1,000,000
Pièces de bois de construction................. 6,000
Stères de bois de chauffage................... 2,000

Le bois de chauffage est, pour la majeure partie, consommé par les usines existant sur le cours de cette rivière, depuis sa source jusqu'à Nancy ; de manière qu'il en arrive peu dans cette ville.

2° La *Sarre*, dont la partie inférieure sera rendue navigable, ainsi que nous le verrons dans la seconde section, par le prolongement du canal des salines de Dieuze, et qui, ayant sa source au pied du Donon, montagne de la chaîne des Vosges, passe à Sarrebourg, Saralbe, Sarguemine et Sarbruck, et va se jeter dans la Moselle à une lieue au-dessus de Trèves.

Son flottage, qui se fait à travers cinquante-trois pertuis de 2 à 4ᵐ, de largeur, et qui consiste dans la descente de 25o,ooo planches de sapin et de 2,8oo pièces de bois de construction, commence près de St.-Quirin, et se prolonge sur 1oo kil. de longueur.

Sa navigation, qui n'a lieu qu'à Sarbruck, ne s'opère que sur le territoire étranger.

§ III. — BASSIN DE LA MEUSE.

Si la MEUSE ne traverse la France que sur une faible longueur, et si, sous ce rapport, elle ne semble pas, à la première vue, devoir être rangée au nombre des grands fleuves qui arrosent son territoire, cependant la grande étendue de son cours, les perfectionnemens dont sa navigation est susceptible, et les services qu'elle peut rendre au commerce, en ouvrant vers le nord un précieux débouché aux productions de ce royaume, ne permettent pas d'hésiter un moment à l'élever au rang de ces grands cours d'eau.

Ce fleuve, qui prend sa source au village de Meuse, dans les Vosges, arrose, dans son étroite vallée, les villes de Vaucouleurs, de Commercy, de St.-Mihiel, de Verdun, de Dun, de Stenay, de Mouzon et de Sedan, où un canal est destiné à éviter un de ses détours les plus remarquables; passe à Donchéry, sous les murs de Mézières, de Charleville et de Givet, et sortant du territoire français, qu'elle parcourt sur environ cent lieues de longueur, va se jeter, après un cours total de plus de deux cent cinquante lieues, dans la mer du Nord, à peu de distance du lieu où se perd le Rhin.

Sa navigation, qui a lieu au moyen de sept pertuis de 5m,40 à 3m,60 de largeur, situés à Charny, Consevoy, Dau, Vilosne, Pouilly et Domnieu-la-Ville, et de deux écluses de 6m,82, construites sur le canal de Sedan, commençant à Verdun, se prolonge jusqu'à la limite de la France, sur 209,600m de longueur.

Les bateaux qui naviguent sur ce fleuve, ont de 16m,25 à 43m,58 de longueur, de 2m à 3m,90 de largeur, et tirent de 0m,80 à 1m,30 d'eau.

Les principaux lieux de commerce situés sur son cours, sont : Verdun, Stenay, Sedan, Charleville et Givet.

Les marchandises qui prennent voie sur ce fleuve, consistent en pierres, en bois, en grains, en laines et en charbon de terre.

La Meuse reçoit sur la France un seul affluent navigable, la *Sambre*, sur la navigation de laquelle il sera donné plus de détail dans la section suivante. Cette rivière, qui prend sa source près de Fontenelle en Picardie, passe par Landrecies, Maubeuge, Charleroi et Namur, et se jette dans la Meuse au dernier lieu, est navigable au moyen de huit écluses de 4m,46 de largeur, et de 2m,25 à 2m,80 de chute, depuis Landrecies jusqu'à son embouchure, sur 56,442m de longueur.

5.

§ IV. — BASSIN DE LA SEINE.

La Seine, qui se fait remarquer entre les autres fleuves qui arrosent la France, par l'uniformité de son régime, et du sol sur lequel elle coule, et dont la jonction avec le Rhin et le Rhône fixa l'attention dès les temps les plus anciens, prend sa source en Bourgogne, près le village de Chanceaux, se dirige d'abord du sud au nord, et ensuite de l'est à l'ouest; et après avoir reçu, dans un cours de cent soixante lieues de longueur, un grand nombre d'affluens, dont six sont navigables, et avoir vu s'élever sur ses rives plusieurs villes importantes, au milieu desquelles brille la capitale du royaume, vient se rendre à la mer sous les murs du Havre.

La Seine est flottable dès Billy, sur 159 kil. de longueur; sa navigation, qui commence à Marcilly, s'étend jusqu'à son embouchure, sur 554,450^m de longueur.

Trente-quatre pertuis de 1^m,50 à 2^m,60 de largeur ont été établis pour le flottage dans le département de la Côte-d'Or. Un autre pertuis, celui de la Morue, établi à Bezons, a 16^m de largeur; deux écluses à sas ont été construites à Nogent et à Pont-de-l'Arche; la première ayant 7^m,80 de largeur, et la seconde, 10^m. Plusieurs autres ouvrages devaient être executés, ainsi que nous le verrons, notamment à Vernon et à Poses, pour le perfectionnement de sa navigation.

Les bateaux qui naviguent sur son cours depuis Méry jusqu'à Rouen, divisés en plusieurs classes dont la première offrait des bateaux d'énormes dimensions, dont il ne reste plus aujourd'hui qu'un seul de 64^m, 79 de longueur sur 9^m,42 de largeur et de 2^m,11 de tirant d'eau portant jusqu'à neuf cents tonneaux, se réduisent aux dimensions suivantes:

Les plus grands ont de 40^m,50 à 60^m de longueur, et de 6^m,50 à 9^m de largeur, et tirent de 1^m,15 à 2^m,10; les plus petits ont de 6^m à 40^m de longueur et de 2^m,40 à 6^m,82 de largeur et tirent de 0^m,35 à 1^m,70 d'eau.

Depuis Rouen jusqu'au Havre, la marée remontant jusqu'au premier lieu, les transports s'effectuent au moyen de bâtimens de deux cents à trois cents tonneaux, et sans les bancs de sables mouvans de Quillebœuf et quelques hauts fonds du côté de Caudebec, de la Mailleray et de Bardouville, des bâtimens d'un plus fort tonnage navigueraient aisément entre ces deux points.

Depuis long-temps l'amélioration de la navigation de la Seine a fait l'objet de différens projets dont nous rendrons compte dans la section suivante, et qui ne sont pas moins dignes d'attention par leur utilité que par leur grandeur.

Les lieux principaux de commerce et d'entrepôt, situés sur cette rivière, sont Châtillon-sur-Seine, Nogent-sur-Seine, Bray, Montereau, Valvins, la Cave, Corbeil, Choisy, Bercy, Paris, Saint-Denis, Poissy, Meulan, Mantes, Vernon, Andelys, Poses, Pont-de-l'Arche, Elbeuf, Rouen, Quillebœuf, Honfleur et le Havre.

La partie flottable de la Seine, comprise dans le département de la Côte-d'Or, ne sert qu'au transport des bois de chauffage qui sont destinés en général pour la capitale.

Lors des grandes eaux, le flottage remonte plus haut que Cosne.

Les principaux objets qui se transportent sur cette rivière dans le département de l'Aube, sont la pierre, les bois et les grains.

Le transport qui se fait dans le département de Seine-et-Marne consiste en bois de chauffage et de charpente, charbon de bois, vins et fourrages. Il n'existe dans ce département aucun lieu de commerce et d'entrepôt important. On charge à Bray des fourrages et des bois de charpente; à Montereau, des tuiles et des briques; à Saint-Mamert, beaucoup de bois de chauffage, et des grès de construction aux ports de Valvins et de la Cave.

Dans le département de Seine-et-Oise, les marchandises apportées par la Seine supérieure sont, comme ci-dessus, des charbons, des bois, des tuiles et des vins; celles en retour sont quelques vins de Bordeaux, des sels, du blé et des meules pour les moulins de Corbeil.

Les objets de transport et de commerce sur les départemens de la Seine et de l'Eure sont très-variés et font l'objet de plus des 4/5 de la navigation ; ils sont particulièrement destinés à l'approvisionnement de Paris.

La même rivière, faisant partie de lignes de navigation établies du midi au nord, et dont il sera parlé par la suite, sert au transport d'une grande quantité de marchandises qui, entreposées à Paris, sont envoyées du midi dans le nord et réciproquement.

Enfin, dans le département de la Seine-Inférieure, sont transportés les productions des colonies, les bois, les métaux, les suifs et autres productions du nord : il se fait sur cette partie un grand et un petit cabotage.

Les marchandises et denrées qui ne sont pas destinées à la consommation du pays sont expédiées par terre ou dans les bateaux plats qui remontent la Seine.

Affluents principaux.

Le 1ᵉʳ affluent de la Seine, à droite, l'Aube, prend sa source à Auberive, cinq lieues sud-ouest de Langres, passe par Bar, Arcis, Plancy et Anglure, et va se jeter dans ce fleuve au-dessus de Pont-sur-Seine.

Deux écluses à sas sont établies pour l'amélioration de sa navigation, l'une à Plancy, et l'autre à Anglure; ces deux écluses ont chacune 7ᵐ,80 de largeur.

Son flottage, qui commence à Rouvre, se prolonge jusqu'à Arcis, sur 108,200ᵐ de longueur; sa navigation, qui remonte jusqu'à ce dernier point, s'étend sur 54,275ᵐ de longueur.

Ses plus grands bateaux ont 40ᵐ;50 de longueur, 7ᵐ,22 de largeur, et tirent 1ᵐ,15 d'eau, et les plus petits ont de 6ᵐ à 8ᵐ de longueur, 2ᵐ,40 de largeur, et tirent 0ᵐ,35 d'eau.

Le seul lieu de commerce important situé sur cette rivière, est Arcis, et les objets de transport consistent en pierres, bois, grains, etc.

Le 2ᵉ affluent à gauche, l'Yonne, qui, destinée à former la double continuation des deux branches septentrionales des canaux de Bourgogne et du Nivernais, prend sa source à l'étang de Belle-Perche, dans le Morvant, à environ trois lieues sud-est de Château-Chinon, passe à Corbigny, à Clamecy, à Cravant, à Auxerre, à Joigny, à

Sens, à Pont-sur-Yonne, et va se jeter dans la Seine à Montereau.

Le flottage à bûches perdues commence sur cette rivière aux sources d'Yonne, et en trains, à Armes, et continue jusqu'à Auxerre sur une longueur de 165 kilom.

La navigation qui part de ce dernier endroit s'étend jusqu'à l'embouchure de cette rivière, sur 73 kilom. de longueur.

Douze pertuis, dont les quatre premiers ont de 4ᵐ,90 à 5ᵐ de largeur, les trois suivans, de 7ᵐ,80 à 8ᵐ,65, et les cinq derniers, de 20ᵐ à 28ᵐ, sont établis pour le flottage à Armes, à Clamecy, à la Forêt, à Surgy, à Rivotte, à Vincelottes, à Bailly, à Champs, à Auxerre, à la Chaînette, au pont d'Auxerre et au Batardeau.

Le flottage et la navigation ont lieu au moyen d'éclusées ou crues artificielles de la rivière.

Le flottage remonte, pour les bois à bûches perdues, depuis Armes jusqu'à Belle-Perche, sur un espace de 75 kilom.; quelques bateaux remontent jusqu'à Cravant, 20 kilom. au-dessus d'Auxerre.

Les bateaux qui naviguent sur l'Yonne ont, savoir : les plus grands, 40ᵐ de longueur, 7ᵐ de largeur, et tirent 1ᵐ,10 d'eau ; et les plus petits 12ᵐ de longueur, 5ᵐ de largeur, et leur tirant d'eau est également de 1ᵐ,10.

Les lieux les plus importans de commerce et d'entrepôt, situés sur son cours, sont, dans le département de la Nièvre, Clamecy et Coulanges ; dans le département de l'Yonne, Cravant, Vaux, Auxerre, Regennes, Joigny, Villeneuve-le-Roi, Sens et Pont-sur-Yonne, et Montereau dans le département de Seine-et-Marne.

Les principaux objets de commerce et de transport sont les bois, les charbons et les vins destinés à l'approvisionnement de Paris. Les coches transportent différentes marchandises de Paris à Sens, à Joigny et à Auxerre.

Le 5ᵉ affluent à droite est la Marne, qui, prenant sa source près de Langres, dans le Bassigny, passe, dans son cours très-sinueux de quatre-vingt-douze lieues de longueur, par Chaumont, Saint-Dizier, Vitry-le-Français, Châlons, Épernay, Château-Thierry, Meaux, et va se jeter dans la Seine à Charenton, à une lieue et demie au-dessus de Paris.

Sa navigation, qui a lieu dès Saint-Dizier, s'opère au moyen de vingt-trois pertuis sur 342,177^m de développement. Ces pertuis, qui sont situés à Vitry-le-Français, à Châlons-sur-Marne, à Tours-sur-Marne, à Mareuil-sur-Ay, Dameric, Azy, Nogent-l'Artaut, Citry, Nanteuil, Sacy, La Ferté-sous-Jouarre, Saint-Jean-des-Deux-Jumeaux, Saignet, Germigny, Poincy, Meaux, Trilbardou, Quincangrogne, Lagny, Douvres, Noiscil, vis-à-vis du moulin de Brie, et au pont de Saint-Maur, ont de 6^m,92 à 24^m de largeur. Le dernier sera supprimé après l'achèvement du canal de Saint-Maur, dont il sera parlé dans la 2e section, et qui est destiné à épargner le circuit que fait la Marne depuis ce lieu jusqu'à Charenton.

Les bateaux qui naviguent sur cette rivière ont de 14^m,54 à 42^m de longueur, et de 2^m,92 à 7^m de largeur. Ils tirent en hautes eaux de 0^m,81 à 1^m,35, et en basses eaux 0^m,40.

Les lieux principaux de commerce, situés sur son cours, sont Épernay, Château-Thierry, Nogent-l'Artaut, La Ferté-sous-Jouarre, Meaux, Lagny, Pont-de-Saint-Maur, Alfort et les Carrières.

La navigation de la Marne, si utile à l'approvisionnement de Paris, a principalement pour objet le transport des bois à brûler, des bois en grume, de charpente et de sciage, des fers, des charbons, des pierres à plâtre, meules, meulières, blés, farines, orge, avoine, foins, vins, carreaux de meules, etc. Les autres chargemens très-variés consistent particulièrement en aciers, craies et poteries des environs de Vitry, etc.

La Marne reçoit plusieurs affluens, dont deux sont navigables.

1° L'Ourcq, dont les eaux servent à la fois à la navigation du canal de ce nom, et aux besoins de la capitale, prend sa source à Neale en Brie, à peu de distance de Fère en Tardenais, passe à La Ferté-Milon, à Lisy, et se jette, peu au-dessous de cette ville, dans la Marne à Mary.

Sa navigation, qui commence au Port-aux-Perches, au-dessus de La Ferté-Milon, et s'étend sur 36,500ᵐ de longueur, est établie au moyen de dix pertuis situés à Mauloy, à Saint-Vast, à la queue de Ham, à Mareuil, à Guillonvray, à Crouy, à Viron, au Vieux-Moulin, à Lisy et à Mary, et de deux écluses situées à La Ferté-Milon et à Marolles : ces pertuis et écluses varient de 4ᵐ, 58 à 5ᵐ de largeur.

Les plus grands bateaux, qui naviguent sur cette rivière, ont 29ᵐ,23 de longueur, 4ᵐ,40 de largeur, et tirent 0ᵐ,87 d'eau ; et les plus petits 15ᵐ de longueur, 3ᵐ,40 de largeur, et tirent 0ᵐ,45 d'eau.

Le seul lieu important de commerce, situé sur la rivière d'Ourcq, est La Ferté-Milon, et les objets qui se transportent sur son cours consistent seulement dans les bois de la forêt de Villers-Cotterets, dans les blés, les farines et autres denrées des pays que cette rivière traverse.

2° Le *Grand-Morin*, qui prend sa source à l'ouest de Sezanne, et après être passé à Tigeaux, Coulommiers et Crécy, va se jeter dans la Marne, à deux lieues au-dessous de Meaux.

Sa navigation commence à Tigeaux, et se prolonge au moyen de dix pertuis jusqu'à son embouchure, sur 14 kilom. de longueur.

Ces pertuis, de 4ᵐ,33 de largeur, sont situés à Serbonne, à la Chapelle, à Crécy, à Lusset, au Pont-aux-Dames, à Saint-Germain-les-Couilly, à Quintejoie, à Montry, à Esbly et à Condé.

Les bateaux en usage sur cette rivière ont 15ᵐ de longueur, 4ᵐ de largeur, et tirent 0ᵐ,60 d'eau.

Sa navigation a pour objet le transport des bois de la forêt de Crécy et des denrées du pays.

Le 4° *affluent de la Seine à droite*, *L'Oise*, qui ouvre une communication précieuse avec les départemens du nord, prend sa source près de Rocroy, passe, en recevant plusieurs petites rivières, dont une seule est navigable dans ce moment, à Guise, La Fère, Chauny, Compiègne, Pont-Sainte-Maxence, Beaumont, Pontoise, et va se jeter, après un cours de plus de soixante lieues, dans ce fleuve à Conflans-Sainte-Honorine.

Flottable dès Bautor sur 14 kil. de longueur, cette rivière est navigable sur 121,545ᵐ de longueur, à partir de Chauny.

Un barrage éclusé à trois passages de chacun 8ᵐ de largeur, et une écluse de 6ᵐ,50 de longueur, sont construits à Sempigny.

Ses bateaux ont de 15 à 46ᵐ de longueur, 2ᵐ,60 à 8ᵐ de largeur, et tirent de 1ᵐ à 1ᵐ,80 d'eau.

Les lieux principaux de commerce, situés sur cette rivière, sont Chauny, Pont-l'Evêque, Ourscamps, Compiègne, Croix-Saint-Ouen, Pont-Sainte-Maxence, Creil et Saint-Leu.

Les marchandises qui descendent par cette rivière consistent en bois à brûler de la forêt de Compiègne, pierres de taille de Saint-Leu, glaces de Saint-Gobin, et porcelaines de Creil. Elle reçoit également tous les objet qui parcourent le canal de Saint-Quentin, ainsi que les charbons de terre qui sont tirés de la Belgique. La navigation ascendante est généralement moins considérable; elle consiste dans le transport de vins de tous les pays, provenant du midi et de l'intérieur de la France, de plâtre, de savons, d'eaux-de-vie, etc.

Le seul affluent navigable qui vient se rendre dans l'Oise est l'*Aisne*, qui, prenant naissance à Somme-Aisnes, département de la Meuse, passe à Mouron, Semuy, Vouziers, Rhetel, Château-Porcien, Neufchâtel, Vailly, Soissons, et arrive à l'Oise au-dessus de Compiègne.

Cette rivière, qui doit recevoir de notables améliorations par suite de l'établissement du canal des Ardennes, flotte aujourd'hui, à partir de Mouron, sur 55 kil. de longueur. Sa navigation, qui commence à Château-Porcien, a lieu, sur 125 kil. de longueur, au moyen de 6 pertuis de 4ᵐ,85 à 10ᵐ de largeur, placés à Rhétel, à Evergnicourt, à Berry-au-Bac, à Pontavaire, à Pontarcy et à Vailly, et de quatre écluses de 5ᵐ de largeur, situées à Château-Porcien, à Balham, à Asfeld et à Avaux.

Ses bateaux ont de 20 à 45ᵐ de longueur, 5 à 8ᵐ de largeur, et tirent de 1 à 2ᵐ d'eau.

Les lieux de commerce les plus importans situés sur cette rivière, sont : Mouron, Vouziers, Semuy, Réthel, Neufchâtel, Pontavaire, Vailly, Soissons, Vic-sur-Aisne, Saulgy, Atichy, Lamotte et Lajoyette.

Les objets que l'on transporte sur cette rivière consistent en grains, bois, charbons de terre, fers, ardoises, marbre, vins, etc.

Le 5ᵉ affluent à gauche, l'Eure, prend sa source dans la forêt de Loigny, au-dessus de Neuilly, département de l'Orne, passe à Pontgouin et à Chartres, arrose Maintenon, St.-Georges, Pacy, Louviers, le Vaudreuil et Lery, et va se jeter dans la Seine près du village des Damps, un quart de lieue au-dessus de Pont-de-l'Arche.

Sa navigation, qui commence à St.-Georges, s'effectue au moyen de vingt-un pertuis de 8ᵐ de largeur et d'une écluse de 5ᵐ, et s'étend sur 92,252ᵐ de longueur.

Les lieux où sont construits ces pertuis sont : Treuil, Benoît, Marcilly, Sorel, St.-Jean, Ezy, Ivry, Garenne, Lorcy, Mercy, Chambine, Pacy, St.-Aquilin, Ménilles, Cocherelle, Chambrais, Authouillet, La Croix-St.-Leufroy, Folleville, Vaudreuil et Lery.

L'écluse est construite à Louviers.

Les bateaux qui naviguent sur cette rivière ont de 28 à 42ᵐ de longueur, 4ᵐ,20 à 4ᵐ,80 de largeur, et tirent 1ᵐ d'eau.

L'Eure sert à transporter les bois des forêts de Dreux et de Pacy, ainsi qu'à remonter des sels, des charbons de terre et des ardoises.

Le 6ᵉ affluent à gauche, la Rille, prend sa source à St.-Vandrille, à quatre lieues est de Séez, passe à L'Aigle, Beaumont-le-Roger, Colombier, Pont-Audemer, et va se jeter dans la Seine, à La Roque, entre Quilleboeuf et Honfleur.

Sa navigation commence à Pont-Audemer, et a lieu sur 16 kil. de longueur ; et ses bateaux portent de quarante à cinquante tonneaux.

Le seul lieu important de commerce est Pont-Audemer.

Les objets de transport consistent en cuirs, vins, matériaux de construction, et denrées coloniales.

§ V. — BASSIN DE LA LOIRE.

La Loire, qui, dans son cours rapide, traverse la France sur presque la totalité de sa largeur, et qui prend sa source dans les montagnes du Vivarais, au mont Gerbier, près Ste.-Eulalie, département de l'Ardèche, arrose une multitude de bourgs et de villes importantes, au milieu desquelles on distingue, Roanne, Nevers, La Charité, Cosne, Briare, Gien, Orléans, Beaugency, Blois, Amboise, Tours, Saumur, Ancenis et Nantes, et va se jeter dans la mer, après un cours de deux cent vingt lieues de longueur, entre Paimbœuf et St.-Nazaire.

On commence à Retournac le flottage, qui continue sur 51,500ᵐ de longueur.

Ce flottage a pour objet le transport des sapins qui servent à la construction des bateaux.

La navigation, qui part de la Noirie, a lieu sur 812 kil. de longueur.

Les bateaux qui naviguent à la voile sur ce grand fleuve ont depuis 10ᵐ jusqu'à 35ᵐ de longueur, de 1ᵐ,50 à 5ᵐ,30 de largeur, et tirent de 0ᵐ,20 à 1ᵐ,50 d'eau.

Les lieux principaux de commerce, situés sur ce fleuve, sont : 1° sur le département de la Loire, Balbigny et Roanne ; 2° sur le département de Saône-et-Loire, Digoin et Bourbon-Lancy ; 3° sur le département de la Nièvre, Decize, Nevers, La Charité, Pouilly, Cosne et Neuvy; 4° sur le département du Loiret, Briare, Gien, Châteauneuf, Combleux, Orléans et Beaugency ; 5° sur le département de Loir-et-Cher, St.-Dié et Blois ; 6° sur le département d'Indre-et-Loire, Amboise, Mont-Louis, Tours et Langeais ; 7° sur le département de Maine-et-Loire, Montsoreau, Saumur, St.-Mathurin, le Pont-de-Cé, Chalonne et Ingrande ; 8° sur le département de la Loire-Inférieure, Ancenis, Oudon, Nantes, Coueron, Le Pellerin, Paimbœuf et St.-Nazaire.

Malgré sa rapidité, la Loire, qui, ainsi que nous le verrons dans la section suivante, présente les plus grandes difficultés à la navigation dans sa partie supérieure, et ne permet que la descente des bateaux, depuis la Noirie jusqu'à Roanne, sur 72 kil. de longueur, offre cependant, au moyen des canaux du centre, de Briare et d'Orléans, la navigation la plus étendue qu'il y ait en France, et qui commence depuis neuf ans à la Noirie, par suite des nombreux escarpemens faits par la compagnie d'Osmond.

A la Noirie et à St.-Rambert, on charge des charbons de terre tirés des riches houillères de St.-Etienne, et destinés pour Paris et pour les divers départemens traversés par la Loire. Ce fleuve sert en outre à transporter des épiceries, des vins et eaux-de-vie, des merrains, des bois de chauffage, de marine et de charpente, des bouteilles, des poteries, des porcelaines, du plâtre, des fers, des canons, des ancres pour les vaisseaux, des toiles, des draperies, du sel, des résines, des graines de toute espèce, des denrées coloniales, etc.

On construit, à Nantes pour le commerce, des bâtimens portant jusqu'à neuf cents tonneaux; mais ces bâtimens, descendus une fois à Paimbœuf, ne remontent à Nantes que très-rarement, et sur lest; en raison des passes à franchir, on les charge et on les décharge à Paimbœuf et à St.-Nazaire, au moyen de gabarres portant depuis quarante jusqu'à cent cinquante tonneaux.

Il s'est établi dernièrement, sur la Loire, un service de bateaux d'une nouvelle espèce, dits *accélérés*, qui vont de Nantes à Orléans; ils font le trajet en quinze jours, et sont généralement préférés aux bateaux ordinaires.

Parmi la multitude d'affluens qui se jettent dans la Loire, ce fleuve en compte onze principaux, qui sont navigables sur une plus ou moins grande étendue, et qui eux-mêmes se voient grossir de plusieurs affluens de second ordre, qui à leur tour en reçoivent quelques-uns du troisième : nous en donnerons ici le tableau.

Le 1.er affluent à droite, l'Arroux, a son origine à Issey en Bourgogne, passe par Autun, Toulon, Gueugnon, et va se jeter dans la Loire, à La Motte-St.-Jean, au-dessous de Digoin.

Principaux affluens.

Son flottage, qui commence à Autun, continue sur 60,348ᵐ de longueur ; et sa navigation, qui part de Geugnon, où il existe un pertuis de 4ᵐ,80 de largeur, a lieu sur 20,116ᵐ de longueur.

Ses bateaux ont 29ᵐ de longueur, 5ᵐ de largeur, et tirent 1ᵐ d'eau.

Les marchandises transportées sur cette rivière se déposent à Digoin.

La partie flottable de l'Arroux ne sert point au flottage des bois, elle sert seulement à descendre à vide les bateaux construits dans les environs de Toulon.

Quant à la navigation de cette rivière, elle est fort peu active, et se réduit à huit ou dix bateaux, par an, transportant du bois, du charbon et des merrains.

La 2ᵉ *affluent à gauche*, *l'Allier*, prend sa source au milieu de la forêt de Mercoire, dans le Gévaudan, passe à Langeac, à Vieille-Brioude, avoisine Issoire, Pont-du-Château, baigne Vichy, Moulins, le Veurdre, et se jette dans la Loire au bec d'Allier, à environ 6,000ᵐ au-dessous de Nevers.

Le flottage, qui commence près de St.-Arcons, continue sur 42,600ᵐ de longueur.

L'Allier pourrait être rendu flottable au-delà de St.-Arcons, mais les escarpemens de rochers, qu'il serait alors indispensable de faire, exigeraient une grande dépense dont on ne serait pas dédommagé.

Sa navigation, qui a lieu à partir de Fontanes, près de Brioude, s'étend jusqu'à son embouchure sur 241 kil. de longueur.

Les bateaux en usage sur cette rivière ont de 10ᵐ à 29ᵐ,25 de longueur, de 2ᵐ à 4ᵐ,50 de largeur, et tirent de 0ᵐ,40 à 1ᵐ d'eau.

Les lieux de commerce les plus importans établis sur l'Allier sont : Grigne, Parentignac, Pont-du-Château, Moulins et le Veurdre.

On construit un grand nombre de bateaux au port de Chappe, ainsi qu'à Brassac et Jumeaux. Les bateaux ne remontent point l'Allier, à cause de la rapidité de cette rivière, dont la pente est moyennement de 2ᵐ,66 par 1000ᵐ. On augmente leur charge à mesure qu'ils descendent, et on les dépèce à Paris.

Les objets de transport ordinaire sont les houilles, les vins, les bouteilles, les chanvres, les fruits, les bois de construction et de chauffage, les merrains, les charbons et les pierres.

Le 3ᵉ affluent à gauche, *le Loiret*, doit son origine à deux sources situées dans les jardins du château de la Source, à une lieue au-dessus d'Orléans, et dont la profondeur, jusqu'à présent inconnue, a fait l'objet des recherches de plusieurs naturalistes. Cette petite rivière, de seulement deux lieues de cours, et qui va se jeter dans la Loire, au-dessous de St.-Mesmin, n'est navigable que sur 3,760ᵐ de longueur.

Ses bateaux ont de 9ᵐ,75 à 54ᵐ de longueur, de 2ᵐ,90 à 5ᵐ,20 de largeur, et tirent 0ᵐ,80 d'eau.

Depuis le pont d'Olivet jusqu'à la Chaussée-Inférieure, il existe trois barrages principaux et dix-neuf moulins à farine, à papier ou à chamois; mais la rivière n'est pas navigable dans cet intervalle.

Le Loiret a été déclaré navigable depuis les moulins de la Chaussée-Inférieure jusqu'à son embouchure, par arrêté du préfet, du 5 mai 1804. Cette navigation se borne à l'exportation des farines des moulins de la Chaussée-Inférieure; mais ce qui a surtout décidé à considérer le Loiret comme navigable, c'est que les bateaux qui viennent de Nantes y trouvent une gare naturelle, dans les temps de glace, et remontent, pour s'abriter, jusqu'au pont de St.-Mesmin.; c'est pour cette raison que l'on a indiqué, pour les bateaux qui fréquentent le Loiret, les mêmes dimensions et le même tirant d'eau que pour ceux qui naviguent sur la Loire.

Le 4ᵉ affluent à gauche, *le Cher*, qui prend sa source au-dessus d'Auzance, près de Mariachal, département de la Creuse, passe par Chambonchart, Lavaut, Mont-Luçon, Reugny, Meaulne, Urçay, St.-Amand, Châteauneuf, St.-Florent, Villeneuve, Brinay, Vierzon, Ménestous, Selles, St.-Aignan, Montrichard, Bléré, St.-Avertin et Tours, et va se jeter dans la Loire vis-à-vis de St.-Mars, au lieu appelé Bec-du-Cher.

Le flottage, qui commence à Chambonchart, a lieu sur 179 kil. de longueur, à travers onze barrages en fascinages et charpente, établis pour le service de moulins, au moyen de brèches et pertuis de 7 à 8ᵐ de largeur.

La navigation, commençant à Vierzon, s'opère à travers dix-neuf barrages, construits également pour le service des moulins, au moyen de brèches et pertuis de 7 à 8ᵐ de largeur, et se prolonge sur 158,700ᵐ de longueur.

Les onze pertuis et brèches, situés entre Mont-Luçon et Vierzon, sont construits pour le service des moulins de la rivière d'Auchaume, des Bordes, des forges de Bigny, des moulins de Châteauneuf, d'Houet, de Breuil, de Rosieres, des Lavoirs, de la Magdelaine et de Preuilly.

Les dix-neuf derniers, situés entre Vierzon et le Bec-du-Cher, sont établis pour le service des moulins de Perreau, de Boutet, de Rosai, de Sauveterre, de Chabris, de Montrichard, de l'Étourneau, de Chisseau, de Moré, de Bléré, de Valet, de Nitré, de Verets, de Saint-Avertin, du Moulin-neuf et de Savonnière.

Les bateaux employés sur le Cher ont de 16 à 26ᵐ de longueur, de 2ᵐ,60 à 4ᵐ,60 de largeur, et tirent de 0ᵐ,30 à 0ᵐ,90 d'eau.

Les lieux principaux de commerce, établis sur les bords de cette rivière, sont Mont-Luçon, Saint-Amand, Châteauneuf, Saint-Florent, Vierzon, Ménetous, Selles, Saint-Aignan, Montrichard, Bléré, Verets, Saint-Sauveur et Savonnière.

La navigation du Cher sera suppléée, comme nous le verrons dans la 2ᵉ section, par le canal de Berry, qui doit suivre cette rivière latéralement depuis Mont-Luçon jusqu'à Saint-Amand, se détourner par les vallées de la Marmande et de l'Auron, depuis Saint-Amand jusqu'à Vierzon, pour passer sous les murs de Bourges; reprendre ensuite le Cher latéralement depuis ce dernier point jusqu'à Saint-Aignan, et enfin entrer en rivière à Saint-Aignan, pour en sortir à Saint-Avertin et aller, par une dérivation, se terminer dans la Loire au-dessus de la ville de Tours.

Les principaux objets qui se transportent aujourd'hui sur le Cher sont, à la descente, des bois de marine, de charpente et de chauffage, des merrains, des fers, des vins, des cuirs et des pierres à fusil; et à la remonte, des sels, des ardoises, des pierres dures, des denrées coloniales, etc.

Le 5° affluent à gauche, *la Vienne*, prend sa source en Limousin, à cinq lieues est d'Aimoutiers; et après être passée, dans son cours d'environ soixante-dix lieues de longueur, par Saint-Léonard, Limoges, Saint-Junien, Confolent, Lussac, Chauvigny, Chitré, Châtellerault, l'Ile-Bouchard et Chinon, va se jeter dans la Loire à Candes.

Le flottage a lieu, sur cette rivière, entre Tarnac et Limoges, sur 77,400^m de longueur.

Sa navigation, qui commence à Chitré, a lieu sur 89,555^m de longueur.

Ses bateaux ont de 10 à 32^m de longueur, de 2^m à 5^m,30 de largeur, et tirent de 0^m,50 à 1^m,10 d'eau.

Les principaux lieux de commerce situés sur la partie navigable de cette rivière, sont Châtellerault, l'Ile-Bouchard, Chinon et Candes.

Depuis Nede jusqu'à Limoges seulement (Haute-Vienne), sur une étendue de 59 kilom., on flotte des bois de chauffage à bûche perdue par-dessus les digues des moulins.

On transporte par cette rivière les blés du Limousin, surtout ceux de l'arrondissement de Châtellerault, ceux du Berry, qui arrivent par la Creuse, ceux du canton de Richelieu, les vins de l'Ile-Bouchard, de Chinon, etc.

Ce sont les bateaux de la Loire qui remontent dans la Vienne.

La Vienne, qui par son cours régulier du midi au nord est destinée, comme on le dira par la suite, à faire partie d'une importante communication entre les ports de la Manche et ceux de la mer de Gascogne et de la Méditerranée, reçoit, entre autres affluens, la *Creuse*, qui, prenant sa source au-dessus de Felletin, dans le haut Limousin, passe par Aubusson, Gleny, Fresselines, Le Blanc, La Haye et Lauvernière, et va se jeter dans la première rivière au-dessus du Port-de-Piles. Elle commence à être flottable, depuis Fellettin, sur 210,712ᵐ de longueur, et navigable, depuis le port de Lauvernière, sur seulement 8,400ᵐ de longueur.

Cinq pertuis de 8ᵐ de largeur sont établis sur cette dernière rivière à Tournon, à la Roche-Pozay, à Gatineau, à Chambon et à La Guerche.

Ses bateaux ont de 15 à 20ᵐ de longueur, de 3ᵐ,50 à 4ᵐ de largeur, et tirent de 0ᵐ,70 à 0ᵐ,80 d'eau.

Les lieux d'entrepôt et de commerce, situés sur son cours, sont Saint-Martin-de-Tournon, La Haye et Port-de-Piles; et les principaux objets de transport consistent en bois de marine et de chauffage, en blés, en fers, etc.

Le 6ᵉ affluent à gauche, la Thouet, prend sa source au-dessus de Secondigny, dans le Poitou, passe par Partenay, Thouars et Montreuil-Belay, et va se jeter dans la Loire à Bouche-Thouet, au-dessous de Saumur.

Sa navigation, qui commence à Montreuil-Belay, s'opère au moyen de six pertuis de 4ᵐ,60 de largeur, construits aux moulins de La Salle, de Rimodan, de Bron, de La Motte, de Saumoussay et de Saint-Florent, et a lieu sur 1,720ᵐ de longueur.

Les bateaux qui parcourent cette rivière ont de 15 à 30ᵐ de longueur, de 2ᵐ,25 à 4ᵐ,50 de largeur, et tirent de 0ᵐ,50 à 1ᵐ25 d'eau.

Les lieux de commerce situés sur son cours sont Montreuil-Belay et Saint-Florent.

Les objets de transport consistent en grains, carreaux, briques, ardoises et fers.

Le 7ᵉ affluent à droite, un des plus importans que reçoit la Loire, et que nous verrons figurer dans le système des canaux secondaires, dont il sera parlé par la suite, est la *Mayenne*, qui, prenant sa source à Maine, près de La Lacelle en Normandie, arrose Mayenne, St.-Jean, Laval, Château-Gontier et Angers, et se jette dans ce fleuve à environ une lieue et demie au-dessous de cette dernière ville.

Le flottage, qui se fait sur cette rivière sur 10 kil. de longueur, commence à St.-Jean, au confluent de l'Ernée, et se termine à Laval.

La navigation qui a lieu sur son cours, au moyen de trente-sept portes marinières, dont la largeur varie de 4",50 à 5", s'étend sur 94,710" de longueur.

Ses bateaux ont de 5" à 28" de longueur, de 2" à 4" de largeur, et tirent de 0",64 à 1",30 d'eau.

Les lieux de commerce situés sur cette rivière sont : Laval, Port-Ringard, Le Tertre, la Bougère, Château-Gontier, Menil et Angers.

Sa navigation, très-importante, sert au transport de grains, vins, sels, résines, goudrons, chanvres, lins, charbons de terre, fayence, poterie, matériaux pour bâtir, et bois de marine, de construction et de chauffage.

La Mayenne compte, parmi plusieurs rivières dont s'enrichit son cours, deux affluens navigables.

1° L'Oudon, qui prend sa source à Gravelle, passe par Craon, Segré, et va se jeter dans cette rivière, non loin d'Angers.

Sa navigation, pour laquelle il a été établi trois pertuis de 5" de largeur, à Verzé, à la Brandonnerie, et à la Hymbaudière, commence à Segré, et s'étend sur 17,560" de longueur.

Les bateaux qui la parcourent, ont de 5" à 27",28 de longueur, de 2" à 4" de largeur, et tirent de 0",64 à 1",20 d'eau.

Le seul lieu important de commerce, situé sur cette rivière, est Segré, et les marchandises qui se transportent sur son cours sont, des bois de construction, des ardoises, des grains et des vins.

2° La Sarthe, dont le cours sinueux de soixante lieues de longueur, arrose Alençon, Fresnay, Beaumont, Le Mans, Arnage, la Suze, Malicorne et Sablé. Cette rivière, qui prend sa source à Somme-Sarthe, près de Moulins-la-Marche, en Normandie, va se jeter dans la Mayenne, à une lieue au-dessus d'Angers.

Son flottage, qui commence au Mans, n'a lieu que sur 11 kil. de longueur, et sa navigation, qui part d'Arnage, se prolonge sur 115,942ᵐ de longueur.

Sur cette rivière, sont établies trente-une portes marinières, de 4ᵐ,5o à 5ᵐ de largeur.

Les bateaux en usage sur cette rivière sont, de la même dimension que ceux qui naviguent sur l'Oudon, et les principaux lieux de commerce situés sur son cours sont : le Mans, Arnage, la Suze, Malicorne et Sablé.

Les marchandises qui prennent voie sur cette rivière, sont généralement de même nature que celles qui se transportent sur la Mayenne.

La Sarthe elle-même, qui se grossit de plusieurs rivières, reçoit un affluent navigable, le Loir, qui, ayant sa source à Cernay, dans le Perche, traverse, dans son cours aussi rapide qu'irrégulier, soixante lieues de pays ; arrose Bonneval, Châteaudun, Freteval, Vendôme, les Roches, Poncé, où commence le flottage, qui s'étend sur 28 kil. de longueur ; puis Château-du-Loir, d'où part la navigation qui, au moyen de trente-neuf pertuis ou portes marinières, de 4ᵐ,5o à 5ᵐ de largeur, continue sur 113,894ᵐ de longueur ; enfin Coëmont, le Lude, La Flèche, Durtal et Seiches ; et va tomber dans la Sarthe, au-dessous de Briolay, à deux lieues au-dessus d'Angers.

Les bateaux qui naviguent sur le Loir sont des mêmes dimensions que ceux des rivières de l'Oudon et de la Sarthe. Les lieux de commerce situés sur ses rives sont : Coëmont, le Lude, Luché, La Flèche et Bazouches ; et les marchandises au transport desquelles sert sa navigation, sont de même nature que celles qui parcourent la dernière rivière.

Le 8ᵉ affluent à gauche, la Sèvre-Nantaise, prend sa source à Bouin, dans le Poitou, passe à Mortagne, Tiffanges, Clisson et Monnières, et va se jeter dans la Loire, à Nantes.

Sa navigation, qui a son origine à Monnières, continue, au moyen d'une écluse de 5ᵐ,8o de largeur, établie à Verton, sur 16 kil. de longueur.

Ses bateaux ont de 10ᵐ à 31ᵐ de longueur, de 2ᵐ,60 à 5ᵐ de largeur, et tirent de 0ᵐ,85 à 1ᵐ d'eau.

Les principaux lieux de commerce établis sur son cours, sont : Monnières et Verton, et sa navigation, qui n'admet les grands bateaux que jusqu'à Verton, sert au transport de chaux, d'engrais, de bois, de vins, d'eaux-de-vie, de graines et de foins.

Le 9ᵉ *affluent à droite*, *l'Erdre*, prend sa source à une lieue au-dessus de Candé, passe par cette ville, Nort et Sucé, et baigne les murs de Nantes, au-dessous desquels elle va se jeter dans la Loire.

Cette rivière est navigable depuis Nort jusqu'à son embouchure, sur 25 kil. de longueur.

Ses bateaux ont de 16ᵐ,24 à 20ᵐ,46 de longueur, de 3ᵐ,90 à 5ᵐ,20 de largeur, et leur tirant d'eau est de 1ᵐ,30 à 1ᵐ,46.

Les lieux de commerce qui se trouvent sur son cours sont Nort et Nantes.

L'Erdre n'est point navigable de son propre fonds ; une chaussée, placée à Barbin, sans écluses ni pertuis, soutient les eaux jusqu'à Nort ; c'est à la chaussée de Barbin, près de Nantes, que l'embarquement et le débarquement ont lieu.

Les différens transports qui se font sur cette rivière consistent en grains, fontes, fers, bois de chauffage et de construction, graines, vins, cidres, beurre, volailles, etc.

Le 10ᵉ *affluent à gauche*, *l'Acheneau*, sort du lac de Grand-Lieu, dans le Poitou, où il prend son origine, passe au port Saint-Père et à Messan, et va se jeter dans la Loire à Buzay, à environ cinq lieues au-dessous de Nantes.

Sa navigation, qui remonte jusqu'au Port-Saint-Père, a lieu sur 19 kilom. de longueur.

Deux portes d'ébe et de flot, de 4ᵐ,88 de largeur, sont construites à Messan et Buzay.

Les bateaux employés sur cette rivière n'ont que de 6ᵐ à 12ᵐ de longueur, de 2ᵐ,60 à 3ᵐ de largeur, et tirent de 0ᵐ,64 à 1ᵐ d'eau.

On transporte par cette rivière de la chaux, des engrais, des vins, des eaux-de-vie, des grains et des foins. Les lieux de commerce situés sur son cours sont : Port-Saint-Père et Messan.

Trois petites rivières navigables se rendent au lac de Grand-Lieu, où, ainsi qu'on vient de le voir, l'Acheneau prend son origine.

1° L'*Ognon*, qui a sa source à Saint-Sulpice, et dont la navigation, qui part du pont de Saint-Martin et se fait sur 6 kilom. de longueur, emploie des bateaux des mêmes dimensions que ceux de l'Acheneau, et sert au transport d'objets de même nature que celle de cette rivière.

2° La *Boulogne*, qui prend naissance à la Masserti, près de Boulogne, passe par Roches-Servières, est navigable depuis Besson jusqu'à son embouchure, sur 8 kilom. de longueur; admet des bateaux des mêmes dimensions que la rivière précédente, et sert au transport de marchandises de même nature, dont Saint-Philibert est le principal entrepôt.

3° Enfin le *Tenu*, qui a sa source au port du Prieuré, passe à Saint-Mesmes et à Saint-Mars, seuls lieux de commerce situés sur son cours, et qui, navigable à partir de Saint-Mesmes et sur 16 kilom. de longueur, admet des bateaux de même dimension que les rivières précédentes, et sert, ainsi qu'elles, au transport de marchandises de même nature.

Le 11° *affluent à droite*, le *Brivé*, qui prend sa source dans les marais de Saint-Gildas, passe par Pont-Château et Méan, principaux lieux de commerce, et va se jeter dans la Loire, au-dessus de Saint-Nazaire.

Sa navigation, qui commence à Pont-Château, a lieu sur 25 kilom. de longueur, et sert au transport de bois, tourbes, graines, vins, cidres et engrais.

Ses bateaux ont de 5ᵐ,50 à 8ᵐ de longueur, de 2ᵐ à 2ᵐ,40 de largeur, et tirent de 0ᵐ,32 à 0ᵐ,48 d'eau.

§ VI. — BASSIN DE LA GIRONDE.

La Gironde, qui ne prend ce nom qu'avant son entrée dans l'Océan et seulement au bec d'Ambès, coule dans son vaste et riche bassin, sur plus de cent vingt lieues de longueur, sous le nom de Garonne, et reçoit la branche occidentale du canal de Languedoc sous les murs de Toulouse. Ce fleuve a sa source au pied des Pyrénées, au-delà du territoire français, dans la vallée d'Aran, et voit s'élever sur ses rives plusieurs villes, au nombre desquelles on remarque Pont-du-Roi, Saint-Béat, Saint-Gaudens, Carbonne, Muret, Toulouse, Castel-Sarrazin, Agen, Aiguillon, Marmande, La Réole, Castres, Bordeaux et Blaye.

La Garonne est flottable dès Pont-du-Roi, et sur 75 kilom. de longueur; sa navigation commence à Cazères, et continue jusqu'à la mer sur 428 kilom. de longueur.

Depuis Fos jusque et y compris Toulouse, département de la Haute-Garonne, il existe sur son cours quarante-cinq pertuis, dont la largeur varie de 6ᵐ à 20ᵐ.

Les bateaux qui naviguent sur ce fleuve ont, savoir : les plus petits, 8ᵐ de longueur, 1ᵐ de largeur, et tirent 0ᵐ,40 d'eau; et les plus grands 37ᵐ de longueur, 5ᵐ de largeur, et tirent 1ᵐ,30 d'eau.

Les lieux principaux de commerce, situés sur son cours, sont : dans le département de la Haute-Garonne, Saint-Béat, Montrejean, Cazères et Toulouse; dans le département de Tarn-et-Garonne, Verdun, Le Mas, Bouret, Baudou, Aurillard, Petit-Béssy et La Magistère; dans le département de Lot-et-Garonne, Leyrac, Agen, Port-Sainte-Marie, Tonneins et Marmande; et enfin, dans le département de la Gironde, La Réole, Langon et Bordeaux.

Les objets ordinaires de transport sont : les fruits, les vins, les étoffes, les soieries qui viennent par le canal du Midi, les farines, les eaux-de-vie de l'Armagnac, les bois de pin et autres, les pruneaux d'Agen, etc. Toutes ces marchandises sont consommées ou embarquées à Bordeaux, qui, en retour, envoie dans le haut pays ses vins, et toutes les productions et denrées coloniales.

Parmi les nombreux affluens qui viennent grossir ce fleuve de leurs eaux, la Garonne en compte sept navigables, parmi lesquels un reçoit lui-même deux rivières navigables, dont la dernière s'enrichit encore de la navigation d'un affluent de troisième ordre.

Le 1er affluent à droite, le Salat, qui prend sa source dans les Pyrénées, passe par Seix, Saint-Girons et la Cave, et va se jeter dans la Garonne, au-dessous de Saint-Martory.

Son flottage, qui part de Saint-Girons, a lieu sur 16 kilom. de longueur; et sa navigation, qui commence à la Cave, s'opère au moyen de cinq pertuis, sur 20 kilom. de longueur.

Deux de ces pertuis, situés à Touille et à Salies, ont 6m de largeur; trois autres, dont les deux premiers également de 6m de largeur et le dernier de 8m, sont situés à Mazères.

Les bateaux qui naviguent sur cette petite rivière ont de 10m à 15m,80 de longueur, de 2 à 5m de largeur, et tirent de 0m,40 à 0m,55 d'eau.

Salies est le seul lieu de commerce situé sur cette rivière qui sert au transport de bois de construction et de chauffage. Ses bateaux se construisent à la Cave, d'où l'on tire la plupart des bateaux et batelets qui naviguent sur la Garonne.

Le 2e affluent de la Garonne à droite, l'Arriège, qui prend également sa source dans les Pyrénées, passe à Ax, à Taras, à Foix, à Pamiers, à Cintegabelle et Auterive, et va se jeter dans ce fleuve à Pinsaguel, deux lieues et demie environ au-dessus de Toulouse.

Le flottage qui se fait sur cette rivière commence entre Foix et Pamiers, et a lieu sur 41 kilom. de longueur.

Sa navigation, qui part de Cintegabelle, s'étend, au moyen d'un pertuis de 6m de largeur établi à Auterive, sur 30 kilom. de longueur.

Les bateaux qui naviguent sur l'Arriège ont de 12m,50 à 16m,40 de longueur, de 2m,30 à 5m,25 de largeur, et tirent de 0m,45 à 0m,85 d'eau.

Les lieux de commerce situés sur son cours sont Cintegabelle et Auterive, et sa navigation sert au transport de fers et de bois.

Le 3ᵉ affluent à droite, le Tarn, prend sa source dans les montagnes du Gévaudan au-delà de Florac, passe, dans son cours sinueux d'environ soixante-quinze lieues de longueur, par Florac, Milhau, Ste.-Rome, Alby, Gaillac, L'Ile, Barbastens, Villemur, Montauban et Moissac, et va se jeter dans la Garonne, au-dessous de ce dernier lieu.

Cette rivière est flottable, depuis Peyreleau jusqu'à Milhau, sur une longueur de 26,200ᵐ.

Sa navigation, qui commence à Gaillac et s'étend sur 110 kilom. de longueur, a lieu au moyen 1° de trois écluses de 5 à 6ᵐ de largeur, situées à L'Ile, Barbastens et à Villemur; 2° d'un passelis de 8ᵐ de largeur, situé à Corbières; 3° de trois écluses de 5ᵐ,50 à 6ᵐ de largeur, construites à Sapiacou, à Albarèdes et à La Garde; 4° d'un passelis de 7ᵐ de largeur, établi à Sainte-Livrade; 5° d'une écluse de 5ᵐ,97 de largeur, située à Moissac. Il s'exécute en ce moment des travaux pour faire remonter la navigation du Tarn jusqu'à Alby.

Les bateaux en usage sur le Tarn ont de 20 à 37ᵐ de longueur, de 3ᵐ,80 à 5ᵐ de largeur, et tirent de 0ᵐ,50 à 1ᵐ d'eau.

Les lieux de commerce situés sur son cours, sont : Alby, Gaillac, Villemur, Montauban et Moissac.

Sa navigation descendante sert au transport de vins, blés, farines, prunes, amandes, anis, pastel, genièvre, fromages, draperies et étoffes diverses, grosses toiles, merrains, bois de construction et bouteilles; sa navigation ascendante a pour objet le transport de sucres, cassonnades, cafés, riz, indigo, bois de teinture et autres denrées coloniales; vins, liqueurs, huiles, morues, sardines et poissons secs et salés; sels, soufre, cuirs verts et préparés, alun, couperose, fonte, fers bruts et ouvrés, outils de toute espèce, plomb, cuivre, étoffes et draps, cotons en rame; et celui de seigles et blés du Nord, lorsque les récoltes du pays sont peu abondantes.

Le 4ᵉ affluent à gauche, la Bayse, prend sa source sur le plateau de Pinas au-dessus de Lannemezan, passe par Mirande, Valence, Condom, Nérac, Lavardac et Viane, et va se jeter dans la Garonne, au port de Pascau, une demi-lieue au-dessous d'Aiguillon.

Sa navigation, qui commence à Nérac, s'étend, au moyen de six écluses de 4^m de largeur, jusqu'à son embouchure, sur 20 kil. de longueur.

Ses bateaux ont de 8^m à 24^m de longueur, de 1^m à 2^m,20 de largeur, et tirent de 0^m,40 à 1^m d'eau.

Les lieux de commerce les plus importans situés sur cette rivière, sont : Nérac, Pont-des-Bordes et Lavardac.

Le commerce des eaux-de-vie et des farines est l'objet principal des transports. On embarque aussi au Pont-des-Bordes, port principal, des bois de pin, du liège et des résines des Landes.

On s'occupe, depuis quelques années, de l'exécution des travaux nécessaires pour faire remonter la navigation de cette rivière jusqu'à Condom, département du Gers.

Le 5e affluent à droite, le Lot, a son origine près de Blaymard, passe, dans son cours de plus de 80 lieues de longueur, par Mende, St.-Geniès, Entraigues, Cahors et Villeneuve, et va se jeter dans la Garonne, sous Aiguillon.

Le Lot est navigable au moyen de vingt-six écluses de 4^m de largeur, depuis Entraigues jusqu'à son embouchure, sur 295 kil. de longueur. Le flottage à bûches perdues se fait sur une longueur de 13,500^m, depuis St.-Laurent de Rivedolt jusqu'à St.-Geniès.

Ses bateaux ont de 7^m à 24^m de longueur, de 2^m,04 à 2^m,20 de largeur, et tirent de 0^m,40 à 1^m d'eau.

Les lieux principaux de commerce situés sur cette rivière, sont : Entraigues, Agres, Livignac, Bouillac, Cajarc, Luzech, Puy-l'Évêque et Villeneuve d'Agen.

Sa navigation sert au transport des vins du Querci, eaux-de-vie, sels, houilles, bois, merrains, blés et grains de toute espèce, peaux, aciers, merceries, huiles, savons, etc.

Le 6ᵉ affluent de la Garonne, à droite, le Dropt, prend sa source au-dessus de Monpazier, dans le Bas-Périgord, passe par cette ville, Villereal, Eymet, Monségur et Morisés, et va se jeter dans ce fleuve, au dessous de Gironde.

Ses bateaux sont de mêmes dimensions que ceux qui naviguent sur le Lot.

La navigation de cette rivière ne remonte aujourd'hui que jusqu'à Morisés sur 3,500ᵐ de longueur. Plusieurs tentatives ont été faites pour la prolonger ; et par une ordonnance du Roi, du 11 avril 1821, une compagnie s'est engagée à la faire remonter jusqu'à Eymet, 88,000ᵐ au-dessus de son embouchure, par le moyen d'une machine destinée à faire franchir aux bateaux les barrages et chaussées des moulins.

Le 7ᵉ affluent à droite, la Dordogne, une des plus grandes rivières de France , qui doit son nom aux deux ruisseaux de Dor et de Dogne, qui prennent leur source au Mont-d'Or, en Auvergne, passe par Bort, Beaulieu, Mayronne, Domme, Limeuil, Bergerac, Castillon , Libourne, Cubzac et Bourg, et se jette dans la Gironde , au bec d'Ambès.

Flottable depuis le confluent du Chavanon, sur 269 kil. de longueur, la Dordogne est navigable à partir de Mayronne, jusqu'à son embouchure, sur 292 kil. de longueur.

Les bateaux qui naviguent sur son cours ont de 8 à 24ᵐ de longueur, de 1ᵐ à 5ᵐ de largeur, et tirent de 0ᵐ,40 à 1ᵐ,50 d'eau.

Les principaux lieux de commerce situés sur cette rivière , sont : Beaulieu, Souillac , Domme , Bergérac, Ste.-Foix , Castillon et Libourne.

Sa navigation sert à la descente de merrains et feuillards, d'huiles , de fers fondus ou forgés du Périgord . des vins de Saint-Emilion , de sels, de blés , etc., jusqu'au bec d'Ambès, et qui de là remontent à Bordeaux. Libourne est aussi un lieu d'entrepôt où les navires viennent prendre leur cargaison.

Par un traité, passé le 16 février 1845, une compagnie s'est engagée, au moyen de la concession à perpétuité d'un péage, à perfectionner la navigation de cette rivière, entre l'embouchure de la Vézère et Saint-Jean-de-Blagnac, sous Castillon, ainsi que nous le verrons plus en détail dans la 2ᵉ section.

La Dordogne reçoit deux affluens navigables, la Vézère et l'Isle :

1° *La Vézère* prend sa source près de Chavagnac dans le bas Limousin, passe par Treignac, Uzerche, l'Arche, Terrasson et Montignac, et va se jeter dans la Dordogne à Limeuil.

Son flottage commence au moulin du Verdier, et se prolonge sur 90 kil. de longueur, et sa navigation, qui part de Montignac, a lieu sur 47 kil. de longueur.

Ses bateaux sont des mêmes dimensions que ceux en usage sur la Dordogne.

Les lieux de commerce les plus importans, situés sur la Vézère, sont : Montignac, Saint-Léon, Lemoustier et Limeuil.

Par le même traité qui assure le perfectionnement de la Dordogne, depuis Castillon jusqu'à l'embouchure de la Vézère, la compagnie chargée de ce perfectionnement, s'est également engagée à canaliser la Vézère depuis ce dernier point jusqu'à l'embouchure de la Corrèze, qui doit elle-même être canalisée jusqu'à Tulle.

2° *L'Isle*, qui est navigable, à l'aide de la marée, depuis son embouchure jusqu'à Laubardemont, et pour la navigation de laquelle on a construit dix-huit écluses, de 1773 à 1786, depuis ce dernier point jusqu'à Mucidan, et pour laquelle on s'occupe encore d'exécuter de nouveaux travaux depuis Mucidan jusqu'à Périgueux, ainsi qu'il sera dit dans la 2ᵉ section, prend sa source près de Ladignac, dans le Limousin, passe par Périgueux, Saint-Astier, Mucidan, Montpont et Laubardemont, et va se jeter dans la Dordogne à Libourne.

L'étendue de sa navigation, depuis son embouchure jusqu'à Laubardemont, est de 27,400ᵐ, et celle depuis ce point jusqu'à Périgueux, en partie exécutée, sera de 116,000ᵐ.

Ses bateaux sont des mêmes dimensions que ceux qui naviguent sur la Vézère.

Le seul lieu de commerce important situé sur son cours est Libourne.

La navigation de l'Isle, perfectionnée par les ouvrages ci-dessus indiqués, aura l'avantage de procurer un utile débouché aux produits agricoles, aux bois de chauffage et de construction, et aux fers de l'ancien Périgord et de l'ancien Berri. Cette navigation ne consiste aujourd'hui que dans la descente de vins, de farines et de blés, et dans la remonte de sels, ainsi que de denrées coloniales.

L'Isle reçoit, au-dessous de la Fourchée, une petite rivière, la *Dronne*, qui n'est navigable que sur 1,500ᵐ de longueur, à partir de Coutras.

Cette rivière, qui prend naissance près de Montbrun, passe par Brantôme, Bourdeilles et Coutras.

Les bateaux qui naviguent sur son cours sont des mêmes dimensions que ceux des rivières précédentes, et servent à transporter à Libourne et à Bordeaux des bois, des tuiles, de la pierre à bâtir, des poteries, etc.

BASSINS

DES

QUINZE PETITS FLEUVES.

VERSANT DE L'OCÉAN.

§ I. — BASSIN DE L'ESCAUT.

L'ESCAUT, qui rend de si grands services au commerce, et devient, au moyen du canal de Saint-Quentin, le lien que unit les navigations du nord et du midi, ayant été considéré dans les états de l'administration des Ponts-et-Chaussées, ainsi que ses affluens, les rivières de Scarpe et de Lys, la rivière de Lawe, affluent de cette dernière, comme faisant partie de la navigation artificielle, à raison des ouvrages d'art qui ont été exécutés dans leur lit pour en régulariser le cours, nous croyons, pour plus d'ordre et pour éviter toute confusion dans les idées, devoir observer la même classification, et renvoyer à la 2ᵉ section pour les détails qui y seront donnés sur ces différentes lignes de navigation, formant ensemble une longueur de 217,273ᵐ.

Dans son état actuel, la partie navigable de l'Escaut entre Cambrai et Mortagne, limite de la France et de la Belgique, est de 68 kilo.

§ II. — BASSIN DE L'AA.

LE petit fleuve de l'Aa prend sa source dans le département du Pas-de-Calais, au-dessous du village de Bourthes; traverse la commune de

Fauquemberg, passe par les villes d'Arques, Saint-Omer et Watten. Arrivé à ce point, l'Aa se divise en deux bras, dont le premier, à droite, prend successivement le nom de la Haute et Basse Colme, et va se jeter dans la mer, par les canaux de Furnes et de Nieuport, à Ostende; et dont celui à gauche conserve le nom d'Aa, et se rend à la mer en traversant le port de Gravelines.

La longueur navigable de ce petit fleuve, depuis Saint-Omer jusqu'à Gravelines, est de 29,315ᵐ.

§ III. — BASSIN DE LA SOMME.

La Somme, dont la navigation doit jouer un rôle important dans le système des communications de l'intérieur avec l'ouest de la France, ayant été placée comme l'Escaut au rang des lignes de la navigation artificielle, nous renverrons, par les mêmes motifs, à la section suivante les détails à donner sur cette rivière.

L'*Avre*, seul affluent navigable de la Somme, prend sa source à Avricourt, dans le département de l'Oise, et se jette dans cette rivière au-dessus d'Amiens. Sa navigation, qui commence à Moreuil, s'étend sur 18 kilog. de longueur.

Le bassin de la Somme comprend aussi plusieurs cours d'eau qui se rendent à la mer, et parmi lesquels on distingue, au nord, la Canche, et au midi, la Bresle, qui sont navigables, à l'aide de la marée, sur une petite partie de leur lit inférieur.

La *Canche* prend sa source près Estrée, passe à Trévent, Hesdin, arrose Montreuil, et va se perdre dans la mer près d'Étaples, après un cours d'environ 90,000ᵐ.

Sa navigation s'étend, depuis son embouchure jusqu'à Montreuil, sur une longueur de 11,000ᵐ.

La *Bresle*, qui dans son cours d'environ 60,000ᵐ arrose Aumale, Blangis, Gamaches et la ville d'Eu, va se perdre dans la mer à Tréport.

Sa navigation s'étend, depuis la mer jusqu'à la ville d'Eu, sur une longueur de 3,000ᵐ.

§ IV. — BASSIN DE L'ORNE

ET DES CÔTES DU CALVADOS.

L'ORNE, qui se trouve placé ici au nombre des fleuves moins par l'étendue de son cours que parce que, navigable à partir de Caen dans les hautes mers, il offre les conditions qui rigoureusement l'élèvent à ce rang, prend sa source à Aunou près de Scés, passe à Argentan, Pont-d'Ouilly, Crécy et Caen, va se jeter dans la Manche au-dessous de Sallenelles.

Sa navigation ne s'étend que sur 17 kilog. de longueur.

Les barques et petits bâtimens qui naviguent entre Caen et son embouchure, ont de 11 à 20ᵐ de longueur, de 4 à 6ᵐ de largeur, et tirent de 2 à 3ᵐ d'eau.

Les lieux de commerce situés dans cette partie sont Caen et Sallenelles.

Les objets de transport consistent en vins, eaux-de-vie, sels, morue, pierre à bâtir, plâtre, moulage, fers, bois du Nord et autres, savons, graines de lin et poudre végétative. Il entre annuellement par mer à Caen environ trente mille tonneaux de marchandises de toute nature.

Le même bassin reçoit encore quatre grands cours d'eau, qui ainsi que l'Orne, et même plus que lui, à raison de la plus grande étendue sur laquelle ils sont navigables, peuvent porter le nom de fleuve, savoir : la Dive, la Touques, la Vire et la Douve.

La *Dive*, qui sépare la haute et basse Normandie, prend sa source à Malnoyer près Exmes, à l'est d'Argentan, passe à Trun, à Couliboeuf, à Tarn, et se jette dans la Manche au-dessous de Dives.

Sa navigation commence à l'embouchure de la Vie au-dessus de Carbon, et s'étend sur 26 kil. de longueur.

Ses bateaux ont de 8ᵐ à 10ᵐ de longueur, de 4ᵐ à 4ᵐ,5o de largeur, et tirent de 1ᵐ à 1ᵐ,2o d'eau.

Les lieux principaux de commerce situés sur son cours sont Annerai, St.-Samson et Dives.

Cette rivière sert au transport des cidres, eaux-de-vie, vins, bois, sables, matériaux pour bâtir et tangues, engrais de mer.

La Dive reçoit la petite rivière de Vie, qui prend sa source au-dessus de Survie, dans le département de l'Orne, et est navigable depuis Corbon jusqu'à son embouchure, sur 2,4ooᵐ de longueur.

La *Touques* prend sa source à Champhaut près de Gacé, en Normandie, passe à Gacé, Fervacques, Lisieux, Pont-l'Évêque et Touques, et va se jeter dans la Manche, au-dessous de cette ville.

Sa navigation commence à Lisieux, et a lieu sur 29 kil. de longueur.

Ses bateaux ont de 7 à 10ᵐ de longueur, de 3ᵐ,5o à 4ᵐ,5o de largeur, et tirent de 0ᵐ,8o à 1ᵐ d'eau.

Les lieux de commerce les plus importans situés sur la Touques sont : Lisieux, le Breuil, Pont-l'Évêque, Quai-au-Coq et Touques.

On transporte par cette rivière des vins, eaux-de-vie, cidres, bois de construction et autres.

La *Vire* prend sa source à l'étang des moulins de Bieux, en basse Normandie, près de Vire, passe par cette ville, s'approche de St.-Lô, baigne Coquet, et va se jeter dans la Manche, au pont du Petit-Vey.

La navigation de la Vire, qui est assujettie au même régime que celle de l'Orne, n'a lieu que depuis son embouchure jusqu'au barrage des clefs de Vire, à 11 kil. en aval de St.-Lô, sur 18 kil. de longueur.

Les bateaux en usage sur ce petit fleuve ont de 5ᵐ à 19ᵐ de longueur, de 2ᵐ à 4ᵐ de largeur, et tirent de 0ᵐ,6o à 1ᵐ d'eau.

Les lieux principaux de commerce situés sur son cours sont les clefs de Vire et la Hodiette, et les objets de transport consistent en tangues de mer, en pierre à chaux, en houille et en bois.

La Vire reçoit un seul affluent navigable, *l'Aure* qui prend sa source à Val-d'Aure, près de Caumont, passe à Trevières et Isigny, et va se jeter dans ce fleuve, près des grèves des Veyres, après avoir porté bateau sur 17 kil. de longueur.

Les bateaux en usage sur cette rivière, et qui ne la parcourent que jusqu'à Trevières, sur 17 kil. de longueur, ont de 5ᵐ à 17ᵐ de longueur, de 1ᵐ,50 à 4ᵐ de largeur, de 0ᵐ,60 à 0ᵐ,90 de tirant d'eau, et ne peuvent passer que dans l'intervalle des marées les portes de flot établies à Isigny et à Pont-au-Douet, dans l'intérêt du dessèchement de la vallée.

Les lieux de commerce situés sur cette rivière, sont Perré Houet, près Trevières, et Isigny. Sa navigation sert au transport des tangues de mer et des récoltes.

Enfin la *Douve*, sous le nom de Scie, a son origine à Fontaine-Douve, près de Tollevas, en basse Normandie, passe à Briquebec, à St.-Sauveur, ensuite à Pont-l'Abbé, où elle prend le nom de Douve, et va se jeter dans la Manche, dans les grèves des Veys.

Sa navigation, qui commence à St.-Sauveur-le-Vicomte, et qui est assujettie à l'ouverture intermittente des portes de flot construites à la Barquette, se prolonge sur 28 kil. de longueur.

Ses bateaux ont de 4ᵐ à 15ᵐ de longueur, de 1ᵐ,60 à 3ᵐ,60 de largeur, et tirent de 0ᵐ,20 à 0ᵐ,80 d'eau.

Les lieux de commerce situés sur cette rivière, sont St.-Sauveur-le-Vicomte et Carentan.

Sa navigation sert principalement au transport des tangues et à celui des bois, poteries, charbons, sels, cidres et récoltes.

La Douve reçoit trois affluens navigables :

1° *Le Marderet*, qui, prenant sa source à Huberville, près de Valognes, où il passe, se jette dans cette rivière à l'Ile-Ste.-Marie, emploie des bateaux de 4ᵐ de longueur, de 1ᵐ,60 de largeur, et tirant 0ᵐ,20 d'eau, et dont la navigation, qui remonte jusqu'à la chaussée de St.-Flère, sur 6 kil. de longueur, sert au transport des tangues de mer, des bois, des poteries, des charbons, des sels, des cidres et des récoltes.

2° *La Sève*, qui, admettant des bateaux de mêmes dimensions, et servant au transport de marchandises de même nature que le Merderet, a sa source à la Lièvrerie près de Perriers, se jette dans la Douve dans les marais de la Magdelaine, et est navigable, depuis la chaussée de Beaupte, sur 5 kil. de longueur.

5° Enfin *la Taute*, dont la navigation, assujettie par l'effet des marées à l'ouverture des portes de flot situées au pont Saint-Hilaire, sert au transport des marchandises de même nature que les rivières précédentes, et admet des bateaux de 4ᵐ à 14ᵐ de longueur, de 1ᵐ,60 à 3ᵐ,50 de largeur, et de 0ᵐ,20 à 0ᵐ,80 de tirant d'eau. Cette rivière prend son origine à Landelin près de Saint-Sauveur, se jette dans la Douve près de Carentan, et est navigable sur 23 kil. de longueur. Elle reçoit, près de Ménil, la *Terette*, qui prend sa source près de Carantilly, et offre une navigation de même nature sur 6 kil. de longueur.

§ V. — BASSIN DE LA SELUNE

ET DES CÔTES DE LA MANCHE.

La SELUNE, qui, ainsi que les rivières précédentes, se trouve rangée au nombre des quinze petits fleuves, prend sa source près de Baranton, passe par Ducey, et se jette dans la Manche à la baie du mont Saint-Michel.

Sa navigation, qui n'a lieu que douze à quinze jours par mois, aux marées de vive eau de pleine et nouvelle lune, remonte jusqu'à Ducey, sur 8 kil. de longueur, et sert au transport des tangues de mer, des bois et des cidres.

Les bateaux qui naviguent sur la Selune ont de 15 à 15ᵐ de longueur, de 3ᵐ,30 à 5ᵐ,60 de largeur, et tirent 0ᵐ,50 d'eau.

Les lieux de commerce situés sur son cours sont Ducey et Pontaubault.

Le bassin de la Selune reçoit encore le Couesnon et la Sienne.

Le *Couesnon*, qui sert au transport de marchandises de même nature que la Selune, qui admet des bateaux de 11 à 15ᵐ de longueur, de 3ᵐ,6o à 4ᵐ de largeur, et de oᵐ,3o à oᵐ,4o de tirant d'eau, prend sa source près de Fleurigné; passe par Antrain, Pontorson et Pas-aux-Bœufs, lieux principaux de commerce; se jette dans la Manche dans les grèves du mont Saint-Michel, et est navigable, depuis son embouchure jusqu'à Antrain, sur 16 kil. de longueur.

La *Sienne*, qui prend sa source à l'ouest de Saint-Sever, reçoit la Soule, qui arrose Coutance, et se rend à la mer après un cours de 70,000ᵐ

Sa navigation, à partir de la mer, ne s'étend que sur une longueur de 6,000ᵐ.

§ VI. — BASSIN DE LA RANCE

ET DES CÔTES DU NORD.

La RANCE, qui prend sa source au-dessous de Collinée, à quatre lieues de Moncontour, dans le département des Côtes-du-Nord, et qui dans son cours d'environ 80 kil. passe au pied de Saint-Jouan, reçoit à droite le Lipon, baigne les murs de Dinan, et va se perdre dans la mer auprès de Saint-Malo.

Réunie à la Vilaine par le canal d'Ille-et-Rance, la Rance, qui reçoit ce canal dans son lit depuis le bourg d'Évran jusqu'à Dinan, sur une longueur de 12,199ᵐ, est ensuite navigable, au moyen des marées, depuis ce dernier lieu jusqu'à la mer, sur une longueur d'environ 12 kil.

Le même bassin reçoit, entre autres cours d'eau qui se rendent à la mer, six petits fleuves, savoir:

1° L'*Arguenon*, qui prend sa source non loin de celle de la Rance, au pied des montagnes du Mené, dans la commune de Collinée, reçoit le produit du grand étang de Jugon, et va se jeter dans la mer à l'aise de Guildo, après un cours de 40,000ᵐ et une navigation maritime de 10 kilomètres.

Les bâtimens de deux à trois cents tonneaux remontent facilement la baie bordée de rochers de ce petit fleuve jusqu'au port de Guildo, éloigné de la mer d'environ 4,000ᵐ, et où ils trouvent un abri contre tous les vents. Les barques de soixante-dix à quatre-vingts tonneaux peuvent seules remonter jusqu'au second port de Plancoët, qui s'avance dans les terres de 6,000ᵐ au-delà du premier, et offre à haute mer un mouillage de 3ᵐ,3o.

2° Le *Gouet*, dont la source prend au bourg de Saint-Quentin, et qui se jette dans la rade de Saint-Brieuc après un développement de 3o,000ᵐ.

Séparés par la seule largeur de son lit très-sinueux, les ports de Saint-Brieuc et de Legué, abrités par les côtes élevées auxquelles ils sont adossés, offrent un refuge très-sûr, des quais et des cales fort commodes. On construit dans ces ports des navires de trois à quatre cents tonneaux. La navigation remonte jusqu'au port de Gouet sur 5,000ᵐ.

5° Le *Trieux*, une des rivières les plus considérables des côtes du Nord, qui prend sa source dans l'étang de l'ancienne abbaye de Coët-malan, dit l'Étang-Neuf, commune de Kerper; passe sous Guingamp, Pontrieux, et va se jeter dans la Manche près et au nord de l'île de Bréhat, après un cours de 70,000ᵐ.

A son embouchure, la rade de l'Île-à-Bois, située entre l'île de Bréhat et la pointe de Bodu, offre un mouillage de 24ᵐ à haute mer, et constamment de 20ᵐ à basse mer, et peut contenir aisément six vaisseaux de guerre du premier rang.

Au-dessus de la même embouchure, le port de Coëtmen a 5oᵐ de profondeur d'eau dans les hautes marées, et 2oᵐ à mer basse. On pourrait y admettre douze vaisseaux de ligne du premier rang.

Le port de Pontrieuc n'offre qu'un mouillage de 1ᵐ,63 à mer basse, et de 4ᵐ à mer haute.

La navigation, depuis ce point jusqu'à la mer, sur une étendue de 15,000ᵐ, est sûre et commode.

4° Le *Treguier*, qui reçoit son nom de la ville de Treguier, où il se forme des deux rivières dites le Jaudy et le Guindy, et va se jeter dans la Manche, à 15,000ᵐ au-dessous de cette ville.

Le port du Treguier offre 13ᵐ de hauteur d'eau, à mer basse, 26ᵐ à mer haute, et peut recevoir toute espèce de navires marchands, ainsi que des frégates et des vaisseaux de ligne, par un vent favorable.

A 6,000ᵐ au-dessus de Treguier, sur le Baudy, le port de Roche-derieu offre un mouillage de 2ᵐ,44 dans les marées ordinaires, et de 4ᵐ dans les marées d'équinoxes.

Le Trieux reçoit la rivière d'*Effe*, qui prend sa source dans l'étang de Châtelaudren, et, après un cours de 20,000ᵐ, vient se jeter dans cette rivière à 5,000ᵐ au-dessous de Pontrieux.

Les marées, qui remontent dans cette rivière jusqu'à 3,000ᵐ au-dessus de son embouchure, permettent la descente des blés et autres denrées des communes riveraines.

5° Le *Guer*, qui a sa source dans la commune de Pestivieu, et se jette dans la mer, à l'anse de Loquemeau, après un cours d'environ 50,000ᵐ.

Sa navigation, qui a lieu à toutes les marées, s'étend jusqu'au port de Lannion, situé à 6,500ᵐ au-dessus de son embouchure.

6° Enfin, l'*Elhorn*, ou rivière de Landerneau, qui prend sa source au-dessus de Sizun, et se jette dans la mer en traversant la rade de Brest, après un cours total de 52,000ᵐ.

La partie navigable de cette rivière, depuis Landerneau jusqu'à Brest, a 18,000ᵐ de longueur.

§ VII. — BASSIN DE L'AULNE

ET DES CÔTES DU FINISTÈRE.

L'AULNE, seul affluent remarquable du bassin de ce nom, a sa source dans le département des Côtes-du-Nord, près de la trève de Lohuée; traverse les villes de Châteaulin et de Port-Launay, et se jette dans la rade de Brest, après un cours d'environ 100,000ᵐ.

L'Aulne, qui fait partie du canal de Nantes à Brest, est navigable dans son état actuel, au moyen des marées, depuis Port-Launay jusqu'à la mer, sur une longueur de 24,000ᵐ.

§ VIII. — BASSIN DU BLAVET

ET DES CÔTES DU MORBIHAN.

Le BLAVET prend son origine dans l'étang du même nom qui se trouve à quelques lieues au-dessus de la commune de Botoba, département des Côtes-du-Nord; passe à Gouaret, à Pontivy, sous les murs d'Hennebon, et va se perdre dans la mer, entre le Port-Louis et Lorient, après un cours d'environ 120,000ᵐ.

Dans son cours torrentiel, le Blavet, qui non loin de sa source, se dérobe à la vue dans un espace de 600ᵐ, en se précipitant sous une large masse de rochers, au-dessous de la commune de St.-Antoine, était navigable naturellement au moyen de la marée, depuis son embouchure jusqu'à Hennebon, sur 14,000ᵐ de longueur.

Les travaux entrepris pour sa canalisation, en se rattachant, sous le nom de canal du Blavet, à celui de Nantes à Brest, font remonter la navigation jusqu'à Pontivy.

Le bassin du Blavet comprend encore plusieurs cours d'eau, dont trois seulement sont navigables sur une petite portion de leur partie inférieure, savoir :

1º Le Scorf, qui prend sa source près de Locmine; passe à Guéméné,

Pont-Scorf, et va se jeter dans le port de Lorient, près de l'embouchure du Blavet.

La navigation de cette rivière, qui remonte depuis le port de Lorient
jusqu'à Pont-Scorf, au moyen de chaloupes de 7 à 10^m de longueur,
de 2^m,40 à 3^m de largeur, et de 1^m à 1^m,30 de tirant d'eau, sert au
transport de bois de chauffage et de construction, d'engrais, de vins et
de cidres.

2° L'*Odet*, qui est navigable depuis Quimper jusqu'à son embouchure dans la mer, sur une longueur d'environ 12,000^m.

3° L'*Auroy*, qui reçoit des barques au moyen des marées, depuis
son embouchure jusqu'à Auroy, sur une étendue d'environ 10,000^m.

§ IX. — BASSIN DE LA VILAINE.

La VILAINE, rendue navigable sous François Ier, de 1538 à 1575,
au moyen de quinze écluses de 20^m,37 à 21^m,38 de longueur, et de
3^m,80 à 4^m,70 de largeur, prend sa source aux confins du Maine; arrose Vitré, Rennes et Redon, et se jette dans l'Océan, au-dessus de la
Roche-Bernard.

La navigation, sur cette rivière canalisée, commence à Cesson,
8,041^m au-dessus de Rennes, et se prolonge jusqu'à son embouchure,
sur 139,948^m de longueur.

Les lieux principaux de commerce situés sur cette rivière, sont :
Cesson, Rennes, Pontreau, Bourg-des-Comtes, Guipry, Messac,
Brains et Redon.

La navigation ascendante qui a lieu sur la Vilaine, consiste dans le
transport de vins de Bordeaux, de sels, de résines et d'ardoises; et sa
navigation descendante, dans celui de blés, toiles, fils et bois de construction.

Le mouvement des bateaux, par année, est d'environ six cent cinquante voyages complets ou de treize cents bateaux allant et venant.

Il y a de vieilles et de nouvelles écluses; les premières n'admettent que des bateaux de trente tonneaux au plus; après leur reconstruction sur les dimensions des neuves, elles en admettront du port de soixante-dix tonneaux (1).

La Vilaine reçoit cinq affluens navigables :

Le 1er affluent à droite, *le Meu*, qui prend sa source au-dessus de St.-Lanneuc, passe par Mont-Fort, et se jette dans la Vilaine, un peu au-dessus de Pontreau.

Cette rivière est navigable sur 5,000ᵐ de longueur.

Le 2e affluent à gauche, *le Cher*, qui prend sa source près de Châteaubriant, et se jette dans la Vilaine, au-dessous de Langon.

Sa navigation dessert une carrière d'ardoises située à 5,000ᵐ au-dessus de son embouchure.

Le 3e affluent à gauche, *le Don*, qui a sa source à Virita, passe par Issé et Guéméné, et se jette dans la Vilaine, au-dessous de Brain.

Sa navigation commence au moulin du Pont-des-Claies, et s'étend sur 9 kil. de longueur.

Ses bateaux ont de 13ᵐ,30 à 18ᵐ de longueur, de 3ᵐ,50 à 4ᵐ60 de largeur, et tirent de 0ᵐ,64 à 0ᵐ,80.

Le seul lieu de commerce situé sur le Don est Pont-des-Claies; sa navigation consiste en bois de construction et de chauffage, engrais, vins et cidres.

Le 4e affluent à droite, *l'Oust*, prend sa source aux trois fontaines dans la forêt de l'Orge, à environ trois lieues au-dessus d'Uzel, passe par S.-Carade, Rohan, Josselin et Malestroit, et se jette dans la Vilaine, un peu au-dessous de Redon.

Cette rivière est flottable depuis près de Saint-Carade, sur 60 kil. de longueur.

---

(1) Ces écluses, de 0ᵐ,67 à 2ᵐ,90 de chute, rachètent une pente totale de 24ᵐ,90. On remarquera ici en passant que les dimensions des nouvelles écluses se trouvent être à très-peu-près les mêmes que celles des écluses qui sont construites sur les grands canaux de l'Angleterre.

Sa navigation, qui commence à Malestroit, se prolonge sur 37 kil. de longueur.

Ses bateaux ont de 6^m à 13^m de longueur, de 3^m,10 à 5^m de largeur, et tirent de 1^m à 2^m d'eau.

Les lieux de commerce les plus importans situés sur l'Oust sont Malestroit et Redon.

Les objets de transport consistent en grains, cidres, miel, cire, chanvre, lin, toiles, fils, et bois de construction et de chauffage.

L'Oust reçoit l'Aff.

Cette rivière prend sa source dans la forêt de Painpont, passe par Guer et Gacilly, et se jette dans l'Oust près de Glénac. L'Aff est flottable depuis le moulin du Charelier, au-dessous de Guer, sur 20 kil. de longueur, et sa navigation, qui part de Gacilly et s'étend sur 6 kilom. de longueur, sert, au moyen des bateaux de 6^m à 12^m de longueur, de 2^m,20 à 4^m de largeur, et de 1^m à 1^m,30 de tirant d'eau, au transport de marchandises de même nature que celles qui prennent voie sur la rivière d'Oust.

Le 5e *affluent à gauche, l'Isac,* a son origine dans la forêt de Saffré, passe à Blain et à Guerrouet, et se jette dans la Vilaine un peu au-dessous de Rieux.

Sa navigation commence à Guerrouet, et a lieu sur 13 kilom. de longueur.

Ses bateaux ont de 7^m à 13^m,30 de longueur, de 2^m,30 à 3^m de largeur, et tirent de 0^m,34 à 0^m,70 d'eau.

Le seul lieu de commerce situé sur son cours est Guerrouet. La navigation de cette rivière, qui n'a guère lieu qu'en hiver, et lorsque ses eaux ont déblayé son lit, vers l'embouchure, des vases qui y ont été apportées en été par les marées, sert au transport de bois de chauffage et de construction, d'engrais, de vins et de cidres.

§ X. — BASSIN DE LA CHARENTE.

La CHARENTE, qui prend sa source à Cheronnac, aux confins de l'Angoumois, arrose, dans son cours de quatre-vingts lieues de longueur, Civray, Verteuil, Mansle, Montignac, Angoulême, Jarnac, Cognac, Saintes, Candé, Rochefort, et va se jeter dans l'Océan vis-à-vis de l'île d'Aix, près de Fouras.

Le flottage qui a lieu sur cette rivière commence à Civray, et se prolonge sur 96 kil. de longueur.

La navigation, qui remonte jusqu'à Montignac, a lieu sur 191 kil. de longueur.

Trois écluses isolées et quarante-deux pertuis de 2 à 3ᵐ de largeur ont été exécutés depuis Civray jusqu'à Montignac; et vingt-quatre écluses de 6ᵐ,50 de largeur ont été établies entre Montignac et Cognac.

Les bateaux qui naviguent sur la Charente ont, savoir : les plus petits 8ᵐ,25 de longueur, 2ᵐ,01 de largeur, et tirent 0ᵐ,65 d'eau ; et les plus grands 29ᵐ,51 de longueur, 5ᵐ,25 de largeur, et tirent 1ᵐ,55 d'eau.

Entre Rochefort et la mer, la navigation est exclusivement maritime.

Les lieux de commerce situés sur cette rivière sont : dans le département de la Vienne, Civray ; dans le département de la Charente, Mansle, Angoulême, Jarnac et Cognac ; et dans le département de la Charente-Inférieure, Saintes, Saint-Savinien, Tonnay-Charente et Rochefort.

Les objets d'exportation consistent en bois de flottage et de construction, merrains, cercles, charbons de bois, vins, eaux-de-vie, pierres de taille, papiers et artillerie fabriquée aux forges de Ruelle pour la marine ; et les objets d'importation en sels, planches, bois de sapin du nord, chiffons à papeterie, foins, engrais et denrées coloniales.

Parmi le grand nombre d'affluens qui viennent tomber dans la Charente, cette rivière n'en compte qu'un qui soit navigable.

Cet affluent, *la Boutonne*, prend sa source à Chef-Boutonne, dans

8.

le Haut-Poitou, passe à Briou, à Chize, à St.-Jean-d'Angély et à Ton-nay-Boutonne, et a son embouchure à Carillon, au-dessus de Candé.

Sa navigation commence à St.-Jean-d'Angély, et se prolonge, au moyen de deux écluses de 6ᵐ de largeur établies à Bernouet et Tonnay-Boutonne, sur 35 kil. de longueur.

Les bateaux qui naviguent sur la Boutonne ont de 8ᵐ à 24ᵐ,50 de longueur, de 1ᵐ,85 à 5ᵐ de largeur, et tirent de 0ᵐ,60 à 1ᵐ,20 d'eau.

Les lieux de commerce situés sur cette rivière sont: St.-Jean d'An-gély et Tonnay-Boutonne. Les objets d'exportation consistent en bois de construction, vins, eaux-de-vie et poudre de guerre; et ceux d'im-portation, en sels, planches, bois de sapin du nord, charbons et pierres de taille.

Le bassin de la Charente reçoit encore la Vie, la Lay, la Sèvre-Niortaise et la Seudre.

1° La *Vie*, qui prend sa source près de Belleville, et qui passe aux Pas-aux-Petons, et va se jeter dans l'Océan, au port de St.-Gilles, est navigable, à partir du premier lieu, sur 8,000ᵐ de longueur.

Cette navigation est exclusivement maritime; elle se fait avec des barques pontées de vingt tonneaux, qui exportent par an deux mille tonneaux de grains.

Un projet est à l'étude pour prolonger cette navigation sur 36,000ᵐ plus haut; ce qui serait avantageux et peu dispendieux.

2° La *Lay* a sa source à St.-Pierre-du-Chemin, passe à Réaumur, Mareuil, Laclaye, et va se rendre, après un cours d'environ 110,000ᵐ, à l'Océan, dans l'anse d'Aiguillon, au-dessous de la Tranche.

Elle commence à être navigable à Beaulieu près de Mareuil, jusqu'à la mer, sur 55,000ᵐ de longueur, dont 12,000ᵐ, depuis Morique jus-qu'à son embouchure, appartiennent exclusivement à la navigation maritime.

Les plus grands bateaux qui naviguent sur la Lay ont 24ᵐ,50 de longueur, et 5ᵐ,25 de largeur.

3° La *Sèvre-Niortaise* prend sa source au-dessus de Sepvret, dans le Haut-Poitou, passe par St.-Maixent, Niort et Marans, et se rend à l'Océan, dans l'anse de l'Aiguillon.

La navigation commence à Niort, et a lieu sur 82,800ᵐ de longueur.

Une écluse de 4ᵐ,30 de largeur est établie à la Roussille.

Les bateaux qui naviguent sur la Sèvre-Niortaise ont de 15 à 22ᵐ de longueur, de 2ᵐ,50 à 5ᵐ,15 de largeur, et tirent de 0ᵐ,40 à 0ᵐ,90 d'eau.

Les lieux de commerce situés sur son cours sont Niort et Marans.

Sa navigation, qui est exclusivement maritime depuis Marans jusqu'à la mer, sur un espace de 20 kil. de longueur, sert à l'exportation de bois de chauffage et de construction, de graines céréales, de vins et d'eaux-de-vie, et à l'importation de sels, de planches et bois de sapin du nord, de fers et d'huiles de poisson.

La Sèvre-Niortaise reçoit trois afflueus navigables :

1° *Le Mignon*, qui n'est navigable que depuis Port-de-Jouet, seul lieu de commerce, sur 15 kil. de longueur, seulement pendant les inondations, et pour des bateaux de deux à trois tonneaux, prend sa source à St.-Martin d'Auge, dans la forêt de Chizé, et se jette dans la Sèvre-Niortaise vis-à-vis de Dampvix.

2° *L'Autise*, qui prend sa source près d'Ardin, et se jette dans la Sèvre-Niortaise au-dessous de Maillé. Sa navigation, qui n'a lieu que pendant huit mois depuis Port-de-Souille, seul lieu de commerce, jusqu'à la mer, sur 9 kil. de longueur, sert, au moyen de bateaux de 12ᵐ à 20ᵐ de longueur, et de 2ᵐ à 5ᵐ de largeur, et de 0ᵐ,40 à 0ᵐ,90 de tirant d'eau, à l'exportation des grains et autres productions du sol environnant.

3° *La Vendée*, qui prend sa source près de La Chapelle-aux-Lys, passe par Fontenay et Gros-Noyer, et va se jeter dans la Sèvre-Niortaise auprès de l'île d'Elle. Sa navigation, qui s'opère avec des bateaux de mêmes dimensions que ceux en usage sur l'Autise, et qui n'a lieu également que pendant huit mois de l'année depuis Gros-Noyer, seul lieu de commerce, au-dessous de Fontenay, sur 26 kil. de longueur, sert à l'exportation de bois de chauffage et de construction, ainsi que de graines céréales.

4° *La Seudre*, qui a son origine près de Plassac, à environ trois lieues de Pons, passe par Saujon, et se rend à l'Océan, au-dessous de la Tremblade.

La navigation de la Seudre, qui remonte jusqu'à Saujon, est exclusivement maritime, et a pour objet l'exportation des sels, des vins et eaux-de-vie que produisent les rives de la Seudre, et l'importation de sardines, de morue et autres poissons salés.

Les lieux de commerce situés sur cette rivière, sont : Saujon, Chatressac, Marennes et la Tremblade.

§ XI. — BASSIN DU LEYRE

ET DES CÔTES DES LANDES.

Ce bassin, qui n'est séparé de celui de l'Adour que par une légère ramification de la branche qui, partant des Pyrénées, forme le dernier bassin, n'est traversé par aucun cours d'eau navigable.

Le LEYRE, qui en sillonne le fonds, prend sa source près de Tauriet, et va se perdre, après un cours d'environ 70,000^m, dans la mer, en traversant le bassin d'Arcachon.

Le flottage qui a lieu sur le Leyre commence au village de Beliet, et parcourt une étendue de 30,000^m.

§ XII. — BASSIN DE L'ADOUR.

L'ADOUR, dont la jonction avec la Garonne par la Midouze, si désirée dans le pays, nous occupera dans la section suivante, prend naissance au Tourmalet, dans les Pyrénées, à deux lieues est de Barèges, et arrose, dans son cours sinueux du midi au nord et du nord au sud-ouest, Bagnères, Tarbes, Plaisance, Aire, Cazères, Grenade,

Saint-Sever, Dax, Saint-Esprit et Bayonne, avant que de tomber dans l'Océan.

Sa navigation commence à Saint-Sever, et s'étend sur 114 kilom. de longueur.

Ses bateaux ont de 5ᵐ à 22ᵐ de longueur, de 1ᵐ à 5ᵐ de largeur, et tirent de 0ᵐ,40 à 0ᵐ,80 d'eau.

Les lieux de commerce situés sur son cours, sont : Mugron, Dax, Port-de-Lanne et Bayonne.

Les bois des Pyrénées et des Landes, les eaux-de-vie d'Armagnac, les goudrons et résines, etc., descendent par l'Adour à Bayonne, qui expédie en retour des denrées coloniales et autres.

L'Adour reçoit six affluens navigables :

Le 1ᵉʳ affluent à droite, la Midouze, qui, coulant d'abord depuis son origine jusqu'à Mont-de-Marsan sous le nom de Midou, reçoit à ce point la Douze, du nom de laquelle et du premier se compose le sien, prend naissance dans le département du Gers à six lieues de Nogaro, passe par Cazaubon, Mont-de-Marsan, et se jette dans l'Adour au-dessous de Tartas qu'elle arrose.

Sa navigation commence à Mont-de-Marsan, et s'étend sur 43 kil. de longueur.

Les bateaux qui naviguent sur la Midouze ont de 5ᵐ à 17ᵐ de longueur, de 1ᵐ à 5ᵐ de largeur, et tirent de 0ᵐ,40 à 0ᵐ,60 d'eau. Les lieux de commerce situés sur son cours sont Mont-de-Marsan et Tartas ; et sa navigation sert au transport des eaux-de-vie d'Armagnac et de Bayonne.

Le 2ᵉ affluent à gauche, le Gave-de-Pau, prend sa source au-delà de Gavarnie, au sommet de la vallée de ce nom dans les Pyrénées, passe par Argellez, Lourde, Nay, Pau, Orthes et Peyrehorade, et se jette dans l'Adour au-dessous de cette dernière ville.

Sa navigation, qui a lieu sur 10 kil. de longueur, commence à Peyrehorade.

Les bateaux en usage sur cette rivière sont de mêmes dimensions que ceux qui sont employés sur la Midouze ; et sa navigation a pour objet de transporter les bois et autres productions du Béarn , de remonter au port de Peyrehorade, seul lieu de commerce , pour être transportées par terre dans les départemens des Basses et Hautes Pyrénées, les marchandises du port de Bayonne, et d'exporter les denrées de ces pays vers ce port.

Le 3ᵉ *affluent à gauche*, *la Bidouze*, prend sa source dans les Pyrénées au-dessus de Saint-Palais, passe par Came, Bidache, et va se jeter dans l'Adour au-dessous de Guiche.

Sa navigation commence à Came, seul lieu de commerce situé sur cette rivière, se prolonge sur 20 kil. de longueur, et sert , au moyen de bateaux de 5ᵐ à 22ᵐ de longueur, de 1ᵐ à 5ᵐ de largeur, et de 0ᵐ,40 à 0ᵐ,80 de tirant d'eau, au transport des pierres de taille, moellons et pavés provenant des carrières de Came et de Bidache, et qui sont destinés aux bâtisses de Bayonne et des environs.

Le 4ᵉ *affluent à gauche*, *le Larun*, a sa source dans la montagne de Doursoya, et se jette dans l'Adour au-dessous d'Urt.

Sa navigation, qui n'a lieu que sur 15 kil. de longueur, au moyen de barques de 5ᵐ à 10ᵐ de longueur, de 1ᵐ à 1ᵐ,50 de largeur et de 0ᵐ,40 à 0ᵐ,50 de tirant d'eau, et seulement à l'aide du flux et reflux de l'Océan par l'Adour, sert au commerce et à l'industrie des riverains, et principalement aux communes de Bardos et d'Urt, qui sont très peuplées.

Le 5ᵉ *affluent à gauche*, *la Lardanibia*, prend sa source aux mamelons de Mouguerre, d'Hasparren et de Villefranque, et se jette dans l'Adour au-dessus de Bayonne.

Sa navigation , de seulement 10 kil. de longueur, n'a lieu, ainsi que la précédente, que par le flux et le reflux de la mer, et au moyen de bateaux de 5ᵐ à 10ᵐ de longueur, de 1ᵐ à 1ᵐ,38 de largeur, et de 0ᵐ,40 à 0ᵐ,50 de tirant d'eau, et n'est utile qu'aux propriétaires riverains, et particulièrement aux habitans de la commune d'Urcuit.

Le 6ᵉ *affluent à gauche*, *la Nive*, prend naissance dans les Pyrénées, au-dessus de St.-Jean-Pied-de-Port, passe par Cambo, et se jette dans l'Adour à la sortie de Bayonne.

Sa navigation, qui remonte jusqu'à 6,000ᵐ au-dessus de Cambo, a lieu, au moyen de six passelis de 6ᵐ de largeur, sur 19 kil. de longueur.

Les bateaux qui parcourent cette rivière ont de 5ᵐ à 22ᵐ de longueur, de 1ᵐ à 5ᵐ de largeur, et de 0ᵐ,40 à 0ᵐ,80 de tirant d'eau.

Les lieux de commerce situés sur son cours sont : Cambo, Ustaritz et Bayonne.

Les vins, les huiles et les laines d'Espagne arrivent à Bayonne par cette rivière.

Ce bassin reçoit encore deux petits fleuves, la Nivelle et la Bidassoa.

La *Nivelle*, qui prend sa source en Espagne, aux montagnes dites d'Urdache, et qui entre sur le territoire de France un peu au-dessus d'Ainhoüe, se jette, après un cours d'environ 25,000ᵐ, dans la rade de St.-Jean-de-Luz.

La Nivelle est navigable, au moyen des marées, depuis Ascain, sur 9,900ᵐ.

La *Bidassoa*, qui traverse l'Espagne sur environ 40,000ᵐ de longueur, et en le limitant, le territoire de la France sur seulement 6,000ᵐ, a son origine dans les montagnes des Pyrénées, passe à St.-Esteven, et se jette dans l'Océan, entre Handaye et Fontarabie, vis-à-vis l'île des Faisans.

Sa navigation, qui a lieu au moyen des marées, ne s'étend que sur la seule longueur de son cours qui borde le territoire de la France.

VERSANT DE LA MÉDITERRANÉE.

§ XIII. — BASSIN DE LA GLY, DU TET

ET DES CÔTES DES PYRÉNÉES.

La GLY prend sa source au-dessus de Saint-Paul, dans le département de l'Aude, reçoit à droite la Boulzane, passe à la Tour, à Rivosaltes, et se jette dans la Méditerranée sous St.-Laurent-de-la-Salanque, après un cours d'environ 70,000ᵐ.

La Gly est flottable, depuis le confluent de la Boulzane jusqu'à son embouchure, sur une longueur de 62,500ᵐ.

Le TET prend sa source au-dessus de Mont-Louis, dans le département des Pyrénées Orientales, passe à Mont-Louis, Villefranche, Prades, Ille, Perpignan, et se jette à la mer sous Sainte-Marie-de-la-Salanque, après un cours d'environ 90,000ᵐ.

Le Tet est flottable, depuis Prades jusqu'à son embouchure, sur une longueur de 54,000ᵐ.

Ce bassin renferme encore le *Tech*, qui prend sa source sous le village de Preste, passe à Pra-de-Mouillon, à Arles, et, après un cours d'environ 65,000ᵐ, va se jeter à la mer au-dessous d'Elne, entre l'étang de St.-Nazaire et Collioure.

§ XIV. — BASSINS DE L'AUDE ET DE L'HÉRAULT.

L'AUDE prend sa source près de Mont-Louis, département des Pyrénées Orientales, passe à Quillan, Alet, Limoux, Carcassonne, arrose ensuite Trèbes, et, après avoir passé au nord de Narbonne, va se jeter dans la Méditerranée, auprès de l'étang de Vendres.

L'Aude commence à être flottable à bûches perdues à Escouloubre, sur la limite des départemens des Pyrénées Orientales et de l'Aude, et est flottable en trains depuis Quillan jusqu'à son embouchure. La longueur de la partie flottable à bûches perdues est de 25,500ᵐ, et celle de la partie flottable en trains est de 142,700ᵐ.

Depuis Quillan jusqu'à la mer, on remonte sur l'Aude seize pertuis dont la largeur varie de 3ᵐ,35 à 4ᵐ,46.

Les bois de charpente flottés annuellement sur l'Aude, et provenant des forêts situées au sud-est et à l'ouest de Quillan, s'élèvent à environ 16,000 mètres cubes.

L'HÉRAULT, que l'on verra figurer dans l'histoire du Canal du Midi qu'il traverse dans sa partie inférieure, au-dessus d'Agde, au moyen de l'écluse ronde construite sur ce canal, a sa source au-dessus de Valleraugue, dans le pays d'Alais, passe à Valfranque, Ganges, Gignac et Bessan, et se jette dans la Méditerranée au port d'Agde.

Le flottage qui a lieu sur cette rivière commence à Valleraugue, s'étend sur 21 kilom. de longueur, et sert au transport des bois de la forêt de l'Esperou.

La navigation de l'Hérault, qui commence à Bessan, au-dessus de la rencontre de cette rivière avec le canal du Midi, et qui est commune avec celle de ce canal depuis leur point d'intersection jusqu'au port d'Agde, a lieu sur 12,192^m de longueur.

Dans ce bassin coule encore l'*Orb*, qui a sa source près du hameau de Saint-Martin-d'Orb, et se jette dans la Méditerranée entre l'embouchure de l'Aube et celle de l'Escaut.

L'Orb est flottable à bûches perdues près de Bédarrieux, et navigable à par du bac de Sérignan.

La longueur de la partie flottable est de 80,010^m, celle de la partie navigable est de 5,000^m.

§ XV. — BASSIN DU VAR.

Le VAR prend sa source au nord d'Entreaunes, dans les montagnes du Piémont, passe à Guillaume, Entrevaux, reçoit l'Esteron à son entrée dans le département-du Var, et vient se perdre dans la Méditerranée entre Nice et Antibes, après un développement d'environ 100,000^m.

Le Var, qui est sujet à de grands débordemens et roule dans son cours rapide une grande quantité de débris de rochers, n'est flottable, avant son embouchure, que sur une longueur de 21,000^m.

La quantité de bois flottés annuellement, et consistant en mélèze et en planches de mélèze, s'élève à 1,200 mètres cubes.

Le bassin du Var comprend encore, entre autres cours d'eau, l'Argens et la Siagne.

L'*Argens*, qui prend sa source au-dessus de Seillons, passe à Châteauvert, Correns, non loin de Lorgues, à Carces, reçoit à droite l'Aille, le Locouloubrier, à gauche la Bresque, l'Artuby, l'Endre; arrose Vidauban, le Muy, Roquebrum, et va se jeter à la mer dans le golfe de Fréjus, après un cours total de 90,000ᵐ.

L'Argens est flottable à bûches perdues depuis l'embouchure de la Bresque jusqu'à Muy, sur une longueur de 46,000ᵐ, et en trains depuis ce dernier point jusqu'à la mer, sur 18,000ᵐ de longueur.

La quantité de bois flottés sur l'Argens, et lesquels lui sont amenés en partie par ses affluens, s'élève à 600 mètres cubes et en douze mille planches.

La *Siagne*, qui a sa source entre les villages de St.-Vallier et d'Escragnoles, passe près du village de St.-Cezaire, à Auribau, à Pegomas, et se jette dans le golfe de Napoule, après un cours de 45,000ᵐ.

La Siagne est flottable, depuis Tournon jusqu'à la mer, sur une étendue de 20,000ᵐ.

TABLEAU *des fleuves et des rivières navigables, avec l'indication des lieux où commence le flottage.*

Numéros d'ordre.	NOMS des FLEUVES ET RIVIÈRES.	LIEUX où COMMENCE		LONGUEUR		OBSERVATIONS.
		LE FLOTTAGE.	LA NAVIGATION.	DU FLOTTAGE.	DE LA NAVIG.	
	BASSIN DU RHÔNE.					
1	*Rhône*	....	Font-l'Écluse........	»	520,000	
2	*Ain*, 1er affluent du Rhône.............	pont de Navoy........	Chartreuse - de - Vaucluse	53,000	97,000	
3	*Bienne*, affluent de l'Ain	au-dessus de St-Claude.	Dortan	20,000	5,000	
4	*Saône*, 2e affluent du Rhône.............	Monthureux	Gray	132,500	289,000	Voy. la deuxième section pour la longueur de la navigation.
5	*Doubs*, 1er affluent de la Saône.............	Morteau	....	220,000	»	
6	*Seille*, 2e affluent de la Saône.............	....	Louhans...........	»	39,500	
7	*Isère*, 3e affluent du Rhône.............	Moustier...........	Montmeillant (sur la front. de France)...	»	139,500	
8	*Ardèche*, 4e affluent du Rhône.........	au-dessus de Meyras...	St-Martin-d'Ardèche.	109,000	8,000	
	BASSIN DU RHIN.					
9	*Rhin*	au-dessous de Lauffenbourg............	Guermersheim........	»	178,000	
10	*Ill*, 1er affl. du Rhin..	....	au Ladhoff, 3500m au-dessous de Colmar..	»	99,000	
11	*Moselle*, 2e affluent du Rhin	Dommartin	Frouard...........	149,000	115,000	
12	*Meurthe*, 1er affluent de la Moselle	Plainfaing..........	Nancy.............	129,000	11,000	
13	*Sarre*, 2e affluent de la Moselle...........	près St-Quirin.......	Sarbruck...........	100,000	»	
	BASSIN DE LA MEUSE.					
14	*Meuse*.............	....	Verdun............	»	209,600	
15	*Sambre*, affluent de la Meuse.............	....	Landrecies.........	»	56,442	
				912,500	1,767,042	

Numéro d'ordre.	NOMS des FLEUVES ET RIVIÈRES.	LIEUX où COMMENCE LE FLOTTAGE.	LA NAVIGATION.	LONGUEUR DU FLOTTAGE.	DE LA NAVIG.	OBSERVATIONS.
			Report.......	912,500	1,767,042	

BASSIN DE LA SEINE.

16	Seine..............	Billy..............	Marcilly............	159,050	554,450	
17	Aube, 1ᵉʳ affluent de la Seine...........	Rouvre.............	Arcis..............	108,200	34,275	
18	Yonne, 2ᵉ affluent de la Seine...........	aux sources d'Yonne..	Auxerre............	165,000	93,000	
19	Marne, 3ᵉ affluent de la Seine...........	....	St-Dizier..........	»	542,177	
20	Ourcq, 1ᵉʳ affluent de la Marne.............	....	Port-aux-Perches, au-dessus de la Ferté-Milon...........	»	56,500	
21	Grand-Morin, 2ᵉ affluent de la Marne.	....	Tigeaux............	»	14,000	
22	Oise, 4ᵉ affluent de la Seine..............	Bantor.............	Chauny............	14,000	121,545	
23	Aisne, aff. de l'Oise.	Mouron.............	Château-Porcien.....	55,000	125,000	
24	Eure, 5ᵉ affluent de la Seine..............	....	St-Georges.	»	92,252	
25	Rille, 6ᵉ affluent de la Seine..............	....	Pont-Audemer.......	»	16,000	

BASSIN DE LA LOIRE.

26	Loire..............	Retournac...........	La Noirie...........	51,500	812,000	
27	Arroux, 1ᵉʳ affluent de la Loire........	Autun.............	Geugnon............	60,348	20,116	
28	Allier, 2ᵉ affluent de la Loire.............	près de St-Arcons...	Fontanes, près de Brioude.	42,600	241,000	
29	Loiret, 3ᵉ affluent de la Loire.............	....	Moulin de la Chaussée, 640ᵐ en amont du pont de St-Mesmin..	»	3,760	
30	Cher, 4ᵉ affluent de la Loire.............	Chambonchard......	Vierzon............	179,000	158,700	
31	Vienne, 5ᵉ affluent de la Loire.............	de Tarnac à Limoge..	Chitré, une lieue au-dessous de Chatellerault.............	77,400	89,559	
32	Creuse, affluent de la Vienne............	Felletin.............	port de Lauveralière..	210,712	8,600	
33	Thouet, 6ᵉ affluent de la Loire.............	....	Montreuil-Bellay....	»	17,020	
34	Mayenne, 7ᵉ affluent de la Loire.........	St-Jean, au confluent de l'Ernée..........	Laval...............	10,000	94,710	
				2,045,310	4,641,508	

N° d'ordre	NOMS des FLEUVES et RIVIÈRES.	LIEUX où COMMENCE — LE FLOTTAGE.	LIEUX où COMMENCE — LA NAVIGATION.	LONGUEUR DU FLOTTAGE. m.	LONGUEUR DE LA NAVIG. m.	OBSERVATIONS.
			Report.......	2,045,310	4,641,500	

SUITE DU BASSIN DE LA LOIRE.

N° d'ordre	NOMS des FLEUVES et RIVIÈRES.	LE FLOTTAGE.	LA NAVIGATION.	DU FLOTTAGE.	DE LA NAVIG.	OBSERVATIONS.
35	Oudon, 1er affluent de la Mayenne.......	....	Ségré.............	»	17,560	
36	Sarthe, 2e affluent de la Mayenne.......	Le Mans...........	Arnage.............	11,000	115,912	
37	Loir, affluent de la Sarthe...........	Poncé, sous le confluent de la Braye..	Coëmont, près de Château-du-Loir.....	28,000	113,894	
38	Sèvre-Nantaise, 8e affluent de la Loire...	....	Mounière...........	»	16,000	
39	Erdre, 9e affluent de la Loire.......	....	Nort.............	»	25,000	
40	Acheneau, 10e aff. de la Loire.......	....	Port-St-Père.......	»	10,000	
41	Ognon............	....	Pont-St-Martin.......	»	6,000	
42	Boulogne..........	....	Besson............	»	8,000	
43	Tenu.............	....	St-Mesmes.........	»	16,000	
44	Brivé, 11e affluent de la Loire.......	....	Pont-Château.......	»	25,000	

BASSIN DE LA GIRONDE.

N° d'ordre	NOMS des FLEUVES et RIVIÈRES.	LE FLOTTAGE.	LA NAVIGATION.	DU FLOTTAGE.	DE LA NAVIG.	OBSERVATIONS.
45	Garonne...........	Pont-du-Roi........	Cazères...........	75,000	428,000	
46	Salat, 1er affluent de la Garonne....	St-Girons..........	La Caye...........	16,000	20,000	
47	Arriège, 2e aff. de la Garonne.......	entre Foix et Pamiers.	Cinte-Gabelle.......	41,000	30,000	
48	Tarn, 3e affluent de la Garonne.......	Peyreleau..........	Gaillac...........	16,200	110,000	
49	Bayse, 4e affluent de la Garonne.......	....	Nérac............	»	20,000	
50	Lot, 5e affluent de la Garonne.......	de St-Laurent de Rivedolt à St-Genies...	Entraigues.........	13,500	295,000	
51	Dropt, 6e affluent de la Garonne.......	....	Eymet............	»	88,000	
52	Dordogne, 7e affluent de la Garonne.....	confluent du Chavanon.....	Mayronne.........	169,000	302,000	
53	Vézère, 1er aff. de la Dordogne........	Moulin du Verdier....	Montignac.........	90,000	47,000	
54	Isle, 2e affluent de la Dordogne........	....	Lombardemont......	»	116,000	
55	Dronne, aff. de l'Isle..	....	Contras...........	»	7,500	
				2,515,010	6,451,422	

N°. d'ordre	NOMS des FLEUVES ET RIVIÈRES	LIEUX où COMMENCE		LONGUEUR		OBSERVATIONS.
		LE FLOTTAGE.	LA NAVIGATION.	DU FLOTTAGE.	DE LA NAVIG.	
			Report......	2,515,010	6,451,402	

BASSIN DE L'ESCAUT.

| 56 | Escaut............ | .... | de Cambray à Morta- gue.............. | » | 68,000 | |

BASSIN DE L'AA.

| 57 | Aa.............. | .... | St-Omer.......... | » | 29,515 | |

BASSIN DE LA SOMME.

58	Somme............			»	»	Voyez la deuxième section.
59	Avre, affluent de la Somme............		Moreuil...........	»	18,000	
60	Canche...........		Montreuil.........	»	11,000	
61	Bresle...........		Eu..............	»	3,000	

BASSIN DE L'ORNE ET DES CÔTES DU CALVADOS.

62	Orne.............		Caen..............	»	17,000	
63	Dive.............		depuis l'embouch. de la Vie............	»	26,000	
64	Vie, affl. de la Dive..		Corbon...........	»	2,400	
65	Touques..........		Lisieux............	»	29,000	
66	Vire.............		barrage des clefs de Vire, 11,000m en aval de St-Lô............	»	18,000	
67	Aure, affluent de la Vire...............		Trevières.........	»	17,000	
68	Douve............		St-Sauv.-le-Vicomte..	»	28,000	
69	Merderet, 1er affluent de la Douve......		Chaussée de la Fière..	»	6,000	
70	Sèvre, 2e affluent de la Douve..........		Chaussée de Beaupte..	»	5,000	
71	Taute, 3e affluent de la Douve..........		Chaussée de Mache- nieux, près Périeux.	»	23,000	
72	Terette, affluent de la Taute............		St-Pierre d'Arthenay..	»	6,000	
				2,515,010	6,757,717	

NUMÉROS d'ordr.	NOMS des FLEUVES ET RIVIÈRES.	LIEUX où COMMENCE		LONGUEUR		OBSERVATIONS.
		LE FLOTTAGE.	LA NAVIGATION.	DU FLOTTAGE.	DE LA NAVIG.	
			Report......	2,515,010	6,757,717	

BASSIN DE LA SELUNE ET DES CÔTES DE LA MANCHE.

73	Selune...........		Ducey..........	»	8,000	
74	Couesnon........		près Antrain......	»	16,000	
75	Sienne..........			»	6,000	

BASSIN DE LA RANCE ET DES CÔTES DU NORD.

76	Rance...........		Dinan..........	»	12,000	
77	Arguenon........		Plancoët.......	»	6,000	
78	Gouet..........		Pont-de-Gouet....	»	5,000	
79	Le Trieux.......		Port-de-Trieux......	»	15,000	
80	L'Effe.........			»	3,000	
81	Le Guer.......		Port-Lannion......	»	6,500	
82	Elhorn.........		Landerneau......	»	18,000	

BASSIN DE L'AULNE ET DES CÔTES DU FINISTÈRE.

83	Aulne...........		Port-l'Aunay........	»	24,000	

BASSIN DU BLAVET ET DES CÔTES DU MORBIHAN.

84	Blavet........		Hennebon.....	»	14,000	
85	Scorf........		Pont-Scorf.....	»	15,000	
86	Oriet.........		Quimper......	»	12,000	
87	Aurey........		Aurey.........	»	10,000	

BASSIN DE LA VILAINE.

88	Vilaine........		Cesson......	»	139,448	
89	Meu, 1ᵉʳ affluent de la Vilaine....			»	5,000	
90	Cher, 2ᵉ affluent.			»	5,000	
91	Don, 3ᵉ affluent de la Vilaine....		Moulin-du-Pont-des-Claies, au-dessus de Guémené........	»	9,000	
92	Oust, 4ᵉ affluent de la Vilaine....	près de St-Caradé....	Malestroit..........	60,000	37,000	
				2,575,010	7,123,665	

N° d'ordre	NOMS des fleuves et rivières	LIEUX où COMMENCE le flottage	LA NAVIGATION	LONGUEUR du flottage	DE LA NAVIG.	OBSERVATIONS
			Report	2,575,010	7,123,665	
		SUITE DU BASSIN DE LA VILAINE.				
93	*Aff*, affl. de l'Oust...	Moulin-du-Chevalier, au-dessous de Guer..	La Gacilly	20,000	6,000	
94	*Isac*, 5e affluent de la Vilaine...		Guerrouet	»	13,000	

BASSIN DE LA CHARENTE.

N° d'ordre	NOMS des fleuves et rivières	LIEUX où COMMENCE le flottage	LA NAVIGATION	LONGUEUR du flottage	DE LA NAVIG.	OBSERVATIONS
95	*Charente*	Civray	Montignac	96,000	191,000	
96	*Boutonne*, affluent de la Charente		St-Jean-d'Angely	»	35,000	
97	*Vie*		Pas-aux-Petons	»	8,000	
98	*Lay*		Beaulieu	»	33,000	
99	*Seudre*		Saujon	»	22,000	
100	*Sèvre-Niortaise*		Niort	»	82,800	
101	*Mignon*, 1er affl. de la Sèvre-Niortaise		Port-de-Jouet	»	15,000	
102	*Autise*, 2e affl. de la Sèvre-Niortaise		Port-de-Souille	»	9,000	
103	*Vendée*, 3e affl. de la Sèvre-Niortaise		Gros-Noyer, au-dessous de Fontenay	»	25,000	

BASSIN DU LEYRE ET DES CÔTES DES LANDES.

N° d'ordre	NOMS des fleuves et rivières	LIEUX où COMMENCE le flottage	LA NAVIGATION	LONGUEUR du flottage	DE LA NAVIG.	OBSERVATIONS
104	*Leyre*	Beliet		30,000	»	

BASSIN DE L'ADOUR.

N° d'ordre	NOMS des fleuves et rivières	LIEUX où COMMENCE le flottage	LA NAVIGATION	LONGUEUR du flottage	DE LA NAVIG.	OBSERVATIONS
105	*Adour*		St-Lever	»	114,000	
106	*Midouze*, 1er affluent de l'Adour		Mont-de-Marsan	»	43,000	
107	*Gave-de-Pau*, 2e affl. de l'Adour		Peyrehorade	»	50,000	
108	*Bidouse*, 3e affluent de l'Adour		Came	»	20,000	
109	*Laran*, 4e affluent de l'Adour			»	15,000	
110	*Lardahibia*, 5e affl. de l'Adour			»	10,000	
111	*Nive*, 6e affluent de l'Adour		6000m au-dessus de Cambo	»	10,000	
112	*Nivelle*		Ascain	»	9,000	
113	*Bidassoa*		limite de la France	»	6,000	
				2,721,010	7,810,365	

N.º d'ordre	NOMS des RIVIÈRES ET RUISSEAUX.	LIEUX où COMMENCE		LONGUEUR		OBSERVATIONS.
		LE FLOTTAGE.	LA NAVIGATION.	DU FLOTTAGE.	DE LA NAVIG.	
			Report.......	2,721,010	7,810,365	

BASSIN DE LA GLY, DU TET ET DES CÔTES DES PYRÉNÉES.

114	Gly................	confluent de la Boulzane..........		62,000	»	
115	Tet................	Prades............		54,000	»	
116	Tech...............				»	

BASSIN DE L'AUDE ET DE L'HÉRAULT.

117	Aude..............	Escouloubre.......		168,200	»	
118	Hérault...........	Valleraugue........	Bessan..........	21,000	21,225	
119	Orbe..............	Bedarrieux........	bac de Serignan.....	80,010	5,000	

BASSIN DU VAR.

120	Var...............	embouch. de la Bresque.		21,000	»	
121	Argens............			62,000	»	
122	Siagne............	Tournon..........		20,000	»	
				3,209,220	7,826,590	

NOTA. Cet état n'ayant pour objet que de faire connaître les rivières qui sont navigables, on n'a pas cru devoir, à l'exception de celles qui forment les bassins du Leyre, de la Gly et du Tet, de l'Aude et du Var, y comprendre les différens cours d'eau servant uniquement au flottage. D'après les états de l'administration, ce flottage s'étend sur une longueur de 4,492,718ᵐ, qui, avec celle du flottage sur les rivières navigables, et laquelle est de 3,209,220ᵐ, forment en totalité une étendue de 7,701,938ᵐ.

10.

On vient de voir en quoi consiste la navigation naturelle de la France :
Cette navigation qui a satisfait long-temps aux premiers besoins de ses
habitans, et qui a donné lieu à la naissance de plusieurs grandes cités,
à Lyon placé au confluent du Rhône et de la Saône ; à Strasbourg que
baignent les eaux du Rhin ; à Bordeaux et à Toulouse, à Nantes, à Tours
et à Orléans, à Rouen et au Hâvre situés sur le cours et aux embouchures de la Garonne, de la Loire et de la Seine, enfin à Paris qui,
s'élevant sur les bords de ce dernier fleuve, doit particulièrement sa
prospérité et son accroissement immense à sa position entre les deux rivières de la Marne et de l'Oise qui, en venant payer le tribut de leurs
eaux à ce grand fleuve, concourent si puissamment à l'approvisionnement de cette brillante capitale : cette navigation, disons-nous, déjà si
belle par elle-même, est sans doute, par son heureuse disposition, un
des plus riches présens dont la nature ait favorisé aucun pays de l'Europe, sans en excepter l'Angleterre elle-même.

En effet, au lieu de ces grandes rivières qui traversent la France sur
une vaste étendue du nord au midi et de l'est à l'ouest, l'Angleterre, divisée
dans le sens de sa longueur, du nord au midi, par une haute chaîne de
montagnes, ne voit couler des deux côtés sur son sol étroit qu'un petit
nombre de rivières qui, faibles long-temps sur la plus grande portion de
leur cours bien moins étendu ; ne s'élargissant et ne prenant d'importance que près de la mer où elles viennent se rendre, ne sont navigables
que peu au-dessus de leur embouchure. L'Avon et le Kennet, la Ta-
mise et le Calder, le Trent et la Severn dont le cours navigable sur la
plus grande longueur est loin d'atteindre la moitié de la navigation de
chacun des quatre grands fleuves qui, sur la totalité de leur cours, arrosent la France, n'offrent ensemble qu'une longueur totale de navigation de 815,214ᵐ,72, et proportionnellement que seulement la moitié
de celle de la France.

C'est, il n'en faut pas douter, à cette circonstance et à d'autres considérations qui ne peuvent nous occuper ici, et que nous chercherons à
développer dans la suite de cet ouvrage, qu'on doit attribuer la rapide

ouverture du grand nombre de canaux qui ont été creusés dans ces derniers temps en Angleterre, qui, pressée par un plus vif besoin que la France de s'ouvrir de nouvelles communications, après avoir reçu d'elle les premiers exemples, l'a laissée en peu de temps de bien loin en arrière dans ce genre de construction.

Mais si la France, plus heureusement partagée que l'Angleterre sous le rapport des ressources qu'offre à son agriculture et à son commerce sa navigation naturelle, ne ressent pas au même point que ce pays la nécessité d'y suppléer par l'établissement d'une aussi grande quantité de canaux, dont un petit nombre suffirait pour porter son système de navigation à un haut degré de perfection, ce serait cependant méconnaître la marche toujours progressive de la civilisation, si souvent attestée par les demandes de diverses provinces et par la présentation de divers projets de plusieurs particuliers, que de penser qu'il ne reste pas encore beaucoup de communications de cette espèce à établir dans ce royaume.

Il en est au contraire bien autrement; sur un sol aussi étendu et aussi fertile que celui de la France, et qui, placé sous des climats aussi différens, voit croître des produits si divers, c'est précisément du plus grand nombre de grands fleuves et de rivières dont il est traversé dans tous les sens, que naît le besoin d'ouvrir de nouvelles lignes de navigation qui doivent en opérer la jonction et former un système complet de communications qui, en allant au-devant de tous les besoins et de toutes les industries, puissent offrir toutes les voies qu'exige une égale distribution de tous les produits et de toutes les richesses entre tous les individus d'une aussi immense population.

C'est de ces communications que nous parlerons dans les deux sections suivantes. De l'histoire des canaux déjà exécutés, de celle des canaux qui ne le sont qu'en partie, et enfin de la description d'un grand nombre de projets qui ont été présentés à diverses époques, et qui ont donné lieu à des discussions qui ne doivent point être perdues pour la science de l'ingénieur, nous verrons ressortir sans prévention et sans esprit de système, et comme indiquées naturellement par la direction des fleuves et des rivières qu'elles sont destinées à unir, les grandes lignes de navigation qui seules présenteraient déjà un ensemble assez satisfaisant de navigation intérieure, si, en se trouvant encore elles-mêmes mises en relation par des lignes secondaires, elles ne devaient pas un jour offrir le système le plus parfait de communications qui puisse être présenté aux trois branches du travail des hommes, l'agriculture, l'industrie manufacturière et le commerce.

DEUXIÈME SECTION.

DES CANAUX EXECUTÉS ET DES CANAUX ENTREPRIS.

Si l'on conçoit que le haut degré de prospérité auquel ait atteint un pays soit particulièrement dû à la multiplicité des canaux qui traversent son territoire, et que ces canaux n'eussent pu être établis avant la connaissance des écluses, on ne pourra s'empêcher de regarder l'invention de ces machines comme une des plus heureuses découvertes dont ait à se glorifier l'esprit humain.

Ainsi que l'histoire des arts en offre de nombreux exemples, l'invention des écluses à sas, quelque admirable qu'elle soit, comme celle de la division du plan de pente de la ligne de navigation à établir en plusieurs échelons horizontaux dont ces mêmes écluses sont destinées à faire franchir la différence de hauteur, n'a pas été cependant le produit d'un premier jet. L'idée de ces deux moyens si simples et si parfaits qui par leur heureuse combinaison constituent les canaux et les distinguent des cours d'eau abandonnés à leur pente et à leur rapidité naturelles, en procurant aux premiers l'inappréciable avantage d'offrir à la navigation la même facilité à la remonte qu'à la descente, semble avoir été donnée par les ouvrages grossiers qui s'exécutaient depuis long-temps sur les rivières, et qui, entrepris uniquement dans un intérêt particulier et tout-à-fait étranger à la navigation, paraissaient dans l'origine bien plus capables de l'entraver que de lui procurer une amélioration dont néanmoins, dans certains cas, on ne pourrait nier la réalité.

En effet, si, après l'envahissement des Gaules par les Francs, les seigneurs, en établissant des moulins sur la plupart des ruisseaux et des rivières qui traversaient les domaines dont ils s'étaient emparés, furent amenés à construire sur ces différens cours d'eau, pour obtenir la chute nécessaire au mouvement de ces nouvelles usines, des barrages qui semblaient présenter autant d'obstacles à la navigation, on ne peut toutefois disconvenir que ces retenues factices, en divisant ces mêmes cours d'eau en autant d'étangs ou de biefs horizontaux successifs, n'eussent pour effet d'en faire disparaître la pente trop rapide, et que ce ne soit à leur établissement qu'on doit l'emploi des portes marinières sans lesquelles les bateaux n'auraient pu en franchir la hauteur; deux circonstances dont nous voyons naître d'abord le principe sur lequel repose la théorie des canaux consistant à substituer au plan de pente de la ligne de navigation un nombre quelconque de plans horizontaux s'élevant ou s'abaissant les uns au-dessus ou au-dessous des autres de quantités partielles dont la somme égale la pente totale de l'espace à parcourir; et secondement les écluses dont la composition des portes marinières, quelque imparfaite qu'elle fût, ne contenait pas moins le germe qui n'attendait, pour recevoir tout son développement, qu'une heureuse inspiration du génie.

Ces portes, réservées dans les barrages pour la descente ou la remonte des bateaux, tenues ouvertes ou fermées selon le volume d'eau plus ou moins considérable des rivières, se composaient, comme on le voit encore sur plusieurs points, et même au rapport des voyageurs sur les canaux de la Chine, d'une voie de six à sept mètres de largeur fermée par plusieurs poutrelles mobiles placées les unes au-dessus des autres, et suivie d'un plan plus ou moins incliné, bordé latéralement par des estacades en charpente, et servant à racheter la différence de niveau des deux biefs contigus.

Or, ce sont ces voies dont les bateaux ne peuvent franchir les plans inclinés sans les plus grands efforts en remontant, et sans les plus grands dangers en descendant, emportés qu'ils sont par un courant toujours:

rapide et impétueux ; ce sont ces voies, dont le commerce demande tous les jours la suppression, auxquelles les écluses à sas suppléent si utilement sur la plupart des rivières, et aujourd'hui exclusivement sur tous les canaux.

Ces nouvelles écluses fermées, tant à l'amont qu'à l'aval des chutes, par des portes séparées entre elles par un intervalle ou sas destiné à recevoir un ou plusieurs bateaux, et garnies de vannes servant à l'introduction ou à l'évacuation des eaux, rendent également faciles la remonte et la descente de ces bateaux à travers les chutes qui séparent les biefs d'une rivière ou d'un canal ; soit, dans le premier cas, en ouvrant les portes d'aval aux bateaux qui entrent dans le sas, et qui, après la fermeture de ces portes, élevés par l'introduction des eaux tirées du bief supérieur, entrent ensuite dans ce bief par les portes d'amont ouvertes à cet effet ; soit, dans le second cas, et après avoir rempli le sas au niveau du bief supérieur, en ouvrant les portes d'amont aux bateaux qui doivent y entrer, et qui, après la fermeture de ces portes, s'abaissant par l'évacuation des eaux du sas dans le bief inférieur, descendent ensuite dans ce bief en traversant les portes d'aval.

L'invention des écluses, attribuée à deux mécaniciens de Viterbe, reçut bientôt son application. Plusieurs furent établies en Hollande et dans le territoire de Venise ; et Léonard de Vinci, ce peintre qui rivalisait de génie et de grace avec Raphaël, et qui joignait au talent exquis qui lui mérita l'amitié de François Ier les connaissances de l'ingénieur, construisit, sur le canal qui entoure Milan, une écluse qu'on voit encore ; et paraît être le premier qui introduisit en France cet ingénieux mécanisme dont il fit le premier essai sur la rivière d'Ourcq, qu'on avait déjà l'intention de rendre navigable.

Mais cette belle invention, au moyen de laquelle la pente des rivières et de tous les cours d'eau, soit naturels soit artificiels, disparaît par la distribution de leur lit en biefs horizontaux, devait conduire à une conception non moins ingénieuse, mais peut-être plus hardie et plus féconde, et que vit éclore le dix-septième siècle ; celle par laquelle, suppléant à la nature et rassemblant de vastes réservoirs d'eau sur les hauteurs mêmes des montagnes qui séparent les plus profondes vallées, l'homme, comme d'un point de partage, projette dans chacune de ces vallées de nouvelles rivières dont il enchaîne le cours trop rapide par des barrages successifs, et franchit ainsi, au moyen d'écluses et comme par une suite de degrés, les flancs inclinés des montagnes intermédiaires qui s'interposaient entre ces grandes dépressions du globe.

On ne sait en effet ce qui est le plus digne de notre admiration, ou de la découverte des écluses à sas, ou de celle de l'établissement des lignes de navigation à point de partage. Ce qu'il y a de certain, c'est que c'est surtout dans ce dernier cas que l'utilité des écluses se montre dans tout son jour. Si leur application est si précieuse pour racheter les chutes que l'on est obligé de franchir sur les rivières ou sur les canaux de simple dérivation, elles seules, en permettant de réduire à la moindre quantité la dépense des eaux nécessaires à la navigation, rendent possibles les canaux à point de partage, pour l'alimentation desquels on n'est que trop souvent réduit à ne pouvoir rassembler au sommet des deux versans qu'un faible volume d'eau qu'on ne peut trop chercher à économiser.

Cet avantage ne peut être obtenu que par le système des écluses à sas. Au moyen des portes dont ces écluses sont munies, non-seulement il est possible de conserver stagnantes, et sans autres déperditions que celles résultant de l'évaporation et des filtrations à travers les terrains et les joints de ces portes, les eaux qui remplissent chaque bief, mais encore de ne tirer du point de partage, et seulement au moment de la montée de chaque bateau à ce point ou de sa descente du même point, qu'une quantité d'eau égale dans le premier cas à la dépense d'une éclusée plus le volume du fluide déplacé par le bateau, et dans le second cas à la dépense d'une éclusée moins le volume du fluide déplacé par le bateau ; c'est-à-dire pour la traversée de toute la ligne, qu'un volume d'eau égal seulement à deux éclusées. Quantité tellement faible qu'il n'est point de cours d'eau capable de mettre en mouvement un seul moulin, qui ne puisse satisfaire aux besoins de la navigation la plus active d'une vallée à une autre (1).

Si l'Italie, qui eut la première la gloire, dans ces temps modernes, de rallumer le flambeau des sciences et des arts deux fois éteint par la barbarie, a pu se vanter encore de l'heureuse découverte des écluses, c'est du moins à la France qu'est dû l'honneur d'avoir offert le premier exemple d'un canal à point de partage, de ce système de canal au moyen duquel il n'est que peu de ces éminences du globe qui séparent les rivières ou les mers, sur lesquelles l'on ne puisse voir flotter depuis les modestes barques du commerce jusqu'aux vaisseaux armés de la marine militaire (2).

---

(1) *L'éclusée* ou *prisme de remplissage* est le volume d'eau compris entre les portes de l'écluse et les parois latérales du sas, et ayant pour hauteur la différence de niveau entre les biefs supérieur et inférieur.

La dépense de l'eau est calculée ici pour le cas le plus ordinaire, celui de la traversée de la ligne entière du canal. Cette dépense varie, sur le même canal, suivant que le nombre des bateaux qui remontent au bief de partage est plus grand ou plus petit que celui des bateaux qui descendent du même bief de partage, et suivant que les bateaux ont à traverser des sas accolés. La consommation d'eau est susceptible aussi de réduction ou d'augmentation par la réduction ou l'augmentation de la chute des écluses ; elle varie encore lorsque ces chutes sont inégales par le placement des écluses à moindre chute immédiatement au-dessous ou à de certaines distances du point de partage ; enfin l'aménagement des eaux d'un canal est subordonné à une foule de cas qu'il est nécessaire d'apprécier et de prévoir avant d'arrêter le tracé du canal et les dimensions des écluses. Les calculs qui s'appliquent à la solution de ces différens cas ne pouvant faire l'objet de cet ouvrage particulièrement destiné à présenter l'histoire des canaux déjà exécutés, nous croyons devoir renvoyer les personnes qui voudraient en prendre connaissance, aux Mémoires qui ont été publiés sur cette matière par M. de Prony en 1801, et par M. Girard en 1820, 1821 et 1826 (*Annales de chimie et de physique.*)

(2) Le canal Calédonien, qui unit l'Atlantique à la mer du Nord, donne passage à des frégates de vingt-huit canons ; et M. de Vauban regrettait que le canal du Languedoc n'eût pas été ouvert sur des dimensions qui l'eussent rendu capable d'admettre des bâtimens de guerre.

Tel est de sa nature le canal que cette même France doit au meilleur des rois, et qui, sous le nom de canal de *Briare*, en unissant, malgré les hauteurs qui les séparent, les deux grands fleuves de la Seine et de la Loire, a encore le mérite de faire partie de la première ligne de navigation, établie à la vérité indirectement et seulement depuis quelque temps, mais dont la création se rattache à cette idée première qui, ainsi que nous l'avons dit dans cet écrit, semble avoir constamment présidé, depuis les premiers siècles de la monarchie jusqu'à nos jours, à la formation successive du système général de la navigation de la France, celle de la jonction des deux mers qui baignent au midi et à l'ouest les côtes de ce grand royaume.

Sous ce dernier rapport et sous celui de l'ordre chronologique auquel nous nous astreindrons autant qu'il nous sera possible dans le cours de cet ouvrage, le canal de Briare, et par son importance et par l'ancienneté de son exécution, devra donc premièrement attirer nos regards.

PREMIÈRE LIGNE DE JONCTION

DES DEUX MERS

DU MIDI AU NORD-OUEST, PAR LE CENTRE DE LA FRANCE.

En empruntant une partie de la quatrième ligne (le canal du centre).

CANAL DE BRIARE.

LE canal de Briare n'avait pas seulement pour objet l'approvisionne-ment de la capitale; l'exécution de ce canal se rattachait dans l'origine, ainsi qu'on vient de le dire, à un plus grand projet. Depuis long-temps, on songeait à unir la Méditerranée avec l'Océan, et, sans parler de l'idée qu'eut François Ier d'effectuer cette jonction dans le midi de la France, et sur laquelle nous aurons occasion de revenir lorsqu'il s'agira du canal de Languedoc, sous Henri II, et d'après les propositions du célèbre Adam de Crapone, embrassant un plus vaste horizon, on commença à faire travailler d'abord à un projet qui devait opérer cette communication en unissant la Saône à la Loire, et en traversant la province du Charolais.

Le canal de Briare parut être le complément de ce projet qui en effet établissait, dans le sens le plus avantageux au commerce, une communi-cation du midi au nord entre la Méditerranée et l'Océan ; et, comme la portion seule du canal de Briare avait le double avantage de faire partie de cette ligne et d'être extrêmement utile à la ville de Paris, on crut qu'il convenait de s'occuper d'abord de son exécution.

Ce canal, à l'ouverture duquel, d'après les ordres de Henri IV, Sully avait employé six mille hommes de troupes, depuis 1605 jusqu'à 1610, et dont les travaux, interrompus par la mort de ce prince, furent repris en 1638 et terminés en 1642, commence dans la Loire à deux mille mètres de Briare, petite ville qui lui a donné son nom; remonte par Ouzouer, cotoie le ruisseau de Trézé, passe à Rogny où se trouvent sept écluses accolées, le premier grand ouvrage de ce genre qui ait été exécuté en France, ensuite à Châtillon et à Conflans, et se termine à Montargis, où il se joint au canal de Loing dont il sera parlé ci-après, et qui suivant et se combinant avec la rivière de ce nom, va se jeter dans la Seine, à peu de distance au-dessous de Moret.

La longueur de la première branche de ce canal, depuis son origine dans la Loire jusqu'au bief de partage, est de 14,510ᵐ, et sa pente de 38ᵐ,25 est rachetée par douze écluses.

La longueur du bief de partage, situé entre l'écluse dite de la Gazonne et celle de Rondeau, est de 2,820ᵐ,29.

La longueur de la deuxième branche, depuis l'extrémité du bief de partage jusqu'à sa réunion avec le canal de Loing, est de 57,807ᵐ,50, et sa pente de 78ᵐ,75 est rachetée par vingt-huit écluses.

Longueur totale du canal 55,137ᵐ,59.

Nombre des écluses quarante.

La largeur du canal est fort irrégulière; elle est ordinairement de 8ᵐ au plafond, et de 12ᵐ à la ligne d'eau.

Les écluses ont 4ᵐ,60 de largeur entre les bajoyers, et 32ᵐ, 48 de longueur entre les buscs.

Le bief de partage, auquel on a donné 4ᵐ,55 de profondeur pour en former une espèce de réservoir, est alimenté par divers étangs ou réservoirs dont les eaux sont recueillies et amenées au moyen de sept rigoles de 59,657ᵐ,89 de développement ensemble, y compris les 17,535ᵐ,55 du trajet des eaux de l'étang du Moutier à la prise d'eau de la rigole de Saint-Privé, savoir:

La rigole de Saint-Privé........................ 20,801ᵐ,07.
La rigole de Breteau.......................... 5,182ᵐ,75.
La rigole de Beaurrois........................ 7,795ᵐ,58.
La rigole de Dammarie........................ 5,507ᵐ,11.
La rigole de Cahauderie....................... 1,525ᵐ,59.
La rigole des Chèvres......................... 2,535ᵐ,90.
La rigole de la Serre du Seigle................ 779ᵐ, 36.

Trajet des eaux de l'étang du Moutier à la prise d'eau
de Saint-Privé... 17,535ᵐ,55.

Total égal..... 59,657ᵐ,89.

Les réservoirs, qui sont aujourd'hui au nombre de dix-huit, présentent
une superficie d'environ 480 hectares, et les eaux qui en proviennent,
réunies à celles dérivées de la rivière de Loing par la rigole de St.-Privé,
et à celles qu'on a amenées dans ces derniers temps du côté de la Loire,
peuvent être évaluées, selon M. Huerne de Pommeuse, à la quantité
moyenne de 22,000,000 de mètres cubes.

Au moyen de ce grand emmagasinement d'eau qu'est parvenue à se
procurer la Compagnie à force de soins et d'efforts depuis une vingtaine
d'années, le canal de Briare, qui, d'après de Lalande, était privé d'eau
autrefois pendant l'été et une partie de l'automne, n'éprouvera donc plus
à l'avenir d'autre chômage de son propre fond que celui auquel, ainsi
que tous les autres canaux, pourront l'assujettir, durant quelques se-
maines, les réparations qu'exige le bon entretien de ses ouvrages d'art,
ni d'autre interruption dans sa navigation que celle qu'il aura encore à
subir pendant sept ou huit ans, par suite du manque d'eau qui se fait ressentir si souvent dans la Loire dont il reçoit les neuf dixièmes des chargemens au transport desquels il est destiné à pourvoir : manque d'eau
qui, joint à une foule d'obstacles d'un autre genre, réduit d'une manière
si désespérante pour le commerce la navigation de ce grand fleuve à cinq
ou six mois d'activité, et auxquels obstacles, malgré les observations de
plusieurs ingénieurs, on ne s'est décidé à remédier que depuis six ans
par l'entreprise de la portion de canal latéral qu'on exécute dans ce moment de Digoin à Briare, ainsi qu'on le verra dans la suite.

Le canal de Briare sert au transport des vins et des bois du Mâconnais,
du Beaujolais, du Charolais, du Languedoc, de la Chaise-Dieu et du
Sancerrois; à celui des fers du Berri, des charbons du Bourbonnais, de la
quincaillerie du Forêt, de la faïence du Nivernais, et de toutes les marchandises qui peuvent s'embarquer sur l'Allier et sur la Haute-Loire pour

être dirigées sur Paris, et formant, année commune, un chargement de deux cent mille tonneaux auquel sont employés quatre mille bateaux(1).

Suivant des renseignemens provenant de l'administration des Ponts et Chaussées, ce canal aurait coûté 6,500,000 francs. D'après M. de Pommeuse, la dépense de sa construction se serait élevée à une somme qui pourrait être représentée par celle de 10,000,000 francs au cours actuel de notre monnaie. Son produit net, sur lequel on croit avoir obtenu des renseignemens assez sûrs, malgré le secret que la Compagnie semble vouloir garder à cet égard, paraîtrait ne s'élever, année commune, qu'à la somme d'environ 320,000 fr. , à laquelle ajoutant celle de 100,000 fr. pour les frais d'entretien, d'administration et d'impositions, porterait son produit brut à 420,000 francs ; produit qui pourrait sembler encore un peu faible, si le comparant à celui des canaux d'Orléans et de Loing réunis, on en jugeait d'après la portion des droits pour laquelle figure

---

(1) Suivant **M.** **Huerne de Pommeuse** (*des Canaux de navigation en général*), le nombre de bateaux traversant le canal de Briare peut être évalué ainsi qu'il suit :

Charbons de terre, de Saint-Rambert, d'Auvergne, de Blanzy, de Decize, et venant de l'Allier..................................... 1,400

Vins, de Mâcon, d'Auvergne, de Languedoc, de Pouilly et de Renaison.. 1,200

Diverses marchandises. Eaux-de-vie, savon, soufre, bois de charpente, charbons de bois, bois à brûler, trains de noyer et sapin, bascules de poissons, faïence, bouteilles, fruits, poterie, marbre, verre, planches, osier, cotrets, sable à faïences, écorces, châtaignes, papier, charronnage, sablon, meubles, pommes de terre, chanvre, bois en grume, etc.. 900

———

3,500

Bateaux qui se chargent sur le canal, dans son cours même, et bateaux vides... 500

Total année commune...................... 4,000

dans ce produit le canal de Loing, qui, à peu près de la même longueur que celui de Briare, n'en est que la prolongation, et ne transporte en plus que les objets assez peu considérables qui doivent prendre voie sur son cours depuis Montargis jusqu'à Paris. Ce qui prouverait au surplus que l'activité de la navigation sur le canal de Briare a reçu un accroissement progressif bien remarquable depuis son établissement, c'est que le tarif originaire, accordé par les lettres patentes de 1638, n'a reçu aucune augmentation jusqu'à ce jour, et que si la navigation n'était pas devenue plus active depuis ce moment, le droit perçu en conséquence de ce tarif ne présenterait plus aujourd'hui, attendu la dépréciation de l'argent, qu'un produit qui ne dépasserait que de bien peu les frais d'administration et d'entretien.

Le canal de Briare, suspendu, ainsi qu'il a été dit ci-dessus, par la mort de Henri IV, arrivée en 1610, et par les longues guerres qu'eut à soutenir Louis XIII, fut repris en vertu de lettres patentes du mois de septembre 1638, et terminé en 1642 par les entrepreneurs Guyon et Bouteroue, qui en jouirent, ainsi que leurs successeurs, à titre de concession perpétuelle. En 1673, M. le maréchal de La Feuillade s'en trouvait le principal propriétaire. Depuis, la propriété s'en est divisée entre un grand nombre d'actionnaires, chacune des parts ou portions, fixées au nombre de trente par le réglement primitif, pouvant être divisée en plusieurs parts.

Enfin, ce qui doit attester la sagesse de toutes les dispositions que consacrent les lettres patentes accordées, les premières au mois de septembre 1638, et les secondes au mois de décembre 1642, et lesquelles fixent les bases de la concession du canal de Briare, et ce qui fait le plus grand honneur aux premiers sociétaires en faveur desquels ces mêmes lettres patentes ont été délivrées, c'est que le réglement rédigé par eux le 28 juin 1638, et auquel ils se sont engagés à se conformer, régit encore la Compagnie de ce canal, et que juré de nouveau le 23 décembre 1806 par ses membres ayant voix délibérative, il ne leur a paru susceptible que de sept articles supplémentaires dont les circonstances leur ont fait sentir la nécessité, et dont on croit devoir présenter dans les notes ci-après la teneur, ainsi que celle du premier réglement qui y a donné lieu (A).

CANAL D'ORLÉANS.

La navigation de la Loire n'éprouvant pas seulement des obstacles dans la partie supérieure de son cours au-dessus du canal de Briare, mais encore sur une très-grande longueur au-dessous de ce point, on ne tarda pas à reconnaître qu'il y aurait un grand avantage à ouvrir un canal qui, partant d'Orléans et venant se jeter dans la rivière de Loing, un peu au-dessous de l'embouchure du canal de Briare, aurait le double objet, premièrement, d'épargner à la navigation ascendante les difficultés qu'elle éprouvait dans la partie du fleuve comprise entre les villes d'Orléans et de Briare, distantes entre elles de dix-huit lieues, tant du manque d'eau en certaines saisons que des vents contraires qui rendaient souvent l'accès du canal de Briare difficile, et secondement de servir à l'exploitation de la forêt d'Orléans dont les bois pouvaient à ce moyen trouver un double débouché dans la Seine et dans la Loire; et dès ce moment l'exécution du canal d'Orléans fut décidée.

Déjà un nommé Robert Mahieu avait reco: .u la possibilité d'établir un canal vers la Seine depuis Grignon jusqu'à Loing, près de Montargis, et avait commencé à ouvrir une portion de ce canal depuis les vieilles maisons jusqu'à cette rivière; il ne s'agissait donc plus que de s'assurer de la possibilité d'établir une autre branche du canal qui se rattachant à la première, qui avait été commencée, se dirigerait vers la Loire.

Cette possibilité, malgré les grands ouvrages qu'exigeait l'ouverture de ce canal, fut reconnue ainsi que celle de rassembler à son point de partage, situé entre Combreux et Grignon, une assez grande quantité d'eau au moyen des sources qu'on recevait à ses extrémités, et particulièrement à l'aide d'une rigole qui, amenant les eaux de l'étang situé à 10,000ᵐ plus haut, et recevant, dans son cours de 52,000ᵐ de longueur développée, plusieurs autres eaux de source, est devenue en quelque sorte classique parmi les ingénieurs sous le nom de rigole de Courpalet, par l'habileté de son tracé, la grande quantité de ses ouvrages d'art, et la petitesse de sa pente, qui n'excède pas 1^m,30.

Aussitôt après ces diverses recherches, un édit du mois de mars 1679 ayant permis à Monseigneur le duc d'Orléans, frère du Roi, d'exécuter ce canal; et ce prince ayant cédé en 1681 à Lambert et compagnie la faculté que le Roi lui avait accordée, cette compagnie commença cet ouvrage en 1682, le rétrocéda à son tour en 1686 à Monsieur, qui enfin le fit terminer en 1692.

Le canal d'Orléans, qui commence près de Combleux, à 4,800^m au-dessus d'Orléans, passe par Checy, Fay, Vitry, Combreux, Grignon, Couderoy, Chaissy, Chevillon, et se termine à Buges, où il forme sa jonction avec le canal de Loing.

Sa longueur totale est de 73,504^m,22, et le nombre de ses écluses est de vingt-huit, savoir :

La première partie, depuis son origine dans la Loire jusqu'au bief de partage, a 26,852^m,68 de longueur, et sa pente, qui est de 29^m,86, est rachetée par onze écluses.

La seconde, ou bief de partage, a 18,721^m,63 de longueur.

La troisième, depuis l'extrémité du point de partage jusqu'à son embouchure dans le canal de Loing, a 27,729^m,91 de longueur, et sa pente, qui est de 40^m,22, est rachetée par dix-sept écluses.

Les écluses ont 4^m,60 de large entre les bajoyers, et 32^m de long entre les buscs.

La largeur du canal est généralement de 8^m au plafond et 12^m à la ligne d'eau, et la profondeur de l'eau de 1^m,50.

Le canal d'Orléans, ayant son origine à 72,000^m au-dessous de celui de Briare, reçoit toutes les marchandises qui proviennent des provinces de l'ouest, et qui, pouvant prendre voie sur la Basse-Loire, se dirigent sur Paris. Ces marchandises consistent principalement en vins et eaux-de-vie de l'Orléanais et de l'Anjou, et en ardoises de ce dernier pays; il reçoit aussi les bois de charpente, et les bois à brûler de la

12.

forêt d'Orléans qui vont alimenter la consommation de la capitale.

Le produit brut de ce canal, bien inférieur à ce qu'il était au moment où la guerre interdisait tout autre moyen de communication le long des côtes, et où le sel figurait en plus grande proportion parmi les objets de transport, ne représente qu'environ la moitié de celui de Loing avec lequel il peut être cumulé, ces deux canaux, qui ne forment qu'une seule propriété, étant soumis à la même administration (B).

CANAL DE LOING.

Le canal de Loing n'est que la prolongation jusqu'à la Seine de celui de Briare, à l'extrémité duquel vient s'embrancher le canal d'Orléans, et n'est dû qu'aux difficultés que présentait à la double navigation des objets qui se transportaient par ces deux canaux, la rivière de Loing par ses crues subites qui couvrant ses rives ne laissaient plus apercevoir les limites dans lesquelles devait se tenir la navigation, par le mauvais état de son lit, et par les obstacles qu'opposaient, à chaque instant, au passage des bateaux, les moulins qui étaient établis sur son cours.

Ce ne fut qu'après des plaintes aussi vives que réitérées de la part des commerçans qui fréquentaient les canaux d'Orléans et de Briare, et sur la présentation de plusieurs projets, que M. le duc d'Orléans, en vertu de lettres patentes en forme d'édit, du mois de novembre 1719, commença à employer en 1720 plusieurs régimens à l'ouverture du canal de Loing qui suit latéralement le cours de la rivière qui lui donne son nom, et du lit de laquelle il se sert dans plusieurs parties.

Ce canal, dont l'exécution devait être terminée en trois années, fut ouvert à la navigation en 1724, trente-deux ans après la confection du canal d'Orléans.

Le canal de Loing, qui commence à Montargis et reçoit le canal d'Orléans à Buges, 5,934ᵐ au-dessous de son origine, passe à Cepoy, Nemours, Moret, et va se rendre dans la Seine à St.-Mamers.

Un peu au-dessous de Buges, s'embranche une portion de canal de

600ᵐ de longueur qui se dirige sur Puit-Lalande, et aboutit à un port d'embarquement dont l'étendue est de 360ᵐ. Cet embranchement ainsi que le port furent ouverts en 1759, sur la demande du commerce de bois, et pour faciliter l'exploitation de la forêt de Montargis.

Suivant latéralement la rivière de Loing dans laquelle, profitant de son cours, il entre à huit fois différentes, et se maintient sur des longueurs plus ou moins grandes, d'une étendue ensemble de 12,867ᵐ,28, et lesquelles portent le nom de racles dans le pays, le même canal a 52,954ᵐ,20 de longueur totale, et sa pente, qui depuis Buges jusqu'à son embouchure dans la Seine est de 41ᵐ,58, est rachetée par vingt-trois écluses de 4ᵐ,40 de largeur entre les bajoyers, et de 60ᵐ de longueur entre les buscs.

Ses transports se composent de ceux qui sont particuliers aux deux canaux de Briare et d'Orléans, dont il est le double prolongement, et de celui des bois provenant de la forêt de Montargis qui sont dirigés sur Paris. Le mouvement total de sa navigation annuelle est généralement de quatre à cinq mille bateaux.

Le canal de Loing et celui d'Orléans ne forment, ainsi qu'on l'a fait observer en parlant de ce dernier, qu'une même propriété, et sont soumis à la même administration.

Leur produit, dans lequel celui du canal de Loing figure pour plus des deux tiers, s'est élevé, année moyenne sur quinze, depuis l'an VII jusqu'à l'anné 1815 inclusivement, en nombre rond, à la somme de 1,286,000 fr., et leur produit net, défalcation faite des frais d'entretien et d'imposition, qui sont de 152,000 fr., à celle de 1,134,000 fr. (B).

Ces canaux, restés entre les mains du gouvernement jusqu'en 1810, et administrés d'abord en 1789, 1790 et 1791 par les créanciers du duc d'Orléans; puis, après leur confiscation, par la régie des domaines, et ensuite, depuis 1798 jusque et y compris 1807, par une ferme-régie où le gouvernement était intéressé, furent vendus, en conséquence du décret du 21 mars 1808, par le ministre de l'intérieur à la Caisse d'amortissement, qui, par suite du décret du 4 mars 1809, en versa la valeur à la caisse des fonds extraordinaires constituée par le même décret.

Depuis, les mêmes canaux, par vente du 28 février 1810, passèrent au domaine extraordinaire au prix de 14,000,000 fr. ; et par décret du 16 mars 1810, Bonaparte divisant les droits de propriété appartenant au domaine extraordinaire en quatorze cents actions de 1,000 fr., en créa des dotations et constituales dotés en une compagnie dont les intérêts furent confiés à une administration générale à Paris qui fut commune avec celle du canal de Languedoc.

Cet ordre de choses se prolongea jusqu'au moment où, par suite de l'esprit qui devait dicter quelques jours après la loi du 5 décembre 1814, relative aux biens non vendus des émigrés, et laquelle allait mettre Monseigneur le duc d'Orléans en possession des parts de ces canaux, à lui appartenant, qui étaient restées libres entre les mains du domaine extraordinaire, une ordonnance du 20 septembre 1814 plaça les canaux d'Orléans et de Loing, comme on le faisait pour celui de Languedoc, sous l'action du ministre de l'intérieur.

Sous ce nouveau régime, comme sous celui du domaine extraordinaire, la surveillance immédiate d'un administrateur parut indispensable ; et ce dernier mode d'administration, confié à M. le comte Hulot, subsista jusqu'à la fin de 1822.

Enfin, se reportant à la lettre de la concession primordiale des canaux d'Orléans et de Loing ; et considérant que par l'effet de la loi du 5 décembre 1814, le gouvernement avait cessé d'avoir des droits à la propriété de ces canaux, une ordonnance du 25 avril 1825 décida que l'administration en serait définitivement rendue à la compagnie propriétaire, qui dès ce moment serait réintégrée dans le plein et entier exercice de ses droits. (C)

NOTES
RELATIVES AUX CANAUX
DE LA PREMIÈRE LIGNE DE JONCTION DES DEUX MERS.

CANAL DE BRIARE.

(A) RÉGLEMENT *qui doit être observé par MM. les* PROPRIÉTAIRES-ASSOCIÉS *du canal de Briare.*

AUJOURD'HUI est comparu par-devant les conseillers du roi, notaires au châtelet de Paris, soussignés, Jean-Baptiste Boisseau, sieur de Beaupré, demeurant à Paris, rue Saint-Jacques, paroisse Saint-Benoît, au nom et comme ayant charge et pouvoir de monsieur le comte de Buron, et autres co-seigneurs et co-propriétaires du canal de Briare.

Lequel a apporté à Doyen, l'un desdits notaires, et l'a requis de mettre au rang de ses minutes de cedit jour, trois feuilles de papier commun, intitulées : *Réglement qui doit être observé par les seigneurs propriétaires du canal de Briare,* contenant vingt-deux articles, arrêtés en fin à Paris, le vingt-huit juin mil six cent trente-huit, en fin duquel arrêté sont plusieurs signatures, et au commencement est écrit XLV, inventorié sept avec le paraphe de Mᵉ Guyot, notaire au châtelet, étant observé qu'au vingt-unième article est une apostille au bas de la page, contenant trois lignes et deux mots, non paraphés; lequel réglement est demeuré joint à la minute des présentes, pour y avoir recours, et en être délivré les expéditions nécessaires à qui il appartiendra, après avoir été paraphé *ne varietur* dudit sieur comparant, en présence desdits notaires soussignés, dont acte requis et octroyé. Fait et passé à Paris, en l'étude de Doyen, notaire, l'an mil sept cent vingt-deux, le vingt-sixième jour du mois d'août, et a signé. Ainsi signé BOISSEAU DE BEAUPRÉ avec DE RASCY et DOYEN, notaires, avec paraphes.

Ensuit la teneur dudit réglement :

RÉGLEMENT *qui doit être observé par les seigneurs propriétaires du canal de Briare.*

ARTICLE PREMIER. Tous les propriétaires associés fourniront les sommes à quoi se monteront leurs parts et portions, de quatre mois en quatre mois, en paiemens égaux, jusqu'à la perfection dudit canal, suivant l'état qui sera préalablement fait de la dépense, par estimation de ce à quoi les deniers devront ainsi, de temps en temps, être employés.

II. La société sera composée de trente parts et portions, et sera loisible à un des associés de prendre une ou plusieurs parts; comme aussi deux ou trois personnes pourront ensemble y prendre part; à la charge qu'ils conviendront qui d'entre eux portera le nom d'associé pour avoir voix délibérative en la compagnie.

III. Chacun des associés, quelque part qu'il ait audit canal, n'aura qu'une voix délibérative, fors en fait d'élection et nomination d'officiers, où les voix seront comptées à proportion que chacun des associés en aura.

IV. Arrivant le décès d'un associé, sa veuve, héritiers ou ayant cause, seront tenus d'agréer et exécuter toutes les délibérations et résolutions de la compagnie, sans qu'ils y puissent assister, mais pourront prendre communication du registre des délibérations, ainsi que bon leur semblera; et lorsqu'un des enfans mâles ou héritiers du décédé aura atteint l'âge de vingt-cinq ans, sera admis et reçu en la compagnie, à la charge que celui qui aura le plus d'intérêt en la portion du décédé, aura seul, par préférence aux autres, la qualité d'associé et voix délibérative, sinon qu'il soit autrement convenu entre eux.

V. Les associés ne pourront, par vente ou échange, disposer de leurs parts ou partie d'icelles, sans en rendre la compagnie refusante pour le prix qu'un autre en voudrait bailler sans fraude; pourront néanmoins les associés faire déclaration de leurs parts au profit de qui bon leur semblera, durant six mois seulement, à compter de ce jour; et en cas que la compagnie refuse d'acquérir et traiter desdites parts, et qu'un ou plusieurs des associés voulussent acquérir icelles parts, il leur sera loisible, après toutefois en avoir tiré le refus de la compagnie.

VI. Que si l'un desdits associés se trouve intéressé avec autres personnes en une ou plusieurs parts, et qu'il veuille disposer de tout ou de partie d'icelles, les co-intéressés auront la préférence, et encore les uns au refus des autres, à toute la compagnie, et en leur refus la compagnie; et au refus de la compagnie, ceux des associés qui voudraient acquérir, comme il est dit ci-dessus.

VII. Que nul ne sera reçu en ladite compagnie, sinon après serment de garder et observer les clauses et constitutions de la société et présent réglement, et de tenir secrètes toutes les délibérations et résolutions d'icelle, ainsi qu'il est accoutumé en compagnies bien réglées, même de suivre et exécuter tout ce qui sera par ladite compagnie résolu.

VIII. Ceux qui se présenteront pour être reçus en icelle, et y faire serment, seront tenus d'apporter leurs titres justificatifs de leurs droits et prétentions, lesquels titres ils présenteront et communiqueront à la compagnie, pour un mois après ladite communication y être admis, et leur faire droit par ceux qui lors seront assemblés.

IX. S'il arrive différend entre les associés, leurs hoirs ou ayant cause, concernant la société, circonstances et dépendances, seront tenus de subir et exécuter le jugement de la compagnie, assemblée en nombre de sept personnes; ce qui sera par eux jugé sera exécuté comme arrêt de cour souveraine.

X. Ceux qui auront à l'avenir quelques parts et portions dans la société, par déclarations, succession, mutation ou autrement, ne seront reconnus, ni admis en ladite compagnie, qu'après le serment et réception, comme dit est, et n'auront rang, ni séance en l'assemblée que du jour de la réception et ordre d'icelle, sans avoir égard aux qualités et charges qu'ils pourraient posséder, ni aux dates desdites déclarations qu'ils pourraient avoir; ce qui n'aura lieu qu'après que le nombre des personnes qu'il convient pour posséder les trente portions dont la société est composée, sera rempli, et à commencer seulement aux mutations qui pourraient arriver de leurs dites parts et portions.

XI. Que trois personnes de la compagnie, ou tel autre nombre qu'il sera avisé par icelle, seront nommées pour directeurs, et avoir l'œil à la conduite des ouvrages, faire les marchés et achats des matériaux et ustensiles nécessaires pour lesdits ouvrages, établir charrois et bateaux où ils aviseront bâtir, et construire fourneaux à chaux et briques, acheter des terres à tirer de la pierre, et généralement faire ce qu'ils jugeront nécessaire, avec le contrôleur qui sera élu et député, et se transportera sur les lieux pour le bien et avancement desdits ouvrages; lesquels achats et marchés ne se feront qu'en la présence et du consentement du contrôleur, qui les signera avec les directeurs, et par les ordonnances desquels directeurs les dépenses nécessaires pour lesdits ouvrages se feront; lesquelles ordonnances ne seront néanmoins valables, et n'auront lieu si elles ne sont contrôlées par lesdits contrôleurs, et ne feront les directeurs et contrôleurs leurs fonctions, que tant et si longuement qu'il sera avisé par la compagnie.

XII. Et sera nommé et établi par la compagnie un commis sur les lieux près des directeurs, lequel aura en main les sommes de deniers qui seront fournies par la compagnie, pour payer icelles sommes sur les ordonnances des directeurs, ainsi que dit est.

XIII. La compagnie nommera tels desdits associés qu'elle avisera pour contrôleurs qui exerceront la charge durant quatre mois, et jusqu'à autre nouvelle nomination, pour connaître et prendre garde à l'emploi des deniers, et assister à tous marchés, achats et remboursemens de propriétaires, et se pourront assister et substituer l'un en l'absence de l'autre.

XIV. Chacun des directeurs des ouvrages sera tenu, à la fin de chaque mois, d'envoyer l'état de dépense qui aura été faite durant ledit mois, et le projet de celle qui se pourra faire pendant le mois subséquent, le tout visé par lesdits contrôleurs, et pareillement le commis au maniement des deniers enverra son compte à la compagnie de mois en mois, pour être vu et examiné.

XV. Un de la compagnie sera nommé pour recevoir les sommes de deniers que chacun devra fournir dans les susdits termes, sous ses simples récépissés, lesquels deniers ledit receveur délivrera, suivant les ordonnances de la compagnie, au commis qui sera sur les lieux.

XVI. Et, afin que la justice soit mieux administrée, les offices mentionnés ès articles accordés au conseil ne pourront dès à présent être vendus; ainsi y sera pourvu par la compagnie de personnes de probité, et à cette fin sera faite une liste de ceux qui seront à pourvoir desdits offices, et chacun des associés pourra nommer un aspirant auxdits offices, pour ce fait être les aspirans élus et nommés officiers à la pluralité des voix.

XVII. Et pareillement les gardes mentionnés èsdits articles seront nommés et établis par la compagnie, ainsi que lesdits officiers, et seront lesdits gardes reçus en la charge par-devant le bailli-conservateur des ouvrages et navigation de canal, circonstances et dépendances, que Sa Majesté a créé à cet effet, information préalablement faite de leur vie et mœurs, en la manière accoutumée.

XVIII. Et en cas de vacation par mort, mutation ou autrement desdits offices et charges de gardes, sera pourvu d'autres officiers et gardes, par celui desdits sieurs associés qui sera lors en son mois de nomination; bien entendu que lesdits associés auront autant de mois que de portions, lesquels mois seront jetés au sort et réglés entre tous lesdits associés, qui à cette fin seront assemblés, fors et excepté les offices du bailli, lieutenant et procureur de seigneurie, auxquels sera pourvu par toute la compagnie, comme dit est; ensemble au surplus des autres officiers, gages d'iceux, circonstances et dépendances, sitôt que la justice sera établie.

XIX. Les sieurs Boutheroue et Guyon, dénommés aux articles que le roi a accordés pour la construction dudit canal, ont consenti que l'on poursuive au conseil, au parlement, et partout ailleurs que besoin sera, toutes les affaires de la société, comme spécialement les vérifications et toutes autres instances, et que tous les achats et marchés, remboursemens et dédommagemens qu'il conviendra, seront faits sous leurs noms, sans que pour raison de tout ce que dessus, ni à raison des déclarations qu'ils ont baillées à chacun desdits associés en particulier, ils puissent pour cela être plus obligés que les autres, quand bien même la compagnie aurait différend contre aucun particulier, pour satisfaire ce à quoi il serait obligé, ni pour toutes autres choses généralement quelconques qui pourraient arriver, en quelque sorte et manière que ce soit, attendu que nul n'a été admis en icelle société que du consentement des autres, lesquels d'abondant agréent et approuvent toutes lesdites déclarations baillées, comme dit est, à chacun en particulier.

XX. Est accordé que si aucun manque à fournir les sommes réglées deux mois après chacun terme expiré, sera loisible à la compagnie prendre deniers à intérêt pour ce qui défaudra, lesquels deniers ceux qui auront manqué seront contraints d'acquitter trois mois après, à faute de quoi paieront de plus au profit de la compagnie le doublement de ce dont ils seront en demeure; à quoi les parts et portions de celui ou ceux qui contreviendront, demeureront spécialement affectées et hypothéquées, et aucun ne sera garant, sinon de ses part et portion seulement.

XXI. Sera fait un registre dans lequel seront insérées toutes les délibérations de la compagnie, lesquelles passeront et seront exécutées comme arrêt de cour souveraine, à la pluralité des voix, lesquelles seront comptées comme il est dit au troisième article, et ne vaudront lesdites délibérations, si elles ne sont faites par cinq personnes, et où il s'agirait de provisions d'officiers, toute la compagnie sera avertie pour s'assembler un mois après, et les absens pourront envoyer une procuration à quelqu'un des associés pour donner leur voix; et seront les assemblées faites tous les premiers samedis du mois, ou plus souvent, si le cas y échet, en l'hôtel de celui desdits sieurs associés qui sera entre eux délibéré; l'un desquels aura la garde dudit registre, pour en être par ceux de la compagnie tiré tels extraits qu'ils désireront, après que la compagnie l'aura arrêté et ordonné, et non autrement.

XXII. Et afin qu'il plaise à Dieu bénir le dessein de la compagnie, en sorte qu'il tourne à sa gloire et à l'utilité publique, a été résolu que des premiers deniers qui seront fournis par la compagnie pour les ouvrages, il en soit pris auparavant aucun emploi jusqu'à la somme de huit mille livres pour être aumônée.

FAIT et arrêté à Paris, le vingt-huitième jour de juin mil six cent trente-huit. *Signés* L. Charreton, J. de la Barde, B. de la Barde, Pradine, Charreton, Cornuel, Testu de Balincourt, Renouard, Huguet, Bourgeois, Pasquier, Guyon. *Ensuite est écrit :* Approuvé le présent réglement, à la charge que les onze et quatorzième articles n'auront lieu à son égard qu'à commencer de ce jour treize janvier mil six cent trente-neuf, avec paraphe au-dessous. Le présent Réglement m'a été présenté à signer le premier mars mil six cent quarante, et ai icelui signé, à la charge que les onze et quatorzième articles n'auront lieu que de jourd'hui, et qu'il ne se pourra faire de délibérations qui admettent ou changent aucuns des articles contenus en icelui. *Signé* Boutheroue avec paraphe; *à côté signé* Boutheroue : *et ensuite est écrit :* Approuvé le présent Réglement, à la charge que les onze et quatorzième articles n'auront lieu qu'à commencer de ce jour vingt-neuf février mil six cent quarante, sans préjudice de l'acte signé, où la compagnie m'accorde le mois de mars pour le paiement de deux parts, avec paraphe; *au-dessous signé* le Maçon de la Fontaine et Chanut, avec paraphes. *En marge est écrit :* Contrôlé à Paris le quatre juin mil sept cent dix-neuf, reçu quatorze livres, huit sols. *Signé* Blondelu, avec paraphe. *Sur la première page est écrit :* XLV, inventorié sept, avec un paraphe. Et *au bas de la même page est encore écrit :* Paraphé ne varietur au désir de l'acte d'apport reçu par les notaires soussignés. Ce vingt-six août mil sept cent vingt-deux. *Signé* BOISSEAU DE BEAUPRÉ, avec DE RANCY et DOYEN, notaires, avec paraphes.

L'an mil sept cent trente-neuf, le dix-huitième jour de mars, collation des présentes a été faite par les conseillers-notaires du roi au châtelet de Paris, sur la minute dudit acte d'apport, et sur le réglement y joint, étant en la possession de Bellanger l'aîné, l'un desdits notaires soussignés, comme subrogé aux office et pratique dudit Mᵉ Doyen, ci-devant notaire. *Signés* BELLANGER et MOUETTE.

Le mardi, vingt-trois décembre dix-huit-cent-six, MM. les propriétaires-associés du canal de Briare, réunis en l'hôtel de leur administration pour délibérer sur les affaires de la compagnie, un de messieurs a fait un rapport relatif au présent réglement, sur lequel, après avoir mûrement délibéré, la compagnie a arrêté différens articles, au nombre de sept, pour être ajoutés en supplément audit réglement, ainsi conçus :

CONSIDÉRANT qu'il importe à l'association en général, et à tous les membres en particulier, de maintenir l'exécution de son réglement, et d'assurer à chacun des intéressés l'exercice de tous leurs droits qui sont compatibles avec les règles d'une sage et régulière administration;

Arrête ce qui suit :

ARTICLE PREMIER. Le réglement de 1638, dont l'observation est jurée par tous les associés au moment de leur admission, continuera d'être gardé et exécuté par la compagnie et chacun de ses membres, dans toutes ses dispositions.

II. En conséquence, d'après le vœu formel dudit réglement, et l'usage constamment observé jusqu'au moment où des circonstances forcées ont amené momentanément des mesures extraordinaires, aucun des associés ou intéressés ne pourra se faire représenter aux assemblées par des étrangers; mais ils seront tenus, dans le cas où la faculté de représentation leur est accordée, de confier leurs pouvoirs à l'un des intéressés.

III. En conformité de l'article 11 dudit réglement, les propriétaires de fractions de part continueront de pouvoir se réunir jusqu'à concurrence d'une part entière, et de donner pouvoirs de les représenter à l'un d'eux, lequel, pendant la durée desdits pouvoirs, aura le titre d'associé.

IV. Les femmes, propriétaires de leur chef de portion entière ou plus, ont aussi la faculté de se faire représenter par un fondé de pouvoirs pris parmi les intéressés ou fractionnaires; celles qui ne seront elles-mêmes que propriétaires de fractions, pourront concourir avec d'autres fractionnaires pour former une part, et choisir un représentant commun, ainsi qu'il est ci-dessus expliqué, article 111, sans préjudice de l'exécution de l'article 1v du réglement, à l'égard des veuves, enfans mineurs, ou héritiers d'associés, lesquels seront tenus de s'y conformer.

V. Les associés absens ont la même faculté de se faire représenter par un des intéressés ou fractionnaires fondé de leurs pouvoirs; mais ne seront réputés absens que ceux qui, ayant leur domicile et résidence habituels hors de Paris, ne peuvent assister aux assemblées.

VI. Les propriétaires de part entière ne peuvent, aux termes de l'article 111 du réglement, avoir plus d'une voix, quel que soit le nombre de leur portion, si ce n'est au cas prévu par le même article; ils ne peuvent être chargés de la procuration d'aucun des associés ou fractionnaires, sauf l'exception contenue à cet égard dans l'article xx1 dudit réglement.

VII. Aucun des intéressés ou fractionnaires ne peut recevoir ni exercer la procuration d'un associé à part entière, s'il n'est propriétaire d'un dixième de part au moins.

Fait et arrêté les jours et an que dessus.

Signés GRABOUX, MONTMORENCY-LUXEMBOURG, A. M. DE BRION, H. DUVEYRIER, HUVELIN, HENRY DE LONGUEVE, DE POMMEUU, BIGNON, pour la régie des domaines.

Pour copie conforme,

BRIFFARD.
Contrôleur, Secrétaire-Général.

TARIF ORIGINAIRE

Annexé aux lettres patentes du mois de décembre 1642, qui fixe les droits à percevoir pour la traversée du canal de Briare, et qui sert encore de base à la perception des droits actuels, sans avoir subi d'augmentation.

liv. sous.

De chaque poinçon de vin, jauge d'Orléans, une livre dix sous, ci....   1   10

De chaque cent de solives ou de bois carré, de la qualité portée par le tarif des lettres patentes, quinze livres, ci............................. 15 »»

Du cent de toises d'ais d'un pouce et demi d'épaisseur et douze pouces de large et au-dessous, trois livres dix sous, ci.........................   5   10

Du cent de toises d'ais de chêne, d'un pouce d'épaisseur et au dessous, et de la largeur de douze pouces et au-dessous, trois livres, ci..............   5 »»

Du cent de toises d'ais de sapin, d'un pouce d'épaisseur et au-dessous, et de douze pouces de large et au-dessous, trois livres, ci..................   3 »»

Et des plus grandes largeurs et épaisseurs, tant de chêne et sapin qu'autres, à proportion.

De chaque corde de bois, deux livres dix sous, ci....................   2   10

De chaque millier de coches de bois, quatre livres, ci..................   4 »»

Du millier de merrains à faire poinçons, six livres dix sous, ci..........   6   10

Du millier de lattes carrées et d'échalas, à compter vingt bottes pour millier, une livre six sous, ci..   1   6

Du millier de lattes à ardoises, à compter quarante bottes pour millier, deux livres quinze sous, ci...   2   15

Du cent pesant de marchandises, au poids, huit sous, ci...............   »   8

Des encombrantes, dix sous, ci.....................................   »   10

Du millier d'ardoises carrées, deux livres, ci........................   2 »»

Du millier d'ardoises rousses-noires, quatre livres dix sous, ci.........   4   10

Du poinçon de cendre, deux livres dix sous, ci.......................   2   10

Du cent de carpes au-dessous d'un pied, cinq livres dix sous, ci........   5   10

Du cent de celles d'un pied en sus, dix sous, ci......................   »   10

Du cent de brochets au-dessous d'un pied, cinq livres dix sous, ci......   5   10

Du cent de ceux de douze à quinze pouces, le quinze non compris, onze livres, ci... 11 »»

Du cent de ceux de quinze à dix-huit pouces, le dix-huit non compris, vingt-deux livres, ci... 22 »»

De ceux de dix pouces et au-dessus, quarante livres, ci............ .. 40 »»

On donne ensuite le tarif des trajets partiels de la ligne navigable qui se rapportent à celui ci-dessus.

Article supplémentaire pour le charbon de bois.

On paiera pour chaque poinçon de charbon de bois, de Briare à Montargis et de Montargis à Briare, dix-sept sous, ci........................ » 17

CANAUX D'ORLÉANS ET DE LOING.

(B.) *État comparatif des recettes et dépenses pour travaux d'entretien et de réparation, depuis l'an 7 jusqu'à l'année 1815.*

EXERCICES.	PRODUITS BRUTS des deux canaux.	DÉPENSES POUR LES TRAVAUX D'ENTRETIEN ET DE RÉPARATION.			OBSERVATIONS.
		CANAL D'ORLÉANS.	CANAL DE LOING.	TOTAL.	
	fr. c.	fr. c.	fr. c.	fr. c.	Les sommes ci-contre
An 7	1,034,188 29	54,933 26	43,889 86	98,823 12	portées en dépense pour
8	913,287 99	17,915 22	28,248 19	46,163 41	travaux, comprennent aussi
9	1,223,748 09	45,298 28	45,346 94	90,645 22	celles dépensées pour ap-
10	1,084,270 16	47,730 18	39,769 43	87,499 61	provisionnemens et requi-
11	983,780 70	71,142 39	45,158 03	116,300 42	sitions de matériaux ; en
12	1,418,363 41	99,132 87	29,649 73	128,782 60	général, elles sont les rele-
13	1,548,199 09	97,421 64	43,766 68	141,188 32	vés des sommes portées aux
14-1806	1,492,080 53	105,225 22	62,345 28	167,570 50	mandats délivrés par MM.
1807	1,304,456 06	155,797 39	59,496 94	215,294 33	les ingénieurs, pour l'en-
1808	1,494,548 34	190,944 03	62,861 81	253,805 84	tretien et la réparation des
1809	1,734,738 23	139,524 74	87,336 32	226,861 06	canaux.
1810	1,624,142 47	195,064 51	92,433 40	287,497 91	
1811	1,124,175 39	94,053 60	17,866 37	111,919 97	
1812	1,531,494 26	152,886 00	68,010 08	220,896 08	
1813	1,688,832 11	187,975 24	82,322 51	270,297 74	
1814	750,727 10	58,615 34	25,975 85	84,591 19	
1815	810,388 12	24,092 51	15,520 12	39,612 63	
TOTAUX....	21,862,220 34	1,737,752 42	849,997 54	2,587,749 95	

(C) DÉCRET

Concernant la propriété et l'administration des canaux d'Orléans et de Loing, cédés au Domaine extraordinaire, du 16 mars 1810.

NAPOLÉON, etc.

Vu les états des dotations par nous faites d'actions sur les canaux d'Orléans et de Loing, voulant pourvoir à l'administration de leur propriété, et assurer en même temps aux actionnaires la jouissance qu'ils ont droit d'attendre,

Nous avons décrété et décrétons ce qui suit:

TITRE 1ᵉʳ. — *De la propriété des canaux d'Orléans et de Loing.*

ART. 1ᵉʳ. La propriété des canaux d'Orléans et de Loing, cédée à notre domaine extraordinaire par acte du 28 février 1810, passé entre *Jean-Pierre Bachason-Montalivet*, notre ministre de l'intérieur, et *Jacques de Fermont*, notre intendant-général du domaine extraordinaire, en exécution des décrets des 21 mars 1808, 17 mai 1809 et 10 août suivant, dont les dispositions ont été converties en loi le 25 décembre dernier, comprend lesdits canaux d'Orléans et de Loing, avec toutes leurs dépendances, bords, francs-bords, usines, maisons-éclusières, appartenant auxdits canaux, sans exception ni réserve.

ART. 2. Les effets mobiliers, tels que bureaux, embarcations, meubles, matériaux et autres objets appartenant à l'État, affectés auxdits canaux, font également partie de la vente.

ART. 3. Les droits de propriété appartenant au domaine extraordinaire de notre couronne, seront divisés en mille quatre cents actions de dix mille francs chacune.

ART. 4. Les canaux donneront une propriété indivisible entre les mains des actionnaires: la propriété résidera toujours sous le titre collectif de l'association; il ne pourra en être distrait ni séparé aucune portion par cession, donation, décès, faillites des actionnaires, liquidation, faillite de la société, et toute autre cause.

ART. 5. La destination de la chose vendue ne pourra jamais être changée ni convertie à d'autres usages qu'à ceux de la navigation.

ART. 6. Pourra néanmoins, la société propriétaire, faire tous les changements

utiles tendant à amélioration, tels que nouvelles prises d'eaux, nouvelle direction
de canal, construction d'écluses, et autres ouvrages d'art sous de meilleures formes,
création d'usines et autres perfectionnemens ; le tout néanmoins après avoir obtenu
notre approbation.

Art. 7. Conformément à l'article premier de la loi du 5 floréal an XI, la contri-
bution foncière sur les canaux ne pourra être rétablie qu'à raison des terrains qu'ils
occupent ; et les canaux ne pourront être assujettis à aucune taxe particulière.

Art. 8. Les actionnaires feront percevoir, à leur profit, le droit de navigation,
conformément aux tarifs actuellement établis : il ne sera rien changé à ces tarifs avant
l'expiration de trente années, époque à laquelle ils pourront être révisés et augmentés s'il y a lieu, à raison des différences survenues dans les rapports de la valeur
de l'argent avec le prix du travail et des denrées ; le tout sera réglé administrati-
vement.

TITRE II. — *De la formation de la compagnie.*

Art. 9. L'universalité des actionnaires forme une société en commandite, sous
le nom de *Compagnie des canaux d'Orléans et de Loing.*

Art. 10. Tout appel de fonds sur les actionnaires est prohibé.

Art. 11. Il y aura un registre double sur lequel les actions seront inscrites nomi-
nativement.

Art. 12. Le transfert s'opérera sur la déclaration du propriétaire, qui sera in-
scrite sur ce registre.

Art. 13. Les actions de la compagnie des canaux d'Orléans et de Loing, pour
leur immobilisation, leur inaliénabilité, leur disposition et jouissance, sont assi-
milées en tout aux actions de la banque de France.

Art. 14. Les actions peuvent être acquises par des étrangers.

TITRE III. — *De l'administration de la compagnie.*

Art. 15. La compagnie entre en jouissance à compter du 1ᵉʳ janvier 1810 ; à
partir de cette époque, toutes les recettes et dépenses sont partagées et supportées
en commun par les actionnaires.

Art. 16. L'universalité des actionnaires de la compagnie sera représentée par les
trente d'entre eux qui réuniront le plus d'actions, ou par leurs fondés de pouvoir.

Art. 17. Les représentans se réuniront en assemblée générale dans le cours de
chaque année.

Aʀᴛ. 18. Les assemblées générales seront présidées par le grand-chancelier de la Légion-d'Honneur; en cas d'empêchement, le président de l'assemblée sera nommé à la majorité des voix.

Aʀᴛ. 19. L'administration générale des canaux sera confiée à un administrateur nommé par nous, sur la présentation du grand-chancelier de la légion d'honneur; ce sera le même que pour le canal du Midi, autant que cela se pourra.

Aʀᴛ. 20. Il devra, avant d'entrer en fonctions, justifier qu'il est propriétaire ou procureur spécial de propriétaires de soixante actions au moins.

Aʀᴛ. 21. Il prêtera, entre les mains du grand-chancelier de la Légion-d'Honneur, le serment de gérer les intérêts de la compagnie en bon père de famille, et d'exécuter scrupuleusement les réglemens d'administration qu'elle aura arrêtés, et qui auront été approuvés.

Aʀᴛ. 22. Il recevra une indemnité fixée provisoirement à quinze mille francs, et qui sera définitivement réglée par la première assemblée générale.

Aʀᴛ. 23. Il sera établi à Paris : il aura l'administration de toutes les affaires de la compagnie, surveillera les recettes et les dépenses, fera établir les états et bordereaux, et verser à la caisse de la société tous les fonds qui ne seront pas employés aux dépenses locales.

Aʀᴛ. 24. Il pourra suspendre et remplacer provisoirement les employés, il proposera à notre intendant-général les nominations et destitutions, la fixation des appointemens, et celle des dépenses à faire tant à Paris que dans les départemens.

L'état de ces dépenses sera présenté chaque année à l'assemblée générale, et soumis à son approbation.

Aʀᴛ. 25. Il ne pourra faire payer aucune dépense qu'elle ne fasse partie de celles approuvées par le grand-chancelier de la Légion-d'Honneur.

Aʀᴛ. 26. Dans les dix premiers jours de chaque mois, et plus souvent s'il y a lieu, il remettra au grand-chancelier de la Légion-d'Honneur l'état de situation au 30 du mois précédent, tant de la caisse générale à Paris que des recettes et dépenses dans les départemens; lesdits états dûment certifiés et vérifiés.

Aʀᴛ. 27. Les actes judiciaires et extrajudiciaires concernant la compagnie, soit activement, soit passivement, seront faits au nom de la compagnie, poursuite et diligence de l'administrateur-général.

TITRE IV. — *Du compte à rendre aux actionnaires, et du réglement de leurs intérêts et du dividende.*

Art. 28. L'administrateur-général présentera, à l'assemblée générale de chaque année, le compte des recettes et dépenses de l'année précédente.

Art. 29. Il sera payé de six mois en six mois un intérêt annuel de cinq pour cent.

Art. 30. Le dividende sera définitivement réglé tous les ans par l'assemblée générale, d'après le compte qui lui aura été rendu : cette assemblée générale, à compter de 1811, se tiendra dans le courant du mois de mai.

Art. 31. Un dixième des bénéfices sera mis en réserve : il entrera en accroissement de chaque action, pour devenir comme elle la propriété de l'actionnaire, et pourra cependant être employé en dépenses imprévues s'il y a lieu ; le surplus du dividende sera payé à vue à la caisse générale de la compagnie.

Art. 32. Chaque actionnaire pourra prendre connaissance de l'arrêté des recettes et dépenses, et du réglement qui aura été fait du dividende.

TITRE V. — *De l'administration locale des canaux, de la direction et surveillance des travaux d'entretien et autres travaux d'art.*

Art. 33. Il sera préposé à la direction des travaux d'entretien et autres travaux d'art des canaux, un ingénieur pris parmi les ingénieurs des Ponts et Chaussées ; et si les travaux exigent un plus grand nombre d'ingénieurs, ils seront pris également parmi les ingénieurs ou élèves des Ponts et Chaussées.

Art. 34. Chaque année, et avant le chômage des canaux, l'ingénieur rédigera le projet des dépenses d'entretien et autres travaux, et il le remettra aux conservateurs, qui l'adresseront, avec leurs observations, à l'administrateur-général, pour obtenir l'autorisation des dépenses à faire dans la campagne.

Art. 35. Il sera fait chaque année, par l'administrateur-général ou un délégué spécial nommé par lui à cet effet, et par l'ingénieur divisionnaire des Ponts et Chaussées ou un autre ingénieur nommé par le directeur-général des Ponts et Chaussées, une visite générale des canaux et de leurs dépendances, pour en constater l'état, et faire connaître les réparations qui auraient été négligées, et les reconstructions qui seraient jugées nécessaires.

L'ingénieur des canaux assistera à cette visite : l'employé principal de l'administration et le conducteur des travaux dans chaque arrondissement, seront tenus aussi d'y assister; et il sera du tout dressé procès-verbal.

ART. 36. Si l'ingénieur divisionnaire trouvait les projets de travaux proposés insuffisans pour garantir la conservation des canaux, il en référera au directeur-général des Ponts et Chaussées, qui se concertera avec l'administrateur-général; et, en cas de difficultés, il y sera statué par notre intendant-général.

ART. 37. S'il est reconnu qu'il soit nécessaire de faire quelques constructions nouvelles, elles ne pourront avoir lieu qu'après que les plans en auront été dressés par l'ingénieur des canaux, avec le devis de leurs dépenses, et que tout aura été communiqué au directeur-général des Ponts et Chaussées, pour prendre l'avis du conseil des Ponts et Chaussées; et, sur le tout, l'autorisation de notre intendant-général du domaine extraordinaire.

ART. 38. Les conservateurs, le receveur principal, les contrôleurs-vérificateurs ambulans, et les autres employés préposés à l'administration locale des canaux, continueront leurs fonctions sous les ordres de l'administrateur-général et la surveillance de notre intendant-général.

ORDONNANCE *du* 20 *novembre* 1814.

LOUIS, par la grace de Dieu, roi de France et de Navarre, etc.

Considérant qu'il est contraire à l'intérêt général, et qu'il peut être nuisible à beaucoup d'intérêts privés que l'administration particulière des canaux du Midi, d'Orléans et de Loing, ne soit pas assujettie comme tous les autres canaux de France à la surveillance et à l'action de l'administration publique,

Nous avons ordonné et ordonnons ce qui suit :

ART. 1. Notre ministre de l'intérieur exercera sur l'administration des canaux du Midi, d'Orléans et de Loing, la même surveillance et la même action que celle qu'il exerce tant sur les canaux que sur toute la navigation de France.

Loi *du 5 décembre* 1814, *relative aux biens non vendus des émigrés.*

. . . .

ART. 10. Les actions représentant la valeur des canaux de navigation seront rendues, savoir : celles qui sont affectées aux dépenses de la Légion-d'Honneur, à l'époque seulement où, par suite des dispositions de l'Ordonnance du 19 juillet dernier, ces actions cesseront d'être employées aux mêmes dépenses; celles qui sont actuellement dans les mains du gouvernement, aussitôt que la demande en sera faite par ceux qui y auront droit, et celles dont le gouvernement aurait disposé, soit que la délivrance en ait été faite, soit qu'elle ne l'ait pas été, lorsqu'elles rentreront dans ses mains par l'effet du droit de retour stipulé dans les actes d'aliénation.

ORDONNANCE *du roi, du 25 avril 1823, relative à l'administration des canaux du Midi, d'Orléans et de Loing.*

Louis, etc..................................   ....

Considérant que, par l'effet de la loi du 5 décembre 1814, le gouvernement a cessé d'avoir des droits à la propriété de ces canaux, et qu'il est ainsi devenu nécessaire de modifier les réglemens des 10 et 16 mars 1810;

Voulant donner aux compagnies propriétaires le plein et entier exercice de leurs droits, et garantir à tous les actionnaires la conservation de leurs intérêts respectifs;

Notre conseil d'état entendu,

Sur le rapport de notre ministre secrétaire d'état des finances,

Nous avons ordonné et ordonnons ce qui suit :

....
....

Art. 5. La place d'administrateur-général des canaux du Midi, d'Orléans et de Loing est supprimée.

L'assemblée de chaque compagnie nommera aux places d'administrateurs, fixera leur traitement ainsi que leur cautionnement, et exercera par elle-même ou par ses délégués tous les droits réservés par les articles 24 des décrets des 10 et 16 mars 1810 à l'intendant-général du domaine extraordinaire.

ART. 6. Les décrets des 10 et 16 mars 1810 continueront à être exécutés en tout ce qui n'est pas contraire à la présente ordonnance.

Les assemblées générales sont autorisées à nous proposer les modifications ultérieures dont ils pourraient être susceptibles.

DEUXIÈME LIGNE DE JONCTION

DES DEUX MERS,

PAR LE MIDI ET LE SUD-OUEST DE LA FRANCE.

CANAL DES DEUX MERS, ou DE LANGUEDOC.

Précis historique du Canal.

LE projet de joindre la Méditerranée à l'Océan est un des plus anciens, et celui de tous les projets qui se soit reproduit sous plus de formes et à plus de fois différentes; son utilité n'échappa pas même aux Romains. Ainsi que nous l'avons dit dans la première section, un de leurs généraux avait eu le dessein d'unir la Saône à la Moselle, et de cette manière le Rhône au Rhin. Huit siècles après, en l'an 793, Charlemagne, concevant la même idée, mais en lui donnant une nouvelle extension, voulait faire communiquer l'Océan au Pont-Euxin en opérant leur jonction en Allemagne.

Toute idée s'agrandissait sous ces maîtres du monde; ils ne concevaient de communications que celles qui les menaient à la conquête d'es peuples qu'ils voulaient soumettre; mais l'immensité des efforts nécessaires à l'accomplissement de semblables desseins en faisait surtout la grandeur. Dans ces siècles plus guerriers qu'éclairés, l'homme, réduit à ses propres forces, luttait seul contre la nature. L'heureuse découverte des écluses, celle des canaux à point de partage, et les connaissances éco nomiques, nous ont appris, depuis, que la prospérité des nations tient à l'exécution d'ouvrages plus faciles, et qui sont d'autant plus dignes des soins du législateur, qu'ils ne semblent pas dépasser les moyens que peut lui procurer une sage administration.

En revenant à ce projet, au commencement du seizième siècle, on l'envisagea sous un point de vue moins étendu.

Sous François I*, on espérait obtenir ce grand résultat en joignant, par un canal de quatorze lieues seulement, la Garonne à la rivière d'Aude.

Sous Charles IX et sous Henri IV, il en fut encore question; et, ainsi que nous l'avons fait observer, reprenant des projets plus anciens, le canal de Briare ne fut d'abord projeté que comme faisant partie d'une grande communication, qui, sur un autre point, et en liant un plus grand nombre de provinces entre elles, avait également pour objet d'effectuer la même jonction des deux mers; mais ce canal, qui répondait en même temps à un besoin local plus pressant, une fois exécuté, les guerres civiles, au milieu desquelles rien d'utile ne peut se produire, et qui déchirèrent pendant plusieurs années la France, firent oublier la première idée à laquelle il devait son exécution.

Des temps plus heureux ayant succédé à ces momens de trouble, on reproduisit de nouveau le projet de jonction des deux mers; mais en reportant sa direction dans la province qui y attachait le plus de prix.

Sous le ministère de Richelieu, en 1633, Étienne Richot, ingénieur du roi, et Antoine Baudan, maître des ouvrages royaux en la province de Languedoc, s'engagèrent à faire exécuter en cinq ans un canal qui unirait la Garonne à l'Aude, en s'aidant, disaient-ils, de l'Arrègo et autres sources et ruisseaux qui se rencontrent dans cette localité.

Par un autre projet, dont suivant Pierre Petit, intendant des fortifications, il aurait été parlé aussi vers 1634, on proposait de joindre au Fresquel, affluent de l'Aude, le Sor, affluent du Tarn, en prenant l'eau du Sor, tirant un canal à travers la plaine de Revel, et coupant la chaîne sur le col de Graissens au point, disait-on, où les eaux pluviales et les fontaines se partagent, les unes allant vers Narbonne, et les autres vers Bordeaux.

Ces divers projets, ainsi que plusieurs autres, ne parurent pas fixer sérieusement l'attention du gouvernement.

Enfin, sous un roi jaloux de perpétuer dans les siècles à venir la mémoire de son règne, parut un homme d'un patriotisme peu ordinaire, d'une persévérance à toute épreuve et d'un génie élevé; et au canal de Languedoc fut accordé l'honneur de fournir, le premier, cette communication de l'Océan à la Méditerranée, que la France et l'Europe entière attendaient depuis plus de seize siècles.

Tout est marqué du sceau de la grandeur dans cette entreprise, qui va devenir un des premiers titres de gloire du monarque qui en ordonne l'exécution : ce n'est pas, observe-t-il dans son édit de 1666, ce n'est pas seulement à ses propres sujets, mais encore à toutes les nations du monde, qu'au travers des terres de son obéissance, il va ouvrir d'une mer à l'autre une communication sûre et facile, qui doit remplacer une navigation longue et dispendieuse par le détroit de Gibraltar, au hasard de la piraterie et des naufrages.

Pour atteindre ce but, les plus grands seigneurs, les premiers personnages dans les trois ordres, auxquels furent adjoints, en qualité d'experts, MM. de Vaurose, directeur des gabelles, et Bouteroue de Bourgneuf, fils de l'auteur du canal de Briare, sont nommés commissaires, et chargés de prendre connaissance en détail du projet, et d'en suivre l'exécution. Et ce grand service, avec quelle magnificence ne sera-t-il pas payé dans la personne de son auteur? Louis XIV, aidé des provinces du Languedoc, se charge des trois quarts de la dépense de cet immense ouvrage, de toutes les indemnités des terrains sur lesquels il doit être assis; et cependant, pour prix de l'avoir conçu et de ses premières avances, il en fait don en toute propriété au grand homme qui, le premier, en démontra la possibilité, et n'exige de lui, en compensation de l'énorme revenu qu'il doit en retirer, que les frais de son simple entretien.

TOM. I. 15

Si jamais grande entreprise ne reçut une récompense plus éclatante, jamais entreprise aussi ne fut poussée avec plus de zèle et d'activité.

On ne reproduira point ici la description détaillée de ce grand et magnifique ouvrage, commencé en 1667 et terminé en 1681, qui fut considéré comme un des plus nobles efforts de l'esprit humain; qui fut chanté par le premier de nos poètes (1); dont tous les journaux savans de l'Europe firent retentir les éloges dans toutes les parties du monde; dont un grand nombre d'écrits ont fait connaître toutes les particularités (2), et qui acquit une gloire immortelle à son auteur et au monarque qui le seconda de toute sa puissance; ce serait encore moins dans ce moment que nous nous exposerions au reproche de vouloir atténuer de si légitimes titres à la reconnaissance nationale, en répétant quelques observations peut-être peu réfléchies sur le prétendu luxe qu'on a cru remarquer dans quelques constructions de ce grand ouvrage, et auxquelles par leur position aux bas de montagnes escarpées et au milieu de torrens impétueux, on ne pouvait donner trop de solidité, et enfin sur quelques omissions si difficiles à éviter dans un travail aussi immense, et qui furent bientôt réparées par l'homme qui, dans sa noble modestie, eût donné, disait-il, tout ce qu'il avait fait et tout ce qui lui restait à faire pour être l'auteur de cet admirable ouvrage; par l'homme, aussi savant ingénieur que grand citoyen, qui laissa le plus de traces de son génie dans tout ce qui se fit de grand dans ce siècle si grand; par l'immortel maréchal de Vau-

_____

(1) Le grand Corneille.

(2) Principalement les écrits de *De La Lande*, de M. le général *Andreossy*, de M. le chevalier *Allent*, officier supérieur du génie auquel on doit une notice pleine d'intérêt sur ce canal, de M. de *Huerne de Pommeuse*, de MM. *Clauzade* et *orise*, ingénieurs des Ponts-et-Chaussées, et de MM. de *Barante* et baron *Trouvé* qui furent, en qualité de préfets du département de l'Aude, chargés pendant plusieurs années d'une partie de l'administration du même canal, et auxquels écrits, aussi célèbres que recommandables sous le double rapport de la science de l'ingénieur et des connaissances administratives, nous devons les renseignemens que nous présentons ici.

ban. Qu'il nous suffise de remarquer que dans cette importante conception, les plus hardis problèmes de l'architecture hydraulique furent résolus, et que ce grand monument d'un siècle resplendissant de toutes les gloires, et duquel nous nous bornerons à donner une rapide esquisse, devint, et restera long-temps pour toutes les nations de l'Europe, un modèle où elles pourront puiser de riches exemples des plus habiles constructions de l'art, et des plus sages mesures d'administration (A).

DESCRIPTION SOMMAIRE DU CANAL.

Réunion des eaux au point de partage.

Des flancs granitiques et des antiques forêts de la montagne Noire, qui s'abaissent graduellement par le coteau de St.-Félix jusqu'au col de Naurouse, vient, à ce point d'inflexion, par sa réunion à la chaîne calcaire des Corbières, joindre les Cévennes aux Pyrénées, Pierre-Paul Riquet trace d'une main habile, à travers les rochers et au milieu de profonds précipices, les deux rigoles nourricières qui doivent amener les eaux destinées à alimenter son canal.

Par la première, dite de la *Montagne*, prenant dans les bois de Ramondens, 467ᵐ au-dessus du point de partage, l'Alzau, la Bernassonne, le Lampy et le Rieutort, affluens du Fresquel, qu'il reporte, en coupant au Conquet le col de l'Alquier, du versant de la Méditerranée sur celui de l'Océan, il va jeter dans le Sor, que doit dériver la rigole dite de la *Plaine*, le produit de ces quatre torrens, dont plus tard, réalisant son intention, Vauban, en perçant le col des Campmases, dirigera en hiver les eaux surabondantes dans le lit du Laudot, pour les porter avec les siennes à l'immense réservoir de St.-Ferriol, qui en le barrant s'élève de 32ᵐ au-dessus du fond de son vallon: dernier perfectionnement au moyen duquel le Laudot, qui d'abord isolé traversait d'une part ce réservoir et le contournait de l'autre, par un canal de ceinture destiné à conduire les eaux, lors de sa mise à sec, pour déboucher ensuite à 7,200ᵐ plus loin, dans la rigole de la *Plaine*, devenait dès ce moment le prolongement naturel de la rigole de la *Montagne*.

Par la seconde rigole, dite de la *Plaine*, Riquet dérive ensuite, ainsi
qu'il a été dit, les eaux du Sor, qu'il prend au-dessus de la petite ville
de Revel, et après avoir reçu aux Taumases, 6,350ᵐ au-dessous, la
rigole de la *Montagne*, réunissant, à partir de ce point, dans un seul
lit ces deux rigoles, il conduit, par le col de Graissens, à Naurouze, où
il fixe son point de partage, le double produit de leurs eaux, qui se dirigeant de cette hauteur, d'un côté vers la Garonne, et de l'autre vers
l'étang de Thau, doivent unir, à la grande admiration de l'Europe entière, par leur cours intermédiaire de soixante lieues, l'Océan à la Méditerranée.

Les deux rigoles de la *Montagne* et de la *Plaine*, ont, savoir : la
première, y compris la partie du lit naturel du Laudot de 15,029ᵐ,
58,129ᵐ de longueur, et la seconde 44,093ᵐ, formant ensemble un développement de 82,222ᵐ; leur largeur est de 4ᵐ.

Le réservoir de St.-Ferriol, dont la plus haute ligne d'eau est située
à 350ᵐ,25, au-dessous de la prise d'Alzau, à 126ᵐ,75 au-dessus du bief
de partage, et à 315ᵐ,75 au-dessus de la mer, a 1600ᵐ de longueur et
780ᵐ de largeur près de la digue de retenue. Sa plus grande profondeur
d'eau est de 51ᵐ,35; et sa superficie de 66 hectares; il contient 6,300,000ᵐ
cubes.

Le bassin de Lampy, conçu dès l'origine par Riquet, et construit
seulement en 1781, a 116ᵐ,90 de largeur près de sa retenue, 15ᵐ,60
de profondeur, et contient 1,760,000ᵐ cubes d'eau.

Indépendamment de ces deux grandes réserves d'eau, dont l'énorme
volume, de 8,060,000ᵐ cubes, égale une fois et demie la capacité de la ligne
du canal, depuis Toulouse jusqu'à la prise d'eau du Fresquel, et ne sert
que dans les temps des sécheresse et au moment du remplissage du
canal, il arrive journellement au bief de partage, dans les temps ordinaires, 87,500ᵐ cubes d'eau, qui sont distribués; 35,000ᵐ cubes sur le
versant occidental, jusqu'à la Garonne, et 52,500ᵐ sur le versant oriental,

jusqu'au Fresquel ; quantité plus que double de celle qu'on a reconnu suffisante pour faire face aux besoins de la navigation, et aux évaporations et filtrations, dans les mois les plus secs de l'année. Au-delà du Fresquel, le canal reçoit encore jusqu'à Béziers, au moyen de rigoles d'une longueur totale de 5,728ᵐ, les eaux des rivières de Fresquel, d'Orbiel, d'Ognon, de Cesse et d'Orb., évaluées pendant neuf mois de l'année à un produit journalier de 117,000ᵐ cubes (B).

Ligne du canal.

Le canal, qui prend son origine dans la Garonne, en aval des moulins du Basacle, situés au-dessous de Toulouse, après avoir enceint cette ville sur une lieue de tour, suit jusque vis-à-vis Villefranche, et en laissant sur la droite le village de Castanet, la rive gauche de la petite rivière de Lers. Se soutenant sur toute cette longueur au-dessus de cette rivière, de manière à permettre, au moyen d'aqueducs, le passage de plusieurs affluens qui viennent grossir son cours, le canal longe ensuite, dans une étroite vallée, un de ces affluens jusqu'aux hauteurs de Naurouse, où se trouve établi le point de partage.

De là, se dirigeant sur le versant opposé, le canal, qui passe à Castelnaudary, suit la rive gauche du Treboul qu'il traverse au-dessus de son embouchure, dans la rivière de Fresquel, et longe ensuite jusque vers Herminis la rive droite de cette rivière.

Peu après avoir reçu le ruisseau d'Herminis, le canal, qui se rapprochait autrefois du Fresquel, s'en éloigne aujourd'hui pour passer sous les murs de Carcassonne, et suivre latéralement, à partir de ce point, la rive gauche de l'Aude jusqu'au Fresquel, dont il prend une partie des eaux, et qu'il traverse sur un pont-canal de trois arches nouvellement bâti, un peu au-dessus de son embouchure, dans la même rivière d'Aude qu'il continue à suivre jusqu'au-dessous d'Argens, après avoir, sur l'étendue de ce parcours, reçu le ruisseau du Trapel, traversé sous un pont de trois arches la rivière d'Orbiel, dont il tire des eaux, vivifié la petite ville de Trèbes, longé l'étang des Marseillettes, et recueilli les eaux du ruisseau d'Ognon près d'Olonzac.

D'Argens, où commence la grande retenue de Fonseranne de 53,537ᵐ de longueur, le canal se dirige sous Paraza et Ventenac; et de là, se portant au nord en s'éloignant de l'Aude, passe par le Sommail, et va traverser, sous les hauteurs d'Argeliers, sur un pont-canal de trois arches, la rivière de Cesse, qui alimente cette retenue ainsi que le canal de jonction vers Narbonne; remonte par plusieurs méandres au-dessus de la ville et de l'étang de Capestang; traverse, par une portion de canal souterrain, les rochers de Malpas, non loin de l'étang de Montady; arrive sous les murs de Béziers; traverse, par un trajet de 869ᵐ, la rivière d'Orb; longe le coteau de Portiragnes; donne, par un moyen ingénieux, et sans que les eaux en soient troublées, passage au torrent du Libron; et se jette dans l'Hérault, vis-à-vis la ville d'Agde, au moyen de deux branches qui assurent, l'une, la communication immédiate avec la mer; et l'autre, la communication avec l'étang de Thau, pour arriver enfin au port de Cette.

La *branche occidentale*, depuis son origine dans la Garonne, au-dessous de Toulouse, jusqu'au bief de partage, a 51,608ᵐ de longueur, et sa pente de 64ᵐ est rachetée par dix-sept corps d'écluses se composant de 26 sas et de 43 portes.

Indépendamment de ces ouvrages, le canal, sur cette étendue, traverse les rivières et ruisseaux par douze aquéducs. On compte sur la même étendue 26 ponts, 1 déversoir à fleur d'eau, 32 cales en terre ou en maçonnerie, et 5 moulins composés de 7 meules en totalité.

Le *bief de partage*, élevé de 64ᵐ au-dessus de la Garonne, en aval de Toulouse, et de 189ᵐ au-dessus de la Méditerranée, a 5,190ᵐ de longueur.

La *branche orientale*, depuis l'extrémité de ce bief jusqu'à l'étang de Thau, a 184,166ᵐ de longueur; et sa pente, qui est de 189ᵐ, est rachetée par 45 corps d'écluses composés de 74 sas et de 121 portes.

On compte de plus sur cette longueur, 24 aquéducs passant sous le canal, 51 ponts, 33 déversoirs, 31 épanchoirs de fond, 5 épanchoirs à syphon, et 79 cales en terre ou en maçonnerie.

Longueur totale du canal de Toulouse à l'étang de Thau, 240,984ᵐ.

Nombre total des écluses : 65 corps d'écluses se composant de 101 sas et de 168 portes.

La largeur du canal est généralement de 10ᵐ,39 au plafond, de 23ᵐ,38 au niveau des chemins de halage, et de 19ᵐ,482 à la ligne d'eau ; la profondeur d'eau est de 1ᵐ,96. Les chemins de halage, qui s'élèvent de 1ᵐ au-dessus de la ligne d'eau, ont 5ᵐ,25 de largeur ; les francs-bords ou contre-allées cultivées et plantées de deux rangs d'arbres, et s'élevant d'un mètre au-dessus de ces chemins, ont 7ᵐ,79 de large, et les fossés qui les bordent, 2ᵐ,27 d'ouverture, de manière que la largeur totale du canal et des ouvrages qui en dépendent se trouve portée le plus généralement, y compris les talus des francs-bords, à 53ᵐ,89.

La largeur des écluses, de forme ovale, est communément de 6ᵐ,50 près des portes, et de 11ᵐ au milieu ; leur longueur est de 35ᵐ.

La dépense des travaux pour la construction du canal, et dont les trois quarts, ainsi qu'on l'a dit, furent payés par le roi et les états de Languedoc, et l'autre quart par M. Riquet, montait à l'époque de 1700, à la somme de 16,279,508 f., qui, à raison de l'augmentation du prix l'argent et de celui de la main-d'œuvre, depuis cette époque, pourrait de représenter aujourd'hui celle de 54,000,000 f. (C).

Mouvement du commerce et produit du canal.

Les marchandises qui prennent voie sur le canal de Languedoc consistent en grains qui descendent du Haut-Languedoc dans le Bas-Languedoc, en vins, sels, huiles et savons qui remontent de la Provence vers Toulouse et Bordeaux ; en bois de construction et matériaux de toute espèce, et peuvent être évaluées à 92,000 tonneaux réduits au parcours total du canal.

La durée ordinaire de la navigation, et laquelle on espère pouvoir

prolonger davantage, par suite de perfectionnemens dans l'administration, a été jusqu'à présent de trois cent vingt jours, le chômage ayant
lieu du 15 août au 50 septembre.

Le droit de navigation établi sur le canal, est fixé, ainsi que nous le
verrons, par la loi du 21 vendémiaire an V (12 octobre 1796), à raison de 5 deniers 2/3 par tonneau, poids de marc, pour une distance de
5,061 toises ; ou sensiblement à raison de o, 48 c. par tonneau métrique,
pour une distance de 5000ᵐ.

D'après ce droit de navigation, le prix du transport sur le canal, comparé à celui du transport par terre, est à très-peu près comme 29 à 64.

Enfin, d'après le même droit de navigation, le produit du canal peut
être évalué ainsi qu'il suit :

Le transport de 92,000 tonneaux réduits au parcours total du canal,
et payant, à raison de 48 distances 1/5 comptées pour 49 distances de
5,000ᵐ, 19 f. 60 par tonneau, produira 1,803,200 f., et en compte
rond . . . .   1,800,000 fr.

Autres revenus accessoires provenant de la barque
de poste, usines, francs-bords   140,000

Produit brut   1,940,000

Dépenses de l'entretien et frais d'administration,
année moyenne   500,000

Produit net pour dividende et dépenses
pour améliorations . . . .   1,440,000 (D).

Administration du canal.

Après la proposition du projet de jonction des deux mers, en 1660,
l'arrêt du conseil du 18 janvier 1663, qui en ordonne l'examen, et
l'ordre du 14 mars 1665 d'ouvrir deux rigoles d'essai pour amener les
eaux au point de partage ;

Après l'arrêt du conseil du 1ᵉʳ octobre 1666, qui décide l'exécution du canal, la rédaction des devis, la publication et l'adjudication au rabais; et en conséquence l'adjudication et la délivrance, qui eut lieu le 14 du même mois, de la première moitié des ouvrages au sieur Riquet, moyennant la somme de 3,630,000 fr. ;

Après un arrêt précédent du même mois, érigeant cette partie de canal en fief, pour être mise en vente, et l'interprétation de cet édit par celui du 7 octobre 1666, portant que ledit fief et le péage du canal *ne pourraient être réputés domaniaux, mais que les adjudicataires et leurs héritiers en jouiraient en toute propriété, sans qu'ils puissent être réputés domaniaux et sujets à rachat...., en satisfaisant à l'entretien du canal à perpétuité* (E).

Enfin, après la mise en vente et la délivrance, faite le 15 mai 1668, du fief et du péage de la première partie au sieur Riquet, pour la somme de 200,000 fr.; l'adjudication, passée le 23 janvier 1669, au même sieur Riquet, de la deuxième partie du canal, depuis Trèbes jusqu'à l'étang de Thau, pour la somme de 5,832,000 fr., le roi se chargeant toujours des indemnités des fonds de terres et des droits féodaux, et la vente du nouveau fief qui se composait de cette dernière partie, faite également au sieur Riquet pour la somme de 200,000 fr.;

Les ouvrages étant terminés, et reçus le 13 juillet 1684 par M. d'Aguesseau, intendant du Languedoc, et un arrêt du conseil du 26 septembre 1684 ayant réglé définitivement le tarif du péage à 6 deniers par quintal, poids de marc, et par lieue, *afin d'avoir un fonds perpétuel et certain, et non sujet à divertissement, pour l'entretien du canal*, sur la demande de Riquet de Bonrepos, un des fils de Pierre-Paul Riquet, il fut ordonné que moyennant les droits portés au tarif, ledit Riquet de Bonrepos *serait tenu d'entretenir en tout temps et en bon état de navigation ledit canal, écluses, magasins, réservoirs, rigoles, chaussées,* etc.

La question du tarif semblait ainsi résolue, lorsque des intérêts de convenance, communs aux propriétaires du canal et aux commerçans, parurent devoir faire diviser en deux parts le droit à percevoir. Vers

1690, il fut convenu entre le commerce et les héritiers de Riquet, que sur les 6 deniers fixés par le tarif pour le péage, le transport et la responsabilité des marchandises, 2 deniers seraient attribués pour ces derniers frais de transport et de responsabilité, réduisant ainsi à 4 deniers le droit de navigation à percevoir à l'avenir.

Si Louis XIV, tant parce que jusqu'alors il n'avait été entrepris des canaux que par des particuliers, que parce qu'il voulait encourager par l'exemple d'une éclatante récompense toutes les entreprises de ce genre, crut devoir donner en propriété le canal de Languedoc à celui qui eut le mérite de le proposer et de l'exécuter, à la condition qu'il l'entretiendrait à perpétuité, et y maintiendrait libre et exempte de toutes entraves la navigation, en n'exigeant d'autre rétribution que celle fixée par le tarif accordé, néanmoins il pensa qu'il convenait de placer le canal, ses ouvrages et toutes ses dépendances, sous la surveillance de deux commissaires, l'un du gouvernement, et l'autre des états de la province, qui en feraient l'inspection chaque année, et rendraient compte de son état et au gouvernement et à l'assemblée des Etats.

Indépendamment de ces deux commissaires qui assuraient au roi et à la province l'exacte exécution des conditions auxquelles était tenu le propriétaire du canal, des actes du gouvernement, postérieurs aux édits de 1666, instituaient des directeurs des travaux et des gardes, et la disposition qui érigeait en fief le canal et ses dépendances, érigeait aussi en châtellenie la juridiction dont ressortissaient toutes les affaires relatives à la police.

En conséquence, il y avait pour la régie du canal un directeur-général, sept directeurs particuliers, un contrôleur-général, huit contrôleurs particuliers, un receveur-général, six receveurs particuliers, dix-huit gardes à bandoulières et une centaine d'éclusiers.

La justice était composée d'un juge châtelain, assimilé aux sénéchaux, de six lieutenans de juge, de six procureurs juridictionnels, et de six greffiers. L'appel de cette juridiction se portait à la grande chambre du parlement de Toulouse.

Telle fut instituée et telle a été l'administration du canal de Languedoc, depuis 1684 jusqu'au moment de la révolution.

Si, par la sagesse de ses réglemens intérieurs, l'administration de ce florissant établissement n'éprouva que de légères modifications par suite de ce grand événement politique, il n'en fut pas de même de sa propriété, qui, disloquée et morcelée par l'émigration de plusieurs de ses détenteurs, passa en plus grande partie au domaine national.

En 1792, sur les 28 portions qui formaient la propriété du canal de Languedoc entre les mains des descendans de Riquet, 21 portions 2/3 appartenant à ceux d'entre eux compris dans la liste des émigrés, furent saisies et confisquées au profit du domaine public, en exécution des lois du 8 avril et du 2 septembre de la même année; les 6 autres portions 1/3 restèrent à leurs propriétaires.

Le gouvernement s'empara également, au détriment de la province qui en percevait les droits, des canaux d'embranchement du canal de Languedoc, connus sous le nom de canal de Robine de Narbonne, et de canal de Saint-Pierre près Toulouse.

Immédiatement après, l'administration de ces canaux est confiée à l'agence des domaines nationaux.

Sur diverses observations de cette agence, une loi du 21 vendémiaire an V (12 octobre 1796) porte le droit de navigation à 5 deniers 2/3 au lieu de 4 deniers, en rendant ce droit indépendant des frais de conduite et de responsabilité, diminue en partie les dépenses imposées aux communes par la transaction de 1739, et dispose qu'en cas de l'affermement du droit de péage, le traitement des sept directeurs sera payé par les fermiers, et celui des ingénieurs par l'État.

Par suite de cette loi, un arrêté du 9 brumaire an VI (30 octobre 1797) établit sur les canaux d'embranchement le même droit que sur le canal principal. Sur le produit de ce droit devaient être prélevés les appointemens des ingénieurs et une somme annuelle de 350,000 fr. affectée aux dépenses des améliorations déjà entreprises ou à faire.

En interprétation de la loi de l'an V, et jusqu'au 1ᵉʳ janvier 1806, le

16.

droit principal de navigation est perçu, par erreur, à raison seulement de 4 deniers 75, au lieu de 5 deniers 275. Cette erreur ayant été reconnue, un arrêté du 6 frimaire an XIV (27 novembre 1805), porte qu'à partir du 1er janvier 1806 ce droit sera fixé à 5 deniers 2/3 par quintal et par portion de 3,061 toises.

En 1807, un décret réglementaire du 12 août, divisant en deux parties l'administration du canal, ordonne que l'administration d'art et de conservation du matériel sera dans les attributions du directeur-général des Ponts et Chaussées, et celle de la perception dans les attributions du directeur-général des Droits-Réunis.

Qu'en conséquence, la surveillance des travaux et du matériel du canal, depuis Toulouse jusqu'à l'étang de Thau, sera confiée au préfet de la Haute-Garonne, et celle des travaux du canal et de la Robine de Narbonne au préfet de l'Aude; que les travaux du canal, y compris le canal de St.-Pierre, seront dirigés, sous les ordres du préfet de la Haute-Garonne, par un ingénieur en chef et sept ingénieurs ordinaires, qui auront chacun sous leurs ordres un conducteur des travaux ; que les travaux du canal et de la Robine de Narbonne resteront, sous les ordres du préfet de l'Aude, dans les attributions de l'ingénieur en chef et d'un des ingénieurs ordinaires employés dans ce département ;

Que l'inspecteur de la neuvième division des Ponts et Chaussées surveillera le matériel et le personnel de l'administration de ces divers canaux, en ce qui concerne le service des Ponts et Chaussées ;

Que la manœuvre des écluses sera faite par 82 éclusiers ;

Que la garde des eaux et des épanchoirs sera confiée à un garde principal et à douze gardes particuliers, et la police et la conservation des ouvrages, plantations, etc., à vingt gardes, et celle des ports à sept autres gardes ;

Que deux agens particuliers seront commis à la surveillance des filtrations et à la garde du radeau de Libron, et un garde-magasin à la garde du matériel ;

Que la perception des produits sera confiée à un receveur directeur-général, et à un contrôleur principal ambulant, à sept receveurs, à sept contrôleurs, à quatre visiteurs, à sept contrôleurs intermédiaires et à huit receveurs ambulans;

Enfin, que le contentieux sera attribué à un agent général archiviste, nommé par le ministre des finances, sur le rapport du directeur-général des Ponts et Chaussées, et la police au conseil de préfecture de la Haute-Garonne, et aux justices de paix et de police correctionnelle.

En 1808, un décret du 21 mars porte que les 21 portions 2/3 seront vendues à la Caisse d'Amortissement, et qu'après trente ans de jouissance les droits de navigation pourront être révisés ou augmentés.

En 1810, les 21 portions 2/3 du canal avec ses embranchemens, sont réunies au domaine extraordinaire, et divisées en mille actions de 10,000 f. chaque, dont neuf cents sont affectées à des dotations portant 500 f. de rente par action. Les cent dernières, réservées d'abord aux dépenses des travaux du Louvre, sont converties plus tard en actions au porteur libres et négociables.

Un décret du 10 mars 1810 établit de nouveau que les droits pourront être révisés et augmentés après trente années de jouissance; que le dividende est fixé à 5 pour 0/0; que le dixième du bénéfice sera mis en réserve pour faire partie de la propriété de l'actionnaire, et que le surplus sera payé à vue à la caisse de la compagnie; qu'un administrateur général, nommé par le chef du gouvernement, sera chargé de la gestion des intérêts de la compagnie; qu'un ingénieur en chef des Ponts et Chaussées sera préposé à la direction des travaux, rédigera le projet des d   nses d'entretien, et le remettra au directeur des recettes; que cet ingénieur interviendra dans l'avis à donner sur les paiemens d'à-comptes des propriétaires, et qu'il assistera aux visites annuelles du canal, faites par l'administrateur-général et l'inspecteur-divisionnaire des Ponts et Chaussées.

Le même décret, à l'exception de l'ingénieur en chef directeur, nomme les principaux employés préposés à l'administration locale du canal sous les ordres de l'administrateur-général et la surveillance de l'intendant-général du domaine.

Enfin, d'après le même décret, l'intendant-général du domaine doit statuer sur les travaux qui, sur le rapport de l'inspecteur-divisionnaire, seraient décidés par le directeur-général des Ponts et Chaussées.

En 1811, le nombre des ingénieurs ordinaires est réduit de huit à cinq.

En 1814, un décret organise des commissions spéciales dans les départemens de la Haute-Garonne, de l'Aude et de l'Hérault, au sujet des contre-canaux et rigoles dont la dépense de réparation et d'entretien devait être supportée par l'administration du canal et par les communes.

En 1814, le 20 novembre, une ordonnance royale, sur le rapport du directeur-général des Ponts et Chaussées, faisant observer, entre autres choses, que le domaine extraordinaire s'était trouvé constamment juge et partie, prescrit que le ministre de l'intérieur exercera sur les canaux de Languedoc, d'Orléans et de Loing, la même surveillance et la même action que celles qu'il exerce tant sur les canaux que sur la navigation fluviale du royaume.

Dans la même année, le 5 décembre, une loi relative aux biens non vendus des émigrés, restitue aux anciens propriétaires les parts des canaux qui étaient ou pouvaient devenir libres entre les mains du domaine extraordinaire.

Par suite de cette loi, sont rétablis dans leurs droits de propriété et compris parmi les nouveaux actionnaires MM. Riquet de Caraman.

En 1817, M. le comte Hulot est chargé par le roi de l'administration générale des canaux de Languedoc, d'Orléans et de Loing, sous le double rapport des intérêts publics et privés.

En 1818, M. Gorsse est nommé ingénieur en chef du canal principal, et de nombreuses améliorations vont être dues à son zèle et à ses lumières.

Enfin, une ordonnance du roi du 25 avril 1823, en supprimant la place d'administrateur-général des canaux de Languedoc, d'Orléans et de Loing, rend à la compagnie propriétaire le plein et entier exercice de ses droits, l'autorise à nommer aux places d'administrateurs, à fixer leur traitement, et à exercer par elle-même ou par ses délégués tous les droits réservés par les décrets des 10 et 16 mars 1810 à l'intendant-général du domaine extraordinaire.

Nous avons dit plus haut que des améliorations allaient être dues aux soins de M. l'ingénieur en chef Gorsse.

En effet, sous cet ingénieur, et pendant les dix années de sa gestion, la dépense d'entretien du canal est réduite de 15 au moins pour 0/0 par la diminution du prix des travaux, par le recreusement de la voie navigable et l'arrachage des herbes de cette voie, au moyen de dragues à la main, et par les soins qui peuvent seuls rendre ces réparations plus durables.

La profondeur d'eau de six pieds ($1^m,95$), maintenue sur toute la largeur de la cuvette, et une manutention d'eau régulière, mettent à même de parcourir le canal plus promptement, et pendant la nuit comme pendant le jour.

La navigation est préservée d'une crise de sécheresse en 1825, par l'abaissement opéré dans le niveau d'eau des biefs, à l'effet de réduire les pertes d'eau dues aux filtrations ou à d'autres causes.

Le chômage de 1823 est supprimé, ainsi que celui des deux années consécutives 1825 et 1826; et la compagnie du canal de Languedoc, poursuivant les moyens d'exécution présentés par M. Gorsse pour supprimer entièrement les chômages, fait exécuter en 1827, sur presque toute l'étendue du canal, les travaux nécessaires pour isoler à volonté les ouvrages d'art des biefs auxquels ils appartiennent, et parvenir ainsi à réparer ces ouvrages dans un délai de huit jours, sans mettre le canal à sec.

Par suite d'une simple observation faite par le même ingénieur, les barques marchandes traversent la rivière d'Orb tous les jours, depuis le 1er octobre 1827, tandis que cette traversée n'avait lieu que pendant trois jours de la semaine.

Enfin, sur le canal de Languedoc s'opèrent d'autres améliorations, parmi lesquelles on doit distinguer celles déjà effectuées par M. Loysel, ingénieur, au sujet d'un système plus économique de portes d'écluses, et la construction du pont aquéduc d'Ognon, qui est confiée à M. l'ingénieur Pradel dont les talens n'ont cessé de seconder pendant dix ans les efforts de M. Gorsse.

Mais les améliorations qu'on vient de signaler n'étaient pas les seules auxquelles se fût borné le zèle de M. Gorsse; s'il fût resté plus long-temps au poste auquel il avait été appelé par M. le directeur-général, cet habile ingénieur en eût proposé d'autres, dont la sagesse ne doit pas être perdue dans l'intérêt du canal qui pendant dix ans fut confié à ses soins, et lesquelles avaient particulièrément pour objet, savoir :

1° D'exercer une haute surveillance sur le canal de Languedoc, ainsi que sur les contre-canaux et rigoles.

2° D'assurer les visites annuelles contradictoires prescrites par les conventions et par l'arrêt du conseil de 1739, ainsi que par les lois et décrets rendus jusqu'à ce jour dans les intérêts réciproques de la propriété du canal, du commerce, de l'agriculture, des communes et des riverains ;

3° De déterminer en faveur des mêmes intérêts, les droits de propriété indécis sur des eaux, ou sur des portions abandonnées d'anciens lits des canaux ou de rivière ;

4° De s'entendre sur la question de savoir à la charge de qui doivent être diverses dépenses qui étaient faites jadis sur les fonds du trésor royal, de la province, des sénéchaussées, des diocèses ou des communes ;

5° Enfin d'examiner, dans l'intérêt même de la propriété du canal, s'il y a quelque fondement dans les réclamations du commerce et de l'agriculture au sujet du tarif actuel.

Ces différentes propositions et plusieurs autres qui sont parvenues à la connaissance de l'administration du canal de Languedoc, semblent dignes de son attention ; et si cette administration a cru devoir demander à n'employer que des ingénieurs de son choix à la direction des travaux

auxquels elle est tenue par les édits de concession et les différens arrêts
et réglemens qui déterminent ses obligations envers le commerce et les riverains du canal, il faut du moins espérer que, dans son intérêt, elle
restera toujours fidèle à ces mêmes obligations, et reconnaîtra toujours
le droit de surveillance que doit conserver le gouvernement sur tous les
établissemens d'un intérêt général, et dont nous chercherons, dans la
dernière partie de cet ouvrage, à déterminer l'étendue légale.

Canaux d'embranchement.

Entraîné par l'ordre chronologique des différens changemens et modifications auxquels a été soumise, depuis le moment de son institution
jusqu'à ce jour, l'administration qui a régi le canal de Languedoc pendant ce long intervalle de temps, nous avons cru ne pas devoir interrompre le compte que nous en avons rendu, par l'historique et la description des ouvrages qui ont été exécutés, tant pour le changement de
direction qu'a éprouvé la ligne de ce canal près de Carcassonne, que
pour l'établissement des embranchemens qui viennent s'y lier, et lesquels sont aujourd'hui soumis à l'administration générale du canal
principal : nous parlerons d'abord de ces embranchemens.

Canal de St.-Pierre. Ce canal, qui prend son origine dans la Garonne, à 150ᵐ au-dessus de la chaussée du Basacle à Toulouse, et va se
rendre, en suivant sa rive droite, au canal de Languedoc, 268ᵐ au-dessus
de l'écluse à double chute dite de la Garonne, par laquelle il débouche,
1,450ᵐ plus bas, dans cette rivière, a particulièrement pour objet de
mettre en communication le port de la ville avec le canal principal, en
évitant le passage du pertuis de la chaussée du Basacle qu'il contourne.
Ce canal de dérivation, commencé en 1768 et terminé en 1778, a 1,500ᵐ
de longueur.

Établi de niveau avec le bief du canal principal, dont l'écluse à
double chute de la Garonne se trouve racheter la chute de la chaussée du
Basacle, le canal de St.-Pierre ne compte qu'une écluse qui, placée à sa

tête, sert à la fois à racheter la différence variable du niveau de la Garonne et celui du canal, et à le défendre des crues de ce fleuve.

La largeur du canal de St.-Pierre est de 10ᵐ au plafond et de 18ᵐ à la ligne d'eau, et son mouillage est de 1ᵐ,80.

Canal de Narbonne. — D'après le premier projet, le canal de Languedoc devait déboucher à la Méditerranée, en entrant dans l'Aude, vis-à-vis de la Robine, et en se servant de cet ancien canal des Romains, qui, après avoir traversé la ville de Narbonne, se rend à la mer au grau de la Nouvelle (1); mais ayant reconnu les avantages qui résulteraient de la prolongation du canal de Languedoc jusqu'à l'étang de Thau, et la possibilité de cette prolongation, on crut remplir les vœux de la ville de Narbonne, qui eût désiré voir le canal principal passer sous ses murs, en donnant, par l'article 20 du devis qui fut dressé en 1668 par le chevalier de Clerville, aux états et au diocèse de Narbonne la faculté de faire une écluse dans la chaussée de la rivière de Cesse, pour entrer dans celle de l'Aude, et au-delà passer à Narbonne par la Robine (2).

Cette jonction du canal principal avec la Robine, retardée par diverses circonstances, et vraisemblablement par suite d'une troisième direction qui fut donnée à ce canal, ayant été reconnue du plus grand intérêt par M. le maréchal de Vauban, un arrêt du roi du 19 février 1685 en ordonna l'examen, et un autre arrêt du 2 juillet 1686 en décida l'exécution.

Mais il était réservé au canal de Narbonne d'offrir un exemple de la lenteur avec laquelle le bien peut s'opérer; après une multitude d'obstacles qui arrêtèrent sa construction commencée en 1690, ce ne fut que presque un siècle après que ce canal fut terminé.

---

(1) Ouvertures qui établissent la communication des lagunes avec la mer, à travers les attérissemens qui ferment ces lagunes.

(2) Les ouvrages relatifs à la prise de la rivière de Cesse, qui alimente la grande retenue du canal principal, ayant été modifiés, la jonction dont il est parlé ici a dû également subir des changemens.

Ce canal, qui est alimenté par les eaux du grand canal, commence dans la grande retenue à 4,207ᵐ du Sommail, près d'Argiliers; laisse la rivière de Cesse à droite, et vient aboutir dans l'Aude à 390ᵐ au-dessus de l'origine du canal de la Robine.

Sa longueur totale est de 5,177ᵐ, et sa pente de 23ᵐ est rachetée par sept corps d'écluses avec sas; on compte sur son cours deux ponts, huit grands épanchoirs destinés à jeter, au moyen d'une rigole, les eaux troubles de la rivière d'Aude dans l'étang de Capestang, à l'effet de l'attérir.

Sa largeur est de 10ᵐ au plafond, et de 18ᵐ à la ligne d'eau; et sa profondeur d'eau est de 2ᵐ.

Ses écluses, de 6ᵐ de largeur et de 32ᵐ de longueur entre les buscs, reçoivent les barques du grand canal.

Les frais de son entretien, montant à 12,400 fr., joints à ceux de perception, qui sont de 2,200 fr., et à ceux des impositions, qui montent à 400 fr., excèdent de 11,000 fr. son produit brut, qui n'est que de 4,000 francs.

Ce canal, faisant partie du canal principal, et ne formant qu'une même propriété, est soumis à la même administration.

Canal de la Robine. — La Robine, ancien canal que les Romains dérivèrent de l'Aude, et qui, après avoir traversé la ville de Narbonne, passe entre les étangs de Bages et de Gruissan, et évite l'étang de Si-jean, en coupant l'île de Sainte-Lucie, pour se rendre à la mer par le grau de la Vieille Nouvelle, avait pour objet d'ouvrir une double com-munication de la ville de Narbonne à la rivière d'Aude et à la mer.

La Robine, rectifiée et régularisée dans plusieurs de ses parties, forme la continuation du canal de Narbonne, avec lequel elle se lie au moyen de la traversée de la rivière d'Aude, sur une longueur de 390ᵐ, et ouvre ainsi avec ce canal une première communication de l'Océan à la Médi-terranée par la ville de Narbonne.

Sa longueur est de 31,711ᵐ, et sa pente de 9ᵐ est rachetée par cinq écluses de 6ᵐ de largeur, et de 32ᵐ de longueur entre les buscs.

Son produit brut, de 24,000 fr., est inférieur de 14,000 fr. à ses frais d'entretien, de perception et d'imposition.

Ainsi que le canal de Narbonne, celui de la Robine fait partie du canal principal, appartient à la même compagnie créée par le décret du 16 mars 1810, et est soumis à la même administration.

Canal de Sainte-Lucie. — Le canal de Sainte-Lucie, qui n'est que le prolongement du canal de la Robine, commence à l'embouchure de ce dernier dans les étangs, près de la métairie de Sainte-Lucie; traverse la plage, et aboutit au chenal de la Nouvelle.

Sa longueur est de 5,845ᵐ, sa largeur au plafond de 9ᵐ,75, et à la ligne d'eau de 17ᵐ,54. Sa profondeur est de 3ᵐ,25, et sur toute sa longueur ses eaux sont de niveau.

Ce canal, qui fut commencé en l'an VI (1798), et livré à la navigation en 1810, est une dépendance du canal du Midi, et appartient à la même compagnie.

Canal de Carcassonne. — Ainsi que nous l'avons fait remarquer, le canal de Languedoc, qui, à partir du point où il reçoit le ruisseau d'Herminis, suivait, dans l'origine, le vallon du Fresquel jusque près de l'embouchure de cette rivière dans l'Aude, passe aujourd'hui, par une nouvelle direction, sous les murs de la ville de Carcassonne. C'est cette nouvelle partie du canal principal qui a reçu, assez improprement, le nom de canal de Carcassonne, peut-être par la ville même qui, après avoir refusé de contribuer au surcroît de dépense qu'exigerait cette dernière direction, à laquelle, sans cette circonstance, on eût été disposé déjà à donner la préférence lors du premier tracé du canal, a été ensuite plus d'un siècle à en solliciter le bienfait. C'est ainsi que sans nul doute, et par suite d'une plus juste appréciation des nombreux avantages qui sont attachés à l'établissement des diverses lignes de navigation dont on s'occupe aujourd'hui, nos neveux verront des villes réclamer un jour avec instance l'ouverture d'embranchemens qui devront leur donner accès à ces voies dont elles n'avaient vu d'abord la création qu'avec tiédeur, et souvent même avec une répugnance aussi injuste que peu éclairée.

Cette portion contributive pour laquelle la ville de Carcassonne avait refusé de s'engager lorsqu'il s'agissait, en 1667, de rapprocher, par une légère déviation, le canal de ses murs, elle se trouva heureuse de pouvoir l'offrir un siècle plus tard, en 1777.

Ayant su que les propriétaires du canal, dans la vue de le soustraire aux ensablemens et aux ravages auxquels l'exposait l'admission du Fresquel, s'étaient arrêtés à l'idée de faire passer ce torrent sous le canal au moyen d'un pont aquéduc, la ville de Carcassonne représenta aux états de Languedoc que la construction de ce pont-aquéduc nécessitant le relèvement du plan de la ligne de navigation dans cette partie, afin d'atteindre la hauteur nécessaire pour son établissement, il serait facile alors de diriger par Carcassonne cette partie de la ligne du canal à la dépense de laquelle ses habitans, plus éclairés sur leurs véritables intérêts, s'empresseraient d'ailleurs de participer.

Malgré cet accord de vues et d'intentions, le projet définitif de cette nouvelle direction et du pont-aquéduc de Fresquel ne fut approuvé que le 9 février 1786.

D'après la modification qui résulte de l'exécution de ce projet, la ligne du canal, se déviant à droite à partir de l'ancien emplacement des écluses de Foucaud, passe devant les murs de Carcassonne, en formant à ce point un bassin de 145^m,96 de longueur et de 46^m,76 de largeur, et reprend son ancienne direction en amont de l'écluse de Fresquel, après un développement de 7,064^m.

La pente de cette nouvelle partie de canal est de 11^m,15, et est rachetée par quatre sas éclusés.

Le pont-aquéduc de Fresquel, au moyen duquel le canal traverse la rivière de ce nom, est un des plus beaux qui aient été construits sur toute la ligne du canal de Languedoc : composé de trois arches de 12^m,69 d'ouverture et de 25^m,35 de largeur, il livre à la fois le passage au canal, au chemin de halage, et à la grande route qui suit cette ligne de navigation.

Commencés en 1787, suspendus en 1791, les ouvrages de cette partie de canal n'ont été terminés qu'en 1810.

RÉCAPITULATION *des longueurs du canal principal et de ses embranchemens.*

Canal principal.	240,984ᵐ.
Canal de St.-Pierre.	1,500
Canal de jonction, ou de Narbonne.	4,410
Canal de la Robine de Narbonne.	25,805
Canal de Ste.-Lucie.	5,845
Longueur totale.	278,544

Longueur des rigoles.

Rigoles de la Montagne et de la Plaine.	82,222
Rigoles de prise d'eau des rivières de Fresquel, d'Orbiel, d'Ognon et de Cesse.	3,726
	85,948

CANAUX COMPRIS ENTRE LE CANAL DE LANGUEDOC ET L'EMBOUCHURE DU RHONE.

Les différens canaux compris entre le Rhône et l'extrémité du canal de Languedoc ne sont, en quelque sorte, que les ramifications extrêmes de sa branche orientale, qui, par elles, aspire de l'extérieur et des départemens de l'est, et y transporte alternativement les produits dont manque le Languedoc, et ceux qu'il recueille au-delà de sa consommation.

Bien que ces divers canaux, qui ont fait l'objet de concessions temporaires de différentes durées, et parmi lesquels figurent deux canaux

appartenant à des particuliers, eussent pu, par suite de ces circonstances, être rangés sous trois catégories distinctes, cependant nous
croyons devoir suivre de préférence, dans la courte description que
nous en donnerons ici, l'ordre de leur succession dans la prolongation
de la ligne de navigation qui nous occupe, comme étant plus conforme
à l'esprit de cet ouvrage, dans lequel nous nous sommes particulièrement proposé d'examiner chaque canal dans son rapport avec le système
général de la navigation de la France.

CANAL DES ÉTANGS.

Le canal des Étangs, dont on s'occupa vers 1670, peut être considéré
comme un prolongement, par la plage, du canal de Languedoc à l'étang
de Mauguio.

Ce canal, formé par deux levées contenues chacune par deux murs
en maçonnerie qui s'élèvent au-dessus du niveau des eaux, prend son
origine à l'extrémité de l'étang de Thau, au-dessus du port de Cette,
avec lequel il communique par un embranchement; traverse l'étang de
Frontignan, en passant sous la ville de ce nom; longe celui de Maguelon, à l'extrémité duquel il reçoit le canal de Lez ou de Grave, qui en
le croisant se prolonge, sous le nom de canal du Grau-de-Lez ou de
Palavas, jusqu'à la mer; et poursuit ensuite son cours à travers l'étang
de Pujol, pour déboucher dans l'étang de Mauguio, après avoir parcouru une longueur totale d'environ 28,300ᵐ.

Sa largeur au plafond est de 10ᵐ, celle à la surface de l'eau, de 20ᵐ;
et sa profondeur d'eau de 1ᵐ,50. Il est alimenté par les eaux de la
mer, qui y sont introduites au moyen d'ouvertures établies de distance en distance.

Le gouvernement ayant reconnu la nécessité de donner à ce canal la
même profondeur d'eau de 2ᵐ qu'au canal de Languedoc, ordonna,
en 1812, la rédaction du projet des ouvrages à exécuter pour atteindre
ce but, et lesquels montaient à 800,000 fr.

Plusieurs ouvrages avaient déjà été commencés, lorsque par un traité passé en exécution de la loi du 5 août 1821, et approuvé par une ordonnance du roi du 30 janvier 1822, une compagnie, à la tête de laquelle est M. Usquin, s'est chargée de faire les ouvrages qui restaient à exécuter, et évalués à 700,000 fr., dans l'espace de quatre ans, à partir du 1er avril 1822, au moyen de la concession des produits du canal pendant vingt-neuf ans et neuf mois.

Sur le canal des Étangs s'embranchent cinq autres petits canaux, dont il convient de parler avant que d'aller plus loin.

CANAL DE LA PEIRADE.

Ce canal, qui a pour objet de joindre le canal des Etangs au canal du port de Cette, a 300m de longueur, et est ouvert sur les mêmes dimensions en travers que le canal des Etangs, dont on vient de parler.

CANAL DE CETTE.

Ce canal, qui établit une communication entre l'étang de Thau et la mer, en venant déboucher dans le port de Cette, n'a que 1530m de longueur. Sa largeur moyenne est de 40m, et sa profondeur d'eau de 3m; il fait également partie de la concession du canal des Etangs.

CANAL DE LEZ OU DE GRAVE.

Ce canal, qui fut exécuté en vertu d'un arrêt du 14 octobre 1666, et qui appartient à M. le marquis de Grave, n'est que la canalisation de la rivière de Lez, qui a été rendue navigable au moyen de trois écluses, depuis le pont de Juvénal, à 1,400m de la ville de Montpellier, jusqu'au canal des Etangs, d'où la rivière de Lez se rend à la mer par le canal du Grau-de-Lez ou de Palavas.

La longueur du canal de Grave est de 10,000m. Sa largeur réduite est de 21m, et sa profondeur d'eau de 1m,50.

Ses trois écluses ont 5^m,85 de largeur, et 35^m de longueur d'un busc à l'autre.

Ce canal sert au transport des blés, des laines, des sels, des charbons de terre et des bois de construction. Son produit, beaucoup plus considérable autrefois, a éprouvé une diminution remarquable dans ces derniers temps. Les causes de cette diminution peuvent être attribuées, suivant quelques personnes :

1° Au mauvais état d'entretien du canal ;

2° Au taux trop élevé des droits de navigation, qui sont les mêmes pour toutes espèces de marchandises, et qui sont plus forts pour deux distances que pour toute la ligne du canal des Etangs;

3° Au bas prix des transports par terre, qui se font jusqu'à Montpellier par les propriétaires qui, peu occupés par les travaux de l'agriculture, y emploient leurs mules et leurs chevaux ;

4° A ce que le canal n'aboutissant qu'au pont de Juvénal, distant d'environ 1,400^m de Montpellier, les négocians qui sont obligés de faire transporter les marchandises de ce point à la ville, trouvent de l'avantage, à raison du haut prix du tarif établi sur le canal, et du bas prix du roulage, de charger de suite à Frontignan.

CANAL DU GRAU-DE-LEZ, OU DE PALAVAS.

Ce canal, qui part de celui des Etangs, au point où il quitte l'étang de Maguelon, et qui peut être considéré comme la prolongation du canal de Lez ou de Grave, sert à conduire les eaux de la rivière de Lez à la mer, à travers la plage.

Formé au milieu des étangs par deux lignes parallèles sur les trois quarts de sa longueur, et ensuite par deux môles qui se prolongent jusqu'à la mer, sa longueur totale est de 1,500^m; sa largeur au plafond de 10^m; et à la surface de l'eau de 20^m; sa profondeur d'eau est de 2^m.

Ce canal a été concédé à la compagnie du canal des Etangs.

CANAL OU ROBINE DE VIC.

Ce canal traverse le territoire de Vic depuis une source d'eaux minérales située au pied des montagnes, jusqu'à l'étang salé de Vic; il est alimenté et par les eaux de cette source et par celles des étangs et de la mer.

Sa longueur est de 2,800^m; sa largeur au plafond de 7^m, et à la ligne d'eau de 12^m. La profondeur de l'eau est de 1^m.

Ce canal a aussi été compris dans la concession faite à la Compagnie du canal des Étangs.

Les six canaux dont il vient d'être question, connus sous la dénomination générique de canaux des Étangs ou du port de Cette, et qui se combleraint facilement et en peu de temps par suite des troubles qui sont apportés par les ruisseaux qui débouchent dans les étangs, et particulièrement par la rivière de Lez, sont maintenus à une profondeur uniforme au moyen d'un draguage qui se renouvelle aussi souvent qu'il est nécessaire.

C'est par le petit canal de Cette que le canal de Languedoc débouche de l'étang de Thau à la mer; c'est son embouchure primitive; et les ouvrages qui ont été exécutés depuis le premier établissement n'ont eu pour objet que d'améliorer un état de choses déjà existant.

Le canal de la Peirade n'a été construit que pour faciliter la communication du port de Cette au canal des Étangs, et afin d'éviter la navigation qui avait lieu sur l'étang de Thau depuis ce port jusqu'à l'embouchure de ce canal.

Par ces ouvrages, le port de Cette devient donc la principale embouchure du canal de Languedoc et des autres canaux qui s'y lient dans la Méditerranée, et l'entrepôt le plus important de tout le commerce intérieur des provinces méridionales de la France et du commerce extérieur de l'Orient avec ce royaume.

Les principales marchandises qui prennent voie sur ces canaux, sont les blés, les foins, les vins et les eaux-de-vie, les denrées coloniales qui venant de Bordeaux sont transportées par le canal de Languedoc ; les sels et les vins du Rhône et de St.-Gilles, les charbons de terre, les bois de construction qui viennent par le Rhône et le canal de Beaucaire, et les salaisons et autres marchandises importées par le port de Cette. Les époques du plus grand mouvement du commerce sont dans les mois d'octobre, de novembre, de décembre et de janvier, et les temps qui précèdent ou suivent les foires de Beaucaire. Le transport des vins du Rhône et de St.-Gilles, qui se dirigent sur le port de Cette, semble devoir balancer la diminution que le cabotage, devenu libre, fait éprouver depuis la paix à la navigation intérieure, bien que d'un autre côté, sans le bas prix des transports par terre, que rend encore moins sensible le haut prix du blé, elle eût été susceptible de prendre une plus grande activité.

Les cinq canaux des Étangs, de la Peirade, de Cette, du Grau-de-Lez et de Vic ayant été régis par le gouvernement, avant la concession qui en a été faite d'après la loi du 5 août 1821, on a pu s'assurer, au moins pendant une certaine période de temps, de leurs produits, dont on ne croit pas sans intérêt de faire connaître ici le résultat.

D'après un relevé des droits perçus et des frais de perception et d'entretien, pendant quatorze années, depuis l'an XI jusque et y compris 1816, on a pour l'année moyenne le résultat suivant :

		fr.	c.
Produit brut.		148,561	00
Dont déduisant :			
1° les frais de perception.	21,650		
2° les frais d'entretien.	55,000	76,650	00
		71,851	00
A quoi ajoutant le produit de la pêche, des alques et francs-bords, évalué annuellement à.		24,750	00
Le produit net est de.		96,601	00

18.

CANAL LATÉRAL A L'ÉTANG DE MAUGUIO.

L'étang de Mauguio, dans lequel débouchait le canal des Étangs, et où commençait le canal de la Radelle, qui lui fait suite, n'offrant depuis long-temps qu'une navigation précaire, souvent dangereuse, et d'un tirant d'eau insuffisant, on a cru ne pouvoir mieux répondre aux vœux que le commerce a souvent exprimés pour qu'on obviât à cet inconvénient, qu'en substituant à cette navigation celle que procurerait constamment un canal latéral à cet étang, et lequel dirigé par la plage entre ses bords et la mer, lierait le canal des Étangs avec celui de la Radelle.

Ce canal, qui aura 10,960^m de longueur, 10^m de largeur au plafond, et 2^m de profondeur d'eau est ouverte à la navigation depuis le 1er juillet 1824.

Par un traité passé le 22 janvier 1821, en conformité de la loi du 5 août 1821, une compagnie à laquelle le gouvernement a concédé quelques jours après le canal des Étangs, s'est chargée de l'exécution de cette nouvelle ligne de navigation, dont la dépense d'établissement était évaluée à 1,050,000 fr., y compris celle d'un embranchement sur le canal de Lunel, dont il sera parlé ci-après, moyennant l'abandon des droits de navigation à percevoir sur les deux canaux à ouvrir, pendant un intervalle de vingt-neuf ans neuf mois: les ouvrages accessoires, tels que recreusement et contre-canaux, perrés, etc., sont près d'être terminés.

CANAL DE LUNEL.

Le canal de Lunel, qui part de la ville qui lui donne son nom, débouche, après un développement de 10,000^m, dans l'étang de Mauguio. Dans son cours, sensiblement de niveau, il est alimenté par les sources qui se trouvent près de la ville de Lunel, et par les eaux de l'étang de Mauguio.

Ce canal appartient à une compagnie, en vertu d'une adjudication qui en fut faite le 25 janvier 1718, et qui fut approuvée par arrêt du conseil du 5 mars suivant. Ainsi que celui de Grave, il a eu pendant long-temps à redouter le bas prix du roulage qui lui enlevait une grande partie des transports auxquels il était destiné à pourvoir. Une grande quantité des marchandises qui étaient autrefois transportées de Marseille à Cette par mer, et de Cette à Nimes, par la voie des canaux, jusqu'à Lunel, se rendait directement de Marseille par terre.

Dans la vue de procurer à ce canal toute l'étendue dont il est susceptible, les négocians de ces villes réclamaient depuis plusieurs années son élargissement, ainsi que divers ouvrages qui permissent le passage des barques d'un tounage plus considérable. D'après une transaction passée le 5 mars 1821 entre les propriétaires du canal, les négocians et le conseil municipal de la ville de Lunel, et approuvé par une ordonnance du roi du 15 août 1821, les propriétaires du canal se sont engagés, au moyen du droit qu'ils seront autorisés à percevoir conformément à un nouveau tarif consenti par toutes les parties intéressées, à exécuter tous les ouvrages reconnus nécessaires au perfectionnement du canal, et lesquels, estimés à la somme de 132,000 fr., consistent dans l'élargissement du canal, dans l'agrandissement du port de Lunel, et dans la construction d'une écluse de 6^m,66 de largeur, et de 30^m de longueur de sas.

Ainsi qu'on l'a vu plus haut, un canal latéral à l'étang de Mauguio devant être ouvert, on a imposé à la compagnie qui s'est chargée de son exécution, l'obligation d'effectuer, au moyen d'une portion de canal intermédiaire de 3,500^m de longueur, la jonction de ce canal avec celui de Lunel, de manière à mettre ce dernier en communication avec tout le système de la navigation du midi de la France.

CANAL DE LA RADELLE.

Le canal des Étangs venait s'emboucher autrefois dans l'étang de Mauguio, qui a 10,000^m de longueur, et le canal de la Radelle prenait son origine dans cet étang pour se diriger sur Aigues-Mortes, de sorte que celui-ci formait la continuation du premier canal.

Cette continuation s'opère aujourd'hui d'une manière bien plus favorable au commerce au moyen du canal latéral à l'étang de Mauguio qui unit, par la plage, ces deux premiers canaux.

La longueur du canal de la Radelle, de l'étang de Mauguio à Aigues-Mortes, est de 11,239ᵐ.

Les eaux sont au niveau de celles de la mer.

Sa largeur au plafond est de 12ᵐ, et celle à sa ligne d'eau de 14ᵐ.

Sa profondeur est de 1ᵐ.

Le canal de la Radelle a été concédé temporairement, et pour quatre-vingts années, à la compagnie du canal de Beaucaire, dont il sera parlé tout à l'heure, comme formant, à partir d'Aigues-Mortes, le prolongement de ce canal jusqu'à l'étang de Mauguio, et bientôt jusqu'au canal latéral à cet étang, et comme offrant au premier canal le débouché le plus précieux vers le canal de Languedoc, par suite du raccordement qui doit s'effectuer entre le canal de la Radelle et le canal latéral à l'étang de Mauguio. Une nouvelle direction doit être donnée au premier canal sur environ moitié de sa longueur, par la compagnie du canal de Beaucaire.

Outre ces ouvrages, la même compagnie doit en exécuter d'autres sur le canal de la Radelle, notamment deux portes d'écluses, au point où il doit être traversé par le Vidourle, et dont l'objet sera de le garantir contre les ensablemens que charrie ce torrent lors de ses crues (F).

CANAL DU GRAU-DU-ROI OU D'AIGUES-MORTES.

Lit naturel du Vistre et du Vidourle, réunis dans leur partie inférieure, ce canal, ou plutôt ce chenal, qui, après avoir traversé l'étang du Repausset, met en communication le port d'Aigues-Mortes avec la mer, et qui forme aujourd'hui le prolongement direct du canal de Beaucaire jusqu'à la Méditerranée, est curé et entretenu par le gouvernement, quoiqu'il semblât que par les services qu'il rend à ce canal, il eût dû faire partie de sa concession, ainsi qu'il en a été du canal de la Radelle, et de ceux de Bourgidou et de Silvéréal, dont il va être question.

La longueur du canal du Grau-du-Roi est de 6,000^m.

CANAL DE BOURGIDOU.

Le canal de Bourgidou, qui commence à Aigues-Mortes, et se termine aux belles salines du Peccais, fut ouvert primitivement pour procurer un débouché à ces salines, vers Aigues-Mortes et vers le canal de Languedoc, dont il pouvait être aussi considéré, quoique imparfait qu'il fût, comme un prolongement vers Arles, et par suite vers Beaucaire, au moyen du canal de Silvéréal et du petit Rhône, avant que le canal de Beaucaire eût procuré une voie plus commode vers ce dernier point.

La longueur du canal de Bourgidou est de 11,252^m, et sa largeur moyenne de 8^m.

Ses eaux sont au niveau de celles de la mer.

La compagnie du canal de Beaucaire ayant obtenu la concession du canal de Bourgidou, a été tenue, par son traité, à recreuser ce canal sur sa largeur primitive et sur une profondeur de 1^m,50 : ces ouvrages sont terminés.

CANAL DE SILVÉRÉAL.

Ce canal, ainsi qu'on vient de le dire, lie le canal de Bourgidou, sur lequel il s'embranche au-dessus de Peccais, avec le petit Rhône, où il prend son origine au moyen de l'écluse de Silvéréal.

Depuis l'ouverture du canal de Beaucaire, qui établit la même communication jusqu'à la ville de ce nom, le canal de Silvéréal est beaucoup moins fréquenté, attendu les difficultés que présente à la navigation la remonte du petit Rhône.

La longueur du canal de Silvéréal est de 8,592^m, et sa largeur moyenne de 12^m.

Sa pente est de 5^m,30, dont partie est rachetée par l'écluse de Silvéréal, à sa prise d'eau dans le Rhône.

La largeur de cette écluse est de 7^m.

Ce canal a été concédé à la compagnie du canal de Beaucaire, et vient d'être creusé par elle sur sa largeur primitive et jusqu'à la profondeur de 1^m,50.

CANAL DE BEAUCAIRE.

Le canal de Beaucaire, qui dans le principe, et lorsqu'on a commencé à s'en occuper, avait particulièrement pour objet le dessèchement des marais qui s'étendent sur une surface de plus de quarante mille arpens, entre Aigues-Mortes et Beaucaire, remplit un triple but : celui d'établir une prolongation beaucoup plus commode et plus directe du canal de Languedoc jusqu'à la ville de Beaucaire, en évitant la navigation imparfaite des deux petits canaux de Bourgidou et de Silvéréal, et celle souvent pénible du petit Rhône, depuis Silvéréal jusqu'à Beaucaire; celui d'offrir, par la même raison, un débouché plus facile aux sels de Peccais vers cette dernière ville; et enfin celui de procurer à Beaucaire une issue à la mer, qui n'avait lieu qu'à travers les obstacles qu'éprouvait la navigation principalement sur le cours inférieur du grand et du petit bras du Rhône, par les ensablemens que ce fleuve rapide, chargé des détritus des Alpes et de leurs appendices, et refoulé qu'il est à son arrivée dans la Méditerranée, et par ses eaux, et par les vents du sud, et par le courant littoral, vient déposer à l'embouchure de ces deux bras.

L'exécution du canal de Beaucaire a éprouvé un grand nombre de difficultés et de longs retardemens.

Comme canal de dessèchement, il fit d'abord l'objet d'une concession, de la part du gouvernement, en faveur de M. le maréchal de Noailles, dont les droits passèrent ensuite à M. le prince Charles.

Celui-ci céda peu de temps après son privilège à la compagnie du
Brocard et de la Salle, qui n'en put faire usage non plus, par suite des
oppositions des états du Languedoc; mais ces oppositions, qui avaient
pour objet de faire droit aux objections qu'on élevait dans le public sur
cette entreprise, et qui portaient sur la prétendue impossibilité de dessécher les marais, sur les maladies qu'occasioneraient d'aussi grands mouvemens de terre, sur la crainte de nuire aux salines de Peccais, et enfin
sur l'appréhension qu'une compagnie propriétaire d'aussi vastes terrains
et d'une aussi immense quantité de grains pourrait affamer la province
en disposant de leur prix à volonté, n'étaient dues en réalité qu'à la
crainte qu'avaient quelques riverains de voir mettre en discussion la propriété de terrains facilement usurpés à raison de leur peu de valeur; et
ces oppositions une fois levées par une vérification qui fut confiée, en
1740, à M. Pitot de l'académie des sciences, les états du Languedoc
eux-mêmes, ayant acquis les droits de la compagnie, après avoir cependant consenti en 1752 à ce que M. le duc de Richelieu entreprit ce
canal, finirent par se charger de sa confection.

Les travaux commencés par les états en 1780, et lesquels, au moment
de la révolution qui les suspendit, ne faisaient que préparer le dessèchement des marais entre Aigues-Mortes et Beaucaire, ne furent continués
que de l'époque où le gouvernement, succédant aux états du Languedoc, céda à une compagnie, par un traité passé le 17 prairial an IX
(6 juin 1801), et pour quatre-vingts ans à partir du 1er vendémiaire
an X (25 septembre 1801), la jouissance du droit de navigation à percevoir sur ce canal, et sur ceux de la Radelle, de Bourgidou, et de
Silvéréal, ainsi que la propriété à perpétuité de plusieurs marais, à la
condition qu'elle terminerait, dans le délai de trois ans, les travaux
restant à exécuter au canal de Beaucaire, et qu'elle se chargerait de ceux
relatifs à la nouvelle direction à donner au canal de la Radelle, et au
recreusement des canaux de Bourgidou et de Silvéréal. Par le même
traité, ces différens ouvrages devaient être surveillés et dirigés par les
ingénieurs des Ponts-et-Chaussées.

Le canal de Beaucaire, qui prend son origine dans le Rhône au-dessous de Beaucaire, où s'effectue la prise d'eau, passe sous les hauteurs
de Saint-Paul, de Saint-Jean près de Bellegarde, et sous Broussan; se
détourne à gauche pour passer sous Loubès et St.-Gilles; redescend de
nouveau pour passer sous Ispeyran; remonte et traverse les marais non
loin de l'abbaye d'Hoc, et se dirige ensuite sur Aigues-Mortes, où il se
termine, en s'embranchant sur les canaux de la Radelle et de Bourgidou.
De ce point le canal de Beaucaire communique à la mer par le Grau-du-
Roi à travers les marais et les atterrissemens que quelques siècles ont
suffi pour accumuler sur une étendue de 6,000ᵐ, entre Aigues-Mortes
et la Méditerrannée, sur laquelle cette ville offrait encore en 1248 un
bon port d'embarcation (1).

Sa longueur, depuis sa prise d'eau dans le Rhône à Beaucaire jusqu'à
Aigues-Mortes, est de 50,354ᵐ.

Sa pente, dans sa partie supérieure, depuis Beaucaire jusqu'à Broussan, sur 17,810ᵐ de longueur, est de 4ᵐ,20, et est rachetée par les trois
écluses à sas de Charençonne, de Nourrignier et de Broussan.

Sa partie inférieure, depuis Aigues-Mortes jusqu'à Bellegarde sous
Broussan, est de niveau avec la mer sur 32,544ᵐ de longueur.

Sa largeur au plafond est de 11ᵐ, et à la ligne d'eau de 19ᵐ. Sa profondeur d'eau est moyennement de 2ᵐ.

L'écluse de Beaucaire, placée à l'origine du canal dont le premier
bief est établi au niveau du fond du Rhône, et à 1ᵐ au-dessous de son
étiage, n'ayant pour objet que d'assurer le passage des bateaux du
Rhône dans le canal et réciproquement, quelle que soit la différence de

_____

(1) Ce fut à Aigues-Mortes que, selon Mézeray, saint Louis s'embarqua lors de sa
première croisade, le 25 août 1248; bien que Joinville dise, dans sa Chronique de la
vie de ce prince, que cette première embarcation eut lieu à Marseille, le 7 août 1254,
la version du premier historien, appuyée par divers détails qui ont été également
donnés par tous ceux qui ont écrit depuis lui, paraît la seule qui doive être adoptée.

hauteur des eaux du canal et de celles du Rhône jusqu'au moment où cette différence est de 2ᵐ, c'est-à-dire jusqu'au moment où la communication du canal avec ce fleuve a été jugée devoir cesser entièrement, on ne dut rien négliger pour donner à cette écluse la position la plus favorable, tant pour le double usage auquel elle devait servir, que pour mettre, autant que possible, son embouchure à l'abri des ensablemens qu'on avait à redouter de la part du Rhône. M. Ducros, inspecteur-général des Ponts-et-Chaussées, proposait de la diriger en amont contre la direction du courant du fleuve, ou au moins dans une direction perpendiculaire à ce courant ; pensant qu'en adoptant la direction en aval, on exposerait son entrée aux envasemens qui se formeraient infailliblement sur la longueur où les eaux resteraient stagnantes. D'autres ingénieurs, et ce fut le plus grand nombre, s'appuyant de plusieurs exemples, tout en avouant l'inconvénient des vases qui était attaché à la direction en aval, objectaient contre la direction en amont, et même, quoiqu'à un moindre degré, contre la direction perpendiculaire, celui bien plus à craindre des amas de graviers, qu'accumulerait en bien moins de temps, à son embouchure, le courant du fleuve, si l'écluse était dirigée suivant l'une ou l'autre de ces deux dernières directions ; de plus, le choc des glaces et des corps flottans entraînés par un fleuve rapide, et surtout le risque pour les bateaux de manquer l'entrée de l'écluse, et les dangers qu'offrirait leur sortie pour passer du canal dans le fleuve, leur paraissaient des inconvéniens graves, dont serait exempte la direction en aval, à laquelle on ne pouvait reprocher que celui très-léger des dépôts successifs et lents des vases dont on trouverait facilement à se défaire par un simple entretien ou par tout autre moyen ; assurant d'ailleurs que dans cette position de l'écluse, l'entrée en serait facile par l'usage que les bateliers ont de faire virer les bateaux, en pareille circonstance, sur eux-mêmes, et de les assujettir ensuite par des amarres, pour leur donner la direction convenable (1).

_____

(1) On a imaginé pour l'enlèvement des vases que le Rhône apporte en avant de

19.

On se décida donc en faveur de cette dernière disposition , d'après laquelle la ligne du canal se retournant à droite avant d'arriver à Beaucaire , pour former un bassin perpendiculaire au cours du Rhône , de 810ᵐ de longueur , s'infléchit encore de nouveau à droite par une courbe rentrante, pour diriger vers l'aval la tête extérieure de l'écluse de prise d'eau, dont l'axe curviligne forme , avec les quais qui bordent le Rhône, un angle de trente-trois degrés.

---

la porte d'amont de l'écluse et même jusque dans le sas de cette écluse , un moyen aussi simple qu'ingénieux, qui peut être de la plus utile application aux embouchures des canaux dans les rivières. On en donnera ici une idée. Ayant introduit , dans les rainures qui sont pratiquées à cet effet dans les bajoyers en avant des portes d'amont , des poutrelles en sapin pour former un batardeau qui s'élève au-dessus des eaux du fleuve , et dont , à raison de leur peu de pesanteur spécifique , on est obligé de charger de poids la première pour arrêter les poutrelles inférieures qui , sans cette précaution , tendraient à surnager, on procède ensuite à l'évacuation partielle des eaux du sas en réduisant par l'ouverture des tambours des portes d'aval , leur hauteur à 1ᵐ,50 environ au-dessous du niveau des eaux du fleuve ; cette opération ainsi faite, on enlève les poids qui , en pesant sur la poutrelle supérieure , donnaient à la totalité du barrage une pesanteur qu'il eût été difficile de vaincre, et à l'aide de deux cordes qui vont saisir par des boucles les crochets dont est armée la poutrelle inférieure , à chacune de ses extrémités, on remonte sans efforts le système du barrage au degré qu'on le juge convenable, et de manière à laisser entre sa dernière poutrelle et le radier de l'écluse, un espace suffisant par lequel le fluide , pressé extérieurement par une colonne d'eau supérieure à la hauteur des eaux du canal, doit se porter avec force et entraîner avec lui dans le sas les vases ou graviers qui s'étaient accumulés en avant de l'écluse.

On en agit de même pour balayer les vases qui ont été entraînées dans la partie inférieure du sas, en y formant un nouveau batardeau pour l'établissement duquel on a également creusé des rainures dans ses bajoyers , poussant ainsi devant soi ces atterrissemens jusque dans le bassin pour en effectuer ensuite l'enlèvement au moyen de pontons ; dernière manœuvre qui n'exige qu'un jour, et qui ne peut être comparée, pour l'économie et l'efficacité, à celle d'un draguage extérieur qui eût toujours été très-difficile et très-dispendieux, et la plupart du temps d'un succès peu certain dans un fleuve continuellement chargé de troubles.

Le sas de cette écluse, décrit par deux arcs de cercle concentriques de quinze degrés, et avec un rayon moyen de 69^m, a 51^m de longueur et 8^m,33 de largeur. La largeur entre les portes n'étant que de 6^m,66, la différence de ces deux dimensions a été prise du côté du bajoyer de droite, pour faciliter l'entrée des barques. Les bajoyers qui s'élèvent de 9^m,30 au-dessus du radier, surpassent de 0^m,86 la ligne des plus hautes eaux.

La grande élévation des crues du Rhône, contre lesquelles on avait à défendre le canal, a obligé d'établir au-dessus des portes d'aval, et par surcroît de précaution au-dessus des portes d'amont de cette écluse, des portes supérieures ou d'inondation, qu'on ne ferme que lors des eaux extraordinaires; celles-ci se manœuvrent au moyen de flèches, les premières au moyen de cabestans et de poulies de renvoi.

La longueur des trois autres écluses, depuis le mur de chute jusqu'au busc d'aval, est de 56^m,70.

Leur largeur de passage entre les portes est, comme à l'écluse de prise d'eau, de 6^m,66; et, ainsi qu'aux écluses du canal de Languedoc, éprouve un renflement en suivant, depuis le mur de chute jusqu'à 1^m,65 de la chambre des portes d'aval, un arc de cercle de 2^m,60 de flèche, ce qui donne au sas, à son milieu, une largeur de 11^m,86.

Les sas s'emplissent et se vident au moyen de tambours qui contournent les portes d'amont en aval; ils ont 0^m,80 de largeur, 1^m de hauteur à l'entrée, 1^m,33 à la sortie, et se ferment par des vannes, au moyen de vis en bois. Un bassin de 810^m de longueur sur 23^m,40 de largeur au plafond, placé à la suite de l'écluse de Beaucaire dont il n'est séparé que par un pont, peut contenir deux rangs de barques ou de petits bâtimens de mer du côté de la ville, et un rang de l'autre côté, en laissant au milieu un passage pour une barque. Lors de la foire de Beaucaire, on y a vu stationner plus de quatre cents bâtimens.

Les digues du bassin et celles du canal jusqu'à l'écluse de Charençonne, sont assez élevées pour permettre une tenue d'eau de 5^m de hauteur; ce qui donne la faculté de laisser ouvertes les portes de l'écluse de prise d'eau jusqu'à ce que le Rhône n'excède pas ce niveau.

Les ouvrages restant à exécuter par la compagnie du canal de Beaucaire, au moment de la concession, tant pour porter à sa perfection le canal de Beaucaire que pour effectuer le redressement du canal de la Radelle, et recreuser, à la profondeur convenable, les canaux de Bourgidou et de Silvéréal, étaient évalués à la somme de 2,500,000 fr. Cette compagnie, qui, à la vérité, a exécuté tous les ouvrages avec un soin remarquable, prétendait, dès 1820, avoir déjà dépensé pour leur exécution celle de 6,000,000 fr. ; et quoique la navigation soit déjà établie depuis plusieurs années sur ces diverses lignes de navigation, il lui reste encore à terminer quelques ouvrages pour les porter à leur entière perfection.

D'après cet état de choses, on ne voit que trop clairement que la compagnie se trouve encore en retard vis-à-vis du gouvernement, relativement à l'engagement qu'elle avait pris avec lui, par le traité du 17 prairial an IX (8 juin 1801), de terminer, dans le délai de trois années, tous les ouvrages qui lui étaient imposés par ce traité, et que ces fâcheux délais de sa part, ne peuvent être excusés ni par les causes qui se sont opposées à la confection du canal de la Radelle, ni par la question incidente qu'elle a élevée en proposant la suppression de la navigation du petit Rhône, et de celle du canal de Silvéréal ; suppression à laquelle s'opposaient, non sans de puissans motifs, les communes de Sainte-Marie et d'Arles. Ce qu'il y a de certain, c'est que ces différens retards n'étaient pas propres à disposer le gouvernement, forcé de mettre en demeure cette même compagnie pour l'exécution de son premier traité, à lui faire la cession du canal des Étangs et de celui à établir latéralement à l'étang de Mauguio, qui était cependant si fort à sa convenance, pour laquelle elle demandait à transiger et qu'elle a vu lui échapper, et passer dans les mains d'une nouvelle compagnie.

Le canal de Beaucaire, en faisant partie de la ligne qui unit le Rhône à la Garonne, et en communiquant à la Méditerranée, établit une des communications les plus intéressantes entre le midi, l'est et l'ouest de la

France. Par sa direction, et au moyen des canaux de la Radelle et de Bourgidou, il offre, vers ces deux dernières régions, un débouché toujours facile à tous les sels de Peccais et des salines environnantes; il sert à l'exportation des vins du Gard, et reçoit en retour les blés du haut Languedoc. La constance et la commodité de sa navigation, qui supplée à celle si incertaine du Rhône, lui assure, du moins jusqu'à l'ouverture du canal d'Arles à Bouc, le transport de la presque totalité des marchandises qui remontent de l'ouest et du levant à Beaucaire, si célèbre par ses foires, connues depuis long-temps comme un des plus grands marchés de l'ancien monde.

Les droits de navigation qui se perçoivent sur le canal de Beaucaire sont les mêmes que ceux établis sur le canal de Languedoc (G).

CANAL D'ARLES AU PORT DE BOUC.

Dès 1664, on reconnut de quelle importance seraient un port qui offrirait un asile sûr dans la Méditerranée, et un canal qui, partant de ce port, se prolongerait jusqu'à Arles, et au moyen duquel on pourrait éviter les obstacles qu'éprouve la navigation, de la part des ensablemens et des vents contraires à l'embouchure du Rhône, et sur le cours de ce fleuve, depuis la mer jusqu'à Arles.

Cette importance s'est fait sentir encore à un plus haut degré, depuis que cette même portion de navigation devient un nouveau complément de la ligne qui est établie par les canaux de Languedoc, de l'étang de Mauguio, de la Radelle et de Beaucaire, et lie ainsi, par une communication continue, la Provence au haut Languedoc.

Le port de Bouc, qu'il ne s'agissait que de rétablir et d'améliorer, et l'ouverture d'un canal de ce port à la ville d'Arles, parurent remplir, et remplissent en effet ce double objet.

Mais, ainsi qu'il n'est que trop souvent arrivé en France, et ce qui, sans doute, tient à des causes que nous chercherons par la suite à expliquer, ce n'est qu'après plusieurs projets, diverses reconnaissances des lieux et un grand nombre d'observations et d'oppositions, qui durèrent

plus d'un siècle, que ce canal, dont les travaux ont été suspendus en
1814, fut enfin commencé en 1802.

Une analyse succincte de ce qui s'est passé jusqu'au moment où, de
nos jours, cet ouvrage a été entrepris, ne peut paraître déplacée : ce
n'est que dans l'histoire de ces grands ouvrages, qu'il est possible de
découvrir cet ensemble de faits sur lesquels doivent s'appuyer toutes
les idées d'amélioration à proposer dans cette partie de l'administration
publique.

Le canal d'Arles à Bouc se lie nécessairement au port de ce nom, et
ce n'est, ainsi qu'on vient de le dire, que du moment où l'on sentit combien il était avantageux de rétablir, en l'améliorant, un port qui, près
de l'embouchure du Rhône, n'en présentait pas tous les inconvéniens,
et offrait au contraire, aux gros bâtimens marchands, aux galères, et
même aux frégates de trente canons, le refuge le plus commode qu'il y
eût pour ces différentes espèces de vaisseaux, depuis les ports de Cata-
logne jusqu'à Marseille, qu'on conçut le projet d'établir un canal depuis
le port de Bouc jusqu'à Arles, dans la vue d'affranchir la navigation des
difficultés qu'elle essuie sur le Rhône, entre ces deux points. Ayant
même remarqué que les bâtimens qui remontent ce fleuve sont quelquefois retardés à Arles par les vents du nord, on proposait, dès ce
temps, de prolonger le nouveau canal jusqu'à Tarascon.

Cependant comme plusieurs canaux de dessèchement avaient été
creusés par les habitans du pays, entre Tarascon et la mer, un sieur
Millet de Valbrun, de Tarascon, pensant pouvoir éviter l'embouchure
du Rhône, d'une autre manière, demanda à se servir, en y construisant des écluses, de la Robine, qui commence à une lieue de Tarascon,
près du village de St.-Gabriel, et va tomber dans l'étang de Landre,
qui répond à la mer, et M. le duc de St.-Aignan, avec lequel Millet
s'était uni d'intérêt, obtint en 1664 le privilège d'exécuter ce canal avec
cession des deux tiers du produit pour lui et pour son associé, l'autre
tiers étant réservé pour le roi.

Ce projet, dont la forte dépense, estimée à 5 millions, arrêta l'exécution, fut renouvelé plusieurs fois, jusqu'au moment où M. le maré-

chal de Vauban, sur la fin de l'avant-dernier siècle, ayant aperçu l'inconvénient d'entrer dans les étangs de Landre et du Galéjon, où les bâtimens seraient exposés à être retardés par les vents du nord-est et du sud-ouest, comme cela arrivait à l'embouchure du Rhône, proposa de faire partir le canal du port de Bouc pour joindre le Rhône, soit à Tarascon soit à Arles.

Ce nouveau projet de M. le maréchal de Vauban, à la sagesse duquel on ne rendit hommage que long-temps après, n'eut pour le moment aucune suite.

Un événement imprévu en suspendit l'exécution en 1711 : le grand Rhône ayant abandonné presque en entier son lit accoutumé, appelé encore aujourd'hui le *bras de fer*, et, en se frayant un nouveau passage dans un canal de prise d'eau, établi par les fermiers-généraux pour noyer les sels qui se déposaient dans les étangs, lors des sècheresses, et dont l'écluse avait été laissée ouverte par négligence, s'étant fait de ce canal un nouveau bras, qui existe aujourd'hui sous le nom de canal de Lône, on se berça facilement de l'espoir que ce nouveau bras du Rhône, qui à cette époque semblait, par la régularité de son cours et de sa profondeur, offrir quelque sécurité à la navigation, remplirait toutes les vues qui avaient suggéré l'idée d'ouvrir le canal d'Arles.

On ne tarda pas toutefois à voir que ce nouveau bras, ainsi que son embouchure, se détérioraient de jour en jour, et présenteraient bientôt les mêmes inconvéniens qui avaient fait songer à suppléer à la navigation qui s'opérait auparavant par le bras de fer et son embouchure; mais, méconnaissant les salutaires avis de M. de Vauban, et sans apporter d'ailleurs une grande ardeur dans les nouvelles propositions, on se borna à reproduire le premier projet en 1732, et ensuite en 1747.

Ce projet, renouvelé par M. de Silvy, appuyé par la ville de Tarascon, et approuvé par M. le maréchal de Belle-Isle, n'était plus estimé devoir monter qu'à la somme d'un million seulement; attendu, remarquait-on, que par les modifications qu'il avait éprouvées, le canal devait suivre, et en profitant de leur lit, sur les trois quarts de sa longueur, la petite et la grande Robine, le canal de Vigueirat, et le canal des Vidanges qui se rend à l'étang de Landre, et enfin passer par les étangs des Gases, de Galéjon, et par celui de Fos, qui n'est situé qu'à environ 6,000ᵐ du port de Bouc.

Peu de temps après, et sur les ordres du même maréchal de Belle-Isle, M. Millet de Monville, s'occupant d'un autre projet, proposa une nouvelle direction beaucoup plus courte, et d'après laquelle partant, ainsi que M. de Vauban l'avait indiqué, du port de Bouc, il passait par le vallon de Fulconi, et, après avoir traversé l'étang de Galéjon, venait s'embrancher sur le Rhône à 1,500ᵐ plus haut que le bras de fer, et près de St.-Trophime. Il plaçait à la prise d'eau une écluse à doubles portes, pour faciliter l'entrée ou la sortie du canal, quelque différence qu'il y eût entre la hauteur de ses eaux et celle des eaux du Rhône.

La longueur de ce canal était de 22,016ᵐ,53; le niveau de son plafond devait être établi à 2ᵐ,27 au-dessous des plus basses eaux de la mer, et à 2ᵐ,92 au-dessous du niveau de ses digues.

Les ouvrages à faire au port de Bouc étaient estimés à la somme de 520,000 fr., et ceux du canal à 2,400,000 fr.

Les transports sur ce canal étaient évalués, à cette époque, à 250,000 quintaux qui, à 0 f. 20 c. de droit, ne produisaient que 50,000 fr., sur quoi déduisant 20,000 fr. pour l'entretien et la régie, il ne restait pas le quart de l'intérêt du capital employé. A la vérité, on se flattait alors que la facilité que le commerce retirerait de cette nouvelle communication occasionerait un jour une augmentation du double dans le passage des marchandises, et que le dessèchement des marais, ainsi que la pêche et les plantations, ajouteraient encore au revenu qu'on avait droit d'en espérer: toutefois, cette considération ne parut pas suffisante à M. de Belle-Isle pour se charger de l'exécution de ce canal, si le roi ne voulait pas y prendre part.

En 1750, M. Pollard, inspecteur-général des Ponts-et-Chaussées, jugea que ce canal devait être prolongé jusqu'à Arles, précaution sans laquelle la navigation éprouverait toujours les inconvéniens dont elle se plaignait depuis St.-Trophime jusqu'au premier lieu, au-delà duquel le Rhône n'offre plus de difficultés.

Quelque raisonnable que fût ce projet, qui d'ailleurs rentrait à quelques égards dans celui indiqué par M. de Vauban, la ville d'Arles y forma des oppositions, en faisant valoir la perte qu'éprouverait sa marine, qui se composait de 500 matelots classés, et de 80 bateaux de mer, qui resteraient sans emploi, une fois que la navigation du Rhône serait abandonnée, faute de l'entretien nécessaire, et lequel n'aurait plus lieu lorsque le canal serait établi, malgré les avantages que cette grande navigation naturelle présentait au commerce, sous le rapport de l'économie et des transports extraordinaires en temps de guerre, auxquels le canal ne pourrait suffire."

De son côté, la ville de Tarascon ne concevait pas que la ville d'Arles ne pût continuer à se servir du Rhône, si sa navigation était plus avantageuse que celle du canal qu'il était question d'ouvrir, et en faveur duquel, pour son compte, elle faisait des vœux.

Ces discussions, qui prouvent seulement qu'à cette époque les véritables principes sur lesquels repose la prospérité du commerce étaient peu connus, arrêtèrent donc, du moins encore pendant quelque temps, toute exécution de projets; il ne paraît pas, en effet, que depuis ce temps jusqu'à 1768, on se soit occupé de lever les obstacles qui s'étaient opposés jusqu'à ce moment à l'ouverture du canal d'Arles, et si, en 1768, un M. de Beaumond, architecte, proposa, après de longues études, un canal qui partant du Rhône, à la commanderie de Bois Vieil, fût venu se terminer vis-à-vis de Fos, dans le mouillage d'Eigaldeau, dont le cap eût mis cette embouchure à l'abri des vents du sud-est, qui sont très-fréquens dans ces parages, et si quatre ans après, en 1772, M. de Beaumond, changeant son premier projet, voulut diriger le même canal jusqu'au port de Bouc; on n'a cependant que trop lieu d'apercevoir que le moment n'était pas encore arrivé de voir s'effectuer ce grand travail, si avantageux à la navigation, et auquel se rattachent tous les intérêts agricoles d'une des plus belles provinces de la France.

Ce ne fut, en effet, que peu avant 1802 qu'une compagnie ayant fait des propositions, on reprit, avec quelque suite, cette affaire à laquelle on n'avait que peu pensé pendant la révolution.

A cette époque, on examina de nouveau les projets, tant sous le rapport du canal que sous celui du dessèchement des marais qui sont situés depuis Arles jusqu'à la mer, sur une superficie totale de 70,357 hectares, et après avoir déterminé la direction du canal, qui de l'écluse de prise d'eau, établie à 2000ᵐ au-dessous d'Arles, devait joindre le canal des Vidanges, le suivre jusqu'aux cabanes du patron Bernard, et passer ensuite du côté de la Crau, pour arriver au plateau de Bouc, qui se termine par la montagne de la Lèque dont les sommités s'élèvent à 17ᵐ,579 au-dessus du niveau de la mer, et dont l'excavation sur une étendue de 2,172ᵐ, étail, dans tout état de cause, indispensable, le gouvernement fit enfin commencer les travaux à ce dernier point.

Pendant que ces premiers ouvrages s'exécutaient, des sondes que l'on fit sur le surplus de la direction arrêtée, entre le plateau et le Rhône, ayant fait connaître que le canal ne pouvait être creusé à sa profondeur sans être obligé de s'enfoncer de 1ᵐ à 1ᵐ, 60 dans un banc de pouding sur environ 20,000ᵐ de longueur, on fit plusieurs autres sondes entre la ligne arrêtée et le Rhône, qui prouvèrent que le banc de pouding, qui suivait généralement la déclivité du terrain compris entre la Durance et le Rhône, de l'est à l'ouest et du nord au midi, vers la mer, ne se trouvait, à quelques petites longueurs près, entre le Vigueirat et le Rhône, qu'à 2ᵐ de profondeur au-dessous du niveau de la mer, ce qui permettait d'établir la ligne du canal sur la rive droite des marais de Galignan et de l'étang de Landre, pour traverser le Galéjon, en aval des étangs des Gases, et se rendre, par les marais de Fos et par la plage, au plateau de Bouc.

D'après cette direction principale, il fut arrêté, le 4 juin 1809, que le canal, alimenté par les eaux du Vigueirat, au moyen de deux rigoles qui les porteraient au 1er bief, serait divisé en trois biefs de niveau, le premier à la hauteur de l'étiage du Rhône, le 2e à un mètre au-dessous, et le 3e à 0m,85 plus bas, et au niveau de la basse-mer ; qu'en conséquence, il serait placé au bord du Rhône, immédiatement à l'aval du canal de Crapone, une première écluse dont les buscs seraient établis à 2m au-dessous de l'étiage de ce fleuve ; une seconde écluse un peu en amont de la robine de Moncalde, et la 3e entre Negobeau et le mas de Galéjon ; que ces écluses auraient 8m de largeur et 58m de longueur d'un busc à l'autre, à l'exception de l'écluse d'Arles dont la largeur du sas serait suffisante pour contenir deux bateaux du Rhône ; qu'il serait construit à l'embouchure du canal dans le port de Bouc, pour abriter les bâtimens et le canal contre les grandes eaux de la mer, une porte de garde, précédée d'un bassin en forme de gare, ayant 60m de largeur, et 170m de longueur ; qu'il serait établi à l'endroit où le canal traverse l'étang du Galéjon, le nombre d'arches à clapets nécessaires de chaque côté et à travers les francs-bords du canal, pour maintenir le libre écoulement des eaux du marais dans la mer (1) ; que les ponts seraient construits avec des travées mobiles au moyen de flèches pour laisser passer des bâtimens de mer dans le canal ; enfin que sur toute sa longueur, de 45,885m, sa largeur serait au plafond de 14m,40, et à la ligne d'eau de 22m,40 ; que sa profondeur d'eau serait de 2m à l'étiage, et que ses chemins de halage s'élèveraient à 2m au-dessus de cet étiage, ou à 4m au-dessus du plafond.

Ce fut d'après ces dispositions qui réglèrent les différentes espèces d'ouvrages pour la construction du canal d'Arles, dont plusieurs avaient été commencés et dont la dépense totale était évaluée à 7,000,000 fr., que le ministre de l'intérieur demanda, par un rapport du 31 décembre 1810, au chef du gouvernement, de prononcer sur le dessèchement,

(1) D'après les calculs donnés depuis par M. Bouvier, ingénieur, le volume des eaux de la vallée, lors des grandes crues, est de 61m,90 cubes par seconde.

afiu de pouvoir statuer sur la concession, s'il y avait lieu, soit en faveur de la compagnie de Croï, qui la demandait, soit en faveur des propriétaires intéressés, qui devaient être préférés s'ils donnaient garantie d'une bonne exécution.

Ces propositions n'eurent pas de suite, et les ouvrages, continués par les soins du gouvernement, s'élevaient déjà, au mois d'avril 1813, époque de leur suspension, à la somme de 300,000 francs.

Depuis, et par une soumission du 16 avril 1818, une compagnie proposa de se charger des dessèchemens des marais d'Arles, et de l'achèvement du canal d'Arles à Bouc.

Cette demande donna lieu à un nouvel examen, et, par suite, à un nouveau rapport d'une commission qui fut approuvé par le conseil des Ponts-et-Chaussées le 30 mars 1819, et qui, indiquant les divers moyens à s..re pour les dessèchemens proposés, et les légères modifications dont les travaux relatifs à ces dessèchemens rendaient susceptibles les premiers projets approuvés les 6 juin 1809 et 21 mai 1810, stipulait en résultat, entre autres dispositions, et en maintenant d'ailleurs celles contenues dans l'avis du conseil des Ponts-et-Chaussées du 6 juin 1809 :

1° Que les eaux du Rhône seraient admises concurremment avec celles du Vigueirat pour alimenter le canal d'Arles ;

2° Que le bief inférieur de ce canal, qui peut leur fournir le débouché suffisant, recevrait les eaux provenant des marais supérieurs à l'étang de Landre, qui seraient amenées à ce bief par le Vigueirat et la Vidange, en aval du pont de Galigean, ou au bas de là 2° écluse, dans le cas où, ainsi qu'il serait à désirer, on pût supprimer le 2° bief, en le remplaçant par le prolongement du bief inférieur.

3° Qu'il serait convenable de réunir les canaux du Vigueirat et de la Vidange, en un seul, en donnant à ce dernier des dimensions qui sont déterminées au rapport, ou, si on les tenait séparés, de les ouvrir sur des dimensions qui y sont également indiquées ;

4° Enfin qu'il serait important que la même compagnie fût aussi chargée de l'entretien des digues du Rhône et de la Durance, et de tous les autres ouvrages de protection du côté de la mer.

Tous ces ouvrages étaient estimés devoir monter, savoir : ceux restant à faire au canal d'Arles, à 5,650,000 fr.; ceux pour les dessèchemens, à 1,800,000, et enfin ceux pour la confection des digues du Rhône et de la Durance, à 1,500,000 fr. : en totalité, à 8,950,000 fr.

Les choses en étaient restées à ce point, lorsque le gouvernement, ayant reconnu l'impossibilité où il était de terminer dans un délai désirable les différens canaux qui étaient déjà commencés, sans les secours qu'il pouvait espérer de l'esprit d'association, dont plusieurs écrivains recommandables s'étaient attachés, dans ces dernières années, à démontrer toute la puissance, se décida à accepter les offres d'une compagnie qui s'engageait à prêter les fonds nécessaires pour achever le canal d'Arles à Bouc.

En conséquence de ces offres, et sauf les modifications qu'une nouvelle étude, dont on s'occupait dans le moment, pourrait apporter dans les projets antérieurs, on passa, en faveur de la compagnie Odier, un traité qui fut approuvé par une loi du 14 août 1822, et qui stipula que la compagnie s'obligerait à prêter la somme de 5,500,000 fr., aux intérêts de 5 fr. 12 c. p. o/o, indépendamment d'une prime de 1 demi p. o/o, et que le gouvernement s'engagerait, de son côté, à terminer les travaux dans un délai de 6 années et 5 mois, à partir du 1er octobre 1822, et, après l'amortissement de la somme prêtée, admettrait la compagnie, pendant 40 ans, au partage, en égale portion, du produit net du canal de la Bessée, concédé par une autre loi du même jour.

D'après une nouvelle étude et des observations récentes des ingénieurs, et d'après l'espoir qu'on a de lier ce canal au canal latéral du Rhône, des projets duquel on s'occupait, de nouvelles dispositions de détails, et dans lesquelles on consacre l'établissement de trois biefs proposés par les projets approuvés les 6 juin 1809 et 20 n r 1810, ont été jugées nécessaires, et ont fait l'objet de plusieurs décisions, et entre autres des suivantes :

1° Terminer le bief inférieur du canal à 600ᵐ au-dessous d'un point placé près du mas de l'Étourneaù.

2° Terminer le deuxième bief à 400ᵐ en amont du pont de Galignan.

3° Construire à ce point l'écluse qui devait être placée près la robine Moucalde, en prolongeant jusque-là le 1ᵉʳ bief du canal.

4° Etablir sous les murs de la ville d'Arles un bassin pour l'usage de cette ville.

5° Dans le cas du raccordement du canal d'Arles avec le canal latéral au Rhône qui doit l'alimenter en partie, la portion du premier canal comprise entre le point de raccordement et le Rhône sera supprimée, ainsi que l'écluse de prise d'eau projetée à son origine.

6° Enfin, au point où la ligne du canal devait-couper le lit du Vigueirat, on ouvrira un nouveau lit au Vigueirat, et même à la Vidange, afin que le système d'indépendance avec la navigation nouvelle et les moyens actuels de desséchement, ne soit pas interrompu.

Ainsi que nous l'avons fait observer au commencement de cet article, le canal d'Arles au port de Bouc, lors même qu'il ne devrait pas un jour former la partie inférieure du canal latéral au Rhône, dont il sera parlé dans la suite, aurait déjà une grande importance : par son établissement, on s'affranchira des obstacles qui interceptent et rendent souvent très-dangereuse la navigation du Rhône, principalement à son embouchure; il pourra admettre constamment les alléges de la ville d'Arles, espèces de tartanes plates qui tiennent également et le Rhône et la mer, et servira particulièrement au transport des bois de construction et autres matériaux, dans les chantiers de Toulon; enfin la possibilité de sa liaison avec le canal de Beaucaire, par une ligne dirigée d'Arles à St.-Gilles, et au moyen de laquelle on éviterait, pour le transport des sels de Peccais, la navigation du petit Rhône, ne pourrait qu'ajouter aux services qu'il est destiné à rendre un jour.

En résumé, le canal d'Arles à Bouc, dont la partie supérieure pourra subir quelques modifications dans la disposition de ses deux premières écluses, si, comme tout porte à le croire, il doit se combiner un jour avec le canal d'Arles à Tarascon, vivement sollicité, et dont il sera parlé dans la troisième section, aura 45,883ᵐ de longueur, et sa pente, depuis Arles jusqu'au pont de Bouc, qui sera de 5ᵐ,3o, ou de 1ᵐ,85, selon qu'il se combinera, ou non, avec le canal de Tarascon, sera rachetée par deux écluses, qui, dans le dernier cas, seraient placées aux lieux dits de Montcalde et le Mas de l'Etourneau; une écluse de prise d'eau au Rhône serait construite à Arles.

Une dernière écluse sera placée à l'embouchure du canal, dans le port de Bouc, et sera précédée d'un bassin en forme de gare, de 170ᵐ de longueur et de 6oᵐ de largeur.

La largeur du canal sera de 14ᵐ,40 au plafond, et de 22ᵐ,40 à la ligne d'eau; son mouillage sera de 2ᵐ.

Les ouvrages exécutés depuis 1822, sur le fonds de 5,500,000 fr., prêtés par la compagnie Odier, s'élevaient, au 31 mars 1827, à la somme de 3,114,559 fr. 66 c.

Avant de quitter cette intéressante partie de la France, nous n'omettrons pas de dire ici un mot de la fosse de Craponne, qui serait susceptible d'être appropriée à la navigation, et qui est l'entreprise la plus ancienne dont on se soit occupé en France, ainsi que d'un canal dont l'idée, encore plus éloignée de nous, tient une place considérable dans l'histoire de la navigation intérieure de ce royaume, quoiqu'elle n'ait jamais reçu son exécution.

FOSSE ou CANAL DE CRAPONNE.

Adam de Craponne, de Salon en Provence, cet excellent citoyen dont le nom s'associe au premier projet de la jonction des deux mers par le Rhône et la Loire, et dont nous avons parlé au sujet du canal de Briare, qui fut exécuté depuis, comme faisant partie de cette jonction; Adam de Craponne, animé de l'amour de sa patrie, forma l'utile projet du canal auquel il donne son nom, vers l'an 1554, et le mit à fin en 1558.

Recevant ses eaux de la Durance, prises à l'aval de Cadenet, un peu au-dessous de la Roque, ce canal arrose les territoires de Gontar, de la Roque, de la Rouyère, de Charleval, du Malemort, d'Alein, de Senas, de Lamanon, et, par la double ramification de chacune de ses extrémités, eaux de Lançon, de Pellisanne, de Cornillon, de Confoux; arrose les plaines arides et pierreuses de la Crau d'Arles, et se termine, par sa double branche de l'ouest, dans le Rhône, au-dessous de la ville d'Arles, et dans l'étang de Meiranne, et par sa double branche de l'est, en deux points différens, dans l'étang de Berre, qui communique à la Méditerranée par le port de Bouc.

Ces différentes branches, d'environ 80,000^m de longueur ensemble, qui reçoivent souvent le nom de canaux, composent une seule propriété qui est passée, depuis son origine, en plusieurs mains.

En se faisant une plus juste idée de ce qu'il eût suffi d'ajouter à ces canaux pour recueillir les avantages d'une navigation à laquelle il eût été possible de les approprier, il eût été facile, outre les services qu'ils rendent à l'agriculture, et qui assurent une véritable gloire à son auteur, de leur donner encore une plus grande utilité.

C'est l'opinion qu'on s'est formée depuis long-temps dans le pays même.

En effet, dès 1751, et bien qu'on n'eût encore aucune idée sur les avantages de la petite navigation, un M. Comte, prêtre de St.-Mitre, proposait de rendre navigable la branche de la Roque à l'étang de Berre, et d'établir ainsi une communication très-intéressante entre la Durance et la mer; et il est plus que probable qu'on pourrait concevoir les mêmes espérances relativement aux autres branches de ce canal d'arrosage, qui fertilisent une grande étendue de terrains autrefois stériles et incultes, mais dont cependant les frais d'entretien ont généralement absorbé, chaque année, la moitié du revenu, qui ne se forme que du produit des concessions d'eaux d'irrigation et des moulins établis sur leur cours. Quoi qu'il en soit, la création de la fosse de

Crapoune, considérée seulement comme canal d'arrosage, a été un véritable bienfait pour l'agriculture sous ce ciel brûlant, et c'est sans doute à ses éminens services que le Midi est redevable de plusieurs autres canaux d'arrosage, tel que celui des Alpines, qui se divise en deux branches, l'une dite de Boigelin, et l'autre de la Crau, et de la première idée du canal de Provence, dont il nous reste à parler.

PROJET DU CANAL DE PROVENCE.

Ainsi que nous venons de le dire, plusieurs années avant qu'Adam de Craponne conçût l'idée de la fosse qui porte son nom, un projet qui remplissait un but semblable, celui de fournir à l'irrigation d'une grande portion de terrain, avait été proposé pour établir un canal d'arrosage de la Durance à Marseille, en passant par la ville d'Aix.

Il est peu de canaux qui aient été plus désirés et sur lesquels il ait paru plus d'écrits, bien qu'il n'ait pas été encore exécuté.

Dès l'an 1507, Louis XII accorda des lettres patentes à la maison d'Oppède pour tirer de la Durance des canaux d'arrosage. Ces lettres patentes furent renouvelées en 1619, 1648 et 1677; toutefois le marquis d'Oppède, en vertu d'anciennes concessions, tournant d'un autre côté ses vues, crut devoir faire travailler, en 1718, à un canal qui remplissait en partie le même objet, et présentait d'autres avantages en partant du Rhône à Donzères en Dauphiné, et en venant s'emboucher dans l'étang de Berre, à St.-Chamas. Cette entreprise, autorisée par un arrêt du conseil du 4 mai 1718, fut arrêtée par diverses circonstances, et entre autres, par le refus que fit le pape de laisser passer sur le Comtat le canal qui en faisait l'objet.

Ce fut vers cette époque qu'il fut question du canal d'Arles au port de Bouc qui, s'il n'avait pas le mérite d'éviter sur une aussi grande longueur la navigation toujours pénible du Rhône, avait du moins l'avantage de partir de la ville d'Arles.

Revenant, en 1724, au canal d'Aix et de Marseille, nommé spécialement le *canal de Provence*, sur des instances de la province pour obtenir la permission du roi d'ouvrir ce canal, des ingénieurs furent envoyés pour examiner sa possibilité; mais la nécessité où ils pensèrent que l'on serait de percer la montagne du *Jas blanc*, sur 2,600 toises de longueur et une hauteur de 54 toises, et par conséquent d'être forcé à une dépense qui surpassait les facultés de la province, devint encore un nouvel obstacle à son exécution.

Cependant Floquet, qui assurait qu'on s'était trompé dans les nivellemens, et qui d'ailleurs avait, disait-il, reconnu la possibilité de contourner la montagne, d'après de nouveaux nivellemens faits à plusieurs reprises (1), desquels il résultait que la Durance, à Canteperdrix, était élevée de 600 pieds au-dessus de la Méditerranée, imagina de diviser le même canal en deux branches pour communiquer à Marseille et au Rhône, et, après la publication de plusieurs mémoires, forma, en 1749, une compagnie de bailleurs de fonds qui devaient être propriétaires du canal.

Floquet et sa compagnie étant devenus concessionnaires, et sous la protection de M. le maréchal duc de Richelieu, ayant obtenu un arrêt du conseil du 4 mai 1751 et des lettres patentes qui permirent à M. le duc de Richelieu de faire exécuter le canal de Provence, sous le nom de canal de Richelieu, on commença à y travailler le 1er septembre 1752.

La ligne commune de ce double canal, depuis la Durance, à Canteperdrix, jusqu'à Lambesc où devaient être amenées les eaux dans un bassin de partage, et passant par les territoires de Peyrolles, de Meragues, de Rognes, était d'environ 50,000ᵐ. La branche se dirigeant sur Marseille, en passant par St.-Canat, Eguilles, Aix, Gardannes et Septeine, devait avoir 90,000ᵐ; l'autre branche, qui devait

(1) En 1736, 1737, 1742 et 1743.

aboutir au Rhône sous Tarascon, après avoir traversé les vastes plaines qu'elle était destinée à arroser, aurait eu 77,190ᵐ de longueur; du reste, ce canal n'était destiné qu'à l'irrigation du pays et à la flottaison des bois.

Des ouvrages considérables furent exécutés sur les bords de la Durance, et montaient à la somme de 523,000 fr. à la fin de 1754, époque à laquelle, par suite de l'inobservation des engagemens de plusieurs intéressés, ils furent suspendus.

Une nouvelle compagnie fut formée par les soins de Floquet en 1758, et on reprit les travaux du canal en 1765. La dépense totale de son exécution était évaluée à 6,000,000 fr. On estimait que son revenu, pour l'arrosage seulement, serait de 600,000 fr.; et Floquet espérait qu'il s'élèverait à deux millions. Ce revenu se composait de la vente des eaux pour l'arrosage et pour les besoins domestiques de la ville de Marseille qui manque d'eau, du produit des moulins et machines qui seraient mus par les eaux du canal, et enfin de celui provenant des droits qui seraient perçus sur le flottage des bois de construction et de chauffage qui descendraient du Dauphiné.

Ce produit, remarquait-on, était encore susceptible de recevoir une notable augmentation, si l'on se décidait à rendre le canal navigable depuis le point de partage jusqu'à Marseille, d'une part; et de l'autre, jusqu'à Tarascon. Cette communication entre ces deux villes ouvrait un précieux moyen de transport aux marchandises du Levant et de l'Amérique; et d'un autre côté, il était facile de tirer de la Lorraine, de la Franche-Comté, de la Bourgogne et de tous les pays situés sur les bords de la Saône et du Rhône, les mâtures, les bois de construction et autres matières dont avaient besoin les arsenaux de Marseille et de Toulon.

Cependant la seconde compagnie s'étant dissoute, par suite d'embarras de finances, et Floquet étant mort, les travaux furent de nouveau suspendus. Quelque temps après et en conséquence de démarches de plusieurs particuliers de Provence, une riche maison d'Amsterdam, celle de Van-Œn-Santheuvelle, sur le rapport d'un officier du génie hollandais envoyé sur les lieux, ayant procuré les fonds nécessaires pour continuer cette entreprise, des ingénieurs s'occupèrent en 1777 de lever les plans et de faire de nouveaux nivellemens, qui furent encore interrompus par la mort du principal ingénieur chargé de cette opération.

Depuis, un seul ingénieur, nommé Brochier, de la ville d'Aix, obtint, dit-on, sur la demande de l'administration de Provence, en 1786, des lettres patentes qui lui permettaient de dériver des eaux de la Durance, et de les faire servir à l'irrigation du pays; mais au moment où, après de nouvelles opérations terminées en 1788, il allait s'occuper de cette entreprise, survint la révolution, qui lui en enleva tous les moyens.

Telle est l'histoire du canal de Provence, dont il a été si long-temps parlé, qui repris et abandonné tour à tour, a fait l'objet, il y a peu d'années, de plusieurs mémoires, et sur lequel un ingénieur de mérite, M. Garella, vient de présenter un nouveau travail.

Après une attente de plus de trois siècles, et l'expression de vœux si souvent manifestés, il faut espérer que la province qui désire depuis si long-temps l'établissement du canal de Provence, en devra enfin le bienfait à l'esprit d'association qui soit apprécier tous les besoins. On doit d'autant plus se livrer à cette espérance, que ce même esprit d'association, qui trouve dans son propre intérêt la juste proportion de toute entreprise avec son objet, reconnaissant peut-être qu'il n'est plus de la même importance d'approprier le canal de Provence au double service de la navigation et de l'irrigation, depuis l'ouverture du canal d'Arles à Bouc qu'il n'est pas impossible de prolonger jusqu'à Marseille, il sera alors facile, en se réduisant au dernier de ces deux services, d'en obtenir tous les avantages avec de moins grands sacrifices.

Entraînés par la matière que nous avons traitée, peut-être avec trop d'étendue, nous nous arrêterons cependant ici, remettant à parler dans la section suivante des différens projets qui, seulement proposés, n'ont été suivis d'aucun commencement d'exécution, ainsi que de ceux qui pourraient être entrepris dans la vue de donner à l'ensemble des canaux déjà existans toute la perfection que réclament les intérêts du pays et ceux de la France entière.

NOTES

RELATIVES AUX CANAUX

COMPOSANT LA DEUXIÈME LIGNE DE JONCTION DES DEUX MERS.

CANAL DE LANGUEDOC.

(A.) En 1662, Riquet fit connaître son plan au ministre.

Du 8 novembre 1664 au 17 janvier 1665, le plan fut vérifié sur les lieux, par les commissaires du roi et de la province.

En mai 1665, Riquet, pour résoudre tous les doutes, fit exécuter dans cinq mois, à ses frais avancés, la rigole dite d'essai, qui démontra à tous les yeux la possibilité de conduire les eaux de la montagne Noire sur le point de partage, ce qui fut la solution jusqu'alors attendue du problème de la communication des deux mers.

En octobre 1666, édit de création du fief, et péage du canal en toute propriété à charge d'entretien.

En janvier 1667, construction du canal en très-grande activité.

En avril 1667, première pierre du grand réservoir de St.-Fériol posée avec grande pompe.

17 novembre suivant, première pierre de l'écluse de Garonne, posée avec la même solennité.

1er octobre 1680, mort de Riquet; la navigation était déjà établie de Toulouse à Trèbes.

En 1681, après quatorze ans de travaux, la navigation fut en activité sur toute la longueur du canal.

En 1682, le 26 septembre, un arrêt du conseil d'état fixa le droit de péage à 6 deniers par quintal, poids de marc, et chaque distance de 3,082 toises, avec charge de fournir les barques de transport, et de répondre des marchandises.

En 1684, dernière vérification et réception du canal par M. l'intendant d'Aguesseau.

En mars 1686, visite du canal par Vauban; sur son rapport, les aquéducs formant le complément du projet de Riquet sont exécutés avec d'autres améliorations, dans les années suivantes, par M. de Niquet, ingénieur du roi.

(B) Suivant M. Clausade, ingénieur d'un grand mérite, et long-temps chargé des travaux du canal de Languedoc, le calcul des eaux qui alimentent ce canal peut être établi ainsi qu'il suit :

La surface qui verse les pluies au-dessus des prises du Sor et du Laudot, d'après les dernières mesures, est de......................... 110,000,000^m carrés.

La hauteur de la pluie observée est, année commune, de. 0^m,66

Total des eaux qui alimentent les sources, les réservoirs et les rigoles du canal au-dessus du bief de partage, ci... 72,600,000^m cubes.

Le réservoir de St.-Ferriol contient...... 6,300,000^m
Celui de Lampy contient.............. 1,760,000
La portion des eaux qui arrive au point de partage dans la mesure convenable pour les besoins de la navigation, est de 87,500^m cubes par jour, et pour les 320 jours de navigation de. 28,000,000 } 36,060,000^m cubes.

L'eau perdue pour le canal à défaut de réservoir ou par filtration et évaporation, ou par l'emploi qui en est fait par les riverains, ou qui passe au-dessus des chaussées de prise d'eau, est donc de............................... 36,540,000

Cette perte, qui peut faire voir combien on doit peu compter sur le volume des eaux qu'on espère pouvoir rassembler pour l'alimentation des canaux, n'est cependant, pour le canal dont il s'agit, que d'une assez faible conséquence, puisque les 87,500^m qui arrivent journellement au bief de partage, et montant annuellement à 28,000,000^m, surpassent de beaucoup les besoins de la navigation actuelle, qui dans les temps ordinaires n'exige, pour 300 passages doublés des barques, que 36,000^m, par jour, ou annuellement que 11,520,000 mètres cubes.

Mais outre cette quantité de 87,500^m cubes, qui arrive journellement au bief de partage, et qui avec celles que peuvent fournir les réservoirs de St.-Ferriol et de

Lampy, montant ensemble annuellement à............. 36,060,000ᵐ cubes.

Le canal reçoit encore des prises d'eau secondaires du Fresquel, de l'Orbiel, de la Cesse, et de l'Orb, 117,000ᵐ cubes par jour, et pour les 320 jours de navigation............. 37,440,000

Formant ensemble, entre Toulouse et Béziers, la quantité totale de................................... 73,500,000

De laquelle, si l'on déduit le volume d'eau nécessaire pour le service de la navigation et qui est de..........................: 11,520,000

De plus, pour le service des moulins, celui de. 10,666,666   24,290,000

Et enfin la quantité qui reste, année commune, dans les réservoirs, et laquelle est de. 2,103,334

Il restera encore pour les besoins à venir la quantité de.. 49,210,000

Quantité quadruple de celle employée aujourd'hui au service de la navigation, et qui surpasse de huit fois le prisme de remplissage de la ligne navigable, comprise entre Toulouse et Béziers.

L'unité usitée sur le canal, pour la mesure des eaux, est l'empellement.

L'empellement donne 200,000ᵐ cubes d'eau par vingt-quatre heures, ou, à très-peu près, 10,000 pouces d'eau de Mariote.

La meule d'eau est comptée pour le dixième de l'empellement, ou 1000 pouces d'eau.

A ce premier tableau des quantités d'eau qui alimentent le canal de Languedoc, fourni par M. Clausade, et reproduit par M. le baron Trouvé, dans la statistique du département de l'Aude, et depuis par M. Huerne de Pommeuse, dans son ouvrage sur les canaux, nous joindrons une note sur la manutention des eaux du même canal, que nous devons à l'obligeance de M. Gorsse, ingénieur en chef, directeur de ce canal, depuis 1818 jusqu'en 1828.

Note sur les volumes d'eau dont on dispose au canal de Languedoc pour ali-
menter ce canal, et sur la manutention des eaux, dans les années sans chômage,
ou avec chômage.

Parmi les portées naturelles des divers cours d'eau qui contribuent à alimenter immédiatement, ou par dérivation, les trois versans du canal de Languedoc, vers la Garonne, vers l'étang de Thau, et vers l'Aude ou Narbonne, on doit distinguer celle de l'Hérault, comme plus que suffisante, pendant toute l'année, aux besoins de l'étendue qui concerne cette rivière entre l'étang de Thau et l'écluse de Portiragues.

On peut citer aussi la portée de l'Orbe comme suffisante, pendant toute l'année, jusqu'à l'écluse de Portiragues, pourvu que l'on maintienne constamment dans cette rivière l'état de regonfle qui peut seul permettre sa traversée par les barques ; car, lorsque sa portée est réduite à 100,000 mètres cubes et plus, par vingt-quatre heures, le rétablissement du regonfle exige près de 36 heures, tant ses pertes d'eau sont considérables, soit au travers de la chaussée et des épanchoirs formant le barrage, soit dans le lit de cette rivière et dans les biefs inférieurs.

Quant aux portées naturelles de tous les autres cours d'eau, depuis l'Orbe jusqu'à la Garonne, d'une part, et jusqu'à l'Aude de l'autre part, elle sont insuffisantes, en général, du mois de juillet au mois d'octobre, et surtout lors des fortes sécheresses prolongées ; car, à ces dernières époques, les portées, par vingt-quatre heures, se réduisent environ, pour la rivière de Cesse, à 50,000^m cubes ; pour l'Ognon et le Fresquel, à rien ; pour l'Orviel, à 5,000^m cubes, et pour la rigole nourricière de la Plaine, qui conduit au bief de partage de Naurouse le produit de toutes les eaux de la montagne Noire, à 5,000^m cubes ; ensemble 60,000^m cubes, volume que l'on a considéré jusqu'ici comme insuffisant pour alimenter seulement les pertes d'eau du grand bief de Fonserannes et du versant vers l'Aude.

Il est donc indispensable, en été, de faire descendre des réservoirs de St.-Ferriol et de Lampy, au bief de partage, la quantité d'eau nécessaire pour suppléer, entre la Garonne, l'Orbe et l'Aude, à la portée naturelle de chacun des cours d'eau qui se trouvent trop faibles, ou de tous ces cours d'eau à la fois.

Dans cette dernière circonstance, le volume d'eau d'entretien du canal est réduit de manière à satisfaire strictement aux mouvemens du commerce et aux pertes d'eau dues aux perdans, aux filtrations, et à l'évaporation, tandis que lorsque les portées naturelles sont assez fortes pour se dispenser d'avoir recours aux réservoirs, on satisfait largement aux mêmes besoins, ainsi qu'au service des moulins, aux prises d'eau pour arrosage, à des chasses pour nettoyer les embouchures dans les rivières d'Orbe et d'Aude, et enfin au désir, en faveur de la salubrité, d'avoir dans les biefs une eau fraîche.

En définitive, les volumes d'eau introduits dans le canal, outre la Garonne, l'Orbe et l'Aude, peuvent être évalués ainsi qu'il suit:

ÉPOQUES.	AU BIEF DE PARTAGE VERSANT VERS		À Fresquel et Orbiel versant vers l'Orbe et l'Aude.	À Cesse versant vers l'Orbe et l'Aude.	TOTAUX.	OBSERVATIONS.
	La Garonne.	L'Orbe et l'Aude.				
Lors des fortes portées naturelles..........	40,000	70,000	70,000	130,000		Après avoir servi les moulins de Castelnaudary, on rejette une grande partie des eaux fournies par le bief de partage ou par le Fresquel et l'Orbiel.
Lors des portées à considérer comme ordinaires..........	18,000	40,000	50,000	80,000	188,000	
Lors des sécheresses très-prolongées, les portées naturelles de la montagne Noire étant réduites à 5,000ᵐ, on prend le supplément dans les réservoirs..........	15,000	70,000	5,000	50,000	140,000	

Sur ce dernier volume, *minimum*, 140,000ᵐ cubes, le versant vers l'Aude absorbe seul environ 20,000ᵐ cubes par vingt-quatre heures, pour ses pertes et les mouvemens de sa navigation; il reste donc environ 120,000ᵐ pour l'étendue de canal qui sépare la Garonne de l'Orbe, et comme le passage ordinaire de huit barques, montantes ou descendantes, absorbe, tous les jours, environ 12,000ᵐ à l'écluse double de Castanet que l'on peut considérer, par rapport à la marche de ces barques, comme la dernière du versant vers Toulouse, et 25,000ᵐ environ à l'écluse octuple qui précède la rivière d'Orbe, on peut évaluer à environ 83,000ᵐ la quantité d'eau absorbée entre la Garonne et l'Orb, par les perdans, les filtrations et l'évaporation.

Cette perte ne se distribue pas également, et elle se trouve généralement plus forte dans les biefs les plus éloignés du bief de partage; d'un autre côté les mouvemens de la navigation sont inégaux.

Les inégalités, et des manutentions d'eau très-irrégulières aux corps d'écluse, produisaient, avant 1819, dans les biefs, des abaissemens de niveau d'eau ou des engorgemens qui rendaient la navigation impossible pendant la nuit, et qui, pendant le jour, étaient, pour la marche des barques, une cause de retard ou de ralentissement, à ajouter aux embarras présentés par les herbes aquatiques et par les dépôts formés, lors des orages, dans la voie navigable.

On a évité depuis, ou du moins on a rendu comme insensibles ces inconvéniens, par suite d'observations qui ont mis chaque éclusier à même de tenir ouverts, nuit et jour, les empellemens des portes de tête de son écluse, de manière à transmettre constamment au bief inférieur la portion connue du volume d'eau fourni que son bief et ceux supérieurs n'ont pas absorbée.

Le canal de Languedoc est devenu ainsi un canal à eau constamment courante depuis le bief de partage jusqu'à la Garonne, d'une part, et jusqu'à la rivière d'Orbe d'une autre part.

Toutefois, aux époques de sécheresses très-prolongées, on ne saurait espérer de retirer long-temps, des réservoirs de St.-Ferriol et de Lampy, le volume d'eau d'environ 80,000^m cubes que le bief de partage doit fournir alors au canal pour y maintenir le niveau ordinaire de la navigation.

Dans cette circonstance, qui eut lieu en 1825, seconde année sans chômage, M. Gorsse, alors proposé à la direction des travaux, sauva et apprit à sauver désormais la navigation des crises de sécheresse auxquelles elle avait été sujette jusqu'alors.

Ayant observé, dans quelques-uns des biefs le plus sujets à des déperditions d'eau, que ces déperditions avaient lieu surtout à la ligne de fleur d'eau, et sur une hauteur d'environ $0^m,33$, au-dessous de cette ligne, il prescrivit que, dès le 10 septembre, jour où le réservoir de Lampy, étant déjà épuisé, celui de St.-Ferriol ne devait contenir qu'un million de mètres cubes d'eau, la calaison des barques serait réduite de $1^m,60$ à $1^m,30$; que dès le même jour, on ne tirerait plus de l'eau de St.-Ferriol pour remplacer les pertes du canal, et que, par conséquent, les biefs inférieurs à celui de partage s'alimenteraient d'eux-mêmes, ou les uns au moyen des autres, jusqu'à ce que leur niveau d'eau fût parvenu, par suite des pertes et des mouvemens de la navigation, à l'abaissement fixé pour la calaison $1^m,30$; que pendant l'abaissement des biefs, celui de partage seul recevrait de St.-Ferriol le volume d'eau qu'on reconnaîtrait indispensable d'ajouter à la portée naturelle de 5,000^m cubes de la rigole nourricière de la Plaine, pour assurer les mouvemens de la navigation dans ce bief et dans les deux biefs immédiatement inférieurs, s'il était reconnu nécessaire; qu'après avoir obtenu l'abaissement, on aurait de nouveau recours aux eaux de St.-Ferriol pour remplacer les pertes du canal et rétablir par conséquent le système de manutention d'eau courante.

M. Gorsse ajouta à ces précautions celle de faire tracer, au-dessus des buses intermédiaires des corps d'écluses multiples la limite de la calaison 1m,3o, afin que les gardes et les éclusiers pussent faire enlever, s'il y avait lieu, les excès de cargaison; il voulut en outre, et il obtint, que le réservoir de St.-Ferriol contint, le 24 septembre, le volume d'eau 870,000m cubes, qu'il contenait le même jour en 1822. après le remplissage du canal, afin que chacun pût juger également que le sort de la navigation, en 1825, était indépendant de la question des non chômages.

Le même ingénieur a amélioré aussi, non-seulement les systèmes spéciaux de manutention d'eau relatifs aux époques, soit de la mise à sec et du remplissage du canal dans les années avec chômage; soit de surabondance d'eau, due aux orages qui ont encore l'inconvénient d'assimiler, pour ainsi dire, le canal à une rivière; soit d'abaissemens dans le niveau ordinaire de la navigation, qui seraient occasionés par des fissures inattendues dans les francs bords par des voies d'eau souterraines ou par toute autre cause, mais il a amélioré encore les systèmes de manutention relatifs, soit aux réservoirs de St.-Ferriol et de Lampy, ainsi qu'aux rigoles nourricières, soit à la traversée de la rivière d'Orbe, etc. Ainsi, dans les années 1824 et 1827, avec chômage, on a mis à sec toute l'étendue du canal à la fois, au lieu de conserver en eau la moitié ou le tiers de cette étendue, ce qui nuisait à la confection rapide et convenable des ouvrages de réparation; et après ces chômages le remplissage a été effectué complètement dans huit jours, tandis qu'il n'était effectué auparavant qu'un mois environ après le jour annoncé au public pour le rétablissement de la navigation.

Ainsi, encore, on a supprimé sur le canal, entre les rivières de Garonne et de Fresquel, la pénurie d'eau d'hiver, en faisant voir que le remplissage du réservoir de St.-Ferriol n'exigeait pas qu'on tint les robinets fermés hermétiquement pendant ce remplissage; ainsi, enfin, car on ne peut entrer ici dans un plus grand nombre de détails, la traversée de la rivière d'Orbe, par les barques, a lieu tous les jours, pendant cinq heures de la journée, depuis le 1er octobre 1827, tandis qu'elle n'avait lieu auparavant que les mardi, jeudi et samedi de chaque semaine.

Du reste, les principales améliorations que le système de manutention d'eau a éprouvées depuis 1819 jusqu'à ce jour ne sont, pour ainsi dire, à considérer que comme le prélude du grand but d'entière suppression des chômages de la navigation, que M. Becquey, directeur-général des Ponts-et-Chaussées, a distingué et encouragé, et au sujet duquel la compagnie du canal de Languedoc s'est empressée d'accueillir les moyens d'exécution présentés par M. Gorsse, en assurant, dès

174

1823, les recensemens de la voie navigable par des dragues à la main, et en faisant exécuter, en 1829, sur presque toute l'étendue du canal, les travaux nécessaires pour isoler à volonté les ouvrages d'art des biefs auxquels ils appartiennent, et réparer par conséquent ces ouvrages dans un délai d'environ huit jours, sans mettre le canal à sec.

Lorsque ce but sera entièrement atteint, le commerce, l'agriculture, le pays, sous le rapport de la salubrité, et enfin la compagnie, jouiront constamment des avantages déjà obtenus, d'abord en 1823, et ensuite pendant les deux années consécutives de 1825 et 1826.

Ces avantages sont : une plus grande quantité d'eau disponible; abréviation de temps pour parcourir le canal; faculté d'effectuer ce parcours pendant toute l'année, et la nuit comme le jour; une plus grande activité dans le travail des manufactures et des fabriques, ainsi que dans le transport des marchandises, des denrées et des munitions pour le service des armées; moins de fièvres d'accès; de l'eau pour abreuver les bestiaux dans toute l'étendue du canal à l'époque des sécheresses; un prix plus soutenu dans la valeur des grains; des produits plus grands de péage, de barque de poste, de moulins et de prises d'eau pour arrosage; enfin des espérances fondées, soit pour l'augmentation de ces produits, soit pour la continuité de diminution des dépenses d'entretien de la propriété du canal.

Tels sont les résultats des observations et améliorations principales faites relativement aux eaux, depuis 1819 jusqu'à ce jour, sous la direction de M. Gorsse, et dont cet ingénieur se fait un devoir d'attribuer le succès aux secours qu'il a trouvés dans les talens et l'intérêt affectueux de MM. les ingénieurs Maguez, Tandol, Loysel et Pradal; dans le même intérêt et dans les soins éclairés de MM. les sous-directeurs Raynal, Geoffroy et Lespinasse; enfin dans le dévouement et l'esprit d'observations utiles vers lequel les conducteurs, les gardes et les éclusiers font tous les jours de nouveaux progrès.

(C). Sommaire *des dépenses employées à la construction du canal et de ses rigoles , et au port de Cette.*

fr.

Par le roi, y compris les secours accordés pour les aquéducs ordonnés par Vauban, ci... 7,484,051

Par la province, y compris son contingent dans la dépense pour aquéducs , et les 1,120,669 fr., montant des terres acquises pour l'emplacement du canal et de ses rigoles........................... 5,807,831

Par Riquet, y compris les 2,110,109 fr. rejetés de ses états d'augmentation.. 4,067,626

Total.............. 17,359,508

A déduire sur ces dépenses celle concernant le port de Cette 1,080,000

Reste pour dépense réelle employée à la construction du canal, de ses rigoles et de ses aquéducs , à l'époque de 1700............... 16,279,508

La valeur du marc d'argent étant alors à peu près la moitié de sa valeur actuelle , et le prix de la main d'œuvre, des matériaux et des terres ayant augmenté dans un plus grand rapport, cette dépense ne pourrait être représentée aujourd'hui que par une valeur d'environ 34 millions.

(D). A l'occasion du produit du canal, on croit devoir présenter ici un extrait de la loi du 21 vendémiaire an V, qui fixe le droit de navigation perçu aujourd'hui sur le canal.

Article premier. Il sera perçu, sur le canal du Midi, un droit de navigation distinct et indépendant de la fourniture et conduite des bateaux, pour lesquelles les conventions entre les chargeurs et les propriétaires et patrons de bateaux demeurent libres.

Art. 2. Sont exceptés de la disposition de l'article précédent, les bateaux de poste des voyageurs, qui sont fournis comme ci-devant par l'administration du canal, et pour lesquels le prix de voiture continuera d'être réuni au droit de navigation.

Art. 3. Il sera payé, à l'avenir, par toute personne voyageant sur lesdits bateaux de poste, quinze centimes pour cinq kilom. (trois sous huit deniers par lieue de 3,061 toises.)

Le même droit sera perçu pour toute personne voyageant sur d'autres bateaux, excepté les patrons et gens de l'équipage.

Il ne sera payé que la moitié dudit droit pour les militaires et matelots en activité de service.

Art. 4. Le droit de navigation sera, pour une étendue de cinq kil. (2,566 toises, ancienne mesure), de deux centimes pour cinq myriagrammes de toute marchandise non ci-après spécifiée (quatre deniers $\frac{49.}{...}$ par quintal et par lieue de 3,061 toises.) (1)

Art. 5. Il ne sera perçu que les deux tiers dudit droit pour les tuiles, briques, ardoises, chaux et autres matériaux, bois à brûler, charbons, foin et paille.

Art. 6. Le droit ne sera que des trois quarts pour le bois à brûler conduit par les radeaux.

Art. 7. Le mètre cube de pierre et de marbre paiera aussi, pour cinq kilom., soixante-cinq centimes (six deniers $\frac{14}{...}$ par pied cube, pour lieue de 3,061 toises.)

Art. 8. Les bois à bâtir, voiturés sur bateaux, paieront le droit porté en l'article 4.

Les bois allant par radeaux flottans, paieront, pour la même étendue de cinq kilom., savoir :

Les poutres, dites *pitrons*, de douze à quinze mètres de longueur (de sept à huit cannes, ancienne mesure), cinq centimes (quatorze deniers $\frac{214}{...}$ par lieue de de 3,061 toises.)

Celles de huit à dix mètres de longueur, les deux tiers.

Et les plus longues ou plus courtes à proportion.

Les pièces de bois dites *rasals* ou *bâtardes*, de douze à quinze mètres de longueur, les deux tiers du même droit de cinq centimes.

Celles de huit à dix mètres, la moitié.

Celle de sept mètres, le tiers.

Les pièces dites *pujals*, de douze à quatorze mètres de longueur, la moitié dudit droit ;

Les plus courtes, à proportion ;

_____

(1) Par une autre loi du 16 frimaire an XIV, ayant reconnu une erreur dans cet article, il fut décrété que les mots cinq deniers deux tiers par quintal et par portion de trois mille soixante-une toises, seraient substitués dans cet article à ceux-ci : quatre deniers six cent quatre-vingt-quinze millièmes par quintal et par lieue de trois mille soixante-une toises.

Les chevrons de huit à dix mètres de longueur, le sixième;.

Le cent de planches de sapin ou sau, prises à Toulouse, huit centimes (deux deniers $\frac{111}{}$ la douzaine, par lieue de 3,061 toises);

Le cent de planches de sapin de Quillan, quatre centimes;

Le cent de planches de chêne ou de noyer, seize centimes.

Art. 9. Les barques servant aux riverains pour le transport de leurs denrées, d'un bord à l'autre, dans l'étendue d'une même commune, ne seront sujettes à aucun droit; à la charge, par les propriétaires, de tenir la main à ce que lesdites barques n'embarrassent la voie d'eau et de se conformer aux réglemens de la police de la navigation.

	fr.	cent.
D'après la loi ci-dessus, le droit de navigation établi sur le canal était pour chaque tonneau (as quintaux marc) de 5 deniers 2/5, par distance de 3,061 toises, ou sensiblement de o f. 40 c. par tonneau métrique, par chaque distance de 5,000ᵐ, et pour toute la longueur du canal, de 241 kil., comptant pour 49 distances de 5,000ᵐ chacune, de..........	19	60
Et le prix du fret ou du nolis pour les patrons, et les frais de commission et transport au magasin étant de............	9	68
Le total du prix payé par le commerce s'élève à............	29	28
D'où il suit que si l'on compare ce prix avec celui du roulage ou transport par terre qui, pour le même poids et la même distance, est de..........	63	50
L'économie de la navigation sur le roulage, pour un tonneau, sera de..........	34	22
Et pour les 92,000 tonneaux auxquels on évalue le tonnage général, de..........	3,148,240	

(E) Il faut observer, remarque de Lalande, Histoire du canal de Languedoc, page 12, « qu'avant de rendre cet édit, il avait été agité dans le conseil, s'il con-
« venait aux intérêts du Roi et du public, que sa majesté retînt la propriété du canal,
« ou s'il était plus convenable d'en adjuger la propriété à des particuliers. Il fut
« décidé qu'un ouvrage qui demandait tant d'attention, d'habileté et de dépense, ne
« pouvait être abandonné sans de très-grands inconvéniens aux soins et à la régie
« publique, et qu'il était plus sûr d'en confier la conduite et d'en accorder la pro-

« priété perpétuelle et incommutable à un particulier intelligent qui pût la main-
« tenir par une vigilance continuelle, et qui eût intérêt à le faire comme étant sa
« chose propre. »

Si l'on ne peut nier que les raisons qui déterminèrent le roi et son conseil en
faveur du dernier avis ne fussent très-solides, toutefois on ne peut disconvenir
non plus qu'elles ne reçussent leur plus grande force du défaut de moyens qu'éprouvait alors l'administration pour faire surveiller convenablement les travaux publics
à cette époque, où le gouvernement n'avait point encore établi un corps d'ingénieurs.

On peut remarquer ici une différence dans les deux modes de concession qui furent employés relativement aux canaux de Briare, d'Orléans et de Loing, et à celui
de Languedoc. Les dépenses des premiers devant être faites en entier par les concessionnaires, la concession était pure et simple, et dépendait uniquement de la
volonté du roi ; tandis que dans la construction du canal de Languedoc, les trois
quarts de la dépense étant faits par le roi et la province, et M. Riquet n'y figu-
rant que pour un quart, la concession de ce grand ouvrage et la vente du droit de
péage, en toute propriété, ne pouvaient s'opérer qu'en faveur du plus offrant. A
la vérité, on peut croire que malgré les formalités observées pour cette vente qui
n'avait lieu qu'après l'apposition d'affiches, et à la chaleur des enchères, tout était
disposé pour que l'adjudication en fût passée au sieur Riquet : « On sent, observe
« de Lalande, dans son Histoire de ce canal, que cette vente à laquelle on donna
« tant d'appareil, ne fut pourtant qu'une pure formalité. Il était impossible d'ad-
« mettre un autre acquéreur : pouvait-on trouver personne qui fût plus capable
« de veiller à l'entretien du canal, et qui méritât plus d'en jouir que celui qui en
« était l'inventeur, et qui l'exécutait. La capacité que l'on reconnaissait à M. Riquet,
« l'amour que chacun a naturellement pour son ouvrage, étaient des garans de son
« zèle à conserver ce canal, et l'on voulait perpétuer cette raison dans la famille
« et la postérité de ce grand homme, à la charge de l'entretenir toujours navigable,
« condition que cette famille remplit avec autant d'exactitude que d'intelligence. »

Au surplus, lors même que les motifs allégués par l'historien du canal de Languedoc ne seraient pas suffisans pour concilier les dispositions qui furent prises
pour faire échoir au sieur Riquet l'adjudication de la propriété de ce canal, avec
les principes rigoureux de l'administration publique, ce qui pourrait du moins justifier ces dispositions, c'est que, chose qui pourrait paraître bien étonnante, si l'on
ne connaissait le penchant qu'ont eu de tous temps les hommes à se défier de
toutes entreprises nouvelles, malgré le succès qu'on devait espérer de celle dont

Il s'agissait, il est plus que probable que les préventions qui existaient à cette époque contre l'exécution du canal de Languedoc se seraient opposées à ce qu'il s'établît aucune espèce de concurrence dans l'adjudication d'une propriété d'une aussi grande valeur, et qui imposait à ses acquéreurs des soins et des charges aussi immenses.

CANAUX

CONCÉDÉS A LA COMPAGNIE DU CANAL DE BEAUCAIRE

PAR UN TRAITÉ DU 27 FLORÉAL AN IX (17 MAI 1801).

CANAL DE LA RADELLE

(F) *Extrait du traité passé entre le gouvernement et la compagnie des concessionnaires des canaux d'Aigues - Mortes à Beaucaire , le 27 floréal , an IX. (17 mai 1801).*

ARTICLE PREMIER. En exécution de la loi du vingt - cinq ventôse an IX (16 mars 1801), le gouvernement concède et abandonne au citoyen Louis-François Parrochel, stipulant pour lui et sa compagnie , ou ses commands, en acceptant :

1° Le droit de percevoir, à compter du 1ᵉʳ vendémiaire an X (23 septembre 1801), et pendant quatre - vingts années, qui commenceront à courir desdits jour et an, une taxe de navigation sur le transport de toutes les marchandises, denrées et effets qui seront voiturés sur les canaux de Beaucaire à Aigues - Mortes, et de la Radelle, entre Aigues-Mortes et l'étang de Mauguio , ainsi que ceux de Silvéréal et de Bourgidou, entre le petit Rhône et Aigues-Mortes, ces deux derniers canaux formant le prolongement de celui de la Radelle.

Cette taxe sera la même que celle qui se perçoit sur le canal du Midi, ci-devant connu sous le nom de canal de Languedoc : elle se percevra d'après les mêmes règles, sur les mêmes objets et denrées, sur le même pied et d'après le même tarif, en observant seulement que le cent de planches de sapin ou hêtre, allant par radeaux, qui, sur le canal du Midi, paie huit centimes, par cinq kilomètres d'étendue lorsque ces planches viennent de Toulouse ; et quatre centimes seulement lorsqu'elles viennent de Quillan, ne paieront que ce dernier droit sur les canaux concédés par le présent traité, de quelque endroit qu'elles y arrivent.

Le tarif sera imprimé et affiché dans le lieu le plus apparent des bureaux à établir pour la perception, et les distances seront marquées par des bornes indicatives et numérotées.

2° La jouissance pendant le même laps de temps de tous les produits des francs bords des canaux.

3° La propriété incommutable de tous les marais, tant supérieurs qu'inférieurs, étangs et palus, situés dans le département du Gard, entre Beaucaire et Aigues-Mortes, et entre Aigues-Mortes et l'étang de Mauguio, dans toute leur étendue, en longueur et largeur, appartenant à la république, soit qu'ils proviennent de l'ancien domaine du ci-devant Roi, des états de Languedoc, de l'ordre de Malte, de tous domaines nationaux, où à quelque autre titre que ce soit, pour être possédés par les concessionnaires et leurs successeurs, à perpétuité, en toute propriété.

Art. 2. Ces concessions sont faites à la charge, par le citoyen Perrochel, qui s'oblige et y oblige sa compagnie ou sesdits commands :

1° De terminer à ses frais le canal de Beaucaire à Aigues-Mortes, et de faire celui d'Aigues-Mortes à l'étang de Mauguio dans la nouvelle direction projetée en remplacement du canal actuel de la Radelle ;

2° De réparer et remettre en état de neuf toutes les parties du canal de Beaucaire à Aigues-Mortes, qui avaient été déjà exécutées, ainsi que les contre-canaux, les levées et francs-bords, les maisons servant au logement des gardes et les ponts; de recreuser, d'ici au premier vendemiaire de l'an onze (23 septembre 1802), le canal sur sa longueur primitive et sur la profondeur de deux mètres au-dessous du niveau des plus basses eaux, dans toute l'étendue comprise entre Brousser et le port d'Aigues-Mortes : s'oblige également à reconstruire ou achever en maçonnerie et pierres de taille tous les ponts qui sont en bois en tout ou en partie. Ces derniers travaux seront terminés d'ici au premier vendemiaire an quinze (23 septembre 1805);

3° De recreuser, d'ici au premier frimaire de l'an x (22 novembre 1801), les canaux de Silvéréal, du Bourgidou et de la Radelle sur leurs largeurs primitives, et jusqu'à 1m,50 de profondeur au-dessous du niveau des plus basses eaux, et à les entretenir ensuite sur ces largeurs et profondeur, en les faisant, à cet effet, recreuser chaque année, et une fois que le canal à former dans une nouvelle direction, entre Aigues-Mortes et le fond de l'étang de Mauguio, sera achevé, l'entretien de ce nouveau canal sur les dimensions qui doivent lui être données remplacera celui actuel de la Radelle.

4° De payer tous les frais relatifs au bornage de la propriété des canaux concédés, et aux plans et procès-verbal de ce bornage; lequel sera fait d'après les mêmes procédés qui ont eu lieu pour celui du canal du Midi ;

5° De placer à ses frais les bornes indicatives destinées à marquer les distances relatives à la perception de la taxe de navigation ;

6. De planter à ses frais, sur toute l'étendue des francs-bords des canaux concédés, les arbres des espèces les plus propres au sol et au climat, qui seront indiqués dans les devis que les ingénieurs feront pour cet objet ;

Ces plantations faites, il sera dressé un état du nombre d'arbres de chaque espèce, et ces arbres seront aménagés en quatre coupes différentes, qui ne pourront être faites à intervalle de moins de trois ans de l'une à l'autre. La dernière de ces coupes par quart ne pourra avoir lieu plus tard qu'à la quinzième année avant l'expiration de la présente concession.

La compagnie remplacera de suite, non-seulement tous les arbres qu'elle aura exploités, mais aussi, et chaque année, tous ceux qui seraient morts ou auraient péri par une cause quelconque; de manière que le nombre d'arbres de chaque espèce, porté en l'état dressé à la suite des plantations primitivement faites, soit toujours complet ;

7° De faire exécuter tous les ouvrages quelconques relatifs à la construction des canaux, au service de la navigation et à la perception de la taxe, sous la conduite et direction, et d'après les plans et devis des ingénieurs des Ponts-et-Chaussées, approuvés par le ministre de l'intérieur;

8° De terminer et livrer à la navigation sur toute leur étendue, le canal de Beaucaire à Aigues-Mortes, et celui d'Aigues-Mortes à l'étang de Mauguio, en remplacement du canal actuel de la Radelle, avant la fin de l'an XII (1804), auquel effet il s'oblige à achever graduellement tous les ouvrages qui doivent former ces canaux dans le délai qui sera fixé, pour chacun d'eux, par les devis mentionnés à l'article précédent;

9° Dans toutes les parties où le canal du Bourgidou à moins de 14ᵐ de largeur, au niveau des basses eaux, il sera formé des gares dans lesquelles les barques marchant en sens opposé puissent s'attendre sans se croiser. Ces gares seront établies à 500ᵐ au plus de distance l'une de l'autre : il sera donné à chacune d'elles 60ᵐ de longueur, et la largeur du canal au niveau des basses eaux y sera de 15ᵐ ;

10° De payer les frais de levées de plans, sondes, nivellemens et autres opéra-

tions quelconques à faire, et relatives auxdites entreprises, suivant les états des
ingénieurs arrêtés par le préfet ;

11° De fournir, trimestre par trimestre, les fonds nécessaires pour payer, suivant le règlement qui aura été fait par le ministre de l'intérieur, les traitemens
des ingénieurs qui seront employés à l'inspection, surveillance et conduite des
travaux.

12° Enfin, de prendre à son compte et payer jusqu'à l'expiration de la présente
concession, tous les frais de régie, garde, recette, service de tous employés, et
généralement toutes les dépenses quelconques.

Tous les agens et employés seront à la nomination de la compagnie ; elle en déterminera le nombre, en réglera les fonctions, et en fixera les traitemens.

CANAL DE BEAUCAIRE.

(G.) La compagnie, en ajournant les travaux auxquels elle s'est engagée par son
traité, pour recreuser le canal de Silvéréal sur sa largeur primitive et jusqu'à 1m,50
au moins de profondeur, et en provoquant la suppression du petit Rhône, se fonde :
1° sur l'inutilité de creuser le canal de Silvéréal à une plus grande profondeur que
celle dont jouit le canal du petit Rhône ; 2° sur le peu d'avantage de la navigation
du petit Rhône, dont ne profitent aujourd'hui en descendant que quelques bateaux
de houilles, et enfin sur les dépenses considérables qu'exige l'entretien des chemins de halage dont les perrés, toujours dispendieux à réparer, pourraient être
remplacés par des plantations d'osiers d'un revenu assuré, une fois que la navigation serait supprimée sur ce bras.

Nul doute que la suppression du canal de Silvéréal et celle de la navigation du
petit Rhône, ne fussent très-avantageuses à la compagnie, qui, à ce moyen, ver-
rait tous les transports se reporter sur le canal de Beaucaire, sans que ses frais
d'entretien fussent sensiblement augmentés ; mais les intérêts de la compagnie ne
peuvent prévaloir sur ceux de plusieurs communes dont les réclamations semblent
fondées sur des raisons légitimes.

Celles que les communes de Ste-Marie et d'Arles opposent aux prétentions de la
compagnie, sont :

1° Tous les habitans et les bestiaux de la Camargue ne sont abreuvés que des
eaux du petit Rhône ; transformer en une saline ce bras du fleuve, ce serait le

réduire en marais , en corrompre les eaux, et rendre la Camargue déserte.

2° Les nombreuses rigoles d'arrosage dérivées du Petit Rhône , pour dessécher le pays et le rendre productif, finiraient par être détruites, et la Camargue serait sans culture.

3° Les crues du Rhône , qui se partagent maintenant entre le grand et le petit bras, ne s'évacueraient plus que par le grand bras qui traverse la ville d'Arles ; et les moindres malheurs qu'il pût en résulter seraient d'augmenter les marais qui désolent déjà cette ville populeuse.

4° Ce serait contraindre la ville d'Arles à ne tirer le sel qu'elle consomme , et qui vient de Peccais, que par le long circuit du canal du Bourgidou , du canal de Beaucaire et du Rhône, en descendant depuis Tarascon, et lui faire payer toute la ligne du tarif de ces canaux, et de plus l'octroi de navigation du Rhône, depuis Beaucaire jusqu'à Arles.

5° Ce serait supprimer entièrement le commerce du charbon de terre, des bouteilles, du bois de charpente, entre Lyon et Toulouse, parce que ces marchandises ne pourraient plus entrer en concurrence avec celles du pays.

« A l'égard du revenu du canal d'Arles, dit M. de la Lande, en voici le calcul « d'après les recherches faites par un directeur de la chambre du commerce de « Lyon : il passe annuellement par le Rhône, de Marseille à Arles, pour la con-« sommation des pays qu'arrose ce fleuve jusqu'à Genève et la Suisse , environ « 60,000 quintaux, et pour la foire de Beaucaire autour de 20,000 quintaux.

« Il passe, des étangs de Berre aux entrepôts d'Arles, 90,000 minots de sel, « chaque année, le minot pesant cent livres, poids de marc, ce qui fait en tout « 170,000 quintaux, qui remontent annuellement le Rhône.

« On estime aussi qu'il descend à Marseille, pour le compte du commerce, « 90,000 quintaux pesant, non compris les bois pour la marine du roi et les muni-« tions de guerre ; ainsi la totalité du transport qui se fait par le Rhône est, selon « ces relevés, de 250,000 quintaux.

« Par les recherches faites sur les registres de l'amirauté et de la marine à Arles, « il parut que l'entrepreneur du canal ne pouvait compter que sur 250,000 quin-« taux, qui, à quatre sols de droit, ne produiraient que 50,000 liv., et déduisant « 20,000 liv. pour l'entretien et la régie, il ne restait pas le quart de l'intérêt du « capital, comme on l'a vu par rapport au canal de Languedoc. »

On s'est d'autant plus volontiers décidé à donner ces renseignemens statistiques, qu'en les comparant avec ceux qu'on a été obligé de se procurer dans ces dernières années, lors de la rédaction du projet de canal latéral au Rhône, dont nous parlerons dans la troisième section, on pourra se former une idée exacte de la différence qui s'est fait ressentir depuis un demi-siècle, dans les opérations du commerce, entre Lyon et Marseille.

TROISIÈME LIGNE DE JONCTION

DES DEUX MERS,

DU MIDI A L'OUEST, EN PASSANT PAR LE CENTRE DE LA FRANCE.

CANAL DE GIVORS

Formant une portion de la branche orientale de l'ancien projet du canal du Forez.

EN pensant à établir cette ligne de navigation, on ne se bornait pas, dans l'origine, au canal qui, prenant à Rive-de-Gier, suit la rivière de ce nom, et, après un cours de trois lieues, vient aboutir au Rhône au-dessous de Givors : ce canal n'est qu'une petite portion de la ligne de navigation qui occupait tous les esprits avant et même après l'exécution du canal de Languedoc, et qui, sous le nom de canal du Forez, devait, par une direction plus centrale, remplir le même objet, en liant le Rhône à la Loire par cette même rivière de Gier et par celle du Furand qui se perd dans la Loire au-dessous de St.-Rambert.

Lors donc que le canal de Givors ne mériterait pas l'intérêt qu'on ne peut lui refuser par les services qu'il rend à l'industrie, en offrant un débouché, vers le Rhône, aux riches mines dont il favorise l'exploitation, il tiendrait encore une place remarquable dans l'histoire de la navigation générale de la France, comme faisant partie du canal anciennement projeté du Forez ; et sous ce double rapport, il ne peut manquer de fixer un instant notre attention.

Quoiqu'il soit plus que probable que les services que pouvait rendre
la jonction des deux mers à travers la France eussent été depuis long-
temps sentis, et qu'on eût au moins soupçonné la possibilité d'effectuer
cette jonction au moyen du canal du Forez, cependant nous u'en dis-
puterons point l'honneur, ni à un ingénieur que l'on ne connaît guère
aujourd'hui que par un mémoire dont l'auteur de l'Histoire du canal de
Languedoc n'a pas rapporté le titre, peut-être trop pompeux, sans une
sorte de malignité*(1), ni à François Zacharie qui en demanda la concession en 1751.

Suivant le même auteur, ce ne fut donc qu'en 1749 qu'un M. Alléon de Varcourt présenta au ministère, et publia ensuite, en 1756,
un mémoire dans lequel il expose qu'après avoir parcouru diverses provinces dans le dessein de chercher le moyen d'unir le Rhône à la
Loire, et d'ouvrir ainsi une seconde communication des deux mers par
le centre de la France, il a enfin reconnu la possibilité d'effectuer ce
grand projet dans la province du Forez, en réunissant le Gier et le
Furand, rivières dont l'une tombe dans le Rhône et l'autre dans la
Loire, et que l'on peut joindre par un canal de sept lieues.

Bien que cette importante jonction des deux mers pût s'effectuer,
ainsi qu'il a été reconnu depuis, et par le canal du Centre, et par celui
de Bourgogne, d'une manière plus avantageuse, et bien que la partie de
la Loire depuis St.-Rambert, point auquel eût abouti le canal du Forez,
jusqu'à Digoin, où vient se terminer celui du Centre, n'offre qu'une
navigation très-imparfaite et très-difficile, néanmoins, on ne peut disconvenir qu'il était difficile, au premier coup d'œil, d'obtenir un aussi

---

(1) Présenté en 1749 au ministre, imprimé en 1756, et portant ce titre : *Projet
d'un canal par lequel on peut réunir toutes les eaux du royaume, et étendre la navigation sur tous les fleuves, rivières et canaux jusques dans tous les ports de mer
où l'on peut aller par eau, par le sieur Alléon de Varcourt, ancien navigateur
et ingénieur.*

grand résultat à aussi peu de frais, et par l'établissement d'un canal d'une aussi petite étendue.

Suivant le projet de Zacharie, le canal du Forez, dont la partie exécutée sous le nom de canal de Givors commence en amont de Givors à quatre lieues et demie de Lyon, et aboutit à Rive-de-Gier, devait remonter ensuite jusqu'à St.-Chamond, et après à St.-Étienne, en cotoyant la rivière de Janon, et de là, en passant près de St.-Priest, descendre vers la Loire, 4,000ᵐ au-dessus de St.-Rambert, où commence la navigation de ce fleuve. Le point de partage, qui s'élevait d'environ 380ᵐ au-dessus du Rhône, et de 170ᵐ au-dessus de la Loire, devait être établi aux sources des rivières du Gier et du Furand, et indépendamment des réservoirs que l'on croyait facile d'établir sur cette hauteur, on pouvait encore tirer, au moyen d'une rigole, des eaux du Janon, et même, en remontant au nord, en amener des sources qu'on rencontre au mont Pila.

Ce canal, dont le projet était fort appuyé par les intendans de Lyon, devait rendre de grands services au commerce, en donnant la facilité de tirer de la Franche-Comté, de la Lorraine et de la Suisse, les bois et les fers nécessaires à la marine et au commerce, les uns par le moyen de la rivière d'Ain, qui vient de la Franche-Comté se perdre dans le Rhône, les autres par la rivière du Doubs, qui, descendant aussi de la Franche-Comté, passe dans la Bourgogne, et vient se rendre dans la Saône; ces marchandises pouvant ensuite descendre dans la Loire, et, de cette rivière, se répartir entre tous les points sur lesquels on voudrait les diriger. Les marchandises et particulièrement les denrées encombrantes qui se transportaient à grands frais par terre des provinces du Lyonnais, du Forez et du Dauphiné, jusqu'à Roanne pour être embarquées sur la Loire, pourraient aussi, remarquait-on, prendre voie sur ce canal, au grand avantage des consommateurs.

La dépense des ouvrages à exécuter pour l'établissement de ce canal sur une longueur totale de 34,270ᵐ,41, était estimée, en 1754, à 3,068,215 fr., son produit brut à 486,000 fr., et son produit net à 268,000 fr., ce qui portait l'intérêt des fonds à plus de 9 p. o/o.

Malgré ces divers avantages, qui bientôt seront offerts à un plus haut degré par les canaux du Centre et de Bourgogne, on ne prit aucun parti sur la totalité du projet qui devait les procurer, soit que son entier établissement exigeât de trop fortes avances de fonds, soit qu'on éprouvût des oppositions qu'il eût été trop long de lever; on s'arrêta à n'entreprendre que la partie de ce canal qui offrait le moins de difficultés d'exécution, et promettait la jouissance la plus prompte et la plus certaine, et laquelle constitue le canal de Givors proprement dit, qu'on connaît déjà en grande partie par ce qu'on a vu, et sur lequel nous croyons devoir donner quelques renseignemens particuliers.

Zacharie, qui avait obtenu, par un arrêt du conseil du 28 octobre 1760 et par des lettres patentes du 6 septembre 1761, la permission d'ouvrir le canal depuis Rive-de-Gier jusqu'à Givors, avec la jouissance pendant quarante ans d'un droit de dix deniers par chaque quintal pour la distance d'une lieue, étant mort de chagrin de n'avoir pu parvenir à exécuter, après une multitude d'obstacles qu'il lui fut vaincre et de procès ruineux qu'il eut à soutenir, qu'une seule lieue de son canal, qui lui avait coûté 150,000 fr., Zacharie, son fils aîné, obtint de nouvelles lettres patentes, du 30 septembre 1770, qui lui concédaient, pour l'indemniser des frais de la continuation du canal, et pendant soixante ans, à compter du 1ᵉʳ octobre 1772, la jouissance d'un droit de navigation de neuf deniers par quintal pour chaque lieue parcourue par les bateaux étrangers, et douze deniers lorsque le concessionnaire se chargerait de fournir les barques.

En conséquence de cette nouvelle autorisation, et Zacharie étant parvenu à former une compagnie dont les fonds, montant à 600,000 fr., furent divisés en 72 actions, sur lesquelles il en possédait vingt, les travaux furent repris au mois d'avril 1774.

Mais depuis, les nouveaux entrepreneurs ayant représenté que, s'étant trompés sur les dépenses, ils étaient résolus d'abandonner l'exécution du projet, il leur fût accordé, par lettres patentes du 22 août

1779, une prorogation de jouissance de quatre-vingt-dix-neuf ans. Enfin, la navigation du canal ayant été ouverte dès 1781, à la grande satisfaction du public, et d'après de nouvelles représentations sur la nécessité de construire un réservoir d'eau au moyen duquel la navigation, alimentée jusqu'alors par la seule rivière du Gier, serait assurée en tout temps, et dont la dépense était évaluée à 1,371,551 fr., la même compagnie vit couronner ses efforts et ses vœux par un édit du roi, du mois de décembre 1788, qui fut enregistré le 5 septembre 1789, et qui portait en sa faveur création du canal en fief, et à titre de propriété perpétuelle et incommutable.

La longueur du canal de Givors, depuis Rive-de-Gier jusqu'à son embouchure dans le Rhône, est de 16,241ᵐ.

Sa largeur au plafond est de 7ᵐ,80, et sa hauteur d'eau de 1ᵐ,30. Les glacis s'évasent sur différentes inclinaisons, suivant la ténacité des terrains que le canal traverse. Dans plusieurs endroits la largeur du canal est réduite à celle nécessaire pour le passage d'un seul bateau.

Sa pente, qui est de 82ᵐ,67, est rachetée par 28 écluses dont 10 sont accouplées deux à deux; le nombre des ponts-aqueducs est de 10, celui des ponts de 16, celui des déversoirs de 16, dont 6 de fond et 10 de surperficie, et celui des réversoirs de 6.

La largeur des écluses entre les bajoyers est de 4ᵐ,50, et leur longueur, d'un busc à l'autre, de 27ᵐ,60; leur chute varie de 0ᵐ,65 à 2ᵐ,60; deux écluses seulement ont une chute de 3ᵐ,90.

Indépendamment de ces ouvrages, on remarque sur ce canal quatre grands bassins, dix puisards de différentes dimensions, destinés à retenir les sables et graviers que charrient les ruisseaux qui sont reçus dans le canal; un percement ou partie de canal souterrain de 168ᵐ,59 de longueur, sur 5ᵐ,20 de largeur et autant de hauteur; plusieurs murs de soutenement, sur une longueur totale d'environ 2000ᵐ, de 2 à 6ᵐ de hauteur, et sur lesquels dans ces endroits se fait le halage; trois barrages construits dans la rivière de Gier, au-dessous des trois seules prises d'eau qui avaient servi à alimenter le canal jusqu'en 1809, et enfin, le

superbe réservoir de Couson, construit à l'imitation de celui de St.-
Ferriol, et destiné à contenir les eaux provenant de divers ruisseaux
et qui, réunies au volume de 1,000,000 à 1,500,000ᵐ cubes, et mises en
réserve pour les temps de sécheresse, sont conduites par l'ancien lit du
ruisseau, sur lequel est construit le réservoir, et ensuite par une rigole
traversant, au moyen d'un percement de 500ᵐ de longueur, une des
montagnes qui bordent la rivière de Gier, pour se jeter dans son lit au
point où le canal prend son origine.

La dépense totale de tous les ouvrages dont se compose le canal
s'élève, d'après les déclarations de la compagnie, à la somme de
6,000,000 francs.

Le canal de Givors sert particulièrement au transport des charbons
de terre des mines de Rive-de-Gier, qui se faisait auparavant à dos
de mulet, par des chemins difficiles, pratiqués le long du torrent depuis
Rive-de-Gier jusqu'à Givors, d'où ces charbons étaient embarqués ensuite
sur le Rhône, pour remonter au nord, ou descendre vers le midi. Ce
canal n'est pas moins utile au transport des fers, des bois et autres matières premières qui arrivent par le Rhône, pour les nombreuses fabriques de St.-Étienne, de St.-Chamond et des environs, et à celui des
matières ouvragées dans leurs ateliers, et lesquelles sont dirigées sur Lyon.

Pendant les quatre premières années, à partir de 1781, le produit
n'a été que de 206,259 francs, ce qui ne donnait, pour le revenu d'une
année, que la somme de 51,582 francs, mais depuis le même produit
s'est élevé successivement de manière à procurer à la compagnie, pendant les années 1790, 1791, 1792 et 1793, un bénéfice annuel de
300,000 francs, et enfin après une interruption presque totale, pendant
deux ans, il s'est ensuite tellement accru, par l'augmentation qui s'est
opérée dans la consommation du charbon de terre, que ce même bénéfice, défalcation faite des frais d'entretien, qui peuvent être évalués à
100,000 francs, est parvenu, en 1811, à 600,000 francs, pour retomber
pendant quelques années, à environ 400,000 francs, et s'élever aujour-
d'hui, selon quelques personnes, jusqu'à 850,000 francs.

L'entretien des ouvrages exécutés d'abord par la compagnie, sous l'autorité générale de MM. les intendans de la généralité de Lyon, et sous l'inspection de l'ingénieur en chef de cette généralité, est actuellement abandonné aux soins de la même compagnie, le gouvernement ayant cru, peut-être par des motifs trop peu approfondis, ne devoir pas s'immiscer dans la surveillance de cet entretien, persuadé qu'il était que le canal de Givors ne devant son existence et les revenus dont il jouit qu'au transport de charbons, à l'exploitation desquels la compagnie du canal est elle-même plus ou moins intéressée, et qu'à l'activité des nombreuses fabriques qui avoisinent le canal, cette compagnie ne pourrait que chercher à prévenir des plaintes qui nécessiteraient de la part du gouvernement une intervention qu'elle ne devrait qu'à sa seule imprudence.

Si le bon état dans lequel la compagnie a constamment entretenu jusqu'à présent les divers ouvrages du canal de Givors n'a pas rendu nécessaire cette intervention, cependant, dans ce moment, le pays et les commerçans la réclament contre l'élévation du tarif dont la compagnie les menace.

Les lettres patentes du 6 septembre 1761, en vertu desquelles Zacharie avait commencé à ouvrir le canal de Givors, fixaient les droits à percevoir sur ce canal à raison de 5 centimes par quintal et par lieue, y compris la voiture. Différentes circonstances dont il a été parlé, ayant forcé Zacharie à suspendre ses travaux, la compagnie qui lui succéda, et à la tête de laquelle était son fils, sur la représentation qu'elle fit, plusieurs années après, que les frais de construction avaient doublé depuis 1761, ne reprit les travaux qu'après avoir obtenu, le 12 août 1779, d'autres lettres patentes qui l'autorisaient à percevoir un droit double du premier. S'étant bornée, depuis 1781, époque où le canal a été livré à la navigation, à percevoir le droit fixé par le tarif de 1761, ce n'est qu'à la fin de 1821, que, mettant au jour le second tarif, elle a commencé à exiger un double droit, mais seulement sur les matières et marchandises autres que la houille.

Une telle innovation, si contraire aux intérêts du commerce et de l'industrie, ne tarda pas à exciter de vives réclamations de la part de tous les manufacturiers et de tous les commerçans du pays, qui se pourvurent aussitôt au conseil d'état, non-seulement pour faire révoquer les lettres patentes de 1779, qu'il ont qualifiées d'obreptices et de subreptices, ou pour les faire déclarer éteintes par la désuétude, mais encore pour obtenir la révision du premier tarif.

Les concessionnaires du canal soutiennent, de leur côté, que le premier tarif put être augmenté en 1779, le nouveau tarif ne portant atteinte à aucun droit acquis, et que le gouvernement ne peut apporter aucun changement, ni pour l'un ni pour l'autre, au contrat par lequel il s'est lié.

Cette affaire est aujourd'hui à la décision du conseil d'etat, et quel que soit le résultat, il ne peut que démontrer, ainsi que nous le ferons voir par la suite, combien il importe que le gouvernement n'omette jamais de comprendre dans les actes de concession des canaux ou de toutes autres voies publiques sujettes à un droit, les réserves que doivent lui suggérer l'intérêt général, au nom duquel seul elles peuvent être établies.

CHEMIN DE FER DE St.-ÉTIENNE A LA LOIRE

Suppléant à une portion de la branche occidentale de l'ancien projet du canal du Forez (1).

Ainsi que nous venons de le voir dans l'article précédent, le canal de Givors ne forme qu'une portion de la branche orientale de l'ancien

---

(1) Appelé en Angleterre *rail-way* ou *rail-roads*, chemin, route à barrière, à rainure.

projet du canal du Forez, et à peu près le tiers seulement de sa longueur totale. Diverses études ont été faites depuis plusieurs années, sinon
dans la vue d'exécuter en son entier cet ancien projet, du moins pour y
suppléer par une ligne de navigation qui, alimentée par la petite rivière
de Semaine, prise au pont de Salmon, servirait particulièrement au
transport des houilles de St.-Étienne vers la Loire, où elles pourraient
être embarquées à St.-Rambert. Mais soit que cette nouvelle ligne qui,
par son défaut de communication immédiate avec le canal de Givors,
n'aurait d'autre objet que de desservir les houillères de St.-Étienne, ait
paru exiger de trop fortes dépenses d'établissement, soit qu'on éprouvât
de trop grandes difficultés pour rassembler le volume d'eau nécessaire
à son alimentation, on semble s'être peu arrêté à ce projet, qui a fini
par faire place à celui d'un chemin de fer, dont l'exécution, beaucoup
plus facile et beaucoup plus économique, a paru offrir le seul moyen
de transport capable de soutenir avec avantage la concurrence du roulage, employé jusqu'à ce jour pour la descente des charbons de terre de
St.-Étienne vers la Loire.

Cette dernière idée a été accueillie par le gouvernement.

Par une ordonnance royale en date du 26 février 1823, les sieurs
Lur-Saluces, Boignes, Migueret, Hochet, Bricogne et *Beaunier*,
sous le titre de compagnie de chemin de fer, ont été autorisés à établir
un chemin de fer depuis le pont de l'Ane, à l'est de la ville de St.-
Étienne, jusqu'à la Loire, près de l'embouchure de la rivière du Furand, au moyen de ce que pour indemniser la compagnie des frais résultant de la construction dudit chemin et de l'acquisition des terrains
sur lesquels il doit être assis, ainsi que des frais de la construction et de
l'entretien des voitures qu'elle emploiera au transport des houilles et
autres marchandises, elle percevrait, à perpétuité, un droit d'un centime quatre-vingt-six centièmes de centime, par mille mètres de distance,
pour chaque hectolitre de houille et de coak et pour cinquante kilogrammes de matières et de marchandises de toute sorte.

Les chemins de fer, dont on se sert si utilement en Angleterre pour lier entre elles des parties de canaux, et pour fournir à ces canaux des moyens d'accès que le commerce ne pourrait se procurer qu'avec des dépenses qui élèveraient outre mesure les frais de transport, sont destinés à jouer un trop grand rôle dans le système des communications en général, pour que nous n'arrêtions pas ici un moment nos regards sur le chemin de fer dont il s'agit.

Description et direction du chemin.

Le tracé du chemin de fer à établir sur le versant de l'ouest de la Loire, depuis St.-Étienne jusqu'à ce fleuve, a dû nécessairement être subordonné à des conditions que déterminent la nature et l'usage de ce chemin.

Les chemins de fer, comme on sait, sont généralement composés de deux bandes en fonte, posées parallèlement à une distance qui varie suivant la voie des chariots ou voitures au roulage desquels ils doivent servir. Chacune de ces bandes est formée de plusieurs pièces ou barreaux de fonte, de 1ᵐ à 1ᵐ,60 de longueur, et lesquels ont de 0ᵐ,10 à 0ᵐ,20 de largeur, avec une crête ou rebord de 0ᵐ,10 à 0ᵐ,15 de saillie, servant à diriger le chariot.

Ces barreaux sont posés, le plus souvent, sur des traverses en bois qui sont portées elles-mêmes par des dés en maçonnerie, ou seulement par des blocs de pierre.

Ces chemins, dont on ne compte peut-être pas deux en Angleterre qui soient exactement pareils entre eux, ont subi depuis leur origine, et suivant les localités et les services auxquels ils sont affectés, un grand nombre de modifications qui n'ont pu échapper à l'auteur du projet du chemin de fer de St.-Étienne.

Après une étude et un examen approfondi de ces divers chemins, M. Beaunier s'est arrêté, pour celui dont il s'agit, au système qui est le plus en usage aujourd'hui dans le nord de l'Angleterre.

D'après son projet, les barreaux qui composent le chemin de fer, et qui, posés à plat dans l'ancien système, contenaient les jantes des roues en les retenant par une crête ou rebord extérieur, seront au contraire posés de champ et contenus par les roues des chariots, au moyen d'un rebord extérieur que porteront leurs jantes, de sorte que les chariots ne s'appuyant que par un seul point sur les barreaux, dont la tête sera arrondie à cet effet, n'éprouveront, dans leur mouvement, que le moindre frottement possible.

Les barreaux, de 0^m,90 de longueur, assemblés entre eux par leurs extrémités à mi-épaisseur, sont maintenus au droit de leur assemblage par un boulon entre les deux branches d'un support qui est lui-même fixé sur des blocs de pierre assis sur le sol.

La partie du support sur laquelle porte l'extrémité des barreaux, étant arrondie en portion de cercle, ces barreaux peuvent, comme dans une charnière, céder sans rompre aux divers mouvemens des chariots.

Du reste, ces supports deviennent plus compliqués suivant qu'ils reçoivent quatre barreaux aux points où les chemins se bifurquent, ou qu'ils sont destinés à supporter les cordes au moyen desquelles on retient les chariots à la descente des plans fortement inclinés, ainsi que l'embranchement du Treuil, dont il sera parlé, en offre un exemple.

Enfin les deux lignes de barreaux, espacées seulement entre elles de 1^m, formeront un chemin à simple voie, et n'exigeront, dans ce cas, pour leur établissement, qu'une largeur de 2^m,40, dont 1^m,20 pour le chemin proprement dit, et 1^m,20 pour les deux banquettes de 0^m,60 qui seront observées de chaque côté. Lorsque ces lignes seront doublées pour former deux voies, comme la compagnie se propose de le faire successivement, et dès à présent sur les *branches latérales à la Loire*, la largeur du chemin sera fixée à 4^m,20, dont 2^m,40 pour les deux chemins de fer proprement dits, et 1^m,80 pour les trois banquettes qui seront établies au milieu et des deux côtés extérieurs de ces deux chemins.

Ces dimensions ainsi fixées, M. Beaunier avait encore à remplir plusieurs conditions principales, tant sous le rapport de la direction du chemin de fer que sous celui du tracé de la voie en terre qui devait le recevoir.

Suivant cet ingénieur, la première de ces conditions, et à l'accomplissement de laquelle l'utilité publique, bien qu'indifférente sur la nature des travaux à effectuer dans leurs rapports avec la dépense de la compagnie, ne peut être étrangère, exigeait que le chemin fût dirigé de manière à traverser le terrain qui renferme le plus d'exploitation de mines; que les distances à parcourir pour transporter les marchandises d'un lieu à un autre fussent abrégées autant que la configuration du sol le comporte; et enfin que la ligne principale du chemin de fer offrit les embranchemens qui seraient reconnus nécessaires pour atteindre chaque entrepôt de houille, indépendamment du grand embranchement du Treuil, dont la chambre consultative du commerce de St.-Étienne réclamait la construction, et de deux autres branches qui, suivant en amont et en aval la rive droite de la Loire sur une étendue convenable, étaient destinées à distribuer la houille dans les magasins d'embarquement.

La seconde condition, qui d'ailleurs devait se concilier avec la première, était celle d'exécuter un chemin sans contrepentes, et avec une pente vers la Loire, qui, afin de faciliter la remonte des chariots, ne devait, dans aucun cas, excéder la soixantième partie des espaces parcourus.

Ce fut d'après ces considérations que le projet fut rédigé et s'exécute aujourd'hui.

D'après ce projet, la ligne principale du chemin de fer, partant du pont de l'Ane, situé sur la route de St.-Etienne à Toulouse, n° 88, longe pendant quelque temps le ruisseau de Bessard, qu'elle laisse à droite; traverse le ruisseau de l'Iserable à peu de distance de son embouchure dans ce ruisseau; se dirige ensuite au-dessous des domaines du Bessard et du Marest, et passe la rivière du Furand au-dessous de l'usine des Molletières, pour arriver à la route n° 82 de Roanne au Rhône, près le domaine de la Terrasse.

Cette ligne, qui présente trois parties de niveau: la première, de 535ᵐ,60, la seconde de 767ᵐ,70, et la troisième de 130ᵐ de longueur, descend sous une pente totale de 25ᵐ,33 et une inclinaison moyenne de 1ᵐ,175 ou 0ᵐ,567 par 100ᵐ.

Suivant généralement le terrain qui s'incline vers l'ouest, le chemin ne surmonte le sol d'une certaine hauteur que dans trois points où, se réduisant à un seul passage, il doit franchir, sur des ponts en charpente portés par des piles en maçonnerie, les ruisseaux de l'Iserable et du Marest, et la rivière du Furand.

Vers les deux tiers de cette ligne et peu au-dessous du ruisseau du Marest, part le grand embranchement du Treuil qui, se développant sur une longueur de 2,381ᵐ,70, et par treize alignemens, traverse le chemin de la Chaléassière au Marest; passe au-dessus du Treuil, et vient se terminer à la route royale de St.-Étienne à Lyon, au-dessous de la Verrerie.

Cet embranchement, qui offre une partie de niveau de 375ᵐ,20 de longueur, et qui, dans la marche ascendante de ses autres parties, chemine sous une inclinaison moyenne de 1/115, suit généralement le terrain naturel, à l'exception de la partie où, se réduisant à un seul passage, il doit traverser la gorge de Châteaucreux au Treuil, par un plan incliné soutenu par des piles, et dont la pente d'un neuvième sera sans inconvénient, ne devant servir qu'à la descente des marchandises, et seulement à la remonte des chariots vides.

A partir de ce point, et après avoir traversé la route royale de Roanne au Rhône, le chemin, quittant le vallon du Furand pour suivre des penchans de coteaux sur la gauche de cette route, franchit le ruisseau de Bois-Mouzil; se développe sur le revers des coteaux de Bois-Mouzil et de Curnieux; et, après avoir traversé deux fois le chemin du moulin Porchon, rentre dans la vallée très-étroite du Furand pour ne plus la quitter; passe cette rivière au moulin Porchon; et suit de près sa rive droite, très-abrupte, jusqu'au moulin St.-Paul, au-dessus duquel, porté par des murs de soutenement, il se trouvera suspendu, au moyen de piles, sur une longueur ensemble d'environ 250^m, en s'élevant hors de l'atteinte des eaux du Furand.

De là, suivant alternativement le sol très-accidenté de l'une et l'autre rive du Furand, il traverse neuf fois ce torrent, qu'il surmonte dans ces diverses traversées de 3 à 5^m, et une fois le ruisseau de Malleval, au-dessus duquel il s'élève de 1^m,66.

Enfin se tenant après entièrement sur la rive gauche du Furand, il traverse la culée du pont d'Andrezieux, rencontre plus bas un chemin longeant le Furand, et vient se terminer près de la Loire, en face du magasin Durand, d'où partent deux branches dont l'une, en amont, se prolonge en ligne droite jusqu'au magasin Major, sur une longueur de 600^m, et dont l'autre, en aval, traverse le Furand près de son embouchure, sur le pont des Magasins, et se termine à la maison du Pontonnier, après avoir parcouru un espace de 651^m,10.

Après avoir suivi en détail ces différentes parties du chemin de fer de St.-Étienne, si l'on cherche à en embrasser l'ensemble, on voit en résultat : que la ligne principale rachetant par son inclinaison une pente totale de 140^m,71, se développe, depuis St.-Étienne jusqu'à la Loire, et au moyen de quatre-vingt-neuf alignemens qui se raccorderont entre eux par des portions de cercles, sur une longueur totale de 17,926^m,35; que l'embranchement du Treuil, rachetant une pente totale de 20^m,65, se prolonge sur une longueur de 2,581^m,70; que les deux branches qui terminent la ligne principale, rachetant, celle d'amont, une pente totale de 3^m,70, celle d'aval, une pente totale de 4^m,50, parcourent ensemble une longueur de 1,251^m,10, et que ces quatre lignes forment en totalité, non compris plusieurs petites ramifications qui deviendront ultérieurement l'objet d'une étude particulière, une longueur de 21,557^m,15; enfin que ces mêmes lignes présentent, pour les traversées du Furand, en onze endroits, et pour celle de cinq ruisseaux et de trois gorges, indépendamment de plusieurs aquéducs qui seront établis pour l'écoulement des eaux, vingt-trois grands ouvrages d'art, dont vingt consisteront en ponts de charpente soutenus par des piles en maçonnerie.

D'après une première estimation, la compagnie évaluait la dépense de ce chemin de la manière suivante :

	fraum.
25,000ᵐ de longueur à raison de 39 fr. (1) ci.........	975,000
600 chariots à 300 fr., ci......................	180,000
Indemnités de terrains..........................	190,000
Acquisitions de chevaux........................	12,000
Total............	1,357,000

On prétend que vu les augmentations qui ont eu lieu dans les ou-vrages et dans le prix des terrains, cette dépense s'élèvera à près de deux millions.

Quelque élevée que soit cette dépense, cependant dans la même loca-lité, et bien qu'il en soit tout autrement ailleurs, elle est loin d'atteindre celle à laquelle fût revenu un canal de petite navigation. Si l'on cherche à se rendre compte de cette dernière, on trouve que pour une lon-gueur développée de 25,000ᵐ, à raison de 20 f. le mètre courant; pour soixante-quatorze écluses à 25,000 f. l'une; pour les autres ouvrages d'art estimés 150,000 f., ainsi que pour l'acquisition de terrains éva-lués à 200,000 f., cette dépense, y compris celle des rigoles servant à amener les eaux au point de partage, et qu'on estime ne pouvoir être moindre de 1,500,000 fr., s'élèverait à la somme de 4,200,000 fr.

---

(1) Pour une voie simple, et par mètre courant, fonte 50 kil. à 40 fr., les 100 font... 20 »

Pierre pour porter le support dressé sur la face supérieure et percé de deux trous.. 1 25

Terrassemens et travaux d'art dans un pays un peu tourmenté comme celui de St.-Etienne... 10 50

Deux posages, magasins, maisons de cantonniers, frais d'administration pendant la construction... 7 45

Total............................ 39 00

Cette différence entre la dépense d'un chemin de fer et celle à laquelle aurait obligé la construction d'un canal pour en tenir place, a donc pu détourner de ce dernier moyen ; mais il reste de plus à examiner si dans le cas où il eût paru devoir obtenir la préférence, son exécution eût été vraiment possible sous le rapport financier. C'est ce que ne pensait pas la compagnie.

En effet, si l'on considère que l'intérêt des fonds employés à la construction du chemin de fer, en en portant la dépense à deux millions, ne s'élève, à raison de 6 p. 0/0, qu'à la somme de 120,000 fr., et que les frais d'entretien du chemin, des chariots et de trente-cinq à quarante chevaux n'exigeront qu'une dépense annuelle de 75,000 fr., on verra que pour se procurer un revenu égal à ces deux sommes, montant ensemble à 195,000 fr., il suffira à la compagnie, suivant le taux du tarif qui lui est accordé, et lequel, eu égard à la distance moyenne à parcourir, portera à 0 fr. 24 c. le prix du transport de chaque hectolitre, de transporter annuellement la quantité de 812,500 hectolitres.

Il ne pouvait en être ainsi dans la supposition d'un canal : l'intérêt des fonds avancés étant, à raison de 6 p. 0/0, de 252,000 fr., et les frais de son entretien et d'administration ne pouvant être évalués à moins de 4,000 fr. par kilomètre, produisant ensemble 100,000 fr., on trouve que pour obtenir un revenu égal à ces deux sommes, montant à 352,000 f., il faudrait à raison d'un prix proportionnel à celui de 0 fr. 24 cent. admis pour tous frais sur le chemin de fer, et lequel, défalcation des frais de nolis évalués au tiers, se trouverait réduit à 0 fr. 16 cent. sur le canal, que la compagnie transportât annuellement la quantité de 2,200,000 hectolitres.

Or, disait la compagnie, il est reconnu qu'eu égard à l'état de la navigation de la Loire, qui ne permet pas la remonte des bateaux, et à l'épuisement des forêts qui s'opposerait bientôt à la construction d'un assez grand nombre de ces bateaux, qui sont déchirés tant à Roanne qu'aux autres lieux de dépôts, la plus grande quantité de charbons de terre qu'on peut espérer de diriger un jour des mines de St-Etienne au port d'Andrezieux sur la Loire, ne peut jamais excéder 800,000 à 1,000,000 d'hectolitres.

Dans cette circonstance, qui offrait un cas tout particulier, et jusqu'à l'instant, qui ne paraissait pas alors très-prochain, où, d'après de nouvelles considérations commerciales, l'ancien projet du canal du Forez serait mis en entier à exécution, et où la Loire supérieure serait rendue navigable depuis ce canal jusqu'à Roanne et au-dessous, un chemin de fer semblait donc présenter le seul moyen qu'on pouvait raisonnablement proposer d'établir pour desservir le transport des charbons de St-Étienne vers les départemens du centre.

Nous verrons par la suite que si ces calculs, en désespoir d'un avenir plus favorable aux progrès du commerce, ont quelque chose de trop absolu, ils ne seront point toutefois démentis d'une manière préjudiciable aux intérêts de la compagnie, par plusieurs propositions qui, ne laissant entrevoir jusqu'à présent que des espérances, ne peuvent être traitées dans cette deuxième section, destinée à offrir seulement les ouvrages exécutés ou en exécution.

CHEMIN DE FER DE SAINT-ÉTIENNE, A LYON.

Peu de temps après que nous nous livrions aux observations qui nous avaient été suggérées par l'excessive élévation du tarif du canal de Givors, des hommes bien connus par leur habileté et leurs talens s'occupaient d'un projet qui, en établissant une utile concurrence, devait ramener les prix des transports sur cette ligne à un taux plus modéré. Nous voulons parler du chemin de fer que MM. Seguin, Biot et compagnie ont entrepris d'établir de St.-Étienne à Lyon, presque latéralement au même canal, en vertu de la concession qui leur en a été faite, à perpétuité, par une ordonnance du 7 juin 1826, et duquel chemin de fer nous donnerons ici une idée sommaire.

Le cahier des charges, en proposant de diriger ce chemin par St.-

Chamond, Rive-de-Gier et Givors, ne désignait ni le point de départ ni celui d'arrivée.

La compagnie, qui en consultant les villes de St.-Étienne et de Lyon était disposée à remplir autant qu'il serait en elle les vœux qu'elles émettaient à cet égard, se décida à fixer ces deux points, savoir : le premier, près la place de la Montu, centre d'un nouveau quartier de St.-Étienne, où la compagnie trouvera, au moyen d'arrangemens pris avec cette ville, le local nécessaire à ses magasins, et non loin duquel le nouveau chemin de fer se combinera au pont de Lain avec le chemin de fer de St.-Étienne à la Loire, dont il aura les mêmes dimensions, et le dernier, dans un vaste emplacement existant entre le Rhône et la Saône, où la même compagnie a obtenu de la ville de Lyon la concession d'une grande étendue de terrains, au milieu de laquelle doit être creusée une gare qui offrira à la navigation un lieu de chargement et de déchargement facile et sûr qui paraît devoir satisfaire à toutes les conditions.

Ces deux points extrêmes ainsi fixés, et plusieurs considérations ayant engagé, après un mûr examen, à choisir de préférence la rive droite du Rhône pour la direction à suivre de Lyon à Givors, le pont qu'il était alors nécessaire de construire sur la Saône devenait, par la hauteur à laquelle on devait s'élever, un point commandé auquel devait être subordonné, sur une grande étendue, le tracé du chemin à établir.

Partant donc de ce pont, que la compagnie propose de composer de deux arches en pierre, de chacune 20^m d'ouverture, et d'une travée suspendue sur des câbles ou des chaînes en fil de fer, de 90^m, le chemin traversera la grande route au moyen de rails construits de manière à permettre, sans en être détériorés, le passage des voitures, et viendra, par une courbe, gagner le quai de la Mulatière le long duquel, réduit, ainsi que sur le pont, à une seule voie, il sera placé sur des supports en bois qui s'élèveront de 4^m au-dessus du sol.

Du pont de la Mulatière, le rail se dirigeant, ainsi qu'il a été dit, sur la rive droite du Rhône, sous une pente de 0m,0016 par mètre, traversera, après un parcours de 2,410m, et à une hauteur de 4m, la rivière d'Oulins sur un pont de trois arches de 9m d'ouverture.

De ce point, le rail, presque toujours porté par une chaussée qui en s'élevant de 3m,68 au-dessus de l'étiage de ses crues, défendra cette rive contre les crues, cheminera en passant sous Pierre-Bénite, le château Divours, Irigny, Vernaison et Grigny, jusqu'à la rivière de Garon, sur une longueur de 13,172m,50, et sous une pente de 0m,0004, et ensuite jusqu'à Givors, sur une longueur de 2,295m, et sous une pente de 0m,000,565 par mètre.

Arrivé à cette ville, il traversera, sur un pont-levis, le canal au-dessous de la première écluse, et après la rivière de Gier sur un pont de pierre de mêmes dimensions que celui d'Oulins. Ce pont s'élèvera de 7m,94 au-dessus de l'étiage du Rhône, et pourra servir en même temps, d'après les offres de la ville, au passage de la route de Lyon.

Débouchant du pont de Gier, ce rail, qui suit à mi-côte la rive droite du Gier, arrive, après avoir franchi quelques ravins sur des ponts, et après un parcours de 5,451m, au village de St.-Romain.

Au-delà de St.-Romain, et vis-à-vis d'Argoire, le Gier, sur un espace de 4 à 5000m, se trouve très-resserré par une grande masse de rochers qui s'élèvent à pic de plus de 20m. Pour éviter dans ce point des courbes d'un trop petit rayon, le rail passera, sur une longueur de 250m, sous une galerie à la suite de laquelle il franchira deux fois le Gier sur deux ponts.

De là, reprenant, après le dernier pont, la rive droite du Gier, le rail, en se rapprochant de cette rivière et en laissant à gauche Château-Neuf, arrive à Rive-de-Gier qu'il traverse en entier sur un mur de quai établi dans le lit de la rivière, et adossé aux maisons qui bordent la rive droite, ce qui a paru préférable à l'enfoncer dans une galerie qui eût été percée à 30m au-dessous de la partie haute de la ville.

A la sortie de Rive-de-Gier, et traversant pour la seconde fois la route de Lyon à Toulouse, n° 88, sur un pont de 8m d'ouverture, le

26.

rail, sans nécessiter d'autres travaux que ceux très-ordinaires du remblai d'une petite vallée, et d'une tranchée dans la croupe d'un coteau, parvient sur le plateau qui domine la petite ville de St.-Chamond, et qui s'élève de 25ᵐ environ au-dessus du niveau de Gier. Une double combinaison avait déterminé à choisir cet emplacemeut pour le rail ; on avait pour but de régulariser la pente de Rive-de-Gier au pont de Lain, et d'éviter d'entrer dans l'intérieur de la ville, où plusieurs intérêts particuliers eussent été froissés.

De St.-Chamond, le rail, s'infléchissant à gauche, traverse au-dessus d'Isieux le Gier, qui, à ce point, n'offre qu'une faible largeur, et s'engage dans le vallon du Janon dont il suit le cours, jusqu'au point où, franchissant ce ruisseau, il pénètre ensuite, un peu après les établissemeus de Terre Noire, la montagne du bois d'Avaise, qui sépare le versant des deux mers, par un souterrain de 1500ᵐ de longueur.

Ce souterrain, l'ouvrage le plus remarquable qu'on trouve sur toute la ligne, et dont la voûte sera assez élevée pour permettre le passage des machines locomotives surmontées de leurs cheminées, n'aurait pu être évité qu'en employant des machines stationnaires, pour la remonte et la descente toujours dangereuse des chariots sur les flancs rapides de la montagne.

Enfin, au sortir de ce souterrain, le rail, après s'être réuni, au pont de Lain, au chemin de fer de St.-Étienne à la Loire, avec lequel il formera un moyen de communication entre le Rhône et la Loire, et réciproquement, viendra se terminer à St.-Étienne, près la place de la Monta, au milieu d'un nouveau quartier situé entre la route de Lyon et celle de Roanne, et un des plus beaux que cette ville doive au développement extraordinaire de son commerce et de son industrie et aux avantages de son heureuse position.

Le développement total des rails, depuis le pont de la Mulatière jusqu'à la place de la Monta, sera de 55,166 mètres. La différence de niveau de ce point à Givors, sur un espace de 57,279ᵐ, sera de 375ᵐ,348.

Les travaux d'art se composent de 112 ponts ou pont-ceaux, savoir : le pont sur la Saône, à la Mulatière; ceux d'Oulins, du Goron, et quatre sur le Gier; un sur le ruisseau de Couson, un sur celui d'Egarande, un sur la Dorlay, un sur le canal de Givors; vingt-quatre arceaux pour la communication des chemins ou propriétés interceptés; un sur la grande route; quatre pont-ceaux de 4 mètres, quatre de 3 mètres, dix de 2 mètres, trente de 1 mètre, et vingt-huit de 0ᵐ,50; un perré à la sortie du pont de la Mulatière, de 500 mètres; un percement entre Givors et Rive-de-Gier, de 250 mètres; un mur de quai pour le passage de Rive-de-Gier, de 12 à 1500 mètres; enfin le percement de la montagne du bois d'Avaise, en face de St.-Etienne, de 1500 mètres.

Les ouvrages de terrassemens consisteront en 100,000 mètres cubes de déblais en terre, en 500,000 mètres cubes de déblais en rocher, et en 900,000 mètres cubés de remblais.

Le service sera fait, de Lyon à Givors, par des machines locomotives de la force de dix chevaux, qui sur cette partie presque horizontale pourront entraîner 20 vagons du poids de 1000 kil. chargés chacun de 2000 kilog. avec une vitesse de 2ᵐ par seconde. Sur la partie de Givors à Rive-de-Gier, la pente étant de 0ᵐ,00569, la théorie indique que la vitesse se réduirait à 0ᵐ,94, et qu'afin de maintenir la même vitesse, les vagons devraient être réduits au nombre de 9; entre Rive-de-Gier et le seuil qui sépare les deux mers, la pente étant de 0ᵐ,013446, on trouve que la vitesse se réduirait à 0ᵐ,646 sans qu'il fût certain de pouvoir l'augmenter avec avantage en diminuant le nombre ou la charge des chariots. Sur ces deux parties, la compagnie se propose, tant pour aider la remonte des machines locomotives que pour les retenir dans la descente, d'employer un système de halage analogue à celui de la remorque, à points fixes, par la vapeur, et suivant lequel des câbles disposés le long du rail et maintenus par des guides dans les courbes, seraient établis dans l'étendue de la partie rapide et s'envelopperaient, sur une longueur de 200 à 500 mètres, sur des tambours qui, fixés sur la machine locomotive, seraient mus par la puissance qu'elle développe.

En présentant, par sa soumission, un tarif modéré, la compagnie a sagement pensé que l'augmentation des transports, dont elle s'assurerait en prenant ce parti, lui procurerait un bénéfice qui surpasserait l'excédant qu'elle aurait obtenu par un tarif plus élevé. Elle devait d'autant plus volontiers céder à cette considération qui, dans la plupart des cas, devient un principe d'économie politique, qu'elle avait à rivaliser avec le tarif évidemment trop élevé du canal de Givors.

Suivant donc le rabais de 0 fr. 052, fait sur le prix du transport, dont le maximum était fixé à 0 fr. 15 c. par 1000 kil., pour un kilomètre, la compagnie percevra pour tout droit 0 fr. 098 par 1000 kil. pour un kilomètre, ou 0 fr. 49 c., par tonneau, pour une distance de 5 kilomètres, ce qui ne répond qu'à un peu plus de la moitié du prix de celui fixé sur le chemin de fer de St.-Etienne à la Loire, et qu'aux 5/15 environ de celui perçu sur le canal de Givors.

Enfin, lors même que la compagnie de ce canal se déciderait à abaisser son tarif au taux de celui du chemin de fer, la compagnie de ce chemin prétend qu'elle n'aurait que légèrement à souffrir de ce dernier moyen de concurrence, attendu que la consommation de la houille prend un tel degré d'extension, que ces deux voies suffiront à peine au transport de ce précieux combustible.

QUATRIÈME LIGNE DE JONCTION

DES DEUX MERS

DU MIDI A L'OUEST EN PASSANT PAR LE CENTRE DE LA FRANCE.

CANAL DU CHAROLAIS, ou DU CENTRE.

Précis historique du canal.

Cette pensée sur l'origine et les résultats de laquelle nous nous sommes déjà suffisamment étendus; cette pensée de faire communiquer, par plusieurs points, les deux grands versans qui se partagent la France, et en même temps d'établir la jonction des deux mers auxquelles ils correspondent; cette pensée à laquelle on doit le canal de Languedoc, le projet du canal du Forez, dont, ainsi que nous venons de le voir, on a réalisé la partie la plus intéressante par l'exécution du canal de Givors, et à laquelle on devra tout à l'heure le canal de Bourgogne, dont nous parlerons bientôt, est encore celle qui se reproduit tout entière dans l'histoire du canal du Centre, dont nous nous occuperons actuellement.

Depuis long-temps on avait reconnu la possibilité d'effectuer la jonction de la Saône à la Seine par le canal de Bourgogne, et déjà des travaux avaient été exécutés sur deux lieues de cette ligne, lorsqu'en renouvelant d'anciens projets et d'anciennes tentatives, on crut que le même résultat pourrait être obtenu à moins de frais au moyen d'un canal qui en traversant la province de Charolais, depuis Châlons jusqu'à Digoin, unirait la Saône à la Loire, d'où, après une navigation

de 40 lieues sur cette dernière rivière, on gagnerait la Seine, au moyen
du canal de Briare.

Le canal du Centre, qui opère cette jonction de la Saône à la Loire
par la d'Heune, la Bourbince et l'étang de Long-Pendu, a été l'objet
des plus anciennes recherches. Il fut question de ce canal dès le temps
de François Ier, en 1515. Plusieurs auteurs assurent que Henri II
y fit travailler. Sully en renouvela le projet en 1605; une adjudication même fut passée en 1613, pour son exécution, moyennant la
somme de 800,000 fr., et ce qui prouve qu'à cette époque la communication de la Saône à la Loire paraissait préférable à celle de la
première rivière à la Seine, c'est qu'on avait déjà commencé à ouvrir
le canal de Briare, qui devait se lier un jour à celui du Centre.

En 1642, une autre adjudication eut lieu moyennant une somme de
950,000 francs, et la mort seule du cardinal de Richelieu, arrivée le
4 décembre 1642, arrêta l'exécution de ce projet.

Colbert en sentit également l'importance, et dans le même temps que
Louis XIV ordonnait l'ouverture du canal de Languedoc, des lettres
patentes, du 12 septembre 1665, prescrivirent l'examen des lieux. Sur
le rapport des ingénieurs à la suite de cette visite, et la jonction de la
Saône à la Loire étant reconnue possible, le roi en ordonna sur-le-
champ l'exécution. Les États accordèrent une somme de 600,000 fr., et
le roi établit une crue sur le sel; mais le public voyant à regret que la
communication entre ces deux rivières ne s'effectuait que par l'extrémité de la Bourgogne et en ne traversant qu'un territoire ingrat et
peu favorisé par la nature, un arrêt du conseil du 19 février 1667
en suspendit l'exécution, pour reprendre le projet de jonction de la
Saône à la Seine.

Cependant M. Thomassin, chargé en 1696, par M. le maréchal de
Vauban, d'examiner les deux projets, parut, dès ce moment, incliner
en faveur du canal du Centre; et M. le régent, qui s'intéressait à son
établissement à cause des canaux d'Orléans et de Loing qui lui ap-
partenaient, ayant chargé, en 1719, le même ingénieur de comparer

de nouveau les avantages de ces deux projets, sous le rapport des moyens de rassembler les eaux nécessaires pour alimenter les points de partage de ces deux canaux, dont l'un était établi, pour le canal de Bourgogne, à Pouilly, et l'autre à l'étang de Long-Pendu, pour celui du Centre, M. Thomassin publia peu de temps après un mémoire dans lequel il donnait définitivement la préférence à ce dernier canal.

Suivant cet ingénieur, la possibilité de former de nouvelles retenues et de rassembler des eaux de pluie qui contribueraient à augmenter les ressources qu'offrait déjà l'étang de Long-Pendu, ne devait laisser aucun doute, malgré la nature sableuse du sol qu'on avait à traverser, sur le succès de ce canal, qui commençant à Chovort, au droit de Verdun-sur-Saône, devait suivre la rivière de la d'Heune, traverser l'étang de Long-Pendu, et continuer par l'étang de Montchanin la vallée de la Bourbince et partie de celle de l'Aroux, pour arriver au port de Digoin sur la Loire. D'après le même ingénieur, ce canal devait coûter 10 millions et produire plus de 500,000 fr. de revenu.

Cependant, sans contester la possibilité de réunir la quantité d'eau sur laquelle on comptait, qu'on évaluait à quatre millions de mètres cubes, et qui suffisait pour le passage de 4000 bateaux par jour, et tout en convenant que ce canal ouvrirait, comme celui de Bourgogne par Pouilly, la communication des deux mers par la Saône et la Seine, en suivant les canaux de Briare et de Loing, et aurait même de plus le triple avantage d'être moitié moins long, d'exiger par conséquent moitié moins de dépense, et de communiquer aussi à l'Océan par la Loire, on ne manquait pas toutefois d'objecter que le canal de Briare se trouvait souvent privé d'eau, que celui d'Orléans ne pourrait suppléer au premier, son embouchure étant à 52,000ᵐ plus bas sur la Loire, et que surtout, en adoptant ce projet, on aurait à suivre la Loire de Digoin à Briare, sur 40 lieues de longueur, par une navigation difficile et incertaine en descendant, et souvent impossible en montant, à raison de la grande pente de cette rivière et de son peu d'eau dans cette partie supérieure de son cours pendant plus de la moitié de l'année.

Ces différentes considérations, auxquelles plusieurs personnes ajoutèrent encore celle de la pauvreté du pays que devait traverser le canal du Centre, déterminèrent enfin le gouvernement en faveur du canal de Bourgogne, auquel on se décida à faire travailler en 1775.

Tout espoir cependant ne fut point perdu pour les partisans du canal du Centre. Si un seul canal eût dû remplir l'objet qu'on se proposait, celui d'effectuer la jonction des deux mers par le centre de la France, nul doute que le canal de Bourgogne, comme on en pourra juger quand nous parlerons de cette ligne de navigation, n'eût dû avoir la préférence; mais lorsque l'industrie et le commerce tendent à s'accroître dans un royaume tel que celui de la France, on ne peut que désirer de multiplier les moyens de transport qui doivent en favoriser le développement, et tout en ouvrant le canal de Bourgogne, rien ne paraissait devoir faire abandonner le projet d'exécuter celui du Centre. Quoique n'offrant pas tous les avantages du premier, on ne pouvait nier qu'il en réunissait plusieurs qui lui étaient propres : en communiquant à la Loire, il ouvrait un débouché plus direct de l'est à l'ouest, et les sacrifices à faire en plus pour obtenir deux communications au lieu d'une n'étaient pas aussi considérables que ceux auxquels une seule de ces communications, à la vérité plus parfaite, obligeait à se décider.

Il est des circonstances où il ne faut qu'une volonté ferme et une constance inaltérable pour amener les esprits à une grande détermination, et cette volonté et cette constance se trouvèrent réunies dans un seul homme auquel l'histoire de la navigation ne peut refuser l'honneur d'avoir contribué de tous ses moyens à enrichir la France d'une communication qui, après même que le canal de Bourgogne aura été terminé, pourra, au moyen des développemens dont elle est susceptible, présenter encore la plus grande utilité.

C'est, en effet, à ces qualités et à la confiance qu'elles durent inspirer dans la personne de M. Gauthey, ingénieur des États de Bourgogne, que l'on dut le canal du Charolais, aujourd'hui le canal du Centre.

M. Gauthey, qui eut à vaincre beaucoup de résistances, établissait très-bien dans ses mémoires que les provinces méridionales et orientales de la France communiquent entre elles par le Rhône et la Saône; que les provinces occidentales et septentrionales communiquaient également entre elles par la Loire, les canaux de Briare et de Loing, la Seine et l'Oise, mais que le défaut de communication de la Saône à la Loire faisait que souvent l'on ne se servait pas même de ces rivières, quoique peu éloignées l'une de l'autre, pour le transport des marchandises que l'on envoie de l'une de ces parties du royaume dans l'autre; que ce transport se faisait le plus souvent par terre; qu'une partie des marchandises que l'on expédiait du Languedoc pour Paris passait par l'Auvergne et le Berri; que quelques-unes de celles du Dauphiné, pour éviter la douane de Lyon, passaient par la Bresse et la Bourgogne; mais que la plus grande partie des marchandises de ces provinces méridionales se transportaient sur le Rhône ou par terre jusqu'à Lyon, où était leur principal entrepôt, et que de là on les envoyait à Paris, où se faisait un second entrepôt d'où elles étaient conduites dans le nord du royaume; que de même on envoyait à Orléans celles qui devaient être conduites au couchant; que réciproquement, les marchandises qui venaient du nord de la France s'entreposaient à Paris, et ensuite à Lyon, pour être conduites par le Rhône dans les provinces méridionales; et que celles qui débarquaient à Nantes étaient conduites à Orléans, d'où elles étaient envoyées à Paris et à Lyon: d'où il concluait que c'était entre Lyon et Paris et entre Lyon et Orléans que se faisait le plus grand commerce dans l'intérieur du royaume, et que par conséquent ce serait rendre le plus grand service à cette quadruple direction du commerce du midi au couchant et au nord, et réciproquement du nord au couchant et au midi, que d'effectuer entre la Saône et la Loire, et par suite entre la Seine, la jonction qui établissait sans interruption par eau la double communication qui pouvait seule satisfaire à ces directions.

Comparant les prix du transport par terre avec ceux par eau par le canal de Bourgogne et par celui du Centre, de Paris à Lyon et de

27.

Lyon à Paris, l'auteur trouve : 1° qu'en passant par le canal du Centre, il y aura 44 francs pour 0/0 de bénéfice, par 490 kil., sur le transport par terre pour les marchandises emballées, et 48 fr. 59 c. sur les marchandises en gros volume; 2° qu'au lieu d'aller de Lyon à Roanne par terre, il y a par le canal 18 fr. 60 c. pour 0/0 de bénéfice, sur les marchandises emballées, et 19 fr. sur les autres; 3° que la différence du prix du transport en prenant le canal de Bourgogne ou celui du Centre serait, en faveur du dernier, de 9 fr. 40 c. pour 490 kil. pour les premières, et de 10 fr. 25 c. pour les autres. Observant du reste que si le trajet est plus long par le canal du Centre que par terre, le temps employé à le faire ne sera pas plus considérable, attendu qu'en prenant cette dernière voie on n'éprouvera pas les retards auxquels les entrepôts obligent en suivant la route de terre.

A cette époque, on calculait qu'il passerait annuellement par le canal 3872 bateaux chargés de 49,000 kil., qui parcourraient moyennement 16 lieues 1/2, ce qui, à raison de 0 fr. 20 c. de droit de navigation par lieue, pour 490 kil., produirait aux actionnaires 1,277,740 fr. (A)

On observait d'ailleurs, que lorsque le canal de Bourgogne serait fait, le transport qui s'opèrerait sur le canal du Centre n'en serait que peu diminué.

On convenait bien que lorsque le canal de Bourgogne serait construit, le commerce de l'étranger serait plus considérable; que le transport des fers et des sels pourrait également y augmenter, et que si les droits de navigation y étaient plus faibles que ceux qui seraient perçus sur le canal du Centre, le transport du commerce étranger sur ce dernier pourrait s'y réduire des deux tiers, mais on observait d'un autre côté que le transport des vins ordinaires dont les vignobles sont traversés par le canal du Centre, et que celui des bois, des charbons de terre, des fers, des blés, des poissons, des plâtres, des marbres, des pierres, des ancres, n'en serait nullement diminué, attendu que toutes ces marchandises se trouvent sur les lieux, ou doivent passer sur la Loire, pour les provinces occidentales. De sorte qu'en ayant égard à toutes ces circonstances, on ne pouvait pas évaluer à plus du septième la réduction à laquelle le commerce sur ce canal devait s'attendre après que le canal par Dijon serait ouvert à la circulation.

Les avantages du canal du Centre ainsi établis, et les doutes sur la quantité des eaux nécessaires pour l'alimenter étant levés après diverses opérations, et enfin l'ensemble du projet ayant été, sur l'avis de l'assemblée des Ponts-et-Chaussées, approuvé par le gouvernement, il ne s'agissait plus que de trouver les moyens de le mettre à exécution.

Deux membres des États de la province de Bourgogne, MM. de Brancion, qui désiraient depuis long-temps obtenir la concession du canal, ayant, après s'être assurés de la somme de deux millions, demandé que les États de Bourgogne voulussent cautionner le reste de l'emprunt, qu'on estimait pouvoir monter à sept millions, les États de Bourgogne accueillirent cette demande, qui fut peu de temps après consacrée par les élus de la province chargés de l'examen de cette affaire, dans une délibération du 4 décembre 1781.

Cependant MM. de Brancion, munis de cette délibération, s'étant présentés pour obtenir les lettres patentes qui devaient les rendre concessionnaires du canal, le gouvernement crut ne devoir pas permettre que les États de Bourgogne s'engageassent à cautionner des particuliers, et que puisqu'ils se portaient à répondre pour une somme aussi considérable en faveur d'une entreprise, ils devaient du moins, plutôt que d'en abandonner la propriété à une compagnie, faire tourner le bénéfice qu'on présumait y être attaché au profit de la province, qui pourrait d'autant diminuer les impôts ou réduire un jour les droits qui seraient perçus sur le canal, si les remboursemens s'effectuaient promptement.

M. le prince de Condé, gouverneur de la province de Bourgogne, et les élus, insistèrent pour qu'on laissât la régie du canal à une compagnie, sous la surveillance de l'administration de Bourgogne. « Ils se fon- « daient sur l'exemple du canal de Languedoc, et pensaient, comme « M. de la Lande, qu'un canal ne pouvait être mieux administré que

« par des propriétaires intéressés à ne jamais laisser interrompre la navi-
« gation, toujours prêts à subvenir par leur fortune ou par leur crédit
« à des accidens inopinés et à les réparer sur-le-champ, sans toutes les
« formalités qu'entraîne une administration publique, qui est variable et
« qui n'est pas toujours composée de personnes instruites; que les moin-
« dres négligences dans les réparations peuvent occasioner souvent
« une longue cessation dans l'usage du canal; que d'ailleurs on avait re-
« médié à l'excès du bénéfice que les propriétaires pouvaient retirer, et
« qu'on pouvait encore le diminuer si on le jugeait à propos, eu égard
« au peu de risques qu'ils avaient à courir. »

Ces principes, qui seraient sans doute appréciés aujourd'hui, ne parurent point alors devoir prévaloir. Tout en reconnaissant le zèle et la
prudence des États, « on crut ne pouvoir consentir à ce que la pro-
« vince se rendît caution pour des particuliers, s'agissant surtout d'em-
« prunts aussi considérables que ceux qu'exigeaient des travaux de cette
« nature; que l'on ne pouvait proposer au roi d'accorder le privilège
« d'une entreprise aussi importante à une compagnie particulière; que
« ces sortes de compagnies sont toujours difficiles à former, et que l'on
« ne voyait que trop souvent la mésintelligence y régner, au grand
« détriment des entreprises qu'elles ont formées; enfin que ce n'était
« qu'à des corps d'administration, dont les principes et la conduite sont
« connus par une longue expérience, et qui jouissent d'un grand crédit,
« que l'on peut confier avec sécurité l'exécution de pareils projets, et
« que le roi, qui avait la plus grande confiance dans les États de Bour-
« gogne, se déterminera volontiers à leur accorder le privilège de l'entre-
« prise, dont l'étendue entière se trouverait d'ailleurs renfermée dans la
« province; qu'en conséquence le roi proposait aux États de se charger
« de l'exécution du canal, de son entretien et de son administration,
« ainsi que du service du halage, et qu'à ces conditions il leur serait
« accordé la propriété perpétuelle et incommutable du canal, avec le
« droit d'y lever o fr. 25 c. par lieue pour chaque 490 kil. de marchan-
« dises, avec la faculté de le diminuer; que du reste, l'intention du

« roi était que la province ne pût en aucun temps ni sous aucun prétexte
« aliéner, changer, vendre ni céder aucuns terrains, droits ou privilèges
« dépendans du canal.

Ces conditions ayant été acceptées par les États de Bourgogne, des
lettres patentes concertées avec le parlement de Dijon furent expédiées dans le courant de janvier 1783, pour l'ouverture du canal du
Centre.

Par un nouvel édit du mois de février 1783, le roi érigea en plein
fief avec toute justice, en faveur des États de Bourgogne, le canal du
Centre, avec faculté d'établir un siège de justice à Châlons, et un lieutenant à Paray.

Enfin, le 5o décembre 1783, des lettres patentes limitèrent les
emprunts autorisés pour la confection du canal du Centre à neuf
millions.

Immédiatement après ces dernières lettres patentes, les travaux,
auxquels on employa trois régimens, furent commencés à la fin d'a-
vril 1783, et complètement terminés en 1793.

Tracé du canal.

Le canal du Centre, de la Loire à la Saône, a son embouchure dans
la première de ces rivières à Digoin; il suit le bord de l'Aroux, puis la
rive gauche de la Bourbince, en passant par Paray, Génélard, Ciry et
Blanzy, jusqu'à l'étang de Montchanin dans lequel la navigation est établie; à quelque distance de cet étang, le canal va séparer en deux parties l'étang de Long-Pendu, et cotoie ensuite la rive gauche de la
d'Heune jusqu'à St.-Julien, où il traverse le vallon pour suivre la rive
droite de la même rivière, en passant par St.-Berrain, St.-Léger, Den-
nevis, St.-Gilles et Remigny; il franchit après le seuil de Chagny,
longe la rive gauche de la Thalie en passant par Fragnes et Chamfor-
gueil, et aboutit enfin dans la Saône à Châlons.

Sa longueur, depuis Digoin jusqu'au point de partage,
est de.................................   62,825ᵐ 47

La longueur du bief de partage est de...........   3,939 97

La longueur, depuis l'extrémité du bief de partage
jusqu'à Châlons, est de.......................   47,558 61

Longueur totale du canal......   114,522ᵐ 05

La largeur du canal est de 9ᵐ,75 au plafond, et de 14ᵐ,62 au niveau de l'eau, dont la profondeur est de 1ᵐ,62. A ce même niveau est pratiquée une petite berme de 0ᵐ,49, où sont plantés des iris et autres plantes aquatiques; à 0ᵐ,49 plus haut sont établies les bermes: l'une servant de chemin de halage ou de grande route, et ayant, dans le premier cas, au moins 2ᵐ,92 de largeur, et dans le second 6ᵐ,50, l'autre ayant seulement 1ᵐ,95 de largeur.

On voit, par les mémoires particuliers, que le canal est alimenté par les eaux des étangs de Long-Pendu et de Montchanin produisant 1272 pouces d'eau, et par les rigoles de Marigny et de St.-Julien fournissant en été 1795 pouces d'eau, et en hiver 14,584 pouces : en totalité, pour les étangs et les rigoles, la quantité moyenne de 8,786 pouces de fontainier, ou 173,477ᵐ,81 cubes par vingt-quatre heures.

Les eaux d'été, d'après les mêmes mémoires, de 1795 pouces d'eau, réduites, par les évaporations et les infiltrations, à 1254 pouces, devaient suffire au passage annuel de 3,240 bateaux ou 36 bateaux par jour.

La longueur totale des trois rigoles est de 35,784ᵐ.

La pente du canal, du côté de l'Océan, est de 77ᵐ,64, et rachetée par 50 écluses.

Celle du côté de la Méditerranée est de 150ᵐ,91, et rachetée par 50 écluses.

La largeur de ces quatre-vingts écluses, entre les bajoyers, est de 5ᵐ,20 jusqu'à 1ᵐ,95 au-dessous du radier, le surplus des bajoyers ayant au-dessous un talus d'un sixième ; et leur longueur entre les buscs est de 32ᵐ,48.

Leur chute est de 2ᵐ,60, excepté celle de l'écluse de la Loire, qui n'est que de 2ᵐ,27.

On compte sur le canal onze ports ayant depuis 117ᵐ jusqu'à 507ᵐ de longueur, deux bassins, deux déchargeoirs pour les étangs de Mont-chanin et de Parisiénot, soixante-deux ponts en pierre sur le canal, avec chemin de halage au-dessous, dix ponts en bois sur les portes des écluses, dix-neuf ponts sur les rigoles, vingt-deux gués dans les mêmes rigoles, cent vingt-cinq aquéducs, tant sous le canal et les rigoles que sous les levées et déchargeoirs des étangs.

La longueur totale des perrés est de 698ᵐ, et celle des murs de sou-tenement de 4,255ᵐ.

La dépense totale pour la confection du canal, non compris les inté-rêts des sommes empruntées, et montant à 1,540,000 fr., s'est élevée à la somme de 9,870,000 fr. (1).

Les États de Bourgogne ne jouirent point du canal qui avait fait si long-temps l'objet de leurs vœux, et la révolution étant survenue, con-fondant, par un étrange renversement de toutes les idées, le droit du péage qui leur avait été accordé par l'édit du mois de février 1783, à titre de dédommagement des dépenses de construction auxquelles ils avaient été obligés, avec les droits seigneuriaux, on crut devoir s'opposer à l'établissement de ce droit au moment où le canal fut livré à la navigation.

---

(1) On voit par les mémoires particuliers que si l'on retranche de cette somme le montant des sommes pour ouvrages et dépenses ordonnées postérieurement à la rédaction du projet, et qui n'en étaient pas une suite nécessaire, la dépense des ouvrages portée au détail estimatif ne s'est élevée qu'à la somme de 8,204,000 fr.

Le montant de ce détail étant de 7,202,000 fr. il s'ensuit que la dépense effective a surpassé la dépense présumée d'environ un septième.

Une mesure aussi attentatoire aux droits de la propriété ne put être de longue durée; on reconnut bientôt que la perception d'un péage auquel serait soumis le passage des marchandises qui étaient transportées sur un canal présentait le moyen le plus simple et le plus juste de se procurer les fonds nécessaires à l'entretien et à l'amélioration de ce canal, et d'après un rapport de M. Guyton, une loi du 28 fructidor an V (14 septembre 1796) prescrivit l'établissement d'un péage d'après un tarif qui, comparé à celui du mois de février 1783 fixant à six deniers le droit à percevoir pour chaque quintal et par chaque distance de trois mille toises parcourue, et à cinq sols celui à payer par chaque bateau vide au passage de chaque écluse, établissait, à l'exception des marchandises qui ne sont pas considérées comme encombrantes, des vins, des eaux-de-vie, des vinaigres, etc., un droit très-inférieur au premier, et présentait différens vices desquels il résultait que selon qu'on imposait le droit sur la quantité de la marchandise, d'après la première partie du tarif, ou que, conformément à la seconde partie du même tarif, on appliquait le droit au tirant d'eau, les mêmes marchandises pouvaient, à la volonté du percepteur, payer par le premier procédé un droit trois, quatre et cinq fois plus fort qu'en suivant le second. Cette dernière manière de percevoir offrait trop d'avantage au commerce pour qu'elle ne s'établît pas, mais comme au-delà de la tenue d'eau de 0^m,60 l'augmentation du droit devenait très-forte, on avait intérêt à ne pas la dépasser, d'où il s'ensuivait une augmentation inutile dans la dépense d'eau du canal. (B)

Malgré les vices de ce tarif, il fut suivi jusqu'au 23 janvier 1806, époque à laquelle il fut rectifié par un décret qui réglait le droit à percevoir sur les marchandises les plus lourdes et les plus connues, proportionnellement au tirant d'eau et à la capacité des bateaux, mais ce décret ayant encore donné lieu à quelques réclamations, il fut de nouveau modifié par un décret de 1808. (C)

Le canal du Centre étant passé au domaine public, on proposa de le mettre en ferme, en attendant toutefois trois années pour avoir le temps d'en connaître le produit ; cependant le directoire , par un arrêté du 19 floréal an VI, décida qu'il serait mis en régie intéressée, comme étant le seul moyen d'exécuter les travaux qui restaient à achever pour son entier perfectionnement. En conséquence de cette décision et d'après un cahier des charges du 6 prairial an VII (25 mai 1799), la perception du canal fut cédée au sieur Lefebvre, à titre de bail à ferme en régie intéressée, pour vingt-sept ans, moyennant qu'il paierait annuellement et d'avance, pour prix de son fermage, la somme de 180,000 fr., et tiendrait compte en outre au gouvernement des trois quarts de ses bénéfices ; qu'il avancerait les fonds pour la confection des ouvrages de perfectionnement dont l'état avait été dressé, et tous autres jugés nécessaires et lesquels devaient être achevés dans le délai de trois années ; qu'il exécuterait à ses frais les ouvrages d'entretien d'après les devis qui seraient rédigés par l'ingénieur en chef, dont les appointemens et ceux de l'ingénieur ordinaire et tous autres frais de régie étaient mis à sa charge, le tout sans pouvoir prétendre à aucune indemnité à raison du chômage, fixé du 1er thermidor au 1er brumaire , ou d'interruption de la navigation, lors même qu'elle proviendrait de force majeure.

Le sieur Lefebvre, mis en jouissance le 1er prairial an VII (20 mai 1799), ne tarda pas à concevoir des craintes sur les suites de son marché, et à réclamer des indemnités. En effet, tant par l'avance de son fermage que par le solde de différens ouvrages, il se trouvait, à la fin de l'an VIII (1800), en avance de 460,000 fr., tandis que ses recettes ne s'élevaient à cette époque qu'à 500,000 francs. Mais cet état de choses provenait particulièrement de ce que son entrée en jouissance n'avait eu lieu qu'après la saison de la plus forte perception, et sa situation s'étant depuis améliorée, il retira de lui-même ses réclamations.

L'administration du canal du Centre ne subsista sous la forme d'une régie intéressée, que jusqu'au 1er octobre 1807; un décret du 1er septembre de cette année, en ordonnant la suppression de cette régie, confia la perception du péage établi sur ce canal à l'administration des droits réunis, suivant un mode qui subsiste encore aujourd'hui. (D)

On a vu au commencement de cet article, en quoi consistaient les services du canal du Centre : il sert principalement au transport des vins des départemens méridionaux, du Màconnais et d'une partie de la Bourgogne, pour l'approvisionnement de Paris, et lequel transport, joint à celui des eaux-de-vie, figure pour à peu près les trois cinquièmes dans le produit total du canal ; il circule aussi sur son cours une très-grande quantité de merrains, de cercles, d'échalas, de charbons de bois et de terre, de bois de chauffage, de sciage et de charronnage, de fer, de fonte, de blé, de légumes secs, de meules de moulins, de plâtre et de pierres à bâtir.

C'est encore par cette communication que se débitent, tant pour Paris que pour l'intérieur de la France, les charbons des mines du Creuzot, si recherchés dans le commerce pour leur excellente qualité.

Le mouvement des bateaux sur le canal est annuellement de quatre à cinq mille.

Les variations auxquelles est sujet le produit du canal sont toujours dues à la plus ou moins grande abondance dans la récolte des vins, qui influe aussi en proportion sur le commerce des merrains, des cercles, lesquels forment un article important dans la recette.

Depuis quelques années, beaucoup de radeaux de bois de marine, destinés aux ports de Nantes et de Brest, prennent la voie du canal. En 1816, il en est passé 236 qui ont produit une recette de 24,010 fr.; leur nombre a dû être au moins égal dans les années suivantes. Mais on remarque que leur navigation est embarrassante et qu'elle dégrade le canal.

Le produit brut du canal en 1817 a été de 327,188 fr. 19 c. Sur quoi déduisant les frais d'entretien de 80,000 fr., ceux de perception, qui se sont élevés à 18,710 fr., et ceux d'imposition, qui ont été de 5,754 fr. 19 c., il est resté pour le produit net la somme de 222,724 fr. 40 c. (E)

On a dit que par le cahier des charges imposé au sieur Lefebvre,

divers ouvrages avaient été jugés nécessaires pour perfectionner la navigation du canal du Centre, et depuis plusieurs années on se plaignait
de son manque d'eau et des longs chômages qui en étaient la suite.

Pour remédier à ce dernier inconvénient, on proposait de conduire,
au moyen de rigoles, les ruisseaux de Thalie et de Marigny dans le
canal; d'achever le grand réservoir de Torcy, et de former ceux de
Marigny et de la Motte Bouchot; d'effectuer une prise d'eau dans la
Bourbince, et de rétablir celle de Volesvres. On proposait encore de
soutenir par des revêtemens la levée de Nanti, et de retrécir par
une digue le lit de la Loire; enfin, on était dans l'intention d'exécuter
divers ouvrages pour arrêter les filtrations qui se manifestaient dans le
grand bief de Remigny à Vertampierre.

La plus grande partie de ces ouvrages fut exécutée dans les trois premières années du bail, et montait, en 1807, à 543,000 fr.; le surplus
fut confondu avec les ouvrages d'entretien.

Ces divers travaux étant loin d'avoir procuré au canal toute l'amélioration désirable, et ce canal devant acquérir un nouveau degré d'importance par l'établissement du canal latéral à la Loire et par le canal
de Berri, qui doivent en former le prolongement, le premier jusque
vis-à-vis Briare, et le second jusqu'à Tours, par l'intérieur des terres,
l'administration s'est attachée, dans ces dernières années, avec toute la
sollicitude qui la caractérise, à rechercher tous les moyens, non-seulement d'amener un plus grand volume d'eau dans le canal, mais encore
de conserver par des ouvrages celui qu'on y avait réuni, et qui s'en
échappait, par des infiltrations qu'on n'avait pu encore arrêter qu'imparfaitement, à travers le sol pierreux sur lequel ce canal se trouve établi
sur une grande partie de sa longueur.

Les ouvrages auxquels on s'est dernièrement arrêté pour satisfaire au
premier objet, consistent à conduire, par une rigole, au canal, les
eaux de la rivière de Cosanne, au-dessous du moulin de Cheissy, et à relever les digues des étangs qui servent de réservoir, et lesquels par cet
exhaussement pourront contenir un volume presque triple de celui

qu'ils peuvent fournir dans ce moment, et lequel n'est que de 600,000^m cubes d'eau. Les autres ouvrages, peut-être plus utiles encore, et au moyen desquels on espère remédier aux infiltrations auxquelles est sujet ce canal, confiés, ainsi que les premiers, aux soins de M. Minard, ne sont pas ceux dans lesquels cet ingénieur en chef ait montré moins de constance et fait preuve d'une sagacité qui mérite le moins d'éloges.

Les filtrations qu'éprouvait depuis l'origine du canal le bief de Vertampierre, qui se trouve très-élevé et adossé au coteau, et contre lesquelles toutes les ressources de l'art étaient restées impuissantes jusqu'à ce jour, ont paru devoir fixer particulièrement l'attention de M. Minard. Les eaux, après avoir traversé la levée extérieure, reparaissaient au pied de ses talus et souvent dans les champs, à une assez grande distance; leur produit, mesuré avec soin, ne s'élevait pas à moins de 12,800^m cubes par jour. On n'avait opposé jusqu'alors à ces pertes d'eau que l'établissement de deux murs latéraux en pierre sèche reliés entre eux par un radier en pavé de blocage, en enveloppant extérieurement ces ouvrages de corrois de 1^m d'épaisseur derrière les murs, et de 0^m,60 d'épaisseur sous le radier. Le dernier moyen employé par M. Minard paraît avoir obtenu tout le succès désirable. Il a consisté à reconstruire le canal sur 260^m de longueur, avec murs de soutènement et radier général en maçonnerie de moëllon, dans laquelle toute la surface mouillée par l'eau, et sur 0^m,30 d'épaisseur seulement, est faite avec mortier de chaux hydraulique, fabriqué d'après les procédés de M. Vicat. La cessation des filtrations, depuis l'exécution de ces ouvrages, dont la dépense excède de très-peu celle des anciens, donne lieu de croire qu'ils pourront être appliqués utilement au bief de Chagny, qui éprouve également plusieurs pertes d'eau, et que le temps en consacrera l'efficacité.

Avant de quitter le canal du Centre, on ne pense pas sans intérêt de dire quelques mots sur un travail qui se trouve essentiellement lié à sa construction.

Dans le même temps que les États de Bourgogne sollicitaient l'exécution du canal du Centre, le gouvernement était indécis sur la question de savoir si ce serait à St.-Étienne ou au Mont-Cenis qu'il devait former l'établissement, qu'il projetait depuis long-temps, de fonderies pour les canons de la marine, et de forges qui, à l'exemple de celles de l'Angleterre, auraient pour principaux moteurs les machines à vapeur. La présence des mines de charbons de terre que se trouvent recéler ces deux endroits les rendait également propres à cet établissement, mais d'autres considérations sur ces deux convenances qui ne se balançaient pas aussi évidemment, laissaient le gouvernement dans une incertitude que l'exécution du canal faisait cesser. Ces deux créations se prêtant un mutuel secours, finirent par se devoir mutuellement leur existence.

Les fonderies du Creuzot ou de Mont-Cenis s'établissaient, et les ouvrages du canal étaient déjà fort avancés, lorsqu'en 1787 les élus de la province reçurent ordre du contrôleur général de rendre navigable la rigole de Torcy, qui devait conduire au point de partage du canal les eaux qu'on prenait à la montagne de Mont-Cenis, et autres montagnes voisines, afin d'établir une communication entre les fonderies du Creuzot et le canal, et de laquelle le gouvernement se chargerait de faire les frais.

Ce projet qui, lorsqu'il ne s'agissait que d'une simple rigole qu'on pouvait assujettir à toutes les sinuosités d'un coteau rapide et souvent abrupt, n'offrait pas de très-grandes difficultés, devenait d'une exécution assez difficile du moment où l'on voulait transformer cette rigole en canal de navigation et y recevoir des barques très-longues qui auraient de la peine à naviguer dans un lit aussi tortueux. La pente de la rigole ne pouvait être rachetée que par un grand nombre d'écluses, ou par des écluses d'une très-forte chute ; les eaux étaient peu abondantes, et insuffisantes pour alimenter une navigation qui pouvait devenir très-active, et une partie de ce nouveau canal ne pouvait être établie qu'au moyen d'un percement assez long à travers un rocher de grès mal aggloméré. Mais ce n'était là que la moindre difficulté.

Quoiqu'on pensât que le peu d'eau dont on pouvait disposer s'opposerait à ce qu'on pût prolonger la navigation sur la rigole au-delà de l'étang Le Duc, on commença toutefois à travailler dans la partie inférieure, et on s'occupa de la partie de canal souterrain, qui fut faite sur 1,263^m de longueur.

Ces ouvrages, suspendus peu de temps après 1791, ne furent repris qu'en conséquence d'un arrêté des consuls du 9 germinal an IX (30 mars 1801), qui pour en faciliter la continuation en employant de nouveaux moyens d'art, ordonnait qu'il serait livré à l'administration du Creuzot cent mille kilog. de cuivre dont le prix serait affecté aux frais de leur exécution.

A cette époque, l'écrit de Fulton sur la petite navigation et les différens mécanismes qu'il propose de substituer aux écluses ordinaires, dans la vue d'éviter ou de réduire la dépense d'eau qu'exige leur manœuvre, avait attiré l'attention du public et de l'administration. Dans le même temps, MM. Solage et Bossut avaient présenté un modèle d'écluses à sas mobiles qui avaient le même objet : on crut que l'exécution du canal du Creuzot offrait une occasion de faire l'application de ces divers procédés, et peut-être, à ce moyen, de les naturaliser en France.

La longueur de la partie déjà exécutée du canal était de 5071^m, savoir : 1462^m du point de partage du grand canal à la partie souterraine; 1266^m pour cette partie, et 2343^m depuis le souterrain jusqu'à la prise d'eau de Torcy. La longueur de la partie restant à faire depuis cette prise d'eau jusqu'au bassin du Creuzot était de 4986^m. Cette longueur devait être divisée en trois portions : sur la première, de 1062^m de longueur, on établissait trois écluses ordinaires de 2^m,70, 2^m,76 et 2^m,44 de chute; sur la seconde, de 2 175 de longueur, on devait construire trois écluses à plans inclinés, rachetant des chutes de 8^m,61, 5^m,56 et 7^m,51; et sur la troisième, de 1651^m de longueur, on construisait trois écluses à sas mobiles dont les chutes étaient de 8^m,45, 3^m,36 et 4^m,55.

Les travaux de ce canal ne reçurent pas une grande activité; ce ne fut qu'en 1806 que furent établis le sas mobile placé à la suite du bassin du Creuzot, et l'un des plans inclinés de la seconde partie. Plusieurs expériences firent connaître que de ces deux procédés le premier était celui qui, au moyen de quelques améliorations faciles à apporter dans le système, répondait le plus complètement aux vues qu'on s'était proposées.

M. l'inspecteur-général Gauthey, qui dirigeait ces ouvrages, étant mort, et M. le comte Cretet, qui y prenait un vif intérêt, ayant quitté l'administration des Ponts-et-Chaussées, les ouvrages furent suspendus par ces deux événemens, et n'ont pas été repris depuis, ainsi qu'on ne pouvait que le désirer et pour l'avantage de l'établissement du Creuzot et pour l'avancement de l'art.

CANAL LATÉRAL A LA LOIRE,

DEPUIS DIGOIN JUSQU'A BRIARE.

On a vu que la principale objection qui s'était élevée contre l'établissement du canal du Centre était suggérée par les difficultés qu'éprouvait la navigation de la Loire sur 186,904ᵐ ou quarante-six lieues de longueur, entre Digoin et Briare (1).

La justesse de cette objection ne fut point contestée par l'auteur même du projet du canal du Centre : il n'y répondit, dès ce moment, qu'en démontrant la possibilité d'établir un jour un canal latéral à la Loire depuis Digoin jusqu'à Briare, et le temps ne lui en ayant depuis que trop démontré la nécessité, l'intérêt qu'il est si naturel de porter à son ouvrage lui fit renouveler, en 1805, la proposition de s'occuper définitivement de ce projet.

---

(1). La pente de cette rivière sur cette longueur est de 107ᵐ ou de 0ᵐ,5725 pour 1000ᵐ; celle de la Seine n'est que de 0ᵐ,1666 pour la même longueur.

« La Loire, disait-il à cette époque, est moins rapide que le Rhône ;
« mais sa navigation est plus pénible et plus dispendieuse que celle de ce
« fleuve en remontant, parce que l'on ne peut point établir, comme le
« long du Rhône, de chemin de halage, et principalement entre Digoin
« et Briare, eu égard à l'instabilité du courant, qui change à presque
« toutes les crues, à la grande étendue de son lit et au peu de consis-
« tance des bancs de sable qu'elle laisse après les inondations ; les bœufs
« de halage, et même les hommes que l'on emploie quelquefois, ne peu-
« vent marcher sans enfoncer dans les sables mouvans que laisse ce fleuve
« dans toutes les parties où se sont étendues les inondations.

« Les inconvéniens de la descente ne sont guère moins considérables
« que ceux de la montée. La Loire est basse la plupart du temps ; ses
« crues sont assez fréquentes, mais durent peu ; on profite des moindres
« crues pour partir de Digoin ; mais il arrive souvent que pendant le
« trajet, la rivière venant à baisser, les bateaux s'engravent et sont obli-
« gés de s'arrêter plusieurs jours ; on ne les charge guère pour cette rai-
« son que de trente à trente-cinq milliers ; s'ils l'étaient davantage on
« engraverait plus souvent, et le transport durerait plus long-temps ;
« circonstance qui oblige à employer trois bateaux sur la Loire, pour
« recevoir les marchandises d'un seul bateau du canal du Centre, et les
« reverser dans un bateau du canal de Briare, et occasione des frais
« d'autant plus considérables que les bateaux de la Loire ne remontant
« pas ce fleuve, on est forcé de les vendre à Paris à vil prix. Le trajet
« de Digoin à Briare se fait quelquefois en cinq ou six jours, et en sept à
« neuf lorsqu'on n'éprouve point d'obstacle ; mais souvent on est bien
« plus d'un mois.

« La remontée, ajoute-t-il, ne se fait guère qu'avec de grandes voiles
« lorsque le vent est favorable. Elle se fait en douze à quinze jours,
« mais, le plus souvent, il faut plus d'un mois, et quelquefois deux ou
« trois. »

Cherchant ensuite à connaître ce que l'on épargnerait sur le transport de Digoin à Briare en établissant un canal latéral à la Loire entre

ces deux points, il trouve, d'après des renseignemens certains, que cette économie serait, pour une pièce de vin, de 24 fr.; ce qui, à raison de 60,000 pièces qui sur 190,000 sont passées en 1805 à eau basse, produit un bénéfice de 1,440,000 fr., indépendamment de celui beaucoup plus important que ferait le commerce, 1° sur le nombre des bateaux que l'on vend à Paris avec perte de 500 à 600 fr. pour chacun, et qui, pour deux mille de ces bateaux, s'élèverait à plus d'un million; 2° sur la vente des futailles qu'on laisse à Paris pour 2 fr., et qu'on vendrait au moins 10 fr. au retour, ce qui procurerait encore pour 150,000 pièces de vin une somme de 1,200,000 fr; faisant en totalité pour les trois articles plus de trois millions de bénéfice par année, somme qui, en deux ans et demi, couvrirait les frais de construction du canal (F).

Des avantages aussi remarquables étaient bien faits pour fixer l'attention au directeur général des Ponts-et-Chaussées, et des ordres furent donnés pour rédiger le projet du canal latéral à la Loire.

Il eût été à désirer qu'on pût établir ce canal sur la rive droite de la Loire, depuis Digoin jusqu'à Briare, mais les côtes rapides qui bordent ce fleuve particulièrement entre ces deux points eussent rendu son exécution, sinon impossible, au moins souvent très-difficile et toujours extrêmement dispendieuse.

Ces obstacles parurent d'une telle gravité que l'on crut devoir projeter le canal sur la rive gauche du fleuve, quoique par cette disposition on fût obligé de traverser la Loire à Digoin, d'établir la navigation en rivière, sur 2000ᵐ de longueur, pour éviter le passage de l'Allier, et enfin, après avoir repris, au-dessous du Bec d'Allier, la rive gauche de la Loire, de traverser encore une fois son lit pour gagner l'embouchure du canal de Briare.

La commission qui fut chargée, par le conseil général des Ponts-et-Chaussées, de l'examen de ce projet, et qui proposa de lui faire subir quelques modifications qui portèrent particulièrement sur les estimations, et de laquelle M. Gauthey fut nommé le rapporteur, tout en reconnaissant, dans son rapport du 19 mai 1806 ; la possibilité de diriger la ligne de navigation sur la rive gauche de la Loire, qui ne présente qu'un terrain fort uni, et où il est facile de se procurer les eaux nécessaires pour alimenter la portion du canal depuis Digoin jusqu'au bec d'Allier, sur laquelle on formait un point de partage, ne se dissimulait pas cependant que les traversées de la Loire à Digoin et à Briare, et surtout l'établissement de la navigation en rivière, sur une aussi grande étendue vis-à-vis de l'embouchure de l'Allier, ne présentassent, bien que sur une moindre longueur, tous les inconvéniens dont on voulait s'affranchir en cherchant à substituer une navigation en canal à celle qui existait déjà en rivière. Ce fut sans doute par cette considération que partant de ce que le nouveau canal se divisait en deux portions, l'une depuis Digoin jusqu'au bec d'Allier, et l'autre depuis ce point jusque vis-à-vis Briare, la commission se détermina à proposer de n'exécuter provisoirement que la première et d'ajourner la seconde, alléguant, que sur l'étendue de cette seconde portion, la navigation de la Loire était beaucoup moins difficile que depuis Digoin jusqu'au bec d'Allier, attendu que depuis ce dernier lieu jusqu'à Briare, ce fleuve acquiert un volume presque double en recevant les eaux de l'Allier, et que le canal latéral à établir sur sa rive entre ces deux points présentait dans l'exécution plusieurs difficultés qui occasioneraient une dépense relative beaucoup plus considérable que dans la première partie.

Suivant ce projet, la première partie depuis Digoin jusqu'au bec d'Allier, sur 99,955ᵐ de longueur, et qui devait rentrer dans la Loire, vis-à-vis du village de Gimouille, 850ᵐ au-dessus de l'Allier, devait être alimentée par les rivières de Vouzance et de l'Odde, et s'il était nécessaire, par celle de Roudon et même par celle de la Bèsbre, lesquelles seraient reçues dans un bief de partage de 9,968ᵐ de longueur.

La seconde partie, de 85,605ᵐ de longueur, et qui devait avoir son origine vis-à-vis du hameau de Cuffy, au-dessus du village de Presle, à 1750ᵐ au-dessous de l'Allier, et ne former qu'un canal de dérivation, devait être alimentée par les eaux de l'Allier au moyen d'une rigole de

4645ᵐ qui serait dérivée d'Apremont, et par les eaux de divers affluens.

Ces deux parties, formant une longueur totale de 185,561ᵐ, et sur lesquelles il devait être établi 44 écluses, 67 ponts sur le canal, 40 aquéducs et 10 prises d'eau, étaient estimées, par la commission, devoir coûter, savoir : la première partie 5,793,218 f., et la seconde 3,165,457 f., en totalité 6,958,675 fr. (1).

Le conseil des Ponts-et-Chaussées, qui d'ailleurs partageait l'avis de la commission sur la priorité d'exécution à donner à la première partie, comprise entre Digoin et le bec d'Allier, en approuvant les bases de cet avant-projet, demandait du reste les études de détail qui pouvaient fixer définitivement son opinion sur le parti à prendre relativement à l'ouverture de ce canal, soit en totalité soit en partie.

C'était particulièrement, ainsi qu'on l'a vu, aux obstacles que la navigation éprouve sur la Loire, depuis Digoin jusqu'au bec d'Allier, qu'on avait dessein de remédier en proposant un canal latéral à ce fleuve entre ces deux points, et par suite, depuis le bec d'Allier jusque vis-à-vis Briare, où vient s'emboucher le canal de ce nom: ajournant cette dernière partie, à l'origine de laquelle la Loire se grossit des eaux de l'Allier, et acquiert dans son cours plus de régularité et de profondeur, la commission des Ponts-et-Chaussées, dans son rapport du 19 mai 1806, porte toute son attention sur la première, comme indispensable à la communication régulière du canal du Centre avec celui de Briare, et comme offrant, ainsi qu'elle l'exprime formellement, une dépense re-

---

(1) La vérité veut qu'on fasse observer ici que, d'après les détails de l'ingénieur en chef Boistard, la dépense totale était estimée devoir monter à la somme de 10,182,487 fr. 87 c., et qu'en proposant une réduction aussi considérable que celle de plus de 3,000,000 fr. M. Gauthey avait trop écouté les espérances que lui inspirait le désir très-vif et bien naturel de voir se réaliser un canal dont il avait eu peut-être le premier l'idée, et qui devenait en quelque sorte un complément indispensable au canal du Centre, qui avait été pendant long-temps l'objet de tous ses soins.

lative beaucoup moindre que pour la seconde, et le conseil des Ponts-et-Chaussées, dans son avis du 27 du même mois, en adoptant à cet égard, comme on vient de le dire, les idées de la commission, observe néanmoins : « que le canal pratiqué sur la rive gauche, obligeant de « traverser la Loire à Digoin et à Briare, et de suivre cette rivière dans « une troisième partie sur 2,000ᵐ de longueur, vis-à-vis l'Allier, il est « essentiel de s'occuper préliminairement de rechercher quels seraient « les meilleurs moyens à employer pour rendre ces passages praticables « dans les basses eaux. »

Malgré ces dernières observations du conseil des Ponts-et-Chaussées, il paraît que le gouvernement, arrêté vraisemblablement par la considération des obstacles que semblait présenter l'exécution de ce projet, et qui eussent disparu devant des études plus approfondies, ne donna aucun ordre pour s'y livrer. Or, n'ayant été pris aucun parti sur cette nouvelle ligne de navigation jusqu'en 1820, et le canal du Cher, connu aujourd'hui sous le nom de canal du duc de Berri, décrété en 1807, et auquel on travaillait depuis cette époque, pouvant, d'après la nouvelle extension qu'il venait de recevoir, suppléer, par l'intérieur des terres et par une direction beaucoup plus courte, à la navigation de la Loire depuis le Bec d'Allier jusqu'à Tours, on crut devoir réunir, dans un même système et sous la même dénomination de canal du duc de Berri, cette ligne avec celle de la première partie du canal latéral à la Loire, comprise entre le Bec d'Allier et Digoin.

Ce fut dans cet esprit que le canal latéral ayant été étudié d'abord dans le système de grande navigation, l'ordonnance du roi du 22 décembre 1819 ordonna qu'il fût fait une nouvelle étude de la portion de ce canal depuis le Bec d'Allier jusqu'à Digoin dans le système de petite navigation qui avait été adopté pour le canal du duc de Berri, dont cette portion devait faire partie ; et ce fut également d'après cette disposition que la ligne totale de navigation de Digoin à Tours figure, dans le rapport de M. le directeur-général des Ponts-et-Chaussées du 4 août 1820, sous le nom de canal du duc de Berri.

Cependant, peu de temps après la publication du rapport de M. le directeur-général des Ponts-et-Chaussées, plusieurs compagnies ayant fait des offres d'exécuter, en les réunissant, les deux parties déjà étudiées du canal latéral à la Loire, celle de Digoin au Bec d'Allier, et celle depuis le bec d'Allier jusque vis-à-vis Briare, on crut devoir en faire l'objet d'un article distinct dans la loi du 14 août 1822 qui concède avec ce canal les canaux du duc de Berri, du Nivernais et de Nantes à Brest, à une compagnie connue sous le nom de la compagnie des Quatre Canaux.

Les anciens projets, d'après lesquels cette concession a eu lieu, n'avaient pas été étudiés assez en détail pour qu'on ne jugeât pas à propos d'en examiner encore de nouveau plusieurs parties. On s'était peu occupé, par exemple, lors de leur première rédaction, des passages de la Loire vis-à-vis Digoin et Briare, et même reculant devant les difficultés que présentait celui de l'embouchure de l'Allier, difficultés qu'on cherchait plutôt à éviter qu'à résoudre, on se décidait volontiers, pour s'en affranchir, à s'établir en rivière sur une longueur de 2000^m, sans songer qu'en prenant ce parti on s'exposait à tous les inconvéniens et à toutes les chances des retards qu'on reprochait à la navigation de la Loire, et qui seuls, après de longues réflexions et de longues hésitations, avaient fait penser à l'ouverture d'un canal latéral, comme étant le seul moyen d'y remédier d'une manière efficace et permanente.

L'idée d'un pont-canal sur lequel le canal traverserait l'Allier, était trop simple pour qu'elle ne se fût pas présentée la première à l'esprit; mais bien que l'Angleterre offre sur un canal d'une bien moins grande importance deux exemples d'édifices qui ne présentent pas des masses beaucoup moins imposantes, cependant le souvenir des travaux auxquels avait donné lieu la construction du pont de Moulins sur la même rivière, et sur une partie de son cours bien plus resserrée, ne permettait qu'on s'arrêtât à ce moyen qu'autant qu'on aurait renoncé à tous les autres.

Celui d'un barrage éclusé par lequel on élèverait les eaux à la hauteur convenable pour procurer aux bateaux qui auraient à traverser la rivière un mouillage suffisant, était infiniment plus simple et sûrement beaucoup moins dispendieux. On pouvait encore, par des digues basses, atteindre le même but en donnant à la rivière, dans ce point, deux lits pour les basses et les moyennes eaux, mais tous ces projets de détail, dont on eût demandé une étude comparative, en exigeant beaucoup de temps, eussent trop retardé la présentation du projet principal sur lequel M. l'inspecteur-général Gauthey était si pressé de faire prononcer ; et, n'écoutant que son impatience, il crut avoir fait un assez grand pas vers le but qu'il se proposait en obtenant de la commission un avis qui, en laissant au temps à décider sur la partie de canal depuis le bec d'Allier jusque vis-à-vis Briare, n'en appelait pas moins la sollicitude du gouvernement sur la partie du même canal comprise entre Digoin et le bec d'Allier.

Ce temps ne devait pas être très-éloigné, et la concession sans distinction des deux parties du canal latéral à la Loire, à la compagnie des Quatre Canaux, en vertu de la loi du 14 août 1822, a ramené nécessairement l'attention sur tous les détails de ce grand projet.

De longues méditations d'un ingénieur habile sur la traversée de l'Allier devaient faire espérer que les ouvrages au moyen desquels on doit l'effectuer, et qui consistaient dans la combinaison de digues insubmersibles qui auraient pour objet de resserrer le lit des moyennes et des basses eaux, semblaient ne devoir exiger, ainsi que ceux pour les traversées de la Loire à Digoin et à Briare, que des dépenses modérées. Cependant depuis, et MM. les ingénieurs chargés des travaux de ce canal ayant présenté le projet d'un pont-canal qui leur a paru offrir le moyen le plus sûr d'effectuer le passage de l'Allier, il a été décidé, d'après l'avis du conseil des Ponts-et-Chaussées, du mois de mai 1827, que le système des digues serait remplacé par un pont-canal de seize arches de 14m d'ouverture.

Suivant l'avant-projet présenté par l'ingénieur Boistard, mais qui, d'après les études auxquelles on se livre depuis la concession de ce canal, pourra éprouver des modifications, le canal latéral à la Loire, dont on a donné plus haut une idée générale et dont plusieurs parties doivent rester sensiblement les mêmes, à moins de nouveaux changemens dont on parlera ci-après, se fût composé ainsi qu'il suit :

Première partie, de Digoin au bec d'Allier.—La première branche, qui eût commencé dans la Loire, vis-à-vis de l'embouchure du canal du Centre, ne se fût composée que d'un port d'environ 500ᵐ et d'une écluse de 2ᵐ,79 de chute.

Le bief de partage, alimenté par la Vouzance, le ruisseau de Taleine, la rivière d'Odde, le ruisseau du Theil, et par les rivières de Roudon et de Besbre, se fût dirigé par les villages de Péage, de Taleine et de Coulanges, et aurait eu 9,968ᵐ de longueur. (G.)

La deuxième branche, en se maintenant au-dessus des inondations de 1790, eût passé au-dessus de Pierre-Fitte et du Theil, derrière Diou, au-dessus de Sept-Fonds, de Gannat et de Decize, au-dessus d'Avry, sous Fleury et Chevenon, enfin sous Gimouille, et fût entrée dans la Loire un peu au-dessus de l'embouchure de l'Allier, après un parcours total de 89,487ᵐ, et une pente de 55ᵐ,61 rachetée par 22 écluses.

La longueur totale de cette partie eût été de 99,955ᵐ, et le nombre total des écluses, de 23, non compris 2 écluses de garde aux extrémités.

Deuxième partie, du bec d'Allier à Briare.—La première branche, qui eût commencé dans la Loire vis-à-vis Cuffy, aurait eu de 1000 à 1500ᵐ de longueur, et sa pente de 2ᵐ,60 aurait été rachetée par 1 écluse.

Le bief de partage, alimenté par les eaux de l'Allier prises entre le Veuillin et Apremont, au moyen d'une rigole de 4,645ᵐ de développement, et par différens ruisseaux, se fût dirigé sous le village d'Aubray, sous Cour-les-Barres et Dompierre, et se fût terminé à la rivière d'Aubois qu'il eût traversée par un pont-canal de 16ᵐ d'ouverture. Il aurait eu 12,425ᵐ de longueur.

La deuxième branche eût passé à Beffes, St.-Léger et Argenvières, sous La Chapelle, Héry, Ste.-Bouise, St.-Satur, Sury, Beaulieu et Châtillon, enfin au-dessus de St.-Firmin, pour déboucher dans la Loire, après un parcours de 71,678ᵐ, et une pente de 47ᵐ,50, rachetée par 18 écluses.

La longueur totale de cette seconde branche eût été de 85,506ᵐ, et le nombre des écluses de 19, non compris 2 écluses de garde aux extrémités.

Longueur totale des deux parties du canal. 185,561ᵐ

Total des écluses, non compris 4 écluses de garde sans chute, . . .   42

Depuis, ce projet a paru susceptible de plusieurs améliorations, sur l'une desquelles, ainsi qu'on l'a dit plus haut, l'administration s'est déjà prononcée, savoir : sur l'adoption d'un pont-aquéduc sur l'Allier.

Par la construction de ce pont-aquéduc qui se composera, d'après les derniers projets, de 18 arches de 16ᵐ d'ouverture, et par son élévation au-dessus des eaux de la Loire, le même projet sera singulièrement modifié dans sa partie intermédiaire, et sa ligne, qui se composait de deux canaux à point de partage, se trouvera transformée en un seul canal à un seul point de partage : le bief de partage de la première partie du canal, de Digoin au bec d'Allier, devenant commun à la seconde partie du canal, du bec d'Allier à Briare, la 2ᵐᵉ branche de la première partie se prolongera jusqu'à la 2ᵐᵉ branche de la seconde partie, et, en se confondant avec elle, viendra se terminer à la Loire vis-à-vis Briare.

Suivant ce projet, la longueur totale serait de 192,063ᵐ,86; la pente de la première branche, de 6ᵐ,20, serait rachetée par 3 écluses; et celle de la seconde branche, de 104ᵐ,92, par 41 écluses : en totalité, 44 écluses.

Mais ce n'est pas le seul changement que semble devoir subir le canal latéral à la Loire. On agite dans ce moment la question de savoir si, pour assurer la navigation en tout temps, il ne conviendrait pas de construire deux nouveaux ponts-aquéducs sur la Loire, l'un à Digoin et l'autre à Briare, afin de mettre ce canal en communication immédiate avec les canaux du Centre et de Briare.

D'après ce nouveau projet, qui ferait du canal latéral à la Loire un monument dont l'histoire de l'art n'a point encore offert d'exemple, ce canal, alimenté par les eaux de l'Arroux amenées par une rigole de 12,000ᵐ de longueur, partirait du quatrième bief de la branche méridionale du canal du Centre dont le plan d'eau serait modifié de manière à correspondre à 10ᵐ,10 au-dessus de l'étiage de la Loire, et traverserait ce fleuve à Digoin sur un pont-aquéduc de 11 arches de 16ᵐ d'ouverture; s'abaissant ensuite de 2 écluses de 3ᵐ,90 de chute ensemble, pour reprendre un tracé qui s'écarte peu du premier, il descendrait, par 19 écluses de 50ᵐ,60 de chute ensemble, au pont-aquéduc de l'Allier.

De ce pont-aquéduc, le canal, descendant immédiatement après de 3 écluses accolées de 8ᵐ,52 de chute ensemble, suivrait le tracé du premier projet pour, en s'abaissant ensuite de 14 écluses d'une chute totale de 32ᵐ,76, traverser une seconde fois la Loire sur un pont-aquéduc de 21 arches de 15ᵐ d'ouverture, et, après être descendu de 4 écluses de 9ᵐ,70 de chute ensemble, se réunir enfin au dernier bief du canal de Briare.

La longueur de cette ligne serait : de son embranchement sur le canal du Centre, à l'extrémité du pont-aquéduc de l'Allier, de 110,903ᵐ,11; et de ce point à son entrée dans le canal de Briare, de 86,289ᵐ,75, en totalité 197,192ᵐ,86. La pente totale, qui serait de 105ᵐ,48, depuis le canal du Centre jusqu'à celui de Briare, serait rachetée par 42 écluses.

Par un traité approuvé par une loi du 14 août 1822, et dont il a été parlé plus haut, une compagnie de capitalistes s'est chargée de fournir la somme de 12,000,000 fr. à laquelle fut estimé à cette époque le canal, à l'intérêt de 5 fr. 17 c. p. o/o, au moyen de ce que le Gouvernement s'engageait à faire exécuter les ouvrages dans un délai de huit ans et trois mois, à partir du 1ᵉʳ octobre 1822, et à faire jouir après la même compagnie d'une prime de 172 p. o/o du capital primitif, jusqu'au moment de son complet amortissement, et enfin à l'admettre, à cette époque, au partage égal du produit net du canal, pendant quarante ans (H).

CANAL DU DUC DE BERRI.

S'il n'existe que peu de provinces en France qui n'aient reconnu les avantages attachés à l'établissement des canaux de navigation, du moins la province du Berri est sans nul doute une des premières qui en ont sollicité le bienfait. Cette province ne cessait depuis long-temps de réclamer les moyens de communication et de débouché que semblaient lui

devoir faire obtenir et sa position centrale et la surabondance et la variété des productions de son sol. Dès le quinzième siècle, les États-Gé-
néraux de Tours énoncèrent leur vœu sur la jonction du Cher supérieur
à la Loire ; et en marge de l'un des nombreux mémoires qui furent présentés à ce sujet, près de cent ans après, l'on voit écrit de la main de
Sully : *Ne se peut faute de fonds.*

Depuis, et presque de nos jours, le même projet fut repris, en 1765,
par M. le duc de Charost, et, en 1772, sous ses auspices, par M. le
baron de Marivet, qui, tout en modifiant ce projet, ne laissait pas cependant, par celui qu'il présentait, de remplir en partie le but qu'on se
proposait alors.

Enfin, en 1786, l'assemblée provinciale du Berri, encore guidée par
les vues patriotiques de M. le duc de Charost dont l'amour du bien public
ne pouvait se ralentir, ayant obtenu du Gouvernement, pour réaliser la
jonction du Cher à la Loire, un secours annuel de 100,000 fr., allait
voir couronner ses efforts par le succès d'une entreprise qui depuis plus
de trois siècles faisait l'objet des vœux du pays, lorsque la révolution
vint encore une fois, en brisant toutes les conventions, renverser ses
espérances.

Ce ne fut en effet que vingt ans après, et même sans répondre encore à l'attente de cette province, que le Gouvernement, dont on avait
attiré l'attention sur les mines de charbon de Commentry, situées dans
le département de l'Allier, à trois lieues au-dessus de la ville de Montluçon, désirant procurer à ces mines un débouché qui fût en rapport
avec leur abondance, décida que le Cher serait rendu navigable par
une ou plusieurs dérivations. Cette ligne de navigation, bien qu'offrant
plusieurs avantages pour le pays qu'elle devait parcourir, était loin cependant de remplir les vues qui avaient animé autrefois l'ancienne province du Berri et auxquelles cette province avait cru jusqu'alors ne pouvoir entièrement satisfaire qu'en demandant la jonction du haut Cher à
la Loire, qui mettait particulièrement la ville de Bourges non-seulement
en relation avec les départemens de l'Ouest, ce à quoi se bornait la ligne

dont il s'agissait, mais encore avec ceux de l'Est et du Nord, et avec ceux du Midi, au moyen du Rhône.

Ce fut toutefois cette ligne que venait de déterminer le Gouvernement, que ne vit qu'avec indifférence et presque avec humeur, le département qu'elle devait traverser, et pour l'établissement de laquelle l'ingénieur qui fut chargé de son étude éprouva des résistances de plus d'un genre ; ce fut toutefois cette même ligne qui, modifiée quelques années après dans sa partie supérieure, par suite d'une demande du département du Cher et d'une décision du chef du Gouvernement, devait, en se trouvant ramenée par cette modification dans les conditions de la ligne depuis si long-temps attendue par le Berri, finir par répondre à tous les désirs et à tous les intérêts.

Cette ligne, dont l'exécution fut commencée en 1809, et qui, connue d'abord sous le nom de canal du Cher, reçut en 1814 son nouveau nom du prince qu'un affreux attentat enleva à la France peu d'années après, a acquis, par les nouvelles transformations qu'elle a subies, une trop grande importance dans le système général de la navigation intérieure de la France, pour que nous ne lui consacrions pas quelques détails dans l'histoire de cette navigation.

Par un décret du 16 novembre 1807, le Cher, ainsi qu'il vient d'être dit, devait être rendu navigable par une ou plusieurs dérivations depuis Montluçon jusqu'à son entrée dans la Loire.

L'exécution de cette ligne de navigation, qui devait être ouverte sur toute son étendue dans un des vallons les plus fertiles et les plus riches de la France, avait pour objet, indépendamment du transport des charbons de terre des mines de Commentry, celui des bois de construction et de chauffage, qui sont très-abondans dans la région supérieure du Cher, ainsi que la descente, vers les départemens de l'Ouest, des vins et eaux-de-vie, des fers, des laines et des chanvres qu'on récolte ou fabrique dans ces contrées. Par le même canal, on faisait remonter les blés, les ardoises et toutes les marchandises provenant de la basse Loire.

D'après deux mémoires remis successivement par l'ingénieur chargé

de la rédaction de ce projet, le 10 février 1809 et le 5 avril 1810, et
par lesquels, après une reconnaissance détaillée des localités et du régime du Cher, il proposait d'ouvrir un canal latéral à cette rivière,
deux décisions prises par M. le directeur-général des Ponts-et-Chaussées
sur l'avis du conseil, la première du 8 juin 1809 et la seconde du 16 mai
1810, établissaient :

1° Qu'un canal serait ouvert latéralement à la rivière du Cher depuis
Montluçon jusqu'à Vierzon en passant par St.-Amand et St.-Florent ;

2° Que le même canal, après avoir traversé deux fois la rivière du
Cher au-dessous de Vierzon, à l'effet d'éviter la rivière d'Arnon, se-
rait prolongé latéralement au Cher depuis Vierzon jusqu'au-dessus de
St.-Aignan ;

3° Que le lit du Cher, dans lequel serait établie la navigation depuis
St.-Aignan jusqu'à St.-Avertin, serait rectifié et rendu propre à cet objet par les ouvrages qui seraient jugés nécessaires ;

4° Que depuis St.-Avertin jusqu'au-dessus de Tours il serait ouvert
un canal de jonction du Cher à la Loire (1).

Par les mêmes décisions, le canal devait avoir 7^m de largeur au plafond, 8^m,75 à la ligne d'eau, et 14^m d'ouverture au niveau des chemins
de halage fixés à 3^m,50 de largeur chacun. Sa profondeur devait être
de 2^m, et son mouillage de 1^m,50.

Les écluses, généralement de 2^m,60 de chute, devaient avoir 4^m de
largeur entre les bajoyers, et 34^m de longueur entre les buscs.

Les ouvrages, commencés en 1809 et continués avec plus ou moins
d'activité jusqu'en 1820, consistaient dans l'ouverture, vis-à-vis de Montluçon, d'un bassin de 400^m de longueur et de 45^m de largeur, et dans
celle du canal sur une longueur de 40,000^m ; dans cinq redressemens
du Cher ; dans la construction de six écluses, de quatre ponts, d'une
maison éclusière, et enfin dans la plantation du canal sur toute la longueur ouverte ; travaux qui présentaient ensemble, y compris divers
autres ouvrages accessoires, une dépense d'environ 2,500,000 fr.

Cependant, et tandis que ces travaux s'exécutaient, le conseil général du département du Cher ayant demandé, par sa délibération du 3 septembre 1810, qu'il appuyait de l'offre d'une somme de 500,000 fr. payable en dix années, que la ligne du canal, au lieu de suivre le Cher entre St.-Amand et Vierzon, fût dirigée de préférence par les vallons de la Marmande, de l'Auron et de l'Yevrette pour passer par la ville de Bourges; et d'un autre côté, un décret du 24 février 1811, dans la vue d'affranchir le commerce des difficultés de la navigation de la Loire, depuis Tours jusqu'à Nevers, ayant ordonné l'étude d'un canal qui serait ouvert de Vierzon à Nevers, en prolongement de la partie du canal du Cher de Tours à Vierzon, il fut rédigé, dans la même année, un projet par lequel, cherchant à satisfaire à ces deux conditions, qui pouvaient se prêter un mutuel secours, la portion du canal du Cher allant de Tours à Vierzon devait être prolongée jusqu'au bec d'Allier, en passant par la vallée de l'Auron, et recevoir, dans la même vallée, au lieu dit le Rimbé, à environ 3,000ᵐ au-dessus de Bannegon, l'embranchement de la portion supérieure du canal du Cher, déjà en partie exécutée, et laquelle, dans cette dernière hypothèse, ne devait plus être considérée que comme une branche du grand canal de Tours à Nevers.

Ce dernier canal, de cinquante-quatre lieues de longueur, conçu par le chef du Gouvernement peu de temps après l'ajournement de la seconde partie du canal latéral à la Loire, avait comme elle pour objet, ainsi qu'on vient de le dire, d'éviter la navigation pénible et souvent impossible, pendant huit mois de l'année, de la Loire, depuis Tours jusqu'à Nevers, sur soixante-douze lieues de longueur. Mais un complément essentiel paraissait dès ce moment manquer à cette dernière conception : l'ingénieur en chef, chargé de cette étude, crut le lui procurer en renouvelant la proposition déjà faite d'ouvrir la première partie du canal latéral à la Loire, qui avait déjà fixé l'attention du Gouvernement, et par l'exécution de laquelle, en faisant disparaître la lacune de vingt-cinq lieues de longueur qui s'étend entre le bec d'Allier et Digoin, on établissait une ligne de navigation de près de cent cinquante lieues, presque toute en canal, de Tours à Bâle, au moyen du canal du Centre et de celui de la Saône au Rhin, connu aujourd'hui sous le nom de canal *de Monsieur.*

Cette combinaison présentait sans doute un résultat aussi important qu'inattendu.

En effet, et lors même qu'on n'eût point eu l'idée d'ouvrir un canal latéral depuis le bec d'Allier jusqu'à Digoin, il n'en était pas moins vrai qu'au moyen de ce qu'on établissait, entre la nouvelle direction demandée par le département du Cher et le nouveau canal de Vierzon au bec d'Allier, une partie commune de canal de 80,000ᵐ ou vingt lieues de longueur, entre Bourges et le Rimbé, on se trouvait par là satisfaire à la fois et au vœu émis par le département, dans sa délibération du 3 septembre 1810, et aux dispositions du décret du 24 février 1811, en ouvrant seulement la partie de canal de 55,645ᵐ de longueur depuis le Rimbé jusqu'au bec d'Allier.

Ce double résultat ne fut pas obtenu sans plusieurs études que l'auteur de cet écrit doit d'autant moins passer sous silence qu'elles lui furent confiées comme se trouvant alors chargé de la direction du canal du Cher, et qu'il s'est étendu, dans le cours du même écrit, sur d'autres opérations qui n'offraient pas un plus haut degré d'intérêt sous le rapport de l'art.

On a vu que, peu de temps après que le conseil général du département du Cher eut formé la demande que la ligne du canal du Cher fût dirigée par la ville de Bourges, un décret du 24 février 1811 ordonnait l'étude du prolongement de la partie inférieure de ce canal, de Vierzon à Nevers. C'était donc à ces deux dispositions, qui furent établies séparément et sans concert, qu'avait à satisfaire l'ingénieur en chef du canal du Cher. Or, bien qu'il existât un ancien projet de jonction du Cher à la Loire, entre Vierzon et Nevers, en passant par Savigny, Beaugy et Villequiers, le même ingénieur, tout en sentant la convenance d'étudier de nouveau ce projet pour se procurer un terme de comparaison, ne pût méconnaître l'avantage qui résulterait, en combinant les deux lignes demandées, d'embrancher le plus haut possible, sur la ligne de St.-Amand à Bourges, celle qui pouvait mettre cette première ligne en communication avec Nevers. En effet, ces deux lignes, si on les envisageait séparément, ne pouvant s'établir chacune qu'au moyen d'un point de partage, c'était déjà simplifier beaucoup leur établissement, que de réunir en un seul ces deux points de partage, et de réunir également en une seule les deux branches inférieures de ces deux lignes; c'était aussi assurer en même temps au pays du haut Cher une communication beaucoup plus courte avec la Loire, puisqu'en adoptant l'ancien projet on eût été forcé de descendre jusqu'à Bourges, ou au moins à moitié du chemin, pour remonter ensuite jusqu'à Nevers. En s'imposant la solution de ce problème, il s'agissait d'en reconnaître la possibilité sans prévention et sans esprit de système; pour cela, il était nécessaire d'étudier : premièrement, la ligne qui devait satisfaire à la demande que faisait le département du Cher, de faire passer la ligne du canal du Cher par la ville de Bourges; secondement, celle qui partant de cette ligne le plus haut possible pouvait, suivant la demande du gouvernement, se diriger sur Nevers, et enfin de comparer cette dernière ligne avec celles anciennement projetées qui partaient de Vierzon ou de Bourges (l'intervalle entre ces villes n'offrant aucune difficulté pour se diriger sur Nevers), et lesquelles lignes, à cet effet, on devait commencer par ré-étudier. C'est d'après ces bases de travail que des nivellemens furent faits suivant plusieurs directions, et sur une longueur ensemble de plus de cent lieues, et que furent étudiées et comparées entre elles les différentes lignes dont on va donner la description.

Déviation de la ligne du canal du Cher par la ville de Bourges.

M. l'ingénieur Renault qui, d'après la connaissance qu'il avait eue de la demande du département, s'était occupé des moyens de lier le canal du Cher à la navigation de l'Auron, avait pensé que, quittant le canal latéral du Cher vis-à-vis Allichamp, trois lieues au-dessous de Saint-

Amand, et deux lieues au-dessous de Noirlac, il serait possible de diriger la première branche de canal le long de la rivière d'Yvernet, en établissant son point de partage au-dessous des forges de Meillant, au moyen des eaux de l'Auron qu'il eût conduites par une rigole qui, partant de l'Auron vers Pondi, aurait longé le revers de la côte à gauche, serait passée au-dessus de Verneuilles, et, après avoir suivi pendant quelque temps le ruisseau des Sevins, se serait rendue dans le petit vallon de Croron pour venir aboutir à Meillant; et qu'ensuite il pourrait facilement établir la seconde branche de ce canal, en passant par Challais, Contres, et au-dessous de la Perisse, et enfin entrer dans le vallon de l'Auron près de Palin, pour suivre cette rivière jusqu'à Bourges, et de là à Vierzon.

Mais ce projet, qui d'ailleurs n'était pas sans présenter quelques difficultés, n'offrait pas tous les avantages désirables dans l'état actuel de la question, surtout lorsqu'on l'examinait dans ses rapports avec le projet de communication du Cher à la Loire. Premièrement, d'après les nivellemens faits tant sur la direction que devait suivre la rigole destinée à amener les eaux au point de partage, que sur celle de la seconde branche du canal de Meillant à l'Auron, au-dessous de Palin, on se fût trouvé avoir à creuser, sur la première, une tranchée de 2272^m, sur une profondeur moyenne de 4^m,317, produisant un déblai, y compris l'ouverture du canal, de 214,263^m,28 cubes; et sur la direction du canal une autre tranchée bien plus forte de 6325^m de longueur, sur 5^m,511 de profondeur moyenne, produisant un déblai de 609,944^m,30 cubes; et lesquelles tranchées eussent exigé une dépense totale de plus de 800,000 fr.; secondement, la rivière d'Auron, en y joignant les sources qu'on espérait rencontrer à Meillant, ne produisant guère en été que cinq à six cents pouces d'eau, il eût été nécessaire de se procurer de nouvelles eaux qu'on n'eût pu obtenir qu'à grands frais.

On pensait de plus que s'il eût été impossible d'effectuer la communication du Cher à l'Auron autrement qu'en suivant le vallon de l'Yvernet, et en passant par Meillant, ce qui n'est pas, il eût été du moins préférable d'établir le point de partage à Parnai, où l'on eût amené, également le long du coteau, par une rigole, les eaux de l'Auron, et d'où ensuite on se fût dirigé, d'un côté, à l'Auron par le vallon de la Périsse pour joindre cette rivière au-dèssous de Palin, et de l'autre, au Cher en suivant le vallon de Croron et la rivière d'Yvernet pour arriver, comme dans le premier projet, vers Allichamp.

De cette manière, et ainsi qu'il résulte des calculs, on n'eût eu à faire que la tranchée de Parnai à Croron, laquelle n'exigeait que 440,540^m,97 de déblais.

Une troisième direction parut préférable.

Par cette direction, qui a subi quelques modifications depuis, on terminait le canal latéral du Cher à un point situé entre Drevant et la Roche. Traversant à ce point la rivière du Cher, la première branche du canal, destinée à remplacer la partie du canal latéral du Cher de St.-Amand à Vierzon, contournait la côte de St.-Amand derrière cette ville; se retournait ensuite à droite pour monter la vallée de la Marmande, dont elle suivait la rive gauche pendant quelque temps; traversait cette rivière vis-à-vis le domaine du Breuil pour prendre sa rive droite, passer au-dessus de Gateau et des Places, ensuite au-dessous de Saint-Pierre, puis au-dessus de Charenton, et enfin au-dessous de la Croix-Blanche, pour gagner, au dessous du domaine du Paillard, le grand bief qui devait se développer, à la hauteur du Rimbé, sur 6775^m de longueur entre les moulins de la rivière et de la Rochette, et qui, commun à la ligne descendante vers Bourges, pouvait être considéré, relativement à ces deux lignes, comme un bief de partage auquel il eût été possible d'amener les eaux supérieures de l'Auron et de la Marmande, s'il n'eût pas dû être alimenté par le bief supérieur dont il sera parlé ci-après.

Cette première branche de St.-Amand au Rimbé, et de laquelle on vient de donner l'itinéraire, avait 24,000^m de longueur, et sa pente, qui est de 55^m,567, devait être rachetée par quatorze écluses.

La branche se dirigeant sur Bourges passait derrière Dunogon, et suivait la rive gauche de l'Auron jusqu'à Bourges, et ensuite jusqu'à Vierzon.

Cette dernière direction, qui a été adoptée à quelques modifications près, semblait dès ce moment présenter, comparativement avec les deux premières, des avantages incontestables.

D'abord, les tranchées à creuser pour l'établissement du bief que nous avons considéré comme le bief de partage de cette ligne, ne devaient s'étendre que sur environ 2000ᵐ de longueur, et seulement sur une profondeur réduite de 3ᵐ, et ce bief eût pu être alimenté, ainsi qu'on l'a dit, par l'Auron et la Marmande, au moyen de rigoles beaucoup moins longues que dans les autres projets; secondement, en quittant la vallée du Cher au-dessus de St.-Amand plutôt que trois lieues au-dessous, comme on le faisait par les deux premières directions, pour se reporter dans la vallée de l'Auron, on évitait les grands travaux auxquels elles eussent obligé vis-à-vis St.-Amand, et plus bas vis-à-vis Noirlac; enfin, pour arriver à la vallée de l'Auron, on remontait la vallée très-riche et très-peuplée de la Marmande, on passait près des villes de Charenton, de Bannegon, et sous les murs de la ville de Dun-le-Roi, la quatrième du département par sa population et son industrie, et on s'éloignait moins de la forêt de Tronçais, à laquelle la nouvelle ligne de navigation allait présenter un nouveau moyen de transport.

A la vérité, on ne pouvait disconvenir que cette même direction, qui réunissait tant d'avantages que n'offraient point les deux premières, présentait plus de longueur de navigation; mais outre que, par la route qu'elle suivait, il devenait bien plus facile d'y rattacher la ligne qui devait la faire communiquer avec la Loire, combien aussi plus de pays intéressans, disait-on, ne devait-elle pas vivifier! et combien sa position, à travers des contrées plus fertiles, ne devait-elle pas donner lieu à de nouveaux établissemens et à de nouvelles combinaisons de l'industrie!

D'après l'estimation qui fut faite des ouvrages à exécuter pour l'établissement de cette ligne de navigation, sa dépense montait, savoir:

1° Pour la première partie depuis Drevent, sur le Cher, jusqu'au dèssus du moulin de la Rochette, sur l'Auron, à 1,700,000

   2° Pour la partie depuis le moulin de la Rochette jusqu'à

Bourges. 2,900,000

   3° Pour la troisième partie, de Bourges à Vierzon 1,600,000

En totalité. 6,200,000

Communication du Cher à la Loire.

L'ingénieur en chef, chargé de l'étude de cette communication, n'ignorait pas qu'un grand nombre de projets, dont il est question dans plusieurs anciens Mémoires de l'assemblée provinciale du Berri, avaient eu tous pour but de joindre le Cher soit immédiatement à la Loire, soit d'abord à l'Allier, et ensuite à la Loire. Mais parmi ces projets, qui n'ont jamais été discutés, et ne paraissent pas être sortis des archives du pays, un seul, celui dont, vingt-cinq ans auparavant, s'était occupé M. le duc de Charost, ayant été indiqué sur presque toutes les cartes du département, et même sur celle de la navigation de la France par Dupain-Triel, lui parut devoir être étudié de nouveau, afin de pouvoir le comparer avec celui dont les localités lui avaient suggéré l'idée, et lequel lui avait semblé présenter beaucoup plus d'avantages en se liant bien plus heureusement au canal du Cher, et en pouvant jouir d'un beaucoup plus grand volume d'eau.

Par le projet de M. le duc de Charost, la ligne de navigation, partant de Vierzon pour suivre la rivière d'Auron, se serait dirigée sous Mehun et sous les murs de Bourges, d'où, suivant ensuite la vallée de la rivière d'Yevrette, elle eût passé, en se tenant sur la rive gauche, sous les villages d'Omoy et de Savigny, dernier lieu où elle eût reçu la petite rivière d'Ommery; de là, continuant sur la même rive gauche pour passer près du pont d'Avor, et se diriger vers Pouligny, elle eût contourné l'étang de Baugy, suivi le petit ruisseau de la Faye et du Gué pour entrer, en passant sous la Charnaie, dans l'étang des Averdines où devait commencer le bief de partage. Ensuite, et pour éviter les hauteurs de Chassi et de Mornai, longeant pendant quelque temps la rivière de la Vauvise, elle se dirigeait vers Vauvrille, redescendait après le long de l'étang de Doigt, passait entre les entrois et le pont de Chêne, se portait vers Ste.-Brigite, passait sous Menetous, descendait par Font-Morigny dans la vallée de l'Aubois, qu'elle suivait jusqu'à l'embouchure de cette rivière dans la Loire, pour, en se retournant à droite, longer ensuite le cours de ce fleuve jusqu'au Bec d'Allier, où elle arrivait après un développement de 107,000ᵐ.

D'après des jauges faites avec le plus grand soin dans le cours de 1811, les eaux avec lesquelles on pouvait alimenter le bief de partage qui aurait pu s'étendre depuis l'étang du Gué jusque près de Font-Morigny, sur une longueur de 22,676ᵐ, et lesquelles eaux provenaient des étangs du Gué, du Beugnon, des Averdines, du ruisseau de Migny, des étangs de Vauvrille, de Doigt, de Boui, et des sources de Font-Morigny, ne s'élevaient, au 1ᵉʳ septembre, qu'à 551 pouces de fontainier (20,495ᵐ cubes par 24 heures), et moyennement, pour les six mois les plus secs de l'année, à 702 pouces (13,371ᵐ cubes).

Quelque faible que soit ce volume d'eau, cependant cette considération, eu égard à la facilité de former des réservoirs d'eau supplémentaires, n'eût pas été celle qui eût le plus contribué à faire rejeter cette ligne de navigation, si elle se fût d'ailleurs combinée convenablement avec la ligne de St.-Amand à Bourges; mais, envisagée seulement en elle-même, son établissement exigeait des travaux de terrassemens qui eussent suffi pour détourner de son adoption. En fixant, comme il était indispensable, le fond du bief de partage à 2ᵐ,215 au-dessous du niveau des eaux de l'étang de Laverdine, on avait, pour prolonger ce bief, d'un côté jusqu'à la petite Faye, et de l'autre jusqu'à Font-Morigny, deux tranchées extrêmement profondes à faire à ses deux extrémités. La première, sur 2578ᵐ de longueur, et qui n'aurait pas eu moins de 15ᵐ,408 de profondeur à son point culminant, aurait été creusée sur une hauteur réduite de 7ᵐ,822, ce qui eût exigé un déblai de 504,049ᵐ,02 cubes. La seconde tranchée, de l'étang de Doigt jusqu'à Font-Morigny, aurait eu 8266ᵐ de longueur, et à son point culminant 22ᵐ,568 de profondeur. Cette dernière tranchée, sur une hauteur moyenne de 9ᵐ,183, et calculée d'après le profil adopté pour le canal, eût occasioné un déblai de 4,126,513ᵐ,32 cubes.

Quant aux deux branches des deux côtés du bief de partage, elles n'eussent offert que des ouvrages ordinaires.

La première branche, depuis Vierzon jusqu'à la petite Faye, sur 60,000ᵐ de longueur, était facile à établir, et sa pente totale, qui est de 81ᵐ,455, aurait été rachetée par trente-deux écluses.

La seconde branche, depuis le ruisseau de Font-Morigny jusqu'au Bec d'Allier, sur 24,524ᵐ de longueur, n'éprouvait pas non plus d'obstacles dans son tracé : cette branche se fût divisée en deux parties, savoir : la première, depuis le ruisseau de Font-Morigny jusqu'à Vilaine, près l'embouchure de l'Aubois dans la Loire, et dont la pente, qui est de 17ᵐ,734, eût été rachetée par sept écluses ; et la seconde, depuis Vilaine jusqu'au Bec d'Allier, et dont la pente en sens inverse, estimée à 7ᵐ, aurait été rachetée par trois écluses.

Tous les ouvrages de cette ligne étaient estimés devoir monter par aperçu, savoir :

	francs
1° Pour la partie depuis Vierzon jusqu'à Bourges, à..	1,600,000
2° Pour celle depuis Bourges jusqu'au Bec d'Allier, à	10,000,000
Total........	11,600,000

La dépense de cette ligne devait sans doute paraître énorme, et en supposant qu'on n'eût pu lui reprocher raisonnablement la pénurie des eaux qui devaient servir à son alimentation, on devait chercher encore s'il n'était pas possible, en lui en substituant une autre, d'atteindre à moins de frais le but qu'on se proposait par son établissement. L'espèce de parallélisme de cette dernière ligne, sur une très-grande partie de sa longueur, avec la première ligne au moyen de laquelle on faisait passer le canal du Cher par la ville de Bourges, et avec laquelle elle ne se réunissait qu'à ce point, ne pouvait, du moins sous l'aspect financier, que faire naître l'idée d'un double emploi. En effet, si ces deux lignes satisfaisaient, la première à la demande du gouvernement, et la seconde à celle du département du Cher, et si, sous ce double rapport, la tâche de l'ingénieur semblait remplie, cependant on avait à regretter de ne point profiter de la ligne qui établissait la communication du Cher, pris à Vierzon, avec la Loire, pour mettre en relation, par la voie la plus courte, le pays du haut Cher avec ce grand fleuve, et par là procurer aux mines de Commentry un précieux débouché vers Paris. Cet avantage, un des plus remarquables que puisse présenter le canal de Berri, n'avait point échappé, ainsi qu'on l'a vu plus haut, à l'ingénieur chargé de ces projets, et après la nouvelle étude de ceux anciennement proposés pour joindre le Cher à la Loire, il ne pensa pas devoir désespérer non-seulement d'obtenir ce résultat, mais encore de satisfaire d'une manière plus heureuse, et avec moins de dépense, à la première condition imposée, celle d'unir Vierzon et Bourges à Nevers; c'est ce qu'il crut avoir démontré en présentant le projet qui fut adopté, et dont il va donner la description.

L'étude antérieure, qui avait pour objet de faire passer par Bourges la partie du canal du Cher comprise entre St.-Amand et Vierzon, semblait devoir simplifier beaucoup ce projet. En effet, cette partie du canal une fois établie, il ne s'agissait plus que de s'assurer si, profitant de cette ligne sur la plus grande longueur possible, on ne pouvait pas, d'un de ses points, se diriger par une nouvelle ligne sur Nevers. Or c'est ce que, d'après une longue suite d'opérations, les localités parurent rendre très-exécutable, malgré les hauteurs qui s'interposaient entre les deux extrémités de cette dernière ligne, et qui obligeaient à former un bief de partage qui devenait particulier à cette même ligne, ou plutôt qui, supérieur à celui des deux branches de la ligne de St.-Amand à Bourges, devait dès lors le rendre inutile; puisque, par sa plus grande élévation, il pouvait seul, en fournissant à la dépense totale de la navigation, mettre en communication les deux branches de St.-Amand et de Bourges avec celle à former vers Nevers.

La première branche du nouveau canal de Vierzon à Nevers se confondant ainsi avec celle du canal de Vierzon à St.-Amand jusqu'au lieu dit le Rimbé, poursuivait donc, à partir de ce point, vers Nevers, en longeant le ruisseau de l'étang de Liénesse, et gagnait, après un parcours de 3500ᵐ et en s'élevant de 13ᵐ,76 (1), l'étang du Batardeau, où commençait le bief de partage propre au nouveau canal qui venait de s'établir, de cette manière, de Vierzon à Nevers.

Ce bief de partage, de 21,000ᵐ ou de 28,000ᵐ de longueur, selon l'une ou l'autre des deux directions qu'on eût suivie, et dont il sera parlé ci-après, se dirigeait, en laissant Augy sur la droite, vers le bas de l'étang de l'Arnon; traversait la rivière d'Aubois; passait à la vue de la petite ville de Sancoins; longeait les étangs et les forges de Grossouvre; et, suivant qu'il eût coupé à ce point le seuil de la côte qui sépare l'Aubois de la Loire, ou ne l'eût franchi qu'au-dessus et vis-à-vis de la Guerche, se portait, dans le premier cas, sous les Jambeaux et les Bordes pour arriver près du lieu Tonneau dans le petit vallon d'Omery-les-Gots; ou bien, dans le second cas, continuait à suivre encore le coteau de l'Aubois, en passant au-dessus de la chapelle Hugon, des Auvergnats, du Fief et du Pierrot, pour se rendre, par les étangs de Bourain, dans le même vallon d'Omery-les-Gots, un peu au-dessus de Veuillin.

Arrivé à ce point, la deuxième branche du canal, de 10,145ᵐ ou de 6964ᵐ de longueur (2), selon celle de ces deux directions qui aurait été adoptée, devait suivre le vallon de Veuillin, passer à gauche au-dessus du moulin des Barres, et venir se rendre au confluent de l'Allier et de la Loire, un peu au-dessus du lieu dit le Bec d'Allier.

---

(1) Cette hauteur a été réduite depuis, ainsi qu'on le verra, à 7ᵐ,76.

(2) Il est bon de noter que c'était dans le cas de la direction la plus courte, celle par les Bordes, que la deuxième branche était la plus longue et offrait par conséquent plus de facilité pour l'étagement des écluses.

La première chose qui frappait dans ce tracé était sans doute sa partie commune avec celui de la ligne du canal du Cher dans l'hypothèse où cette ligne devait être établie, suivant la demande du département du Cher, par la ville de Bourges. Le premier projet passant par Baugy avait bien aussi une partie commune avec cette même ligne de navigation, mais elle n'avait lieu que depuis Vierzon jusqu'à Bourges, et seulement sur 50,000^m de longueur. Dans le projet qui nous occupe en ce moment, cette partie commune se prolonge jusqu'au bassin de réunion fixé au Rimbé, et sur une étendue totale de 80,000^m, tellement que la partie qui restait à faire pour arriver au Bec d'Allier se réduisait, selon la direction qui serait adoptée, à la longueur de 35,645^m ou de 40,260^m.

Cette dernière combinaison offrait donc le plus grand résultat et la moindre dépense possible ; mais ce qui militait surtout en sa faveur, c'était sans doute les difficultés que par sa nature offre le pays, tant pour rassembler le volume d'eau nécessaire au service de la navigation, que pour l'établissement des lignes mêmes du canal.

Suivant les jauges faites à cinq époques différentes, savoir : la première pendant les mois de mars et avril ; la seconde pendant le mois de juin ; la troisième pendant celui de juillet ; la quatrième pendant les mois d'août et septembre, et enfin la cinquième pendant le mois d'octobre, on avait trouvé que les eaux provenant des rivières de Marmande et d'Auron, de différens ruisseaux, sources et étangs, qui pouvaient être amenées au bief de partage, montaient moyennement, pour les mois les plus secs de l'année, à 1535^c de fontainier (29,237^{mc},36 par 24 heures), et pour les six mois d'hiver à 6925^c (131,899^{mc},64), indépendamment de celles qu'on pouvait se procurer pour rafraîchir la partie du canal comprise entre le bief de partage et le bassin du Rimbé, partie commune à la branche de St.-Amand et à celle de Bourges, dans laquelle on pouvait amener des eaux de la Marmande, et qu'on avait appelée pour cette raison, le bief de partage de cette première ligne.

Outre ce volume d'eau, on faisait remarquer la facilité qu'on aurait à établir des réservoirs qui suppléeraient aux eaux déjà existantes, si, par impossible, elles n'étaient pas suffiantes. Et depuis, ayant pu abaisser le grand bief de partage, qui par son étendue de 21,000ᵐ deviendra lui-même un réservoir très-précieux pour un moment d'extrème sécheresse, on a reconnu que, tout en renonçant à se servir des eaux de la Marmande qui font mouvoir les forges de Charenton et de Boutisson, on pouvait, sans exagération, porter le volume des eaux servant à alimenter le même bief de partage à 1685°, et même de 2000° à 2200° de fontainier (41,903ᵐ,14 cubes).

Quant aux ouvrages de la ligne de navigation, on trouvait qu'ils ne consistaient qu'en mouvemens de terre assez ordinaires, et que les deux tranchées qui auraient lieu aux deux points extrêmes du bief de partage, et dont la masse totale était susceptible de réduction selon le parti à prendre sur la double direction proposée pour franchir la côte qui sépare l'Aubois de l'Allier, ne présentaient qu'un cube de 1,467,212ᵐ, tandis que celle des tranchées à faire sur la ligne projetée par l'étang des Averdines s'élevait à 4,630,562ᵐ,54 cubes.

D'après une estimation détaillée, les ouvrages à exécuter sur la nouvelle ligne étaient évalués ainsi qu'il suit :

1° Partie depuis Vierzon jusqu'à Bourges................ 1,600,000

2° Partie depuis Bourges jusqu'au Rimbé, 1,000ᵐ au-dessous du moulin de la Rochette........................ 2,900,000

5° Partie depuis ce dernier point jusqu'à l'Allier....... 4,300,000

                                                           ─────────
                                                           8,800,000

Les ouvrages à exécuter sur la ligne passant par le vallon de l'Yevrette et l'étang des Averdines s'élevaient, ainsi qu'on l'a vu, à 11,600,000 fr.; la différence de la dépense de ces deux lignes était donc de 2,800,000 fr.

Cette différence était sans doute assez considérable pour faire donner la préférence à la ligne de l'Auron, lors même que cette ligne n'eût pas paru devoir l'emporter sur celle de l'Yevrette sous le rapport de l'abon-

32.

dance des eaux; mais ce qui devait encore déterminer en sa faveur, c'était l'avantage qu'on trouvait, en la suivant, de répondre au vœu exprimé par le département, et d'ouvrir un débouché vers Paris aux produits du haut Cher et aux charbons de Commentry, au moyen d'une dépense qui ne pouvait paraître que modérée lorsqu'on la comparait aux résultats qu'elle procurait.

En effet, l'ancienne ligne projetée de St.-Amand à Vierzon latéralement au Cher, étant évaluée à la somme de 3,900,000 fr., et la même ligne reportée dans la vallée de l'Auron, d'après la demande du département du Cher, étant estimée devoir coûter la somme de 6,200,000 fr., la différence n'était que de 2,300,000 fr.; et comme il eût été difficile au gouvernement de se refuser à cette modification, pour laquelle le pays offrait de contribuer pour une somme de 500,000 fr., l'ingénieur en chef faisait remarquer qu'admettant cette modification il devenait alors possible de remplir l'intention du gouvernement, celle de mettre en communication Vierzon et Nevers avec le haut Cher avec la Haute-Loire, par la seule dépense de 4,300,000 fr. à laquelle était portée l'exécution de la partie du canal du Rimbé au Bec d'Allier; ou, en d'autres termes, qu'on pouvait satisfaire à la double demande du gouvernement et du département par un surcroît de dépense de seulement 6,600,000 fr., tandis qu'en adoptant la ligne du canal par l'étang des Averdines, qui n'établissait la communication du haut Cher avec la Haute-Loire que par un trajet trois fois plus long et qui pouvait laisser quelque inquiétude sous le rapport des eaux, on ne remplissait les vues du gouvernement et du département qu'en consentant à une dépense de 12,300,000 fr.

Rien ne semblait donc à l'ingénieur chargé de cette étude pouvoir s'opposer à l'adoption de ce nouveau projet de canal, les avantages attachés à son exécution lui paraissant incontestables; cependant, malgré leur évidence, quelques considérations qui échappèrent lors de sa présentation en 1812, à un examen trop peu approfondi, et surtout les circonstances politiques qui s'étaient emparées de toutes les pensées du chef du gouvernement, en firent ajourner et en ont retardé la réalisation jusqu'au moment où, d'après une modification provoquée par M. le directeur-général des Ponts-et-Chaussées, et la remise en délibération de la direction demandée par le département du Cher, et du prolongement de la ligne de Vierzon à Nevers ordonné par le décret du 24 février 1811, une ordonnance du roi est venue enfin mettre le comble aux voeux de ce département, en donnant au canal du duc de Berri l'extension qui devait lui faire jouer un rôle important dans le système général de la navigation intérieure du royaume.

La modification dont on vient de dire que M. le directeur-général des Ponts-et-Chaussées jugea le canal de Berri susceptible pour parvenir à en effectuer l'exécution, était la réduction de ses dimensions. Cette modification, qui était suggérée par les circonstances du moment, est trop importante dans l'histoire de ce canal, pour que l'on ne s'y arrête pas un instant.

A son arrivée à la place de directeur-général des Ponts-et-Chaussées, M. Becquey s'étant fait rendre compte du degré d'avancement des travaux du canal de Berri, et du système adopté pour sa construction, ne put s'empêcher de concevoir des craintes sur l'époque de son achèvement. Par une lettre adressée, le 18 novembre 1817, à l'ingénieur en chef directeur du canal, ce magistrat pensait qu'attendu l'état actuel des finances, il devenait impossible de continuer ce canal si l'on persistait à suivre le projet tel qu'il avait été approuvé, ou du moins de prévoir le terme de son exécution ; mais qu'au contraire, si, renonçant aux dimensions d'après lesquelles on avait commencé une partie du même canal, on se décidait à réduire ces dimensions à celles d'un canal de petite navigation, il pouvait d'autant plus espérer son entier établissement que déjà, dans cette supposition, une compagnie de capitalistes lui avait fait des propositions pour en obtenir la concession, et que, par ces différens motifs, il désirait être éclairé sur la question de savoir si, ainsi qu'il s'en flattait, il était possible d'appliquer au canal de Berri le système de petite navigation qui avait été employé, d'une manière si avantageuse pour le commerce, en Angleterre.

Ce fut donc en conséquence de cette intention de M. le directeur-
général des Ponts-et-Chaussées, que l'ingénieur qui était chargé de la
direction de ce canal présenta, dans un mémoire du 29 novembre 1817,
diverses propositions dans lesquelles n'a pu que l'affermir, ainsi qu'il
l'avait prévu, ce qu'il vit peu de mois après en Angleterre, où il demanda à se rendre pour fixer enfin, s'il était possible, les idées sur le
système de petite navigation employée dans ce pays, et sur lequel il
était persuadé qu'on s'était trompé jusqu'à ce jour.

Par ce mémoire, il proposait de réduire la largeur du canal à 5ᵐ au
plafond, et à 11ᵐ au niveau des chemins de halage, lui laissant d'ailleurs la même profondeur et le même mouillage ; il établissait les chemins de halage sur une largeur de seulement 2ᵐ,50, et enfin réduisait
la largeur des écluses à 2ᵐ,70, et leur longueur entre les buscs, de manière à ce que les bateaux qui seraient en usage sur le canal pussent
être admis au nombre de quatre dans les écluses du canal du Centre.

Ce qu'il a vu en Angleterre, ainsi qu'on vient de le dire, ne l'a engagé à proposer d'autre changement à ces dispositions que celui de prolonger les écluses jusqu'à 31ᵐ, de manière à obtenir par là l'avantage
d'avoir des bateaux du port de quarante à cinquante tonneaux, qui seraient reçus seulement deux à deux dans les écluses du canal du Centre,
ce qui n'augmentait la dépense du canal de Berri que d'un dix-huitième seulement (1).

La comparaison de la dépense dans les deux systèmes de grande et

---

(1) Plusieurs ingénieurs préfèrent le premier mode au second ; mais si l'on songe
au peu de différence qu'apporte le plus grand allongement des écluses dans la dépense, surtout sur les canaux où il n'en existe qu'un petit nombre, et qu'on mette
en ligne de compte l'avantage d'un chargement de deux fois à deux fois et demi plus
considérable, et la facilité que donne la plus grande longueur des bateaux pour le
transport des bois de construction, etc., on aura de puissans motifs pour adopter un
système que l'expérience a consacré généralement chez nos voisins.

de petite navigation, dont on vient de présenter les dimensions, justifia pleinement l'idée de M. le directeur-général, puisque, d'après cette comparaison, les dépenses du canal, suivant ces deux systèmes, étaient dans le rapport de trois à deux.

La dernière modification qui venait d'être apportée dans les dimensions du canal de Berri, la nouvelle direction qui venait de lui être donnée entre St.-Amand et Vierzon, et enfin l'extension qu'il venait de recevoir par la création de la ligne du Rimbé au Bec d'Allier, pour mettre en communication sa partie supérieure avec la Loire, ayant dû faire l'objet de nouvelles décisions, une ordonnance du roi du 22 décembre 1819 établit :

1° Que la partie de ce canal qui devait être exécutée entre St.-Amand et Vierzon, au lieu de suivre la rivière du Cher, serait dirigée par les vallées de la Marmande, de l'Auron et de l'Yevrette, en passant par Bourges.

2° Que la somme de 500,000 fr. offerte par le conseil-général du département du Cher, pour être employée à l'exécution des travaux, serait acceptée.

3° Que les longueur, largeur, hauteur et profondeur du canal et des écluses entre St.-Amand et Vierzon, seraient réduites aux dimensions adoptées par le conseil général des Ponts-et-Chaussées.

Que ces dimensions seraient communes à la partie du canal et aux écluses qui restaient à terminer entre Montluçon et St.-Amand.

4° Que le projet de prolongement du canal de Berri, depuis le Rimbé jusqu'au Bec d'Allier, et du Bec d'Allier à Digoin, serait étudié.

Que du Rimbé au Bec d'Allier, les dimensions du canal et des écluses seraient exactement conformes à celles qui avaient été adoptées pour la navigation de St.-Amand à Vierzon.

Que du Bec d'Allier à Digoin, les projets seraient dressés comparativement dans les deux systèmes et du canal du Centre et du canal de Berri.

Ainsi qu'on le voit, d'après cette ordonnance, le canal de Berri se trouvait comprendre, comme l'ingénieur en avait fait voir la nécessité dès l'origine, la première portion du canal latéral, depuis le Bec d'Allier jusqu'à Digoin.

Certes, il devait en être ainsi pour procurer au canal de Berri toute l'utilité qu'il pouvait offrir, et si cette disposition a été abandonnée, ce n'a pu être que parce que, s'étant décidé depuis, comme on l'a vu précédemment à l'article du canal latéral à la Loire, à exécuter la seconde partie de ce canal du Bec d'Allier à Briare, on a cru devoir la réunir à la première, pour en faire l'objet d'une concession qui était sollicitée, et en conséquence distraire cette première partie du canal de Berri, qui toutefois n'en devra pas moins se raccorder avec elle.

La concession du canal qui nous occupe ayant eu également lieu en même temps, et les études demandées ayant été reprises dès ce moment avec une nouvelle activité, on crut entrevoir, en se livrant à ces études, qu'au lieu de diriger immédiatement, comme on l'avait proposé d'abord, le canal du duc de Berri sur le Bec d'Allier, en le faisant passer par le vallon d'Omery-les-Gots, il pourrait y avoir quelque avantage à suivre la vallée de l'Aubois et à embrancher par conséquent ce canal sur la seconde partie du canal latéral à la Loire comprise entre le Bec d'Allier et Briare.

On a vu que le premier parti pouvait s'effectuer de deux manières; la première en entrant dans le vallon d'Omery-les-Gots par les Jambeaux, les Bordes et le Tonneau, et la seconde en continuant le vallon de l'Aubois jusqu'aux étangs de Bourrain, pour, en se retournant ensuite à droite, entrer par lesdits étangs de Bourrain, dans le bas du même vallon d'Omery-les-Gots, et parvenir à l'Allier un peu au-dessus du village de Guétin, situé non loin du Bec d'Allier. Le nouveau projet, au moyen duquel on suivrait la rivière d'Aubois jusque près de son embouchure dans la Loire, et jusqu'à la rencontre du canal latéral à la Loire, dont la partie depuis ce point de rencontre jusqu'au Bec d'Allier deviendrait commune au canal de Berri, offrait donc une troisième combinaison.

Une étude, terminée vers la fin de 1826, met à même de comparer cette dernière direction avec les deux autres qui avaient été précédemment proposées.

Il résultait de cette comparaison et de la rectification apportée dans les estimations, et qui fut admise par la commission des canaux et par le conseil des Ponts-et-Chaussées,

1° Que la direction par la vallée de l'Aubois, depuis les Mirlorets jusqu'à son embranchement sur le canal latéral près d'Aubigny, aurait 28,019^m de longueur.

Qu'envisagée comme devant communiquer avec Paris ou le midi, elle aurait, dans le premier cas, un développement de 28,019^m, et dans le second, de 41,019^m.

Que sa dépense serait de 1,062,456 fr.

2° Que la direction par les Jambeaux et les Bordes depuis le même point des Mirlorets jusqu'à son embranchement sur le canal latéral au Bec d'Allier, aurait 16,000^m de longueur.

Qu'envisagée comme devant communiquer avec Paris ou avec le midi, elle aurait, dans le premier cas, 29,000^m, et dans le second, 16,000^m.

Que sa dépense, y compris une galerie souterraine de 1605^m de longueur estimée à raison de 410 fr. le mètre courant, s'élèverait à 1,527,000 fr.

3° Que la direction par les étangs de Boursain, depuis le même point des Mirlorets jusqu'à son embranchement sur le canal latéral au Bec d'Allier, aurait 18,500^m.

Que considérée comme devant communiquer vers Paris ou vers le midi, elle aurait 33,500^m ou 20,500^m.

Que sa dépense, y compris une galerie souterraine de 840^m, à raison de 410 fr. le mètre courant, s'élèverait à 1,299,500 fr.

L'inspecteur divisionnaire auteur de cet ouvrage, et qui, après avoir rédigé les premiers projets du canal de Berri, et en avoir dirigé les travaux pendant quinze années, se trouvait encore chargé de son inspection, persista, dans un rapport qu'il rédit le 24 février 1807, à donner la préférence à la direction par les Jambeaux, quoiqu'elle présentât en

apparence, comparativement aux deux autres, une augmentation de
dépense qui lui paraissait plus que balancée par les avantages qui résulteraient de son adoption, sous le rapport de l'intérêt général du
commerce.

D'abord, et avant de traiter la question des avantages qui se rattachaient à l'adoption de la direction des Jambeaux, cherchant à réduire
à sa juste valeur l'augmentation de dépense qu'elle présentait sur la direction par la vallée de l'Aubois, il faisait observer que, dans cette vallée d'un sol excellent et qui renfermait un grand nombre d'usines, le
prix des terrains à acquérir estimés sur le même pied que sur les autres
directions, devant infailliblement s'élever d'une moitié en sus, il s'ensuivait que la dépense de la direction des Jambeaux n'excéderait plus
celle de la direction de l'Aubois que de 296,428 f. au lieu de 464,544 f.,
comme on l'annonçait.

Or, s'il en est ainsi, disait-il, si la dépense par les Jambeaux, d'ailleurs prévue dès l'origine par les premiers projets, n'excède celle de la
direction de l'Aubois que d'une aussi faible quantité, comment renoncer aux avantages que procure son adoption?

Ces avantages lui paraissaient de toute évidence. Pour s'en convaincre,
il ne fallait, suivant lui, que comparer les longueurs des directions proposées, sous le rapport des services qu'elle rendrait au commerce de
de transit, soit par le nord et Paris, soit vers Nevers et l'est de la
France.

Le trajet par les Jambeaux, comparé avec celui par les étangs du
Bourain, est plus court vers Paris et vers Nevers et l'est de la France,
de 4,500ᵐ.

Le même trajet des Jambeaux, comparé avec celui par la vallée de
l'Aubois, est plus long vers Paris de 981ᵐ, mais plus court vers Nevers et l'est de 25,019ᵐ, ou six lieues et demie.

Le trajet par le Bourain, comparé avec celui par la vallée de l'Aubois, est plus long vers Paris de 5,481ᵐ, et plus court vers Nevers et
l'est de 20,519ᵐ.

Or, d'après cette triple comparaison, et si l'on fait attention, remarquait-il, que dans la question qui se présente, l'abréviation de la ligne principale du canal qui doit servir au transit des marchandises qui remonteront de la Basse-Loire dans la Haute-Loire, et réciproquement, devient l'objet essentiel et le seul réellement en discussion, on ne peut se refuser, malgré sa plus grande dépense, à donner la préférence à la direction des Jambeaux, non-seulement sur celle par les étangs du Bourain, mais encore sur celle par l'Aubois, attendu que la différence de 981ᵐ, dont elle surpasse en longueur vers Paris cette dernière, peut être considérée comme nulle.

En effet, poursuivait le même inspecteur, c'est par le canal de Berri que descendra une notable partie des vins de Bourgogne et du Rhône, des huiles d'olive et des savons de Marseille, des planches de sapin de l'est, des bois de construction du centre et des forêts des rives du Rhin pour l'approvisionnement du port de Brest, des fers ouvragés et des taillanderies de l'Allemagne, des fers et des canons, des faïences et des poteries du Nivernais; c'est également par le même canal que remonteront pour Nevers, pour l'est et pour le midi de la France, les sels, les grains de toute espèce, les vins, les eaux-de-vie, les toiles du sud-ouest, les vins de Bordeaux et toutes les denrées coloniales.

Une notable partie de ces diverses marchandises, disait-il, doit descendre et remonter par le canal de Berri, 1° parce que, par ce canal, le trajet depuis Nevers jusqu'à Tours sera toujours de dix-huit lieues moins long que par le canal latéral, fût-il prolongé jusqu'à Tours, ce qui n'est pas encore décidé; 2° parce que les bateaux du canal de Berri qui s'accoupleront pour passer, sans perte d'eau, dans les canaux de Monsieur et du Centre, et dans la partie supérieure du canal latéral à la Loire, pourront entrer dans le canal de Nantes à Brest sans être obligés de transborder à Nantes, comme y seront forcés les grands bateaux des premiers canaux, à raison de la différence de largeur des écluses de ces canaux, et de celles du canal de Nantes à Brest.

Ces marchandises, par une évaluation qu'on croit très au-dessous de la réalité, étaient estimées, au moment où le canal de Berri semblait devoir être la seule voie qui serait ouverte dans la direction qu'il suit, à 58,240 tonneaux (1).

En supposant donc, disait le même inspecteur, que le tiers seulement de ces marchandises prenne la voie du canal de Berri (les deux autres tiers se dirigeant par celle du canal latéral), il s'ensuit que cette masse de marchandises, s'élevant à 12,747 tonneaux et parcourant, depuis le Bec d'Allier jusqu'à Tours, 44 distances, paiera, au prix moyen de o fr., 5o c. par distance, la somme de 168,265 fr. 40 c., qui représente un capital de plus de trois millions.

Objecterait-on, se demandait-il, que le même transport n'aurait pas moins lieu par la ligne de l'Aubois qui présenterait toujours, comparativement avec celle du canal latéral, un raccourcissement de douze lieues? Rien ne lui paraissait moins démontré; il existe, disait-il, dans l'esprit de l'homme une répugnance invincible pour toute peine qui aurait pu lui être épargnée. C'est surtout dans le parcours des distances qu'on le voit souvent, au risque des plus grands dangers, vouloir s'épargner un détour qui l'éloigne de son but.

Ce n'est pas seulement d'ailleurs le transit qui aurait à souffrir de cet allongement de chemin et du surcroît de dépense qui en serait la conséquence : le commerce de consommation au moyen duquel s'approvisionnent les habitans des contrées riveraines du canal, et qu'on peut évaluer à plus de 5oo,ooo ames, n'en recevrait pas moins une forte atteinte au détriment des consommateurs qui auraient à payer, sur le transport d'un tonneau de marchandises, une augmentation de près de 2 fr.

Malgré ces considérations, et nonobstant les conclusions du même inspecteur en faveur de la direction par les Jumeaux, celle par la vallée de l'Aubois lui fut préférée.

---

(1) D'après des renseignemens pris avec soin, on estime la quantité des marchandises qui prendront voie sur le canal de Berri, à 95,080 tonneaux (V. la note J).

C'est en ayant égard à cette dernière décision qu'on présentera l'itinéraire qu'il reste à donner du canal de Berri, et dans lequel, n'ayant égard qu'à la principale destination à laquelle ses diverses transformations ont ramené ce canal, nous le diviserons en deux parties, savoir : La ligne formant le canal de Nevers à Tours, et faisant partie aujourd'hui de la grande ligne de jonction des deux mers par le centre de la France, et la ligne de Montluçon au Rimbé qui ne doit plus être considérée à présent que comme un embranchement de la première ligne.

Ligne principale du canal de Nevers à Tours.

Première branche. Cette branche partant du canal latéral à la Loire, sur lequel elle s'embranchera à Aubigny sur la rive droite de l'Aubois, passera, en se maintenant sur cette rive, par Bongard, St.-Germain, les Planches, le Moulin-Prunier, le domaine des Guèfres, le bourg de Patinges, celui de Chantay, la Guerche, la Chapelle-Hugon, Trésy et Grossouvre, et viendra aboutir au domaine des Mirlorets où commencera le bief de partage.

La longueur de cette branche est de 28,019^m, et sa pente, qui est de 26^m,65, sera rachetée par treize écluses.

Bief de partage. Ce bief commencera un peu au-dessus du domaine des Mirlorets, suivra la rive droite de l'Aubois, et passera non loin de l'étang de Froid-de-Fond, dont il recueillera le trop plein au moyen d'une rigole. De là, se dirigeant au-dessous des dernières maisons de Sancoins, il traversera la route au moyen d'un pont placé entre la ville et celui actuel, entrera dans l'Aubois vis-à-vis du vieux château de la forêt pour se reporter sur la rive gauche de cette rivière qu'il suivra jusqu'à l'étang de l'Auron qu'il traversera pour, en se retournant légèrement sur la Guerche, passer entre le domaine de la Croix et le Tureau-Rouge ; de là, coupant sur sa longueur l'étang du Batardeau, et passant sous les locatures de la Mignonnerie, le château de Liénesse, et dans les bas-fonds de l'ancien étang du Février aujourd'hui desséché, il traversera l'étang de Liénesse, et se terminera un peu au-dessous de la chaussée de cet étang.

Ce bief, de 17,274ᵐ de longueur, et sur lequel il sera construit sept ponts non compris celui à établir sur chacune des écluses placées aux extrémités, sera alimenté par les eaux de la rivière d'Auron barrée près le domaine des Chaumes, et, au moyen d'une rigole d'environ 5000ᵐ de longueur, par la fontaine de Lafond-Chapui, par les sources de Ladda, par une partie des eaux de l'Aubois, et par différens étangs et fontaines produisant moyennement, pendant les six mois les plus secs de l'année, 1535° (29,237ᵐ,36 cubes), et pendant les six mois d'hiver 6925° (131,899ᵐ,64 cubes).

Deuxième branche. Cette branche partant du bas de l'étang de Liénesse, s'infléchira vers la droite, longera le petit vallon du ruisseau de Liénesse pour passer immédiatement au-dessus du village de Rimbé, où, traversant la vallée de l'Auron, elle se portera sur la rive gauche de cette rivière. De là, franchissant le bassin commun à cette ligne et à celle de l'embranchement de Montluçon au Rimbé, et dont il sera parlé ci-après, la même branche passera derrière Bannegon ; se dirigera sous le village de Pondy, à droite de celui des Gaumains, à gauche de la petite ville de Dun-le-Roi, et au-dessous des bourgs de Palin et Plainpied. Parvenue à Bourges, elle traversera la rivière d'Auron pour passer sous Marmague, au bas de Beauvoir, à gauche de Mehun, au-dessous de St.-Hippolyte, et arrivera à Vierzon, d'où, après avoir reçu momentanément l'Auron, et longeant la rive droite du Cher, elle passera entre Thénioux et le petit Nançay, devant le port de Châtres, entre le moulin Boutet et les Maisons-Neuves, près Villecoiffier, entre la ville et le faubourg de Meneton, devant le bourg de Langon, et ensuite par la ville de Villefranche, pour, en continuant sur la même rive, entrer dans le Cher immédiatement au-dessus de St.-Aignan. Une fois établie dans le lit de cette rivière, dont la navigation sera perfectionnée, la ligne, après un parcours d'environ 53,000ᵐ, et après avoir atteint St.-Avertin, quittera le Cher, pour, en se retournant à droite, et au moyen d'un canal de communication du Cher à la Loire, venir s'embrancher dans ce fleuve immédiatement au-dessus de Tours, destiné à devenir l'entrepôt du commerce qui doit s'établir entre le Rhin, la Saône, la Haute-Loire et la Basse-Loire.

Cette branche a 200,772ᵐ de longueur, et sa pente, depuis le bassin de partage jusqu'à St.-Aignan, de 131ᵐ,59, sera rachetée par cinquante-huit écluses.

La navigation en rivière depuis St.-Aignan jusqu'à St.-Avertin, sera améliorée au moyen de douze barrages et de douze écluses.

Deux écluses seront de plus construites à l'entrée et à l'embouchure du canal de jonction du Cher à la Loire.

Embranchement de Montluçon au Rimbé, passant par St.-Amand.

Cet embranchement, qui aura pour principal objet de procurer un débouché aux charbons de terre des mines de Commentry et aux glaces de la nouvelle manufacture qui vient de s'établir à ce lieu, peut être considéré comme étant composé de deux parties : la première de Montluçon à Pelvezin au-dessous d'Ainay-le-Vieux, et laquelle sera alimentée par le Cher, pris à Montluçon ; et la seconde de Pelvezin à la Fond-Capiot près le Rimbé, qui sera alimentée par le bief de partage de la ligne principale, et, s'il est nécessaire, par une partie des eaux de la Marmande.

Première partie. Alimenté par les eaux du Cher barré à cet effet, et partant d'un bassin établi sur la rive gauche de cette rivière, vis-à-vis de la ville de Montluçon, et ayant 400ᵐ de longueur et 45ᵐ de largeur au plafond, le canal passe au-dessus du château de Blanzat, ensuite au-dessous des côteaux de la Dure et de Perguines, dernier point où il emprunte le lit de la rivière détournée à cet effet. Longeant ensuite le moulin d'Anchamme, il traverse, au moyen d'un pont-canal, le ruisseau de Chante-Merle ou la Majieure, pour entrer sous Rouéron dans l'ancien lit de la rivière qui a été détournée, passer sous Clavières , sous le village de Peau , et ensuite sous Nassigny et sous Vallon, où la rivière a été également détournée sous chacun de ces deux endroits : de là , traversant sur un pont-canal la rivière de la Queune , il passe sous les Auberts, Grandfond , Valigny , Beuvron , puis sous les Renos , vis-à-vis la ville d'Urçais , où, prenant de nouveau le lit de la rivière qui a été redressé , il se dirige sous la Perche, où le Cher a encore été dérivé , et ensuite à travers les bas-fonds d'Ainay-le-Vieux , dont il ne sort que pour se terminer au Cher , qu'il traverse à la Tranchasse (1).

Cette première partie de l'embranchement, sur laquelle il sera construit deux ponts-canaux dont le premier, sur la Majicure, sera composé de trois arches de 7ᵐ d'ouverture, suivies d'une écluse, et le second, sur le ruisseau de la Queune , de deux arches de chacune 7ᵐ d'ouverture, aura 40,500ᵐ de longueur et 41ᵐ,60 de pente, qui seront rachetés par dix-sept écluses.

Ouverte et plantée sur toute sa longueur, et offrant six bassins, le premier à Montluçon , et les cinq autres formés par les parties de l'ancien lit de la rivière vis-à-vis Perguines, Rouéron, Nassigny , Vallon et Urçais, six écluses et plusieurs ponts déjà construits, cette partie a été creusée depuis Montluçon jusqu'à la Perche sur les dimensions primitivement arrêtées ; et depuis ce dernier point jusqu'à Pelvesin , sur celles qui ont été fixées pour la ligne principale.

Deuxième partie. A la sortie du Cher , et suivant la rive droite de cette rivière, la ligne du canal passe au-dessous de Drevent, continue à serrer, jusqu'à son extrémité, le coteau qui sépare le vallon du Cher de celui de la Marmande , pour, après être arrivée immédiatement au-dessus de la ville de St.-Amand située au confluent de ces deux ri-

---

(1) Par le premier projet, on devait traverser le Cher au moyen d'un barrage : depuis on a proposé de franchir cette rivière au moyen d'un pont-canal de sept arches de 10ᵐ chacune d'ouverture. Cette dernière proposition a été décidée en principe.

vières, et se retournant à droite, prendre la rive gauche de la Marmande. Coupant la route de Clermont à Tours, et ouvrant de l'un et l'autre côté de cette route un port demandé par la ville de St.-Amand, la ligne du canal laisse à droite les domaines de la Ravoie et de Clarin, traverse la Marmande vis-à-vis le domaine du Breuil, pour se porter sur la rive droite de cette rivière, passe ensuite au-dessus du moulin et du domaine du Gâteau, des domaines des Places et des forges de Boutillon, se dirige après sous le village de St.-Pierre, puis au-dessus de la ville de Charenton, de là, sous les domaines de la Croix-Blanche et de Laugères, et ensuite au-dessus des Lombards, traverse aussitôt le bois de Trousse, laisse à droite les villages des Couillets, des Plantons, le domaine du Grand-Chemin, et en se reportant sur la droite, passe par les Pousieux, Lafondblisse, et joint la branche principale de Nevers à Tours, à Lafond-Capiot près de Rimbé.

Indépendamment des eaux que pour son alimentation cette partie recevra du bief de partage de la ligne principale, il sera possible, s'il est reconnu nécessaire, de suppléer à sa dépense au moyen d'une partie des eaux de la Marmande et de celles que reçoit l'Auron entre les chaumes et le Rimbé, et lesquelles s'élevant à la quantité de 1157° (22,037^m,24 cubes par jour) pendant les six mois d'été, et de 6206° (118,204^m,94 cubes) pendant les six mois d'hiver, pourront être amenées dans le bief d'environ 8000^m de longueur qui sépare les écluses du Rimbé et de Bouchaux près Laugères, et lequel, dans ce cas, pourrait être considéré comme un bief de partage supplémentaire qui ferait face aux dépenses de la ligne de St.-Amand à Lafond-Capiot près Rimbé, et de celle de Lafond-Capiot à Bourges.

La longueur de cette ligne, depuis Pélvésin jusqu'à son embranchement sur la ligne principale à Lafond-Capiot, est de 27,886^m. Sa pente, qui est de 27^m,38, sera rachetée par onze écluses.

Ainsi qu'on l'a dit, la partie de l'embranchement de Montluçon au Rimbé, comprise entre cette ville et le pont-canal de la Queune, cinq lieues au-delà, a été exécutée suivant les premières dimensions. D'après ces dimensions, le canal, dans cette partie, aura 7ᵐ au plafond, 14ᵐ au niveau des chemins de halage, et 1ᵐ,50 de mouillage. Les chemins de halage auront 5ᵐ,50 de largeur.

Sur cette étendue, les écluses dont les sas en terre sont revêtus par des perrés, auront 4ᵐ de largeur entre les bajoyers des chambres des portes, et 34ᵐ de longueur d'un busc à l'autre.

Le canal, sur le surplus de cet embranchement depuis le pont-canal de la Queune jusqu'au Rimbé, et sur la ligne principale de Nevers à Tours, aura 5ᵐ de largeur au plafond, et 11ᵐ au niveau des chemins de halage; ces chemins auront 2ᵐ,50 de largeur. Le mouillage sera de 1ᵐ,50.

Les écluses auront 2ᵐ,70 de largeur entre les bajoyers, et 30ᵐ,46 de longueur d'un busc à l'autre.

Récapitulation des longueurs, des pentes et du nombre des écluses.

DÉSIGNATION DES PARTIES.	LONGUEURS.	PENTES		NOMBRE DES ÉCLUSES.
		ASCENDANTES.	DESCENDANTES.	
Ligne principale de Nevers à Tours.				
Première branche depuis son embranchement sur le canal latéral à la Loire à Aubigny jusqu'au bief de partage.	28,010ᵐ 00	25,85	»	19
Bief de partage........	17,874 00	»	»	»
Deuxième branche depuis le bief de partage jusqu'à la Loire au-dessus de Tours, y compris la partie en riv. de St.-Agnan à St.-Avertin, de 59,000ᵐ et le canal de jonction du Cher à la Loire de St.-Avertin à Tours, de 2000ᵐ, avec pente ascendante de 0ᵐ,75: le tout, suivant les avant-projets.	206,072 00	5,76	250,59	72
Embranchement de Montluçon au Rimbé.				
1° de Montluçon au Cher à la Tranchasse.	42,585 00		41,50	17
2° Depuis le Cher à la Tranchasse jusqu'au Rimbé	27,885	27,38		11
	322,351 00	54,78	292,19	113

Autres ouvrages d'art.

Indépendamment des écluses, il sera construit sur les différentes parties de ce canal, 95 ponts sur les écluses ; 28 ponts fixes, 73 ponts-levis, 54 déversoirs, 14 réservoirs, 4 grands ponts-aqueducs, 48 aqué-ducs sous le canal.

Telle est l'extension, ou plutôt la transformation qu'a éprouvée le canal du duc de Berri par suite de l'ordonnance du roi, en date du 22 décembre 1819.

Ce canal, qui liera la Haute-Loire avec la Basse-Loire, qui présentera vers Paris un précieux débouché aux riches mines de charbon de Commentry, et au moyen duquel s'établira, par le centre de la France, une ligne de navigation de près de cent cinquante lieues de longueur depuis Tours jusqu'à Bâle, offrira, le premier en France, sur une étendue de près de quatre-vingts lieues, l'exemple d'une petite navigation, et mettra à même de juger l'importante question si souvent agitée par le public et par les ingénieurs même, de savoir si dans l'intérêt du commerce il ne convient point d'en étendre le système à raison de la modicité de sa dépense qui, comparativement à celle qu'exige l'ouverture des canaux de grande navigation, permet d'obtenir dans un délai plus court et à moins de frais une aussi grande étendue de ces précieuses lignes de communication. C'est ce dont, sous ce dernier rapport, on pourra juger par le tableau ci-après.

Etat des dépenses faites et restant à faire pour l'établissement du canal du duc de Berri.

Ouvrages faits avant la loi d'emprunt du 14 août 1822.   2,500,000

D'après un état de M. l'ingénieur en chef actuellement chargé de la direction du canal, les ouvrages exécutés depuis cette époque et ceux en exécution ou restant à faire doivent monter, savoir :

A reporter..................... 2,500,000

34.

fr.

Report.................,......   2,300,000

Ouvrages depuis Montluçon jusqu'à St.-   fr.

A vertin au-dessus de Tours............   10,075,000

Indemnités de terrains..............   3,425,000 } 14,300,000

Canal de jonction du Cher à la Loire, de

St.-Avertin à Tours   800,000

Dépense totale............   16,600,000

Or, si l'on soustrait de cette somme celle de 1,600,000 f., dont 800,000 f.
pour la navigation en rivière depuis St.-Aignan jusqu'à St.-Avertin, sur
59,000ᵐ de longueur, et 800,000 fr. pour la dépense du canal de jonction
du Cher à la Loire, au-dessus de Tours, ouvert en grande section sur
2c00ᵐ, il ne restera plus que la somme de 15,000,000 qui, divisée par la
somme des longueurs de la ligne principale de Nevers à St-Aignan et
de l'embranchement de Montluçon au Rimbe, et laquelle longueur
totale est de 259,351ᵐ, on aura pour la dépense de chaqué kilomètre
de canal la somme de 57,000 fr. qui, ainsi qu'on l'a toujours annoncé,
ne forme que les trois cinquièmes environ du prix auquel revient la
même longueur de la plupart des canaux en grande section qui ont été
ouverts tant en France qu'en Angleterre dans le dernier siècle (1).

D'après un traité approuvé par une loi du 14 août 1822, une compagnie
de capitalistes s'est obligée à fournir la somme de 12 millions à l'in-

---

(1) Dans cette estimation du kilomètre courant de canal, on n'a point eu égard à
la plus grande dépense de la partie de l'embranchement de Montluçon comprise
entre ce lieu et le pont-canal de la Queune. On ne craint point d'avancer que si cette
même partie eût été traitée dans le principe en petite section comme les suivantes,
on eût eu une diminution d'au moins 500,000 fr.

On ajoutera encore qu'ayant été obligé d'employer, pendant plusieurs années, des
bataillons de prisonniers et ensuite de condamnés, il s'en est suivi pour l'administration, de l'emploi de ces ouvriers au lieu d'ouvriers libres, une augmentation de
dépense de plus de 200,000 fr.

Si l'on retranche donc de 15,000,000 la somme de 700,000 fr., il ne restera plus

térêt de 5 fr. 51 c. p. o⁄o, au moyen de ce que le gouvernement s'engagerait à faire exécuter les ouvrages dans un espace de huit ans et trois mois, à partir du 1ᵉʳ octobre 1822, et ferait jouir la compagnie d'une prime de 1 p. o⁄o du capital primitif jusqu'à l'époque de son complet amortissement, et l'admettrait après au partage égal du produit net du canal ; le tout en conséquence du cahier des charges et du tarif stipulés, qui sont entièrement les mêmes que ceux du canal latéral à la Loire.

Les dépenses, au 31 mars 1828, montaient à 6,764,611 fr. 02 c.

DES CANAUX DE NANTES A BREST, D'ILLE-ET-RANCE ET DU BLAVET.

Le canal de Nantes à Brest, pour l'exécution duquel plusieurs travaux sont commencés, doit prendre place après le canal du duc de Berri, pouvant être considéré comme la continuation de la ligne de navigation qui se trouvera établie en canal depuis Bâle jusqu'à Tours par les canaux de Monsieur, du Centre et du duc de Berri, et ensuite depuis Tours jusqu'à Nantes, par la Loire dont la navigation devient beaucoup meilleure, et le long d'une partie de laquelle d'ailleurs on a déjà songé à ouvrir un canal latéral depuis Langeais jusqu'au confluent de la Mayenne au-dessous d'Angers.

Si le système de la navigation intérieure de la France laisse encore autant à désirer, ce n'est pas que ses avantages y aient jamais été mis en doute. Il n'est pas de branche de l'administration qui y ait été l'objet de plus d'études et qui y ait excité plus de patriotisme. La Bretagne ne

que 14,500,000 fr. qui, divisés par la même longueur de 259,351ᵐ, donneront pour prix du kilomètre 55,000 fr. ne représentant, malgré l'augmentation excessive et inattendue des indemnités depuis quelques années, que les 55⁄100 du prix moyen des canaux de Languedoc et du Centre, et des quarante-cinq canaux de grande section qui ont été exécutés en Angleterre de 1759 à 1792. (*M. Girard*, membre de l'Institut, *Recherches sur les canaux et les grandes routes*, page 116.)

pouvait que figurer honorablement dans cette noble lutte de cet amour
pur et désintéressé du bien public qui distingue éminemment le caractère français.

Dès 1704, M. de Vauban s'occupa de joindre l'Erdre avec le Don.
Cette jonction, qui indique assez que l'on sentait déjà l'utilité d'une communication intérieure de la Loire avec les différens ports de la Bretagne,
fut dès ce moment reconnue facile; on revint, en 1736 et en 1746,
sur ce projet. M. de K'sanson lut aux États, en 1780, un mémoire
très-intéressant, intitulé des *Voies fluviales*, et qui avait pour objet
de démontrer la possibilité de la jonction de l'Oust et du Blavet.

Ainsi que les États de Bourgogne, ceux de Bretagne ne restèrent
point sourds aux différentes propositions qui leur furent faites à ce
sujet : ils s'occupèrent, dès cette époque, des différentes lignes de navigation qui pouvaient vivifier la province soumise à leur administration;
et à la suite des délibérations des 29 et 30 janvier 1783, le roi, par des
lettres patentes en forme d'édit, données au mois d'octobre suivant,
autorisait ces États à faire exécuter les travaux nécessaires pour perfectionner la navigation déjà établie depuis Redon jusqu'à Rennes, prolonger cette navigation jusqu'à Vitré, établir une communication entre
Rennes et St.-Malo, par la rivière de Rance, et à faire également, jusqu'aux limites de ladite province, tous les ouvrages qui seraient nécessaires pour préparer une communication entre la ville de Rennes et celle
d'Angers, par la rivière de Mayenne.

Des opérations et des projets ayant été faits en conséquence de cette
autorisation, les États crurent devoir, en leur demandant leur avis, les
soumettre à l'examen de quatre membres de l'académie des sciences (1).

On voit par le rapport de ces académiciens, imprimé par ordre des
États en 1786, qu'il n'était question dans ce moment que de quatre pro-

_____

(1) MM. l'abbé Bossut, l'abbé Rochon, de Fourcroy, et le marquis de Chabrit.

jets dont devait ressortir un jour celui de Nantes à Brest, mais qui n'y était alors compris pour ainsi dire qu'implicitement.

Ces quatre projets avaient pour objet :

1° La communication entre St.-Malo et l'embouchure de la Vilaine ;

2° La communication de Brest à Lorient ;

3° Celle entre la Blavet et la Vilaine par la rivière d'Oust ;

4° Celle de la Loire avec la Vilaine par Nantes ;

5° Enfin celle de la Loire à la Vilaine par Angers.

Sur le premier projet, *la communication entre St.-Malo et l'embouchure de la Vilaine*, les membres de l'académie observaient que cette communication se divisait en deux parties : la première de Rennes à l'embouchure de la Vilaine, par Redon ; la seconde de Rennes à St.-Malo, par Dinan.

De l'embouchure de la Vilaine à Redon, exposaient-ils, les gros bâtimens marchands remontent à la marée haute, et la navigation de Rennes à Redon, déjà formée sous le règne de François Ier, n'a besoin que d'être perfectionnée.

Mais il en était autrement de celle de Rennes à Saint-Malo ; elle exigeait que d'une part on joignît la Vilaine à la Rance, et que de l'autre on rendît la Rance navigable depuis cette jonction jusqu'à Saint-Malo. Deux projets avaient été proposés : par l'un (1) on devait suivre la rivière de Meu ; par l'autre (2) on suivait la rivière d'Ille. Ce dernier projet avait sur le premier trois grands avantages qui devaient le faire préférer par la commission, et qui dans la suite le firent définitivement adopter. Ces trois avantages étaient de passer par Rennes, capitale de la province ; d'être, d'après les devis, moins cher d'environ un quart de la dépense totale ; enfin d'être disposé d'une manière plus commode pour s'unir à

---

(1) Celui de M. Brémontier, sous-ingénieur et depuis inspecteur-général des Ponts-et-Chaussées.

(2) Celui de M. Lizé, aujourd'hui inspecteur-général des Ponts-et-Chaussées.

la navigation de la haute Vilaine et à celle du canal au moyen duquel on voudrait joindre un jour la Loire avec la Vilaine en remontant la Mayenne.

Relativement au second projet, *la communication de Brest à Lorient*, les membres de l'Académie reconnaissaient qu'il fallait d'abord rendre la rivière d'Aulne navigable depuis Châteaulin jusqu'au confluent de cette rivière et de celle d'Hières, remonter l'Hières jusqu'à la hauteur de Carhaix, former, entre cette rivière et le Blavet, une communication en plaçant un point de partage dans des landes très-élevées, du côté de Rostrenen, et rendre ensuite la rivière du Blavet navigable depuis Goua-rec jusqu'à Hennebond.

La commission observait, quant au point de partage, qu'elle pensait que le seul des points de partage proposés qui lui parût mériter quelque attention était celui qui traversait la lande de Plévan, au-dessus des étangs de Glomel, et duquel on descendrait dans la rivière d'Hières par le ruisseau de Kergoët, et dans celle du Blavet par la rivière de Doré, mais qu'il serait difficile de rassembler à ce point une quantité d'eau suffi-sante sans baisser de plus de quatre-vingts pieds le seuil actuel de cette lande, et sans établir des réservoirs dont les étangs déjà existans ne pourraient former qu'une partie;

Que d'après les nivellemens, il y aurait environ trois cents pieds pour descendre de ce point de partage dans l'Hières, et cent cinquante pour descendre dans le Blavet; ce qui obligerait à construire plus de soixante écluses chacune de huit pieds de chute;

Que de plus l'abaissement du seuil de quatre-vingts pieds ne pourrait se faire que dans un terrain dont la surface était parsemée d'assez gros rochers de quartz, et qu'en conséquence la dépense de tous ces ouvrages, jointe à celle à laquelle eussent obligé les travaux à exécuter pour rendre le Blavet navigable jusqu'à Gouarec, où cette rivière reçoit celle de Doré, ne pourrait être balancée par l'utilité qu'en retirerait la province.

Quant au troisième projet, *la communication entre le Blavet et la Vilaine par la rivière d'Oust*, la même commission remarquait que, d'après les jauges présentées, il paraissait en effet possible de rassembler, à un des trois points de partage qui étaient indiqués et qu'on voudrait choisir, huit cents pouces d'eau, lesquels, réduits par l'évaporation et les infiltrations à 1600° cubes (11,834=,5263) par jour, suffiraient encore très-certainement pour la navigation de la quantité des bateaux qui pourraient suivre cette route, attendu que cette navigation ne pouvait être considérée que comme un supplément à celle qu'offrait la mer, mais que l'inspection qu'elle avait fait des lieux lui laissait des doutes sur la possibilité de réunir ce volume d'eau sans l'établissement de réservoirs très-dispendieux, et que la dépense totale des ouvrages paraissait trop considérable relativement à l'utilité de cette navigation, pour qu'elle crût devoir conseiller de l'entreprendre ;

Qu'à la vérité il existait un autre intérêt qu'elle ne devait pas passer sous silence : que cette navigation, ainsi que celle qui joindrait le Blavet et la rivière d'Aulne ou de Châteaulin, ouvrirait, au moyen de la Loire, une communication par l'intérieur du royaume entre Brest, la Méditerranée, la Flandre, et une très-grande partie de nos provinces, mais que si par ces raisons le gouvernement regardait cette communication comme vraiment importante en temps de guerre, relativement à la marine, et qu'il voulût l'effectuer, dans ce cas il était juste qu'il en fît les frais, qui ne pouvaient regarder une province qui n'en retirerait que très-peu d'avantage.

Sur le quatrième projet, *la communication de la Loire avec la Vilaine par Nantes*, qui pouvait s'effectuer de deux manières, les membres de l'Académie qui n'avaient pas sous les yeux les plans et les tableaux de jauges nécessaires, présumaient cependant que, suivant le premier projet, le point de partage pourrait être établi dans l'étendue des marais de l'Erdre, et qu'on pourrait descendre vers Nantes par la rivière de ce nom, et vers Redon en suivant le cours de l'Isac ; ils croyaient aussi que dans le cas où les eaux des marais ne suffiraient pas pour alimenter les deux branches du canal, il serait possible d'y suppléer en faisant tomber dans l'Isac les eaux du Don qu'on y conduirait par une rigole, ce qui aurait de plus l'avantage de servir au desséchement des marais de Brains, situés au confluent du Don et de la Vilaine ; ajoutant au surplus que de cette double manière le canal suivant le cours de l'Isac pourrait être ainsi conduit à portée du confluent de l'Oust et de la Vilaine au-dessous de Redon ; position qui devenait très-avantageuse dans le cas où les communications dont nous avons parlé dans les trois articles précédens seraient exécutées. Sur le second projet, les mêmes académiciens remarquaient qu'on partait de même des marais de l'Erdre pour descendre vers Nantes par cette rivière; mais qu'on arrivait dans la Vilaine par le Don, qui fournit plus d'eau que l'Isac.

Du reste la commission pensait que l'exécution de l'un ou de l'autre projet serait utile, puisqu'ils ouvriraient également une communication facile entre Nantes, Rennes et Saint-Malo ; entre une partie considérable de la Bretagne et une ville riche, commerçante et très-peuplée, et serviraient de même à l'exploitation d'une forêt considérable qui faisait partie du domaine du roi.

Relativement au cinquième projet, *la communication de la Loire à la Vilaine, par Angers,* on proposait de remonter la Mayenne jusqu'à la rivière d'Ernée, au-dessus de Laval ; de suivre ensuite cette rivière jusqu'au point de partage alimenté par un grand étang nommé l'*Etang-Neuf* que le canal devait traverser, et par les eaux de plusieurs étangs supérieurs, qui y seraient amenées par des rigoles. On descendait de ce point dans la Vilaine, au-dessous du pont de Vitré, par le ruisseau de Princé, et on suivait ensuite jusqu'à Rennes le cours de la Vilaine.

. Les commissaires reconnaissaient la possibilité d'avoir au point de partage une quantité d'eau suffisante pour une navigation active ; mais ils observaient que cette partie seule du projet exigerait trente-trois écluses pour monter de la ville de Laval au point de partage, et vingt-six écluses pour descendre du même point au pont de Vitré ; que la dépense, tant sur le territoire de Bretagne que sur celui du Maine, serait de 5,926,000f., indépendamment de celle assez considérable qu'il serait indispensable de faire pour rendre la Vilaine navigable au pont de Cesson, et la perfectionner sur le surplus de son cours jusqu'à Rennes, et enfin pour remplacer par des écluses les portes marinières à aiguilles de la Mayenne, dont la navigation fort importante était souvent dangereuse lors des crues qui y étaient très-fréquentes;

Qu'envisageant ce projet dans cet état, on ne pouvait nier qu'il ne dût vivifier le pays qui s'étend depuis Vitré jusqu'au pont de Cesson; qu'il n'établît une communication entre Rennes et St.-Malo, et les provinces de l'intérieur du royaume, mais que ce dernier objet serait également rempli par le canal qui conduirait de Nantes à Redon; que, quant au premier, les deux communications y suppléeraient aussi et vivifieraient des cantons différens de la province de Bretagne; et que pour ce qui regardait un troisième objet qu'on avait en vue, celui de suppléer à la navigation quelquefois difficile de la Loire, depuis Angers jusqu'à Nantes, il y avait à observer que le commerce étant nécessairement assujetti à une destination déterminée, les bâtimens ne s'expédieraient pas, tantôt pour St.-Malo et tantôt pour Nantes, suivant la saison; et qu'ainsi, pour que ce canal fût vraiment utile, il faudrait que la communication de Nantes à Redon fût déjà exécutée; car c'est alors, observaient-ils, qu'il pourrait suppléer à la Loire dans les temps où la navigation éprouve de longs retardemens;

Que dans les autres temps, la dépense qui résulterait pour les frais seuls de la navigation, abstraction faite du droit qui y serait nécessairement établi, s'élèverait, décompte fait, plus haut en prenant la route des canaux partant de Nantes et passant par Redon, Rennes, Vitré et Laval, et descendant au Pont-de-Cé, qu'en suivant la Loire de Nantes au Pont-de-Cé; et que, par cette raison, le canal dont il s'agissait, et lequel n'offrirait, pour le transport des denrées dans l'intérieur, aucun avantage à la ville de Rennes, qui trouverait autant de facilité à les tirer par le canal de Redon à Nantes, ne pourrait être de quelque intérêt que pour la ville de St.-Malo, à laquelle il présenterait en effet un débouché plus avantageux vers l'intérieur du royaume, et seulement sous le rapport de projets plus vastes de navigation qui, n'intéressant qu'indi-

55.

rectement la province de Bretagne, n'auraient quelque importance que pour la Normandie.

Si dans le rapport de MM. les membres de l'académie des sciences, dont nous venons de présenter l'analyse, l'on aperçoit les principales dispositions des canaux du Blavet et d'Ille-et-Rance qui s'exécutent aujourd'hui, et les élémens dont se compose celui de Nantes à Brest, qui est également en exécution dans ce moment, on ne peut toutefois s'empêcher d'y remarquer que ces hommes célèbres ne s'adressant qu'aux États de Bretagne, qui, selon eux, ne devaient se charger que des seuls ouvrages qui pouvaient les intéresser, ne portaient que faiblement leurs regards au-delà des limites de cette province : et cette observation nous amène à conclure que si l'on peut s'en rapporter aux administrations locales sur ce qui concerne le bien de leur territoire, il est vrai de dire néanmoins qu'il est indispensable pour le bien général que le gouvernement exerce sur la formation de leurs projets une inspection qui l'assure que ces projets seront conçus dans l'intérêt du système général reconnu le plus utile à la nation entière. En effet, cette vue de lier des communications qui pouvaient être si utiles aux pays qu'elles devaient traverser, avec le système général de la navigation de la France, dans l'intérêt du commerce et surtout dans celui de la défense du pays; cette vue qui n'avait été que légèrement indiquée dans le rapport des quatre académiciens, semble y manquer de tout le développement auquel on avait peut-être droit de s'attendre.

Mais on ne peut nier que les idées qu'on se formait à cette époque, quoique bien peu éloignée de nous, sur les progrès dont étaient susceptibles l'agriculture, l'industrie et le commerce, ne fussent loin d'avoir reçu le développement auquel elles ont été portées depuis, même par deux des membres de la commission, M. l'abbé Rochon et surtout le marquis de Condorcet, qui sans doute ensuite les poussèrent jusqu'à l'exagération; et l'on ne peut disconvenir, disons-nous, que si l'on remarque beaucoup de sagesse dans le rapport des académiciens, auxquels les États soumirent les projets qui furent étudiés en conséquence des lettres patentes qu'ils obtinrent en 1783, on ne peut que regretter cependant de n'y trouver que bien foiblement indiqués les avantages généraux que, dans l'intérêt même des États de Bretagne, ils devaient s'attacher d'autant plus à faire ressortir que leur évidence n'eût pu dès ce moment qu'assurer aux États des secours de la part du gouvernement, et que c'est à cette même évidence qu'on devra un jour, avec les canaux du Blavet et d'Ille-et-Rance, qui touchent dans ce moment à leur terme, celui de Nantes à Brest, sur lequel des travaux sont poussés avec activité, et qui fixera particulièrement tout-à-l'heure notre attention, comme faisant partie de la communication des deux mers par le centre de la France.

Ces idées, qui furent arrêtées momentanément par les fureurs de la révolution, devaient cependant recevoir quelque temps après une nouvelle énergie de toutes les nécessités que révéla le long état de guerre dans lequel se trouvait plongée la France par cette même révolution.

L'époque était arrivée en effet où l'on ressentit combien serait avantageux à l'avitaillement du port de Brest un canal au moyen duquel partant de Nantes et traversant l'intérieur de la Bretagne, on arriverait dans la rade qui le couvre sans courir les risques d'une navigation par mer, exposée au canon de l'ennemi, et sans être assujetti aux frais énormes des transports par terre; ce premier besoin reconnu, le défaut d'argent pour y satisfaire, et d'un autre côté, tout ce qu'on disait des avantages de la petite navigation et de différens procédés qu'on prétendait être en usage en Angleterre, ne pouvaient qu'exciter dans les esprits ouverts à toutes les idées de perfectionnemens et à tous les sentimens d'un vif patriotisme, l'ardent désir de trouver les moyens d'établir une communication à laquelle se rattachaient de si grands intérêts, en réduisant la dépense qui jusqu'alors en avait fait différer l'exécution.

Personne ne céda plus vivement à ce désir, personne ne montra peut-être plus de zèle dans ce moment que M. l'abbé Rochon, l'un des quatre académiciens qui, quinze ans avant, avaient été chargés du rapport sur les canaux de la Bretagne.

C'est ce même zèle qui, n'ayant jamais cessé d'animer ce savant, l'engagea, peu de temps avant le moment où il fut question du canal de Nantes à Brest, à renouveler l'idée d'un canal demandé depuis des siècles pour l'approvisionnement du port de Brest par la voie la plus courte, et dont il est d'autant moins inutile de dire un mot ici que, même plusieurs années après que le projet du canal de Nantes à Brest fut approuvé, se fondant sur le long espace de temps qu'exigerait son établissement, on reproduisit la proposition d'exécuter ce premier projet.

Ce canal, qui partait de la baie de Bon-Odet pour arriver dans la rade de Brest, devait suivre la rivière d'Odet, passer ensuite à Laz où M. l'abbé Rochon fixait son point de partage qui eût été élevé de 141^m,56 au-dessus de cette rivière, et de 196^m,85 au-dessus de la rivière d'Aulne qu'il devait suivre jusqu'au Port-Launay.

L'établissement de cette nouvelle ligne, qui depuis Quimper jusqu'au Port-Launay devait être d'environ 75,000^m, offrait de grandes difficultés : indépendamment de celles qu'on eût éprouvées journellement pour rassembler sur un point si élevé la quantité d'eau nécessaire pour alimenter les deux branches du point de partage qui se prolongeaient, l'une de 4005^m,88 du côté de Quimper, et l'autre de 3258^m,23 du côté du Port-Launay. Il était indispensable d'établir cent vingt-neuf écluses pour franchir l'arête qui séparait les deux bassins de l'Odet et de l'Aulne, et lesquelles, à 20,000 fr. seulement l'une, exigeraient une dépense de 2,580,000 fr.

Quoique ces inconvéniens ne fussent pas sans doute ignorés, sur de nouvelles demandes de la marine, et d'après des ordres que transmit le ministre au préfet maritime du port de Brest, il fut fait une reconnaissance des lieux par M. Sganzin, alors directeur des travaux maritimes ; mais cet ingénieur, bien qu'il lui eût paru possible de reporter le bief de partage à un point de la chaîne de montagnes dit la Croix-d'Énée de 28^m moins élevé que celui de Laz, indiqué par M. l'abbé Rochon, et qu'il se fût décidé par des vues d'économie à appliquer à ce canal le système de la petite navigation et celui des plans inclinés, cependant ayant reconnu que les ouvrages à exécuter tant sur la rivière d'Aulne que sur celle de l'Odet et sur les deux branches du point de partage, et consistant pour les ouvrages d'art en quatre plans inclinés, s'élèveraient à la somme de 1,004,787 fr. 50 c., et que les intérêts des fonds et les frais d'entretien de navigation montant à 160,478 fr. 76 c. excéderaient de beaucoup la dépense des transports par terre des effets de la marine, même en temps de guerre, il conclut, par son rapport du 19 brumaire an IX (10 novembre 1800), au rejet du projet, et crut devoir appeler de nouveau l'attention du ministre sur les anciens projets de communication qui avaient été proposés une quinzaine d'années avant par les États de Bretagne, et qui avaient pour objet la double jonction de Brest à Lorient par l'Aulne, l'Hières et le Blavet, et celle du Blavet et de la Vilaine par la rivière d'Oust qui établissait une communication d'une bien plus grande importance entre les ports de Brest et de Lorient et la Loire, et par conséquent entre ces ports et l'intérieur, et le nord même de la France. Du reste, afin d'atténuer le principal obstacle qui s'opposait à l'établissement de cette communication, dont l'exécution n'avait été sans doute ajournée que par la considération de la dépense qu'entraînait l'adoption du système de grande navigation, suivant lequel elle devait être ouverte, M. Sganzin proposait d'y appliquer celui de la petite navigation et des plans inclinés, au moyen duquel on obtiendrait une notable réduction de dépense.

Ces propositions qui s'appuyaient de celles consignées par les académiciens dans leur rapport du 2 septembre 1786, et de nouvelles observations qui faisaient disparaître tout ce que ce rapport pouvait laisser d'incertain relativement à la quantité des eaux à réunir pour alimenter les canaux proposés, ne pouvaient manquer de fixer l'attention du gouvernement, et c'est sans doute à elles qu'on sera redevable d'une des belles lignes de navigation qui figurent dans le système de la navigation intérieure de ce royaume.

En effet, sur un rapport du 9 prairial suivant (29 mai 1801), du ministre de la marine au premier consul, et d'après celui qui fut fait à l'assemblée des Ponts-et-Chaussées le 21 du même mois, il fut donné des ordres pour étudier ces différentes lignes de navigation.

Les instructions données à M. l'ingénieur Bouëssel, aujourd'hui inspecteur divisionnaire, pour ce travail, avaient pour objet l'étude des trois jonctions de l'Erdre à la Vilaine par l'Isac, de la Vilaine au Blavet par l'Oust, et du Blavet à l'Aulne par l'Hières, jonctions dont se compose la ligne de navigation de Nantes à Brest.

Tandis qu'on se livrait aux opérations topographiques relatives à l'étude de ce grand projet, sur différentes demandes et différentes considérations autant politiques que commerciales, deux arrêtés du gouvernement, du 30 fructidor an X et du 21 pluviôse an XII (17 septembre 1802 et 11 février 1804), ordonnèrent, le premier, que la rivière du Blavet serait rendue navigable depuis Hennebond jusqu'à Pontivy, et le second, que le canal de navigation pour la jonction de la Rance et de la Vilaine établissant la communication de Rennes à Saint-Malo, serait dirigé par les vallons de l'Ille et du Linon, d'après les projets approuvés par l'assemblée des Ponts-et-Chaussées.

Le dernier projet avait déjà été rédigé sous l'administration des états de Bretagne par M. l'ingénieur Liard, et les deux autres, le projet de la navigation du Blavet et celui du canal de Nantes à Brest, confiés à un ingénieur d'une activité rare, ne tardèrent pas à être soumis à l'assemblée des Ponts-et-Chaussées et à y être approuvés.

Cependant ces lignes de navigation, dont nous indiquerons ci-après plus en détail les directions, étaient à peine approuvées, que, sur de nouvelles demandes, on ordonna une nouvelle étude du canal de Quimper à Brest pour l'approvisionnement de ce dernier port ; mais ce projet, qui fut remis à M. le directeur général des Ponts-et-Chaussées, le 25 messidor an XIII (14 juillet 1805), et renvoyé à une commission qui le compara à celui de Lorient à Brest qui s'exécutait au moyen de la navigation du Blavet et de celle de la rivière d'Aulne qui faisait partie de la grande communication arrêtée de Nantes à Brest, fut, par cette raison, ajourné indéfiniment sur l'avis du conseil des Ponts-et-Chaussées, du 13 mai 1806. (K)

Mais une question qui s'élève trois ans après, et qu'il est d'autant moins possible de passer sous silence qu'elle se rattache à la fois aux principes généraux de la navigation et à ceux de l'économie publique dont une sage combinaison influe si puissamment sur le développement du système de la navigation intérieure, fut celle qui avait pour objet d'apporter des modifications dans les dimensions des écluses des trois canaux qui étaient déjà en exécution.

En approuvant les projets des canaux d'Ille et Rance, du Blavet et de Nantes à Brest, le conseil des Ponts-et-Chaussées, après avoir discuté les différentes questions qui s'étaient élevées relativement à l'application du système de petite navigation à ces canaux, avait définitivement fixé la longueur de leurs écluses, savoir : pour le canal d'Ille et Rance, à 27^m,05 de longueur entre les buscs, et à 4^m,70 de largeur entre les bajoyers ; et pour les canaux du Blavet et de Nantes à Brest, à 25^m de longueur entre les buscs, et pareillement à 4^m,70 de largeur entre les bajoyers.

Par un nouveau mémoire adressé, le 19 mars 1809, à M. le ministre de la marine, M. l'abbé Rochon, en renouvelant, malgré son ajournement indéfini prononcé par le conseil des Ponts-et-Chaussées le 13 mai 1806, sa proposition d'ouvrir un canal de Quimper à Brest pour l'approvisionnement de ce port, en attendant l'exécution nécessairement très-longue et très-dispendieuse du canal de Nantes à Brest, cherche à démontrer la possibilité et la convenance d'appliquer à ce canal le système de la petite navigation en employant les plans inclinés et les écluses à flotteur de M. de Bottancourt.

Si par un rapport du 24 avril 1819, M. Bouëssel, chargé alors de la rédaction des projets des canaux à ouvrir dans la Bretagne, prouva très-bien que ce système ne pouvait être appliqué avantageusement au canal de Quimper à Brest, qui d'ailleurs, ainsi qu'on l'a vu plus haut, avait été ajourné indéfiniment par la raison que le canal du port de Lorient à

Brest, qui allait se trouver établi par suite des projets arrêtés, remplissait le même objet ; cependant cette proposition mérite d'autant plus d'être remarquée, que ce n'était pas la première fois qu'on avait eu l'idée d'appliquer aux canaux de la Bretagne le système de la petite navigation, qui ne fut sans doute rejeté que parce qu'à cette époque on était encore loin de s'en faire des idées bien précises.

En effet, dans son rapport du 19 brumaire an IX (10 novembre 1800), M. le directeur des travaux maritimes Sganzin ne balance pas à proposer de la manière la plus formelle l'emploi de la petite navigation aux deux jonctions de la Vilaine et du Blavet et de cette dernière rivière à celle d'Aulne, et par conséquent implicitement à la jonction de la Vilaine et de l'Erdre ; triple jonction dont se compose la grande ligne de navigation de Nantes à Brest ; et M. l'inspecteur général Benard, dans son rapport du 1er ventôse an XIII (20 février 1805), faisant observer qu'à cette époque il n'y avait que cinq écluses de grandes dimensions de construites sur la rivière du Blavet, s'attache à démontrer combien on réduirait la dépense de 23,000,000 fr. à laquelle était estimée la confection du canal de Nantes à Brest, si, au lieu de bateaux du port de cinquante tonneaux, on y employait des bateaux du port de vingt-quatre tonneaux, et si, au lieu d'écluses de 30^m de longueur entre les buscs et de 4^m,55 de largeur, on adoptait des écluses de 16^m de longueur entre les buscs, et de seulement 5^m,50 de largeur.

Si donc deux ingénieurs habiles et expérimentés ont pensé que le système de petite navigation pouvait être employé avantageusement pour l'établissement des canaux de la Bretagne, et pour une ligne aussi importante que celle de Nantes à Brest, et si c'est sans doute par les considérations émises par ces deux ingénieurs que le conseil s'est décidé à adopter pour ces mêmes canaux des dimensions qui n'appartiennent ni à la grande navigation adoptée généralement en France, ni à la petite navigation qui peut seule y être introduite avantageusement, c'est, il n'en faut pas douter, parce qu'à cette époque on n'avait aucune idée arrêtée sur le système de cette dernière.

Or l'opinion, aujourd'hui, n'est plus incertaine sur cette importante question dont la solution doit avoir la plus utile influence sur le développement du système de navigation intérieure du royaume.

D'après ce qu'on a proposé pour le canal du duc de Berri, avant que les renseignemens obtenus sur ce qui se pratiquait depuis long-temps en Angleterre relativement à la petite navigation vinssent en consacrer le principe, et d'après ce qu'on a proposé de nouveau après avoir acquis ces renseignemens, et ce qui a été adopté pour ce canal, on pouvait se croire fondé à penser que le gouvernement aurait pu, sans nuire au commerce, obtenir une grande économie en assujettissant les canaux de la Bretagne au même système de petite navigation.

Suivant ce système, les écluses, ainsi que celles du canal du duc de Berri, auraient pu avoir 31^m de longueur entre les buses, et 2^m,70 de largeur, de manière à ce que les bateaux qui navigueraient sur ces canaux pussent être reçus accouplés dans les écluses des canaux de grandes dimensions. Et comme les écluses déjà construites pour la navigation de la Bretagne n'étaient encore établies qu'en très-petit nombre, on ne pouvait objecter aucune raison fondée contre l'adoption d'un changement qui, en diminuant la dépense des deux cinquièmes, eût rapproché la jouissance d'un bienfait auquel aspiraient depuis si long-temps le service militaire d'un grand port et l'industrie et le commerce de plusieurs départemens.

Quoi qu'il en soit du parti qu'on eût été à temps de prendre alors, et partant de l'ordre actuel des choses, on cherchera à donner une idée sur chacun de ces canaux, d'après les premiers projets qui, par les changemens de détail presque toujours inévitables dans l'exécution, ne pourront cependant subir que des modifications peu importantes dans leurs dispositions principales.

CANAL DE NANTES A BREST.

Ainsi qu'on l'a vu, ce canal, qui doit franchir trois chaînes de montagnes, se divise en trois portions de canal à point de partage, la première

ayant pour objet la communication de la Loire à la Vilaine ; la seconde,
celle de la Vilaine au Blavet ; et la troisième celle du Blavet à l'Aulne.

1° Communication de la Loire à la Vilaine.

De la Loire, prise au niveau des hautes marées de morte eau, remontant, par une écluse, la rivière d'Erdre, sur une longueur de 22,751^m,56,
et après avoir combiné le nouvel étiage de cette rivière avec le desse-
chement des vastes marais formés le long de son cours, et être entré dans
le vallon du ruisseau de Quiheix, on continue à suivre ce vallon sur une
longueur de 11,146^m jusqu'à la lande dite des Jas d'Héric où se trouvera
établi le seuil du point de partage connu sous le nom de Bout-de-Bois.
Le point culminant de ce seuil élevé de 24^m,688, sera abaissé de
7^m,388, et la pente de cette branche, de 33,897^m,56 de longueur,
réduite à 17^m,30, sera rachetée par six écluses non compris la
première.

Le bief de partage, ainsi abaissé, aura 8346^m,70 de longueur, et
sera alimenté dans les temps de la plus grande sécheresse par 1700 pouces
de fontainier (32,379^m,70 cubes par jour) provenant tant de la rivière
d'Erdre, prise dans sa partie supérieure à un point plus haut de 4^m que
le bief de partage, que des ruisseaux de la Pottevinière et de Vioreau ;
et au moyen d'une rigole d'environ 40,000^m de développement, et sans
qu'il soit nécessaire de recourir aux eaux du Don, ni à des réservoirs
qu'il serait facile d'établir dans la partie supérieure du cours de l'Isac.

Du même point de partage, on se dirige par la vallée de l'Isac, en
passant par Blain et Guerrouet, pour déboucher dans la Vilaine au confluent de l'Isac avec cette rivière.

La pente depuis le point de partage jusqu'à la Vilaine, sur un développement de 47,292^m,94, est de 18^m,60, et sera rachetée par sept écluses.

La longueur totale de cette première portion de canal est de 89,537^m,20,
y compris des 6000^m parcourus sur la Vilaine, et sa dépense est estimée
à la somme de 3,700,000 francs.

2° *Communication de la Vilaine au Blavet.*

De l'embouchure de l'Isac, remontant la Vilaine sur 6,000ᵐ de longueur, et ensuite la rivière d'Oust jusqu'au ruisseau de Boju, sur une longueur de 96,167ᵐ, la ligne de navigation se dirige après par le vallon du ruisseau de Boju jusqu'au point de partage, sur une longueur de 4426ᵐ.

Cette première branche a 105,593ᵐ de longueur, et sa pente, qui est de 118ᵐ,91, sera rachetée par quarante-trois écluses.

Le point de partage abaissé de 21ᵐ,61, et fixé à Hilverne, aura 2166ᵐ de longueur, et recevra, dans les temps de sécheresse, 1875ᵉ ou 35,712ᵐ,90 par vingt-quatre heures, provenant de la rivière d'Oust prise à un point qui se trouve élevé de 7ᵐ,47 au-dessus du bief de partage, et du ruisseau de la Roche, dominant de 32ᵐ,47 le même point de partage, au moyen de deux rigoles d'environ 40,000ᵐ de développement chacune, et dont la première recevra de plus, sur son passage, le ruisseau du Houle, et la seconde celui du Roc, indépendamment des eaux qui pourront être approvisionnées dans les déversoirs qu'il serait facile d'établir, s'il était nécessaire, dans les vallées d'Oust et de Houle d'une part, et dans celles du Roc, de Brohaix, du Lié, d'Ell, de Saint-Dardano et de Saint-Gérant, de l'autre.

Partant du bief de partage, la seconde branche suit les ruisseaux de Saint-Gérant et de la Houssaye, et descend au Blavet à 5,000ᵐ au-dessous de Pontivy, en passant sous Rohan, et après avoir parcouru 12,241ᵐ de longueur et descendu une pente de 70ᵐ,60 qui doivent être rachetés par dix-huit écluses. Sur la longueur de 5000ᵐ parcourue sur le Blavet pour remonter à Pontivy, il sera construit une écluse de 2ᵐ de chute.

La longueur totale des deux branches et du bief de partage est de 120,000ᵐ, et le nombre total des écluses de soixante-un, non compris l'écluse qui doit être construite sur le Blavet.

Cette seconde portion de canal est estimée devoir coûter 7,300,000 fr.

3° Communication du Blavet à l'Aulne.

D'un point situé à 3000ᵐ au-dessous de Pontivy, le canal, en passant par cette ville, par Gouarec, Rostrénen et Carhaix, remonte d'abord le Blavet jusqu'au ruisseau du Doré sous la ville de Gouarec, sur une longueur de 42,528ᵐ, et par une pente de 77ᵐ,88 qui sera rachetée par vingt-neuf écluses, et longe ensuite le ruisseau du Doré jusqu'au point de partage, sur une longueur de 20,525ᵐ, et une pente de 53ᵐ,85 rachetée par dix-neuf écluses.

Le bief de partage, fixé à Glomel, à 152ᵐ,89, et réduit, par une coupure de 21ᵐ,16 en contre-bas, à 131ᵐ,73 au-dessus du niveau du Blavet pris à Pontivy, aura 4611ᵐ de longueur, et sera alimenté par 4287 pouces d'eau de fontainier ou 81,653ᵐ,97 par vingt-quatre heures, provenant d'une part du Blavet, où il sera effectué une prise d'eau au pont St.-Antoine, à 5ᵐ,52 au-dessus du niveau de ce bief, au moyen d'une rigole qui recevra les ruisseaux de St.-Georges, de Bellechasse, de Kerodou et de Pouldu, et de l'autre, de la riv···e du Doré par une prise d'eau faite à 2ᵐ,60 au-dessus du même bief de partage.

La seconde branche, se dirigeant par les vallons de St.-Peran et de Kergoet, descend à la rivière d'Hières après avoir parcouru une longueur de 20,356ᵐ, sur une pente de 115ᵐ,64 rachetée par trente-une écluses; longe ensuite la rivière d'Hières jusqu'à la rivière d'Aulne sur 10,000ᵐ de longueur, et par une pente de 15ᵐ,1835 rachetée par cinq écluses; et enfin descend, en passant par Châteauneuf et Châteaulin, la rivière d'Aulne jusqu'au port Launay en aval de la ville de Châteaulin, sur une longueur de 62,000ᵐ, et par une pente de 55ᵐ,237 rachetée par vingt-trois écluses.

La longueur totale des deux branches est de 160,000ᵐ y compris la longueur de 4611ᵐ du bief de partage, et le nombre des écluses de cent sept. La dépense totale de cette troisième partie de canal est de 12,220,000 fr.

Récapitulation.

Longueur totale du canal de Nantes à Brest...... 369,537^m,20

Nombre total des écluses 180

Dépense totale d'après les premiers projets....... 25,000,000 fr.

Le canal doit avoir 10^m de largeur au plafond, et 13^m,90 à la ligne d'eau, à l'exception de la première partie de l'Erdre à la Vilaine, où cette dernière largeur sera de 15^m,20. La hauteur d'eau devra être de 1^m,62.

Les écluses auront 51^m de longueur entre les bascs, et 4^m,70 entre les bajoyers (1).

Les dépenses faites jusqu'à l'année 1822 pour l'exécution de ce canal, ne s'élevaient qu'à la somme d'environ 1,500,000 fr. La compagnie des quatre canaux, chargée sur la même ligne du canal latéral à la Loire et de celui du duc de Berri, s'est engagée, par un traité approuvé par la loi du 14 août 1822, à fournir la somme de 29,200,000 fr. pour l'achèvement du même canal, au moyen de ce que le gouvernement aurait terminé les travaux dans le délai de dix années et trois mois.

L'intérêt consenti par la compagnie est de 5 fr. 62 c. p. p/o.

Le tarif et les conditions du cahier des charges sont les mêmes que pour le canal latéral à la Loire. (*Voyez les notes placées à la suite de cette ligne*).

Suivant le rapport fait au roi le 20 mai 1828, les ouvrages exécutés sur le fonds de la compagnie montaient, au 31 mars 1828, à 15,472,837 fr. 25 c.

---

(1) Il est à remarquer que ces dimensions, qu'on a adoptées pour les canaux de Bretagne à l'instar de celles anciennement faites sur la Vilaine, sont, à très-peu près, les mêmes que celles suivies en Angleterre pour les canaux de grande navigation.

CANALISATION DU BLAVET.

Un arrêté de Bonaparte, en date du 30 fructidor an X (17 septembre 1802), ordonna que la rivière du Blavet serait rendue navigable depuis Hennebon jusqu'à Pontivy.

Cette canalisation, dont les projets ont été approuvés le 19 ventôse an XII (10 mars 1804), et qui ouvrira, au moyen de la première partie du canal de Nantes à Brest par les rivières d'Hières et d'Aulne, une communication entre les ports de Lorient et de Brest, depuis si longtemps attendue par la marine, et qui remplacera d'une manière bien plus avantageuse celle proposée à plusieurs reprises de Quimper à Brest, ajournée indéfiniment le 13 mai 1806, est aujourd'hui terminée.

Sa longueur est de 59,818^m depuis Pontivy jusqu'à la mer, et sa pente, de 52^m,55 entre ces deux points, est rachetée par vingt-sept écluses, destinées à contourner les vingt-sept barrages qui sont établis en lit de rivière.

Il a été également construit vingt-sept maisons éclusières, trois cent soixante ponts ou aqueducs, et six arches marinières.

La profondeur d'eau sur les hauts-fonds de la rivière est de 1^m.

Les écluses ont 25^m de longueur d'un busc à l'autre, 4^m,70 de largeur entre les bajoyers, et des chutes de 1^m,52 à 2^m,60.

Par le même traité passé pour l'achèvement du canal de Nantes à Brest et approuvé par la loi du 14 août 1822, la compagnie des quatre canaux s'est chargée de fournir au gouvernement une somme de 800,000 f. nécessaire pour l'entier achèvement du canal du Blavet, au même intérêt et aux mêmes conditions que pour le premier canal.

Les dépenses faites depuis cette époque jusqu'au 51 mars 1828 pour le canal du Blavet montaient à la somme de 1,157,639 fr. 70 c. La navigation est ouverte depuis le 4 novembre 1825.

CANAL D'ILLE ET RANCE.

L'objet de ce canal est d'ouvrir une communication entre Rennes et St.-Malo, ou plutôt, au moyen de la navigation établie sous François Ier sur la Vilaine (1) entre la mer de Gascogne et la Manche, depuis la Roche-Bernard, à l'embouchure de la Vilaine, jusqu'à l'embouchure de la Rance, sous les murs de St.-Malo, en rapprochant ainsi, par un trajet de trente lieues à travers la Bretagne, deux ports qui se trouvent séparés l'un de l'autre par une navigation maritime de cent cinquante lieues dans une mer souvent orageuse, et traversée par les croisières de l'ennemi.

On a vu qu'en janvier 1784 les États de Bretagne s'étaient occupés à faire étudier plusieurs canaux qu'ils désiraient établir dans cette province, et parmi lesquels figuraient deux projets qui avaient tous les deux pour objet de joindre la Vilaine à la Rance, l'un au moyen de la rivière de Meu, et l'autre en se servant de la rivière d'Ille.

Cette dernière direction, à laquelle les membres de l'académie des sciences, qui furent chargés d'examiner ces projets, donnèrent dès cette époque la préférence sur la première, réunit également les suffrages de l'assemblée des Ponts-et-Chaussées qui, dans sa séance du 6 nivôse an XII (28 décembre 1805), s'empressa d'autant plus d'adopter les dispositions de ce projet, sur le rapport d'un de ses inspecteurs-généraux, qu'elle crut rendre hommage, dans cette occasion, à la mémoire de M de Chesy, qui avait dirigé les opérations préliminaires qui avaient servi à sa rédaction, et un des ingénieurs qui, par son mérite, ses rares vertus et ses longs services, avait le plus contribué à fonder la réputation du corps qu'il avait honoré pendant soixante ans.

---

(1) Cette navigation artificielle, la plus ancienne qui ait été établie en France, fut commencée en 1538 et achevée en 1575.

Ce projet, rédigé par M. Liard, avait, ainsi qu'on l'a exposé, un triple avantage sur celui dont avait été chargé M. Bremontier: premièrement, de passer par la ville de Rennes; secondement, d'être moins dispendieux, étant d'un sixième plus court, et n'exigeant que quarante-huit écluses au lieu de soixante-douze qu'il fallait établir en employant la rivière de Meu; troisièmement enfin de pouvoir un jour se lier plus facilement à la navigation de la haute Vilaine, et peut-être par la suite au canal qui joindrait la Loire avec la partie supé-rieure de cette rivière en remontant la Mayenne, si l'on devait jamais s'occuper de ce projet.

La première branche de ce canal à point de partage partant de Rennes, suit la rivière d'Ille, passe par Betton, St.-Germain, St.-Médard et Montreuil, et arrive à la butte de Tanouarne, près le bourg de Bazouges sous Hédé, où se trouve établi le point de partage. Sa longueur entre ses deux extrémités est de 54,190^m de longueur, et sa pente, qui est de 42^m,539, sera rachetée par vingt écluses.

Le bief de partage, au moyen d'une coupure de 12^m,015, aura 6977^m de longueur, et sera alimenté, outre les eaux qui proviendront de la tranchée qui sera faite, et lesquelles ont paru devoir être très-abon-dantes, par les eaux de la rivière d'Ille prises à sa source, et par les ruisseaux du Boulet, de Chesnay et de Bécherel, dont le produit monte à 157 pouces et demi de fontainier (22,046^m,76 cub. par vingt-quatre heures), et qui seront amenées par trois rigoles sur un dévelop-pement ensemble de 55,446^m,94. Les eaux qui ne seraient pas néces-saires à la navigation en hiver seront conservées dans un bassin établi dans l'ancien étang et dans la lande de Bazouges près le bourg de ce nom. Ce bassin, qui pourra contenir 190,000^m cubes d'eau, communi-quera avec le bief de partage par un chenal de 60^m de longueur.

La seconde branche, à partir de ce bief de partage, suit le vallon du Linon, en passant par Tinténiac et la chapelle St.-Domineuc, et entre à Evran dans la Rance, dont elle suit le lit jusqu'à Dinan.

Sa longueur développée, depuis l'extrémité du bief de partage jusqu'à Dinan, est de 39,629ᵐ, dont 12,199ᵐ dans le lit de la Rance.

La pente, depuis l'extrémité du point de partage jusqu'à la Rance, de 52ᵐ,79, et celle sur cette rivière jusqu'à la mer, de 10ᵐ,49, produisant ensemble une différence de niveau de 63ᵐ,28, seront rachetées par vingt-huit écluses.

La longueur totale du canal pour les deux branches et le bief de partage, est de 80,796ᵐ, et le nombre des écluses de 48ᵐ.

Les écluses ont 27ᵐ,05 de longueur d'un busc à l'autre, et 4ᵐ,70 de largeur entre les bajoyers; treize de ces écluses étaient construites; neuf étaient très-avancées; quinze autres étaient sur le point d'être fondées, et dix restaient entièrement à faire.

Il doit être construit sur ce canal trois réservoirs, soixante-onze ponts et cent cinquante déversoirs.

Les ouvrages commencés le 12 juin 1804 et exécutés avant la loi d'emprunt montaient à la somme de 6,000,000 fr., et l'on estime que ceux restant à faire s'élèveront à la même somme.

Le canal d'Ille et Rance a été compris dans le traité passé entre le gouvernement et la compagnie des Quatre Canaux, en faveur des canaux de Nantes à Brest et du Blavet, pour la somme de 6,000,000 fr., prêtée aux mêmes conditions que celles avancées pour ces canaux.

Les dépenses faites sur ce fonds montaient, au 31 mars 1828, à la somme de 4,624,151 fr. 66 c.

NOTES

RELATIVES AUX CANAUX

COMPOSANT LA TROISIÈME LIGNE DE JONCTION DES DEUX MERS.

CANAL DU CENTRE.

(Extraits des Mémoires de M. Gauthey, publiés par M. Navier.)

(A) En faisant la récapitulation de la quantité de bateaux qui pourraient passer sur le canal du Centre, on trouve,

	bat.	tonn.	tonn.
Pour les vins...............................	540	20	10,800
Les bois....................................	1080	13	14,040
Les charbons de terre.......................	1000	12	12,000
Les fers...................................	60	12	720
Les blés...................................	200	22	4,400
Le poisson.................................	20	12	240
Les vieilles futailles......................	40	24	960
Plâtre.....................................	32	12	384
Marbre.....................................	5	20	100
Pierre à bâtir.............................	80	4	320
Mines de fer, briques, chaux................	6	4	24
Foins, chanvres, laines, cuirs, etc.........	25	24	600
Les sels et les ancres de vaisseaux.........	54	24	1,296
Marchandises qui passent par bateaux à Châlons.........	140	24	3,360
À reporter.........	3,282	227	49,244

Report.	3,282	227	49,244
Celles qui passent par terre à Châlons.	150	24	3,120
Celles qui passent par l'Auvergne et Moulins.	260	24	6,240
Celles qui s'embarquent sur la Loire à Roanne.	200	24	4,800
Total.	3,872	299	63,404
Distance moyenne parcourue.		16 1/2	

D'où il résulte qu'il passera environ l'équivalent de trois mille huit cent soixante-douze bateaux, chargés de 49,000 kilog., qui parcourront moyennement seize lieues et demie de longueur sur le canal, et qui paieront pour le droit des actionnaires chacun 328 fr., ce qui fera en totalité 1,268,704 fr.

(B) *Tarif des droits perçus pour cinq kilomètres* (2,566 *toises*) *de distance parcourue.*

Dix myriagrammes de toutes matières et marchandises ci-après spécifiées paieront, savoir :

	fr. c.	dm.
Pour les marchandises non encombrantes.	0,04	5,409
Pour les marchandises encombrantes.	0,05	6,761
Le poinçon de vin (1) de 224 litres (240 pintes).	0,12	6,727
— d'eau-de-vie, vinaigre et autres liqueurs.	0,12	
— de l'île.	0,09	
— de fruits et légumes.	0,08	
Le poinçon vide.	0,01	
Dix myriagrammes de tuiles, briques, chaux, plâtre, sable, argile, etc.	0,035	4,13
— de foin et paille.	0,05	3,33
Un mètre cube de bois à bâtir, bois carré et solives.	0,22	3,11

(1) Le poids d'un poinçon de vin est évalué 245 kilog. Comme la pesanteur spécifique du vin de Bourgogne est 0m,0915, celle de l'eau étant l'unité, les 224 litres pèsent 222 kilog. Il en reste 23 pour le poids d'un poinçon vide.

	fr. cent.	dou.
Un mètre cube de bois de sciage et fente........................	0,18	
— de pierre de taille, marbre, etc.....................	0,60	3,52
— de moellon, pierre à chaux et à plâtre.............	0,50	2,94
— de bois de chauffage............................	0,12	3,52
— de fagots et bois à charbon....................	0,06	3,84
— de charbon de terre...........................	0,16	3,56
Le kilolitre de cendres neuves........................	0,20	3,739
— de cendres lessivées ou charrées.................	0,16	
— de sel.......................................	0,25	3,95
— de blé.......................................	0,22	3,95
— d'avoine.....................................	0,14	
— de légumes..................................	0,21	
Le train ou rdeau de 27 mètres de longueur de bois carrés.......	5,15	
— de planches..................................	4,15	
— de bois de chauffage...........................	2,50	
Bateau de la tenue de 60 centimètres d'eau, non compris le fond (1),		
chargé de charbon de terre................................	2,00	0,654
— de cendres lessivées ou charrées.................	2,00	0,654
— de bois de chauffage...........................	3,00	0,981
— de bois carré, de fente ou de charonnage.............	4,00	1,288
— de pierre de taille et marbre.....................	4,10	1,521
— de moellons et plâtre...........................	2,75	0,898
— d'ardoises....................................	6,00	1,962
— de foin et de paille............................	4,00	1,288
— de fruits.....................................	5,00	1,635
Un bateau à bascule de poisson, à la tenue de 0ᵐ,60 d'eau, paiera		
par chaque 20 centimètre de tillac.....................	0,15	
— de 16 mèt. de longueur........................	2,15	

---

(1) La tenue d'eau des bateaux varie entre 60 et 80 centimètres non compris le fond. La charge correspondante à ces deux limites est ordinairement de 42,000 et 55,000 kilogrammes, en sorte que la tenue d'eau moyenne est 70 centimètres et la charge moyenne, 49,000 kilog. Les bateaux vides prennent ordinairement 10 à 12 centimètres d'eau, suivant qu'ils sont en sapin ou en chêne.

	fr. c.	dou.
— de 18=,5	5,15	
— de 20=,5	5,00	
— de 21=,5	4,75	

Tous bateaux dont la tenue excèdera 60 cent. paieront par chaque

double décimètre d'augmentation........................... 0,60 5,873

Les bateaux ci-dessus mentionnés doivent être entendus de ceux fréquentant le canal de Briare ; la charge des bûches et ciscelandes venant de la Saône, et autres bateaux de forme différente, de moindre ou plus grande dimension, sera réduite et déterminée d'après la tenue d'eau, et paiera dans la même proportion,

Bateau vide . . . . 0,65 c.

(Ce qui revient à 15 fr. 40 c. pour le trajet entier, au lieu de 20 fr. que donnait le droit de 5 sous par écluse.)

(C) Par distance de 5 kilom., et par chaque centimètre d'enfoncement d'eau (1), déduction faite de 6 centimètres pour le fond du bateau, un bateau chargé de

	fr. c.	dou.
Bois de chauffage, charbonnettes et fagots, paie	0,05	0,981
Merrain, bois de fente, jantes, boissellerie	0,10	1,962
Houille, charbon de terre, cendres lessivées, chaux	0,04	0,785
Sable, sablon, gravier, argile, plâtre en pierre, moellons	0,03	0,589
Tuiles, briques, plâtre cuit	0,05	0,981
Fumier	0,02	0,392
Pierre de taille . . . . ▼ . .	0,04	0,785
Marbre et meules	0,18	3,532
Cristaux et porcelaine	0,40	7,848
Faïence	0,20	3,924

(1) La charge ordinaire des bateaux, pour un tirant d'eau de 60 ou 80 centimètres, étant évaluée, comme il est dit ci-dessus, à 40,000 et 50,000 kilog., chaque centimètre d'enfoncement doit être considéré comme correspondant à une charge moyenne de 700 kilogrammes. C'est d'après cette base que la colonne ajoutée au tarif a été calculée.

	fr.	c.	dm.
Verre à vitres.	0,17		3,336
Bouteilles	0,15		2,943
Écorce de chêne servant à faire du tan	0,12		2,354
Fers et fontes ouvrés	0,25		4,905
Fers non ouvrés	0,20		3,924
Scories de différens métaux	0,15		2,943
Mines et minerais	0,10		1,962
Bascule à poisson par mètre carré de tillac	0,20		

Le droit est perçu uniformément et sans aucune augmentation pour les bateaux ayant plus de 60 centim. d'enfoncement d'eau. Les bateaux inférieurs en dimensions aux bateaux de la Loire, qui peuvent passer au canal de Briare, éprouvent, en raison de leur moindre capacité, une réduction qui s'opère par dixième.

Lorsqu'un bateau est chargé de différentes espèces de marchandises, le droit n'est plus payé à raison du tirant d'eau, mais d'après la nature du chargement, comme il suit :

	fr.	c.	dm.
Les 100 kilog. de cristaux et porcelaines.	0,06		8,241
— faïence.	0,83		4,121
— verre à vitres et verre blanc	0,02		2,747
— bouteilles.	0,018		2,472
— écorce de chêne pour tan.	0,015		2,060
— fer et fontes ouvrés.	0,03		4,121
— fer et fontes non ouvrés	0,024		3,296
— scories	0,018		2,472
— mines et minerais.	0,012		1,648
— fruits et légumes.	0,04		5,494
— foin et paille.	0,02		2,747
— tuiles, briques et plâtre cuit	0,01		1,374
Le mètre cube de marbre.	0,60		5,052
— pierre de taille.	0,11		0,604
— pierre meuse et plâtre cru.	0,08		0,549
— plâtre cuit	0,09		0,951
— chaux et cendres lessivées.	0,05		0,815

	fr.	c.
Le mètre cube de bois à bâtir, bois carré, solives, bois en grume, bois de fente, merrains, jantes, lattes, boisellerie, etc......	0,11	1,624
— houille, charbon de terre..........................	0,09	1,234
— sable, sablon, gravier, argile......................	0,07	0,520
— bois à brûler, charbonnettes et fagots................	0,07	1,378

Pour les marchandises non spécifiées ci-dessus, le droit continue à être perçu conformément à la loi du 28 fructidor an V (14 septembre 1797) (1).

On voit, par l'inspection de la colonne ajoutée à ce tarif, qu'il y a encore quelques différences entre le droit perçu sur les mêmes marchandises quand elles forment la charge entière d'un bateau, ou quand elles n'en forment qu'une partie. Mais, indépendamment de ce qu'il n'y a plus d'arbitraire dans la perception, ces différences sont beaucoup moins considérables dans ce nouveau tarif que dans l'ancien. On remarquera aussi que les droits sur toutes les marchandises, à l'exception des cristaux et porcelaines, et particulièrement ceux payés par les bois, les charbons et la pierre, qui forment avec le vin les principaux objets du transport, demeurent bien au-dessous du taux fixé par l'édit de janvier 1783.

(D). L'administration du canal du Centre ne subsista sous la forme d'une régie intéressée que jusqu'au 1ᵉʳ octobre 1807. Un décret du 1ᵉʳ septembre de cette année ordonna la suppression de cette régie en admettant le fermier, s'il le désirait, à compter de clerc-à-maître. Son compte fut effectivement réglé de cette manière, et présenté en 1812 au conseil d'état. Il fut reconnu qu'au 1ᵉʳ octobre 1807 le fermier se trouvait en avance d'environ 300,000 fr. ; on lui tint compte de cette avance, et il reçut en outre une indemnité de 95,000 fr.

En supprimant la régie intéressée, le décret du 1ᵉʳ septembre 1807 a organisé la

---

(1) Aux dispositions prescrites par ce tarif il faut encore ajouter les suivantes, qui ont été ordonnées par le décret du 5 août 1813 : 1° chaque bateau passant les écluses de garde pour venir charger dans les bassins paie de 1 fr. à 1 fr. 50 c., suivant ses dimensions ; 2° un bateau de la Loire, chargé de poterie de grès et de poterie commune, paie, par distance de cinq kilomètres et par centimètre d'enfoncement, 15 cent., et 10 cent. quand le bateau n'est chargé qu'en partie ; cent kilog. de ces marchandises paient, pour la même distance, 1 fr. 8 cent. et 1 fr. 2 cent. ; 30 le kilolitre de riz et d'orge paie 22 cent. par 5 kilom.

perception par la régie des droits-réunis, suivant un mode qui subsiste encore aujourd'hui, et dont on va donner succinctement l'idée.

L'administration de perception se compose, 1° d'un conservateur résidant à Châlons; 2° d'un contrôleur vérificateur ambulant; 3° d'un receveur principal à Paris, commun avec les canaux d'Orléans et de Loing; 4° de six receveurs particuliers placés à Châlons, Chagny, St.-Léger, Blanzy, Paray-le-Monial, et Digoin; 5° de six contrôleurs; 6° d'un surnuméraire appointé et d'un aspirant sans appointemens; 7° d'un préposé aux recettes éventuelles de la rigole de Torcy.

Le conservateur a le dépôt des papiers et la police du canal, sous la direction exclusive de l'administration des Ponts-et-Chaussées; il surveille sous celle des droits-réunis la perception, rend les comptes tous les mois, prépare celui que le receveur principal rend chaque année; il fait au moins une tournée chaque trimestre, dans laquelle il examine les registres des percepteurs.

Le contrôleur ambulant vérificateur est continuellement en tournée; il vise les registres, surveille les employés, arrête à la fin du mois le produit de chaque bureau, et en rend au directeur-général des droits-réunis un compte dont il remet le double au conservateur. Il se concerte avec lui pour donner des ordres à tous les employés, à l'exception de ce qui concerne le service des ingénieurs.

Le régisseur principal à Paris rend un compte annuel de recette et dépense, appuyé de celui des receveurs particuliers; il recouvre les lettres de change que ces receveurs lui adressent.

Les receveurs particuliers perçoivent le montant des droits, tel qu'il est établi par les contrôleurs, après avoir vérifié dans les bateaux leurs opérations. Ils perçoivent également les autres produits du canal, sur les notes et baux qui leur sont remis par le conservateur. Ils paient les dépenses pour travaux ou appointemens, d'après les mandats du préfet, sur quittance double, dont l'une est envoyée à Paris, et l'autre remise au conservateur pour demeurer dans les archives.

· Les contrôleurs surveillent la conduite des gardes et éclusiers, et s'assurent qu'ils dressent exactement les procès-verbaux de délits; ils en rendent compte au conservateur, qui sollicite la décision du directeur-général des Ponts-et-Chaussées. Les contrôleurs vérifient les chargemens des bateaux, déterminent le montant des droits à percevoir, s'assurent si le chargement est conforme à ce qui est marqué sur le dernier passavant obtenu, et y font note de la différence; ils comparent tous les jours leurs registres avec ceux des receveurs, et les mettent d'accord; ils surveillent les fraudes relatives aux marchandises sujettes aux droits-réunis.

Il est rendu compte au directeur-général des droits-réunis de la conduite des vé-

ployés à la France, sur les appointemens desquels on retient a 1/2 p. 0/0 pour former un fonds de retraite. Le conservateur, et même le contrôleur-directeur ambulant, peuvent en cas d'urgence les suspendre.

À la fin de chaque année, on fait une année commune du produit des neuf dernières, d'après les états arrêtés par le directeur-général des droits-réunis, entre les employés qui l'ont mérité.

(E) TABLEAU *des dépenses et des produits du canal du Centre pendant vingt-deux années, depuis l'an II (1794) jusqu'en 1815.*

INDICATION DES ANNÉES.	DÉPENSES.			PRODUIT DU DROIT DE NAVIGATION.
	Frais de régie ou indemnités.	Travaux d'ent. et d'amélioret.	Totaux.	
An II, produit estimé..........	»	»	42,711	50,402
An III........................	»	»	64,472	192,000
An IV........................	»	»	»	208,446
An V.........................	»	»	»	302,908
An VI produit effectif.........	»	»	69,891	370,567
An VII.......................	»	»	91,190	264,308
An VIII......................	48,994	91,493	140,457	267,434
An IX........................	68,525	102,210	170,735	398,367
An X.........................	67,197	143,915	211,142	308,169
An XI........................	56,543	206,996	263,514	335,238
An XII.......................	67,323	190,063	257,386	612,845
An XIII......................	61,145	225,531	286,676	680,306
An XIV. — 1805..............	62,694	225,203	287,897	583,493
An 1807......................	29,726	262,830	342,566	585,199
An 1808......................	61,947	158,039	222,986	613,601
An 1809......................	69,251	159,288	225,539	506,521
An 1810......................	77,317	233,910	311,227	480,511
An 1811......................	68,640	108,246	176,886	238,557
An 1812......................	62,096	119,943	182,039	225,004
An 1813......................	63,977	118,465	182,442	400,860
An 1814......................	68,985	61,835	130,600	290,630
An 1815......................	45,935	55,844	101,778	247,812
Année moyenne, à partir de l'an VIII pour les dépenses, et de l'an IV pour les recettes..........	64,577	153,979	218,556	406,822

Pour connaître les dépenses annuelles que nécessite le canal, on ne doit point avoir égard aux années antérieures à l'an VIII, parce qu'il est visible d'une part que, par suite des circonstances politiques, on laissait manquer cet ouvrage des réparations les plus nécessaires; et, de l'autre, que les frais de régie ne pouvaient être que très-peu considérables avant que le droit de navigation eût été établi. Les dépenses annuelles pour ces frais de régie se sont élevées moyennement à près de 65,000 fr., et celles des travaux à 154,000 fr. ; mais il faut obser*er pour ces dernières, qu'avec l'entretien ordinaire se trouvent confondus les travaux d'amélioration. On n'a tenu, comme on l'a déjà remarqué, un compte séparé de ces derniers travaux que pendant la durée de la régie intéressée, c'est-à-dire que depuis l'an VII jusqu'en 1807, et ils se sont élevés dans cet intervalle à la somme de 542,783 fr. Il faudrait y ajouter le montant des travaux de même nature faits pendant les années suivantes : mais, comme on ne le connaît point exactement, on supposera que les dépenses d'amélioration se sont bornées à la somme précédente, et cela pourra compenser la réduction que les dépenses ordinaires ont éprouvée en 1814 et 1815. En répartissant donc la somme de 542,783 fr. sur les seize années qui se sont écoulées à partir de l'an VII, on aura pour chacune 33,924 fr. ; retranchant cette dernière somme des 153,979 fr. trouvés pour la dépense annuelle des travaux, il restera pour les frais d'entretien 120,055 fr.

		fr.
On peut donc conclure de ce qui précède, que les frais de régie du canal du Centre s'élèvent annuellement à environ..................		65,000
Les frais d'entretien à..................................		120,000
Ce qui porte la dépense totale à.........................		185,000
La recette s'est élevée, année moyenne, à.................		407,000
Par conséquent le produit net est de.....................		222,000

CANAL LATÉRAL A LA LOIRE.

(F) Note *sur le prix du transport de Digoin à Briare. (Extraite du rapport de M. Gauthey, du 14 avril 1806.)*

On charge à Châlons sur les bateaux du canal depuis 200 jusqu'à 240 pièces de vin, chacune pesant 500 liv. ; on fait marché à Châlons à raison de 18 à 24 liv. par pièce pour la conduire à Paris, et le marinier se charge de prendre un second bateau à Digoin à ses frais ; mais comme il arrive, au moins le tiers et souvent la moitié du temps, où l'on ne charge sur la Loire que de 50 à 70 pièces, il faut alors prendre un troisième bateau qui est au compte du marchand ; ces bateaux s'achètent à Digoin de 720 à 960 liv., ils se vendent à Briare de 150 à 200 liv. Ainsi la perte est de 570 à 760 liv. pour 100 pièces, c'est-à-dire 13 liv. 8 sous par pièce. Le temps du transport de Châlons à Paris, est depuis un mois jusqu'à trois et quatre mois. Le déchet sur le vin est ordinairement de 2 pintes 1/2 en hiver, et de 5 pintes en été ; ce qui, à 5 sous, produit 1 liv. 5 sous. Le coulage en été est au moins le double, ce qui fait 2 liv. 10 sous ; on perd encore sur les tonneaux qui s'achètent 18 liv., et ne se vendent que 2 liv. ; ainsi on perd 1/16 par tonneau, ou 1 liv., et en tout au moins 4 liv.

Lorsque le vin est exposé trois ou quatre mois au soleil, à la pluie et à l'infidélité des mariniers, il y a beaucoup de déchet, qui peut être porté au moins à 4 liv. par pièce. Voici le détail de ce que coûte le transport d'une pièce de vin de Châlons à Paris, lorsqu'on n'éprouve aucun obstacle :

	liv.	
Sur le canal du Centre, les droits sont de........................	2	17
Les frais de transport montent à...............................	1	15
Sur les canaux de Briare et de Loing, les droits sont de.............	2	18
Les frais de transport de Briare à Paris, de.......................	4	00
Les frais sur la Loire, au moins de..............................	6	10
Total...............	**18**	**»**

C'est le moindre prix que l'on paie actuellement ; on voit aussi que le prix, sur le canal du Centre, compris les droits, est de 4 sous par lieue.

Prix du transport, lorsqu'on éprouve beaucoup d'obstacles :

	liv.	s.
Sur les canaux, prix invariable..............................	11	10
Transport sur la Loire......................................	12	10
Perte sur l'achat d'un troisième bateau........................	13	10
Double versement dans les bateaux...........................	1	00
Déchet sur le vin, lorsqu'il est deux mois en route................	3	10
Total du transport au maximum...............	**42**	**»**

À ce prix, le transport par terre ne reviendrait souvent pas plus cher, et si l'on prend le plus souvent la voie des canaux, c'est que ce fort prix n'est qu'éventuel ; mais il faut compter que cela arrive environ le tiers du temps.

En suivant les mêmes prix pour le canal latéral, les 37 livres et 1/2 à 4 sous par lieue coûteraient 7 liv. 10 s. que l'on doit réduire, au plus, à 7 liv., parce que, dans ce canal, il n'y a pas, en proportion de la longueur, le tiers du nombre des écluses du canal du Centre; mais il faut traverser quatre fois la Loire, et quand on serait obligé de se servir de chameaux (1), on verra que les frais de ces traversées ne seront pas un objet de 2 s. par pièce de vin.

D'après ces données, on trouvera quel sera le prix du transport d'une pièce de vin, lorsque le canal sera construit.

	liv.	s.
Pour le canal du Centre, droits compris............................	4	12
Pour le canal latéral..	7	2
Pour le transport et les droits de Briare à Paris...................	6	18
Total.............	18	12
Tandis qu'il en coûte à présent en été.................	42	00
Ainsi, il y aura un bénéfice sur chaque pièce de.............	24	

Il a passé, l'année dernière, 190,000 pièces de vin de Bourgogne sur le canal du Centre ainsi que sur la Loire, dont prenant le tiers pour ce qui est passé en eau basse, on aura au moins 60,000 pièces qui auraient suivi le canal latéral s'il eût été fait, et sur lesquelles on aurait épargné 24 liv. par pièce, ce qui aurait produit 1,440,000 liv., excédant de beaucoup l'intérêt des sommes que l'on aurait dépensées pour la construction du canal.

Un autre bénéfice encore plus important que ferait le commerce, est sur le nombre

(1) Si l'on emploie des chameaux pour faire passer les bateaux, on peut estimer que quatre hommes mettront au plus une heure pour passer la rivière avec ces chameaux; en supposant que les bateaux prennent 3 pieds d'eau et qu'il n'y en ait qu'un pied dans la rivière, il faudra ajouter une quantité d'eau équivalente aux 2/3 de la charge du bateau de 100,000 liv. ou 66,000 liv. équivalant à 943 pieds cubes qu'il faut élever à 2 pieds au plus; et comme, d'après l'expérience, un homme peut enlever 8 pieds cubes à 10 p. de hauteur dans une minute, ou 40 pieds cubes à 2 pieds; par conséquent quatre hommes enlèveront 160 pieds cubes par minute, et 960 pieds en six minutes; la traversée se fera comme celle des bacs, où les hommes qui tirent au câble emploient une heure pour parcourir un quart de lieue, parce qu'ils retournent à chaque longueur du bateau; et comme la traversée est au plus de 150 toises, faisant 1716 de lieue, il s'ensuit qu'on fera aisément cette traversée en un quart d'heure, à quoi ajoutant un quart d'heure pour le faire sortir, on emploiera au plus une heure, ce qui équivaut pour les quatre passages à une demi-journée, ou 1 s. 6 d. par pièce par qui fait pour 200 pièces 15 liv., somme bien capable de couvrir la dépense d'une demi-journée de travail de quatre hommes et du louage des chameaux.

de bateaux que l'on vend à Paris à vil prix, et sur chacun desquels on perd 500 à 600 liv. sur plus de 2,000 bateaux, ce qui produit encore plus d'un million.

Un troisième bénéfice consiste dans la vente des futailles (1), sur lesquelles il y aurait au moins 8 liv. de bénéfice par pièce, et sur 150,000 pièces, 1,200,000 liv. Ainsi, l'on voit que sur le commerce des vins il y aurait plus de 3 millions de bénéfice à faire par an ; de sorte qu'un revenu de deux ans et demi à trois ans au plus rembourserait des frais de construction.

(G) TABLEAU *des jauges faites dans le mois de septembre* 1805.

NOMS DES RIVIÈRES ET DES RUISSEAUX.	POUCES DE FONTAINIER.	MÈTRES CUBES PAR 24 HEURES.
Premier bief ou retenue du point de partage.		
Vouzance.................................	479°,810	9135ᵐᵉ,074
Ruisseau de Taleine........................	70 ,212	1481 ,600
Rivière d'Odde............................	394 ,200	7508 ,280
Ruisseau du Theil.........................	50 ,076	970 ,933
Rivière de Bèbre..........................	23,493 ,450	447,476 ,922
Biefs suivans.		
Ruisseau de Beaulieu.......................		
—des Planches...........................		
— de Lumency...........................		
— de Lacolin............................	6,083 ,800	115,877 ,48
— de Labron............................		
— de Fleury.............................		
— de Vezeloup..........................		
— de Chevanon..........................		
Totaux...............................	30,570 ,248	582,420 ,317

(1) Les futailles coûtent en Bourgogne 15 à 16 liv., elles ne se vendent à Paris que 2 liv., elles coûteraient pour le retour 1 liv. 10 s. et en tout 3 liv. 10 s., en supposant que des 190,000 barriques il en retourne 150,000, le transport de Paris au vignoble coûterait, par le canal, 1 liv. 10 s., et en tout 3 liv. 10 s. ou 4 liv., elle se vend au moins 12 liv., partant il y aura sur chaque pièce au moins 8 liv. de bénéfice.

(H) *Cahier des charges pour le canal latéral à la Loire.*

ARTICLE PREMIER. La compagnie s'oblige à verser dans les caisses du trésor royal à Paris, jusqu'à concurrence du montant de 12 millions, dans l'espace de dix ans et trois mois, pour l'exécution des travaux désignés ci-après.

Les versemens s'effectueront de trois mois en trois mois, et seront égaux entre eux.

Le premier versement aura lieu le 1er octobre 1822; le second, le 1er janvier 1823, et ainsi de suite.

Lorsque les versemens effectués s'élèveront au montant du dépôt préalable nécessaire pour être admis à soumissionner, ce dépôt sera rendu à la compagnie.

ART. 2. Ladite somme de 12 millions sera employée exclusivement à la confection des ouvrages qui seront définitivement approuvés par M. le directeur-général des Ponts-et-Chaussées, pour le canal latéral à la Loire.

Elle ne pourra, en aucun cas et sous aucun prétexte, être détournée de cet emploi spécial.

Si la somme de 12 millions est insuffisante, le gouvernement prend l'engagement de suppléer au déficit; si, au contraire, la dépense effective n'atteint pas les estimations présumées, le prêt des soumissionnaires sera diminué de la différence.

ART. 3. Le gouvernement s'engage à terminer les ouvrages énoncés dans l'article précédent, dans le délai de dix ans et trois mois, ou plus tôt, si faire se peut.

ART. 4. Pendant la durée des travaux, la compagnie recevra un intérêt de 5 fr. 17 c. p. 0/0, sans aucune autre allocation.

Les intérêts seront acquittés par semestre : le premier semestre est uxé au 1er avril 1823; le second, au 1er octobre 1823, et ainsi de suite de six mois en six mois.

Le compte des intérêts sera arrêté au premier jour de chaque semestre, et le paiement s'en fera au trésor royal à Paris, dans le courant du mois qui suivra le semestre échu.

ART. 5. Lorsque les travaux seront terminés, ou au plus tard à dater de l'expiration du délai fixé par l'art. 3, la compagnie, indépendamment de l'intérêt stipulé dans l'article précédent, recevra annuellement, à titre de prime, un demi pour cent du capital primitif, jusqu'au moment où ce capital sera complètement amorti.

ART. 6. L'amortissement commencera en même temps que l'allocation de la prime. Il s'effectuera par un paiement annuel d'un pour cent sur le capital emprunté, et sera calculé avec les intérêts composés aux taux fixés dans l'article 4.

Le dividende de la prime et celui du fonds d'amortissement seront acquittés aux mêmes époques et aux mêmes caisses que le montant des intérêts.

Art. 7. A dater de l'époque où le canal sera complètement navigable de l'une de ses extrémités à l'autre, les recettes du péage, celles des fermages et des locations d'usines établies ou à établir, les revenus provenant de la plus-value des terrains desséchés par les travaux de navigation, le produit de la vente des arbres et des herbes, celui des concessions d'eau pour arrosemens, et en général les revenus de toute nature du canal, de son domaine et de ses dépendances, seront exclusivement consacrés,

1° A l'acquittement des frais de perception, de surveillance et d'administration;

2° A l'entretien des ouvrages, et aux réparations tant ordinaires qu'extraordinaires;

3° Au service des intérêts de la prime et de l'amortissement.

Si ces revenus et produits ne suffisent pas pour pourvoir à ces diverses dépenses, le gouvernement s'oblige à y suppléer par des sommes complémentaires imputées annuellement sur le budget du ministère de l'intérieur, chapitre des Ponts-et-Chaussées; et, à cet effet, des ordonnances du trésor seront émises en temps utile pour que les paiemens puissent être effectués, régulièrement et sans retard, aux époques convenues.

Art. 8. Dans les années où l'ensemble des produits excédera tous les prélèvemens stipulés dans l'article précédent, le fonds d'amortissement s'accroîtra de tout l'excédant, et, sous aucun prétexte, il ne sera fait une distraction quelconque pour une autre destination.

Art. 9. Lorsque, par l'action progressive de l'amortissement, la compagnie se trouvera complètement remboursée de ses avances, il sera fait annuellement un partage égal du produit net entre le gouvernement et la compagnie. Ce partage aura lieu pendant quarante ans; après lesquels le gouvernement rentrera dans la jouissance pleine et entière de tous les produits du canal et de ses dépendances.

Art. 10. Il sera tenu, tant pour les recettes que pour les dépenses du canal, des comptes et des registres particuliers, dont la compagnie aura droit, en tout temps, de prendre connaissance.

Elle sera d'ailleurs admise à prendre également connaissance des projets, et à présenter les observations qu'elle jugera convenable d'adresser dans l'intérêt de l'exécution et de la conservation des ouvrages, pour être statué ultérieurement par l'administration, ce qu'il appartiendra.

Elle pourra se faire assister par un ingénieur des Ponts-et-Chaussées en retraite, et même par un ingénieur en activité ; mais, dans ce dernier cas, le choix de la compagnie sera soumis à M. le directeur général, qui décidera s'il est possible, sans inconvénient, de distraire du service public un ingénieur en exercice.

Art. 11. Le tarif des droits de péage, annexé au présent cahier de charges et signé par les soumissionnaires, ne pourra être modifié que du consentement mutuel du gouvernement et de la compagnie, et, dans tous les cas, il ne pourra être fait audit tarif aucune augmentation qu'en vertu d'une loi.

Art. 12. Le canal et ses dépendances ne seront soumis à aucun impôt.

Art. 13. Les travaux énoncés dans l'art. 2 seront mis en adjudication par lots, suivant les formes ordinaires ; mais si, à dater d'un mois de la première publication, il ne s'est présenté aucun soumissionnaire offrant un rabais d'un vingtième au moins sur l'estimation approuvée, la compagnie aura la faculté d'entreprendre, à ses risques et périls, l'exécution des ouvrages, aux clauses et conditions exprimées dans les devis et cahier de charges ; et aux prix qui auront servi de base à l'adjudication. Il est expressément stipulé que la compagnie sera soumise, pour l'exécution des travaux dont elle voudra se rendre adjudicataire, à toutes les conditions imposées aux entrepreneurs des Ponts-et-Chaussées, et que les cas d'éviction et de surenchère pourront trouver leur application dans les mêmes circonstances.

Art. 14. La compagnie est autorisée à former une société anonyme, qui aura la faculté d'émettre à volonté des actions négociables, provisoires ou définitives, pour la totalité des sommes comprises dans la présente convention, et de les diviser en primes, intérêts et chances, comme elle l'entendra. Toutefois l'acte de société anonyme sera soumis à l'approbation du roi, conformément à la loi, et un commissaire du gouvernement sera chargé d'en surveiller les opérations. Il visera toutes les actions qui seront mises en circulation, en y apposant sa signature. Les actions et le transfert de ces actions ne seront soumis à aucun droit.

Art. 15. Les signataires de la soumission s'obligent personnellement à faire acquitter par la compagnie qu'ils représentent, jusqu'à concurrence du sixième de l'estimation. Cette somme servira de cautionnement et de garantie pour l'exécution régulière des engagemens énoncés dans les articles précédens. Dans le cas où la soumission serait souscrite à la fois par plusieurs intéressés, dont chacun aurait signé pour une somme déterminée, il est entendu que chaque signataire ne demeure engagé que jusqu'à la concurrence du sixième du montant de son engagement personnel.

Les porteurs d'actions ou effets créés par la société seront tenus de faire les paiemens subséquens, et ils perdront tout droit à l'action dont ils seront porteurs, s'ils n'ont pas versé, aux termes fixés, les sommes dont ils seront redevables; dans ce cas, l'action sera vendue pour leur compte, à la diligence du gouvernement, sans qu'il soit besoin de faire prononcer la déchéance par un jugement : le tout sans préjudice des droits de ceux qui auront exécuté ponctuellement leurs engagemens, et sans qu'aucun recours puisse être exercé envers la compagnie, au-dessus de la somme stipulée en cautionnement.

Art. 16. Les contestations qui pourraient s'élever sur l'interprétation de toutes les clauses et conditions précédentes seront jugées par le conseil de préfecture du département de la Nièvre, sauf recours au conseil d'État, dans les formes et suivant les délais d'usage.

Art. 17. Les engagemens respectifs stipulés dans les articles précédens ne seront valables et définitifs qu'après la ratification de la loi.

Le présent cahier de charges proposé par le directeur général des Ponts-et-Chaussées et des Mines, et approuvé par le ministre secrétaire d'État au département de l'intérieur.

Paris, le 3 avril 1822.

Le Ministre secrétaire d'État au département de l'intérieur.

Signé CORBIÈRE.

Tarif des droits de navigation à percevoir sur le canal latéral à la Loire.

Nota. Les droits devront être perçus par distance parcourue ou à parcourir, sans égard aux fractions; chaque distance sera de 5 kilomètres. La perception se fera, sur la remonte comme sur la descente, en kilolitres, en myriagrammes, en mètres cubes, suivant la nature des chargemens, et comme il suit :

1.° Par kilolitre.

— de froment, soit en grains, soit en farine..................... 0,250

— d'orge, seigle, blé de Turquie, soit en grains, soit en farine.... 0,175

Par kilolitre d'avoine et autres menus grains...................... 0,125
— de sel marin et autres substances de ce genre................. 0,300
— de vin, eau-de-vie, vinaigre et autres boissons et liqueurs...... 0,400
— de cidre, bière et poiré................................. 0,200

2° Par dixain de myriagrammes (ou quintal métrique)

— de mine et minerai.................................... 0,015
— de scories et de métaux................................ 0,022
— de fer et de fonte ouvrés et non ouvrés et autres métaux...... 0,030
— de cristaux ou porcelaines.............................. 0,044
— de faïence, verres à vitres, verres blancs et bouteilles......... 0,030
— de sucre, café, huile, savon, coton ouvré et non ouvré, chanvre,
lin ouvré, tabac, bois de teinture et autres objets de ce genre..... 0,044
— de chanvre et lin non ouvrés............................ 0,055
— de foin, paille et autres fourrages....................... 0,020
— de tourbe, de fumier et de cendres fossiles................ 0,005

3° Par mètre cube

— de marbre, pierre de taille, plâtre, tuiles, briques, ardoises, chaux,
charbon de terre.. 0,200
— de pierre mureuse, marne, argile, sable et gravier........... 0,100
— de bois d'écarrissage, de sciage et autres de ce genre......... 0,200
— de bois à brûler transportés par bateaux.................. 0,100
— de bois à brûler en trains.............................. 0,025
— de fagots et charbonnettes............................. 0,020

4° Pour une bascule de poisson, par mètre carré de tillac et chaque centimètre d'enfoncement, déduction faite de 6 centimètres pour le tirant d'eau... 0,200

5° Pour un poinçon vide de 228 litres...................... 0,010

6° Pour un bateau quelconque en vidange................... 0,050

Nota. Les droits établis au poids ne seront pas comptés au-dessous du dixain de
myriagrammes; ceux établis au cube, au-dessous de l'hectolitre et de deux centièmes de mètre cube.

Toute fraction numéraire au-dessous d'un centime sera comptée un centime.

Les marchandises de toute nature qui ne seront pas indiquées au présent tarif paieront le droit fixé pour celles avec lesquelles elles auront le plus de rapport. Ces classifications supplémentaires se feront toujours d'accord entre le gouvernement et la compagnie.

Le présent tarif proposé par le directeur général des Ponts-et-Chaussées et des Mines, approuvé par le secrétaire d'État au département de l'Intérieur.

Paris, le 3 avril 1822.

CANAL DU DUC DE BERRI.

(1) Avant de charger l'auteur de cet ouvrage de la rédaction du projet de la navigation du Cher, M. le directeur général des Ponts-et-Chaussées avait demandé, immédiatement après l'émission du décret du 16 novembre 1807, un rapport sur cet objet à chacun des ingénieurs en chef des départemens sur lesquels passe la rivière du Cher, depuis Montluçon jusqu'à son embouchure dans la Loire. Ces ingénieurs, en se divisant sur les moyens, avaient cependant été généralement d'avis de perfectionner la rivière du Cher par des ouvrages plus ou moins considérables. L'ingénieur qui venait de recevoir l'ordre de rédiger un projet général de cette navigation sur les quatre départemens de l'Allier, du Cher, de Loir-et-Cher et d'Indre-et-Loire, ayant pensé au contraire, après une reconnaissance de la vallée du Cher et du régime de cette rivière, qu'il convenait de substituer à la navigation fluviale proposée un canal latéral depuis Montluçon jusqu'au moins à St.-Aignan, avait donc à exposer dans tout leur jour les considérations dont il s'appuyait pour établir une proposition diamétralement opposée à celle des ingénieurs en chef des trois premiers départemens, de l'Allier, du Cher et de Loir-et-Cher. Ces considérations ne pouvant être sans intérêt, surtout dans un moment où quelques ingénieurs, malgré tout ce qui a été dit sur cette matière, et malgré les leçons de l'expérience, paraissent encore incliner en faveur de la navigation fluviale, on ne croit pas déplacé de les donner ici telles qu'elles ont été développées dans le premier mémoire que l'auteur de cet ouvrage présenta le 10 février 1809 à l'appui de ses projets.

....

(47) Lorsqu'il s'agit d'établir une navigation dans la direction que suit une rivière, la première idée est de chercher à rendre cette rivière navigable, si elle ne l'est pas de son propre fond.

Si cette rivière a un régime à peu près constant, qu'elle ne soit point sujette à des crues trop considérables, et si sa pente ne se montre trop forte que dans certains points, il peut suffire, pour la rendre navigable, de former quelques barrages dans ces endroits, pour adoucir la rapidité du courant, et d'établir des écluses pour racheter la chute produite par ces barrages. Dans ce cas, la navigation fluviale peut être préférée à l'ouverture d'un canal latéral.

Mais, si cette rivière a une pente très-rapide, qu'elle soit mal contenue, qu'elle ait de grandes sinuosités, qu'elle roule des sables dont le déplacement change d'un moment à l'autre la forme de son lit; ou si elle abandonne à chaque instant ce lit pour s'en creuser un nouveau; que tantôt, par ses crues, elle acquière une hauteur d'eau et une impétuosité qui ne permettent plus aucune navigation, et que tantôt, par l'effet des sécheresses, elle manque entièrement d'eau, et ne présente plus que des haut-fonds; alors, dans cet état de choses, il peut se faire que les ouvrages qu'il serait nécessaire d'exécuter pour diminuer sa pente, pour la contenir, pour lui procurer l'eau dont elle manque, et enfin pour la rendre navigable, en ne présentant d'ailleurs qu'un succès incertain, que des avantages précaires au commerce, qu'elle est destinée à faire fleurir, surpassent encore en dépense, par leur étendue, qu'on n'est pas toujours maître de limiter, ceux qu'on aurait à faire pour l'établissement d'un canal, qui offre un régime toujours constant et qu'on a la faculté de modifier suivant l'objet qu'on se propose.

(48) Ce sont toutes ces raisons qui, dans l'état où la science de l'ingénieur a été portée depuis plus d'un demi-siècle, ont déterminé, dans plusieurs cas, à abandonner le lit ou des portions de lit de rivière où la navigation eût été trop difficile à établir, pour y substituer un canal ou des portions d'un canal latéral, lorsque ce parti était possible.

(49) Ces idées semblaient être consacrées depuis long-temps, et l'on paraissait avoir adopté généralement le système de la navigation latérale, lorsqu'un ingénieur aussi recommandable par ses lumières que par ses longs services, reprenant de nouveau cette question, se déclara, dans une circonstance à p   près semblable à celle qui se présente aujourd'hui, en faveur de la navigation fluviale, contre la navigation latérale, dont il a cherché à faire voir les inconvéniens, sinon pour tous les cas, du moins pour le plus grand nombre.

(50) La reprise d'une question qui semblait jugée depuis long-temps, des idées nouvelles et ingénieuses sur les moyens de perfectionner les navigations en rivière, tout cela était sans doute bien fait pour éveiller l'attention; en effet, on doit avouer que M. l'inspecteur général Bertrand n'a négligé aucun des moyens qui pouvaient

rendre plausible le système qu'il a proposé; et l'on ne peut disconvenir que si l'on n'est pas toujours convaincu de son succès pour tous les cas, on ne peut s'empêcher d'y ajouter cependant une véritable confiance dans quelques circonstances particulières.

(51) Ayant eu à s'occuper de la navigation du Doubs, il semble que la première idée de M. Bertrand se soit portée sur ce qui avait été exécuté sur la Charente, mais que s'étant aperçu aussitôt que le système d'écluse employé par M. Tresaguet devenait incomplet lorsqu'on voulait l'appliquer à une rivière à forte pente comme le Doubs, il jugea qu'il était indispensable de racheter par un sas les retenues qu'il était obligé d'établir, en ajoutant à ce premier système d'écluse une seconde paire de portes; et comme il remarqua que ces ouvrages, construits en pleine rivière, auraient principalement à souffrir des débâcles et des glaces qu'il suppose n'avoir lieu que lors des grandes eaux, il proposa d'éviter ce terrible danger, en tenant toujours ces ouvrages au-dessous des crues, de manière à ce que les grosses eaux ou les glaces, passant au-dessus, ne puissent y porter atteinte.

Tel est le système ingénieux, mais hardi, de M. l'inspecteur général Bertrand, et auquel on n'a peut-être d'autre reproche à faire que la trop grande généralité qu'il a voulu lui donner dans l'application.

(52) Étant impossible de s'occuper du projet de la navigation du Cher sans entrer dans la même discussion, et le mémoire de M. l'inspecteur général paraissant, d'ailleurs, avoir eu la plus grande influence sur l'opinion que MM. les ingénieurs en chef des départemens de l'Allier et du Cher ont émise dans les rapports qu'ils ont adressés à M. le directeur général sur la navigation du Cher, avant que l'ingénieur soussigné fût chargé de la rédaction des projets relatifs à cette navigation, ce même ingénieur se trouve indispensablement obligé de citer à plusieurs reprises le mémoire de M. Bertrand; mais si, dans la discussion vers laquelle il se voit irrésistiblement entraîné, et si, dans le parallèle qu'il croit nécessaire d'établir entre les avantages et les inconvéniens respectifs des deux seuls systèmes qui puissent satisfaire aux dispositions du décret du 16 novembre 1807, il ne partage pas toujours l'opinion exprimée dans le mémoire qu'il vient de rappeler, il espère du moins qu'on ne l'accusera pas de manquer à tous les égards qui sont dus aux lumières et aux talens de son respectable auteur.

Convaincu que M. le directeur général et le conseil des Ponts-et-Chaussées ne verront dans les observations suivantes que le désir de soumettre le projet de la navigation du Cher à une discussion approfondie et à un examen réfléchi, l'ingénieur soussigné ne craindra donc point d'entrer en matière.

(53) Lorsque le gouvernement se décide à entreprendre l'exécution d'un grand ouvrage, son premier soin est sans doute de chercher que cet ouvrage ait, autant que possible, une utilité constante; que pour cela il soit le plus possible à l'abri de tous les accidents qu'il n'est pas en sa puissance de maîtriser; que les dépenses qu'il destine à son établissement ne surpassent pas les avantages qu'il doit en retirer, et qu'enfin il y ait une juste proportion entre les moyens employés et le résultat, entre les ouvrages et leur objet. Or, peut-on dire avec vérité que le système de la navigation fluviale satisfasse toujours à toutes ces conditions? l'ingénieur soussigné ne le pense certainement pas.

(54) D'abord, les services que peut rendre au commerce la navigation fluviale sont loin de présenter cette continuité et cette permanence qu'on doit leur désirer : car, suivant ce système, tout devant être combiné d'après le cas des plus basses eaux, toute surélévation dans leur niveau, toute crue ne peut être qu'une véritable calamité; tant parce que, quelque peu considérable qu'elle soit, elle imprime néanmoins au courant une vitesse qui est au moins inutile en descendant, et toujours pénible à vaincre en remontant, que parce que si elle excède seulement un mètre de hauteur, ce qui est très-ordinaire et très-fréquent sur plusieurs rivières, toute navigation, dès lors, est interrompue. En effet, il est évident que si l'on voulait que la navigation eût lieu au-dessus du niveau de ces crues, qui l'interdisent totalement, il faudrait à cet effet élever les bajoyers des écluses beaucoup plus haut qu'on ne les établit dans le système de submersion, et alors ces mêmes écluses, s'élevant au-dessus des crues lors des débâcles et des glaces, seraient exposées, contre la première intention, à toutes les avaries et à toutes les dégradations dont on se flattait de les mettre à l'abri en les rendant complètement submersibles. Pour être donc conséquent, il faut se résigner à ne plus naviguer au-delà d'un certain niveau des eaux, et, dans ce cas, on ne peut se dissimuler que les eaux pouvant souvent atteindre ce niveau dans le cours d'une année, le temps de la navigation ne se trouve par là extrêmement restreint.

(55) Secondement, la navigation fluviale n'est pas à l'abri des chances fâcheuses auxquelles on doit chercher à soustraire toute construction; car, bien que dans le système des écluses submersibles on compte que les débâcles et les glaces dépasseront la hauteur des ouvrages, il n'est cependant pas très-sûr que cette circonstance ait toujours lieu, et que la fonte des glaces n'arrive jamais lors des moyennes eaux, c'est-à-dire à une hauteur telle que ces glaces ne puissent endommager, par leur choc les ouvrages qu'on voulait préserver de ce choc. Et, quand bien même, d'ailleurs, tout arriverait comme on le suppose, pourrait-on donc encore se promettre que des

ouvrages de maçonnerie et de charpente, ainsi exposés à la force du courant, ne souffrissent pas à chaque débordement des accidens et des dégradations, sans cesse renaissantes, qui exigeraient de continuelles et dispendieuses réparations? c'est du moins ce que semblent redouter un grand nombre d'ingénieurs que la plus longue expérience n'a pu encore rassurer à cet égard (1).

(56) Troisièmement, et c'est sans doute une observation bien digne d'attention, le système de la navigation fluviale interdit le plus souvent le moyen si précieux de proportionner les dépenses à l'objet qu'on se propose de remplir; car, dans ce système, soit que la navigation qu'on veut établir ne doive avoir qu'une médiocre activité, ou qu'elle doive en avoir une très-grande, on ne peut toujours projeter les ouvrages que d'une seule manière, c'est-à-dire d'une manière entière, absolue et tout-à-fait complète, sous peine de n'obtenir qu'un demi-succès, ou même de manquer totalement le but qu'on doit atteindre. De plus, soit qu'on ait la faculté de se servir de très-petits bateaux, comme il arrive souvent, soit qu'on soit obligé d'en employer de très-grands, et enfin, soit qu'on n'ait à pourvoir qu'aux besoins d'une navigation descendante, ou à la fois à une navigation descendante et ascendante, il faudra toujours, malgré cela, se résoudre à entreprendre la même masse d'ouvrages, et si la rivière qu'on a à traiter a une certaine largeur, si elle a une pente considérable, si elle a peu d'eau, si elle n'a point de berges, et qu'elle soit mal entretenue, cette masse d'ouvrages ne pourra qu'être énorme, comme on aura l'occasion de s'en convaincre dans un instant.

(57) Mais ensuite, lors même que toutes ces alternatives ne se présenteraient pas, et qu'on obtiendrait de tous ces ouvrages tout le succès qu'on en désirerait relativement à la navigation, n'y aurait-il pas à craindre encore qu'ils n'exposassent aux plus grands dommages les propriétés riveraines, en causant leur submersion aux moindres crues?

En effet, si la rivière qu'on veut rendre navigable manque d'eau à cause de sa grande pente, et que cependant elle soit sujette à de fortes crues, il est clair que les barrages multipliés qu'il faudra faire pour racheter sa pente et lui procurer la profondeur d'eau nécessaire pour obtenir une navigation constante, relèveront plus ou moins le lit de la rivière, et retiendront à plus forte raison les eaux qui, lors des crues, avaient déjà de la peine à s'écouler dans le moment même où la rivière jouissait de sa vitesse primitive. Le seul remède, dans ce cas, serait donc

---

(1) Voyez ce que dit, à ce sujet, M. Le Creux, dans son ouvrage sur *les Rivières*, p. 350.

de construire des digues latérales tout le long du cours de cette rivière, mais quand on voudrait entreprendre un si grand ouvrage, ces digues même qui auraient exigé une dépense si énorme, ne pouvant jamais, par leur resserrement, produire une grande vitesse, parce qu'on aurait été obligé de ne laisser qu'une très-petite pente lors de l'établissement des ouvrages, ces digues même ne seraient-elles pas exposées à de fréquens accidens, en soutenant une aussi grande masse d'eau ainsi suspendue, et toujours menaçants au-dessus du terrain naturel de la vallée ?

(58) De plus, si cette rivière amène une grande quantité de sables de sa partie supérieure qui aura conservé toute sa pente, que deviendront ces sables ? Si l'on suppose, comme cela paraît démontré, qu'elle ne charrie pas la totalité de ces sables dans sa partie inférieure, et qu'elle ne les répartisse pas, pour ainsi dire, sur tout son cours, ces sables ne produiront-ils pas des barres et des engorgemens dans les premiers bassins formés par les premiers barrages, et même, lors des grandes crues, les eaux n'en entraîneront-elles pas toujours plus ou moins dans les bassins inférieurs ? Et si l'on veut encore qu'au moyen des ouvertures qui pourront être réservées dans ces barrages, et de celles toujours existantes qu'offriront les écluses, tenues constamment ouvertes dans ce moment ; si l'on veut, dit-on, qu'à ce moyen, le courant chasse et entraîne ces dépôts, n'y aura-t-il pas toujours à redouter que le même courant, ne rencontrant bientôt au-dessous des ouvertures des barrages et des écluses que des portions de lit presque de niveau, ne dépose de nouveau toutes ces matières au milieu de ces intervalles horizontaux qui s'élèveront ainsi par là successivement, et n'offriront bientôt plus qu'une hauteur d'eau insuffisante à la navigation ?

(59) M. Bertrand lui-même ne s'est point dissimulé ce notable inconvénient, quoique le Doubs ne paraisse pas avoir autant de pente, ni charrier autant de sable que beaucoup d'autres rivières. « Quand bien même, dit-il (pag. 25 de son mé-
« moire), l'on supposerait l'encombrement progressif de la rivière, c'est qu'il y au-
« rait un exhaussement pareil de toute la vallée sujette à l'inondation ; leur état
« respectif et naturel resterait donc toujours le même ; on en serait donc quitte
« alors pour un simple rehaussement du sas et du barrage. »

(60) Mais que serait-ce, on le demande, si l'on était obligé tous les vingt ou tous les trente ans, de relever ainsi des constructions en maçonnerie telles que celles de cinquante à soixante écluses et d'autant de barrages sur trente à quarante lieues de longueur ! et non-seulement cela, mais de relever encore dans la même proportion les ponts qui seraient établis sur cette rivière, parce que, dans le principe, n'ayant pas prévu cette triste nécessité, on ne leur aurait pas donné

une élévation démesurée et hors de toute proportion avec tous les autres ouvrages !

Certes, il n'est pas nécessaire de presser davantage les conséquences d'un semblable raisonnement pour en apercevoir toute la faiblesse.

(61) Mais, au surplus, et ce qui sans doute est bien digne de remarque, c'est
que malgré son opinion bien prononcée en faveur de la navigation fluviale, M. Bertrand lui-même a cru devoir quelquefois s'écarter de ses propres principes et établir,
dans certains cas, des dérivations latérales, comme on peut le voir par ce qui suit :

« Tout ce que peut nous promettre cette rivière, observe M. Bertrand (p. 16 de
« son mémoire, après avoir dit formellement que la nature des lieux s'oppose
« absolument à ce qu'on abandonne le lit de cette rivière d'un bout à l'autre), c'est
« de lui donner quelques dérivations partielles, comme celles que nous y avons pro-
« jetées; soit pour abréger beaucoup le trajet de la navigation, soit pour ménager
« des usines ou autres établissemens; soit pour éviter *la réparation d'une partie de*
« *rivière qui se trouve trop défigurée* par les pernicieux effets d'un barrage qui est
« devenu de plus en plus vicieux depuis que le propriétaire l'a laissé à la charge
« du fermier; soit enfin pour céder à la règle trop généralement établie, *qu'il vaut*
« *mieux faire un canal latéral pour la navigation que de travailler à cet effet le lit*
« *naturel de la rivière.*

« Mais, indépendamment de l'exception à cette règle, que le Doubs réclame im-
« périeusement, ajoute M. Bertrand, il y a encore lieu d'examiner et de peser les
« motifs qui m'ont déterminé à y faire quelques dérivations, et d'appeler l'attention
« des ingénieurs, tant sur ces cas particuliers que sur le fond de la question géné-
« rale, en leur présentant les considérations suivantes :

« 1° J'ai voulu, par cette dérivation-ci, ménager des usines, maisons et autres
« propriétés riveraines; par celle-là, épargner *les digues, levées, draguemens et*
« *autres ouvrages qui seraient nécessaires pour rétablir le lit et les bords d'une por-*
« *tion de rivière qui n'en a plus :* dans l'une et dans l'autre j'avais aussi pour objet
« de diminuer le nombre des sas, en réunissant deux sauts de quatre pieds dans
« un seul de huit pieds de hauteur, etc.

(62) Or, sans aller plus loin, on remarquera que ces circonstances qui ont
porté M. Bertrand à admettre des dérivations partielles, ces circonstances, où
la rivière se trouve trop défigurée et sans bords, et où il serait nécessaire, par
conséquent, de faire des levées, des draguemens et autres ouvrages, sont le plus
souvent celles où se trouvent les rivières qui ne sont pas navigables de leur propre
fond.

40.

(63) C'est donc lorsque ces mêmes circonstances se montrent sur tout le cours d'une rivière qu'alors il est indispensable d'établir la navigation au moyen de plusieurs, ou même encore, lorsque c'est possible, d'une seule dérivation.

(64) En effet, il est aisé de voir que ce nouveau système n'étant exposé à aucune chance fâcheuse, à aucun obstacle imprévu, ne peut promettre au gouvernement qu'un résultat certain : calculé d'avance, toutes ses parties peuvent être combinées et modifiées suivant le but qu'on se propose. Enchaînant à volonté le moteur qui fournit à un canal latéral toute son activité, on n'a rien à redouter de sa puissance, qu'on atténue ou qu'on annulle quand on le veut. Cet ouvrage de l'homme est toujours dans ses mains, c'est une véritable machine dont il peut régler les dimensions d'après l'usage qu'il veut lui donner, ce qui est sans doute un avantage immense dans l'état actuel de la civilisation, où tous les besoins, se diversifiant à l'infini, ne peuvent tous avoir la même importance.

(65) On a dit que les canaux coupaient les terrains, les communications; morcelaient les propriétés, et interrompaient cette belle simplicité de la nature que l'on conserve par l'établissement des navigations fluviales. Mais, répondra-t-on, ces ouvrages avec lesquels on coupe les rivières, ces écluses dans lesquelles on force le courant à passer avec violence, sont-ils plus dans la nature que les ouvrages qu'on exécute pour creuser un canal? l'homme obtient-il quelque chose sans travail, c'est-à-dire sans modifier, sans diriger plus ou moins la nature? N'abusons donc pas ici des mots; tout ce que l'homme fait pour accroître ses moyens de subsistance et de richesse, tous les arts qu'il emploie pour augmenter ses jouissances sont dans la nature, et plus dans la nature que ne l'est même cette simplicité à laquelle on craindrait de l'arracher, puisque tous ces arts, toutes ces jouissances ne font que resserrer de plus en plus les liens de l'état social auquel il est évidemment appelé.

(66) On a dit encore que les ouvrages à exécuter pour l'établissement d'un canal latéral surpasseraient de beaucoup en dépenses ceux à faire pour l'établissement de la navigation en rivière.

Cette assertion, qui peut être vraie en certains cas, ne l'est sûrement pas dans celui où la pente de la rivière et l'irrégularité de ses berges obligent à former des barrages et à construire des sas en pierre de taille de 2000ᵐ en 2000ᵐ de distance, et à élever des digues sur la plus grande longueur, ou même sur toute la longueur de la rivière.

(67) Il y a donc un grand nombre de circonstances où il serait plus économique de creuser un canal latéral que d'établir la navigation en rivière, et c'est ce qu'on

voulait prouver ici contre l'assertion contraire qu'on a semblé vouloir établir d'une manière trop générale.

(68) Cette vérité paraît de toute évidence à l'ingénieur soussigné d'après toutes les considérations précédentes; mais si l'on pouvait encore en douter, comme le même ingénieur s'est engagé vis-à-vis de M. le directeur général à mettre sous ses yeux les deux projets sommaires de la navigation du Cher dans les deux hypothèses de la navigation fluviale et de la navigation latérale, il espère que cette application immédiate des deux systèmes achèvera de faire cesser toute incertitude à cet égard, etc., etc.

(J) MOUVEMENT DU COMMERCE. — § I.

Exportations des départemens du midi, de l'est, du nord et du centre dans ceux de l'ouest, parcourant la ligne du canal depuis Aubigny, sur le canal latéral à la Loire jusqu'à Tours, sur une longueur de 251,965ᵐ ou 25 myriamètres 1/5.

1° Charbons de terre et de bois, planches de sapin, pierres, chaux........	200
2° Huiles d'olive, savons................................	20
3° Vins de Bourgogne et du Rhône............................	20
4° Fers ouvragés, taillanderies d'Allemagne.....................	12
5° Cuirs, pelleteries..............................	4
6° Bois de construction des forêts riveraines du Rhin...............	40
7° Bois de construction et à brûler provenant des départemens du centre..	100
8° Fers, canons, provenant du Nivernais, faïences, poteries, etc..........	30
	426

Exportations des départemens de l'ouest dans ceux du nord, de l'est, du midi et du centre, parcourant la même ligne de 25 myr. 1/5.

1° Sels..............................	75
2° Grains de toute espèce, farines...........................	250
3° Ardoises	20
A reporter..............	771

Report............................. 771

4° Vins, eaux-de-vie, toiles, cordages, épiceries....... 120

5° Ardoises pour le centre............................. 20

6° Épiceries, denrées coloniales pour le centre......... 30

7° Vins de Bordeaux pour le centre.................... 35

Total des bateaux parcourant 25 myriam. 175......... 956

§ II.

Exportations des départemens de l'est dans ceux de l'ouest, parcourant la ligne du canal depuis Montluçon jusqu'à Tours, sur une longueur de 271,206ᵐ ou 27 myriam. 1710.

1° Charbons de terre et de bois, pierres, chaux........ 200

2° Bois de construction.............................. 133

3° 6 millions de merrains............................ 510

4° Laines et chanvres............................... 9

5° Grains de toute espèce........................... 80

6° Fonte en fer..................................... 125

Importations dans les départemens de l'est parcourant la même ligne.

1° Sels.. 79

2° Ardoises, pierres, chaux, cendres................. 40

3° Vins, eaux-de-vie, épiceries, toiles, cordages....... 60

Total des bateaux parcourant 27 myriam. 1710.......... 1027

§ III.

Exportations des mines de Commentry vers Paris et l'ouest, parcourant la ligne depuis Montluçon jusqu'au Bec d'Allier, sur une longueur de 117,531ᵐ ou 11 myriam. 7710.

1° Charbons pour la consommation de Paris............ 150

2° Bois à brûler et de construction.................. 100

Total des bateaux parcourant 11 myriam. 7710......... 250

§ IV.

Bateaux parcourant une longueur réduite de 5 myriam. en tous sens . .   94

Récapitulation.

Bateaux parcourant 25 myriam. 1/5			956
—————— 27 —— 1/10			1027
—————— 11 —— 7/10			250
—————— 5 ——			94
Total			2327

CANAUX DE BRETAGNE.

(K) Il suit de cette nouvelle étude, 1° que le point de partage fixé d'abord à Las par M. l'abbé Rochon, indiqué depuis au lieu dit de la Croix d'Énée par M. l'inspecteur général Sganzin, fut reporté dans le nouveau projet au lieu dit la plaine de Fontaine, plus bas de 125^m,87 que le premier point, et de 130^m,42 que le second ;

2° Que le volume des eaux qu'on pouvait rassembler au point de partage était de 400 pouces de fontainier, ou 7618^m,75 par 24 heures ;

3° Que la pente du point de partage au niveau de la haute mer des mortes eaux d'équinoxe, prises au port de Launay, sur un développement de 30,000^m, était de 111^m,5107, et que celle du même point de partage au niveau de la haute mer des mortes eaux d'équinoxe prises au port de Quimper était, sur un développement de 28,881^m, de 112^m,7195 ;

4° Qu'au moyen de ce que le point de partage serait abaissé par une coupure de 16 à 17^m, ces pentes seraient rachetées par 70 écluses, et qu'enfin la dépense totale pour l'exécution de cette nouvelle ligne de navigation pourrait s'élever à 6,000,000 f.

CINQUIÈME LIGNE DE JONCTION

DES DEUX MERS

PAR LE MIDI ET L'EST DE LA FRANCE.

CANAL DE LA SAONE AU RHIN ou CANAL DE MONSIEUR.

Précis historique.

LE canal de la Saône au Rhin, qui se lie au canal du Centre, pouvant être considéré comme une prolongation vers l'est de la communication des deux mers par le centre de la France, doit naturellement trouver sa place à la suite des divers canaux dont se compose cette ligne.

Le Rhin et le Rhône, qui ont leur origine dans les Alpes, aux monts Furca et Saint-Gothard, et qui, en s'éloignant bientôt l'un de l'autre, parcourent plusieurs cantons de la Suisse, traversent également deux lacs, celui de Constance et celui du Léman, et entrent encore tous deux sur le territoire français, où ils dirigent leurs cours opposés entre la grande chaîne des Alpes et celle des Vosges ; le Rhin se retourne au nord, et, après un développement d'environ deux cents lieues, va se perdre dans l'Océan, cinquante lieues environ au nord des limites de la France ; le Rhône, au contraire, se dirigeant vers le sud, vient, après un cours de cent lieues, se jeter dans la Méditerranée.

A peu de distance, à l'ouest et vis-à-vis de l'espace compris entre les deux points où ces deux grands fleuves prennent leur direction inverse sur la France, coule du nord au midi, et parallèlement à cette double direction, la Saône, qui prend sa source dans les montagnes des Vosges, et vient se joindre, après un cours de cinquante lieues, au Rhône, au-dessus de Lyon.

La jonction de la Saône au Rhin, qui établit une ligne de navigation de la Méditerranée à la mer d'Allemagne, sur près de quatre cents lieues de longueur, et qui, en parcourant des climats de plus en plus différens, fournit un moyen d'échange entre les productions les plus variées de la nature, était donc une pensée aussi simple que grande.

Lucius Vetus eut, ainsi que nous l'avons vu, l'idée d'opérer cette jonction, en unissant la Saône à la Moselle; et, huit siècles après, Charlemagne, dont les vues s'étendaient comme sa puissance, voulant rattacher la navigation intérieure de l'Allemagne à celle de la France, eut le projet d'effectuer la double jonction du Danube au Rhin et du Rhin au Rhône; la première par les rivières de Rednitz et d'Altmühl, et la seconde au moyen de la Saône et du Doubs (1).

---

(1) «Comme Charle estoit à Ratisbonne, dit Mézeray (*Histoire de France*, «*année 793*), et qu'il avoit fait dresser un pont sur le Danube, pour aller dompter «les Avarois, on luy proposa un dessein qui eust apporté de grandes commoditez «pour cette guerre, et à l'advenir pour toute l'Europe. C'estoit de faire qu'il y eust «communication entre les rivières du Rhin et du Danube, par conséquent entre «l'Océan et la mer Noire, en tirant un canal de la rivière d'Althmühl, qui se des- «charge dans le Danube, à celle de Rednitz, qui se descharge par Bamberg dans «le Mayn, lequel   tomber dans le Rhin près de Mayence. A quoy il fit travailler «par grande multitude d'ouvriers; mais les pluyes continuelles remplissant les «fossez et esboulant toujours la terre, empeschèrent un si bel ouvrage. »

Le temps n'a pu faire disparaître en entier des ouvrages qui, quoique bientôt abandonnés, avaient occupé un si grand nombre d'hommes. On assure qu'on distingue encore en plusieurs points des traces profondes de cette entreprise qui, par la découverte des écluses, perdant aujourd'hui tout ce qu'elle pouvait avoir à cette époque de merveilleux, n'exciterait notre admiration que par ses immenses résultats.

Mais à cette époque on ignorait encore le mécanisme des écluses, et, au lieu de se plier aux formes de la nature, on ne savait que la changer.

Or, l'exécution de semblables projets exigeait souvent des travaux qui surpassaient les forces naturelles de l'homme et la puissance des gouvernemens; et, pour l'honneur des progrès de l'état social, ce n'était qu'aux procédés de l'art, aux ressources réglées, et à l'administration plus éclairée des siècles civilisés, qu'il était réservé de faire jouir, par des sacrifices moins disproportionnés, les générations futures de certaines conceptions des temps héroïques.

En effet, l'art n'a peut-être jamais obtenu à moins de frais un aussi grand résultat, et si l'histoire, qui parlera à la postérité de cette grande entreprise, ne peut taire les discussions qui s'élevèrent entre deux hommes qui se montrèrent si jaloux d'y attacher leurs noms, elle les attribuera moins aux difficultés de son exécution, qu'à ce noble désir qui, semblable à ce sentiment qui dans l'enfance anime d'une vive émulation les deux fils d'une commune mère, n'ambitionne encore, dans un âge plus avancé, pour unique prix de ses services, qu'un des regards de la patrie.

En 1744, M. le maréchal de camp du génie de La Chiche, après avoir reconnu le seuil qui, en séparant les vallées opposées qui s'étendent d'un côté vers Strasbourg et de l'autre vers Lyon, joint, entre Montbéliard et Mulhausen, les Vosges au Jura, entrevit la possibilité de réunir sur ce point culminant les eaux qui en descendent vers les deux mers, pour alimenter les deux branches qui devaient partir de ce point pour gagner, du côté du nord, la rivièr d'Ill qui se jette, près de Strasbourg, dans le Rhin, et, du côté du s i, celle du Doubs qui s'embouche dans la Saône, près de Dôle.

- M. de La Chiche, après plusieurs examens, se décida, en 1753, à mettre sous les yeux des ministres le projet général de cette jonction.

En le reproduisant de nouveau en 1764, il en proposa l'exécution au moyen d'un privilège et d'une compagnie. Il renouvela depuis ses sollicitations, en demandant au moins des secours pécuniaires pour se livrer aux détails de ce projet ; mais le ministre de la guerre, n'ayant pas les canaux dans ses attributions, le renvoyait au ministre des finances, qui, de son côté, ne pouvait donner des ordres aux ingénieurs militaires.

Enfin, d'après de nouvelles tentatives de la part de l'académie et de l'intendant de Besançon pour obtenir ce canal, l'administration de ce pays chargea, au mois de septembre 1773, M. Bertrand, ingénieur en chef de la Franche-Comté, de la rédaction du projet de ce canal.

D'après l'expédition de cette commission, qui fut accordée d'autant plus volontiers qu'on ne s'était pas cru obligé d'y assurer aucun traitement particulier à M. Bertrand, cet ingénieur s'en occupa sans relâche depuis l'année 1774 jusqu'en 1777, époque à laquelle il fit même graver et imprimer à ses frais le plan et le devis estimatif de la partie à exécuter entre la Saône et le Doubs, et qui devait être entreprise la première.

Mais l'exécution des plus utiles projets n'est pas toujours exempte de difficultés ; cependant celles qui s'étaient élevées à l'occasion de cette grande entreprise, et qui durèrent jusqu'en 1780, étant enfin levées par le ministre des finances, il fut rendu, le 25 septembre 1783, un arrêt du Conseil qui, *en renvoyant toutefois à des temps plus favorables l'entreprise générale de la navigation du Doubs et de sa jonction avec le Rhin*, ordonna l'exécution de la portion du canal comprise entre la Saône et le Doubs, comme faisant partie du canal de Franche-Comté.

Ces ouvrages furent adjugés en 1784 pour la somme de 610,000 fr.

Cependant le projet général auquel n'avait cessé de travailler M. l'ingénieur en chef Bertrand, et lequel était estimé devoir s'élever à la somme de 13,000,000 de francs, fut présenté avec plusieurs autres projets, faits par M. le maréchal de camp de La Chiche, en 1791, à l'assemblée nationale, qui en renvoya l'examen à son comité d'agriculture et de commerce.

Ces divers projets, d'après le premier rapport de ce comité, ne pouvaient être accueillis par l'assemblée nationale qu'avec l'intérêt que devaient inspirer les nombreux avantages qui se rattacheraient à leur exécution.

Jamais enthousiasme ne fut en effet plus légitime. Le canal qui doit joindre le Rhône au Rhin, remarquait-on, partant de la Saône, et suivant le Doubs, l'Huleine, la Largne et l'Ill jusqu'à Strasbourg, et auquel se liera une branche de Mulhausen à Bâle, en passant par Huningue, ouvrira une communication de quatre cents lieues entre *Marseille* et *Amsterdam* par *Arles*, *Baucaire*, *Valence*, *Vienne*, *Lyon*, *Mâcon*, *Châlons*, *Saint-Jean-de-Losnes*, *Dôle*, *Besançon*, *Montbéliard*, *Colmar*, *Strasbourg*, *Mayence*, *Cologne* et autres villes importantes.

Il joindra non-seulement Bâle et Constance, mais Francfort et toutes les villes qui sont sur les confluens du Rhin; et, au moyen des canaux de Languedoc, du Centre et de Bourgogne, devenus le grand lien civil entre les pays de l'est et de l'ouest, on verra le centre de la France, sa capitale, ses trois mers et ses quatre fleuves, communiquer entre eux et avec la Suisse, l'Allemagne et les Pays-Bas.

Parcourant la direction la plus avantageuse pour le commerce, celle du midi au nord, il excitera la création et les échanges des produits de l'art et de la nature qui sont particuliers aux différens pays qu'il est destiné à vivifier.

Sans être obligé de suivre péniblement, et toujours par une navigation lente et incertaine, et sous le canon des Barbaresques, les plages de l'Égypte, les côtes de Barbarie, celles de l'Espagne, de la France et de l'Angleterre, à travers les rochers de Gibraltar, les agitations de l'Océan et les tempêtes de la Manche, sur onze à douze cents lieues de longueur, les marchandises du Levant pourront arriver au Texel par un trajet des deux tiers moins long en parcourant des contrées fertiles, et en passant sous les murs de villes riches et commerçantes, à l'abri de tout écueil, de toute surprise de l'ennemi, et de tout retardement.

Tant d'avantages, disait-on, assureront un transit très-actif à la France, dont les villes de Lyon et de Strasbourg offriront au commerce du midi au nord des entrepôts aussi sûrs pour l'étranger que profitables pour elles.

La courte branche qui se projettera du canal principal au-dessous de Mulhausen jusqu'à Huningue, et ensuite jusqu'à Bâle, en faisant participer la Suisse à ce nouveau bienfait, établira, au moyen des canaux intérieurs de la France, une communication facile entre ces deux pays, unis par une longue amitié, et devra faire naître l'idée d'accomplir enfin la jonction depuis long-temps attendue de l'Europe, celle du Danube au Rhin.

D'un autre côté, et si l'on ne considère que les services que rendra ce canal au commerce du nord et de l'ouest, cette nouvelle voie d'eau ouvrira un débouché inappréciable aux antiques et immenses forêts des départemens du Doubs, des Vosges, de la Haute-Saône et du Haut et Bas-Rhin.

Les mâtures qui, achetées par les Hollandais dans les rares exploitations des forêts des départemens du Haut et du Bas-Rhin, étaient transportées à grands frais par eux sur le Rhin jusqu'au Texel, d'où elles descendaient par la Manche pour approvisionner si chèrement nos ports de Brest et de Rochefort, se rendront alors directement, et sans que leur prix se grossisse d'un gain étranger, par ce nouveau canal, par celui du Centre qui s'y lie, et par la Loire jusqu'à Nantes, et un jour jusque dans les chantiers de Brest, au moyen du canal qui doit unir ces deux points.

La Saône une fois unie au Rhin, ces arbres précieux, produits de la nature et des siècles, qui se succédaient inutilement en périssant sur le sol qui les voit naître, se rendront aussi, au moyen du canal de Briare, et bientôt de celui de Bourgogne, dans les ports de Rouen, et par les canaux de la Somme et de Dieppe, et d'autres qui traversent le nord de la France, dans les ports de Saint-Valery et de Dieppe, de Boulogne, de Calais et de Dunkerque, ou, descendant le Rhône, approvisionneront les arsenaux de Toulon, les chantiers de Marseille; ou, par les canaux de Beaucaire, des Étangs, et par suite au moyen du canal des Landes, ceux de Bordeaux et de Bayonne.

Enfin, par les mêmes voies, et en suivant une marche opposée, faisait-on observer encore, les produits de l'Amérique et de nos colonies et les épiceries du Levant, ainsi que les productions de nos provinces méridionales, viendront se répartir dans celles de l'est et dans les pays frontières, dont les relations, établies par la nature et par la position des lieux, ne peuvent être interrompues que momentanément, ou seulement modifiées par les circonstances politiques ou par des mesures commerciales, dont le motif, souvent passager et sujet à diverses combinaisons, ne peut arrêter la création de ces utiles communications, qui, dans les constans progrès de la civilisation, doivent unir de plus en plus entre elles les provinces d'un même royaume, et celles-ci avec celles des pays limitrophes.

Ces avantages étaient trop frappans pour ne pas être appréciés par le comité d'agriculture et de commerce de l'assemblée nationale, et il consacra l'éminence de ces avantages par un projet de décret qu'il présenta le 22 septembre 1791. En ordonnant donc la continuation des travaux commencés du Rhône au Rhin, entre la Saône et le Doubs, depuis Dôle jusqu'à Saint-Jean-de-Losne, conformément à l'arrêt du Conseil du 25 septembre 1783, il proposa que le surplus de ce canal, par les rivières de Doubs, d'Halaine, de Largue et d'Ill, avec une branche pour joindre le Haut-Rhin, depuis Mulhausen à Bâle, par Huningue, seraient entrepris aux frais de la nation, d'après les projets communiqués par le sieur Bertrand, inspecteur-général des Ponts-et-Chaussées, et qu'il serait fait un fonds de 20,000 francs pour l'entière rédaction du projet général de cette navigation (A).

Cependant, le projet précité de décret ayant été ajourné, par suite de nouvelles observations de M. le maréchal de camp de La Chiche, et cet officier ayant reproduit de nouveaux mémoires et de nouveaux projets, un autre décret du 6 septembre 1792, en ne conservant du premier décret que le principe de l'exécution du canal, prescrivit, par de nouveaux articles, que deux projets seraient présentés, l'un passant sur le territoire de la principauté de Montbéliard, à l'effet de quoi le pouvoir exécutif était chargé de procéder aux négociations nécessaires, et l'autre en se tenant en entier sur le territoire français; et que les plans pour l'exécution desquels il était accordé une somme de 25,000 francs, seraient dressés de manière à faire concourir, autant qu'il serait possible dans ce dernier cas, cette navigation à la défense des frontières; l'assemblée nationale se réservant du reste de statuer sur la préférence à donner à l'un ou l'autre de ces plans, et sur le mode de leur exécution, ainsi que sur quels fonds seraient prises les sommes nécessaires pour y parvenir.

Ce nouveau décret laissait indécise la question de savoir si les projets seraient rédigés ou non en commun par les ingénieurs des Ponts-et-Chaussées et les ingénieurs militaires; cependant, après plusieurs démarches inutiles auprès des ministres de la guerre et des relations extérieures, le ministre de l'intérieur se décida à charger M. l'inspecteur général Bertrand des opérations qui devaient servir de base à cette rédaction; mais cet ingénieur, aidé de quatre élèves de l'école des Ponts-et-Chaussées, avait à peine commencé les nivellemens relatifs à la fixation totale du point de partage, qu'il reçut l'ordre de surseoir à ses opérations, attendu qu'elles devaient se faire avec le concours du génie militaire.

Le chagrin qu'éprouva à ce moment celui qui, avec un si louable désintéressement, s'occupait déjà depuis plusieurs années de ce grand projet, fut égal à sa surprise, et malgré les demandes réitérées qu'il fit pour que ce concours fût établi le plus promptement possible, ce ne fut néanmoins que quatre ans après que, sur les plaintes renouvelées des quatre départemens qui mettaient un si grand prix à l'exécution de ce projet, le ministre de l'intérieur demanda à M. l'inspecteur général Bertrand un rapport général sur sa situation.

Cet ingénieur devait d'autant plus s'empresser de remettre les renseignemens qui lui étaient demandés, que tout en n'ayant jamais contesté, comme il le dit lui-même, à M. de La Chiche l'antériorité ni

même la priorité absolue de l'idée du projet de jonction entre la Saône
et le Rhin, c'est-à-dire de la possibilité de l'établissement d'un point de
partage entre le Doubs et la rivière d'Ill, il pouvait, jusqu'à un certain
point, se regarder comme l'auteur des seuls moyens raisonnables capables de réaliser cette jonction d'après la préférence que, dans le rapport
qui précéda l'époque de la loi du 6 septembre 1792, le comité d'agriculture et de commerce de l'assemblée législative, d'ailleurs si favorable à
M. de La Chiche, donnait à ces moyens sur ceux proposés par cet officier
général, et que le même comité ne considérait que comme une brillante théorie dont l'application entraînerait le sacrifice de nombreuses
usines que par ses projets M. l'inspecteur général Bertrand pouvait d'autant plus conserver, que le système de navigation qu'il proposait se fon-
duit sur les retenues d'eau qui servaient à procurer les chutes nécessaires à leur activité.

En effet, dans un mémoire d'ailleurs très-riche en recherches histo-
riques (1), et dans lequel M. de La Chiche, après avoir posé des principes généraux sur le régime des rivières, veut prouver que le Doubs
offrait autrefois au commerce une navigation aussi sûre que commode,
cet officier, perdant de vue que dans ces temps reculés cette rivière se
grossissait de ruisseaux qui se sont successivement taris, à mesure
que sont disparues les forêts qui s'élevaient à l'origine et le long
de son cours, n'attribue la détérioration de son état primitif qu'à
l'établissement des retenues et des moulins qui ont été construits
à travers et le long de son lit, et lesquels, selon lui, et sans
égard à l'énorme vitesse de cette rivière, qu'il dit lui-même
avoir été, dans plusieurs crues, de dix pieds par seconde, il ne
s'agissait que de faire disparaître en entier pour pouvoir faire revivre

---

(1) Mémoire sur la navigation des rivières et des fleuves en général, et en particulier sur celles du Doubs et de l'Ill, etc. *Dôle*, de l'imprimerie de Joly, 1791.

sur le Doubs, et dégagée de toute entrave, la navigation qui y florissait jadis.

Cette opinion, qui fut reproduite pour quelques rivières par plusieurs ingénieurs, à une époque qui n'est pas encore très-éloignée de nous, ne fut point partagée par M. Bertrand. Cet ingénieur, qui peut-être porta trop loin les idées qu'il s'était faites des avantages de la navigation fluviale, reconnaissant avec raison que les barrages établis dans le lit du Doubs pour l'usage des moulins avaient pour effet de partager la pente générale de la rivière en plusieurs bassins horizontaux, qui, en relevant les eaux au-dessus de leur hauteur naturelle, procuraient une plus grande profondeur d'eau à la navigation, non-seulement se gardait bien de détruire ces barrages et, par conséquent les chutes d'eau qui servaient à l'activité des moulins, mais proposait encore d'en établir de nouveaux, et d'exhausser même les anciens, au moyen de ce qu'au droit de ces barrages il serait établi des écluses latérales destinées à en racheter les chutes.

Nul doute qu'un semblable système, qui conciliait à la fois les principes de l'art et les intérêts de l'industrie, ne dût obtenir l'approbation de l'administration ; et si l'on pouvait ici faire un reproche à l'ingénieur qui le défendit avec tant d'avantage, ce ne pourrait être pour lui avoir donné une préférence trop marquée sur celui proposé par M. de La Chiche, qui n'offrait qu'un résultat incertain et sur lequel il s'abusait, mais bien sur celui des dérivations latérales, souvent moins dispendieuses, et pour l'exécution et pour l'entretien, et toujours d'un succès plus sûr ; dérivations auxquelles la justice veut qu'on dise que M. de La Chiche eût donné la préférence sur les procédés des retenues en rivière, s'il ne se fût laissé séduire par l'idée de rendre le Doubs à son régime naturel, et à l'emploi desquelles dérivations M. Bertrand lui-même, qui d'ailleurs en faisait usage dans quelques parties du Doubs, avait fini, dit-on, dans les dernières années de sa vie, par accorder plus de confiance.

Ce n'était pas seulement par l'emploi des barrages et des écluses construites en rivière, dont M. l'inspecteur-général Bertrand faisait l'application à la navigation du Doubs, que cet ingénieur semblait s'éloigner des procédés les plus généralement adoptés, puisque dans plusieurs occasions on avait déjà fait un utile usage du système qu'il proposait, mais encore par la modification qu'il faisait subir aux écluses qui sont destinées à racheter la chute produite par les barrages.

Ces écluses, construites d'ailleurs suivant le système ordinaire, en diffèrent,

1° En ce que leurs bajoyers, ainsi que leurs portes, ne s'élevant po ur le Doubs que de 0^m,90 au-dessus des barrages, elles se trouvaient être submergées et effacées lors des grandes crues ;

2° En ce que les heurtoirs devaient être découpés ou évidés au-dessous des ventelles, et que celles-ci descendaient jusqu'au fond, pour, en les soulevant, faire échapper d'avance les vases ou graviers qui pourraient gêner l'ouverture des grandes portes;

3° En ce que les portes d'amont n'avaient pas d'autres bordages que les ventelles mêmes, afin que, celles-ci étant levées, les grands venteaux, devenus claires-voies, pussent, en cas de besoin, s'ouvrir malgré le courant, et ensuite les portes d'aval sans de grands efforts, et seulement avec l'aide d'un petit vindas ambulant qui servirait aussi de modérateur lors de la fermeture;

4° En ce que cette dernière manœuvre, qui devait convertir le sas en un coursier rapide, n'aurait lieu que lors du chomage, et dans les cas très-rares, mais très-essentiels; soit pour opérer une chasse puissante, soit pour ouvrir aux grandes eaux un débouché suffisant, ou mettre les quatre portes à l'abri des débâcles, en les effaçant et les accrochant dans leurs enclaves par un volet brise-glace, etc.

Le principal motif qui engageait M. l'inspecteur-général Bertrand à proposer ce nouveau système d'écluses, était que les écluses ainsi construites, et réduites à la hauteur strictement nécessaire pour la navigation, et ne s'élevant que de 0^m,90 au-dessus des barrages, n'avaient point à redouter d'avaries de la part « des bois flotteurs, des glaçons et « autres corps qui, flottant toujours au plus haut de la débâcle, froissent,

« brisent et arrachent tout ce qui s'oppose à la rapidité de leur course,
« tandis qu'ils passent innocemment par-dessus tous les ouvrages qui se
« trouvent alors submergés. » Et il cite à cette occasion l'écluse de Gray,
construite dans ce système sur la Saône en 1787, et dont le service,
disait-il, est prompt et facile, tandis qu'il est extrêmement difficile et
périlleux aux écluses construites sur les rivières du Tarn, du Lot, de
l'Isle et de la Bayse, dont les bajoyers et les portes surmontent par
leur hauteur les plus grandes crues, et sont exposées par cette disposition aux avaries des débâcles qui, si elles passaient librement par-dessus, les offenseraient d'autant moins qu'elles y trouveraient un débouché beaucoup plus large; le vice principal de ces grandes masses étant
de rétrécir considérablement le lit naturel de la rivière, et d'accroître
en certains cas sa vitesse au point de renverser et l'écluse et le barrage;
dernier inconvénient qui suffit pour faire décrier et proscrire généralement le système des barrages, parce qu'on se persuade qu'il en est
inséparable.

Quoiqu'il n'y eût vraiment que l'expérience qui pût faire connaître
les avantages de ce nouveau système, et qu'il fût facile d'objecter à son
auteur que d'après ce système on se condamne à suspendre toute navigation aussitôt que les eaux s'élèvent à une certaine hauteur, ou bien
que si l'on veut prévenir cet inconvénient, on est obligé alors d'élever
les bajoyers des écluses à une hauteur telle, qu'il est difficile d'espérer
que les débâcles, qui peuvent aussi avoir lieu dans des eaux moyennes,
ne portent pas atteinte à ces ouvrages ainsi élevés; cependant, ayant
déjà traité cette matière à l'occasion du canal du duc de Berri, on ne
cherchera point ici à faire voir que ce même système proposé par
M. Bertrand pour la construction des écluses en rivière, n'obvie que bien
faiblement aux inconvéniens que présente toute construction exposée à
la violence d'un courant, et l'on se contentera, en ne considérant que
le système général auquel ce genre de construction appartient, de faire
observer que si les obstacles naturels qui se rencontrent le long du cours
du Doubs s'opposent à l'établissement d'un canal latéral, cette exception

ne devait pas paraître à cet habile ingénieur un motif suffisant pour s'abandonner à une opinion qui finit par devenir toute systématique, et qui, dans la préférence trop générale qu'il donne à la navigation fluviale sur la navigation latérale, l'emporte malgré lui dans des considérations sur les beautés naturelles des rivières, dont le vague et l'exagération presque poétique ne peuvent que jeter beaucoup d'incertitude dans des questions qui ne doivent être résolues que par le raisonnement et le calcul, qui, dans le plus grand nombre des cas, prouvent que la navigation latérale, toujours certaine, toujours facile, toujours susceptible de se proportionner aux besoins de la grande ou de la petite navigation, et dégagée des difficultés, des accidens et des incertitudes inévitables de la navigation fluviale, est par sa simplicité, qui n'offre que des cas prévus, d'un établissement beaucoup moins dispendieux que cette dernière.

Au surplus, il n'est pas que l'habile ingénieur qui, d'abord sous l'inspection de M. Bertrand, et qui ensuite fut chargé en chef des importans travaux du canal de la Saône au Rhin; il n'est pas, disons-nous, que M. l'inspecteur général Liard, en suivant le système mixte de navigation fluviale et latérale pour le Doubs et l'Ill, n'ait, suivant le cas et les principes le plus généralement adoptés, restreint, autant que les localités le lui ont permis, l'application de la navigation en rivière pour étendre d'autant, et le plus possible, celle de la navigation en canal, sur les avantages de laquelle les opinions se réunissent tous les jours de plus en plus, et certes ce n'est pas la moindre raison pour laquelle le gouvernement doive s'applaudir d'avoir confié les intérêts d'une aussi grande construction à des mains aussi habiles.

M. l'inspecteur général Liard ne fut chargé de diriger les ouvrages du canal de la Saône au Rhin, que long-temps après la remise du mémoire de M. Bertrand.

Les troubles de la révolution n'ayant pas permis au gouvernement de s'en occuper pendant près de quatre années, ce ne fut que le 15 floréal an XII (5 mai 1804), que le gouvernement, sur le rapport du mi-

nistre de l'intérieur, arrêta « que le projet général de jonction entre le
« Rhône et le Rhin, rédigé par le citoyen Liard, ingénieur en chef des
« Ponts-et-Chaussées du département du Doubs, sous la direction de l'in-
« specteur général Bertrand, approuvé par l'assemblée des Ponts-et-
« Chaussées, les 16 prairial an X et 9 ventôse an XII, et par le comité des
« fortifications le 16 ventôse an XII, était approuvé, et serait exécuté
« en vertu de la loi du 6 septembre 1792. »

D'après les projets approuvés et les différentes modifications qui ont
été proposées par M. l'inspecteur-général Liard, et consignées dans
son mémoire du 28 juillet 1818, dont nous rapporterons souvent les
propres expressions, ce grand ouvrage, qui est près d'être terminé, et
qui, dans son exécution, n'a éprouvé jusqu'à présent, et ne peut éprouver que de légères modifications, devait se composer ainsi qu'il suit :

BIEF DE PARTAGE.

Le bief de partage établi sous les villages de Montreux, Loutran et
Valdieu, entre Alkirch et Belfort, a 2806^m de longueur; il traverse
une tranchée de 9^m,50 dans sa plus grande hauteur; la largeur de la
Cunette, dans le fond, est de 10^m, et celle en couronne au niveau des
chemins de halage de 20^m, sa profondeur est de 2^m,75, et les levées de
chaque côté ont 4^m de largeur.

Il sera alimenté par deux rigoles venant l'une de l'est et l'autre de
l'ouest.

La première prendra les eaux de la Largue au-dessus du village
d'Hindlinghen, et en se développant au pourtour du coteau qui forme
la gauche de la vallée de Largue, se rendra dans le bief de partage sous
Valdieu; sa longueur sera de 14,275^m.

On formera sur son étendue, et à la rencontre des différens ravins
qu'elle traverse, des épuroirs et déchargeoirs pour l'écoulement des
eaux surabondantes et la formation des dépôts; et on construira sur les

chemins principaux seize ponts pour la communication des villages voisins.

Sa largeur réduite sera de 2^m,95, et sa profondeur de 1^m,50.

La rigole de l'est ou des Vosges partira du point du bief de partage, au-dessus de Montreux-le-Vieux; contournera ce village, ensuite les coteaux de Chavannes et Foussemagne; prendra le ruisseau de Saint-Nicolas sous le village de Fontaine; remontera ensuite ceux de Quémebière, Novillars et Petit-Croix jusqu'à la rencontre du ruisseau de la Magdeleine.

Elle aura 19,549^m de longueur; sa largeur variera sur son étendue suivant le volume des affluens qu'elle recevra.

Les communications entre les communes seront assurées au moyen de quatorze ponts, que l'on établira sur les chemins les plus utiles.

En outre de ces rigoles, on formera, dans les vallons de Montreux, St.-Côme et Chavannes, des réservoirs qui assureront des ressources pour les temps des sécheresses, et pour le remplissage du canal après le chômage.

D'après des jauges faites et répétées par différens ingénieurs, on s'est assuré que le volume des eaux dont on pourra disposer pour la navigation sera de près de 45,000^m par jour.

BRANCHE DU NORD.

A partir du bief de partage, la partie du canal descendant vers le Rhin suit le vallon de Valdieu, en passant sous Elbach et Retzwiller; traverse la rivière de Largue peu au-dessus du moulin de Wolfersdorff; prend la droite du vallon de la Largue; suit le pied des coteaux de Dannemarie, Gomersdorff et Hagenbach; coupe la route de Dôll à Cernay près le moulin d'Hagenbach; passe sous Eglingen, Heydwiller; entre dans la vallée de l'Ill à l'ouest de ce village; et, après avoir traversé les deux bras de la rivière, gagne le bas des coteaux de Illbeim,

en longrant la grande route d'Altkirch; entre dans la rivière en amont
de Zillisheim, la suit sur une longueur de 900ᵐ en formant une rùcle
au moyen de quelques élargissemens et rectifications; la quitte ensuite
près le moulin pour se porter vers la droite sur Brunstald au bas des
vergers de cette commune; puis sur Mulhausen en laissant la ville à
gauche, et en passant dans la petite plaine supérieure où l'on ouvrira un
port, et où l'on se procurera de vastes emplacemens pour former les
établissemens qu'exige un grand commerce.

Sous Mulhausen, où commence la plaine qui se trouve entre le Rhin
et les Vosges, on se dirige vers la forêt de la Hart au sommet d'un
angle formé par la route de Colmar à Bâle; à ce point se trouve le
centre d'un carrefour où s'embranche le canal d'Huningue et Bâle,
qui doit reporter le commerce dans la Suisse et former une prise d'eau.

Depuis ce carrefour, on se dirige sur la place de Brisach, en se portant un peu à gauche; on traverse la forêt de la Hart, les territoires de
Mimichausen et de Rogenhausen, en laissant ces deux communes sur
la droite, ceux d'Hirlzfelden, de Rustenhart, d'Heitren, de Dessen-
heim, d'Obersassheim, de Volkosheim et d'Algosheim, et on arrive
près la limite défensive de Neuf-Brisack, sur le front du sud, un peu à
droite du point où débouche le petit canal Vauban, où, se portant sur la
droite, on traverse la route de Bâle à Brisach; puis on contourne le
pied du glacis du front de l'est jusqu'un peu au-delà de la route de Brisach à Strasbourg. On gagne l'angle est des jardins de la Petite-Hollande
pour se diriger à l'ouest du village de Kuenheim, traverser les terres des
communes de Palzenheim, d'Artzenheim et de Marckolsheim, en laissant la ferme de la Hube sur la gauche, et le village de Marckolsheim
sur la droite, et former un nouvel alignement à 101ᵐ du chemin de
Marckolsheim à Ohuenheim, en traversant les territoires de Macken-
heim, d'Esenheim, d'Artolsheim, de Boesen-Biesen, de Schvopsheim,
de Fundhausen, de Benderheim, de Zelsheim, de Frisenheim, de
Bolxheim, jusqu'à 446ᵐ,50 de la route de Rhinau; puis on se porte
sur Grafft et Echau, en laissant le pont de Grafft peu à droite, et Échau

sur la gauche ; on passe à l'est du village d'Illekirck , et traversant la plaine à l'ouest sous la grande route de Colmar, on entre dans la rivière peu en aval de la montagne Verte, endroit où l'on trouve une navigation établie, de laquelle on peut profiter sans dépense jusqu'à Strasbourg, et même jusqu'à l'embouchure dans le Rhin sous le village de Killstad, en remettant à un autre temps les améliorations qui peuvent avoir lieu, tant dans la ville de Strasbourg que depuis cette place jusqu'au Rhin.

Cette partie se développe sur une longueur totale de 128,820ᵐ, et une pente de 209ᵐ,12.

Sur toute cette étendue sont construites 86 écluses.

De ces écluses : 17 sont réparties entre le bief de partage et la Largue, et servent à racheter une pente de 44ᵐ,90 ;

25, entre la Largue et la rencontre de l'embranchement de Bâle, ont ensemble 63ᵐ de chute ;

16, entre le point ci-dessus et la ligne défensive de Brisach, rachètent une pente totale de 41ᵐ,90 ;

1, au passage de Neuf-Brisack, a 2ᵐ,70 de chute ;

Enfin, 27, entre la ligne défensive de Neuf-Brisack et Strasbourg, ont ensemble une chute de 56ᵐ,62.

37 de ces écluses portent sur leurs bajoyers des ponts pour les communications des villages circonvoisins; les uns sont levis, les autres dormans, et varient dans leurs largeurs suivant l'importance des communications auxquelles ils appartiennent.

Toutes ces écluses sont en maçonnerie à sas et à doubles portes busquées. Leur largeur, entre les bajoyers, est de 5ᵐ,30 , et la longueur de leur sas, entre les buscs, est de 35ᵐ.

En outre des trente-sept ponts qui sont placés sur autant d'écluses, plusieurs, isolés, sont construits pour le service des communications.

Les biefs entre les différentes écluses varient dans leurs largeurs pour des considérations particulières : les huit premiers, à partir du bief de partage, ont 15ᵐ dans le fond ; sous Dannemarie, Mulhausen, et à la rencontre de l'embranchement d'Huningue et Bâle, ils ont jusqu'à 5o᙮ pour former des ports et bassins; partout ailleurs ils ont 10᙮, à l'exception de quelques parties peu étendues sur lesquelles on les a réduits à six.

La profondeur d'eau à l'étiage sera de 2᙮,6o, et partout les levées auront au moins o᙮,75 de francs-bords, soit au-dessus de l'étiage du canal, soit au-dessus des eaux extérieures d'inondations, dans les positions où le canal est exposé à l'influence des crues.

Les levées auront 5᙮ de largeur en couronne.

EMBRANCHEMENT FAISANT COMMUNICATION AVEC LA PARTIE SUPÉRIEURE DU RHIN, PAR HUNINGUE ET BALE.

L'embranchement ouvert depuis le grand canal, sous Mulhausen, jusqu'au Rhin, au-dessus d'Huningue, doit être extrêmement utile à la Suisse; il mettra la ville de Bâle à même de tirer d'une manière peu coûteuse les marchandises du midi du continent, et facilitera les exportations des objets qui s'expédient de cette place.

Cet embranchement a, comme il a été dit précédemment, son origine à l'extrémité de l'alignement passant à l'est de Mulhausen. Cette position a paru se lier avantageusement avec les besoins du commerce, en offrant la possibilité de se porter, soit de Strasbourg, soit de Lyon sur Bâle, de la manière la plus directe, et sans nécessiter des mouvemens rétrogrades.

Il forme sur la droite un angle de 140°; entre dans la forêt de Hart, à 2oo᙮ de son origine, la suit de l'ouest à l'est par un seul alignement de 7311᙮ de longueur, jusqu'à l'endroit où le terrain s'abaisse vers le Rhin; et se portant ensuite sur la droite par plusieurs lignes, se développe sur le revers de l'est jusque sous le village de Kembs, où, en profitant d'un affaissement sensible, même d'une interruption totale qui se trouve au nord de ce village, dans la plus élevée des anciennes berges du Rhin, on entre dans la plaine inférieure de ce fleuve, que l'on suit par trois alignemens différens jusqu'au-dessus d'Huningue, pour gagner le Rhin à peu près à la limite du territoire français, en laissant le moulin de Steiq un peu sur la droite, en traversant les landes et communaux de Blotzheim et Neudorff, et en passant un peu à l'ouest de ce dernier village.

La longueur totale de cet embranchement est de 28,526ᵐ, et sa pente, qui est de 9ᵐ,90, est rachetée par quatre sas éclusés.

L'étiage, à l'origine, est le même que celui du grand canal.

On voit donc que cet embranchement est une véritable dérivation du Rhin; et que, comme on l'a annoncé, il pourra servir à alimenter le grand canal, et à réparer les pertes qu'un terrain extrêmement perméable rendra sûrement considérables pendant plusieurs années.

L'embouchure de cette dérivation dans le Rhin se trouve placée avantageusement dans une courbe convexe, où le fleuve n'est exposé ni à des attérissemens ni à des changemens de lit, et où il existe une profondeur d'eau plus que suffisante pour une bonne navigation.

Les écluses de cet embranchement sont des mêmes dimensions générales, et de même genre de construction que celles établies sur le grand canal. Elles portent sur leurs bajoyers des ponts-levis pour les communications entre les communes et pour les besoins de l'agriculture.

Comme il est de la plus grande importance de se rendre absolument maître de la prise d'eau du Rhin, et de pouvoir empêcher les crues de se faire sentir dans le canal, on a couvert la tête de la dérivation par une écluse de garde à sas, mais sans chute, placée près la route d'Huningue à Bâle.

En outre des quatre ponts établis sur les écluses, on en a construit plusieurs autres isolés pour les communications entre Mulhausen et Ottmarsheim, Hombourg, Landau, Niffer et Habsheim, et pour le passage de la route de Strasbourg à Bâle.

La mauvaise qualité du terrain à traverser entre le carrefour et Kembs avait d'abord fait penser qu'il serait utile de réduire le canal à

6ᵐ de largeur, afin de diminuer d'autant la dépense du glaisage dans le cas où l'on reconnaîtrait la nécessité d'y avoir recours ; mais l'économie à faire n'a pas paru assez décisive pour sacrifier divers avantages que doit procurer une communication régulière et uniforme.

La largeur dans le fond est généralement de 10ᵐ ; la profondeur dans les trois premiers biefs de 2ᵐ,35, dans le quatrième, de 4ᵐ, et dans le cinquième, jusqu'à l'embouchure, de 7ᵐ,10.

On a fait observer que cet embranchement serait utile à la ville de Bâle, qui se trouve à l'extrémité de la ligne navigable ; il sera donc nécessaire de former quelques établissemens sur le territoire français pour le service des douanes, l'entrepôt momentané de quelques marchandises, et on propose de les placer à peu de distance du Rhin, entre la route de Strasbourg et celle de Belfort à Huningue, position dans laquelle on trouve une petite plaine qui a des communications très-faciles avec Huningue et le bourg de St.-Louis.

BRANCHE DU MIDI.

Première partie comprise entre le bief de partage et la rencontre de la rivière d'Haleine sous Fèche-le-Châtel.

De l'extrémité sud du bief de partage, l'on suit la gauche du vallon aux pieds des coteaux de Montreux-le-Jeune et de Bretagne par plusieurs alignemens différens ; puis vers la tête des prairies de Brebotte, on traverse le petit ruisseau descendant de cette commune, et, en se reportant sur la gauche, on arrive au sud du village de Froidefontaine où l'on passe entre le coteau et la rivière, en attaquant un peu le pied du coteau pour gagner les prairies en amont de la route de Belfort à Porentruy, ensuite celles en aval, et se diriger immédiatement sur le confluent du ruisseau de Morvillars et de la rivière de Montreux en aval de Bourogne. Suivant après le pied du coteau à droite depuis ce point

45.

jusqu'au barrage d'Aleujoye, on se porte sur la droite, à travers la prairie de cette commune, vers le village de Fèche, pour gagner la rivière d'Haleine un peu en-deçà du pont. Cette première partie, de 15,021ᵐ de longueur, a une pente de 19ᵐ,60, depuis le niveau du bief de partage jusqu'à celui de la rivière sous Fèche, qui est répartie sur huit écluses ; la première et la deuxième de 1ᵐ,80 ; la troisième et la quatrième de 2ᵐ,50 ; la cinquième de 2ᵐ,00 ; la sixième de 2ᵐ,60 ; la septième de 2ᵐ,40 ; enfin la huitième de 4ᵐ,00 de chute.

Le peu de hauteur des deux premières produira une économie assez considérable dans la dépense du bief de partage, attendu que la plus grande consommation des écluses suivantes pourra être couverte par des prises d'eau inférieures.

Le canal a généralement 10ᵐ de largeur dans le fond sur 2ᵐ,35 de profondeur, et les levées sont de 5ᵐ en couronne.

Les petits ruisseaux venant de la gauche du vallon, entre le bief de partage et la troisième écluse, seront reçus dans le canal près et en-deçà du chemin de Bretagne à Montreux-le-Château, au moyen d'un ponceau pratiqué sous la levée ; ceux venant de Brebotte entreront immédiatement entre la quatrième et la cinquième écluse, et ceux descendant de Froidefontaine passeront sous le canal par un aqueduc.

On a construit trois ponts : deux sur les écluses 5ᵉ et 6ᵉ, et un isolé pour le passage de la grande route de Belfort à Porentruy.

Deuxième partie, comprise entre Fèche-le-Château et le confluent de la rivière d'Haleine et du Doubs sous Vougeaucourt.

A partir du barrage de Fèche, dont le point d'eau sera conservé, le canal est ouvert sur la gauche de la vallée, en laissant la rivière d'Haleine sur la droite ; traverse les prairies de Fèche, Étupes et Exincourt ; longe le pied du coteau aux abords du moulin de Montbéliard ; coupe la route de Montbéliard à Porentruy ; entre le pont et la petite Hollande ; gagne le bas du village de Courcelle ; se reporte ensuite sur la gauche dans la petite plaine au sud; prend le pied du coteau à l'endroit où la route de Montbéliard à Pont-de-Roide se rapproche de la rivière; se développe entre les deux, anticipant sur l'une et l'autre jusqu'à la pointe de la Cafrerie, d'où, se portant vers le confluent des deux rivières, il entre dans le Doubs.

La superbe plaine que traverse cette partie de canal doit sa valeur aux irrigations que des propriétaires actifs et intelligens y ont formées; le canal apportera quelques modifications dans les travaux existans, mais loin d'en diminuer les avantages, il pourra au contraire les augmenter.

Le volume des eaux de la rivière à Fèche sera fort au-dessus des besoins de la navigation, et l'on pourra sans inconvénient en disposer d'une partie, former des prises d'eau dans les endroits où le canal est soutenu au-dessus des prairies, et se procurer des arrosages.

Entre Montbéliard et la pointe de la Cafrerie, le vallon se trouve en quelques endroits très-resserré, et ne laisse guère que l'espace absolument nécessaire pour l'écoulement des eaux lors des inondations. Ces points de sujétion ont été traités de manière à ce que l'établissement du canal n'apporte aucun changement nuisible au régime de la rivière, et pour cet effet on y a réduit sa largeur à 6^m, et, au lieu d'une levée à droite, on a formé un mur de soutenement que l'on a défendu contre les eaux par de forts enrochemens.

Sur le surplus de son étendue, sa largeur et ses autres dimensions sont celles adoptées pour les autres parties.

La longueur de la partie de canal, entre Fèche et le confluent du Doubs, est de 12,755^m; sur cette partie on a construit sept écluses de 21^m,90 ensemble de chute; les cinq premières de 5^m; la sixième de 2^m,60, et le septième, se trouvant près le confluent du Doubs et rachetant l'étiage, de 4^m,50.

La tête du canal, près le barrage de Fèche, est couverte par une écluse de garde sans chute, dont les bajoyers seront dérasés à 2^m,30 au-dessus de l'étiage, et les entretoises supérieures à 2^m, pour les élever au-dessus des inondations.

Sur l'écluse placée vis-à-vis Montbéliard, près la petite Hollande, on a construit un pont pour le passage de la route de Blamont.

La ville de Montbéliard se trouvant entre les monts Jura et les Vosges, dont les nombreuses communes manquent d'un grand nombre d'objets de première nécessité, pourra leur servir d'entrepôt.

Troisième partie, entre le confluent de l'Haleine et du Doubs et Besançon.

1° Depuis le confluent de la rivière d'Haleine, on trouve, jusqu'au village de Dampierre, un lit spacieux et généralement profond, dont on profite pour établir la navigation en portant le halage sur la rive gauche, ce qui n'exige que l'approfondissement d'une partie peu étendue du Doubs, à l'origine de la racle.

2° Au-dessous de Dampierre, et jusqu'à Blussant, la rivière court généralement sur une pente très-rapide, dans un lit traversé de distance en distance par des cataractes et sur un fond de rochers. Pour canaliser cette partie il eût fallu faire de très-grandes dépenses, et il a paru plus avantageux de former une dérivation sur la gauche, ayant son origine immédiatement en amont du moulin, près les restes de l'ancien château, et dans un escarpement qui se trouve au-dessous du village.

A partir de ce point, le canal suit la petite plaine de Dampierre; passe au bas du rocher de la Champagnole; traverse les prés de Colombier-Fontaine; se porte ensuite par un angle vers le pied des rochers de Colombier-Châtelot, en serrant un peu le coteau pour éviter la rivière; passe sous le village en se développant sur les terrains inférieurs; arrive à l'ouest de Blussant, en traverse les prés jusqu'à l'endroit où la rivière se reporte contre le rocher à gauche; passe le détroit pour entrer dans la petite plaine appelée Lumant, et ensuite dans celles de l'Isle, en se soutenant au pied du coteau jusqu'au faubourg de Magny où l'on rencontre la grande route de Besançon à Belfort; puis se dirige dans la prairie inférieure de l'île, passe sous la ferme de la Papeterie, et entre dans la rivière près et en-deçà du détroit.

La longueur de cette dérivation sera de 17,634ᵐ. Sur quelques points on a été obligé de réduire la largeur du canal à 6ᵐ pour diminuer les ouvrages et les dépenses.

En tête de la dérivation, dans la percée de Dampierre, on a établi une écluse de garde qui sert à régulariser les eaux dans les biefs inférieurs.

La pente, depuis la prise d'eau jusqu'à la rentrée en rivière sous l'île, est de 20ᵐ,98, et le nombre des écluses de neuf; ces écluses ont depuis 2ᵐ jusqu'à 2ᵐ,80 de chute, non compris celle de garde.

En outre du pont établi sur l'écluse de garde, on en a construit cinq autres, dont trois sur des écluses et deux isolés; le premier pour le service de la commune de Colombier-Fontaine, et le deuxième pour la communication entre Colombier-Chatelot et Blussant.

3° Depuis la dérivation précédente jusqu'en amont du barrage de Rang, sur 5650ᵐ de longueur, la navigation s'effectuera en rivière; et, pour couvrir quelques hauts-fonds qui se trouvent sous la côte de la Papeterie, on a construit deux barrages avec deux écluses submersibles sur la droite.

4° Depuis le barrage de Rang jusque sous le village de Pont-Pierre, la rivière étant généralement pauvre, d'une pente assez considérable et d'un cours rapide, on l'a abandonnée pour former une dérivation sur la droite.

On en a placé l'origine peu au-dessus du barrage de Rang; elle contourne le bas du bois; entre dans la plaine de Pont-Pierre, et a son embouchure dans la rivière au confluent du ruisseau de Soye. Sa longueur est de 5756ᵐ, et sa pente de 5ᵐ,51. On a construit une écluse de garde et deux écluses à sas; l'une dans la plaine de Pont-Pierre, à 2026ᵐ de distance, et l'autre sous le village. La première a 2ᵐ,60 de chute, et la deuxième 2ᵐ,91.

5° Depuis Pont-Pierre jusqu'à Clerval, on n'a eu que quelques draguages à faire pour établir la navigation en rivière sur 3000ᵐ de longueur, et à barrer un faux bras qui se trouve à gauche sous le village de Sautoche, afin de forcer les eaux à se porter à droite.

6° Le barrage de Clerval étant de la plus vicieuse construction, et dans le plus mauvais état, on l'a reconstruit, et reporté en amont; et, pour éviter les attérissemens et hauts-fonds qui se trouvent en aval sur une assez grande longueur, on a ouvert sur la gauche une petite dérivation, qui a son embouchure peu en amont du pont, où elle se réunit avec le ruisseau Monnot, et sur laquelle on a construit une écluse de 1ᵐ,50 de chute.

7° Entre le barrage de Clerval et celui de Cour - les - Baumes, sur une longueur de 17,720ᵐ, et une pente de 13ᵐ,10, n'y ayant que le seul barrage de Roche, et les eaux coulant généralement avec beaucoup de rapidité, et n'ayant que peu de profondeur, excepté en quelques endroits, où des fonds de rochers forment des barrages naturels qui les soutiennent en amont à des hauteurs plus ou moins considérables, mais sur peu d'étendue, pour établir le régime navigable, on se propose d'améliorer le barrage de Roche, et d'en construire six nouveaux avec autant d'écluses submersibles.

Le halage se fera généralement depuis Clerval, sur la droite, côté où toutes les écluses se trouveront. Au-dessus du moulin de Baume, on le portera sur la gauche pour gagner la dérivation qui doit être ouverte de ce côté.

8° En aval du moulin de Cour-les-Baumes, la rivière coule sur un fond de rocher d'une pente très-rapide, et jusqu'au dessous de la grange Villottey, on trouve plusieurs cataractes qui se succèdent à peu de distance. Cet état de choses a déterminé à l'abandonner, et à proposer une dérivation sur la gauche: elle a son origine à l'extrémité du barrage du moulin que l'on retourne en chevron brisé, et en en reportant la tête à 50ᵐ en aval de sa position actuelle; elle longe le pied de la montagne; coupe le chemin à 20ᵐ de la culée du pont; suit la petite plaine par la ligne de moindre déblai; passe entre les dernières maisons de la grange

Villottey, et s'embouche dans la rivière à 800ᵐ environ au-dessous. Elle a 3300ᵐ de longueur, et sa pente, de 4ᵐ,10, est rachetée par une seule écluse placée à peu de distance de son extrémité, et sur laquelle on a construit un pont dormant; une écluse de garde la mettra à couvert des grandes crues; elle sera placée à son origine. On a construit un pont fixe sur le chemin de Baume et dans la direction de la levée actuelle.

9° Depuis la partie précédente, sur 1500ᵐ environ de longueur, il se trouve cinq barrages à Fourbanne, Ougney, Douvot, Laissez et Deluz; tous forment des biefs plus ou moins étendus, d'une profondeur d'eau suffisante, mais qui ne se tient pas d'une manière continue, et qui laissent entre eux des parties maigres que l'on ne pourra faire disparaître qu'en augmentant l'amplitude des remous, et en construisant de nouvelles retenues.

Au barrage de Deluz, on abandonnera la rivière pour former une dérivation qui passera sous le village de ce nom, traversera les prés et les terres inférieures, et rentrera dans la rivière en aval de la côte de Senley.

Cette dérivation, de 3282ᵐ de longueur, aura, à son origine en amont du dernier barrage, une écluse de garde dérasée au-dessus des grandes crues; et une écluse de 5ᵐ de chute, placée à son extrémité, rachètera la pente totale, et gagnera la ligne d'eau actuelle.

On s'est déterminé à projeter cette dérivation pour éviter les dépenses considérables qu'eût occasionées la construction au moins de trois nouveaux barrages.

Quoique depuis l'extrémité de cette dernière dérivation jusqu'à l'entrée de Besançon il y ait encore un espace de 1600ᵐ environ, la pente totale n'est cependant que de 4ᵐ,89, ou de 0ᵐ,003 par mètre; ce qui offre une anomalie considérable avec les parties supérieures qui en ont toutes une de 0ᵐ,009 à 0ᵐ,010 au moins.

Deux nouveaux barrages avec leurs écluses suffiront pour rendre la rivière navigable. Le premier sera placé sous le moulin du canal d'Arcier, en amont du village de Chalèze; à 6449ᵐ de distance du précédent; le

TOM. I. 44

deuxième à l'extrémité de la péninsule de Chalèze au-dessous des îles de Chazeule.

Les écluses à construire dans ces deux barrages auront l'une 2ᵐ, et l'autre 1ᵐ,30 de hauteur de chute.

Au passage du gué de Roche, le talweg sera approfondi sur 1000ᵐ de longueur.

Sur l'étendue de cette partie de canal comprise entre l'embouchure de la rivière d'Haleine dans le Doubs et Besançon, partout où la navigation sera établie en lit de rivière, on formera un chemin de halage de 4ᵐ de largeur et de 2ᵐ au moins de hauteur au-dessus de l'étiage.

Quatrième partie. — Traverse de Besançon.

Au passage de Besançon, la rivière parcourt une anse de 4870ᵐ de développement, et après cet espace revient sur elle-même ; de manière qu'elle ne se trouve plus éloignée de son point de départ que de 637ᵐ ; ses bords sont en grande partie couverts de fortifications et de bâtimens qui, en plusieurs endroits, anticipent sur son lit., et rendent le débouché moindre que celui nécessaire pour l'uniformité du régime, tandis que cinq digues successives soutiennent les eaux au-dessus de leur niveau naturel.

L'Isthme est occupé par un roc élevé à peu près à pic et composé de bancs calcaires.

Parmi les nombreuses combinaisons qui se sont successivement présentées pour l'établissement de la navigation, on a long-temps agité la question de savoir si l'on ne donnerait pas la préférence à celle d'une dérivation établie par le col de l'Isthme entre le faubourg de Rivotte et celui de Tharagnoz, comme réunissant entre autres avantages ceux de raccourcir sensiblement la ligne navigable ; de remédier aux embarras et difficultés que les différens fronts de fortifications, les îles de maisons des faubourgs de Battant et d'Arrence, apporteraient au halage ; de supprimer les pénibles et hasardeux travaux à faire en rivière, les constructions de ponts et de bâtardeaux éclusés; de laisser à la commune la faculté de modifier les chutes des usines maintenant existantes, et de réduire le plus possible les dépenses premières comme celles d'entretien.

Cette dérivation aurait eu son origine entre la porte taillée et la porte Rivotte, séparées par une distance de 67^m, et son extrémité sous le moulin de Tarragnoz; sa longueur totale eût été de 467^m, dont 64^m au passage de Rivotte et de Nôtre-Dame auraient été à ciel découvert, et le surplus de 403^m à ciel couvert.

Sa pente totale, prise entre les niveaux actuels des eaux de la rivière en amont et en aval, de 7^m,02, eût été rachetée par deux écluses, chacune de 5^m,51 de chute, placées, l'une à l'origine, l'autre à l'extrémité.

Ces deux écluses, de même forme que celles indiquées précédemment, eussent porté sur leurs bajoyers des ponts dormans formés d'une travée en bois.

Le bief entre ces deux écluses aurait eu 367^m de longueur, et aurait entièrement été à ciel ouvert; sa largeur aurait été de 6^m,50, non compris une banquette de halage de 1^m,50, qu'on eût placée sur la gauche, et qui aurait eu 2^m,50 de hauteur depuis le fond du canal; la partie supérieure de la galerie aurait eu 6^m de hauteur, et aurait été formée de deux arcs de cercle ayant leur naissance à 1^m,50 au-dessus de la banquette de halage.

Depuis cette dérivation, on devait suivre la rivière jusqu'à la pointe des îles de Malpas où l'on se proposait de construire un barrage de 1^m,50 de chute, pour noyer les hauts-fonds supérieurs; enfin une écluse submersible placée sur la gauche devait racheter cette chute.

Ce projet, long-temps controversé par le génie militaire, n'a pu résister aux instances de la ville de Besançon, et les raisons qui ont été alléguées par le commerce, en faveur du maintien de la navigation dans la partie du lit de rivière du Doubs qui enceint la ville de Besançon, et qui, par un développement d'environ 3500ᵐ au pied de ses murs, offre, quoiqu'à un faible degré, plus de facilité pour l'embarquement et le dépôt des marchandises, n'ont pu ne pas être appréciées par le gouvernement, qui, en adoptant ce dernier parti, a cru satisfaire à la fois et à l'intérêt général et à celui de tous les habitans d'une cité importante.

Suivant cette décision, qui n'est venue combler les vœux de la ville de Besançon que depuis une année seulement, des projets de détails, sur lesquels on n'a point encore prononcé, ont été présentés pour améliorer, par des ouvrages, cette partie du lit de rivière, en conciliant autant que possible le service de la navigation et la conservation de plusieurs usines qui, dans cet espace, se trouvent établies sur son cours, avec ce qu'exige la défense de la place.

Cinquième partie, entre Besançon et St.-Symphorien, au dessous de Dôle.

Pour établir la navigation entre Besançon et Dôle, on canalisera la rivière sur une partie de son cours, et on formera des dérivations sur le surplus.

1° A partir du barrage de Velotte jusqu'à Gouille, sur une longueur de 3542ᵐ, on suivra la rivière dans son état actuel et sans autres dépenses que celles qu'exigera la formation du chemin de halage, la construction de quatre ponceaux sur autant de petits affluens, et celle d'un pont sur le coursier du moulin de Gouille.

L'écluse à construire dans cette partie sera placée près le moulin, à l'extrémité du barrage qui sera rectifié sur une certaine longueur, pour se raccorder avec l'épaulement d'amont.

2° Rentré en rivière, on la suit jusqu'au barrage d'Avenay sur 1908ᵐ de longueur; on formera ensuite une dérivation sur la gauche; elle suivra le pied du rocher, passera au bas des dernières maisons, à l'ouest du village; et, après avoir traversé les terres de cette commune, le détroit entre la montagne et la rivière, en prenant sur l'une et l'autre, elle entrera dans cette dernière sous Ranceney, peu en aval des cataractes.

En tête de cette dérivation on a construit une écluse de garde dont les bajoyers sont continués en murs de soutenement sur une certaine longueur; et à son extrémité se trouve une écluse à double sas accolé, ayant ensemble, y compris les épaulemens, 78^m,28 de longueur, et 5^m,30 de chute totale.

3° La partie de cette dérivation, sous le détroit, sur une longueur de 290^m, n'aura que 6^m,60 de largeur dans le fond, et sera couverte du côté de la rivière par un mur de soutenement élevé jusqu'au-dessus des plus grandes eaux, et défendu extérieurement par un perré en pierres sèches et un bon enrochement contre l'action des courans qui dans cette partie sont extrêmement rapides.

Un pont fixe en maçonnerie, placé sur le chemin d'Avannes à Aveney, servira à la communication entre ces deux villages, et un autre pont, d'une travée en bois, jeté sur les épaulemens de fuite du sas inférieur de l'écluse de Ranceney, servira à l'exploitation des terres de cette dernière commune.

Cette dérivation a, depuis l'écluse de garde supérieure jusqu'à l'embouchure dans la rivière, 3375^m de longueur.

4° Depuis l'écluse de Ranceney jusqu'à un peu en amont du moulin de Thoraise, sur 2838^m de longueur, on établira la navigation dans la rivière, dont le lit est très-vaste et généralement assez profond, à l'exception de quelques parties où il sera fait les draguages nécessaires.

La formation du chemin de halage exigera la construction de trois ponts.

5° A gauche du moulin commencera la dérivation de Thoraise; sa naissance dans la rivière sera protégée par une écluse de garde avec pont de communication pour le service du village et du moulin. Elle suivra le pied du coteau sur une longueur de 571^m, formera ensuite un angle sur la gauche, pour traverser la montagne au moyen d'une galerie souterraine de 184^m de longueur; et après un prolongement à ciel ouvert de 345ᵐ, rentrera dans la rivière par une écluse à sas de 3ᵐ,56 de chute.

6° Rentré en rivière, on la suit sur 2115ᵐ de longueur jusqu'au bas de la plaine d'Étorpes, et à l'endroit où elle serre le pied de la montagne à droite. Là, on a construit un barrage de 1ᵐ,70 de hauteur pour noyer quelques hauts-fonds, et effacer quelques cataractes qui existent sur l'étendue du bief.

7° Sur la droite de ce nouveau barrage, on placera la tête d'une dérivation dont la gauche formera déversoir sur 74ᵐ de longueur, et qui se rattachera à la tête d'une écluse de garde.

Cette écluse aura sa plateforme à 0ᵐ,75 au-dessus des grandes crues, et portera sur ses épaulemens un pont fixe d'une travée en bois.

La dérivation traverse la plaine de Nevi; passe le portail de Roche entre la montagne et la rivière; entre dans la plaine d'Osselle; contourne ce village en le laissant sur la droite, et arrive sur le moulin d'Aranthon, où, après avoir coupé le rocher qui y est adossé, elle s'embouche dans la rivière. Sa longueur totale est de 5465ᵐ.

Au passage du portail de Roche, la rivière baignant le pied du rocher, et ne permettant pas de donner au canal les dimensions ordinaires, sa largeur, sur 141ᵐ de longueur, est réduite à 6ᵐ,60 entre deux murs de revêtement en maçonnerie; et, pour défendre celui à gauche des corrosions de la rivière, il a été couvert d'un perré à pierres sèches et d'un enrochement. A l'origine de cette partie, il sera construit un pont d'une travée en bois pour le service des communes voisines.

On établira dans la plaine d'Osselles une écluse de 3ᵐ,20 de chute avec pont d'une travée en bois, pour servir à l'exploitation des terres.

Au passage d'Aranthon, pour diminuer les escarpemens du rocher, et éviter la destruction entière des bâtimens d'habitation de Busino, on substituera des murs de revêtement aux talus intérieurs, et on supprimera la levée à gauche dans l'étendue des bâtimens. Ces murs s'appuieront contre l'écluse inférieure destinée à racheter le niveau des eaux.

d'aval, et qui aura 4^m,40 de chute, ce qui donnera la possibilité d'établir un pont dormant sur ses épaulemens.

8° Depuis la dérivation précédente, on suit la rivière sur 5569^m de longueur, jusqu'un peu en amont du moulin de Saint-Wit, et, pour établir une bonne navigation sur cette étendue, il suffira de faire un draguage en amont du bief sur 800^m environ, et 0^m,50 de hauteur; de former un chemin de halage sur la droite, et de construire pour l'écoulement des eaux extérieures sept ponceaux.

9° Près et à l'ouest du moulin de Saint-Wit, on construira une écluse de 1^m,75 de chute, sur une petite dérivation de 326^m de longueur.

Cette écluse aura ses épaulemens d'amont au-dessus des hautes eaux, mais ceux d'aval seront submersibles. Elle sera écluse de garde, et portera en amont un pont pour le service de l'usine.

On construira une écluse de garde avec pont sur le chemin de Dampierre à Fraisans, et une écluse à sas, de 1^m,80 de chute, près de l'embouchure dans la rivière pour racheter le niveau de l'étiage actuel; elle sera insubmersible, ainsi que les levées qui régneront dans toute l'étendue du bief.

10° En amont de Dampierre, la rivière, reportée sur la droite du vallon, et coulant au pied de la montagne jusqu'au barrage de Ranchot, offre un moyen actuel de navigation. On la suivra sans aucun changement autre que l'établissement du chemin de halage sur 970^m de longueur; puis, rectifiant la tête du barrage existant et la formant en chevron brisé, on ouvrira, à partir de ce point, une nouvelle dérivation en attaquant le rocher à droite, et en passant sous le village; et, se reportant ensuite sur la droite, on rentrera en rivière au point où, après avoir traversé la vallée, elle vient joindre le pied de la montagne de ce côté.

Cette dérivation aura 1038^m de longueur; son écluse de garde se trouvera placée sur le chemin qui conduit du village à la prairie, à 235^m de l'origine. Elle portera un pont de communication d'une travée en bois.

L'écluse à sas, placée à 40ᵐ en amont de l'embouchure d'aval, aura 2ᵐ,07 de chute.

La partie de cette dérivation se raccordant en amont avec la rivière, et passant sous le rocher de Ranchot, sera revêtue, sur la droite, d'un mur de soutenement en maçonnerie, et l'on formera, à la tête de la levée gauche, un musoir contre lequel viendra s'appuyer la nouvelle partie du barrage à reconstruire.

11° Rentrée ensuite en rivière, la navigation se fera jusque près et en amont du moulin des Malades, sur 641ᵐ de longueur, sans autre travail que la formation d'un chemin de halage le long du rocher, et la construction d'un ponteau sur le ruisseau de Montplein.

12° Sous le moulin des Malades on passera entre les bâtimens et la grande route, au moyen d'une petite dérivation de 405ᵐ de longueur; on en réduira la largeur à 6ᵐ dans le fonds, sur toute l'étendue des bâtimens de l'usine, et l'on construira sur cette partie des murs de soutenement des deux côtés du canal; mais au-delà de ce point on ne prolongera que celui à droite, qui se terminera contre la tête d'amont de l'écluse d'embouchure. Cette écluse aura 1ᵐ,50 de chute.

13° Depuis cette dérivation jusque près le moulin d'Orchamps, la rivière a peu de pente. Elle se trouve réduite à celle du régime navigable; on la canalisera sur 4304ᵐ, en faisant dans quelques points de légers draguages, et en formant un chemin de halage sur la gauche.

14° Depuis Orchamps, on ouvrira une dérivation dont la tête se trouvera un peu en amont du moulin sur la droite de la rivière, et qui, après avoir traversé le village entre le grand pont et les dernières maisons à l'est, suivra le pied du coteau sur une certaine longueur, traversera par une ligne droite la plaine contiguë, et rentrera dans la rivière à 4194ᵐ de l'origine.

L'écluse de garde sera placée près le grand pont et sur sa direction; elle portera un pont de communication d'une travée en bois.

L'écluse à sas sera construite sous le Moulin-Rouge, à l'extrémité de la dérivation. Elle aura 2ᵐ,70 de chute, et portera un pont-levis pour le service de l'agriculture.

15° Entre la dérivation d'Orchamps et le moulin d'Audelange, sur 977ᵐ de longueur, la navigation se fera en rivière avec un chemin de halage sur la droite.

16° Peu en amont du moulin d'Audelange, on quittera la rivière pour ouvrir une partie de canal passant sous le village, le laissant sur la droite; et se terminant près et en amont du moulin de Rochefort, à 1231ᵐ de son origine.

L'écluse de garde se trouvera sous le moulin d'Audelange, et portera un pont pour le service de cette usine, et l'écluse à sas, de 1ᵐ,50 de chute, sera placée en amont, et à 110ᵐ de distance de l'embouchure.

17° En aval de la dérivation d'Audelange, après avoir suivi la rivière sur 1547ᵐ de longueur, jusqu'au moulin de Rochefort, on ouvrira une dernière dérivation de 6753ᵐ de longueur qui se terminera sous Dôle, à la rencontre du canal de Charles-Quint.

Cette dérivation ayant sa tête à droite du moulin dans l'escarpement du rocher, longera les dernières maisons du village de Rochefort; entrera dans la plaine au sud de ce village; passera sur la gauche de l'ancien moulin de Baverans, puis au bas du village de Brevans, et arrivera dans le canal de Charles-Quint, près le pont de l'Arquebuse.

Dès son origine, le canal sera encaissé entre deux murs de soutènement qui se prolongeront au-delà des dépendances du moulin, et en aval de l'écluse de garde, jusqu'au point où l'espace entre la rivière et le village se trouve suffisant pour lui donner les dimensions ordinaires.

L'écluse de garde sera placée à 118ᵐ de la prise d'eau; elle portera un pont d'une travée en bois pour le service de l'usine. A 3665ᵐ de distance de cette première écluse, on en construira une à sas vis-à-vis Baverans, de 1ᵐ,70 de chute, et qui portera, sur ses épaulemens d'aval, un pont fixe d'une travée en bois pour le service des communes circonvoisines; une seconde écluse à sas sera construite en amont du canal de Charles-

Quint, dont elle rachètera le niveau par une chute de 1m,90. Cette écluse supportera un pont fixe en maçonnerie pour la communication des deux rives.

18° Le canal, réuni au bras de rivière désigné sous le nom de canal de Charles-Quint, entrera dans le port de Dôle immédiatement en aval du pont de l'Arquebuse.

Ce port vaste et environné de chantiers très-commodes est ouvert dans le fossé d'une courtine reste de l'ancienne fortification de la place; il se continue jusqu'au barrage du jardin Philippe, un peu au-dessous de la route de Dôle à Genève.

19° Sur la gauche de ce barrage est placée une écluse de 2m de chute, rachetant le niveau des eaux inférieures, et communiquant, par un bief de fuite, avec le bras principal du Doubs canalisé sur 1186m de longueur jusqu'au point où commence la jonction de cette rivière à la Saône.

Cette jonction est entièrement artificielle; sa longueur est de 17,181m depuis son origine jusqu'à son embouchure dans la Saône près le village de St.-Symphorien; elle traverse les territoires de St.-Ylie, Choisey, Beauregard, Damparis, Sancrey et St.-Symphorien.

On a construit, vers son origine dans le Doubs, une écluse de prise d'eau à sas, mais sans chute et insubmersible, au moyen de laquelle les crues de la rivière ne peuvent se faire sentir dans les parties inférieures; et sur le surplus de son étendue on a distribué sept écluses avec chutes variables de 2m,43 à 2m,92.

Les communications sont établies entre les communes situées des deux côtés du canal par des ponts construits sur quelques écluses, d'autres isolés, et par des bacs-pontons.

Pour employer les eaux surabondantes au service de la navigation, on a construit, à côté de plusieurs écluses, des usines qui sont d'un entretien peu coûteux, dont le produit annuel pourra successivement s'accroître, et qui prouvent dès à présent tout le parti que l'industrie commerciale pourra tirer des nombreuses chutes qui existeront sur les différentes parties du canal, et sur une étendue de plus de quatre-vingts lieues.

D'après les exposés ci-dessus, la longueur totale de la partie de canal comprise entre le bief de partage et l'embouchure dans la Saône est de 186,673ᵐ, et sa pente de 151ᵐ,41.

Parmi les soixante-dix écluses qui seront construites sur cette branche, il s'en trouve treize simples faisant écluses de garde, et cinquante-sept à sas et avec chute, à construire en rivière et sur des barrages, ou dans les parties du canal artificiel.

En outre de ces différens ouvrages d'art, il doit être établi pour le service de la navigation, l'aménagement des eaux et la surveillance de conservation des différentes propriétés du canal, entre le bief de partage et Dôle, cinquante-sept maisons d'éclusiers et cinq bacs-pontons, placés sur les différens points où le halage est reporté d'une rive à l'autre.

Attendu qu'une grande partie du terrain traversé par le canal est propre à la culture, il sera planté sur les levées latérales environ 30,000 pieds d'arbres espacés de 5ᵐ, et dont les espèces varieront suivant les localités.

RÉCAPITULATION DES LONGUEURS.

Bief de partage............................	3,805ᵐ
Branche du Nord............................	128,820
Branche du Midi............................	186,673
Embranchement de Mulhausen à Bâle.........	28,526
Longueur totale...........................	346,825
Longueur des rigoles.......................	55,824

Nombre total des écluses 156.

La dépense pour frais d'entretien et de perception est estimée devoir coûter annuellement, et pendant les premières années, 589,400 fr.

COMMERCE ET PRODUIT DE LA PARTIE DE CANAL ACTUELLEMENT
EN ACTIVITÉ.

La seule partie de ce canal unissant la Saône au Doubs depuis Saint-Symphorien jusqu'à Dôle est en pleine navigation.

Cette navigation, dont l'activité augmentera à mesure qu'elle se prolongera vers le Nord, a principalement pour objet dans ce moment le transport de fers, de bois de chauffage et de construction, de charbons de terre et de bois, de fourrages, de grains de toute espèce, de vins, d'eaux-de-vie, de pierres de taille et de moellon.

D'après M. l'inspecteur-général Liard, le mouvement du commerce, après l'entier achèvement du canal et déduit de l'état du commerce actuel, n'est estimé, de Dôle à Strasbourg et réciproquement, devoir monter qu'au passage de 730 bateaux du port de 50 tonneaux; mais on pense que cette évaluation est faible, et que ce mouvement peut un jour être plus que doublé.

Les dépenses pour les ouvrages tant de la ligne de navigation depuis Dôle jusqu'à Strasbourg que de celle depuis Mulhausen jusqu'à Bâle, s'élevaient, pour les treize années depuis l'an IX (1800) jusque et y compris 1813, à la somme de 10,346,810 fr. 10 c.

Depuis cette époque jusqu'au moment de la concession du canal en 1821, il n'avait été accordé, pour la continuation des travaux, que des sommes très-faibles et tout-à-fait insuffisantes pour y entretenir l'activité convenable : on estimait alors que pour porter cette entreprise à sa fin, il fallait calculer sur une dépense d'environ 10,060,000 fr., si des vues et des combinaisons militaires n'apportaient pas de modifications aux dispositions actuelles du projet.

D'après un traité passé par le gouvernement et approuvé par la loi du 5 août 1821, une compagnie s'est engagée à fournir la somme de 10 millions pour l'achèvement de ce canal, au moyen, 1° de ce que les travaux seront terminés par le gouvernement dans le délai de six ans; 2° de ce que la compagnie recevra un intérêt de 6 p. o/o, susceptible d'une augmentation de 1 p. o/o pour la première année de retard, et de 2 p. o/o pour chacune des années subséquentes; 3° de ce qu'après l'amortissement de la somme empruntée, au moyen d'un prélèvement progressif sur le revenu du canal, la même compagnie sera admise au partage par moitié du produit net pendant quatre-vingt-dix-neuf ans (B).

NOTES RELATIVES

CANAL DE MONSIEUR.

(A) *Projet de décret de l'Assemblée nationale du 2 sept.* 1791.

L'assemblée nationale, oui le rapport de son comité d'agriculture et de commerce, décrète ce qui suit :

ARTICLE PREMIER. Les travaux commencés pour établir le canal de jonction du Rhône au Rhin, dans la partie entre la Saône et le Doubs, depuis Dôle jusqu'à St.-Symphorien, au-dessus de la ville de St.-Jean-de-Losne, seront continués jusqu'à leur entière perfection, en conformité et aux termes de l'arrêt du conseil du 25 septembre 1785.

ART. 2. Le surplus dudit du canal, par les rivières de Doubs, d'Haleine, de Largue et d'Ill, avec une branche pour joindre le Haut-Rhin, depuis Mulhausen jusqu'à Bâle, par Huningue, sera entrepris aux frais de la nation, d'après les plans et devis commencés par le sieur Bertrand, inspecteur général des Ponts-et-Chaussées, ensuite des ordres à lui adressés par le gouvernement, le 5 septembre 1773 ; sauf néanmoins les corrections et changemens qui pourront être jugés nécessaires.

ART. 3. Attendu que lesdits plans et devis n'ont pu être faits avec toute la précision nécessaire dans toute l'étendue dudit canal, dont une partie doit traverser les États du prince-comté de Montbéliard, en suivant la rivière d'Haleine sur une longueur d'environ 7000 toises, il sera fait fonds par la trésorerie nationale, sous la responsabilité du ministre de l'intérieur, d'une somme de 20,000 fr. pour l'entière exécution du projet général de ladite navigation, et le roi sera prié de donner les ordres nécessaires pour entamer et suivre toutes négociations avec le prince-comte de Montbéliard, pour que ladite partie du canal soit comprise dans le projet général de jonction, et que la liberté du commerce et du transmarchement y soit réciproquement assurée.

ART. 4. Les devis et détail estimatif des ouvrages à faire successivement, par parties et en différens endroits dudit canal, seront présentés par l'administration des Ponts-et-Chaussées à l'assemblée nationale législative, qui déterminera chaque année les fonds à y employer.

ART. 5. En ce qui concerne les parties d'ouvrages dépendans dudit canal qui pourront intéresser la sûreté des places ou celle des frontières, les projets en seront examinés dans une assemblée mixte des Ponts-et-Chaussées et du génie militaire, pour le résultat de cet examen, porté aux comités militaire et des Ponts-et-Chaussées de l'assemblée nationale, et, sur le rapport des comités, être statué ce qu'il appartiendra.

ART. 6. Ce canal sera dénommé *canal du Rhône au Rhin.*

ART. 7. L'assemblée nationale charge son président de témoigner aux sieurs La Chiche et Bertrand la satisfaction de leur zèle à avoir suivi un projet aussi important; et attendu que le sieur La Chiche a fait de grands frais pour se procurer les connaissances nécessaires à la perfection de cette entreprise, il lui sera payé, en vertu du présent décret, par la trésorerie nationale, une somme de 12,000 fr. par forme d'indemnité.

(B) *Soumission de la compagnie.*

(B) Nous soussignés, stipulant et nous obligeant chacun en notre nom, et jusqu'à concurrence des sommes pour lesquelles nous souscrivons la présente soumission, animés du désir d'accélérer l'achèvement du canal *Monsieur*, et de concourir ainsi à la réalisation des vues paternelles de Sa Majesté pour la prospérité de notre patrie;

Contractons, moyennant la pleine et entière exécution de toutes les conditions ci-après exprimées, l'engagement suivant :

ARTICLE PREMIER. Les soumissionnaires qui se constitueront en société anonyme, sous le titre de compagnie du canal *Monsieur*, après en avoir obtenu l'autorisation de Sa Majesté, s'engagent à verser, dans la caisse du receveur-gé-

néral du département du Bas-Rhin, la somme de 10 millions de francs jugée nécessaire pour l'entier achèvement du canal di *Monsieur*, faisant jonction du Rhône
au Rhin: l'avance se fera en soixante-quinze paiemens mensuels. Les soixante-dix
premiers paiemens seront de 130,000 fr. chacun, et les cinq derniers de 180,000 fr.
chacun. Le premier versement se fera le 1er juillet prochain; le deuxième, le
1er août suivant, et ainsi de suite de mois en mois.

La somme à fournir, invariablement fixée à 10 millions de francs, sera employée aux travaux restant à faire pour le complément des projets approuvés, et
ne pourra, en aucun cas et sous aucun prétexte, être détournée de cet emploi
spécial.

Si la somme de 10 millions de francs est insuffisante, le gouvernement prend
l'engagement de suppléer au déficit. Si au contraire, la dépense effective n'atteint
pas les estimations présumées, le prêt des soumissionnaires sera diminué de la
différence.

Art. 2. Le gouvernement s'engage à faire terminer les travaux dans le délai
de six années.

Le commencement en est fixé au 1er juillet 1821, et la fin au 1er juillet 1827.

Si, ce terme arrivé, l'exécution n'était pas encore parfaite, ou du moins si le
commerce ne pouvait pas encore circuler librement et sans entraves d'une extrémité à l'autre de la ligne navigable, il serait accordé à la compagnie, à titre
de dédommagement, un accroissement d'intérêts sur ces avances.

Ce dédommagement sera de 1 p. 0/0 la première année de retard, de 2 p. 0/0
pour chacune des années subséquentes; et, en aucun cas, le retard ne pourra
excéder de trois années le terme fixé pour l'achèvement des travaux.

Art. 3. Le canal avec toutes ses dépendances et tous ses produits, tant ceux qui
existent déjà que ceux qui seront créés par la suite, sont affectés en hypothèque,
et par privilège spécial, à l'accomplissement des engagemens contractés avec la
compagnie.

Art. 4. Pendant la durée des travaux, la compagnie recevra un intérêt annuel
de 6 p. 0/0, sauf les augmentations prévues par l'article 2, s'il y a lieu.

Les intérêts seront payés par semestre: le premier semestre est fixé au 31 décembre 1821: le second au 30 juin 1822; et ainsi de suite de six mois en six
mois.

Le compte des intérêts sera arrêté au dernier jour de chaque semestre, et le
paiement s'en fera exactement dans le courant du mois qui suivra le trimestre échu;
ainsi, dans le courant de janvier et de juillet, les paiemens se feront soit au tré-

or, soit à la recette générale d'1 département du Bas-Rhin, au choix des prêteurs.

Art. 5. A dater de l'époque où le canal sera complètement navigable, de l'une de ses extrémités à l'autre, les recettes du péage, celles des fermages et des locations d'usines établies et à établir, le produit de la vente des arbres et des herbes, celui des concessions d'eau pour arrosemens, et en général les revenus de toute nature du canal, de son domaine et de ses dépendances, seront exclusivement consacrés à l'acquittement des intérêts et à l'amortissement du capital, prêté par la compagnie.

Le taux de l'intérêt reste fixé, après l'achèvement des travaux comme avant, à 6 p. 0/0 par an. Le compte du revenu net du canal et de ses dépendances sera arrêté annuellement entre l'administration et la compagnie.

Chaque fois que le revenu net de l'année ne sera pas au moins de 800,000 fr. l'État fournira les supplémens nécessaires pour compléter cette somme, afin que la compagnie reçoive, outre les intérêts, un dividende d'amortissement qui sera primitivement de 2 p. 0/0, et s'accroîtra progressivement, à mesure que, par l'extinction du capital, il y aura une moindre somme d'intérêts à payer.

Si le produit net est de plus de 800,000 fr., l'amortissement s'accroîtra de tout l'excédant; et, sous aucun prétexte, il ne sera fait une distraction quelconque pour une autre destination.

Les comptes des produits nets arrêtés d'année en année, exercice par exercice, ne pourront donner lieu à confusion ou compensation. Le gouvernement sera tenu au contraire de suppléer aux manquans des exercices qui ne donneront qu'un produit net de moins de 800,000 fr., quels qu'aient été les excédans des années antérieures. Les recettes de chaque mois de tous les revenus du canal et de ses dépendances, seront versées, dans les quinze jours qui suivront, à la caisse de la compagnie. Les dépenses seront acquittées par la même caisse sur mandats.

Art. 6. Les sommes que le gouvernement a déjà dépensées pour les travaux faits, celles qu'il serait dans le cas de dépenser encore si le prêt de 10,000,000 fr. ne suffisait pas pour l'achèvement des travaux, celles qu'il fournira pour le service des intérêts pendant la durée des travaux, de même que celles qu'il pourra être dans le cas de fournir, en conformité de l'article précédent, pour compléter les 800,000 fr., *minimum* de l'annuité que la compagnie doit recevoir, sont et demeureront complètement à la charge de l'État; il trouve la compensation de toutes ces dépenses, tant en capitaux qu'en intérêts, dans la propriété du canal, qui lui reviendra tout entière et sans partage, après l'expiration du terme fixé pour la durée du présent traité.

Tom. I. 46

ART. 7. Après que le prêt de 10,000,000 fr. sera remboursé intégralement en capital et intérêts, la totalité du produit net du canal, de son domaine et de ses dépendances, sera partagée par moitié. Une moitié sera versée au trésor; l'autre moitié est irrévocablement allouée à la compagnie à titre de prime. Ce partage égal aura lieu jusqu'à l'expiration de la quatre-vingt-dix-neuvième année qui suivra l'achèvement des travaux, ainsi jusqu'au 1ᵉʳ juillet 1926, si les travaux sont terminés dans le délai fixé par l'article 2.

Après l'expiration des quatre-vingt-dix-neuf années de jouissance, le gouvernement rentrera dans la propriété pleine, entière et sans partage du canal, de toutes ses dépendances et de tous ses produits.

ART. 8. Le tarif des droits de péage annexé à ces présentes et signé ne varietur par les soumissionnaires, ne pourra être modifié que du consentement mutuel du gouvernement et de la compagnie.

ART. 9. Tous les frais de perception, d'administration et de surveillance, et tous ceux qui exigent des travaux d'entretien et de réparation, soit ordinaires soit extraordinaires, seront imputés sur les produits bruts du canal.

Seront également imputés sur le produit du canal, les frais d'administration de la compagnie. Le montant en est fixé par abonnement à 15,000 fr. par an, à dater du 1ᵉʳ juillet prochain jusqu'à l'époque où la compagnie se trouvant complètement remboursée, elle commencera à jouir de la prime. Il lui sera tenu compte de cet abonnement, de semestre en semestre, et en outre des intérêts de l'amortissement et de la prime.

ART. 10. À l'appui, et comme complément, de la présente soumission, il sera fait, d'accord entre l'administration et la compagnie, un règlement qui déterminera le mode de l'administration du canal en général et de la perception de ses revenus.

Les formes de la comptabilité, tant en recettes qu'en dépenses;

La surveillance et le contrôle que la compagnie exercera sur les revenus, sur les dépenses et sur la comptabilité; le concours de la compagnie dans les nominations des percepteurs et des contrôleurs des revenus du canal; les rapports entre l'administration et la compagnie;

Et en général, tout ce qui tient à l'exécution des engagemens réciproques qui résulteront de la présente soumission si elle est agréée.

ART. 11. Dans toutes les contestations qui pourraient s'élever, le présent traité ainsi que le règlement à intervenir, seront toujours interprétés dans le sens le plus favorable à la compagnie. Les contestations seront jugées par le conseil de préfecture du département du Bas-Rhin, sauf pourvoi devant le conseil d'état, dans les formes et les délais d'usage.

Paris, ce 25 avril 1821.

Suivent les signatures.

Tarif des droits de navigation à percevoir sur la partie du canal Monsieur, comprise entre la Saône, près Saint-Symphorien, et la ville de Strasbourg, ensemble sur l'embranchement de Mulhausen à Huningue et Bâle.

NOTA. Les droits devront être perçus par distance parcourue ou à parcourir, sans égard aux fractions ; chaque distance sera de cinq kilomètres.

La perception se fera sur la remonte comme sur la descente, en kilolitres, en myriagrammes, en mètres cubes, suivant la nature des chargemens et comme il suit :

1° *Par kilolitre*

De froment, orge, seigle, blé de Turquie, soit en grains, soit en farine..	0, 250
D'avoine et autres menus grains.................................	0, 135
De sel marin et autres substances de ce genre.......................	0, 500
De vin, eau-de-vie, vinaigre et autres boissons et liqueurs...........	0, 400

2° *Par dixain de myriagrammes* (ou *quintal métrique*)

De mine et minerai	0, 015
De scories de métaux..	0, 022
De fers et fonte ouvrés et non ouvrés et autres métaux................	0, 030
De cristaux ou porcelaines.......................................	0, 044
De faïence, verres à vitres, verres blancs et bouteilles................	0, 030
De sucre, café, huile, savon, coton ouvré et non ouvré, chanvre, lin ouvré, tabac, bois de teinture et autres objets de ce genre............	0, 044
De chanvre, lin non ouvré..	0, 035
De foin, paille et autres fourrages, ensemble le fumier................	0, 020

3° *Par mètre cube*

De marbre, pierre de taille, plâtre, tuiles, briques, ardoises, chaux,
cendre, charbon de terre... 0, 411
 De pierre mureuse, marne, argile, sable, gravier................. 0, 205
 De bois d'équarrissage, de sciage et autres de ce genre............ 0, 411
 De bois à brûler, fagots et charbonnettes........................ 0, 205

4° *Pour une bascule de poisson.*

Par mètre carré de tillac et chaque centimètre d'enfoncement, déduc-
tion faite de six centimètres pour le tirant d'eau..................... 0, 200
 Pour un poinçon vide de deux cent vingt-huit litres............... 0, 010
 Pour un bateau quelconque en vidange........................... 0, 650

NOTA. Les droits établis au poids ne seront pas comptés au-dessous du dixain de
myriagrammes, ceux établis au cube, au-dessous de l'hectolitre et de deux centièmes de mètre cube.

Toute fraction numéraire au-dessous d'un centime sera comptée pour un centime.

Les marchandises de toutes natures qui ne sont pas indiquées au présent tarif
paieront le droit fixé pour celles avec lesquelles elles auront plus de rapport. Ces
classifications supplémentaires se feront toujours d'accord entre le gouvernement
et la compagnie.

Le présent tarif, signé *ne varietur*, restera annexé à la soumission présentée par
la compagnie.

Paris, le 8 mai 1821.

SIXIÈME LIGNE DE JONCTION

DES DEUX MERS

PAR LE MIDI ET LE NORD DE LA FRANCE.

CANAL DE BOURGOGNE

L'histoire du canal de Bourgogne et celle du canal du Centre font réciproquement partie l'une de l'autre : ces canaux ayant tous les deux pour objet la jonction de la Méditerranée avec l'Océan, et servant également à l'approvisionnement de la capitale, le premier en s'unissant à l'Yonne, et le second en se servant du canal de Briare qui débouche également dans la Seine, il n'est pas étonnant que tous deux aient attiré dès le même temps l'attention, et aient donné lieu depuis à divers parallèles. Mais, si l'on se reporte à ce temps, le canal du Centre avait à parcourir une grande longueur de la rivière de la Loire avant de rejoindre le canal de Briare, et, sous ce rapport, il ne devait que faire partie de la ligne de jonction de la Méditerranée à l'Océan par le centre de la France, et ne servir qu'au commerce du midi avec l'ouest de ce royaume, tandis que le canal de Bourgogne, en effectuant également la même jonction des deux mers, présentait de plus le double avantage de l'opérer par le nord, c'est-à-dire en suivant la direction la plus avantageuse au commerce, celle du midi au nord, et de se diriger sur Paris par la ligne la plus courte et incomparablement la plus facile.

Le canal de Bourgogne paraissait donc sans contredit le canal le plus utile, et les avantages qui lui étaient particuliers, et qu'il réunira encore lors même que le canal du Centre aura reçu, par l'établissement 'u canal latéral à la Loire depuis Digoin jusqu'à Briare, le complément qui lui manquait, furent sentis dans tous les temps par les hommes instruits qui se sont particulièrement occupés du perfectionnement de la navigation intérieure de la France, ainsi que par le gouvernement, qui montra à plusieurs époques sa sollicitude à cet égard.

Précis historique.

L'idée de réunir la Saône à la Seine est une des plus anciennes que nous offre l'histoire de la navigation intérieure de ce royaume. Toutefois, s'il n'est pas invraisemblable que cette jonction n'ait pas échappé au génie de Charlemagne qui, ainsi que nous l'avons vu, avait conçu le projet de faire communiquer l'Océan au Pont-Euxin en unissant le Danube au Rhin, et ce dernier fleuve à la Saône, il faut croire qu'il ne considéra la jonction de la Saône à la Seine que comme une suite éloignée, et pour ainsi dire de détail, de son vaste projet; et ce ne fut que sous François Ier, en 1515, et au moment que tous les esprits, ayant pris un essor vers les arts utiles, cherchaient de nouveau à ouvrir au commerce une communication entre les deux mers en traversant la France; qu'on commença à fixer les idées sur la possibilité d'effectuer cette communication en unissant la Saône à la Seine.

. Adam de Craponne, comme nous l'avons dit, proposait d'effectuer cette communication des deux mers en joignant la Saône à la Loire:

« Mais du temps de Henri IV, dit de Lalande, on comprit que la « jonction de la Saône avec l'Yonne par Dijon était plus utile que celle « de la Saône à la Loire, parce qu'elle établissait une communication « plus directe au travers du royaume; et parce que la navigation sur la « Seine et l'Yonne est plus commode que sur la Loire; que l'on ne re- « monte pas facilement. »

En effet, on examina à cette époque le cours de la rivière d'Ouche, qui passe par Dijon et se jette dans la Saône à St.-Jean-de-Losne, et un procès-verbal de cet examen fut dressé, le 26 mai 1606, en présence du sieur Bradelet, gentilhomme du Brabant et maître des digues du roi.

Cette visite ayant fait connaître la difficulté de rendre la rivière d'Ouche navigable, on proposa de creuser un canal latéral à son lit qui serait abandonné. Bradelet offrait d'exécuter ce canal en dix-huit mois moyennant 120,000 fr., pourvu que la ville de Dijon se chargeât de l'acquisition du terrain.

Cette proposition n'ayant pas eu de suite, le duc de Sully ordonna qu'il fût procédé à un nouvel examen en 1607. Dans cette nouvelle exploration, on s'assura de la distance de Dijon à la Saône, que d'après le toisé on trouva être de 15,971 toises. On visita aussi la rivière d'Armançon qui se jette dans l'Yonne, et qu'on désirait rendre navigable. Mais il restait toujours un intervalle à suivre par terre, ou un portage de quarante-cinq milles (1) entre ces deux rivières; car alors, et quoique le canal de Briare, dont on s'occupait depuis 1605, ne pût s'effectuer qu'en établissant un point de partage, il paraissait bien difficile à cette époque, remarque de Lalande, de les réunir par un canal.

Les choses en étaient restées là pour le canal de Bourgogne, lorsque sous le règne suivant, en 1612, on revint à l'idée du canal du Centre, qui d'ailleurs devait être considéré comme la continuation de la ligne commencée par le canal de Briare, et bien que dans un mémoire adressé au président Jeannin, originaire de Bourgogne et contrôleur-général des finances, un nommé Charles Bernard chercha à établir que, des trois projets au moyen desquels on pouvait effectuer la jonction des deux mers en passant par la Bourgogne, celui qui s'opérait par l'Ar-

(1) De Lalande comptait souvent par mille qu'il évalue à 1000 toises répondant à 1948ᵐ,59.

mançon et l'Ouche en formant la réunion de ces deux rivières plutôt à Gros-Bois au-dessus de Vitteaux qu'à Pouilly, où l'on aurait des travaux immenses à exécuter, présentait beaucoup moins de difficulté d'exécution que le projet qui avait pour objet la jonction projetée de la Saône à la Loire au moyen de la Bourbince et de la d'Heune, cependant ce ne fut qu'en 1676 que le célèbre Riquet fut chargé, sous Louis XIV, par M. de Colbert, de visiter les rivières de Bourgogne pour juger des moyens de joindre la Saône à la Seine.

Il était question alors de trois moyens : 1° la jonction de la Vingeanne qui se jette dans la Saône au-dessus de Pontaillier, à quinze mille toises de Dijon, avec l'Aube qui vient se rendre à la Seine à Marcilly ; 2° celle de la Tille qui se jette dans la Saône, avec l'Ource qui se perd dans la Seine à Bar-sur-Seine ; 3° la jonction du Lignon, qui tombe dans la Tille auprès de Trechâteau, en le prenant vers le village de Margelle, avec la Seine vers Billy-les-Chanceaux ; mais il parut à Riquet que les montagnes qui séparent les sources de ces rivières offraient des obstacles insurmontables (1).

Les guerres civiles interrompirent ces divers projets ; la paix qui suivit le traité de Riswick, en 1696, tout en permettant de les reproduire, ne fut pas plus favorable à celui du canal de Bourgogne par Dijon. M. Thomassin, qui fut chargé par M. le maréchal de Vauban de parcourir de nouveau la Bourgogne, indiqua cinq projets, dont le premier était celui du canal de Charollais, le deuxième et le troisième celui du canal de la Saône à la Seine par l'Ouche et l'Armançon, en fixant le point de partage d'abord près de Pouilly, et ensuite à Sombernon ; le quatrième, celui du même canal, au moyen de la jonction du Suson et de la Loze avec un point de partage près de Fromenteau ; et enfin le cinquième, celui du même canal, en joignant directement le Lignon avec la Seine. M. Thomassin, par des motifs personnels, don-

---

(1) De Lalande, page 223.

noit, ainsi que le remarque De Lalande, la préférence au premier de ces projets.

M. le comte de Roussi, sur ce que M. le maréchal de Vauban publia du mémoire de M. Thomassin, obtint, le 28 avril 1699, des lettres patentes pour former la jonction des mers par les rivières de Suzon et de la Loze.

Cependant, M. L'écuyer de La Jonchère, ingénieur, après avoir parcouru la Bourgogne et avoir examiné les différens projets qui jusqu'alors avaient été présentés, finit par proposer, dans un mémoire qu'il adressa le 18 juillet 1718 au régent et au gouverneur de la Bourgogne, un nouveau projet pour la jonction de l'Oucho avec la Brenne, dont il avait déjà été question en 1606 et 1607. Par ce projet, il plaçait le point de partage à Sombernon dans un lieu aride en apparence, mais où il se croyait tellement sûr de réunir la quantité d'eau suffisante pour établir la navigation la plus florissante, qu'il sollicita des lettres patentes et la direction générale de cette entreprise.

M. de Louvois ayant fait examiner ce dernier projet par M. de La Cour, cet ingénieur, qui crut entrevoir la difficulté de rassembler un assez grand volume d'eau à Sombernon, tourna ses vues du côté de Pouilly, lieu situé à quatre lieues au midi du premier point. Il y trouvait entre autres sources celles de Beaume qui étaient très-abondantes, et il proposait de diriger la branche occidentale du canal le long de la rivière d'Armançon; mais il renonça à ce projet à cause des rochers de Semur qu'il rencontrait en continuant à suivre la vallée de l'Armançon, dans laquelle il entrait à la sortie du point de partage, et que, dans cet examen superficiel, il ne songea pas à éviter en quittant momentanément cette vallée pour se porter à droite, par le vallon du ruisseau de Pouillenay, dans celui de la Brenne qui se jette dans l'Armançon au-dessus de Buffon.

Peu de temps après, M. de La Loge de Chastellenot ayant rappelé l'attention sur cette discussion et donné la préférence au point de partage de Pouilly sur celui de Sombernon; et M. de La Jonchère persistant en faveur de ce dernier, on vit s'élever à cette époque entre ces deux antagonistes un débat polémique, qui ne paraît pas avoir fait moins de bruit dans ce temps que celui qui eut lieu plus d'un siècle et demi après au sujet du canal de la Saône au Rhin. M. Thomassin, qui avait été attaché à M. le maréchal de Vauban, fut invité par son neveu à examiner ces deux projets ; mais cet ingénieur, qui avait déjà donné la préférence au projet de la jonction des deux mers par le Charolais, et qui connaissait d'ailleurs l'intérêt que le régent prenait au canal de Briare, et celui qui animait le neveu du maréchal de Vauban et M. le duc de Bourgogne en faveur du canal qui traverserait la province du Charolais, où ils avaient leurs terres et possédaient d'immenses forêts, ne vit dans cette circonstance qu'une nouvelle occasion de chercher à faire prévaloir ce dernier projet, qui d'ailleurs offrait moins de difficulté dans l'exécution, mais qui était beaucoup moins utile et moins commode, à cause de la difficulté de remonter la Loire.

Enfin, en 1724, M. Abeille, entrepreneur des ouvrages et du nettoiement du port de Cette, et M. Gabriel, premier ingénieur des Ponts-et-Chaussées de France, s'étant trouvés en Bourgogne, et ayant été invités à examiner les projets de Pouilly et de Sombernon, donnèrent la préférence à celui de M. de Chastellenot, et les États de Bourgogne adoptèrent leur avis.

M. Abeille s'étant occupé des devis, remit, en 1727, aux États son projet dans lequel il propose d'éviter les rochers de Semur en gagnant, par le ruisseau de Pouillenay, la vallée de la Brenne qui, ainsi qu'on l'a dit plus haut, se jette dans l'Armançon au-dessus de Buffon.

Ce projet, qui n'a souffert jusqu'à ce jour aucune autre contradiction que celle qui s'est élevée dernièrement, et dont il sera parlé en détail ci-après, reçut d'abord l'approbation de M. Gabriel, ainsi qu'il résulte du procès-verbal qu'il dressa, en commun avec M. Besin, maître des comptes, de la reconnaissance des lieux et de l'examen des plans et devis dont se composait ce projet.

Dans ce procès-verbal, qui fut clos le 24 juillet 1727, M. Gabriel entre dans les plus grands détails sur le point de partage, sur la quantité des eaux qui s'y réuniront naturellement, et sur celles qu'au moyen de retenues faciles à construire il sera aisé d'y amener; enfin, il établit en résultat que rien ne peut s'opposer à l'exécution de ce canal, et qu'il ne se présentera aucun obstacle que l'art ne puisse facilement surmonter. D'après le même procès-verbal, les écluses, réduites à huit pieds de chute, doivent être au nombre de cent quatre-vingt-neuf, et un détail estimatif, confirmant l'évaluation donnée par M. Abeille, porte la dépense totale du canal à la somme de 10,808,376 fr.

En 1729, M. Merchand d'Espinassy obtint des lettres patentes en forme d'édit pour l'ouverture de ce canal par Pouilly, aux frais d'une compagnie qu'il se proposait de former. Ce projet, dont il s'était occupé avant M. Abeille, d'abord informe, fut rectifié ensuite de manière à se rapprocher beaucoup de celui de cet entrepreneur.

Ce dernier cependant parut préférable aux plus habiles ingénieurs, et ce ne fut que par la considération de sa grande dépense qu'il fut ajourné jusqu'en 1751, époque à laquelle le gouvernement commença enfin à s'en occuper sérieusement.

Ce fut alors que M. Joly de Fleury, intendant de Bourgogne, pour seconder les voeux de la province et les vues des États de Bourgogne, rendit compte à M. le contrôleur-général des finances et à M. de Trudaine des divers projets présentés pour l'exécution de ce canal, et notamment de celui de M. Abeille et du procès-verbal de M. Gabriel. M. de Trudaine chargea alors M. de Regemorte l'aîné d'aller en Bourgogne pour vérifier si le canal pouvait s'exécuter. M. de Regemorte s'étant rendu sur les lieux au mois de juin 1751, ne balança pas à donner la préférence au projet de M. Abeille.

D'autres occupations ne permirent pas à M. de Regemorte de continuer ses opérations, et M. de Trudaine envoya à sa place M. de Chézy, ingénieur aussi sage qu'éclairé.

M. de Chézy passa en Bourgogne la presque totalité de l'année 1752. Il vérifia par lui-même tous les nivellemens précédens, procéda de nou-

47.

veau à la jauge des eaux, et fit creuser des puits en divers endroits de Pouilly, pour reconnaître la nature du sol que l'on serait obligé de couper.

On voit, dans le mémoire que M. de Chézy publia au mois de décembre 1753 sur ses opérations, que la quantité d'eau moyenne qu'on peut réunir au point de partage de Pouilly, pour les six mois de l'année les moins pluvieux, est de 1449 pouces (ou 27,598^m,93 cubes par vingt-quatre heures); pour les six autres mois, de 6614 pouces (ou 125,976^m,06 par vingt-quatre heures); et moyennement pour les douze mois 4031 (76,777^m,97), et que cette quantité, qui ne doit provenir que d'eaux de sources, peut suffire au passage annuel de cinq mille bateaux de la charge de 90 milliers, compris environ un quart remontant à vide, nombre qui ne dépasse pas celui des bateaux qui traversent le canal de Loing, à l'origine duquel viennent aboutir les deux canaux d'Orléans et de Briare dont la navigation est des plus florissantes.

M. de Chézy ajoutait qu'indépendamment de ces eaux de sources, il serait facile d'établir plusieurs réservoirs pour conserver les eaux de pluies, ainsi que M. Gabriel l'avait annoncé; que même cette ressource, évaluée par ce premier ingénieur seulement à un volume de 245,574 toises cubes, pourrait être encore accrue, soit en élevant les chaussées de ces réservoirs, soit en formant de nouveaux étangs dans d'autres gorges que présentait le pays; et qu'en conséquence on ne pouvait mieux faire que d'adopter le projet général de M. Abeille.

Enfin, et ce n'est pas la seule fois qu'on aura pu remarquer dans cette histoire des canaux ces fâcheux intervalles de temps qui, pour le malheur de la prospérité publique, se sont trop souvent écoulés entre la possibilité reconnue d'un projet qui offre les plus grands avantages et la reprise de questions sur les premiers élémens dont se compose la conviction de cette possibilité; enfin, disons-nous, ce ne fut que douze ans après, en 1764, que M. Bertin, ministre secrétaire d'État, chargé du département des canaux navigables, qui connaissait tout le désir que les États de Bourgogne avaient de voir s'opérer la jonction des deux mers par un canal qui traverserait leur province, canal dont les avantages, ainsi que l'examen des projets, venaient de faire l'objet d'un prix proposé par l'académie de Dijon (1), envoya dans ce pays M. Perronnet, alors premier ingénieur des Ponts-et-Chaussées et membre de l'académie des sciences, et M. de Chézy, dont il vient d'être parlé, pour y recueillir et examiner tout ce qui avait été proposé à ce sujet.

Ces deux habiles ingénieurs, qui n'ont cessé d'être unis par une estime réciproque pour les vertus et les talens qui les distinguaient, partirent de Fontainebleau le 24 octobre 1764 pour se rendre en Bourgogne. Ils étaient porteurs d'une lettre du roi à MM. les élus généraux, et d'une pareille lettre pour M. Amelot, gouverneur de cette province.

Après avoir visité les lieux, comparé les différens projets qui avaient été proposés, et s'être transportés sur divers autres points de la Bourgogne, ils déclarèrent d'accord que le projet de M. Abeille était préférable à tous les autres ; ils confirmèrent ce que M. de Chézy avait précédemment dit relativement aux eaux ; et ce fut sur le rapport qu'ils rédigèrent de leurs opérations que, dix ans après, par deux édits, l'un du 7 septembre 1773 donné par Louis XV, et l'autre du 9 août 1774 donné par Louis XVI, vingt-neuf jours après son avénement au trône, les travaux furent enfin commencés en 1775.

Dans ce rapport, MM. Perronnet et de Chézy examinent les différentes questions de la solution desquelles découlent les principales dispositions du projet. *Rapport de MM. Perronnet et de Chézy. Dispositions principales du canal d'après ce rapport.*

La première de toutes était celle relative au point de partage : la fixation de la hauteur à laquelle il devait être établi, et le volume des eaux qui pouvaient y être amenées.

D'après le projet de M. Abeille, approuvé par M. Gabriel, le bief *Point de partage.*

_____

(1) Le prix proposé par l'académie de Dijon fut décerné à un mémoire qui fut fourni par M. Dumores, ingénieur de la province, et fut imprimé.

de partage, établi à Pouilly, devait avoir 658 ᵖ (1282ᵐ,44) de longueur
au moyen d'une coupure de 81 pieds (26ᵐ,30) de profondeur qui serait
faite au droit du seuil ou terrain le plus élevé de Pouilly, allant se terminer à rien de part et d'autre sur une longueur totale de 1890 ᵖ
(3682ᵐ,47). Par cette disposition, le point de partage se trouvait élevé
de 890 pieds (289ᵐ,01) au-dessus de la rivière d'Yonne, sur une
longueur de 75,994 ᵖ (148,066ᵐ,32), et de 674 pieds (218ᵐ,87) au-
dessus des eaux de la Saône, sur une longueur de 39,989 ᵖ (77,914ᵐ,36).
M. Abeille proposait aussi de ne donner que 8 pieds de chute aux
écluses, ce qui en portait le nombre à 195.

Tout en consacrant l'emplacement indiqué par M. Abeille pour l'établissement du point de partage, MM. Perronnet et de Chézy, ayant
cependant reconnu, d'après les puits d'épreuve qui y avaient été creusés
en 1752 sur une profondeur de 40 pieds (12ᵐ,99), que le terrain
qu'il devait traverser était de nature de schiste non encore formé,
gélif et susceptible d'être dissous par la pluie, pensèrent qu'il
n'était pas prudent d'ouvrir ce terrain jusqu'à 81 pieds (26ᵐ,30) de
profondeur; et qu'en conséquence il convenait de réduire la profondeur
de cette excavation à environ 40 ou 50 pieds (16ᵐ,24), à moins, faisaient-ils observer, que de nouvelles sondes n'apprissent qu'elle pouvait
être faite sans danger, conformément au projet.

Quant au volume des eaux qui pouvaient être conduites au point de
partage et dont les jauges avaient été faites, en 1752, avec le plus grand
soin par M. de Chézy, M. Perronnet ne put être que du même avis que
cet ingénieur sur leur suffisance. Du reste ils crurent devoir réduire la
pente des rigoles nourricières à 2ᵖ (0ᵐ,05) au lieu de 6ᵖ (0ᵐ,16), que
M. Abeille leur donnait par 100 ᵖ (194ᵐ,84). Ils proposaient aussi de
donner de plus 3 pieds (0ᵐ,97) de profondeur au bief de partage,
pour suffire à la navigation pendant plusieurs jours; et comme en relevant le bief de partage ils en diminuaient la longueur et réduisaient ainsi
la masse d'eau qui pouvait y être contenue, ils pensèrent devoir y suppléer en prescrivant l'établissement de plusieurs étangs et retenues dont

il serait facile de tirer des eaux toutes les fois que besoin serait pour assurer le service de la navigation.

Le point de partage du canal ainsi déterminé, il restait à examiner Branches du canal. quels étaient les endroits qui pouvaient présenter des difficultés pour l'établissement de ses deux branches.

Sur la première, depuis le bief de partage jusqu'à la Saône, trois endroits parurent à quelques personnes difficiles à traiter. Première branche. Du point de partage à Saint-Jean-de-Losne.

Le premier était le pas de Crugey sur la rivière d'Ouche, où la vallée se rétrécit et est bordée de rochers souvent très-escarpés. M. Abeille comptait faire passer dans cet endroit le canal sur la droite au-dessus de cette gorge. Mais comme il était à craindre que les eaux ne se perdissent dans ce terrain rocheux et filardeux, MM. Perronnet et de Chézy proposèrent d'établir dans ce point la navigation en rivière, sur une demi-lieue de longueur, et ce, au moyen d'une retenue à l'extrémité inférieure de ce bief pour en soutenir les eaux, d'une écluse destinée à racheter la hauteur de cette retenue ou barrage, d'un deversoir placé à l'extrémité supérieure pour l'évacuation des grandes eaux lors des crues, et enfin d'une porte de garde contre les crues.

Le second endroit se trouvait vis-à-vis du moulin Bernard situé sur la même rivière d'Ouche à un quart de lieue au-dessous de Plombières. A ce point, la distance entre les bâtimens du moulin et la côte ne permettant pas d'y faire passer le canal, MM. Perronnet et de Chézy proposèrent de supprimer le moulin, et de reporter le cours de la rivière du côté opposé, en établissant le canal dans le lit de la rivière.

Enfin, le dernier endroit était une partie de la plaine au-delà de Dijon sur sept lieues de longueur jusqu'à St.-Jean-de-Losne. Le terrain est dans cette partie très-graveleux, et l'on pouvait craindre que les eaux ne pussent s'y conserver. Pour éviter cet inconvénient, on proposait de diriger la ligne du canal vers Chovort, près de Verdun-sur-Saône, en passant par la vallée de la rivière de Meuzin. On était d'autant plus disposé à adopter cette nouvelle direction, qu'en remplissant le but qu'on se proposait, elle avait encore l'avantage de faire déboucher le canal dans un point où la Saône acquiert, par les eaux du Doubs qu'elle y reçoit, une plus grande profondeur d'eau que depuis ce même point jusqu'à St.-Jean-de-Losne, qui est distant de six lieues.

Il est certain que ce double avantage eût dû faire préférer ce dernier parti, quoiqu'en le suivant on eût prolongé la ligne du canal de 9000 ᵐ (17,535ᵐ,55), si d'un autre côté on n'en eût pas été détourné par les obstacles qu'on devait rencontrer depuis Dijon jusqu'à la rivière de Meuzin, où le pays se trouve sans cesse coupé par des gorges et une multitude de buttes, à travers lesquelles il eût été extrêmement difficile d'établir le canal.

Se trouvant donc dans l'impossibilité de suivre cette direction, MM. Perronnet et de Chézy crurent ne pouvoir éviter les terrains graveleux dont ils devaient chercher à s'éloigner, qu'en reportant la ligne du canal sur la droite, et en la faisant passer le long du ruisseau de la Biétre, où le sol, encore graveleux sur trois lieues et demie jusqu'à Aizeray, se montrait cependant plus serré et garni d'un sable fin et d'un sédiment terreux assez propre à s'opposer avec le temps à l'infiltration des eaux. Une considération qui rassurait d'ailleurs ces deux ingénieurs à cet égard, était que cette partie du canal se trouvait à l'extrémité de cette branche, et qu'on pourrait toujours remplacer les eaux qui se perdraient pendant les premières années jusqu'à ce que le terrain se fût consolidé, par l'introduction de nouvelles eaux qu'il serait facile de tirer de la rivière d'Ouche et du ruisseau de la Biétre.

A la vérité, en faisant arriver le canal immédiatement au-dessous de St.-Jean-de-Losne, comme le proposait M. Abeille, on avait à redouter l'inconvénient inévitable, ci-dessus mentionné, d'avoir peu d'eau pour la navigation, sur six lieues de longueur, jusqu'au point où le Doubs vient se jeter dans la Saône, et d'être obligé pendant quatre mois de l'année, à raison de la petite hauteur d'eau, qui dans quelques endroits n'excède pas à cette époque 18° (0ᵐ,48), de ne charger les bateaux que de 40 à 50 milliers pesant ; mais ils pensaient que cet inconvénient n'était pas aussi grave qu'on pouvait le croire au premier abord, si l'on faisait réflexion que, pendant ce temps, on était dans l'usage d'interrompre la navigation pour le curage des canaux, et que dans cette saison les rivières d'Yonne et de Seine ne présentaient pas une plus grande hauteur d'eau à la navigation ; que d'ailleurs ce peu de hauteur d'eau ne se trouvant que dans huit ou dix points de la Saône dont le fond est sablonneux, il serait facile, au moyen de quelques ouvrages, d'en resserrer le lit, et d'imprimer par là au courant une vitesse capable de l'approfondir sur ces points, si on le jugeait nécessaire; et enfin que de semblables considérations ne devaient pas balancer la convenance qu'il y avait à faire arriver le canal à St.-Jean-de-Losne, qui se trouvait placé très-avantageusement pour la partie du commerce de la Franche-Comté qui se dirigeait vers Dijon, et qui, dans le premier cas, eût été obligé à un trajet de huit lieues de plus en passant par Chovort.

Sur la seconde branche, du point de partage à la Roche sur l'Yonne, il se trouvait le long de l'Armançon, sur dix lieues de longueur depuis l'Yonne jusqu'au-dessus de Tonnerre, des terrains sur lesquels l'établissement du canal éprouvait des difficultés dont M. Abeille n'avait pas parlé.

Seconde branche. Du bief de partage à la Roche sur l'Yonne.

Dans cette partie, le terrain est composé premièrement d'un ou deux pieds ($0^m,32$ ou $0^m,64$) au plus de terre légère en partie pierreuse; ensuite d'un banc de gros gravier et galet calcaire de quatre, cinq ou six pieds ($1^m,29$, $1^m,62$ et $1^m,95$) d'épaisseur, roulé et déposé par l'Armançon, particulièrement entre Ennon et le moulin de Parcey dans une longueur de six lieues, sur une espèce de schiste pourri, à peu près de même nature que celui qu'on rencontre au point de partage à Pouilly.

Ce gravier paraissant beaucoup moins propre encore à contenir l'eau que celui de la plaine du côté de la Saône, MM. Perronnet et de Chézy proposèrent à cette époque d'établir dans l'intérieur des digues, des corrois verticaux en terre glaise pour les endroits où le fond du canal s'élèverait peu au-dessus du lit de la rivière, et, dans ceux où le canal serait placé beaucoup au-dessus, de l'établir dans le rivière même au moyen de retenues qui en soutiendraient le niveau, et d'écluses latérales qui, placées sur des canaux de dérivation d'une centaine de toises de

TOM. I.

48

longueur (194ᵐ,84), serviraient à racheter la chute de ces retenues.

Cette modification, que présentaient d'autant plus volontiers MM. Perronnet et de Chézy qu'en la suivant ils pouvaient éviter la construction d'un pont-canal que M. Abeille proposait de construire sur l'Armançon, n'a pas été exécutée ; et, ainsi qu'on va le voir, le canal doit être établi, dans toute la longueur de cette branche, sur la rive gauche de l'Armançon.

Telles sont les légères modifications que MM. Perronnet et de Chézy proposèrent de faire subir au projet de MM. Abeille et Gabriel.

D'après ces modifications, le canal, sur le tracé définitif duquel nous reviendrons plus tard, devait avoir 124,800 toises de longueur, faisant cinquante-deux lieues de 2400 toises, depuis St.-Jean-de-Losne, où il entre dans la Saône, jusqu'à la rivière d'Yonne près le village de la Roche, et y compris la longueur de 4600 toises entre la Roche et Brinon-l'Archevêque, qu'on trouvait nécessaire d'ajouter au projet de M. Abeille pour assurer en tout temps la navigation, qui serait devenue très-difficile en faisant arriver le canal à Brinon-l'Archevêque dans la rivière d'Armançon, à cause de son peu de hauteur d'eau en été. Le canal devait passer par Dijon, Plombières, le Pont-de-Pazy, par Pouilly, Aisy, Ancy-le-Franc, Tonnerre, St.-Florentin et Brinon-l'Archevêque.

Travaux exé-cutés.   Les projets ayant été approuvés en 1775, les ouvrages furent commencés la même année.

Ils devaient être exécutés depuis l'embouchure du canal dans l'Yonne jusqu'à la limite de la généralité de Paris, aux frais du gouvernement. Ceux depuis cette limite jusqu'à l'embouchure du canal dans la Saône devaient être faits, en plus grande partie, aux frais des États de Bourgogne, qui y étaient particulièrement intéressés.

Les premiers ont été commencés en 1775, et furent poussés en 1777 avec une assez grande activité. Les embarras du trésor ne permirent pas depuis cette époque d'y appliquer beaucoup de fonds, et ils furent entièrement suspendus en 1793.

Après quinze années d'interruption, pendant lesquelles les ouvrages d'art et de terrasses ont éprouvé beaucoup de dégradations, les travaux ont été repris en 1808, et les fonds qui y ont été affectés alors donnaient l'espérance de leur imprimer une grande activité; mais dès 1811 les événemens qui se sont succédé n'ont pas permis d'y appliquer les fonds suffisans.

Les travaux du côté de la Saône, entrepris quelques années plus tard que ceux commencés en premier lieu par le gouvernement, avaient été suivis avec plus de célérité par les États de Bourgogne jusqu'au moment où ils adoptèrent le projet du canal du Centre, qui a pour objet de joindre la Saône à la Loire, et auquel on appliqua les fonds destinés au premier canal. Malgré cette déviation des fonds, ces mêmes travaux étaient néanmoins beaucoup plus avancés que ceux du côté de l'Yonne, lorsqu'ils furent suspendus par les mêmes causes depuis 1793 jusqu'en 1808.

Au moyen de ces derniers travaux, et sur le versant de la Méditerranée, la partie du canal, depuis la Saône jusqu'au pont de Pany au-delà de Dijon, a été entièrement terminée et livrée à la navigation sur une longueur de 49,742^m. Des fouilles seulement étaient faites à une lieue plus loin, jusqu'au pont de Sainte-Marie.

Sur le versant de l'Océan, des travaux furent ouverts depuis le village de Pouilleny jusqu'à l'embouchure du canal dans la rivière d'Yonne.

Les ouvrages exécutés avant la révolution, et sur lesquels on n'a que des données très-incertaines, sont estimés pouvoir monter à la somme d'environ.. 6,000,000 fr. 00

Ceux faits depuis la révolution et exécutés sur des fonds de charité et souvent par des prisonniers dont le travail a été très-peu productif, montaient, à la fin de 1819, sur les deux départemens de la Côte-d'Or et de l'Yonne, à.................... 8,635,155 19

Total des sommes dépensées jusqu'au 1er janvier 1820................................... 14,635,555 19
48.

Nouvelle
étude de l'an-
cien projet du
point de par-
tage par Som-
bernon.

Cependant une nouvelle activité avait été imprimée aux travaux de cette grande entreprise, lorsque, revenant de nouveau sur l'ancien projet du point de partage par Sombernon proposé il y a plus d'un siècle, et plus de cinquante ans après son rejet qui paraissait définitif, M. l'ingénieur en chef Forey, sur l'invitation de M. le directeur-général des Ponts-et-Chaussées, et laquelle paraît n'avoir été que verbale, s'occupa, dans l'année 1809, des opérations qui pourraient mettre à même de comparer de nouveau les avantages respectifs des points de partage de Sombernon et de Pouilly.

Si au premier abord on éprouve un sentiment pénible en voyant rengager inopinément une question qui semblait être depuis long-temps jugée, néanmoins, avec plus de réflexion, on ne peut se refuser à reconnaître que cette espèce d'incertitude, dont on est disposé à se plaindre, ne provienne d'un profond désir de connaître la vérité; et lors même que l'immense travail auquel a obligé cette nouvelle étude n'eût pas donné lieu à un notable perfectionnement dans l'ancien projet, comme on pourra le voir par ce qui va suivre, il ne pourrait toujours être considéré que comme une preuve irréfragable de la sollicitude de l'administration, et du dévouement et du zèle de M. l'ingénieur en chef Forey à seconder ses vues.

C'est dans le rapport même, remis le 15 mai 1818 par la commission à laquelle ce grand travail a été renvoyé, que nous puiserons les principaux faits qui peuvent servir à établir le parallèle entre les deux projets de Sombernon et de Pouilly, et auquel, cependant, nous ne nous arrêterons qu'autant qu'il est nécessaire pour indiquer la légère modification que, d'après ce nouveau parallèle, on a cru devoir proposer d'apporter au projet anciennement adopté.

D'après MM. Perronnet et de Chézy, qui avaient examiné le projet de M. de La Jonchère, le point culminant de Sombernon est élevé d'environ 400 pieds (129^m,89) au-dessus de celui de Pouilly. Suivant ces ingénieurs, il aurait fallu de plus qu'à ce dernier lieu et de chaque côté, 50 écluses ayant chacune 8 pieds (2^m,59) de chute. Quoique l'on proposât de creuser le canal, sur une certaine longueur, en souterrain dans le rocher, la quantité des eaux de sources annoncée pour le point de partage n'était non plus que de 50 pouces (952,34 par vingt-quatre heures); ce point était d'ailleurs trop élevé pour que l'on pût espérer d'y rassembler assez d'eau de pluie; c'est, disent-ils, un projet mal conçu, et qui ne mérite pas qu'on s'y arrête plus long-temps.

Or, c'est ce jugement, porté par MM. Perronnet et de Chézy sur le projet du point de partage à Sombernon, dont on a cru pouvoir appeler, et si l'idée que ces ingénieurs n'avaient pu renoncer à l'avantage d'une direction plus courte de 29,257,10 que parce que le point de Sombernon offrait réellement de trop grands obstacles, pouvait faire croire que ces hommes habiles ne s'étaient pas légèrement décidés, cependant il faut convenir, d'un autre côté, que le peu de soin qu'ils mettent à motiver leur opinion sur un projet qui avait fait autant de bruit, semble rendre moins étonnant le nouvel examen qu'on s'est décidé à en faire, et dont l'analyse va nous occuper.

D'après les ordres qu'il reçut à cet effet, M. l'ingénieur en chef Forey ayant remis un mémoire sur le nouveau tracé comparatif des deux directions, et ce mémoire ayant été renvoyé à M. l'inspecteur général Liard, dans l'inspection duquel se trouvait le département de la Côte-d'Or, cet inspecteur, après avoir exposé dans un rapport les avantages et les inconvéniens respectifs que pouvait présenter l'établissement du bief de partage et par Sombernon et par Pouilly, conclut que le projet du bief de Sombernon, perfectionné au moyen d'un grand souterrain, pourrait être établi treize mètres plus bas que celui de Pouilly, et qu'ainsi on pourrait y conduire plus d'eau qu'à Pouilly; qu'il y aurait un moyen d'éviter l'inconvénient reproché au passage de Sombernon de descendre brusquement de 57,50 du côté de la Saône, sur 1000 de longueur environ, par deux groupes d'écluses accolées de 15 sas ensemble; et que ce moyen serait d'abaisser de 35 le bief de partage, ce qui permettrait de supprimer 14 écluses sur chaque versant, et n'augmenterait la galerie couverte que de 2000 environ.

Précis historique du nouvel examen.

Proposant ensuite de diminuer quelques-unes des dimensions du souterrain, et établissant, par des calculs comparatifs, dans les deux hypothèses du passage de Sombernon et de celui de Pouilly, que le passage par le premier point serait de 1,876,645 fr. moins dispendieux que par le dernier, il ne manque pas d'insister sur l'avantage, qui avait été reconnu dès le premier moment, d'abréger le trajet du canal de dix-sept heures de navigation. Du reste, M. l'inspecteur Liard n'étant arrêté que par la crainte de rencontrer à une aussi grande profondeur des granits trop difficiles à excaver ou un terrain qui obligerait à voûter le souterrain, deux chances à l'une desquelles on s'étonne avec raison qu'il n'ait pas eu égard dans son estimation, il propose au conseil des Ponts-et-Chaussées d'inviter MM. les ingénieurs du canal à procéder à de nouvelles sondes, et à se réunir à lui pour reconnaître la quantité d'eau qui pouvait être rassemblée aux biefs de partage, en faisant varier, si besoin était, leur niveau.

Le conseil des Ponts-et-Chaussées, en adoptant l'avis de M. l'inspecteur général Liard, dans sa séance du 22 mai 1809, crut devoir observer cependant que le point de partage par Sombernon présentant le double-inconvénient d'un canal souterrain et de réservoirs qui seraient établis au-dessus, il ne pourrait lui donner la préférence que dans le cas où les jauges et les nivellemens démontreraient que l'on ne pourrait réunir la quantité d'eau suffisante au point de partage de Pouilly.

M. l'ingénieur en chef ayant fourni en avril 1810 les renseignemens demandés, et M. Liard ayant fait un second rapport, il fut reconnu qu'un percement serait beaucoup plus difficile à opérer à Sombernon qu'à Pouilly ; qu'il était possible d'amener à ce dernier point un volume d'eau suffisant pour le passage de 46 bateaux par jour en hiver, de 31 pendant avril et mai, et de 16 pendant juin et juillet, et de disposer en outre de 8,500,000^m cubes d'eau dans les réservoirs supérieurs de Grosbois, de Chasilly et de Rouet, pour les autres mois.

Un état de choses qui portait les ressources tellement au-dessus des besoins, que lors même qu'on aurait commis quelques erreurs dans les jauges des eaux vives, dans l'estimation présumée des filtrations et des évaporations, on ne pouvait élever aucun doute raisonnable sur la possibilité d'établir par Pouilly la navigation la plus active; un tel état de choses ne pouvait que décider le conseil des Ponts-et-Chaussées à adopter définitivement le passage du canal par Pouilly; et en conséquence, sur la proposition de M. l'inspecteur général Liard, il arrêta, entre autres dispositions:

1° Que M. l'ingénieur en chef Forey serait chargé de former définitivement le projet général dans la supposition du bief de partage sous Pouilly;

2° Que dans l'étude de ce projet il ferait entrer toutes les ressources dont on pouvait faire usage pour assurer le service du bief de partage et pour alimenter les parties inférieures du canal par les divers moyens que M. l'inspecteur Liard indiquait.

Ainsi donc, par cette délibération, qui eut lieu le 18 mai 1810, et, comme l'a fait observer depuis M. le rapporteur de la commission qui fut nommée en 1818, le passage par Sombernon était rejeté; le tracé par Pouilly obtenait la préférence; et de cette manière se trouvaient confirmées les opinions successives de MM. Abeille, Gabriel, de Regemorte, Perronnet, et de Chézy.

Cependant, à l'étonnement du conseil des Ponts-et-Chaussées, et par suite sans doute de nouvelles invitations verbales qui furent faites à M. l'ingénieur en chef Forey, et dont cependant encore on ne put que s'applaudir après, cet ingénieur, en se livrant au travail qui lui était demandé sur le bief de partage de Pouilly et sur sa direction par ce lieu qui venait d'être définitivement arrêtée, s'occupa des mêmes recherches pour ce qui concernait la direction et le point de partage par Sombernon, dont il semblait ne devoir plus être question.

Un nouvel examen de ce grand et immense travail, en engageant le conseil des Ponts-et-Chaussées à ajouter quelques améliorations aux premières dispositions qu'il avait arrêtées, ne servait encore cependant qu'à en confirmer le principe.

Deuxième avis du conseil en faveur de l'établissement du point de partage à Pouilly.

Nouveau projet détaillé des points de partage de Sombernon et de Pouilly.

Examen de ce nouveau projet.

Ce conseil, en effet, revint avec la même sollicitude sur des questions depuis long-temps déjà jugées, et nomma une commission pour examiner et comparer de nouveau en détail les deux points de partage de Sombernon et de Pouilly; bientôt il lui fut fait, sous la date du 15 mai 1818, un nouveau rapport qui lui remit sous les yeux, mais avec plus d'extension et quelques modifications, les considérations sur lesquelles il avait assis son premier avis.

Ces considérations, que nous croyons devoir présenter ici, et dans l'exposé desquelles nous emprunterons souvent les propres expressions de M. Tarbé de Vauxclairs, inspecteur général, rapporteur de la commission, peuvent se réduire, du moins pour ce qui concerne la partie de l'art, à trois points principaux.

1° Examinant d'abord la question *de la durée du trajet*, par ces deux directions, la commission reconnaît que l'intervalle compris entre les deux parties communes aux deux projets, savoir : depuis l'écluse n° 43 du côté de la Saône jusqu'à l'écluse 55 du côté de l'Yonne, est, dans le projet par Sombernon, de 41,477^m; tandis que l'intervalle correspondant entre ces mêmes points dans le tracé par Pouilly, est de 71,534^m,60. Or c'est, suivant la commission, parce que d'après ces deux directions de longueur différente, la direction par Sombernon est de 29,857^m,10 plus courte que celle par Pouilly, qu'elle eût été nécessairement adoptée de préférence, si l'établissement du point de partage eût été aussi facile qu'à Pouilly.

2° Passant ensuite à l'examen *du volume des eaux* qui peuvent être amenées aux deux points de partage, la commission fait observer : 1° que les deux points de partage de *Pouilly* et de *Sombernon* ne sont distans entre eux que de 9 à 10,000^m : qu'ils appartiennent à la même chaîne de montagnes qui sépare les versans de la Méditerranée et de l'Océan, et que par conséquent on peut conduire à ces deux points les mêmes eaux, si l'on suppose que les deux biefs soient établis à une même hauteur; que si M. l'inspecteur général Liard a pensé en 1809 que l'on pouvait amener plus d'eau à Sombernon qu'à Pouilly, cela provenait de ce que, par des considérations étrangères aux prises d'eau, le souterrain de Sombernon avait été établi de 10ᵐ,40 plus bas que le bief de Pouilly, et que par conséquent chaque ingénieur pouvant faire pencher la balance en faveur du point de partage qu'il choisirait, en faisant varier à son gré la hauteur de ce point, tout se réduisait à savoir quel est celui des deux biefs qu'il est le plus facile, sous le rapport de la dépense, d'abaisser d'une plus grande quantité, pour obtenir le même avantage.

Or, d'après les profils des deux points culminans, continue M. le rapporteur, soit qu'on se contente d'abaisser le bief de partage de Pouilly de seulement 10ᵐ,40, c'est-à-dire au même niveau que celui auquel on proposa d'abord de fixer celui de Sombernon, soit qu'on se décide même à porter cet abaissement à 32ᵐ,40 au-dessous de ce premier niveau, comme on a proposé depuis de le faire au même point de Sombernon, soit enfin qu'on veuille le baisser encore d'une plus grande quantité, on voit que le souterrain de Pouilly serait dans tous les cas beaucoup moins long que celui qui serait ouvert à Sombernon.

Il suit donc de cet état de choses, d'après lequel il existe une notable différence entre la longueur des percemens à quelque hauteur égale qu'ils soient effectués aux deux points de partage, qu'on pourra toujours, sans augmenter en proportion la dépense, se procurer beaucoup plus facilement la même quantité et même une plus grande quantié d'eau à celui de ces deux points de partage où la configuration du terrain permet de descendre davantage avant d'arriver au point où la longueur des percemens serait égale.

3° Examinant ensuite *la longueur à donner au percement de Pouilly*, la même commission, après avoir rappelé au conseil que MM. Perronnet et de Chézy s'étaient décidés, dans la vue de diminuer la dépense, à relever de 30 pieds (9ᵐ,74) la coupure du point de partage de Pouilly, que MM. Abeille et Gabriel portaient à 81 pieds (26ᵐ,30), expose que, frappés des accidens survenus à plusieurs canaux par suite des infiltrations et pertes d'eau imprévues, MM. les ingénieurs rédacteurs du projet, sans hésiter sur les sacrifices à faire pour augmenter les ressources en eau, avaient pensé qu'on devait revenir au plan de hauteur qui avait été primitivement fixé par MM. Abeille et Gabriel pour l'abaissement de ce point de partage.

Cette disposition paraît également essentielle à la commission ; non-seulement elle partage, ainsi qu'elle le dit, les idées des auteurs du projet à cet égard, mais aussi, encore bien qu'elle fasse observer que, dans l'hypothèse où l'on se bornerait à ce seul abaissement, les tranchées auraient encore ensemble 2555ᵐ de longueur, et le souterrain 1400ᵐ (1), cependant, malgré ce résultat, mue par les mêmes motifs que les ingénieurs du projet, elle pense qu'il serait préférable de descendre le bief de partage de Pouilly à la hauteur qui avait été proposée pour celui de Sombernon; c'est-à-dire à 10ᵐ,40 plus bas que celui indiqué par MM. Abeille et Gabriel, et adopté, comme on vient de le dire, par les rédacteurs du dernier projet, ce qui porterait la longueur des tranchées à 3350ᵐ, et celle du souterrain seulement à 2650ᵐ; tandis qu'à Sombernon et dans le même plan horizontal, si la longueur des tranchées ne devait être que de 1135ᵐ ensemble, celle du souterrain serait de 8412ᵐ, c'est-à-dire plus que triple de celle du souterrain de Pouilly, indépendamment de ce que les puits beaucoup plus nombreux seraient quatre et cinq fois plus profonds (2).

Enfin, observe la commission, si l'on ne redoutait pas la trop grande

----

(1) On voit par le rapport, que, coupé à la même hauteur, le seuil de Sombernon aurait présenté un souterrain de plus de 8000ᵐ et des tranchées d'environ 1000ᵐ.

(2) Pour avoir des points de comparaison connus et familiers, la commission donne les dimensions en longueur de plusieurs souterrains que nous rapporterons ici.

Canal de Saint-Quentin.	Souterrain projeté par M. Laurent......................	13,772ᵐ
	Souterrain de Riqueval & Macquincourt exécuté......	5,677
	Souterrain de Tronquoy..............................	2,000
Souterrain de Malpas au canal de Languedoc..........................		156
Souterrain du canal de St.-Maur.................................		600

longueur des souterrains, et si l'on voulait se mettre à l'abri de toute inquiétude relativement à la dépense des eaux , elle proposerait de descendre le bief de Pouilly à la profondeur du grand bief de la tranchée du Creusot, c'est-à-dire de 52^m,50 au-dessous du dernier plan indiqué.

A la vérité, dans cette dernière hypothèse, dit la commission, les tranchées de Pouilly auraient ensemble une longueur de 8500^m ; mais d'un autre côté, le percement n'aurait que 9200^m de longueur, tandis que, pour le même plan horizontal, si les tranchées n'étaient à Sombernon que de 5200^m de longueur, le percement serait de 12,100^m , différence qui lui paraît toute en faveur de la direction par Pouilly , surtout, remarque-t-elle, si l'on fait attention que, d'après les puits d'épreuve qui ont été faits par l'auteur du dernier projet, on rencontre bien plutôt et à une bien moins grande profondeur le granit à Sombernon qu'à Pouilly.

Enfin la commission, cherchant à justifier l'opinion où elle est que rien ne doit être négligé pour se procurer la plus grande quantité d'eau possible, s'appuie de la circonstance d'un puits qui fut creusé, par les soins de M. Laurent, jusqu'à la profondeur du plan dernièrement indiqué; considérant cette circonstance comme une preuve que cet ingénieur avait reconnu avant elle combien il serait avantageux de descendre le bief de partage à la profondeur du grand bief du Creuzot ; le hasard, ajoute-t-elle, n'ayant pu faire que le fond de ce puits se trouvât précisément arriver à cette profondeur, à laquelle, d'ailleurs, on a commencé à creuser une galerie.

Au surplus, la commission, qui semble craindre qu'on ne lui objecte que le percement qu'elle propose par Pouilly ne diffère que de 2900^m en longueur de celui de Sombernon qu'elle a rejeté, lorsque les tranchées seraient de 5500^m plus longues, s'empresse de faire remarquer que l'abaissement de Pouilly n'étant pas commandé, comme à Sombernon, par le désir de supprimer de chaque côté une chute de 15 écluses accolées, on sera toujours libre de ne descendre qu'autant

49.

que le terrain le permettra, ce qui est déjà reconnu possible jusqu'à 10^m,40 au-dessous du plan adopté par MM. Abeille et Gabriel, et par l'ingénieur rédacteur du projet, mais ce qui ne pourra l'être également quant au surplus de la profondeur, qu'après qu'on aura fait faire un plus grand nombre de puits.

Toutefois, la commission ne pouvant douter que le mieux ne fût de pouvoir descendre jusqu'au niveau de la grande tranchée du Creuzot, croit devoir déclarer que les quatre principaux avantages qu'on retirerait de cet abaissement seraient : 1° de supprimer trente-deux écluses ; 2° de former un approvisionnement d'eau d'autant plus considérable qu'on pourrait abaisser de plus de 30^m les prises d'eau et les réservoirs, et en augmenter le nombre ; 3° de former, au point de partage, un bief de 52,000^m de longueur qui, au moyen d'une tranche d'eau supplémentaire de 0^m,50 à 0^m,60 de hauteur, formerait à lui seul un réservoir immense qui pourrait fournir au passage d'un très-grand nombre de bateaux sans éprouver une réduction sensible, et ce, au moyen de ce que les écluses 17, 18 et 19 seraient rapprochées de Charigny pour procurer à ce bief de partage toute la longueur que pourraient lui offrir les avantages du terrain ; 4° de supprimer, ou du moins de diminuer considérablement par ce projet les percemens qui seraient jugés indispensables pour l'établissement des rigoles.

Enfin, après avoir manifesté la crainte que la dureté des couches inférieures du sol n'occasionât une trop grande augmentation de dépense, et ne s'opposât dès lors à un aussi grand abaissement du bief de partage de Pouilly, la commission ne perdit pas toutefois entièrement l'espoir qu'on ne trouvât, après avoir franchi les bancs ou les blocs épars de pierre dure, des veines plus tendres, ce que de nouveaux puits d'épreuve pouvaient seuls faire reconnaître. En conséquence, elle proposa de n'approuver, pour le moment, que le tracé des deux versans, à partir de la soixante-quatrième écluse du côté de la Méditerranée, et de la seizième écluse du côté de l'Océan, l'intervalle compris entre ces deux écluses lui paraissant devoir faire l'objet d'une étude particulière.

Tels ont été l'examen et le dernier avis du conseil des Ponts-et-Chaussées relatifs à l'importante question du point de partage du canal de Bourgogne.

On voit en résultat, en comparant le point de partage de Pouilly à celui par Sombernon : 1° que, si on n'observe pour le premier que l'abaissement proposé par MM. Perronnet et de Chézy, il n'y a aucune comparaison entre la masse des travaux à exécuter aux deux points de partage ; 2° que si, ainsi qu'il est convenable pour s'assurer d'un volume d'eau nécessaire, on porte cet abaissement jusqu'au plan primitivement proposé par MM. Abeille et Gabriel, la longueur des tranchées est de 2535^m, et celle du souterrain de 1400^m à Pouilly, tandis qu'à la même hauteur, si les tranchées n'étaient que d'environ 1000^m à Sombernon, le souterrain aurait plus de 8000^m ; 3° que si, comme il est à désirer et comme le propose la commission, on porte l'abaissement du point de partage de Pouilly à la hauteur de celui proposé par M. Liard pour Sombernon, c'est-à-dire à 10^m,40 plus bas que le plan indiqué par MM. Abeille et Gabriel, alors la différence entre les travaux sur les deux points commence à diminuer, mais n'atténue que bien légèrement les raisons qui ont fait donner la préférence au point de partage de Pouilly sur celui de Sombernon, puisque, si pour le premier les tranchées s'allongent jusqu'à 3350^m, le souterrain n'y est néanmoins creusé que sur 2650^m de longueur, tandis qu'à Sombernon, si les tranchées n'y ont lieu que sur 1135^m de longueur, le souterrain d'un autre côté y est creusé sur une étendue de 8412^m ; 4° que si le terrain le permet, et comme cela est à désirer pour jouir de l'avantage immense du grand bief du Creusot de 32^m,000 de longueur, et dont les eaux pourraient seules suffire à la navigation pendant plus de quinze jours sans réduction sensible, il est possible de descendre le plan d'abaissement jusqu'au niveau du grand bief, c'est-à-dire de 32^m,40 plus bas, alors la différence entre les travaux à exécuter à Pouilly et à Sombernon devient encore moins sensible, puisqu'au premier point les tranchées s'étendront jusqu'à 8500^m de longueur, et le souterrain jusqu'à 9200^m, lorsqu'à Sombernon les tranchées n'y étant que de 3200ᵐ ; le souterrain, quoique creusé sur 12,100ᵐ de longueur, ne s'y rallonge que d'un tiers de plus que celui de Pouilly, de sorte qu'arrivé à ce point de la comparaison, si l'on suppose que l'excédant des travaux pour les tranchées à Pouilly compense l'excédant de ceux du souterrain à Sombernon, il ne resterait plus à balancer que les avantages d'un trajet de 2900ᵐ moins long en souterrain, et ceux résultant du grand bief du Creuzot, avec l'inconvénient d'allonger le parcours total du canal de 29,867ᵐ,10, ou de dix-sept heures de navigation.

Telle eût été, en effet, la seule question sur laquelle il fût resté à prononcer dans cette hypothèse, si cette même question n'eût pas déjà été depuis long-temps jugée ; mais, si l'on pouvait concevoir encore quelque doute à cet égard, nous dirions que dans le cas dont il s'agit, et lors même que la dépense eût été égale à Pouilly et à Sombernon, ce qui n'est pas très-probable, ainsi que le conseil nous ne penserions pas que le raccourcissement de seulement six lieues sur cinquante-quatre présentât un tel avantage qu'on dût l'acheter par l'inconvénient d'augmenter de trois quarts de lieue la navigation toujours moins facile en canal souterrain, et surtout par la privation des ressources que pourra offrir à la navigation, sous le rapport de l'abondance des eaux, la jouissance du grand bief du Creuzot. Ainsi donc si, tout en pensant que dans leur système MM. Perronnet et de Chézy ont eu raison de rejeter le projet de M. de La Jonchère, nous avons cru néanmoins qu'il est un moment où ces deux projets perfectionnés se rapprochent de manière à justifier le soin qu'on a pris pour établir entre eux une juste comparaison, cependant, partageant les motifs et l'avis du conseil des Ponts-et-Chaussées, particulièrement sous le rapport des avantages que présente à la navigation la longue étendue du bief du Creuzot, nous ne pouvons, en nous résumant, que nous prononcer en faveur du point de partage de Pouilly, comme étant celui qui, dans tous les cas, mérite incontestablement la préférence que le conseil des Ponts-et-Chaussées lui a donnée par son avis du 16 mai 1818.

Par son rapport, la commission ne se bornait pas à examiner la question du point de partage ; elle avait encore à traiter celle des moyens d'exécution pour la solution de laquelle elle devait chercher à se former une idée précise des dépenses restant à faire pour terminer le canal, ainsi que des produits qu'on pouvait s'en promettre, et sur la quotité desquels l'administration avait demandé des renseignemens à plusieurs ingénieurs.

Ces dernières questions, relatives à un canal aussi important que celui de Bourgogne, ne peuvent paraître dépourvues d'intérêt. Nous croyons donc devoir ne pas les passer sous silence, en nous efforçant toutefois de ne les traiter qu'avec la seule étendue indispensable pour l'intelligence de la matière.

Et d'abord, nous présenterons l'estimation générale des ouvrages du canal, comprenant les dépenses faites jusqu'au commencement de 1818, et celles restant à faire pour terminer le canal.

ESTIMATION GÉNÉRALE DES OUVRAGES

1° Dépenses faites jusqu'au commencement de 1818.

On a vu plus haut que les ouvrages exécutés jusqu'au commencement de 1818 pour l'établissement de la navigation sur la partie du canal située dans le département de la Côte-d'Or, depuis Saint-Jean-de-Losne jusqu'au pont de Pany, et pour ceux commencés sur le même canal entre Tonnerre et la Roche, dans le département de l'Yonne, montaient à 14,800,000 fr.

Estimation des dépenses restant à faire pour terminer le canal.

2° *Dépenses restant à faire au commencement de 1818 pour terminer le canal, dans la supposition de l'abaissement du point de partage de 10ᵐ,40 au-dessous du plan indiqué par MM. Abeille et Gabriel.*

Depuis le pont de Pauy jusqu'au pont d'Ouche...	1,557,234	74
Du pont d'Ouche au point de partage..........	1,959,200	00
Point de partage par Pouilly.................	5,913,075	93
Du point de partage à la limite du département de l'Yonne...................................	6,685,364	31
Portes de toutes les écluses..................	400,000	00
Total des dépenses dans le département de la Côte-d'Or...............................	16,514,872	98
Dépenses à faire dans le département de l'Yonne	7,556,641	48
Somme à valoir pour abaisser de 10ᵐ.40 le bief de partage, eu égard à la diminution du nombre des écluses (1).................................	1,528,485	54
Total général...........................	25,400,000	00

(1) Si l'abaissement de 10ᵐ,40 qu'on a décidé de faire subir au point de partage et auquel on travaille dans ce moment-ci, ainsi qu'il sera dit, n'augmente que de la somme ci-dessus indiquée de 1,528,485 fr. 54, il s'ensuit que le bief de partage à ce point coûtera en totalité 7,441,559 fr. 17 c.; or, à ce même point d'abaissement, le bief de partage à Sombernon eût coûté, d'après M. Forey, 11,923,422 fr. 47 c., ce qui offre une différence de 4,481,863 fr. Ainsi qu'on l'a vu, cette différence éprouve une diminution à mesure qu'on abaisse le bief de partage dans les deux points. Mais, malgré cette considération, la commission pensait, avec raison, que dans le cas où les sondes feraient connaître la possibilité d'abaisser encore davan-

Essai sur le produit du canal.

La dépense des ouvrages à faire pour l'achèvement de cette grande entreprise une fois connue, le Gouvernement, qui désirait depuis long-temps en opérer la concession à une compagnie, demanda à divers ingénieurs des renseignemens sur les produits dont serait susceptible le canal, et reçut à ce sujet plusieurs opinions que nous rapporterons ici, en les faisant suivre de celle que nous avons cherché à nous former d'après les renseignemens qui avaient servi de base à ces opinions.

On voit, dans les mémoires de M. Perronnet, que cet ingénieur, après avoir passé en revue les différentes branches de commerce de la province de Bourgogne et celle qui pourra s'établir du midi au nord de la France, évalue le nombre des bateaux qui parcourront le canal à 5000, dont 4000 bateaux chargés de 100 milliers ou 49 tonneaux, et 1000 bateaux vides.

M. Fèvre, ingénieur en chef du département de l'Yonne, dans ses notes en date du 19 avril 1818, admet les calculs de M. Perronnet; et, prenant ensuite pour base le tarif suivi au canal du Centre, il trouve que le produit du canal de Bourgogne, à raison d'un parcours de 243 kilomètres, et sans égard au produit des plantations, devra être de 1,793,901 fr.

M. Forey, ingénieur en chef du département de la Côte-d'Or, qui, dans son rapport du 7 février 1818, prend pour terme de comparaison le produit du canal du Centre, dont la perception s'est élevée moyennement à 400,180 francs pendant les vingt années écoulées depuis 1797

---

tage le bief de partage de Pouilly, on devrait encore s'y déterminer lors même qu'il en coûterait un ou deux millions de plus, parce qu'on ne doit pas regretter, dit-elle, les sacrifices à faire pour augmenter l'affluence des eaux; on a cru néanmoins pouvoir se dispenser d'un aussi grand abaissement, comme on le verra par ce qui sera dit ci-après.

jusqu'en 1817, ajoute à ce produit celui qui proviendra du transport des marchandises du pays et de celles du midi qui prennent aujourd'hui la voie de terre, attendu les difficultés de la navigation de la Loire ; celui auquel donnera lieu le transport des marchandises en retour, qui ne se fait point à cause des mêmes difficultés ; et enfin celui qui sera dû au passage des marchandises qui viendront de la Suisse : ce qui, selon cet ingénieur, doit élever le produit du canal de Bourgogne, à raison de son étendue, à 1,600,000 fr.

M. Sutil, ancien ingénieur en chef du département de l'Yonne, commençant par comparer la longueur du canal de Bourgogne avec celle du canal du Midi et avec celle des canaux d'Orléans et de Loing, et en supposant la même activité que sur ces canaux, trouve que le produit du canal de Bourgogne, suivant qu'on le déduit par analogie de celui des trois canaux réunis, ou seulement de celui des deux canaux d'Orléans et de Loing, sera de 2,234,862 fr. 34 c. ou de 1,769,550 fr. 34 c. Mais le canal de Bourgogne, fait observer cet ingénieur, doit, dans le système de la navigation générale, jouir d'une bien autre importance que les canaux du Midi et ceux d'Orléans et de Loing ; et comme il doit présenter la voie la plus directe pour l'échange des marchandises entre les départemens du midi et de l'est, et ceux du nord et de l'ouest de la France, il ne doute pas que son produit ne puisse doubler, et s'élever à 4,449,724 fr., ou au moins à 3,539,100 fr.

Enfin la Commission, adoptant l'estimation de M. Forey, croit toutefois devoir ajouter à la somme qu'elle présente une augmentation de 668,000 fr., tant sur l'article des retours des bateaux qui ne peuvent remonter la Loire pour arriver au canal du Centre, et lesquels retours pourront s'effectuer par le canal de Bourgogne, que sur l'article des transports des marchandises provenant de l'Allemagne et de la Suisse, ce qui, selon elle, portera le produit du canal de Bourgogne à la somme de 2,300,000 fr. ; et en déduisant les frais d'entretien et d'administration, qu'elle estime pouvoir être de 300,000 fr., à celle de 2,000,000 fr.

Telles furent les estimations qui furent fournies à l'administration re-

lativement au produit du canal de Bourgogne. Mais ces estimations portaient sur des bases et des suppositions qui n'existent plus aujourd'hui.
A l'époque où elles furent faites, et cette circonstance pourra peut-être
exciter quelque surprise, à cette époque, ne songeant plus qu'il avait
été question peu d'années avant d'un canal latéral à la Loire, de Digoin
à Briare, on ne se faisait aucun scrupule d'enlever les deux tiers au
moins des transports dont étaient en possession les canaux du Centre
et ceux de Briare et de Loing, pour en enrichir le nouveau canal. Il
n'en sera cependant pas ainsi ; et dans le nouvel ordre de choses qui
doit se développer, les intérêts existans et ceux qui sont prêts à se former recevront leur garantie du progrès de toutes les branches d'industrie. L'établissement du canal latéral qui a été décidé, et auquel on
travaille dans ce moment-ci, en assurant au canal du Centre, et par
suite à ceux de Briare et de Loing, la portion d'activité qui était prête à
leur échapper par l'ouverture du canal de Bourgogne, et en augmentant
même celle dont ces premiers ont joui jusqu'à ce jour , en laissera encore une assez raisonnable au dernier, pour qu'on puisse s'applaudir de
son exécution. C'est ce que nous chercherons à prouver en essayant de
répondre, s'il nous est possible, et en conservant tous les égards, dont
le seul sentiment qui nous anime nous fait un devoir, à l'opinion qu'a
émise à ce sujet M. Huerne de Pommeuse dans son estimable et intéressant ouvrage sur les canaux.

M. Huerne de Pommeuse qui, dans cet ouvrage, n'attribue au canal
de Bourgogne qu'une activité égale à celle du canal du Centre, ne
porte, par analogie, le produit du premier qu'au double de celui du
second, c'est-à dire seulement à 800,000 fr.

Mais il est clair, d'abord, que lorsque le canal latéral à la Loire,
dont M. Huerne de Pommeuse pouvait soupçonner la prochaine concession, sera exécuté, et lorsque plusieurs ouvrages dont on s'occupe
pour procurer les eaux nécessaires au canal du Centre seront terminés, le produit de ce canal augmentera nécessairement dans une forte
proportion, 1° par le passage des marchandises qui prennent actuelle-

ment la voie de terre ; 2° par celui des marchandises qu'on recevra en retour; 3° par le transport de celles qui, en général, se consomment sur les lieux, où n'y sont point créées, à cause des difficultés et des dépenses auxquelles donneraient lieu et leur transport par terre et celui par la Loire, depuis Digoin jusqu'à Briare. Si donc premièrement, et comme on est autorisé à le faire par tous les renseignemens que s'est procurés M. Forey auprès des commissionnaires de Châlons-sur-Saône, d'où se font presque toutes les expéditions par terre, on évalue la quantité des marchandises qui suivent cette voie aux cinq douzièmes de celles qui prennent la voie du canal, et qu'on ajoute à ces marchandises celles à peu près égales du second article, et enfin celles qui sont comprises au troisième, on peut raisonnablement penser que le produit du canal du Centre se trouverait alors au moins doublé.

Or, concluant de ce produit celui qu'on peut se promettre du canal de Bourgogne, à raison de son étendue plus que double, et dans la supposition, admise par M. Huerne de Pommeuse lui-même, d'une activité égale, on aura, pour le produit que nous cherchons, la somme de................... 1,600,000

Mais ce n'est pas sur cela seul qu'on a droit de compter pour le canal qui nous occupe. Le sol qu'il traverse est incomparablement plus fertile que celui par lequel passe le canal du Centre ; des établissemens plus importans et en plus grand nombre en couvrent la surface et s'y forment tous les jours ; des villes qu'il va encore vivifier ont des rapports continuels entre elles et avec Paris ; et si, comme il a été reconnu, et cela même au canal du Centre, qu'une grande partie du produit des canaux résulte du transport des objets de commerce qui s'échangent entre les lieux qui bordent le canal, c'est sans doute au canal de Bourgogne que cette circonstance se montrera dans toute son évi-

A reporter................... 1,600,000

Report...................... 1,600,000

dence. On ne croit donc pas estimer trop haut l'augmentation du produit qui résultera de ces différentes circonstances en la portant à la somme de............... 500,000

Enfin, si l'on conçoit qu'il est raisonnable d'estimer qu'il passera par ce canal le tiers des marchandises qui, prenant voie sur le canal de Monsieur, se dirigeront vers le midi, vers l'ouest et sur Paris, et qu'il offrira la voie la plus directe pour le transport des marchandises que l'Allemagne, la Suisse et la Franche-Comté pourront adresser à Paris, on pense ne pas s'éloigner de la vérité en portant pour ces deux articles la somme de......................... 600,000

2,700,000

Défalquant donc de cette somme les frais d'entretien et d'administration qui seront bien moins dispendieux sur ce canal que sur celui du Midi, et que, eu égard au produit des plantations et autres revenus du canal, on ne croit devoir évaluer qu'à la somme de...................... 300,000

On aura pour le produit net du nouveau canal....... 2,400,000

Ce résultat est sans doute des plus satisfaisans, et sans qu'il soit nécessaire de se livrer à des espérances que paraissent justifier tous les renseignemens qui parviennent de jour en jour sur le développement d'industrie auquel donne déjà lieu la navigation de quelques parties de ce canal, et d'après lesquels les personnes les plus sages n'hésitent pas à croire que son produit pourra s'élever de 3,500,000 à 4,000,000 fr., il suffit d'être arrivé par des calculs, contre lesquels on ne peut élever aucun argument solide, à la démonstration d'un produit tel que celui que nous venons de présenter, pour être convaincu du succès de cette nouvelle ligne de navigation.

Ce n'est pas seulement sur le produit du canal de Bourgogne que

M. Huerne de Pommeuse élève des doutes. Selon lui, l'exiguité du volume des eaux destinées à l'alimenter ne doit pas inspirer de moindres craintes.

Cette dernière question est sans doute d'un trop grand intérêt pour que nous ne nous y arrêtions pas un moment, et pour que nous ne cherchions pas à détruire les préventions qui pourraient se former contre un canal d'une aussi grande importance.

Si, en acceptant pour constant le volume d'eau que MM. Abeille, Gabriel, de Chézy, Perronnet, Aubry et Gauthey ont reconnu pouvoir être amené au bief de partage du canal de Bourgogne, et lequel est annuellement de 4031° (76,777^m,97 cubes), M. Huerne de Pommeuse se fût borné, comme on devait s'y attendre, à comparer ce premier volume des eaux avec celui qui est conduit au point de partage du canal de Briare, et qui ne s'élève qu'à 4000° (76,187^m,61 cubes), il eût certainement reconnu qu'à cet égard toutes les choses étaient égales pour les deux canaux ; mais M. Huerne de Pommeuse, en recherchant quelles sont toutes les eaux qui arrivent au canal de Briare, et qu'il estime à 8000° (152,375^m,02), et en concluant que puisque le canal de Briare, qui n'a que le quart de la longueur du canal de Bourgogne, ne jouit que du volume d'eau nécessaire à la navigation, ce dernier canal, à raison de sa plus grande étendue, devrait avoir 32,000° d'eau pour que la navigation y fût aussi prospère ; M. Huerne de Pommeuse, disons-nous, semble faire une omission en ne parlant pas des diverses ressources qu'ainsi que le canal de Briare le canal de Bourgogne pourra trouver et dans les réservoirs auxquels n'avaient pas renoncé définitivement MM. Perronnet et de Chézy, réservoirs qu'on est aujourd'hui dans l'intention d'établir, et dans les prises d'eau qui doivent s'effectuer au nombre de trois de chaque côté du point de partage ; lesquels réservoirs et prises d'eau non-seulement fourniront à ces branches un aussi grand volume d'eau que celui que reçoit le canal de Briare hors du point de partage, mais encore, ce qui est bien plus précieux, conduiront au point de partage même du premier canal un volume d'eau supplémentaire, dont le secours lui donnerait l'avantage sur le point de partage du canal de Briare.

Sous ce rapport, ainsi que sous celui des produits que promet le canal de Bourgogne, le Gouvernement n'aura donc encore jamais à regretter d'avoir donné suite à une entreprise qui est faite pour honorer le siècle qui l'a vue naître.

Ayant eu à parler des différentes opinions présentées par plusieurs ingénieurs sur le produit présumé du canal qui nous occupe, nous n'avons pu passer sous silence celle mise en avant par M. Huerne de Pommeuse dans un ouvrage aussi recommandable que le sien; et, entraînés plutôt par l'ordre que cet écrivain a suivi que par celui que nous avions d'abord adopté, nous avons cru devoir chercher de suite à rassurer les personnes qui auraient pu partager avec M. Huerne de Pommeuse les craintes qu'il a manifestées relativement à la quantité des eaux qui doivent alimenter le canal de Bourgogne: Ces deux questions nous paraissant entièrement résolues, nous reprendrons dans son ordre le récit des diverses circonstances qui complètent l'histoire de ce canal, et dont une nous offrira un incident qui, s'il est de peu d'intérêt aujourd'hui, prouvera du moins combien, à cette époque si peu reculée, on était loin de prévoir de quelle puissance l'esprit d'association viendrait armer le Gouvernement.

M. Forey, qui dans son estimation des produits du canal de Bourgogne se tenait beaucoup au-dessous de celle qu'on vient de présenter, et même de celle qui avait paru probable à la Commission dans son rapport du 15 mai 1818, se trouvait conduit à conclure que cette grande entreprise ne pourrait se terminer qu'autant qu'on en réduirait la dépense, en substituant au système de grande navigation, d'après lequel on l'avait commencée, celui de la petite navigation, au moyen de laquelle on ferait usage de bateaux du port de seulement quinze tonneaux, et en conservant du reste dans leurs dimensions actuelles les parties déjà existantes depuis la Saône jusqu'au pont de Pany, et celle entreprise depuis Tonnerre jusqu'à la rivière d'Yonne.

Cette proposition, qui ne fut que légèrement indiquée dans un moment où l'on n'avait point encore d'idées bien précises sur ce qu'on doit entendre par le système de petite navigation, fut rejetée par la commission. L'espoir peut-être trop peu motivé que concevait M. Forcy de réduire la dépense à quatre ou cinq millions, pouvait en effet faire présumer que cet ingénieur proposait des dimensions qui eussent été peu en rapport avec l'importance du commerce qui doit avoir lieu au moyen de cette grande communication; et la commission, qui d'ailleurs admettait les argumens présentés par M. Forcy en faveur de la petite navigation pour toutes les navigations secondaires, ne croyait point qu'ils pussent être applicables à une ligne de navigation aussi importante que celle du canal de Bourgogne. Ce n'est point, disait-elle, pour une communication qui doit joindre les deux mers, et traverser toute la France sur une longueur de plus de deux cents lieues, qu'on doit recourir à des procédés mesquins qui ne pourraient convenir qu'aux ramifications à faire sur cette artère principale. A l'exemple si souvent cité des petits canaux d'Angleterre, elle opposait les grands canaux de la Flandre, de la Belgique, de la Hollande, de la Prusse, du Danemarck, etc. Ces canaux, faisait-elle observer, loin d'être assujétis dans leurs dimensions *au minimum*, sont au contraire proportionnés au service qu'on attend de ces communications plus ou moins importantes. Les larges canaux d'Ostende, de Bruxelles, de Louvain et de plusieurs villes du royaume des Pays-Bas, ajoutait-elle, quoique construits des deniers de ces communes, reçoivent des bâtimens de mer, et leurs dimensions sont plus grandes que celles du canal de Bourgogne, dont l'objet est cependant d'un tout autre intérêt, puisque, entrepris aux frais d'un grand royaume, il doit unir entre elles les provinces les plus éloignées et vivifier la France entière.

C'était donc une raison pour elle, finissait-elle par dire, de penser que ce n'était nullement le cas de recourir au système des petits canaux.

Cet avis de la commission paraissait sans doute fondé en raison, et les événemens l'ont en quelque sorte justifié; mais si cet esprit d'association, dont on ne soupçonnait pas alors tous les heureux effets, ne s'était tout à coup développé comme par une espèce d'enchantement, et si le gouvernement se fût trouvé dans l'impossibilité de pourvoir, d'un grand nombre d'années, à une dépense aussi considérable que celle de 25,000,000 fr., il eût pu se faire que si, au lieu de la proposition de réduire les bateaux à employer sur le canal de Bourgogne au port de seulement 15 tonneaux, on eût présenté à la même Commission un mode qui n'eût pas été aussi éloigné des ses idées accoutumées, et qui eût été consacré par de notables exemples; il eût pu se faire alors, disons-nous, qu'elle n'eût pas repoussé cette proposition d'une manière aussi absolue.

On pense en effet que, dans l'impossibilité supposée de trouver une compagnie qui se chargeât de l'exécution du canal de Bourgogne, dans l'hypothèse d'une aussi grande dépense que celle qu'exige le maintien du système de grande navigation, et que dans l'impuissance où se trouvait le Gouvernement de terminer de long-temps une communication que réclament cependant les besoins du commerce, la proposition d'établir une navigation dont les bateaux de 30^m de longueur, de 2^m,55 de largeur, de 1^m,30 de hauteur, eussent porté 50 à 60 tonneaux, loin de paraître à la Commission aussi extraordinaire, eût pu lui sembler plus admissible et surtout bien moins étrange que celle qui aurait pour objet de remplacer les canaux par des chemins de fer qui certainement ne pourront jamais rivaliser avec eux lorsqu'il s'agira du transport des matières encombrantes, et dont une adoption trop générale ne pourrait être que le résultat de combinaisons et de calculs peu approfondis, dont l'expérience révélerait un jour l'imprudence et les mécomptes.

En effet, des bateaux construits dans les dimensions qu'on vient de désigner, qui s'accoupleraient pour passer dans les écluses des parties extrêmes, et se désaccoupleraient pour franchir la partie intermédiaire du canal, pourraient naviguer facilement accouplés ou isolés, sur les rivières douces et paisibles de la Saône et de l'Yonne, et n'auraient rien qui fût au-dessous de l'importance de cette grande communication. C'est ce qu'on voit se pratiquer en Angleterre sur le canal du Grand-Tronc qui unit la Mersey et le Trent, c'est-à-dire en traversant ce royaume, les ports de Liverpool et de Hull, l'Océan atlantique et la mer du Nord, et sur lequel la grande navigation établie seulement du côté de l'ouest, depuis le canal de Bridgewater à Preston jusqu'à Middlewich, sur cinq lieues de longueur, et du côté de l'est, depuis Burton jusqu'à Wilden-Ferry, sur sept lieues de longueur, est séparée par un intervalle de vingt-cinq lieues en petite navigation, et sur laquelle partie ne sont admis que des bateaux de 23ᵐ de longueur, et de seulement 2ᵐ,20 de largeur et du port de 15 à 20 tonneaux.

Cet exemple, si elle l'eût bien connu, était fait pour frapper la Commission ; si l'Angleterre doit la plus grande partie de sa prospérité intérieure à l'ouverture presque simultanée du grand nombre de canaux qui traversent en tout sens son sol, et si elle n'a pu parvenir à creuser en si peu de temps ce même nombre de canaux qu'en se résolvant à réduire une dépense dont l'énormité s'opposait à leur exécution, il semble que la Commission eût eu de la peine à ne pas se laisser toucher par la considération des besoins du commerce qui ne demande qu'à prendre de l'essor, et par la nécessité d'adopter le moyen qui mettait le plus promptement à même d'y satisfaire.

L'heureuse révolution qui s'était opérée dans les idées rendit cette mesure inutile : peu d'années après que ces questions s'étaient agitées, le Gouvernement a pu se procurer au moyen d'un emprunt qui a été approuvé par une loi du 14 août 1822, la somme de 25 millions nécessaire pour terminer ce canal suivant les dimensions d'après lesquelles il avait été commencé.

Aussitôt l'émission de la loi, les travaux de ce canal, qui n'avaient jamais été totalement abandonnés, ont repris toute l'activité qu'on a cru devoir leur imprimer pour qu'ils fussent achevés dans l'espace de dix ans. Plusieurs questions, et entre autres celle de la détermination de la hauteur du point de partage, furent traitées de nouveau, et les discussions auxquelles elles donnèrent lieu furent suivies de décisions qui fixèrent enfin l'économie de cette grande ligne de navigation dont nous allons donner la description.

TRACÉ DU CANAL SUIVANT LES PROJETS EN EXÉCUTION.

Première branche. — La première branche, qui, depuis son embouchure dans la Saône à St.-Jean-de-Losne, traverse d'abord les plaines de Brazey, Aizerey, Longecourt et Longvic, se développe ensuite sur le revers à droite de la rivière d'Ouche, en passant par Dijon, Plombières, le Pont-de-Pany et Sainte-Marie. Depuis ce point, cette branche doit monter le vallon sur le même revers par Gissey, Saint-Victor, La Bussière, Veuvey et le Pont-de-l'Ouche, où elle le quittera pour entrer dans celui de Créancey, en passant par les villages de Vandenesse, de la Lochère et de Créancey.

La longueur de cette branche est de 61,645ᵐ ; sa pente, de 199ᵐ,27, sera rachetée par 76 écluses.

Bief de partage. — Le bief de partage, situé à Pouilly, et dont la hauteur a été définitivement fixée d'après l'avis du conseil des Ponts-et-Chaussées, en date du 11 octobre 1823, à 10ᵐ,40 au-dessous du niveau proposé en 1812 par M. Forey, se trouve placé, par la déviation qu'a éprouvée sa direction, et d'après la rectification des anciens nivellemens, 50ᵐ,22 plus bas que le point correspondant à son axe de la ligne de faîte qui sépare les deux versans de la Méditerranée et de l'Océan, et s'élèvera de 199ᵐ,27 au-dessus des basses eaux de la Saône, et de 299ᵐ,54 au-dessus de celles de l'Yonne, prises aux embouchures du canal dans ces deux rivières.

Ce bief de partage s'étendra, depuis Créancey jusqu'au-delà du bourg de Pouilly, sur une longueur de 6200ᵐ, dont 3330ᵐ en galerie souterraine et le surplus en deux coupures, dont la plus grande profondeur n'excédera pas 14ᵐ.

La galerie, creusée et voûtée pour le passage d'un seul bateau, aura 5^m,75 de hauteur au-dessus de la ligne d'eau, 5^m,70 de largeur au plafond, et 6^m,10 à l'angle de rencontre de la naissance de la voûte et des pieds-droits s'élevant, en talus, de 2^m,30.

Le même bief de partage sera alimenté, 1° par les eaux vives des sources de Soussey, de Martroy et de Bellenot, tirées du revers à droite de l'Armançon, et conduites par une rigole à l'extrémité du bief du côté de Pouilly; 2° par les eaux des sources de Torcy, Blancy, Chailly, etc., tirées du revers à gauche de l'Armançon, et conduites également à la même extrémité du bief du côté de Pouilly par une autre rigole; 3° sur l'autre versant, par les sources de Beaume, qui entreraient presque immédiatement dans le bief de partage du côté de Créancey.

Toutes ces eaux fournissent ensemble, par vingt-quatre heures, savoir: pendant les mois de décembre, janvier, février et mars, 52,133^m cubes; pendant avril et mai, 34,185; pendant juin et juillet, 7945; pendant septembre et octobre, 1560.

Les eaux pour les quatre premiers mois fournissent 54 éclusées, et celles pour les deux mois suivans 35 éclusées, ce qui sera suffisant pour les besoins de la navigation la plus active; mais pour les mois de juin et juillet, les mêmes sources ne fournissant que 8 éclusées, et pour ceux de septembre, octobre et novembre seulement 2 éclusées, il sera indispensable de suppléer à l'insuffisance des eaux pour ces derniers mois par des emmagasinemens d'eau pour lesquels il sera nécessaire d'établir deux réservoirs supérieurs au bief de partage.

Le premier de ces réservoirs sera placé dans le vallon de la Brenne, au-dessus de Gros-Bois; il recevra les eaux d'une étendue de pays de 44,760,000^m carrés, et contiendra 8,222,807^m cubes d'eau. On propose de les élever, par une chaussée, à 21^m,50 de hauteur, et de les conduire au bief de partage, au moyen d'une rigole, au travers de la montagne qui sépare la vallée de la Brenne de celle de l'Armançon. Cette rigole, de 5818^m de développement, dont 4918^m en souterrain, remplacerait celle à ciel ouvert projetée par le seuil de Vitteaux qui serait beaucoup plus longue et continuellement dirigée sur un coteau rapide et pierreux, et par conséquent peu susceptible de tenir l'eau.

Le deuxième réservoir serait construit dans le vallon de Chasilly, et se remplirait des eaux d'un versant de 38,957,000ᵐ carrés, et contiendrait 6,083,585ᵐ cubes d'eau. Les eaux, qui y seraient soutenues à 23ᵐ de hauteur par une chaussée un peu plus élevée que celle de Gros-Bois, seraient conduites dans le bief de partage du côté de Créancey par une rigole à ciel ouvert.

Le développement de ces rigoles, au nombre de sept, sera de 67,618ᵐ y compris la partie souterraine de celle du premier réservoir.

Outre les eaux tirées au besoin de ces deux réservoirs supérieurs, le canal en recevra d'autres qui lui seront fournies par deux réservoirs inférieurs. Le premier, dit de Cercey, du nom du lieu près duquel il sera construit, et qui d'abord ne devait servir qu'à réparer les pertes de la branche du côté de l'Yonne, pourra, au moyen de l'abaissement de 10ᵐ,40 subi par le bief de partage, verser dans ce bief les cinq sixièmes de ses eaux. Le second, dit de Panthier, moins élevé, pourvoira à l'entretien de la branche qui descend à la Saône.

Ces réservoirs contiendront, savoir : celui de Cercey, qui recevra les eaux d'une superficie de 27,000,000ᵐ carrés, 2,551,756ᵐ cubes, et celui de Panthier, recevant les eaux d'une superficie de 24,000,000ᵐ carrés, 1,838,436ᵐ cubes.

Les eaux seront conduites de ces réservoirs au canal par deux rigoles de 2800ᵐ de développement ensemble.

Indépendamment encore de ces eaux subsidiaires, il a été déjà fait deux prises d'eau sur le versant de la Méditerranée ; la première à Dijon, et l'autre à Ste.-Marie. La troisième aura lieu à Vandenesse. Il sera également effectué, sur le versant de l'Océan, trois autres prises d'eau dans l'Armançon : la première à St.-Thibaud ; la deuxième au-dessus de Tonnerre, et la troisième au-dessus de St.-Florentin.

Deuxième branche. — La deuxième branche, descendant à l'Yonne, suit d'abord la côte droite de la vallée de l'Armançon jusqu'à St.-Thibaud, franchit ensuite le seuil entre les vallées de l'Armançon et de la Brenne, en passant par Creuzot, Braux, Marigny, Chassey et Pouillenay; arrive au-dessous de ce village, dans la vallée de la Brenne, qu'elle descend sur la gauche jusqu'au-dessous de Montbard. A ce point, elle traverse la rivière de la Brenne avant son embouchure dans l'Armançon, pour reprendre la rive droite de cette dernière rivière qu'elle suit jusqu'à son embouchure dans l'Yonne à la Roche, en passant par Buffon, Aisy, Ancy-le-Franc, Tonnerre, St.-Florentin et Brinon.

La longueur de cette branche est de 154,627^m, et sa pente de 299^m,54 est rachetée par 115 écluses dont 2 à 2 sas, en totalité 115 sas.

La longueur totale du canal, depuis St.-Jean-de-Losne sur la Saône jusqu'à la Roche, sur l'Yonne, est de 242,372^m.

Le nombre total des écluses est de 189 dont 2 à 2 sas, en totalité 191 sas.

Les autres ouvrages d'art consisteront en 59 ponts pour la communication du pays; en 50 aquéducs sous le canal; en 60 déchargeoirs de fond; en 25 réversoirs; en 50 déversoirs de superficie; en 5 ponts-canaux sur l'Ouche au pont d'Ouche, sur l'Armance à St.-Florentin, et sur le Créanton en amont de Brinon.

La largeur du canal, au niveau des chemins de halage, est de 19^m,49; Celle au plafond de 9^m,75. Sa profondeur est de 2^m,44, et la hauteur d'eau 1^m,62.

La largeur de chaque chemin de halage est de 5^m,85, et celle des francs-bords, de chaque côté, de 9^m,51.

Largeur totale du terrain occupé, 50^m,20.

La largeur des écluses entre les bajoyers du sas est de 5^m,20, et la longueur du sas, de 33^m.

Les chutes de ces écluses varient depuis 2^m,59 jusqu'à 5^m,90.

Ainsi qu'on l'a dit plus haut, le canal de Bourgogne doit être achevé au moyen d'un emprunt de 25,000,000 fr.; à la condition que les ouvrages seront terminés dans le délai de dix ans, à partir de 1821, et que la compagnie bailleuse de fonds recevra, pendant la durée des travaux, un intérêt de 5 fr. 10 c. pour 100.

Du reste, les autres conditions du cahier des charges et le tarif des droits à percevoir sont les mêmes que pour le canal latéral à la Loire.

La totalité des dépenses faites, au 31 mars 1828, était de 17,069,896 fr. 03 c.

TRAVAUX EXÉCUTÉS POUR L'AMÉLIORATION DE LA RIVIÈRE D'OISE

Cette ligne, à partir de l'extrémité de la branche septentrionale du canal de Bourgogne, se forme d'une partie du cours de l'Yonne, de la Seine et de l'Oise, savoir : du cours de l'Yonne depuis la Roche jusqu'à son embouchure dans la Seine ; du cours de la Seine depuis ce point jusqu'à l'Oise ; et enfin du cours de l'Oise depuis la Seine jusqu'à Chauny, où commence le canal Crozat.

Comme il n'y a eu aucun ouvrage remarquable exécuté dans l'intérêt de cette ligne sur les parties ci-dessus désignées des cours des deux premières rivières, sur lesquelles nous reviendrons d'ailleurs lorsqu'il s'agira de diverses lignes de navigation qui servent plus spécialement à l'approvisionnement de Paris, nous ne parlerons ici que des travaux qui ont eu pour objet l'amélioration de la navigation de l'Oise.

La rivière d'Oise, qui prend sa source près de Rocroy, et vient, après un cours de quarante-huit myriamètres, se jeter dans la Seine à Conflans-Ste.-Honorine, peut être considérée par sa direction comme le lien naturel des provinces du nord et du midi de la France, en leur offrant la communication la plus directe pour l'échange des divers produits qui sont particuliers à leurs climats.

Ce qui était vrai pour cette rivière dans l'état de nature et dès l'origine du commerce, auquel elle rendait déjà de si grands services, ne pouvait que devenir plus sensible depuis que l'art, par la création de nouvelles lignes de navigation qui se rattachent à cette rivière, avait cherché à seconder les progrès de ce commerce. L'Oise, en effet, établit en quelque sorte aujourd'hui la seule communication des divers canaux du midi avec le canal de St.-Quentin et tous ceux du nord. Sous ce rapport, et lors même que l'Oise ne présenterait pas le débouché commun de ces derniers canaux vers la capitale, on a donc dû, depuis long-temps, chercher à donner à sa navigation toute la perfection dont elle pouvait être susceptible, ou du moins, ainsi qu'on l'a reconnu plus convenable dans ces derniers temps, à la suppléer par des canaux de dérivation qui lui devront toute leur vie.

On voit dans De Lalande que des plaintes s'étant élevées, particulièrement contre le mauvais état de la partie supérieure de l'Oise, le duc de Guise obtint, au mois de juillet 1662, des lettres patentes qui l'autorisaient à rendre cette rivière navigable depuis Noyon jusqu'à La Fère, et de La Fère à Chauny et Sempigny, et que le Roi, pour l'indemniser des grandes dépenses qu'il serait obligé de faire, circonstance qui mérite d'être rapportée comme présentant une question sur laquelle on est aujourd'hui peu fixé, lui fit don en entier, par ces lettres, du fonds et de la propriété de cette rivière, en lui accordant un tarif des droits qu'il lui serait permis d'y percevoir.

En conséquence de cette concession, il fut exécuté quelques ouvrages dans l'Oise ; mais on perdit bientôt de vue les charges qu'on avait contractées, pour ne s'occuper que de la perception du droit.

En 1727, l'intendant de Soissons représenta au conseil la nécessité de travailler au rétablissement de la navigation depuis La Fère jusqu'à Sempigny, partie où l'on ne pouvait naviguer que quand les eaux étaient hautes. Mais il paraît que de tous ces soins il n'est résulté en faveur de la navigation, et jusqu'à un moment peu éloigné encore de nous, que la création de plusieurs pertuis qu'on cherche depuis quelques années à remplacer par des sas qui peuvent seuls assurer une navigation constante et exempte de dangers.

Les ouvrages les plus remarquables en ce genre qui aient été construits sur l'Oise, sont le barrage éclusé et l'écluse de Sempigny construits à l'effet de procurer une hauteur d'eau suffisante à la partie supérieure de cette rivière.

Le barrage éclusé de Sempigny est percé de trois passages de 8ᵐ chacun, séparés par deux piles.

L'écluse à sas, qui rachète la hauteur de la retenue opérée par ce barrage, a 6ᵐ,50 de largeur, comme les écluses du canal Crozat.

L'amélioration qu'on cherchait à donner à cette partie de l'Oise, comprise entre la dernière écluse du canal Crozat et Sempigny, n'ayant pas été aussi complète qu'on l'espérait par la construction du barrage de ce nom, une ordonnance du Roi, du 29 septembre 1819, prescrivit qu'à partir de l'écluse de Chauny, dernière écluse du canal Crozat, il serait creusé, sur une seule ligne droite, un canal de navigation qui se terminerait dans l'Oise au-dessous de Manicamp, et que la différence de niveau entre les eaux de l'Oise retenues par le barrage de Sempigny et les eaux du canal, fixées à 1ᵐ,65 au-dessus du busc d'aval de cette écluse, serait rachetée par un sas à écluse de 6ᵐ,50 de largeur, et de 40ᵐ de longueur de busc en busc.

Il était dit en outre que le redressement de la rivière d'Oise au droit du bois de Varennes, et au droit du bois de l'Évêque, serait ultérieurement exécuté.

Cette portion de canal, dont la navigation était en possession dès le 21 octobre 1822, s'étend depuis l'écluse de Chauny jusqu'à l'écluse qui la termine à Manicamp, sur une longueur de 4851ᵐ.

Ces premiers travaux, qui devaient être suivis de plusieurs autres dans l'intérêt de la ligne qui nous occupe, devaient acquérir un nouvel intérêt et prendre une nouvelle extension depuis que, suivant la convention passée entre le Gouvernement et la compagnie Sartoris, approuvée par la loi du 5 août 1821, le Gouvernement, au moyen d'un emprunt, se trouvait en mesure d'entreprendre l'achèvement du canal de la Somme, aujourd'hui canal du duc d'Angoulême, et l'ouverture du canal des Ardennes qui communiquent tous les deux à l'Oise, le premier en empruntant le canal Crozat, et le second au moyen de l'Aisne.

Par la convention passée avec M. Sartoris, le gouvernement avait prévu le développement qu'il serait inévitablement obligé de donner aux travaux de l'Oise. L'article 18 de cette convention porte que des projets seront incessamment rédigés pour le perfectionnement de la navigation de l'Oise, depuis Manicamp jusqu'à la Seine, et que si la dépense des ouvrages pour ce perfectionnement est en rapport avec les avantages qui doivent en résulter, la compagnie sera admise à fournir les fonds nécessaires à leur exécution, aux clauses et conditions énoncées dans ladite convention pour les parties de navigation qui y sont comprises.

En conséquence de cet article, la compagnie Sartoris ayant été admise, par une ordonnance royale du 13 juillet 1825, à fournir les fonds nécessaires à l'exécution des ouvrages, et les projets de ces ouvrages ayant été rédigés, ces premiers travaux furent commencés dès l'année 1826, et sont aujourd'hui poussés avec activité.

D'après ces projets qui présentent une dépense de 3 millions, il sera ouvert, depuis Manicamp jusqu'à Port-Pintrelle, un canal latéral de 50,000ᵐ environ de longueur, et l'on construira sur ce canal deux écluses à sas, quinze ponts-aquéducs, quatorze ponts de communication, deux maisons éclusières, etc.

Au-dessous de Port-Pintrelle, et jusqu'à l'embouchure de l'Oise dans la Seine, la navigation sera établie dans le lit de la rivière, au moyen de sept barrages et d'autant d'écluses à sas.

Les travaux exécutés sur le fonds de 3,000,000 fr. montaient, au 31 mars 1828, à la somme de 1,046,939 fr. 32 c.

CANAL DE PICARDIE SE DIVISANT EN TROIS PARTIES.

Précis historique.

La rivière de l'Oise, qui s'embouche dans la Seine à Conflans Ste.-Honorine, à six lieues au-dessous de Paris, étant navigable jusqu'à Chauny, on conçut qu'en unissant cette rivière à la Somme, on ouvrirait une utile communication entre Paris et les provinces du nord-ouest et du nord de la France, et par suite entre la Méditerranée et l'Océan; premièrement, par le nord-ouest au moyen de la Somme, et secondement, par le nord au moyen de la jonction de cette rivière avec l'Escaut.

Le canal de Picardie était destiné à rendre ce double service en se divisant en trois branches; la première de Chauny à St.-Simon et par suite à St.-Quentin, sous le double nom de canal de La Fère ou de canal Crozat, et effectuant la jonction de l'Oise et de la Somme; la deuxième, complétant ce premier canal, et qui, partant de St.-Simon, descend la Somme, se dirige sur Amiens, et ensuite sur St.-Valery, et qui, aujourd'hui en exécution, est connue sous le nom de canal du duc d'Angoulême; enfin la troisième branche de St.-Quentin à Cambrai, unissant la Somme à l'Escaut, connue sous le nom de canal de St.-Quentin, et aujourd'hui terminée.

Si l'on éprouve quelque surprise de ce que la première idée de cette triple opération ne semble pas remonter à une époque plus éloignée que l'année 1721, lorsque l'histoire de la navigation intérieure de la France nous présente à chaque instant l'exemple d'une plus haute antériorité pour des projets moins intéressans, on doit dire du moins qu'on reconnut dès ce moment tous les avantages qui s'y rattachaient.

On en trouve une preuve bien remarquable dans une instruction générale donnée le 22 janvier 1728, aux associés auxquels il fut accordé, trois ans avant, des lettres patentes pour cette grande entreprise.

52.

« En effet, disait-on dans cette instruction générale, si les différentes
« entreprises de cette nature qui ont été faites jusqu'à présent dans plu-
« sieurs provinces ont été si avantageuses au peuple, que ne doit-on
« point attendre de celle-ci, qui, par l'immensité de son étendue, fera
« commercer ensemble, par les rivières et les canaux qui la composeront,
« et qui se communiqueront, la partie du nord avec la partie méridio-
« nale, la *Manche* avec la *Méditerranée*, et qui aura pour centre
« de son commerce la ville de Paris. »

Telles sont les réflexions qu'on faisait, peu de temps après les propositions du projet, dans l'instruction dont le but était de régler la marche
des travaux qui devaient être divisés en trois opérations, et dans laquelle instruction nous avons cru ne pouvoir faire mieux que de puiser
les principaux motifs qui avaient appelé l'attention sur cette utile entreprise, dont, ainsi que nous l'avons fait remarquer, la première idée ne
remonte qu'à 1721.

Ce ne fut en effet qu'à cette époque que, sur une proposition de
Paul-Henry Caignart, sieur de Marcy, doyen des conseillers du bail-
liage de St.-Quentin, d'établir un canal de communication entre la
Somme qui va tomber dans l'Océan à St.-Valery, et l'Oise qui vient
s'emboucher dans la Seine près de Paris, et distantes entre elles, vers
St.-Quentin, de seulement 20,000ᵐ, et sur les plans de M. Demus,
brigadier des armées du roi, ingénieur en chef de Picardie et du Soissonnais, et sur les avis de M. Chauvelin, intendant de Picardie, et de
M. Turgot, intendant de Soissons, le Roi, par un édit du mois de septembre 1724, enregistré au parlement le 7 septembre 1725, permit à
M. Caignart de Marcy et à ses associés de faire ouvrir ce canal sur une
direction, qui fut changée dans la suite, mais qui, d'après cet édit, devait
commencer à l'étang de la ville de St.-Quentin, passer par Harly, Hom-
blières, Marcy, Regny et Sissy-sur-Oise, et arriver à La Fère : le même
édit permettait de plus aux sociétaires d'élargir, curer et approfondir le
bras de la rivière d'Oise, depuis Sissy jusqu'à Chauny ; comme aussi de
rendre la Somme navigable depuis St.-Quentin jusqu'à Amiens.

Suivant le devis, les travaux à exécuter du côté de l'Oise, montaient à 1,200,000 fr.; le canal de jonction à 2,281,800 fr.; les travaux du côté de la Somme à 2,200,000 fr., et le total des ouvrages à 5,681,800 fr.

Enfin, un arrêt du conseil d'état du Roi, du 11 septembre 1726, nomma les intendans de Picardie et du Soissonnais, et l'ancien grand maître des canaux et forêts du Hainaut, commissaires pour l'exécution de l'édit du mois de septembre 1724.

Cependant M. de Marcy, qui, après beaucoup de peine, était parvenu à former, en 1727, une compagnie, et à commencer les travaux, ne tarda pas à céder, par un traité du 12 décembre 1727, homologué par arrêt du conseil d'état du Roi, du 27 décembre 1727, son privilège à la compagnie, en ne se réservant que le sixième dans le produit net du canal; et peu de temps après des embarras de finances ayant entraîné la dissolution de la compagnie, il ne resta bientôt plus de cette association que M. de Marcy et M. de Crozat, commandeur des ordres du Roi, et l'un des plus riches particuliers du royaume, qui, en vertu de nouvelles lettres patentes données à Compiègne, le 4 juin 1732, en sa faveur, et le privilège de M. de Marcy lui ayant été retiré, fut subrogé aux droits de ce dernier, pour jouir, lui et ses hoirs, du canal déjà commencé, à titre de concession perpétuelle et incommutable.

M. de Crozat ne pouvait que se conformer à l'ordre qui avait été prescrit pour les travaux, ordre qui avait reçu un commencement d'exécution, et que nous suivrons nous-même, du moins en partie, en plaçant en première ligne le canal qui porte encore le nom de son premier propriétaire.

CANAL CROZAT.

Nous avons dit au commencement de cet article que le canal Crozat avait éprouvé un changement de direction : en effet, à la suite du traité de M. de Marcy avec la compagnie, au mois de décembre 1727, et sur la demande des commissaires et des associés, le Roi ayant nommé, par un arrêt du 27 septembre 1727, le sieur de Regemorte, ingénieur et directeur en chef, et le sieur de Préfontaines, ingénieur en second, pour diriger et faire exécuter les travaux du canal, ces ingénieurs, et le sieur Charbize qui fut attaché peu de temps après aux mêmes travaux, reconnurent que la direction d'abord arrêtée n'était pas la meilleure ; ils proposèrent de lui en substituer une autre, qui fut définitivement adoptée, et d'après laquelle M. de Crozat, à force de soins, et après avoir dépensé la somme de 4 millions pour sa part, put livrer le canal à la navigation dès 1738.

Suivant les modifications qu'éprouva la première direction, le canal se divise et se dirige de la manière suivante.

Première branche, depuis Chauny jusqu'au bassin de St.-Simon, avec ramification sur La Fère.

Cette branche qui, avant son prolongement jusque vis-à-vis Manicamp, prenait son origine dans l'Oise au-dessus de Chauny, passe sous Viry, laisse à droite Condrand, et, parvenue un peu avant le village de Fargnier, forme un bassin triangulaire duquel elle projette une ramification qui, se dirigeant sous Bautor, arrive à La Fère.

Du même bassin triangulaire, la même branche se retournant ensuite à gauche, passe entre Liez et Menessy, puis sous Bray, franchit, par une coupure d'environ 2000ᵐ de longueur, et de 13ᵐ,52 dans sa plus grande profondeur, la montagne de Jussy, et après avoir traversé les marais de Cama, aboutit au bassin de St.-Simon.

Cette branche a 24,751ᵐ de longueur, et sa pente, qui est de 25ᵐ,05, est rachetée par 10 écluses, savoir : 1° depuis Chauny jusqu'au bassin de Fargnier, par 4 écluses simples, dont la première à Chauny, la deuxième à Senicourt, la troisième vis-à-vis Vitry, et la quatrième à Tergny, 200ᵐ au-dessous du bassin de Fargnier ; 2° depuis Fargnier jusqu'à St.-Simon par 6 écluses, dont 3 accolées près de Fargnier, doivent être séparées, en reportant les deux extérieures à 800ᵐ de celle intermédiaire, et 3 près de Voyaux, Mennessy et Sussy.

La ramification sur La Fère, qui, en remontant dans l'Oise supérieure, fournit un supplément d'eau à la partie inférieure de cette branche comprise entre Fargnier et Chauny, a 5800ᵐ de longueur.

Bassin de St.-Simon.

Le bassin de St.-Simon, où vient aboutir la branche précédente, et d'où partent celle qui se dirige vers St.-Quentin et celle qui descend à Ham, peut être considéré comme formant le bief de partage qui alimente la branche de Chauny et celle de Ham. Ce bassin est alimenté par les eaux réunies au réservoir d'Arthen ; ces eaux proviennent des marais des environs de St.-Quentin et des eaux de la Somme, et peuvent suffire à la navigation la plus florissante.

Deuxième branche, du bassin de St.-Simon à St.-Quentin.

Cette branche, qui part du bassin de Saint-Simon, suit, en la remontant latéralement, la rive gauche de la Somme, sur une longueur d'environ 5000ᵐ, entre ensuite dans cette rivière qu'on a rendue navigable sur une longueur d'environ 5000ᵐ, reprend après, vis-à-vis du village d'Hopencourt, la rive droite de la Somme, et passe sous les villages de Fontaine-les-Clercs, d'Oestre, de Rocourt, pour venir se terminer sous les murs de St.-Quentin à la tête d'aval de la première écluse du canal de ce nom.

Cette branche a 16,800^m,50 de longueur, et sa pente, de 6^m,10, est rachetée par trois écluses, situées à Pont-Tugny, à Serancourt et à Fontaine.

Longueur totale des branches du canal et de la ramification sur La Fère, 45,351^m,50.

Nombre total des écluses, 13.

La largeur du canal est de 10^m au plafond, et de 14^m,95 à la ligne d'eau ; la profondeur d'eau est de 1^m,65.

Les écluses ont 38^m,98 de longueur et 6^m,50 de largeur.

Le canal Crozat ne pouvait répondre aux espérances qu'on en avait conçues au moment de son exécution, qu'autant que la navigation de la Somme, vers Amiens et St.-Valery serait perfectionnée, et qu'on aurait opéré la jonction de la Somme à l'Escaut.

L'établissement de ces communications, dont nous parlerons tout à l'heure, ayant éprouvé des retards, et les réparations du canal Crozat étant devenues trop onéreuses par suite du défaut d'entretien, sur la demande formée en 1766 par les héritiers de M. de Crozat, le Roi se décida à en faire l'acquisition.

Les marchandises qui se transportent sur ce canal sont principalement des cendres, des engrais, des charbons de terre, des vins, des blés, des fourrages, etc.

Son produit brut a été, dans les dernières années, moyennement de 70,000 fr. Ses frais d'entretien et de perception se sont élevés à 11,200 f., et son produit net à 58,800 fr.

CANAL DE LA SOMME, AUJOURD'HUI CANAL DU DUC D'ANGOULÊME

Historique du canal.

Le canal de la Somme ou du Duc d'Angoulême, que nous placerons, quoique terminé depuis peu de temps, avant le canal de St.-Quentin, qui depuis plusieurs années est livré à la navigation, parce qu'il fait partie nécessaire du canal Crozat dont il vient d'être question, a éprouvé, depuis l'époque à laquelle il a été commencé, de longues interruptions qui en ont retardé jusqu'à ce jour l'entier établissement.

Les auteurs du canal Crozat n'avaient pu en projeter l'exécution qu'en ayant l'intention d'établir en même temps la navigation de la Somme, dont on reconnaissait toute l'importance non-seulement pour le canal qui venait d'être terminé et qui complétait la ligne de jonction des deux mers par le nord-ouest de la France, mais encore pour celui de la jonction de la Somme à l'Escaut, auquel on pensait déjà.

Le premier édit, du 7 septembre 1725, autorisait et prescrivait la confection du canal de la Somme ; l'instruction du 27 janvier 1728 faisait de ce projet l'objet de la dernière des trois opérations, dont les deux premières concernaient la navigation de l'Oise et la jonction de cette rivière à la Somme, de laquelle se compose le canal Crozat.

Cependant M. de Crozat n'ayant pu s'occuper de cette intéressante ligne de navigation, ce ne fut qu'en 1768 que M. Dupleix de Bacquencourt, intendant de Picardie, reconnaissant toute l'importance de cette communication qui, indépendamment des avantages que nous avons détaillés plus haut, se combinait avec le desséchement de marais qui entretenaient les germes sans cesse renaissans de maladies épidémiques dont ce pays était affligé, chargea M. Laurent d'examiner le cours de la Somme, et de proposer ses projets pour son amélioration.

D'après ces projets, la dépense à faire pour l'exécution des travaux depuis le canal Crozat jusqu'à Bray était de 1,200,000 fr. M. Dupleix obtint bientôt, par des arrêts du conseil du 18 mai 1770, l'autorisation de faire commencer ces travaux; et, ayant trouvé en Picardie un octroi établi depuis trente ans dont on réservait chaque année depuis dix ans un fonds de 100,000 livres pour la construction de divers édifices, et entre autres d'une intendance, il fit ajourner ce dernier projet, et obtint la prorogation pendant douze ans du même octroi pour la construction du canal de la Somme.

Les travaux furent commencés le 1ᵉʳ août 1770 entre St.-Simon et Ham. Dès le mois de novembre suivant, on comptait sur les ateliers cinq cents ouvriers; au mois de septembre 1771, la navigation devait être établie depuis St.-Simon jusqu'à Cléry, 6000 mètres au-dessous de Péronne; c'est-à-dire sur à peu près la moitié du canal d'environ 40,000ᵐ de longueur, lorsque ce magistrat fut appelé en Bretagne.

96,000 fr. avaient été employés dans la première année; mais les ouvrages qui étaient dus à cet emploi n'ayant pas été exécutés suivant le système qui avait été d'abord arrêté, on reconnut, ce qui arrive presque toujours en pareille circonstance, qu'au lieu de faire usage du lit de la rivière, il était préférable d'établir un canal latéral le long du cours de la Somme, jusque au-dessous de la ville de Bray, où le canal entre dans la Somme pour la suivre et y rentrer alternativement jusque au-dessous d'Amiens.

Au 1ᵉʳ juillet 1772, la dépense générale des ouvrages, qui consistaient seulement en terrassemens, s'élevait à 230,000 livres.

A partir de cette époque, les travaux de la Haute-Somme, souvent interrompus, ne furent repris qu'avec peu d'activité; et l'on ne s'occupa guère depuis lors que de ceux de la Basse-Somme, qui étaient particulièrement relatifs à cette partie de la ligne à laquelle on donne quelquefois le nom de grand canal d'Abbeville à St.-Valery.

Si les idées qui furent publiées avec assez d'éclat, en 1769, par le célèbre Linguet, n'ont point été réalisées, elles ne furent peut-être point sans exercer quelque influence sur le système d'après lequel cette portion de cette grande ligne de navigation a été conçue et ensuite exécutée.

Cette partie de canal, dont les ouvrages sont aujourd'hui terminés, a été ouverte sur des dimensions remarquables. Sa largeur au plafond est de 15ᵐ, et celle au niveau des quais de 54ᵐ. Sa profondeur est de 4ᵐ,60, sa hauteur d'eau, qui est de 1ᵐ,95, peut être portée à 2ᵐ,92, de manière à pouvoir recevoir des bâtimens du port de 250 à 300 tonneaux.

Ce canal était creusé à la fin de 1810 sur 8000ᵐ de longueur, et ébauché sur 6000ᵐ. Ses digues étaient plantées sur une grande longueur, et l'écluse de Péquigny venait d'être terminée.

A la même époque, sur la Haute-Somme, l'écluse d'Épenancourt était fondée, plusieurs maisons d'éclusiers étaient construites, et des approvisionnemens n'attendaient plus que la main de l'ouvrier pour être mis en œuvre.

La totalité de la dépense, tant sur la Haute que sur la Basse-Somme, était de 3,000,000 fr.

Les choses en étaient à ce point d'avancement, lorsque le chef du Gouvernement, voulait imprimer à ces travaux plus d'activité, rendit, le 28 avril 1810, un décret portant que la Somme serait rendue navigable.

A partir de cette époque jusqu'à la fin de 1820, les ouvrages exécutés ne s'élevèrent pas à plus de 2,000,000, et l'on eût pu craindre que de long-temps ils n'eussent atteint le terme de leur perfection, si leur importance et les avantages qui y sont attachés n'eussent fixé l'attention d'une compagnie.

Par un traité passé   24 mai 1821, et approuvé par une loi du 5 août suivant, une compagnie, à la tête de laquelle est M. Sartoris, s'est engagée à prêter au Gouvernement la somme de 6,600,000 fr., à la charge par le Gouvernement de terminer les travaux dans l'espace de six ans et trois mois, à dater du 10 octobre 1821; et au moyen d'un intérêt de 6 p. 0/0 des fonds prêtés, d'une prime d'un 1/2 p. 0/0 jusqu'à parfaite extinction du prêt, qui devra s'amortir par une allocation annuelle de 1 p. 0/0, et enfin, après ledit amortissement, du partage, à part égale avec le Gouvernement, du produit net, pendant cinquante années.

Si, depuis le moment de la concession de ce canal, on devait à bon droit espérer que les travaux recevraient une nouvelle activité, et si l'on devait croire que plusieurs questions qui étaient restées indécises seraient reprises de nouveau, on ne devait peut-être pas s'attendre néanmoins à ce que les discussions auxquelles elles ont donné lieu eussent eu autant de publicité. Les intérêts qui s'y rattachent, en nous avertissant que nous ne sommes point encore parvenus à la fin de notre tâche, nous font un devoir de donner une idée de ces discussions qui se sont compliquées à la fois de vues d'économie publique et de plusieurs considérations d'art que nous ne pouvons passer sous silence.

Pour présenter dans tout leur jour les diverses questions qui se sont particulièrement élevées à l'occasion des ouvrages à exécuter à l'embouchure du canal dans la mer, et par suite à Abbeville, et auxquelles, ainsi que nous l'avons dit, le célèbre avocat Linguet, qui vivait alors dans cette ville, ne resta pas étranger, il est nécessaire de remonter à une époque déjà assez éloignée de nous, et de suivre les différentes circonstances qui se sont succédé depuis cette époque jusqu'à ce jour.

La rivière de Somme, qui sillonne tantôt dans une direction et tantôt dans une autre les dépôts sablonneux que la mer vient amonceler dans son embouchure, n'y laisse aux bâtimens aucune route certaine pour y entrer ou pour en sortir.

Le cours principal de cette rivière se portant alternativement sur la rive droite et sur la rive gauche de son embouchure, la petite ville de St.-Valery, qui, en 1726, était redevable de sa prospérité naissante à la jouissance de ce cours d'eau, s'en vit dépossédée quelques années après, par le progrès des ensablemens qui le rejetèrent sur la rive opposée, où se trouve situé le village du Crotoy.

La ville d'Abbeville ne manqua pas de saisir cette circonstance pour faire valoir la position de ce dernier lieu, qui, plus avancé vers le large, lui semblait offrir un port plus commode, et dont l'adoption, en rendant inutile celui de St.-Valery, lui eût assuré la possession exclusive de l'embouchure de la Somme; mais au moment où Abbeville élevait avec le plus de chaleur ses prétentions, la Somme passa encore une fois de sa rive droite à sa rive gauche.

Cependant, et sans que cet échec lui fît perdre tout espoir, cette ville n'en revint pas moins sur la nécessité de reprendre le projet de rendre navigable le cours entier de la Somme depuis le canal Crozat jusqu'à la mer. Ses nombreuses réclamations ne restèrent point sans effet. Des lettres patentes des 28 novembre 1782 et 11 juin 1784, et ensuite un arrêt du conseil du 28 juin 1785, autorisèrent la perception d'un droit de vingt sous sur chaque velte d'eau-de-vie qui serait importée par la Somme, et en affectèrent le produit à l'amélioration de la navigation de ce fleuve.

Il fut décidé qu'on s'occuperait d'abord de sa partie inférieure. Mais sur l'avis d'une commission dont étaient membres MM. Perronnet et de Chézy, ingénieurs des Ponts-et-Chaussées, et MM. de Borda et Fleurieu, capitaines de vaisseau, il fut arrêté que le canal, dans lequel la Somme devait être reçue entre Abbeville et la mer, serait ouvert sur la rive gauche à partir du village de Sur-Somme, et déboucherait à St.-Valery.

Les travaux de terrassemens de ce canal, estimés 934,000 fr., furent commencés en 1786.

D'après le projet, le nouveau lit de la Somme, creusé sur de très-grandes dimensions, devait être ouvert à son embouchure. Il résultait de cette double disposition qu'exposé, comme l'ancien lit qu'il devait remplacer, aux effets de flux et de reflux, il se fût promptement comblé d'alluvions, dont la Somme, toujours faible et divaguant entre ses rives, n'eût pu le débarrasser.

Ce défaut n'échappa pas à un des ingénieurs dont s'honore le plus le corps des Ponts-et-Chaussées : M. Lamblardie, qui fut appelé en 1791 dans le département de la Somme, chercha à en affranchir la navigation qui devenait l'objet de ses soins. Convaincu que les causes auxquelles on doit attribuer l'état où se trouve l'embouchure de la Somme sont au-dessus de tous les efforts humains, et que, d'un autre côté, l'unique but de la canalisation des rivières est, en leur enlevant leur rapidité naturelle, d'en faciliter la navigation en tous sens, cet habile ingénieur se flattait, dans un mémoire du 28 février 1793, de pouvoir, par un nouveau projet, éviter cet inconvénient, et obtenir l'avantage qu'il y signalait. Rappelant, en la modifiant, l'idée qu'avait eue, en 1740, M. François Gatte d'Abbeville, il proposait d'abord, dans la vue de soustraire la partie inférieure de la Somme à l'influence de la mer, d'en reporter par un canal l'embouchure entre le *Perroir* et le *Hable-d'Ault*, en doublant le cap Cornu, après avoir laissé St.-Valery sur la gauche, et en suivant, derrière les digues élevées contre les irruptions de la mer, les bas-champs de l'Anchères et d'Onival; ensuite, pour satisfaire à la seconde condition qu'il s'était imposée, M. Lamblardie proposait de rejeter la plus grande partie des eaux de la Somme dans un large contre-fossé, qu'il ouvrait sur la rive droite de ce canal et fermait par des portes de flot, en ne recevant dans le canal que les eaux nécessaires à la navigation. Ces eaux, soutenues par une écluse à sas au niveau des plus hautes mers, eussent permis de faire remonter jusqu'à St.-Valery des navires de 5ᵐ de tirant d'eau, jusqu'à Abbeville des navires de 3ᵐ à 3ᵐ 1/2, et enfin jusqu'à Amiens des bâtimens de 2ᵐ.

Ce projet semblait aussi sagement qu'heureusement conçu; cependant la considération de la dépense à laquelle son exécution eût obligé le Gouvernement dans des circonstances où il était le moins en état d'en supporter le fardeau, engagea son auteur lui-même à chercher à tirer le meilleur parti possible des ouvrages qui se trouvaient exécutés entre Abbeville et St.-Valery. Selon cet ingénieur, une écluse à sas eût dû être construite à la tête du nouveau canal sous la falaise du Moulenel. Immédiatement au-dessus, le canal eût conservé 4ᵐ ou 5ᵐ de profondeur, et aurait formé un long bief jusqu'à Abbeville, où seraient remontés des navires de 3^m à 3^m,50 de tirant d'eau. Enfin, indépendamment de l'écluse à sas, il proposait d'établir une écluse à clapet à la tête du contre-fossé qui reçoit depuis long-temps les ruisseaux de Gouy et d'Amboise, et ensuite une écluse de chasse, dont il plaçait la retenue entre les falaises de Pinche-Falise et du Moulenel, sur la rive gauche du canal.

La même cause qui s'opposa à l'exécution du premier projet de M. Lamblardie ne permit pas d'entreprendre les travaux auxquels il s'était borné dans le second. On ne s'occupa guère que de quelques ouvrages destinés à empêcher l'envasement du port de St.-Valery, et à entretenir différentes parties du chemin de halage le long de la Somme, entre Amiens et Abbeville, jusqu'au moment où, dix ans après, le chef du Gouvernement, songeant à une descente en Angleterre, et voulant faire construire à St.-Valery des corvettes qui se seraient réunies à la flotte de Boulogne, on proposa pour remiser et tenir à flot ces bâtimens de guerre, d'établir, conformément au projet de M. Lamblardie, une écluse à sas à l'embouchure du nouveau canal, en formant en avant de l'écluse à sas un bassin avec portes d'èbe qui aurait servi de port.

Un nouvel examen fit sentir l'inutilité de cette dernière disposition : d'après un rapport du 16 mai 1804, de M. Sganzin, inspecteur général, chargé des travaux du port de Boulogne, et dans lequel cet ingénieur faisait observer que de nouvelles sondes ne permettaient plus l'espoir de faire naviguer dans la baie de Somme des frégates de 40 canons désarmées, comme on en avait eu le projet, on arrêta que le port ou bassin projeté en aval du canal serait supprimé; qu'il serait établi à la tête de ce canal une écluse à sas capable de livrer passage aux plus grandes corvettes; et, qu'ainsi qu'on l'avait proposé précédemment, il serait construit une écluse de chasse de 8^m d'ouverture.

La levée du camp de Boulogne ne tarda pas à ralentir les ouvrages préparatoires auxquels on s'était livré avec empressement; les travaux éprouvèrent même de longues interruptions. Ce ne fut qu'au moment où un décret du 28 avril 1810 ordonna que la Somme serait rendue navigable entre le canal Crozat et la mer, qu'on put espérer de les voir reprendre quelque activité. L'esprit dans lequel était rédigé ce décret replaçant la question sous son premier jour, il devenait urgent de prendre une détermination sur les moyens de combiner les intérêts de la navigation intérieure avec ceux de la navigation maritime. Après plusieurs discussions et la présentation de différens projets, rédigés par les ingénieurs du département de la Somme, il fut décidé, d'après un avis du conseil des Ponts-et-Chaussées du 15 mai 1811, qu'on se contenterait d'établir, à la tête du canal de St.-Valery, un barrage éclusé avec portes d'èbe et de flot. Du reste, par le projet approuvé, on passait de l'amont à l'aval d'Abbeville, en traversant cette place par le centre, et en prolongeant le bief de Pont-de-Remy jusqu'au barrage de St.-Valery, afin de procurer, par le gonflement des eaux, un mouillage de $3^m,25$ sur toute l'étendue du grand canal, pour la remonte, en tous temps, des bâtimens de mer dans le port de St.-Valery et jusqu'à celui d'Abbeville.

Pour se faire une idée précise des discussions auxquelles a donné lieu le barrage de St.-Valery, aussitôt après la concession de ce canal, il est nécessaire de savoir que ce barrage, en partie construit aujourd'hui, se compose de trois passages, dont deux de $6^m,50$ de largeur, et un de $8^m,60$, et que son seuil, fixé à zéro de l'échelle établie à St.-Valery, se trouve répondre à $0^m,02$ au-dessous du niveau moyen de la mer ou à 5^m au-dessus de la basse mer moyenne de vive eau.

Ce système, suivant lequel a été conçu ce barrage, parut à M. Sartoris, qui représente la compagnie concessionnaire du canal du Duc d'Angoulême, ne pas remplir toutes les conditions nécessaires pour assurer à son embouchure les avantages dont elle est susceptible : usant du droit qu'il s'est réservé par son acte de concession d'intervenir dans la discussion des projets des ouvrages du canal, et de se faire aider des conseils des ingénieurs qui lui ont été accordés par l'administration, en vertu du même acte, M. Sartoris crut devoir adresser, dès le 6 novembre 1821, et ensuite le 12 août 1822, à M. le directeur général des Ponts-et-Chaussées, diverses observations sur les défauts dont lui semblait entaché le barrage de Saint-Valery, et sur la nécessité d'abandonner ce barrage, pour remonter l'embouchure du canal du Duc d'Angoulême au lieu dit le Grand-Port, en construisant sur ce point et sur le cours actuel de la rivière un nouveau barrage, accompagné d'un sas éclusé et approprié aux chasses et à la décharge des eaux de la Somme.

Une commission spéciale, nommée le 28 février 1822 et composée de cinq ingénieurs, à laquelle on renvoya ces observations, se rendit sur les lieux.

Dans son rapport du 20 mai 1823, après avoir rendu compte des motifs qui déterminèrent en 1809 à fixer l'emplacement du barrage construit depuis à La Ferté, et être entrée dans le détail des avantages de cette position, cette Commission explique les circonstances du passage des navires par les pertuis de ce barrage ; et sur la proposition faite par les ingénieurs de la Somme, d'exécuter des travaux additionnels et de garantie pour l'établissement d'un sas éclusé au barrage et pour l'augmentation de son débouché, elle émet l'opinion que le même barrage peut, sans ce secours, satisfaire aux besoins de la navigation ; que son débouché est plus que suffisant pour opérer l'évacuation des eaux de la Somme dans les circonstances les plus défavorables ; qu'il est possible de retenir près de ce barrage une hauteur d'eau telle qu'elle procure à Abbeville l'avantage de devenir un port maritime ; que la capacité du canal d'Abbeville à St.-Valery permet d'y accumuler toute l'eau que fournit la rivière, même dans ses crues, sans qu'il soit nécessaire de recourir à un déversoir qui aurait pour objet de rejeter une partie des eaux dans son ancien lit. Enfin, d'après ces diverses considérations, elle conclut : 1° à l'achèvement et à la consolidation du barrage, suivant le système de construction qui a été approuvé ; 2° au creusement du canal d'Abbeville à La Ferté, à 4m,65 au-dessous du repère indiqué entre la porte du Hoquet et la tête du canal, c'est-à-dire à 1m,40 au-dessus des buses du barrage ; 3° enfin, au barrement du lit de la rivière au village de Sur-Somme.

L'opinion de la Commission spéciale fut partagée par le conseil des

Ponts-et-Chaussées, qui, par sa délibération du 24 mai 1823, en approuva les conclusions.

De nouvelles observations de la part de l'ingénieur de la compagnie ne se firent pas attendre long-temps. Cet ingénieur, dans un mémoire du 17 novembre 1823, examine d'abord la hauteur à laquelle les eaux peuvent être élevées dans Abbeville sans nuire aux propriétés riveraines et à plusieurs moulins. Il trouve que cette hauteur, supposée par la Commission pouvoir être de 5^m, ne doit être portée qu'à 4^m au-dessus des buscs du barrage éclusé, admettant toutefois que les eaux pourraient être relevées sans inconvénient en amont d'Abbeville. Il établit ensuite que la Somme produisant en eau ordinaire 40^m cubes par seconde, et en temps de crues 80^m, le débouché des vannes des portes d'ébe du barrage, évalué à 16^m par la commission, et réduit, par la contraction de la veine fluide, à 10^m, ne fournirait pas l'écoulement suffisant; il occasionerait ainsi dans les eaux du canal une intumescence qui, par son élévation au-dessus des plus hautes marées, pourrait avoir des résultats funestes : d'où il conclut qu'on ne peut songer à recevoir toute la Somme dans le canal, et qu'il devient indispensable de former une dérivation à Sur-Somme, en établissant à ce point un ouvrage propre à opérer le partage des eaux, moyen auquel ne pourrait suppléer que d'une manière incomplète le contre-fossé dans lequel on propose de rejeter une partie des eaux, et qui, par son peu d'ouverture, ne présenterait infailliblement qu'un secours insuffisant.

Enfin, le même ingénieur appelle l'attention sur l'insuffisance des moyens proposés pour établir la navigation des bâtimens de mer dans le canal; l'impossibilité de prévoir, à $0^m,50$ près, la hauteur à laquelle la marée s'élèvera, lui paraît un obstacle pour régler le niveau des eaux du canal avec une certaine précision : de plus, le maximum de l'élévation des eaux du canal du côté du barrage étant fixé à $4^m,90$ au-dessus des buscs, et d'un autre côté le fond du canal étant établi, à une certaine distance du barrage, à $1^m,40$ au-dessus des mêmes points, il s'ensuit, selon lui, que la plus grande profondeur d'eau n'y sera que de $3^m,50$.

mouillage à peine suffisant, remarque-t-il, pour des navires de commerce chargés de 150 tonneaux.

Ces observations n'ébranlèrent point la commission. Après avoir opposé aux calculs de l'ingénieur de la compagnie relatifs à la vitesse des eaux dans le canal, les expériences de Dubuat qui devaient pleinement rassurer à cet égard; après avoir démontré que, dans les cas les plus défavorables, ces mêmes eaux, accumulées dans le canal, ne s'élèveraient jamais au-dessus du niveau des plus hautes mers à Abbeville, et qu'une appréciation plus exacte du débouché réel du barrage, calculé d'après de nouvelles bases dégagées d'une erreur qui s'était glissée dans les premières discussions, convaincrait que tous les désastres qu'on s'était plu à prévoir n'étaient qu'imaginaires; enfin, après avoir répondu aux observations faites par l'ingénieur de la compagnie, au sujet de la difficulté présumée de l'entrée des bâtimens de mer dans le canal, par ce qui se pratique dans les ports de marée où il y a des bassins à flot, et avoir exposé qu'il suffit de savoir que c'est à la fin de l'ascension des marées que les mouvemens sont les plus lents, pour se convaincre qu'un éclusier intelligent saurait toujours disposer la manœuvre simultanée ou partielle de toutes les vannes et de toutes les portes du barrage éclusé, pour produire toutes les combinaisons que pourraient faire naître les divers besoins de la navigation maritime et fluviale, la commission fut d'avis, et ensuite le conseil des Ponts-et-Chaussées estima, dans sa séance du 23 février 1824, qu'il n'y avait rien dans le mémoire de l'ingénieur de la compagnie qui dût le déterminer à changer l'opinion qu'il avait émise le 24 mai 1823.

Les choses étant restées par cette délibération au point où elles étaient au moment où M. Sartoris avait fourni ses premières observations, ce chef de la compagnie concessionnaire se détermina à publier, le 2 avril 1824, sous le titre de Notice, un mémoire sur la baie de Somme, le barrage éclusé de St.-Valery, et les moyens d'établir la communication du canal du Duc d'Angoulême avec la mer.

Dans ce mémoire, où l'on retrouve toutes les observations et toutes

54.

les idées jusqu'ici indiquées , mais élaborées et peut-être plus étendues,
et où l'on aperçoit les premières bases du projet qu'il propose de substituer
à celui de l'administration , M. Sartoris s'attache de nouveau à établir :

1° Que, par son incapacité, le canal d'Abbeville à St.-Valery, dans
lequel on projetait de recevoir toutes les eaux de la Somme, ne pourrait suffire à leur écoulement lors des crues de cette rivière, sans occasioner une vitesse désastreuse pour les ouvrages du canal ;

2° Que , par la position de son seuil , le barrage étant placé à 0^m,02
au-dessus du niveau moyen de la mer , les navires ne pourraient pas
entrer dans le canal à la mer montante, avec un tirant d'eau de plus de
3^m, d'où il suit que le passage du barrage serait interdit aux bâtimens
de mer portant plus de 100 tonneaux ;

3° Qu'en supposant que le niveau des eaux du canal fût à peu près
constant, les navires ne pourraient entrer dans le canal, ou en sortir,
qu'au moment où la mer, soit en montant , soit en descendant , coïnci-
derait avec l'élévation des eaux en amont du barrage, circonstance qui
n'a lieu que quatre fois en vingt-quatre heures, et seulement pendant
quelques minutes ;

4° Enfin, que la nécessité de donner , lors de la mer basse, l'écoulement aux eaux de la Somme, et en même temps d'en maintenir le
niveau à 3^m au-dessus du plafond du canal, exigerait un tel soin et de
telles précautions dans la manœuvre des portes d'èbe , qu'il y aurait du
danger à s'en remettre à la seule prudence d'un éclusier.

Ces inconvéniens lui paraissant extrêmement graves, M. Sartoris proposait un nouveau projet qui non-seulement , selon lui, pouvait y remédier, mais devait encore faire disparaître plusieurs autres vices dont
le projet approuvé ne lui semblait pas exempt, relativement au passage
du canal dans l'intérieur d'Abbeville que , par ce projet, l'administration
traversait par le centre, en continuant le bief navigable de Pont-Remy,
et même en le prolongeant au-delà de cette place.

M. Sartoris, traitant d'abord ce premier point, s'attache à faire voir
quel serait l'effet de cette disposition.

L'écluse de Pont-Remy, faisait-il observer, construite à 9000ᵐ environ au-dessus du pont de la Portelette, à l'entrée d'Abbeville, étant un point fixe auquel tous les projets possibles devaient se rattacher, et les eaux navigables à l'aval de cette écluse devant être établies à un point tel que leur niveau se trouverait être fixé, d'après les nivellemens, à 5ᵐ,25 (1) au-dessus du plan horizontal passant par les buses du barrage de St.-Valery, il s'ensuit que si l'on admettait, comme il est probable, que la pente, entre le premier point et le pont de la Portelette, dût rester réglée à 0ᵐ,60, le niveau des eaux à ce point s'élèverait alors de 4ᵐ,63 au-dessus des buses du barrage de St.-Valery, c'est-à-dire à 0ᵐ,80 au-dessus des eaux actuelles.

Or, poursuivait M. Sartoris, cette élévation des eaux de la Somme au-dessus de son niveau actuel dans la traversée d'Abbeville, aurait le grave inconvénient de priver de tous les moyens qu'on peut employer aujourd'hui pour dessécher les terrains situés sur la rive droite de cette rivière, tant en amont qu'en aval d'Abbeville ; de paralyser, en les noyant, plusieurs usines précieuses, et d'inonder un grand nombre de caves. Nul doute que si l'on persistait dans ce projet, on ne reconnût bientôt la nécessité de construire dans l'intérieur de cette ville une écluse, dont la chute, rachetant la forte pente existant dans sa traversée, produirait en amont la hauteur d'eau nécessaire, en conservant à l'aval le mouillage actuel. A la vérité l'établissement de cette écluse dans un lieu convenable satisferait aux besoins de la navigation, et concilierait de plus

---

(1) Les cotes rapportées ici par M. Sartoris, et données seulement par approximation, diffèrent de celles accusées par les derniers nivellemens, dont je dois la communication à la complaisance de M. Bellu, ingénieur en chef-directeur du canal, et qu'on a suivies dans la description qu'on trouvera à la fin de cet article. S'il m'avait été permis de corriger les premières dans la seule vue d'établir plus d'uniformité dans ce travail, je l'aurais pu faire avec d'autant moins d'inconvéniens, que cette correction n'aurait donné que plus de force aux raisonnemens de M. Sartoris.

avec cet objet principal les intérêts de l'industrie et ceux de l'agriculture, en mettant une plus grande force à la disposition des usines, et en procurant un nouveau moyen d'irrigation aux propriétaires des prairies riveraines ; mais l'exécution complète de ce projet, en forçant à de nombreuses acquisitions et à des indemnités dispendieuses, entraînerait à des dépenses qui dépasseraient les limites dans lesquelles la loi d'emprunt oblige de se renfermer. Cette dernière considération faisait donc penser à M. Sartoris qu'on devait renoncer à ce dernier moyen, et qu'ainsi que l'administration, par la même raison, avait cru devoir décider de faire passer le canal en dehors de la ville d'Amiens, elle devait également prendre le même parti pour celle d'Abbeville, parti dont il espérait que son projet ferait sentir tous les avantages.

La Somme, comme on sait, s'introduit dans Abbeville par deux bras, dont l'un à droite, servant à une navigation très-imparfaite, traverse le rempart de la place au pont des Prés, et l'autre entre dans la ville sous le pont de la Portelette, à l'aval duquel, et à 215ᵐ de distance, se trouvent les usines appelées les Six-Moulins.

Par le projet de M. Sartoris, l'exhaussement de 0ᵐ,80, dont il a été parlé plus haut, ne serait plus poussé en amont de ces deux bras, savoir : sur le premier, que jusqu'au pont des Prés, afin de conserver aux prairies du faubourg St.-Gilles tous les moyens de desséchement ; et sur le second, au grand avantage des Six-Moulins auxquels on procurerait une plus grande hauteur d'eau, que jusqu'au pont de la Portelette ; laissant ainsi les parties inférieures de ces deux bras à leur niveau actuel, et toujours soumises, comme aujourd'hui, à l'influence de la marée.

A peu de distance en amont du pont de la Portelette, et entièrement séparé du courant de la Somme, dont il serait indépendant jusqu'au point où la navigation intérieure serait mise en contact avec la navigation maritime, serait ouvert à gauche le canal qui longerait extérieurement le rempart de la place jusque près du magasin à poudre voisin de la porte d'Hocquet. Laissant ce magasin sur la droite, et après avoir traversé la route de Dieppe, le canal entrerait, pour s'y maintenir sur 800ᵐ de longueur, dans une belle partie du lit de la Somme, qui serait détournée et reportée à cet effet sur la droite, et dont il serait isolé par des digues qui, en soutenant ses eaux au-dessus de celles de la rivière et en le défendant contre les grandes marées, serviraient encore à mettre en communication l'espèce d'île comprise entre ces deux lignes de navigation, avec la ville d'une part, et avec le village de Sur-Somme de l'autre.

Cette partie de canal serait établie sans pente, sauf quelques exceptions qui seront mentionnées ci-après, et la ligne d'eau s'élèverait de 4ᵐ,65 au-dessus des buscs du barrage de St.-Valery.

On a dit plus haut que les moyens de desséchement des prairies du faubourg St.-Gilles seraient conservés par le maintien du niveau actuel de la partie inférieure du bras droit de la Somme dans la traversée d'Abbeville, à partir du pont des Prés : cet avantage serait assuré par l'ouverture d'un contre-fossé latéral à la Somme qui serait ouvert sur la rive droite en amont d'Abbeville, se prolongerait par un petit aqueduc sous le rempart, et déboucherait par un clapet dans la rivière à l'aval du pont des Prés. Quant au moyen d'écoulement des eaux nuisibles aux terrains de la rive gauche, M. Sartoris estimait que les filtrations, qui pourraient se faire à droite du canal latéral proposé, se rendraient naturellement dans la rivière, et que les filtrations et autres eaux nuisibles sur la rive gauche du même canal seraient facilement conduites dans le fossé existant qui débouche, par un ouvrage spécial, près du barrage éclusé de St.-Valery, au moyen de la suppression d'ailleurs inévitable, dans toutes les hypothèses possibles, du moulin de Rouvroy, établi sur une dérivation de la Somme, connue sous le nom de rivière de Doigt.

Les dispositions à prendre pour la partie du canal comprise entre Pont-Remy et le dessous d'Abbeville ainsi réglées, M. Sartoris examinait ensuite celles qui concernent la portion du même canal qui s'étend depuis Abbeville jusqu'à la mer.

Admettant que le canal ébauché depuis Sur-Somme jusqu'au barrage écluse de St.-Valery devait être achevé, M. Sartoris pensait néanmoins qu'on devait le réduire aux dimensions nécessaires pour le seul service de la navigation qui, selon lui, pourrait accéder à ce point.

La ligne d'eau étant maintenue à 4m,63 au-dessus des buscs de Saint-Valery, et cette hauteur déterminée, dans l'intérêt du mouillage, à l'aval de l'écluse de Pont-Remy, procurant sans beaucoup de dépense une plus grande profondeur dans le canal, il eût été suffisant, suivant M. Sartoris, de creuser le canal à 1m,40 au-dessus des buscs du barrage de St.-Valery, donnant un tirant d'eau constant de 5m,23, sauf, si le besoin s'en faisait sentir plus tard, à augmenter cette profondeur, et à creuser provisoirement une gare plus profonde pour les plus forts navires qui fréquenteraient la baie, près de la nouvelle embouchure qu'il croyait inévitable de donner au canal par les motifs ci-dessus énoncés, et de laquelle embouchure il était amené à parler.

Laissant à déterminer cette nouvelle embouchure d'après l'obser-vation de la direction que la nature a donnée au chenal de naviga-tion maritime dans la baie de Somme, M. Sartoris trouvait que les ouvrages qui devaient être établis au-dessus pour lier entre elles la navigation intérieure et la navigation maritime, pouvaient être arrêtés dès à présent d'après la situation actuelle de cette baie.

Depuis la côte extérieure jusqu'à environ 6000m en amont de Crotoy, ou 1000m en aval de l'église de Noailles, la navigation, selon lui, n'exi-geait rigoureusement aucune amélioration, puisque le fond du chenal, qui était de 2m,50 à 3m plus bas que les buscs de St.-Valery, s'élevant à mesure qu'il s'avance vers Noyelles, ne dépassait pas à ce point le niveau de ces buscs.

De plus, faisait-il remarquer, le chenal navigable, qui suit le courant de la rivière et des marées depuis cet endroit jusqu'à 5000m plus haut, 700u à l'aval des dernières maisons du village de Grand-Port, était de beaucoup meilleur que celui qui existe maintenant entre le Crotoy et La Ferté, et surtout plus facile à perfectionner que celui de la communication entre la mer et le barrage de Saint-Valery, au moyen de simples draguages que secondaient le courant des marées.

Cet état de choses avait fait penser un instant à M. Sartoris qu'il suffisait de maintenir la *navigation maritime* dans la baie de Somme jusque près du village de Grand-Port, et d'établir en cet endroit la communication avec la *navigation intérieure* par un barrage qui soutiendrait les eaux de la Somme dans leur lit naturel à une hauteur convenable; mais un examen plus approfondi des localités ne tarda pas à lui faire croire qu'il serait préférable d'achever le canal ébauché sur la rive gauche, et d'établir la communication avec la baie par un embranchement qui, prenant sa naissance dans le canal à quelque distance à l'aval du village de Petit-Port, déboucherait dans la baie entre le Grand-Port et Noyelles, en un point où la baie déjà étroite serait susceptible d'être rétrécie encore.

Cet embranchement eût formé avec la direction du canal vers Saint-Valery un angle de 45°, et eût été terminé par un grand sas approprié au passage des plus grands navires qui eussent fréquenté cette baie : il eût été en outre suivi de deux jetées parallèles entre elles et à l'axe de l'embranchement. Ces jetées, prolongées dans cette direction jusque près du pied des falaises, s'il eût été convenable, en resserrant le courant de la rivière et celui alternatif du flux et du reflux, leur eussent imprimé une vitesse qui eût servi à entretenir entre elles un chenal d'une profondeur constante.

Du reste, malgré les défauts du port de Saint-Valery, les navires auxquels, dans l'état actuel, le port de La Ferté est accessible eussent continué d'y arriver. Ces bâtimens pouvaient transborder facilement par des moyens peu dispendieux, tels que les chemins de fer, leurs marchandises dans les bateaux de l'intérieur, qui fussent venus sur le canal jusqu'à l'amont du barrage de Saint-Valery, dont les portes eussent été remplacées par des vannages à poteau qui n'eussent plus servi qu'à donner l'écoulement aux eaux qu'il eût été possible de distraire au canal de la navigation générale pour entretenir le port de La Ferté.

Quant à Abbeville, M. Sartoris pensait que cette place ayant joui, de temps immémorial, de la navigation dans l'enceinte de ses murs, on ne pouvait lui refuser, sinon le passage obligé dans son intérieur des marchandises qui ne seraient pas destinées pour elle, du moins un *port intérieur* qui, établi avec économie et convenance entre le pont de la Portelette et les Six-Moulins, et approfondi jusqu'à 1ᵐ,40 au-dessus du plan des buses de St.-Valery, fût en libre communication avec la ligne générale du canal du Duc d'Angoulême, et eût conservé par là celle qu'il avait eue de tout temps avec la mer, laquelle pourrait être très-utile toutes les fois que les ouvrages du canal latéral auraient eu besoin de réparation.

La dépense de tous les ouvrages auxquels l'exécution de ce projet eût donné lieu, était estimée devoir s'élever à la somme de 2 millions.

Ce mémoire, du 20 avril 1824, était à peine publié que M. Sartoris crut devoir le faire suivre d'un second, sous la date du 1ᵉʳ juin 1824, et sous le titre de *Réponse au second rapport de la commission spéciale sur le barrage éclusé de St.-Valery*. Dans ce mémoire, reprenant en détail toutes les questions traitées dans ce second rapport de la commission, et que nous ne pourrions reproduire ici sans de continuelles redites, M. Sartoris finissait par manifester le vœu que M. le directeur-général des Ponts-et-Chaussées, ajournant toute décision ultérieure, voulût bien ordonner la rédaction d'un projet conforme aux vues de la compagnie, et dans lequel, embrassant toute la navigation depuis Pont-Remy jusqu'à la mer, on comparerait le système défendu par la commission et celui que proposait la compagnie, sous le double rapport des dépenses et des avantages qui leur étaient propres.

Cette proposition, dans un moment où les esprits ne connaissent plus d'autre empire que celui des lumières et de la vérité, ne pouvait qu'être accueillie favorablement par le chef d'une administration qui ne doit prendre pour base de ses déterminations que les faits et les calculs. M. directeur-général des Ponts-et-Chaussées fit plus, et décida que M. Sartoris serait invité à faire rédiger lui-même, par les ingénieurs qui

étaient à sa disposition, les projets des ouvrages qu'il proposait de substituer à ceux déjà admis par l'administration.

Ce projet, qui ne satisfaisait qu'imparfaitement les habitans d'Abbeville, ne pouvait que jeter l'alarme parmi ceux de St.-Valery ; il reportait au-dehors la ligne de la navigation générale, sur le passage obligé de
laquelle Abbeville, quoique injustement, croyait avoir des droits acquis,
et il déshéritait St.-Valery de tous les avantages qu'il s'était promis du
perfectionnement de la navigation de la Somme et des ouvrages qui
avaient été exécutés pour l'amélioration de son port, en réduisant ses
habitans au seul commerce qui résulterait pour eux de l'accès assez
difficile, dans le port de La Ferté, de quelques navires, qui eussent été
assujettis à un transbordement très-onéreux dans les bateaux de l'intérieur.

Aussi ces deux villes, et principalement la première, élevèrent-elles
de nombreuses réclamations, qui donnèrent lieu à l'impression de deux
mémoires, l'un sous la date du 30 avril 1825, et l'autre sous celle du
15 juin suivant.

Soit que M. Sartoris eût été retenu dans le dessein qu'il avait de présenter ce projet, par la crainte d'éprouver des oppositions à son exécution
de la part de ces deux villes, soit qu'il en fût détourné par l'appréhension de dépenses beaucoup plus fortes que celles sur lesquelles il avait
calculé, ou peut-être même par l'incertitude d'un succès qu'un examen
plus approfondi des localités et des phénomènes qui se manifestent dans la
baie de Somme rendait très-problématique, toujours est-il vrai qu'il
ne remit à l'administration aucun projet qui pût devenir la matière d'une
nouvelle discussion, et que par ce silence il parut acquiescer aux principes qui avaient engagé jusqu'alors l'administration à persister dans la
conservation de l'embouchure actuelle du canal.

La question relative à la consolidation du barrage, et celle du passage
dans la place d'Abbeville subsistant toujours, les ingénieurs du Gouvernement présentèrent un projet dans lequel ces deux questions étaient
traitées.

Par ce projet, sur lequel M. Roussigné, inspecteur divisionnaire, remit, sous la date du 8 février 1826, un rapport qui peut être considéré comme un modèle de clarté et de précision, et duquel nous extrairons presque textuellement la description qui va suivre, on présentait cinq combinaisons pour franchir la place d'Abbeville.

Suivant le *premier projet*, un seul bief était établi depuis Pont-Remy jusqu'à St.-Valery, avec la pente et les dimensions nécessaires pour amener à ce dernier point toutes les eaux de la Somme, quand elles ne dépasseraient pas 40ᵐ cubes par seconde.

On ouvrait à Abbeville deux passages à la navigation, l'un par le bras principal de la Somme, dans lequel on supprimait les Six-Moulins, et où l'on disposait les ponts de Talence et de la Portelette pour la circulation des bateaux; l'autre à l'intérieur par un canal de 12ᵐ de largeur au fond, et de 1ᵐ,65 de profondeur d'eau, lequel creusé au pied des glacis du Front-St.-Paul et rejoignant la Somme près du pont Bouché, devait servir pour la navigation des bateaux de rivière.

Un barrage mobile, établi à Sur-Somme, servait à régler le niveau des eaux, et à rendre dans l'ancien lit la portion des eaux qui ne pourrait être admise dans le canal de St.-Valery. Ce barrage, combiné avec celui de l'embouchure du canal, relevait le point d'eau, à la Portelette, à 0ᵐ,73 au-dessus de l'étiage de ce point : des digues et des contre-fossés latéraux devaient être disposés en amont d'Abbeville pour empêcher l'inondation de la vallée, et en faciliter le desséchement.

Dans Abbeville, le bras marchand devait être fermé à peu de distance au-dessus du pont des Prés, par une éclusette en aval de laquelle aurait débouché le contre-fossé droit : on fermait également par une vanne l'embranchement qui passe derrière l'Hôtel-Dieu; enfin on interceptait la dernière communication du canal marchand avec le bras principal de la Somme, au moyen d'un batardeau construit au Pont-Neuf. De sorte que ce bras de rivière, n'éprouvant pas l'exhaussement produit dans le bras principal, devait servir à l'écoulement des eaux de la rive droite de la vallée et de celles du Moulin-du-Roi : il devait être prolongé par un aqueduc souterrain de 2",50 de largeur, établi sous la rue de la Pointe, et ensuite par une cunette à ciel ouvert passant dans les jardins compris entre le Pont et la Chaussée-Marcadé ; il devait recevoir dans cet intervalle les eaux des rivières de Source et de Nouvion, et passer au-dessous du moulin de Richbourg. De là, il traversait le rempart sous une voûte de 3" de largeur, et se rendait, par le marais de Mauchecourt, au-dessous du barrage de Sur-Somme, où il aurait été construit une écluse à clapets pour empêcher la marée de remonter par cette voie dans la ville.

Le barrage de Sur-Somme était également disposé de manière à mettre toute la ligne de navigation à l'abri des marées, qui par conséquent ne se seraient plus fait sentir à Abbeville.

Le quartier de la ville compris entre les deux lignes navigables devenant une île, devait être desséché au moyen d'un aqueduc passant sous le rempart, le glacis et le canal extérieur. Les eaux qui eussent pris cette voie se seraient rendues dans la rivière du Doigt, dont on fermait l'entrée dans la Somme, et de là dans le contre-fossé du grand canal de St.-Valery. La même rivière aurait reçu aussi les eaux provenant du contre-fossé gauche de la Somme, au-dessus d'Abbeville.

On proposait de maintenir 3",25 de profondeur d'eau dans le canal entre Abbeville et St.-Valery ; et un deuxième barrage aurait été établi en ce dernier point, à 250" en amont de celui qui est en construction, afin de faciliter la communication du canal avec le port.

En cas de crue, le déversoir de la Somme, ainsi que tous les pertuis du barrage de St.-Valery, devaient être entièrement ouverts.

Par le *deuxième projet*, la navigation devait passer, en dehors d'Abbeville, dans un canal de dérivation creusé avec les mêmes dimensions et profondeur que celles du canal de St.-Valery, pour recevoir la Somme lorsque son volume n'excéderait pas 40" cubes par seconde. On aurait ouvert un redressement pour écouler les eaux de la vallée de St.-Riquier, et une portion de celles de la Somme. La partie du lit de cette rivière isolée par des batardeaux du redressement, aurait fait suite à la dérivation supérieure, et eût débouché dans le grand canal de Saint-Valery. On eût communiqué du canal avec le port actuel d'Abbeville au moyen d'un grand sas; on eût éclusé les Six-Moulins et le pont des Prés, de manière à empêcher d'un côté les marées de se faire sentir au-dessous d'Abbeville, et de l'autre à soutenir le point d'eau à la Portelette à 0^m,65 au-dessus de l'étiage en ce point. Il n'y aurait plus eu de déversoir à Sur-Somme, puisque les barrages du pont des Prés et des Six-Moulins devaient en tenir lieu. Les marées devaient continuer à monter dans Abbeville par le redressement, ou nouveau lit de la rivière.

Du reste, les profils en long et en travers du grand canal de Saint-Valery, et le point d'eau à Sur-Somme, devaient être les mêmes que dans le premier projet, ainsi que les ouvrages en amont d'Abbeville, pour endiguer la rivière et égoutter la vallée.

Le *troisième projet* ne différait du second que par un changement dans le tracé près d'Abbeville. Ainsi, la dérivation de la Somme, au lieu d'être tout entière extérieure, prenait son origine entre le pont de la Portelette et les Six-moulins, et venait retomber dans le tracé du second projet. On supprimait le grand sas, et on descendait le barrage projeté aux Six-Moulins jusqu'au pont de Talence, ou même jusque près de l'embouchure du canal marchand.

Le *quatrième projet*, qui avait fait l'objet de conférences tenues en 1817 entre les ingénieurs civils et militaires, consistait à mettre le canal de St.-Valery en communication avec la Somme au lieu où devait être établi, par le premier projet, le barrage mobile à Sur-Somme, et à soutenir le point d'eau au barrage de Saint-Valery, de manière à effacer la chute des Six-Moulins sans produire de remou en amont, de façon que le point d'eau, conservé tel qu'il est à la Portelette, aurait été relevé de 0^m,35 au Pont-Neuf, et de 0^m,48 environ à l'entrée du canal. Un déversoir devait être établi à Sur-Somme, comme dans le premier projet.

La navigation aurait été établie dans le bras principal de la Somme à Abbeville, en relevant les ponts de Talence et de la Portelette pour le passage des bateaux.

Les conséquences de ces dispositions, faisait remarquer M. l'inspecteur Roussigné, eussent été l'établissement d'une écluse au-dessous de
Pont-Rémy, vers Epagne ou Eaucourt; le creusement du lit de la
Somme à Abbeville, et l'élargissement du port; la détérioration des
moulins du Roi et de Richbourg, et un état permanent d'humidité pour
la ville, qui fût restée toujours exposée aux crues de la Somme; enfin
le creusement du grand canal de St.-Valery, au niveau des buses du
barrage éclusé.

Le *cinquième projet* avait été conçu pour le cas où un motif quelconque s'opposerait à l'exécution du canal extérieur destiné, dans le premier projet, à remplacer, pour l'écoulement de l'eau, la rivière du Doigt
et le bras marchand. Cette nouvelle combinaison, en admettant toutefois la condition d'élever le point d'eau à la même hauteur que dans
les trois premiers projets, ne différait de celle qu'on supposait dans le
premier projet qu'en ce que les bras de la Somme supprimés eussent été
suppléés par un élargissement suffisant du lit principal de la rivière dans
Abbeville, au lieu d'être remplacés par un nouveau canal extérieur. Du
reste le niveau des eaux, le déversoir de Sur-Somme, la cunette d'é-
gouttement de la rive droite, et tous les autres ouvrages, devaient être
disposés comme dans le premier projet; mais la ville eût dû alors se
charger de l'acquisition des maisons qui bordent le bras principal, le
long de la chaussée d'Hocquet.

La dépense pour chacun des trois premiers projets était à peu près la
même, et était évaluée à 1,350,000 fr. Cette estimation était augmentée
de 650,000 fr. par l'exécution du quatrième projet, et de 240,000 fr.
par celle du cinquième.

Tous ces projets avaient été longuement discutés dans les conférences
tenues entre les ingénieurs civils et militaires le 14 août et le 12 octobre 1825. Les ingénieurs civils et militaires paraissaient admettre le premier projet, cependant les ingénieurs militaires donnaient la préférence
au troisième.

Le conseil municipal d'Abbeville, par une délibération du 16 décembre 1825, rejetait les premier, deuxième, troisième et cinquième projets, et demandait l'adoption du quatrième avec plusieurs modifications qui parurent inadmissibles, et qui eussent exigé une augmentation de dépense de 2,500,000 fr., non compris 200,000 fr. pour frais d'établissement de quais et d'acquisition de terrains que la ville consentait à prendre à sa charge.

La chambre de commerce d'Amiens, par une délibération du 18 janvier 1826, se réunit à l'ingénieur en chef pour demander l'exécution du premier projet.

Par le même projet, où ces cinq combinaisons étaient présentées, et après avoir proposé les ouvrages qui étaient jugés nécessaires pour consolider et terminer le barrage éclusé de St.-Valery, dont M. le directeur général des Ponts-et-Chaussées avait arrêté le maintien, par décision du 9 août 1824, MM. les ingénieurs projetaient la construction d'un deuxième barrage qui devait être établi à 250ᵐ en amont du premier. Ce second barrage, qui avait l'avantage de dissiper les craintes que la nature du sol avait fait concevoir sur la stabilité du premier, en partageant avec lui la charge d'eau qu'il devait seul soutenir, avait surtout pour objet de former un grand sas, au moyen duquel la communication serait assurée pour les bateaux, en tout temps et tous les jours, entre le port et le canal. Cette construction, dont l'utilité était reconnue, était estimée devoir coûter 120,000 fr. Il devait être composé de deux passages, l'un de 6ᵐ, et l'autre de 7ᵐ de largeur, séparés par une pile de 2ᵐ,50 d'épaisseur. Le premier se fermant par 4 vannes, et l'autre par des doubles portes d'èbe et de flot. Le bassin formant sas entre les deux barrages avait 40ᵐ de largeur au plafond.

Par ses conclusions, M. Roussigné adoptait, à quelques légères modifications près, le premier projet, et l'établissement du deuxième barrage formant sas avec le barrage de St.-Valery, comme un supplément nécessaire à ce dernier. Relativement au passage d'Abbeville, ce premier projet lui paraissait offrir des avantages incontestables : 1° celui d'amener à St.-Valery la totalité des eaux de la Somme, quand elles n'excé-

deraient pas 40ᵐ cubes par seconde ; 2° celui d'empêcher les marées
d'inonder plusieurs fois par an les bas quartiers d'Abbeville ; 5° celui de
procurer, sans aucune dépense, un très-bon port à cette ville ; 4° enfin,
dans l'intérêt général du commerce, celui d'établir un canal extérieur
dont la destination n'était pas uniquement de servir à l'écoulement
d'une partie des eaux de la Somme, et de remplacer, sous ce rapport,
le canal marchand et la rivière du Doigt qui devaient être supprimés,
pour ne plus recevoir que les eaux d'égouttement de la vallée, mais encore d'affranchir ceux des bateaux qui n'auraient pas affaire à Abbeville,
des retards qu'ils éprouveraient en traversant une ville fortifiée et soumise à l'influence de l'autorité militaire.

Ce fut principalement par cette dernière considération que, bien
que la Commission des canaux se trouvât partagée sur ce dernier point,
le conseil des Ponts-et-Chaussées, dans sa séance du 28 mars 1826, se
prononça, à la majorité de neuf contre trois, en faveur du premier
projet.

Cependant ce projet, comme tous ceux qui ont pour objet l'exécution
d'ouvrages qui se trouvent compris dans la zone militaire, ayant été renvoyé à l'examen de la commission mixte des travaux publics, réorganisée
par ordonnance du 18 septembre 1816, les ministres de l'intérieur et de
la guerre, sur l'avis de cette commission, en date du 10 mai 1826,
arrêtèrent, par une décision du 3 juin suivant, et à la grande satisfaction des habitans d'Abbeville, qu'il serait ouvert deux passages à la
navigation dans la traversée de cette place, l'un pour le transit, remplaçant le canal extérieur proposé par le premier projet, l'autre pour
le stationnement des bateaux et le commerce particulier de la ville ; que
le premier serait un canal de dérivation tracé en arrière du front de
St.-Paul sur 12ᵐ de largeur au fond, et 1ᵐ,65 de profondeur d'eau, et
que le second s'établirait dans le bras principal de la Somme ; que ce
bras serait dragué et curé, qu'on y supprimerait les Six-Moulins, et que
les ponts de Talence et de la Portelette seraient disposés pour la circulation des bateaux. De plus, la même décision portait que le point d'eau

serait relevé de 0"73 au pont de la Portelette, et que pour éviter l'inondation de la ville et de la vallée supérieure, il serait établi latéralement
à la Somme des contre-fossés, des aquéducs, des écluses de garde, et
autres ouvrages nécessaires pour l'écoulement des eaux.

Un projet fut rédigé d'après ces bases, et approuvé par le conseil des
Ponts-et-Chaussées.

On pouvait croire que ce projet, dans lequel on reportait, ainsi que
le demandait Abbeville, le canal de transit de l'extérieur dans l'intérieur
de cette ville, serait admis sans observation. Il n'en fut pas ainsi : la
ville d'Abbeville, non contente d'avoir vu sacrifier à son intérêt particulier les intérêts du commerce général, et revenant à une idée dont
elle n'avait jamais pu se départir, demanda encore que le déversoir de
la Somme, composé de cinq passages, fût disposé de manière à conserver à la navigation la communication actuelle d'Abbeville avec la
mer par la baie de Somme.

Deux projets furent présentés pour remplir cette condition.

L'un de ces projets consistait à supprimer deux des passages du déversoir approuvé, et à leur substituer une écluse simple de 6", 50 de largeur avec portes d'èbe et de flot. Par l'autre projet, on proposait au lieu
d'une écluse l'établissement d'un sas isolé. Cette dernière combinaison
paraissait préférable à la première, surtout si l'on adaptait au sas proposé
une double paire de portes busquées qui permissent de livrer le passage
aux bâtimens, lorsque le niveau des marées excèderait celui du canal ;
circonstance qui se présenterait souvent, puisque les navires ne peuvent
guère passer qu'en grande marée de vive eau la barre du lavier qui
s'interpose entre la mer et Abbeville, qu'ils ne se hasarderaient pas à
franchir s'ils n'avaient la faculté d'entrer immédiatement dans le
canal.

Peu de temps s'était écoulé, lorsque, par une délibération du
21 mars 1827, le conseil municipal d'Abbeville demanda que le sas
qui devait être construit à Sur-Somme, pour conserver la communication navigable actuelle avec la mer par la baie de Somme, fût établi

un peu au-dessus de l'embouchure du canal marchand dans Abbeville, en maintenant en amont de ce sas le même point d'eau que dans le projet approuvé, et en donnant au canal de transit les dimensions du canal de Sur-Somme à St.-Valery. Le bras marchand et la partie du bras principal de la Somme dans Abbeville, en aval de ce nouveau sas, communiqueraient, d'après cette proposition, comme à présent, avec la baie, par un nouveau lit qui serait ouvert dans les jardins de Manchecourt.

Les avantages qu'on cherchait à obtenir par cette nouvelle modification du projet, étaient de ne pas exhausser les eaux dans la partie du grand bras de la Somme, où débouchent celles de la rive droite de cette rivière et de la vallée de St.-Ricquier; de pouvoir mettre à sec, au besoin, le canal d'Abbeville à St.-Valery, sans interrompre la navigation; de présenter la facilité d'établir des usines dans Abbeville, en profitant de la différence de niveau entre le canal de transit et le port actuel; enfin de prévenir les inondations en amont d'Abbeville.

Ces avantages ne paraissaient pas aussi réels à MM. les ingénieurs du canal : ils ne disconvenaient pas qu'Abbeville n'eût le plus grand intérêt à rester port de mer; mais au moyen des projets approuvés, faisaient-ils remarquer, il pourra arriver dans cette ville des navires de 100 à 150 tonneaux qui y seront constamment à flot, tandis que maintenant il n'y entre que des bateaux de 30 à 50 tonneaux qui y sont exposés à se perdre par la violence du courant de la marée, et qui s'échouent à marée basse. Abbeville, disaient-ils, ne serait-il plus port de mer, parce qu'il aurait un port à flot au lieu d'un port d'échouage?

Suivant eux, le projet déjà approuvé présentait plusieurs avantages : le grand bras de la Somme serait uniformément exhaussé, et recevrait la presque totalité des eaux de la rivière; la marée, en interrompant l'écoulement des eaux douces, n'y produirait pas un exhaussement total de plus de 0m,25, et elle serait quelquefois un mois entier sans se faire sentir. Ainsi, à l'aide des barrages éclusés, on pourrait maintenir la Somme à un niveau constant. D'un autre côté, ainsi qu'on l'avait vu, toutes les précautions avaient été prises dans le même projet approuvé pour assurer le desséchement des parties basses de la ville et des terrains des deux rives.

Quant au secours dont pourrait être, suivant l'auteur du dernier projet, la communication directe d'Abbeville avec la mer, dans le cas où il serait nécessaire de mettre à sec le canal d'Abbeville à St.-Valery, rien ne prouvait, objectaient-ils, que l'enlèvement des dépôts ne pût s'y faire, ou que la réparation des ouvrages d'art pût jamais obliger à cette mesure; et que d'ailleurs, fût-elle indispensable, le passage par la baie de Somme ne pourrait être d'aucune utilité, car les navires qui serviraient au commerce d'Abbeville ne pouvaient franchir la barre du lavier, et le pourraient bien moins encore lorsque le canal ne recevrait plus qu'une faible partie de la Somme incapable de s'opposer à l'exhaussement successif et inévitable de cette barre.

Les mêmes ingénieurs faisaient aussi remarquer que si la différence entre le niveau du canal de transit et celui de la Somme en aval du sas projeté dans Abbeville, permettait en effet d'établir des usines dans le jardin de St.-Jean-des-Prés, on ne devait cependant pas perdre de vue que l'établissement de ces moulins aurait l'inconvénient de priver, en temps ordinaire, le canal d'Abbeville à St.-Valery d'un volume d'eau sur lequel on avait compté pour entretenir constamment un chenal de St.-Valery à la mer.

Cette dernière demande de la place d'Abbeville n'ayant pour objet que quelques avantages qui lui étaient particuliers, qu'on avait cherché à lui conserver ou à lui procurer et qui ne pouvaient compromettre les intérêts généraux du Commerce, la commission des canaux crut devoir prendre en considération ses propositions, et demander la rédaction d'un projet qui, en y satisfaisant, mît à même de prendre un parti définitif.

Les retards que la remise de ce projet et la décision qui doit la suivre, pourraient épouver, faisant craindre qu'il ne soit rien statué avant le commencement de l'impression de cet ouvrage, nous chercherons, sauf à y suppléer par une note définitive, à en donner de suite l'itinéraire.

Itinéraire du canal.

Le canal du Duc d'Angoulême, qui prend son origine au-dessous de St.-Simon dans le canal Crozat, au moyen duquel il s'alimente des eaux de la Somme dont celui-ci n'est qu'une dérivation, suit constamment la rive gauche de cette rivière depuis St.-Simon jusqu'au-dessous de Bray, en passant au-dessus de la ville de Ham, ensuite au-dessous de Toyennes, Bethancourt, Fontaine, Pargny, Epenancourt, Eterpigny, puis à la vue de Péronne située sur la rive opposée, de là sous Biache, Buscourt, Feuillères, Frise, Capy, et enfin entre en rivière un peu au-dessous de Bray situé sur la rive droite, et à 1108^m,20 du mur de chute de l'écluse de Froissy.

Le parcours de cette première partie du canal, de St.-Simon à Bray, est de 54,040^m,56.

Sa pente, qui est de 50^m,56, est rachetée par 11 écluses qui, prenant le nom des lieux près ou vis-à-vis desquels elles sont situées, sont connues dans le pays, savoir : la première sous celui de St.-Simon; la seconde et la troisième sous celui de Ham; les quatrième, cinquième, sixième et septième, sous ceux d'Offrois, d'Épenancourt, de Péronne, de Sormont; les huitième et neuvième, sous celui de Frise; et enfin les dixième et onzième sous ceux de Capy et de Froissy, vis-à-vis Bray.

A partir de son entrée en rivière, le canal en suit le cours sur 3644^m de longueur, et 0^m,20 de pente totale,

Reprend ensuite la rive gauche pour la suivre par une première dérivation, sur 1618^m de longueur, et en descendant de 1^m,39 au moyen de l'écluse de Méricourt,

Entre une deuxième fois en rivière qu'il suit sur 5835^m, avec une pente de 0^m,52,

Reprend la rive gauche par une seconde dérivation de 765^m de longueur, et en s'abaissant de 2^m,87 par l'écluse de Sailly-Lorette,

Rentre une troisième fois en rivière pour la suivre sur 6676ᵐ de longueur, avec pente de 0ᵐ,56,

Reprend ensuite la rive gauche par une troisieme dérivation de 2485ᵐ,80, et en s'abaissant de 2ᵐ,45 par l'écluse de Corbie,

Rentre une quatrième fois en rivière qu'il suit sur 3992ᵐ,50 avec pente de 0ᵐ,26,

Reprend la rive gauche par une quatrième dérivation de 944ᵐ,50, en descendant de 3ᵐ,50 à l'écluse d'Aours,

Rentre une cinquième fois en rivière pour la suivre sur 12,867ᵐ de longueur, avec pente de 1ᵐ,36,

Prend, dans Amiens, la rive droite par une cinquième dérivation de 1630ᵐ, en descendant de 3ᵐ,70 au moyen de l'écluse Caroline,

Rentre une sixième fois en rivière pour la suivre sur 1366ᵐ de longueur avec pente de 0ᵐ,30,

Reprend la rive droite par une sixième dérivation de 2291ᵐ, en descendant de 2ᵐ,50 à l'écluse de Montières,

Suit, en y rentrant une septième fois, la rivière sur 3804ᵐ, avec pente de 0ᵐ,38,

Reprend la rive droite par une septième dérivation de 1200ᵐ, en s'abaissant de 1ᵐ,72 à l'écluse d'Ailly,

Rentre une huitième fois en rivière pour la suivre sur une longueur de 5400ᵐ avec pente de 0ᵐ,79,

Reprend la rive droite par une huitième dérivation de 350ᵐ de longueur, en descendant de 1ᵐ,50 au moyen de l'écluse de Picquigny,

Rentre une neuvième fois en rivière pour la suivre sur 7269ᵐ de longueur, avec pente de 1ᵐ,22.

S'ouvre une neuvième dérivation sur la rive droite de 3052ᵐ, en rachetant une chute de 2ᵐ par l'écluse de Breilloire.

Rentre une dixième fois en rivière pour la suivre, 1° sur une longueur de 740ᵐ4 avec pente de 0ᵐ,87 jusqu'à l'écluse de Long, qui a 0ᵐ,90 de chute; 2° sur une longueur de 68,76ᵐ avec pente de 1ᵐ,02 jusqu'à l'écluse de Pont-Remy de 1ᵐ,35 de chute; 3° enfin jusqu'à son entrée dans Abbeville au pont de la Portelette, sur une longueur de 9289ᵐ avec pente de 0ᵐ,69.

Arrivé à ce point, le canal, se séparant de l'ancien lit de la Somme par une dixième dérivation, à l'entrée d'Abbeville, traverse cette ville sur une longueur de 3000ᵐ, et une pente de 1ᵐ,77 ; rejoignant ensuite la Somme à la sortie de cette place, il se réunit avec elle à Sur-Somme au canal de grandes dimensions, qui en forme la continuation, et qui creusé, ainsi qu'on l'a dit, dès 1786, pour recevoir les bâtimens de mer, s'étend sur une longueur de 15,531ᵐ, avec une pente de 1ᵐ,31, jusqu'au barrage éclusé de St.-Valery, dernier ouvrage de cette importante ligne de navigation.

La pente totale, depuis le pont de la Portelette jusqu'au barrage éclusé de St.Valery, est de 3ᵐ,77.

Par le projet approuvé, cette pente de 3ᵐ,77 serait effacée par le gonflement des eaux opéré par le barrage de St.-Valery, et lequel s'étendrait à la fois et dans le canal de dérivation et dans l'ancien bras de la Somme, qui offrirait alors un bassin à flot dans l'intérieur de la ville.

D'après les modifications proposées par la ville d'Abbeville et non encore décidées, cet effet, dû au gonflement des eaux, n'aurait lieu que dans le canal de dérivation ; le bras de la Somme, séparé du canal de dérivation par une écluse placée au-dessus de l'embouchure du canal marchand, et seulement en communication constante avec la mer, resterait soumis aux alternatives du flot et du jusant, et n'offrirait, comme par le passé, qu'un port d'échouage.

Récapitulation des longueurs , des pentes de fond , et des écluses.

	Longueurs.	Pentes de fond.	Écluses.
Première partie du canal depuis l'écluse de St.-Simon jusqu'à sa première entrée en rivière, vis-à-vis Bray.....	54,040,56	30,56	11
Deuxième partie depuis Bray jusqu'au barrage éclusé de St.-Valery, 1° en rivière et dérivation avec pente de fond........................	73,622,50	10,85	
2° En dérivation avec écluses.....	30,647,30	23,68	13
Totaux.......................	158,510,36	65,09	24

Le canal, depuis son origine jusqu'à Abbeville, aura 12^m de largeur au plafond, et 22^m au niveau des chemins de halage. Sa profondeur sera de 2^m,50, et sa hauteur d'eau de 1^m,65.

La largeur de chaque digue en couronne sera de 5^m.

Les écluses, depuis l'origine du canal jusqu'au grand canal de Saint-Valery, auront 34^m,18 de longueur d'un busc à l'autre, et 6^m,50 de largeur entre les bajoyers.

La largeur du grand canal, depuis Abbeville jusqu'au port de Saint-Valery, sera au plafond de 15^m, et au niveau des banquettes de halage de 53^m,40. Les glacis intérieurs et digues seront réglés à raison de 4^m de base pour 1^m de hauteur.

Sa profondeur sera de 4^m,60, et sa hauteur d'eau, fixée d'abord à 2^m, sera portée à 3^m,25 près du barrage de St.-Valery.

Les banquettes de halage auront 5^m,20 de largeur ; la levée du côté de la côte, qui s'élèvera de 2^m,67 au-dessus des banquettes, aura 11^m,60. Cette levée, qui s'appuie à l'extérieur sur une contre-banquette de 3^m de longueur, sera bordée d'un fossé de 7^m de largeur au fond, et de 17^m,40 en couronne.

La levée du large n'aura que 4ᵐ de largeur.

Le canal, les banquettes de halage, les levées, les contre-banquettes et les fossés, embrasseront, y compris les talus, une zone d'environ 125ᵐ.

250ᵐ avant le barrage éclusé de St.-Valery, il sera construit un nouveau barrage formant avec le premier un bassin qui pourra être considéré comme un grand sas. Au moyen de ce sas, la communication du port de St.-Valery avec le canal et avec la mer sera assurée en tout temps aux bâtimens qui voudraient entrer du canal et de la mer dans le port de St.-Valery, et réciproquement.

Le barrage éclusé construit à l'extrémité du grand canal du côté de la mer aura trois passages, dont deux de 6ᵐ,50 de largeur, et un de 8ᵐ,60. Il y sera établi des portes d'èbe et de flot.

Nous avons dit plus haut que par l'acte passé avec la compagnie bailleuse de fonds, le Gouvernement s'était engagé à terminer les ouvrages du canal du Duc d'Angoulême dans l'espace de six ans et trois mois, à dater du 10 octobre 1821. Si quelques questions restent encore à décider relativement au passage de ce canal dans la place d'Abbeville, on ne peut accuser de ce retard les ingénieurs habiles autant que zélés qui ont été chargés de son exécution, et dont la plus flatteuse récompense a été pour eux de voir, au terme fixé, Sa Majesté Charles X. honorer de sa présence, dans une des cérémonies les plus brillantes de ce genre qui peut-être aient eu lieu jusqu'à ce jour, l'ouverture solennelle qui a été faite, le 19 septembre 1827, de la partie supérieure de cette importante ligne de navigation.

Les dépenses faites sur le fonds de 6,600,000 fr. fixé par la loi d'emprunt montaient, au 31 mars 1828, à 5,894,646 fr. 69 cent.

Avant de terminer cet article, on croit d'autant plus convenable de dire un mot d'un prolongement qui, selon les mêmes ingénieurs, apporterait une grande amélioration à la ligne qui vient de nous occuper, que, comme on l'a fait observer au commencement, ce prolongement avait été proposé dès l'origine par M. Lamblardie.

M. Belu, ingénieur en chef-directeur du canal du Duc d'Angoulême,

pénétré des mêmes vues qui avaient animé cet habile ingénieur, a cru
devoir attirer de nouveau l'attention de M. le directeur-général des
Ponts-et-Chaussées sur cette ligne de navigation, qui lui paraît pouvoir
remédier aux imperfections que quelques personnes ont reprochées à
l'embouchure de St.-Valery, en en créant une plus commode dans un
lieu où les vaisseaux trouveraient un mouillage plus profond et plus sûr.

Suivant les indications de M. Belu et le tracé qu'il présentait, le nouveau canal projeté s'embrancherait sur le grand canal d'Abbeville à
St.-Valery, à environ 600^m au-dessus du barrage éclusé; il suivrait la
vallée d'Amboise, et aboutirait sur la plage près le bourg d'Ault, où la
profondeur d'eau est de 7^m,70 à basse mer. La longueur du canal serait
d'environ 17,000^m, il aurait le même tirant d'eau de 3^m,25, et les mêmes
dimensions que le canal d'Abbeville à St.-Valery. Vers l'extrémité du
canal il serait établi un port de commerce, un avant-port, et des bassins
de retenue pour opérer des chasses.

La dépense de ce projet était évaluée à 15,000,000 fr.; et si l'on
voulait faire de ce port un port militaire et propre à recevoir des bâtimens de long cours, à 20,000,000 fr.

Quelques considérations, qui disparaîtraient devant un besoin plus
urgent, ont fait ajourner l'étude complète de ce projet : on a pensé que
sans autant de dépense il serait facile, en secondant un effet naturel qu'on
doit attendre de l'exécution du projet actuel, de procurer au canal du
Duc d'Angoulême une nouvelle embouchure, qui provisoirement présenterait, à peu de chose près, les avantages qu'on voudrait obtenir par
celle proposée.

En effet, si l'on parcourt les lieux, on reconnaît de suite que la rivière de Somme se divisait autrefois dans la baie en deux bras, dont
un passait sous St.-Valery, et l'on aperçoit encore les traces de son cours
sur lequel il reste même quelques anciens poteaux, qui ne peuvent
être que des poteaux de balisage. Lors donc que toutes les eaux de la
Somme seront introduites dans le grand canal d'Abbeville à St.-Valery,
et qu'elles déboucheront par le barrage éclusé, tout doit faire espérer

qu'elles suivront les traces de cet ancien bras, qu'elles s'y ouvriront un nouveau lit qu'avec quelques soins et très-peu de frais on pourra aisément diriger vers la pointe du Hourdel, où il se trouve 5ᵐ de profondeur d'eau à basse mer ; et qu'enfin elles formeront un chenal suffisamment large et profond pour que les bâtimens de mer de 2 à 300 tonneaux arrivent sans obstacles et sans danger, pendant vingt jours au moins de chaque mois, à l'embouchure du canal du Duc d'Angoulême.

Ce résultat qu'espérait du temps M. l'inspecteur Roussigné, auquel on avait renvoyé cette affaire, lui faisait donc penser qu'il convenait de renvoyer à un autre moment l'étude ultérieure du projet proposé par M. l'ingénieur en chef Belu, en estimant néanmoins que l'administration ne pouvait que savoir gré à cet ingénieur d'avoir cherché à attirer son attention sur un perfectionnement que pourrait réclamer plus tard l'intérêt du commerce.

CANAL DE SAINT-QUENTIN.

Le canal de Saint-Quentin est un de ceux qui présentent le plus d'intérêt pour la navigation intérieure du royaume, en servant à établir une ligne de navigation dans la direction la plus utile au commerce, c'est-à-dire du midi au nord, au moyen de la jonction de la Somme à l'Escaut entre les villes de St.-Quentin et de Cambrai, qui ne sont éloignées l'une de l'autre que de seulement 51,829ᵐ,20, environ treize lieues de longueur développée.

Nous avons fait observer que dès 1721 on avait pensé à l'établissement de cette ligne de navigation, mais qu'après l'exécution du canal Crozat, qui unissait l'Oise à la Somme, et qui était en effet la première opération qui dût appeler l'attention, quoiqu'on se fût déjà occupé de la jonction de la Somme à l'Escaut, qui en était la suite naturelle, et qui semblait offrir un plus grand intérêt, on jeta plus particulièrement les yeux sur l'établissement de la navigation de la Somme, qui d'ailleurs était loin de présenter les mêmes difficultés. Ce ne fut donc que plus de trente ans après que la partie supérieure du canal de la Haute-Somme eut été livrée à la navigation, que des intérêts de politique venant à se lier de nos jours à la réalisation de ce grand projet, on s'occupa avec une telle activité de son accomplissement, que déjà depuis plusieurs années on commence à jouir des premiers avantages de cette heureuse conception.

Le canal de Saint-Quentin n'est pas seulement intéressant sous le rapport des services qu'il rend à la navigation en devenant le lien entre la navigation du nord et celle du centre et du midi de la France, mais il tient aussi une place remarquable dans l'histoire de l'art, tant sous le rapport des difficultés dont son exécution a été accompagnée, que des questions et des débats auxquels elle a donné lieu; il serait donc impardonnable à nous de ne pas nous y arrêter un moment. C'est ce que nous essaierons de faire en présentant ici, sur cette grande construction, quelques détails qui ne seront interrompus un moment que par une digression qui forme toutefois une partie essentielle de son histoire, puisqu'elle a pour objet un canal qu'on avait proposé de lui substituer.

Peu de temps après qu'on eut commencé le canal Crozat, l'ingénieur militaire De Vicq proposa, comme faisant suite à la jonction que ce canal opérerait entre l'Oise et la Somme, la réunion de la Somme à l'Escaut par le canal connu aujourd'hui sous le nom de canal de St.-Quentin, et dont il s'agit en ce moment. Il démontra par des nivellemens la possibilité de ce projet, en dressa les plans, et en évalua la dépense (1).

On paraissait avoir perdu de vue ce travail, lorsqu'on 1746 M. de

---

(1) Toutes ces pièces, observe l'auteur du mémoire intitulé *Opinion de la minorité de l'assemblée des Ponts-et-Chaussées sur le canal de St.-Quentin*, ont été retrouvées dans les bureaux de la guerre. (*Ce n'est que depuis la dernière organisation du 25 août 1804, que l'assemblée des Ponts-et-Chaussées a reçu le nom de conseil des Ponts-et-Chaussées, qui aujourd'hui se compose seulement des inspecteurs généraux et divisionnaires.*)

Marcy, celui auquel on devait la première idée du canal Crozat, présenta au roi un mémoire dans lequel il s'attachait à démontrer l'utilité du canal de Saint-Quentin, dont les avantages faisaient le sujet de ses méditations depuis trente années, et finissait, en offrant de former une compagnie pour son exécution, par demander des lettres de noblesse pour récompense d'une entreprise aussi importante pour l'État.

D'après l'autorisation qu'il reçut du Roi, un nommé Tetart, arpenteur royal à St.-Quentin, rédigea d'après ses ordres les devis de ce canal, dont la dépense était estimée devoir monter à 2,097,800 fr. pour tous les ouvrages compris entre Saint-Quentin et Cambrai.

Les propositions de M. de Marcy furent examinées sur les lieux, et quoique M. de Lucé, alors intendant du Hainault, eût été d'avis que les avantages ne compensaient pas la difficulté et les frais de cette entreprise, cependant il se forma une compagnie sous la protection de M. le maréchal de Chaulnes. Mais, soit que le percement des montagnes qui séparent les vallées de la Somme et de l'Escaut parût exiger des travaux d'un succès trop incertain, soit que d'autres circonstances vinssent empêcher de s'y livrer, ce projet ne fut suivi alors d'aucun commencement d'exécution.

Ce ne fut que vingt ans après, mais encore sans que ce projet reçût une exécution immédiate, qu'en 1766 M. le duc de Choiseul, convaincu de l'utilité de cette ligne de navigation, et ayant confiance dans les talens de M. Laurent, qui avait été employé dans sa jeunesse aux opérations dirigées vingt ans auparavant par M. De Vicq pour le même projet, chargea cet ingénieur d'examiner et de proposer les moyens d'opérer la jonction de la Somme à l'Escaut.

M. Laurent, qui, ainsi que nous venons de le dire, avait été employé sous M. De Vicq aux opérations préliminaires, d'après lesquelles cet ingénieur avait rédigé son projet auquel nous reviendrons et qui fut adopté dans la suite, soit qu'il n'eût point connaissance de ce projet, soit qu'il la crût susceptible de modifications, ou que, ainsi qu'on en a accusé depuis sa mémoire, il cédât au secret plaisir de produire un projet qui ne pût être revendiqué par un autre, présenta un nouveau projet par lequel il proposait de percer dans toute son étendue le plateau qui sépare les deux rivières qu'on avait le dessein de réunir.

Ce percement, qui était dirigé sur un seul alignement de 13,772ᵐ de longueur, commençait au-dessous de Tronquoy, petit village à environ quatre lieues au-delà de Saint-Quentin, et se terminait au-dessous de Vandhuile, autre petit village situé à environ dix lieues de Cambrai.

Du reste, M. Laurent suivait d'abord, et avant le percement, la rive droite de la Somme depuis Tronquoy jusqu'à St.-Quentin, et la rive gauche de l'Escaut depuis Vandhuile jusqu'à Cambrai. La totalité des ouvrages était évaluée à 4,000,000 fr.

M. le duc de Choiseul ayant fait agréer au Roi ce projet, M. Laurent fut chargé, par un arrêt du conseil du 24 février 1769, de diriger les travaux du canal souterrain, auxquels on affecta la somme de 300,000 f. par année.

Au moyen de ces fonds, on commença les excavations du percement aux deux extrémités, sous la montagne du Tronquoy du côté de Saint-Quentin, et sous celle de Vandhuile du côté de Cambrai ; et vers la fin de 1773, les excavations avaient été exécutées sur environ 1600ᵐ de longueur, et la totalité de la dépense s'élevait à un million.

Les travaux se poussaient avec activité, lorsqu'on adressa, dans la même année 1773, à M. le contrôleur-général un mémoire anonyme, attribué à M. de Condorcet, et contenant plusieurs objections contre le projet en exécution. Ces objections avaient particulièrement pour objet d'éclairer le Gouvernement sur les inconvéniens d'un canal souterrain d'une aussi grande étendue, et sur les dépenses que sa confection entraînerait. M. Laurent y répondit en assurant, d'après la connaissance qu'il avait acquise de la nature du terrain, qu'il n'y aurait tout au plus qu'un tiers du canal à voûter. Mais il mourut bientôt après avec la persuasion que le canal était au point de pouvoir être facilement achevé (1).

(1) De Lalande, *Histoire des canaux*, page 517.

M. Laurent de Lionne, son neveu, qui avait dirigé avec lui ces travaux importans, fut nommé pour le remplacer, par arrêt du conseil du 17 janvier 1774, et il se flattait de pénétrer la montagne en entier à la fin de l'année.

Cependant, MM. d'Alembert, l'abbé Bossut et le marquis de Condorcet, ayant été nommés directeurs de la navigation intérieure du royaume, M. Turgot, contrôleur-général, jugea qu'il était utile d'examiner plus scrupuleusement les objections et les réponses qui avaient été faites relativement au projet du canal de St.-Quentin; et le 29 avril 1775, M. De Trudaine annonça que l'intention du ministre était que l'on suspendît les travaux du canal souterrain, en ne s'occupant jusqu'à nouvel ordre que de la partie qui se dirigeait du côté de Bouchain le long de l'Escaut.

Par le rapport que M. d'Alembert, M. le marquis de Condorcet et M. l'abbé Bossut, rapporteur, firent à l'Académie des sciences, le 17 juillet 1776, après avoir établi en principe que l'art des canaux dépend de la science de l'hydraulique; après avoir posé quelques axiomes généraux sur leur construction; après avoir fait observer que l'opération dont il s'agit ne consiste pas à unir la Somme à l'Escaut, mais l'Oise à cette dernière rivière, et fait une longue énumération des différentes directions qui eussent pu être substituées au canal de M. Laurent, mais sur lesquelles il leur est impossible de prononcer, n'ayant point les nivellemens qui avaient été ordonnés, et qui n'étaient point encore achevés, ces académiciens croient devoir se borner à discuter les questions relatives au canal souterrain commencé, et présenter quelques réflexions sur la communication de l'Oise à l'Escaut par la Sambre.

Les observations des académiciens pouvaient se réduire à trois chefs principaux :

1° Que le canal souterrain, d'après le projet de M. Laurent, devant avoir seulement 16 pieds (5ᵐ,20) de largeur, avec deux banquettes seulement de 2 pieds (0ᵐ,65) de chaque côté pour le tirage, et les bateaux pouvant avoir de 14 à 15 pieds (4^m,87), ils objectaient que la résistance dans un canal si étroit serait beaucoup plus grande que dans un canal indéfini, et pourrait augmenter dans le rapport de 3 à 5.

2° Que le canal serait creusé dans une masse de craie de peu de consistance, et par conséquent serait exposé à des éboulemens et à des filtrations qui rendraient ces éboulemens plus fréquens encore.

3° Qu'on serait obligé de naviguer à la lueur des flambeaux.

Tous ces obstacles, qui, selon eux, devaient rendre la navigation très-difficile, susceptible d'interruption, et souvent dangereuse et même impraticable, les déterminèrent à conclure que le canal souterrain entrepris devait être abandonné ou du moins corrigé.

Les corrections que proposaient MM. d'Alembert, Condorcet et l'abbé Bossut étaient de donner 24 pieds (7^m,79) de largeur au canal; d'établir d'un seul côté une banquette pavée suffisamment large; de substituer, pour le tirage, des chevaux aux hommes; de revêtir en maçonnerie les deux parois du canal; de pratiquer d'espace en espace des gares où pourraient s'arrêter les bateaux, en réglant les heures pour la navigation ascendante et descendante, qui alors s'opérerait par convoi.

Du reste, quoiqu'ils ne se dissimulassent pas l'énormité de la dépense, ils conseillaient de voûter le canal, précaution qu'ils jugeaient devenir d'autant plus nécessaire du moment que le canal serait ouvert sur une plus grande largeur.

Enfin, examinant la jonction de l'Oise à l'Escaut par la Sambre, tout en convenant que cette communication serait plus longue par ce nouveau projet que par celui du canal souterrain, les mêmes académiciens regardaient cette différence comme de peu d'importance, et pensaient que cette direction, qui offrait les mêmes avantages que celle proposée par M. Laurent, aurait de plus celui de procurer un débouché précieux aux pierres bleues, espèce de marbre qu'on trouverait sur cette ligne et qui seraient très-utiles pour les bâtisses, et aux bois de l'immense forêt de Mormale, dont le revenu, à ce moyen, augmenterait de moitié au profit du Roi.

A ces observations M. Laurent de Lionne répondit :

1° Que M. Laurent ne s'était déterminé en faveur de la direction actuelle qu'après avoir reconnu toutes les autres, dont M. Laurent de Lionne donne cependant la description ;

2° Qu'il resterait toujours neuf pouces de vide entre le bâtiment et les parois du canal souterrain ; et que, d'après des expériences qu'il avait faites, il s'engageait à faire passer dans le canal souterrain tous les bateaux chargés de 2000 quintaux pour la somme de 50 livres, ce qui n'était que la moitié du prix du même trajet sur la Seine ;

3° Que l'on avait fait creuser une portion du canal sur 20 pieds (6^m,49) de largeur depuis quatre années ; et que, cette portion n'ayant souffert dans cet intervalle de temps aucune dégradation, on pouvait espérer qu'il deviendrait inutile de voûter le canal sur toute sa longueur, quoiqu'on eût compté sur cette dépense dans le premier devis ;

4° Enfin, que loin de craindre les filtrations que l'on redoutait, on ne pouvait que désirer qu'elles eussent lieu, attendu qu'elles amèneraient des eaux dans le canal, ainsi qu'on l'avait éprouvé, les eaux intérieures étant, près le Hautcourt, de 8 pieds, et près de Nauroir de 25 à 50 pieds plus hautes que le fond du canal ; qu'ainsi les eaux, au lieu de se rendre au haut de la voûte, venaient toutes rejoindre le niveau des eaux de la galerie, qui réglait actuellement le niveau des eaux du pays ; que les puits des environs se desséchaient ou s'abaissaient, et que la source même de l'Escaut pourrait bien diminuer au profit du canal, et que les eaux, qui reviendraient par en haut, se réduiraient à celles qui tombent directement au-dessus de la petite largeur de 20 pieds (6^m,49) que devait avoir la même galerie, et par conséquent seraient en trop petite quantité pour parvenir à la voûte, au travers d'une si grande épaisseur de terrain.

Enfin, après avoir donné un aperçu de la dépense qu'eût exigée la construction du canal en suivant les directions dont il avait parlé, M. Laurent terminait par présenter celle à laquelle obligerait l'achèvement du canal en exécution jusqu'à Banteux, et laquelle s'élevait, suivant lui, à 1,440,533 fr.

Toutefois, ces discussions s'étant prolongées, et la guerre d'Amérique ayant éclaté peu de temps après, le canal de Picardie parut être oublié jusqu'à la paix de 1781.

A cette époque, la famille Laurent fit revivre ses prétentions, et proposa de se charger de terminer les travaux du canal souterrain, à condition que le Gouvernement fournirait la moitié des fonds nécessaires, et lui abandonnerait, pendant cent huit ans, la propriété des droits qu'elle serait autorisée à établir sur la navigation de ce canal.

Des lettres patentes, en 1785, mirent cette famille en possession de ces droits ; mais le Parlement, qui reconnut quelque inconvénient dans cette concession, refusa de les enregistrer, et les travaux restèrent suspendus.

Au moment de la nouvelle division territoriale de la France, les départemens du Nord et de l'Aisne, qui reconnaissaient les avantages attachés à la jonction de l'Escaut à la Somme, demandèrent à l'Assemblée nationale, en 1791, de décréter la continuation du canal commencé. Le député Poncin fit un rapport à ce sujet, au nom du comité d'agriculture et de commerce ; mais le décret qu'il proposa ne fut pas adopté.

Enfin, les troubles de la révolution n'ayant pas permis que le Gouvernement s'occupât de cette communication importante, ce ne fut qu'au commencement de l'année 1801 que, trouvant dans la réunion de la Belgique à la France de nouveaux motifs de reprendre cette ancienne entreprise, le Gouvernement donna des ordres pour qu'elle fût soumise à un nouvel examen ; et une Commission de plusieurs ingénieurs (1), nommée le 25 nivôse an IX (15 janvier 1801), se rendit

---

(1) MM. Gauthey et divers inspecteurs-généraux des Ponts-et-Chaussées ; de Prony, inspecteur de l'École ; Bécquey, ingénieur en chef, et Récicourt, directeur des fortifications.

en conséquence à St.-Quentin, où se trouva le Premier Consul le 22 pluviôse suivant.

Cette Commission examina et compara entre eux les divers projets qui avaient été proposés jusqu'à ce moment pour joindre l'Oise à la Sambre ou la Somme à l'Escaut; et bien que ces projets de jonction, en suivant des directions différentes, eussent en définitive le même but général, cependant la Commission pensa devoir se déterminer en faveur de la seconde de ces communications, celle qui fait l'objet de cet article, et dont nous ne différerons un moment l'examen que pour parler de la première, qui, d'après l'attention dont elle sembla digne aux académiciens chargés du rapport qui fut fait, le 17 juillet 1776, à l'Académie des sciences, et d'après sa propre importance, ne nous paraît pas pouvoir être passée entièrement sous silence.

La jonction de l'Oise à la Sambre, ou plutôt de l'Oise à l'Escaut par la Sambre, pouvait s'effectuer de deux manières: l'une, proposée par M. De Brie, ingénieur des Ponts-et-Chaussées, s'opérait au moyen de la réunion de l'Oise à la Sambre à Oisy, et de celle de la Sambre à l'Escaut par la petite rivière de la Selles, qui se jette dans l'Escaut à trois lieues et demie au-dessus de Valenciennes; la seconde, présentée par M. Lafitte, s'effectuait également par la réunion de l'Oise à la Sambre à Oisy, et par celle de la Sambre à l'Escaut par la rivière de l'Escaillon, qui vient tomber dans l'Escaut une lieue au-dessous de la rivière de la Selles, et à deux lieues et demie au-dessus de Valenciennes.

Les nivellemens pour le premier projet n'étant point faits, la Commission crut devoir se borner à examiner le second, qui ne diffère du premier que dans sa seconde partie, et qui remplissait le même objet.

La Commission ne pouvait s'empêcher de reconnaître que le projet de joindre l'Oise à l'Escaut par la Sambre offrait trois grands avantages; les deux premiers de réunir l'Oise à la Sambre, qui offre une ligne de navigation importante, et de réunir cette même ligne de navigation à l'Escaut; et le troisième, de pouvoir opérer ces jonctions, sans être obligé d'établir la navigation en canal souterrain sur une aussi grande lon-

Digression sur la jonction de l'Oise à l'Escaut par la Sambre.

gueur que celle à laquelle on est forcé en effectuant la jonction de l'Oise à l'Escaut par la Somme.

A la vérité, la jonction de l'Oise à l'Escaut par la Sambre offrait l'inconvénient de deux points de partage, l'un à Oisy entre l'Oise et la Sambre, et l'autre sur les hauteurs de Mormale, entre la Sambre et l'Escaut ; tandis que, dans la réunion de l'Oise à l'Escaut par la Somme, un des deux points de partage, celui entre l'Oise et la Somme, était déjà établi par le canal Crozat. Cependant, et bien qu'il eût fallu établir dans la forêt de Mormale une tranchée de 69 pieds (22ᵐ,41) de hauteur, et de 3140 toises (6119ᵐ,97) de longueur, et 46 écluses de plus qu'au canal de St.-Quentin, les avantages, dont nous avons parlé, eussent infailliblement fait donner la préférence à ce dernier projet, si un examen plus approfondi n'eût appris que d'importantes considérations s'opposaient à son adoption.

En effet la Commission, s'étant rendue sur les lieux, se convainquit que s'il était facile d'amener à un des points de partage modifié les eaux nécessaires, il était impossible d'en conduire à l'autre point de partage une quantité suffisante pour entretenir une navigation aussi active que celle qu'on devait se promettre de la jonction de deux rivières aussi importantes que l'Oise et l'Escaut, dont la réunion établissait une des lignes de navigation les plus intéressantes de la France.

Défaut de la quantité d'eau désirable pour alimenter les deux points de partage. A Oisy, lieu du point de partage indiqué entre l'Oise et la Sambre, les jauges faites par M. Lafitte ne donnaient que 368 pouces de fontainier (7009ᵐ,25 par vingt-quatre heures). M. De Récicourt en jaugeant, ce que n'avait pas fait M. Lafitte, le ruisseau d'Esqueries, qui pouvait être amené au bief de partage, et qui fournit 102 pouces d'eau (1942ᵐ,78), et plusieurs petites sources, ne trouva que 200 pouces d'eau (3809ᵐ,58) en été, et la configuration topographique du pays n'annonçait pas que cette quantité pût être plus que doublée pour la saison de l'hiver. De plus, lors même qu'on eût admis la quantité annoncée par M. Lafitte, et qu'on y eût ajouté celle du ruisseau d'Esqueries, en doublant leur total on n'eût toujours eu que 940 pouces

d'eau (17,904^m,07), quantité qui semblait à la Commission bien inférieure à celle qu'elle jugeait être nécessaire pour une navigation aussi
importante. Toutefois, comme on vient de le dire, et ainsi qu'il sera
expliqué ci-après, il n'était pas impossible, en faisant des ouvrages, de
réunir la quantité d'eau convenable, dans le cas même d'une grande
navigation.

Mais au second point de partage, dans la forêt de Mormale, entre
la Sambre et l'Escaut, il était difficile de rassembler les eaux nécessaires
à l'entretien du canal. Le plateau de la forêt, qui recevait les eaux qui
pouvaient être réunies, n'excédait pas les 3/5 d'une lieue quarrée,
tandis que si l'on cherchait des exemples de ce genre, on reconnaissait
que la superficie qui pouvait en fournir aux canaux du Midi et de
Bourgogne occupait dix à douze lieues quarrées. Cette dernière considération devait donc ôter toute espérance de pouvoir établir, par cette
direction, la communication qu'on avait en vue.

Ce n'était pas, et cette dernière opinion de la Commission n'a point
été perdue pour l'avenir, ainsi qu'on le verra plus loin ; ce n'était pas
cependant que si, à la vérité, l'impossibilité d'amener au dernier point
de partage de la forêt de Mormale la quantité d'eau suffisante pour alimenter une navigation aussi active que celle qui doit s'établir dans cette
direction devait engager la Commission à donner la préférence à la
jonction de l'Oise par la Somme plutôt que par la Sambre, la Commission pensât qu'on ne pût néanmoins pour cela effectuer un jour, avec
avantage, cette réunion, du moins celle de l'Oise à la Sambre, et peut-
être même celle de la Sambre à l'Escaut, si on ne voulait ouvrir entre
ces deux rivières qu'une navigation d'un ordre secondaire.

La Commission, qui, dans un rapport du 19 ventôse an IX (10 mars
1801), finissait par proposer de traiter la réunion de l'Oise à la Sambre
en petite navigation, voyait dans l'établissement de cette nouvelle ligne
plusieurs avantages : à ce moyen, on pouvait amener à Paris une très-
grande quantité de charbons de terre que l'on peut tirer des mines de
Namur, de Charleroi et des environs, et qui, à raison de leur abon-

dance, s'exploitent à peu de frais; si, d'un autre côté, on portait ses regards sur la jonction, à la vérité plus difficile, de la Sambre à l'Escaut, on voyait qu'elle n'était pas sans intérêt pour le pays même, en offrant un précieux débouché aux bois de la forêt de Mormale.

Ce qui ne devait pas faire perdre aux yeux de la Commission toute espérance de voir se réaliser un jour cette communication, c'était la persuasion où elle était que les ouvrages à exécuter pour l'établissement de la première partie qui concernait la jonction de l'Oise à la Sambre n'étaient pas très-considérables, et que ceux pour la jonction de la Sambre à l'Escaut, s'ils étaient très-difficiles, n'étaient pas cependant impossibles même pour une grande navigation.

En effet, le point de partage d'Oisy est donné par la nature : le ruisseau de Noirieu, qui autrefois formait l'une des sources de la Sambre, a été depuis dirigé dans l'Oise; et la Commission remarque, d'après un nivellement qui fut fait, qu'il n'était pas difficile d'abaisser ce point de partage en formant une tranchée de 6^m de profondeur moyenne, sur 8,07^m de longueur, et une autre tranchée de 4^m,71 de hauteur moyenne sur 4210^m de longueur; ouvrages qui n'exigeraient pas une dépense de plus de 400,000 fr., et au moyen desquels il serait possible de réunir la quantité d'eau suffisante pour une grande navigation, en amenant au bief de partage non-seulement la rivière de Beaurepaire, mais encore celle de la Petite-Helpe, et peut-être même une partie de celle de la Grande-Helpe, que l'on pourrait prendre à peu de distance du Grand et Petit-Foy.

On ne rencontrerait pas les mêmes facilités au point de partage de la forêt de Mormale servant à la jonction de la Sambre à l'Escaut, quoique par la tranchée proposée sur 6122^m ce point fût abaissé de 22^m,74. Cependant il se trouvait encore élevé de 10^m,07 au-dessus du premier point de partage d'Oisy ou de Landrecies; et comme on ne peut conduire dans cette tranchée que des eaux de la forêt de Mormale, qui n'en a que très-peu, l'impossibilité d'établir à cette hauteur une grande navigation paraîtrait évidente; toutefois la Commission ne pourrait regarder comme tout-à-fait inexécutable l'abaissement du seuil de la forêt de Mormale au niveau du point de partage de Landrecies, puisque, d'après le profil qui a été pris, il ne s'agirait plus que de traverser un seuil de 8770^m de longueur sur $32^m,40$ de hauteur, se réduisant à zéro aux deux extrémités. Néanmoins, cet ouvrage paraissait d'autant plus difficile à la Commission, qu'elle ne voyait pas d'apparence à ce que l'on trouvât à ce point, comme au canal de St.-Quentin, une carrière continue de pierre tendre facile à exploiter, et que l'on n'aurait pas besoin de soutenir; tout faisait croire, au contraire, que le seuil de Mormale n'était entièrement formé que d'un terrain peu consistant, ce qui obligerait à voûter la totalité du seuil, ou à le franchir à tranchée ouverte.

Le point de partage de Landrecies se trouvait de $104^m,59$ au-dessus de l'Escaut, à l'embouchure de l'Escaillon, et de $84^m,46$ au-dessus de l'Oise à La Fère, ce qui nécessitait la construction de soixante-treize écluses.

La totalité des ouvrages était évaluée à 10,539,713 fr., tandis que le projet du canal de St.-Quentin, d'après les projets de M. De Vicq, n'était estimé devoir coûter que 8,058,000 fr.

Cette différence de dépense ne pouvait sans doute que paraître à la Commission devoir être prise en considération dans le choix à faire entre le projet de St.-Quentin et celui de Landrecies. Mais ce qui lui semblait surtout devoir faire pencher la balance en faveur du premier, c'était l'avantage qui résultait de son établissement pour les villes de St.-Quentin et de Cambrai, tandis qu'en adoptant l'autre direction, le canal ne passait par aucune ville, ni même par aucun bourg. En se décidant pour le canal de St.-Quentin, on profitait aussi du canal Crozat, qui a huit lieues et demie de longueur; et tant par cette circonstance que parce que la ligne par Landrecies est de trois lieues plus longue, on avait vingt-une lieues et demie de longueur de canal de moins à faire qu'en passant par le dernier lieu.

Cependant, et malgré les avantages qui étaient attachés à la dernière direction, la Commission, qui en attribuait aussi de très-remarquables à la première, donna l'ordre de procéder, sur la direction : diquée par M. Debrie, à un nivellement, d'après lequel ou s'assurerait s'il n'y avait pas un moyen de traverser la montagne de Mormale par un point moins élevé, lorsque l'assemblée des Ponts-et-Chaussées, jaloux de répondre à l'impatience du Gouvernement, décida, dans sa séance du 26 ventôse an IX (25 février 1801), qu'il était inutile de s'occuper de cette nouvelle étude, attendu que, lors même que le projet par la Sambre serait moins dispendieux, les intérêts du commerce devaient faire donner la préférence à celui par la Somme, la première direction étant d'une lieue plus longue, et, dans le cas de son adoption, la nécessité de franchir quarante-huit à cinquante écluses de plus devant augmenter d'une journée au moins la traversée par cette ligne.

Telles furent les raisons qui déterminèrent la Commission et l'assemblée des Ponts-et-Chaussées à écarter les deux projets de la jonction de l'Oise à l'Escaut par la Sambre, présentés, suivant deux directions peu différentes, par MM. Lafitte et Debrie, et à donner définitivement la préférence au projet de la jonction de l'Oise à l'Escaut par la Somme, passant par St.-Quentin.

Préférence donnée à la jonction de l'Oise à l'Escaut par la Somme. En se décidant en faveur de la jonction de l'Oise et de l'Escaut par la Somme, l'assemblée des Ponts-et-Chaussées avait néanmoins à prononcer entre deux projets.

La Commission qui était chargée d'examiner les projets qui avaient été présentés pour opérer cette jonction, en revenant à celle qui pouvait s'effectuer par la Somme, et notamment au moyen du canal déjà commencé par M. Laurent, connaissait les reproches qui avaient été faits à ce canal, et qui avaient causé sa suspension ; elle n'ignorait pas non plus qu'il eût été présenté autrefois, par M. l'ingénieur militaire Devicq, un autre projet qui existait dans les bureaux de la guerre.

Ce dernier projet, auquel, après l'avoir comparé avec celui de M. Laurent, la Commission donna la préférence, fut proposé par elle à l'assemblée des Ponts-et-Chaussées pour être substitué à celui de M. Laurent.

L'assemblée des Ponts-et-Chaussées adopta d'abord, le 20 ventôse an IX (11 mars 1801), l'avis de la Commission; mais, sur une observation d'un de ses membres, considérant d'une part que le Gouvernement pourrait hésiter à abandonner des travaux commencés, et craignant d'un autre côté de s'exposer au reproche de légèreté, la même assemblée crut devoir laisser au Gouvernement à prononcer sur la préférence à donner à l'un ou à l'autre projet.

Cependant, le Gouvernement ayant persisté à recevoir un avis définitif de l'assemblée des Ponts-et-Chaussées sur cet objet même, quelques renseignemens plus détaillés lui parurent indispensables pour se décider dans une question aussi importante.

De nouvelles opérations furent donc ordonnées, et de nouveaux mémoires furent présentés.

Mais ces nouveaux documens, et le temps qui s'était écoulé depuis le dernier avis de l'assemblée qui n'avait fait que confirmer la Commission dans sa première opinion, produisirent un effet contraire sur l'esprit de l'assemblée des Ponts-et-Chaussées, dont un nouvel avis devint l'occasion d'une dissidence entre ses membres : circonstance toujours fâcheuse en elle-même, mais de laquelle les principes constitutifs d'une assemblée appelée à donner son avis sur des questions d'art, ne peuvent cependant jamais recevoir une atteinte bien dangereuse.

En effet, l'assemblée des Ponts-et-Chaussées, revenant sur sa première opinion du 20 ventôse an IX, et s'étant, dans sa séance du 15 ventôse an X, prononcée, à la majorité de 21 voix contre 9, contre l'avis de la Commission, en faveur du projet de M. Laurent déjà en exécution, on vit la minorité de l'assemblée réclamer contre sa décision, et reproduire, en y ajoutant de nouvelles considérations, les argumens dont elle s'était déjà servie pour faire prévaloir le projet de l'ingénieur Devicq.

L'instruction de ce grand procès, qui fut renvoyée à une Commission de l'Institut, et qui fut terminée au gré de la Commission et de la minorité de l'assemblée des Ponts-et-Chaussées par un arrêté du Gouvernement du 11 messidor an X, intéresse trop l'histoire de l'art pour ne pas nous y arrêter un moment.

Description
et examen des
divers projets
pour la jonc-
tion de la
Somme à
l'Escaut.

L'espace qui sépare les vallées de la Somme et de l'Escaut entre St.-Quentin et le Castelet, se forme d'une chaîne de sommités successives plus élevées que tout le territoire environnant, de sorte qu'étant dans l'impossibilité d'amener des eaux au point culminant de cette chaîne, on ne peut alimenter le bief de partage qui doit traverser ces sommités, qu'en y conduisant les eaux de la plus élevée de ces deux rivières à l'une des extrémités du canal qui est destiné à les réunir.

A peu de distance au nord-ouest de St.-Quentin, le plateau qui sépare les bassins de la Somme et de l'Escaut se déprime vers le sud-ouest, et forme une vallée qui est une ramification du bassin de la Somme, et où le petit ruisseau de l'Omignon prend sa source.

D'après cette configuration des localités, si l'on se rend de la vallée de la Somme dans celle de l'Escaut en suivant la partie la plus élevée du plateau qui les sépare, et en laissant à l'ouest la vallée de l'Omignon, on est obligé de franchir cet espace par une seule galerie, et cette direction est celle qu'a suivie l'ingénieur Laurent : si, au contraire, l'on se rend de la première vallée dans la seconde, en traversant la vallée intermé-diaire de l'Omignon à une plus ou moins grande distance de la première direction, on peut alors franchir le même espace par une portion inter-médiaire de canal à ciel ouvert, précédée et terminée par deux galeries souterraines d'une longueur totale beaucoup moins considérable que celle de la seule galerie : cette dernière direction est celle qu'a suivie M. l'ingénieur militaire Devicq.

Tracé sui-
vant
M. Laurent.

D'après le projet de M. Laurent, le canal partant du canal Crozat à St.-Quentin suit la Somme en passant par Omissy jusqu'à Lesdin, sur 7580^m, où finit sa partie commune avec le canal Devicq, et se prolonge ensuite jusqu'au pied de la côte de Tronquoy, sur une longueur de 1485^m.

De ce point, origine de la galerie, et passant sous Magny-la-Fosse, Étricourt, Nauroi et Boni, il traverse, en canal souterrain, le plateau qui sépare les vallées de la Somme et de l'Escaut, jusqu'au-dessous de

Vandhuile, sur une longueur de 15,772ᵐ; de là il poursuit après Vandhuile, jusqu'au point où commence sa partie commune avec le canal Devicq, pour suivre la rive gauche de l'Escaut jusqu'à Cambrai, sur une longueur de 27,200ᵐ.

Suivant ce projet, M. Laurent, voulant profiter des eaux de source de Vandhuile, établissait la hauteur des eaux navigables au point de partage, à 6ᵐ,58 au-dessous du niveau de l'Escaut, à Macquincourt.

D'après le projet de M. l'ingénieur militaire Devicq, le canal, partant également du canal Crozat à St.-Quentin, suit la Somme, en passant aussi par Omissy, jusqu'à Lesdin, sur 7580ᵐ, où finit sa partie commune avec le canal Laurent, et se prolonge, en se détournant à l'ouest, jusqu'à la côte du Tronquoy, sur une longueur de 2155ᵐ. De là il traverse, pour entrer dans la vallée de l'Omignon, la crête de la montagne de Tronquoy, par une galerie souterraine de 1100ᵐ; à partir de ce point, il suit un moment la vallée de l'Omignon, se retourne au nord, en passant entre Pommrel et Bellenglise, et en se dirigeant sur Bellicourt, après avoir parcouru une longueur de 7150ᵐ à ciel ouvert. De là, s'enfonçant sous la chaîne de montagnes à Riqueval, peu avant Bellicourt, il traverse le plateau par une galerie souterraine de 5700ᵐ, pour en ressortir un peu avant Macquincourt, d'où il poursuit à ciel ouvert, sur 2660ᵐ de longueur, jusqu'à la partie commune avec le canal Laurent, et au moyen de laquelle il suit la rive gauche de l'Escaut, jusqu'à Cambrai, sur 27,200ᵐ de longueur.

L'ingénieur Devicq, qui n'établissait le niveau des eaux navigables au point de partage qu'à 0ᵐ,52 au-dessous du niveau de l'Escaut à Macquincourt, c'est-à-dire 6ᵐ,06 plus bas, proposait de faire un grand réservoir qui couvrirait la surface de tout le vallon, entre Vandhuile et le Castelet.

Il résulte de ces tracés:

1° Que le canal Laurent a deux parties communes avec le canal Devicq; l'une avec son extrémité sud de 7580ᵐ, et l'autre avec son extrémité nord de 27,200ᵐ de longueur; qu'entre ces deux parties com-

munes, la longueur du canal Laurent est de 15,857ᵐ, dont une partie
intermédiaire en souterrain de 13,772ᵐ de longueur, et de deux parties
à ciel ouvert, de chaque côté du canal souterrain, de 2085ᵐ de longueur
ensemble, et que la longueur du canal Devicq, entre ces mêmes longueurs communes, est de 18,725ᵐ, dont deux parties en souterrain,
l'une de 1100ᵐ, et l'autre 5700ᵐ de longueur, et trois autres parties à ciel
ouvert, avant la première et après la seconde, et entre la première et la
seconde partie en souterrain, sur une longueur ensemble de 11,925ᵐ.

2° Que la longueur totale du canal Laurent est de 50,637ᵐ, dont
36,915ᵐ à ciel ouvert, et 13,722ᵐ en galerie souterraine ; et que la
longueur totale du canal Devicq est de 53,505ᵐ, dont 46,705ᵐ à ciel
ouvert, et 6,800ᵐ en deux galeries séparées l'une de l'autre.

3° Enfin, que la longueur totale du canal Devicq excède celle du
canal Laurent de 2868ᵐ, mais que la longueur totale des deux galeries
séparées par une distance à ciel ouvert, est de 6972ᵐ moins longue que
le canal souterrain de 13,772ᵐ du canal Laurent ; et la grande galerie du
canal Devicq, qu'on doit seulement comparer avec le canal souterrain
Laurent, de 8022ᵐ moins longue que ce même canal souterrain.

Le tracé du canal Devicq présentait donc des avantages immenses, qui
devaient lui faire donner la préférence sur le canal Laurent.

En effet, si l'on considère que la navigation n'offrait rien de pénible
sous la première galerie de seulement 1100ᵐ de longueur, l'on ne peut
disconvenir cependant que les difficultés qui sont plus ou moins atta-
chées à une navigation souterraine étaient incomparablement moins
grandes sous une galerie de 5700ᵐ que sous une galerie de 13,772ᵐ de
longueur, et que l'avantage qu'on trouvait à éviter sur une longueur
de 8022ᵐ ces difficultés, qui deviennent d'autant plus pénibles qu'elles
sont précédées de celles qu'on a déjà essuyées sur une longueur de
5700ᵐ précédemment parcourue, ne pouvait être acheté trop cher par
le léger inconvénient d'avoir à parcourir, à ciel ouvert, la petite longueur en sus de 2868ᵐ, dont la longueur totale du canal Devicq excédait
celle du canal Laurent.

Ces avantages étaient incontestables, et parurent tels à l'assemblée des Ponts-et-Chaussées, lors de la séance du 20 ventôse an IX (11 mars 1801), dans laquelle elle adopta, sur l'avis de la Commission, le projet de l'ingénieur militaire Devicq.

Mais, ainsi que nous l'avons exposé plus haut, l'assemblée des Ponts-et-Chaussées ayant cru devoir laisser au Gouvernement à prononcer définitivement sur la préférence à donner à l'un des deux projets, et le Gouvernement ayant désiré que cette assemblée émît un avis définitif, cette même assemblée reprit la discussion; l'un de ses membres (1) reproduisit, dans un second mémoire, d'anciennes observations ayant pour objet de confirmer les doutes élevés dans son premier mémoire, sur l'imperméabilité du sol et sur la conservation des eaux dans le canal Devicq, à raison de ce qu'elles pourraient être attirées dans le canal Laurent qu'on croyait être inférieur de 6^m,08, et entra dans diverses considérations sur le volume des eaux qui pourraient alimenter l'un et l'autre canal; la discussion s'engagea sur ces objets; et un des membres de la Commission (2) lut le lendemain un mémoire pour établir, 1° que le *canal Devicq* étant à une distance de 780^m du *canal Laurent* dans les parties où il s'en trouvait le plus rapproché, il n'y avait pas lieu de présumer que ses eaux franchissent une aussi grande étendue, qui était presque horizontale;

2° Que dans le cas où la chose arriverait, on y remédierait aisément en contenant l'eau dans la galerie par des batardeaux;

3° Qu'un souterrain étant un inconvénient, le meilleur projet était celui où l'on lui donnait la moindre longueur;

4° Que si l'on donnait, d'après l'avis de l'assemblée des Ponts-et-Chaussées, 11^m de largeur au canal, la dépense s'élevait à 5,000,000 fr. pour le *canal Laurent*; et à 5,500,000 fr. pour le *canal Devicq*.

Malgré ces raisons, l'assemblée des Ponts-et-Chaussées ne paraissait

(1) M. Becquey, ingénieur en chef, secrétaire de l'assemblée.
(2) M. Gauthey, inspecteur-général des Ponts-et-Chaussées.

point rassurée sur les pertes d'eau dans le *canal Devicq*, eu égard à son élévation au-dessus du *canal Laurent*; et, sur la proposition d'un de ses membres, elle décida qu'elle ne pourrait prononcer sur l'adoption définitive, jusqu'à ce qu'on eût fait des expériences authentiques sur ces pertes d'eau et de nouveaux nivellemens, ceux fournis par M. Laurent n'étant pas d'accord avec ceux fournis par le génie militaire.

Le sieur Laurent de Lionne, de son côté, assurait que le canal Devicq, élevé de 6^m,06 au-dessus du canal Laurent, ne pourrait recevoir l'eau nécessaire à une navigation florissante.

D'après la demande de l'assemblée des Ponts-et-Chaussées, un ingénieur expérimenté (1) fut envoyé sur les lieux avec des élèves pour lever les plans, faire les nivellemens et les jauges nécessaires, tracer les rigoles et l'emplacement des réservoirs, prendre la hauteur des puits situés aux environs du point de partage, et qui se trouvaient plus ou moins élevées que le fond du *canal Laurent*.

M. Laurent fut chargé de faire décombrer son canal, afin qu'on pût reconnaître la nature du terrain dans toute la longueur où la galerie existe, et éprouver les parties où il tient l'eau et celles où il s'en perd. L'instruction portait que lorsqu'on aurait tracé définitivement la ligne du canal souterrain de *Devicq*, on creuserait trois puits jusqu'à l'eau, dont un à l'intersection des deux projets; et que l'on prendrait note du volume de l'eau qu'ils contiendraient, afin de comparer la quantité que ces puits en produiraient avec celles que fournissent les puits du canal *Laurent*.

Les plans et les nivellemens furent faits sur l'étendue des deux projets, depuis St.-Quentin jusqu'à Cambrai; les jauges, faites précédemment en nivôse, furent répétées en floréal et thermidor, et ensuite en vendémiaire, et trois membres de la Commission, d'après les ordres de M. le directeur-général des Ponts-et-Chaussées, se rendirent le

---

(1) M. Vicnnois, employé auparavant au canal du Centre.

22 brumaire an X pour faire leur rapport sur les opérations exécutées, et donner leur avis sur les questions qui avaient déterminé l'ajournement de l'assemblée.

Il suit de ce rapport, rédigé par MM. Gauthey, Recicourt et de Prony, le 22 frimaire an X (13 décembre 1801) :

1° Que, d'après une nouvelle vérification des nivellemens, l'entrée du *canal Laurent*, du côté de Vandhuile, qu'on supposait établie à la même hauteur que celle du côté du Tronquoy, était de 1^m,51 plus haut que cette dernière, et que par cette raison le niveau du *canal Devicq*, qui se trouvait à 6^m,06 au-dessus du *canal Laurent* au Tronquoy, ne se trouvait plus qu'à 4^m,55 au-dessus de ce canal à Vandhuile; et que sans de grandes dépenses, et sans allonger les portions de canal souterrain, on pourrait baisser le *canal Devicq* de 2^m,68, de manière qu'il ne se trouverait qu'à 3^m,38 au-dessus du *canal Laurent* à Tronquoy, et à 1^m,87 au-dessus du même canal à Vandhuile.

2° Que le sol, sous la direction et aux environs du canal, se trouvait, jusqu'à une certaine profondeur, d'une craie tendre, disposée par couches horizontales, séparées quelquefois par des couches de silex de 0^m,02 à 0^m,03 d'épaisseur, et divisées par des fentes verticales très-multipliées; que cette masse de craie reposait sur un banc de pierre dure, qui suivait une inclinaison telle que sa partie supérieure se trouvait être à 76^m au-dessus du *canal Laurent*, et à 73^m au-dessus du *canal Devicq*, et sa partie inférieure souvent au-dessous du *canal Laurent* (1); que les eaux de pluie qui pénétraient

_____

(1) Cette régularité, quoique soupçonnée, dans l'inclinaison de bancs plus durs, où s'arrêtent les filtrations, et dont l'esprit s'empare parce qu'elle lui épargne beaucoup de calculs ou d'incertitude, ne paraît pas exister au même degré qu'on pourrait le croire d'après certains mémoires : M. l'ingénieur Vionnois en fait lui-même l'observation, et donne, en preuve de son assertion, que la hauteur des eaux des puits de Bellicourt et de Riqueval, qui ne sont éloignés que de 1600^m, offrait une différence de 10^m,97.

la masse de craie s'arrêtaient à ce banc de pierre dure , ou ne le traversaient que fort lentement, et que, lors même que l'on supposerait que
la nappe de ces eaux fût continue dans toute la longueur du plan incliné
et sur toute sa hauteur, la différence de l'action de l'eau, relativement
aux deux canaux, serait dans le rapport de 75 à 76; mais qu'ainsi qu'on
s'en était assuré, l'eau des puits voisins du canal Laurent ne s'élève
guère à *Bony*, qui est l'endroit où les eaux se maintiennent les plus
hautes, qu'à 9^m.70 au-dessus du fond de ce canal, que d'ailleurs cette
même nappe d'eau se trouvait au-dessous du *canal Laurent,* sur plus
du quart de sa longueur, et que dans le *canal Devicq,* la partie seule
du Tronquoy était, dans ce cas, la presque totalité du grand souterrain,
étant plus abaissée que la lame ; que d'un autre côté les infiltrations se
faisant très-lentement, on devait compter pour bien peu de chose les ressources que pourraient offrir les eaux souterraines ; car, en supposant
qu'elles fussent maintenues en entier dans le canal, elles ne suffisaient
pas au passage de 60 bateaux, sans éprouver un abaissement de 0^m,57,
après lequel cesserait toute navigation , et qui cependant ne pourrait être
réparé de plusieurs jours, et peut-être de tout un mois; enfin , que l'eau
se maintenant dans les puits situés à 800^m de la partie ouverte du canal
Laurent, à 7^m au-dessus de son niveau, on ne devait, surtout depuis
l'abaissement du *canal Devicq,* et son éloignement de la galerie du *canal
Laurent,* concevoir aucune inquiétude sur l'infiltration des eaux du
premier dans le dernier ;

5° Mais que c'était sur les eaux de l'Escaut, prises au moulin de Vandhuile, sur celles des sources de Vandhuile, et sur celles qui pourraient
être réunies dans les réservoirs qui seraient facilement établis dans le
vallon de Bellenglise, et dont la partie à ciel ouvert dans ce vallon.
mettrait à même de jouir, qu'il fallait véritablement faire fond; le volume de ces eaux étant évalué, pour les eaux prises au moulin de Vandhuile, moyennement à 2185 pouces (41,617^m,43); pour celles des
sources à 780 pouces (14,856^m,57), formant en totalité 2965 pouces
(56,474^m); et enfin, pour celles qu'on ne devait pas négliger de ras-

sembler dans les réservoirs, à plus de 8,145,000ᵐ d'eau, quantité supérieure à celle du réservoir de St.-Ferriol (1) ;

4° Que si la plus grande longueur du *canal Devicq* allonge de vingt-huit minutes le temps de la navigation, on évite, d'un autre côté, quatre heures et demie de passage par le canal souterrain, où la navigation est incommode, et où le halage, qui doit se faire aux flambeaux, coûtera plus cher que dans le canal découvert ;

5° Que les bateaux pourront se croiser dans la partie intermédiaire découverte de l'Omignon, et que, de cette manière, on épargnera au commerce le séjour de la moitié des marchandises qui passeront par le canal ;

6° Qu'en adoptant le *canal Devicq*, non-seulement on épargnera la moitié des inconvéniens du canal souterrain, à cause de sa moindre longueur, mais même une grande partie des inconvéniens de ce dernier, eu égard à la division de la longueur en deux parties; et cela, après

---

(1) L'ingénieur Vionnois, qui avait été employé aux opérations ordonnées pour la comparaison des deux points, et qui s'était occupé des projets de ces réservoirs, proposait d'en établir deux, l'un au niveau du bief inférieur du Castelet, qui aurait 472,000ᵐ carrés de superficie sur 3ᵐ,59 de hauteur. joignant la chaussée, et le second au niveau du bief supérieur d'un moulin du Castelet, qui aurait 803,452ᵐ carrés de superficie et 6ᵐ,24 de hauteur, joignant la chaussée.

Outre ces réservoirs, il reconnaissait la possibilité d'en établir deux autres très-vastes, l'un à l'embranchement des vallons de Bohain et de Marest, et l'autre à l'embranchement des vallons de Beaurevoir et de Ramicourt.

Enfin, cet ingénieur en indiquait trois autres dans le bassin de l'Omignon : un dans le vallon de Hautcourt, un dans celui de Magny-la-Fosse, et un dans celui d'Étricourt.

Le même ingénieur observait de plus qu'il existait entre Bohain et Le Joncourt une espèce de lac, appelé le *Grand-Houy*, d'environ 17 hectares. Ses eaux étant plus voisines des sources de la Somme, se réunissent à cette rivière, mais il observe qu'en faisant une tranchée de 4ᵐ de profondeur au bas de Bréaucourt, on pourrait les conduire au réservoir de Prémont et les faire servir à la navigation.

avoir réduit les frais de la première dépense d'exécution, et tout en réduisant pour la suite ceux d'entretien;

7° Que le canal Devicq, au moyen du port de Bellenglise, desservira beaucoup de communes et le vallon de l'Omignon, tandis que le *canal Laurent* n'en peut desservir aucune;

8° Que le *canal Laurent* passe sous plusieurs vallons profonds, au-dessous desquels on sera obligé d'étayer et voûter en voûtes épaisses, ce qui ne peut se faire qu'avec de grandes dépenses; tandis que le *canal Devicq*, quoique creusé à une profondeur moyenne presque aussi considérable, ne passant pas cependant sous des vallons aussi abaissés, n'exigera pas aussi impérieusement cette précaution;

9° Que les eaux qu'on peut conduire au point de partage sont au moins aussi considérables au *canal Devicq* qu'au *canal Laurent*; car si celui-ci, disaient-ils, reçoit un peu plus d'eau des filtrations, celui-là recueille exclusivement celles des réservoirs de Bellenglise, les eaux de l'Escaut, de la Somme et de Vandhuile leur étant communes;

10° Que la lame des eaux souterraines se maintient au-dessus du canal sur les 4/5 de la longueur du souterrain *Devicq*, et seulement sur les 2/3 de celles du souterrain *Laurent*;

11° Enfin, la considération qui devait, disaient les commissaires, influer plus que toute autre sur la détermination à prendre, était l'excédent de dépense du *canal Laurent* sur le *canal Devicq* dans la partie où les projets sont dissemblables, puisque la différence était de plus d'un tiers sur trois lieues de longueur, en donnant 8ᵐ de largeur au canal.

D'après ces diverses considérations, les commissaires proposaient donc l'adoption du canal Devicq.

Cependant M. l'ingénieur en chef Becquey, secrétaire de l'assemblée, qui avait été chargé pendant quelques mois de l'inspection du canal, présenta à l'assemblée, dans sa séance du 25 frimaire an X (16 décembre 1801), un mémoire dans lequel, après avoir comparé les deux projets, il en propose un troisième qui lui paraissait concilier les avantages des deux autres.

Troisième projet proposé par M. l'ingénieur en chef Becquey.

La première partie de ce mémoire est relative à la comparaison des deux projets *Laurent* et *Devicq* : il y observait :

1° Que si le canal *Devicq* avait un souterrain plus court, celui *Laurent* était alimenté naturellement par des sources plus pures et plus abondantes ;

2° Que dans un terrain qui ne présente qu'une terre végétale, mêlée de débris de marne, tel que celui qui domine le bassin de partage, on ne pouvait compter sur les réservoirs que comme sur un moyen supplémentaire, et non en faire la base principale d'une grande navigation ;

3° Qu'en pratiquant, au milieu du souterrain Laurent, une galerie double de 600ᵐ de longueur, terminée par des gares de 40ᵐ de longueur, accompagnées d'escaliers pour communiquer au dehors, le halage en serait moins cher, et la traversée moins sujette à éprouver des retards ;

4° Que l'exécution n'en serait pas plus longue, en ayant égard aux parties exécutées du canal *Laurent* ;

5° Que l'inconvénient de la perméabilité du sol serait moindre au canal *Laurent*, dont la longueur à travers le sol de cette nature ne serait que de 4700ᵐ, tandis que pour le canal *Devicq* elle était de 9000ᵐ ;

6° Qu'en réduisant la largeur du canal *Laurent* à vingt-deux pieds, sa dépense ne devrait pas excéder de beaucoup plus de 550,000 fr. celle du canal *Devicq*.

M. l'ingénieur Becquey n'avait pas pu s'occuper de la question qui s'agitait sur la préférence à donner à l'un ou à l'autre projet, sans chercher s'il ne serait pas possible de concilier, dans un troisième projet, les avantages qui semblaient être particulièrement attachés à chacun d'eux, et l'on doit dire qu'il semble s'être approché, autant qu'il était possible, de ce louable but, par la nouvelle direction dont il proposait l'adoption dans la deuxième partie de son mémoire.

Ce nouveau projet avait particulièrement pour but d'éviter la trop grande longueur souterraine du canal *Laurent*, et de procurer au canal *Devicq*, en l'abaissant, une plus grande quantité d'eau.

Par ce projet, le canal aurait eu la même origine à Vandhuile; mais il aurait été dirigé sur le vallon de Bellicourt en formant avec la direction du canal *Laurent* un angle d'environ 15°,30′ vers l'ouest, il suivait ensuite à ciel ouvert les vallons de Riqueval, de Bellenglise, de Hautcourt, et traversait la montagne du Tronquoy, à l'endroit désigné par l'ingénieur Devicq, pour se réunir au canal *Laurent* dans le vallon du Tronquoy, à 440ᵐ au-dessus de l'ancienne galerie.

Le niveau de son plafond devait s'élever de 0ᵐ,48 au-dessus de celui *Laurent*, du côté de Vandhuile, à cause des difficultés que présentait le terrain d'Ossu, connu sous le nom de sables bouillans. De cette manière, la nouvelle ligne du canal présentait deux souterrains, l'un de 7100ᵐ de longueur du côté de Vandhuile, et l'autre de 1100ᵐ de longueur du côté du Tronquoy; ces deux souterrains étaient séparés par une partie à ciel ouvert de 7050ᵐ de longueur.

La largeur des portions souterraines devait être réduite à 7ᵐ,15; la profondeur de l'eau aurait été de 2ᵐ, et aurait pu être portée à 2ᵐ,16, en exhaussant les portes des écluses qui devaient terminer le bassin, afin de servir de réservoir au produit journalier des sources souterraines, attendu que cette augmentation de profondeur équivalait à une augmentation moyenne de 1ᵐ sur la longueur du canal.

Comparant la longueur totale de ce nouveau canal avec celle des deux canaux précédens entre les parties communes, on remarquait ces résultats :

1° Longueur du canal *Devicq*.. . . . . 17,538ᵐ
2° Longueur du canal *Laurent*. 14,812
5° Longueur du nouveau canal.. 16,973

La comparaison des longueurs souterraines présentait les résultats suivans :

Longueur pour le canal *Devicq*. 6,800ᵐ
Pour le canal *Laurent*. 13,772
Pour le nouveau canal. 8,200

Comparant ensuite les produits des sources qui alimentent naturellement ces trois bassins, M. l'ingénieur Becquey annonçait :

1° Que celles qui alimenteraient le canal *Devicq* ne pourraient, sans de grandes dépenses, excéder................ 1635ᵐ

2° Que celles qui alimenteraient les deux autres canaux
projetés s'élevaient naturellement à 1986ᵐ, en ne calculant que
sur les sources du bief supérieur de Vandhuile réunies à
celles du souterrain, et qu'elles pouvaient, avec une légère
dépense, s'élever à...................... 3395

Du reste, M. Becquey convenait que, sous le rapport de la dépense
du halage et de la perméabilité du terrain, les conditions se trouvaient
à peu près les mêmes pour le canal *Devicq* et le nouveau projet, mais
qu'elles étaient à l'avantage du canal *Laurent* ;

Que quant à la dépense du nouveau projet, elle n'excéderait que de
295,221 fr. celle du canal *Devicq*; mais que cet excédant serait plus
que balancé par la dépense du plus grand nombre de réservoirs qu'exigerait le canal *Devicq*: d'où il résultait que le nouveau projet, ne présentant pas plus de dépense que celui *Devicq*, aurait sur lui l'avantage
d'une position hydraulique plus favorable, et qui semblait propre à
faire incliner la balancer en sa faveur.

Ce mémoire donna lieu à diverses observations de la part de l'ingénieur Vionnois. Celles relatives au volume des eaux étant les plus importantes, il s'attacha à démontrer que depuis l'abaissement que la Commission avait fait subir au *canal Devicq*, on pouvait y recevoir toutes
les eaux des sources de Vandhuile, qui se trouvent supérieures au bief
de partage de 0ᵐ,42, et que le produit moyen de ces eaux était de
2904 pouces, ou 55,512ᵐ cubes en vingt-quatre heures, ce qui pouvait
suffire au passage de 60 bateaux par jour ;

Que d'après cet état de choses, il deviendrait inutile d'abaisser le
point de partage du *canal Devicq* au-dessous du niveau fixé par la Commission ; et que, lors même que par cet abaissement on obtiendrait

300 pouces, cette quantité n'empêcherait pas qu'on ne fût obligé d'avoir recours aux réservoirs ;

Que le changement fait par M. Becquey relativement à l'abaissement du bassin de partage du *canal Devicq* rentrait absolument dans celui proposé par la Commission, avec cette différence que, suivant la Commission, le bassin de partage, qui n'était qu'à 2ᵐ,68 au-dessous du point fixé par M. Devicq, recevait cependant les mêmes eaux que celui proposé par M. Becquey, qui était de 1ᵐ,38 plus bas ;

Que le second changement relatif à la direction avait pour but de raccourcir le canal, mais que l'on n'opérait cette diminution qu'en allongeant de 1400ᵐ la grande partie souterraine sous le mont St.-Martin ;

D'où il suit :

1° Que la direction du canal Devicq réunit infiniment plus d'avantages pour l'établissement du point de partage du canal de la Somme à l'Escaut, que celle du canal Laurent ;

2° Que par l'abaissement proposé par la commission pour le bassin de partage, il pourra recevoir toutes les eaux de l'Escaut au-dessous de Vandhuile, et celles des anciennes fontaines de Vandhuile, réunies aux eaux qui sortent de la galerie souterraine, les seules qui puissent être reçues au canal Laurent, suivant la hauteur fixée par le poteau de Vandhuile ;

3° Que par le moyen des réservoirs proposés par la Commission, on peut augmenter pendant six mois la quantité d'eau disponible au bassin de partage, de plus de 2500 pouces d'eau, en supposant qu'ils ne se remplissent qu'une seule fois l'année, et que les pluies et les orages ne fassent que compenser les évaporations ;

4° Qu'en supposant la construction de la double galerie proposée par M. l'ingénieur Becquey pour faire croiser la navigation dans le canal Laurent, l'avantage du halage serait encore pour le canal Devicq, malgré sa plus grande longueur ;

5° Que les précautions à prendre pour éviter les échouages et les encombremens dans les canaux souterrains, étant communes aux deux projets, les chances restent toujours dans le rapport des longueurs des parties souterraines;

6° Que la durée de l'exécution doit être calculée en raison de la longueur des parties souterraines, et des ouvrages d'art auxquels elles donneront lieu, et qu'en faisant des épuisemens, le percement du mont St.-Martin, de Riqueval à Macquincourt, ne peut apporter aucun retard à l'exécution du projet Devicq;

7° Que la perméabilité du sol ne doit mériter aucune considération dans le choix du projet, par la facilité avec laquelle on pourra y remédier dans les parties à ciel ouvert, mais qu'elle nécessitera plus de dépense dans les parties souterraines;

8° Que l'on doit préférer la largeur de 24 pieds proposée par la Commission pour les parties souterraines, parce qu'elle permet de construire deux trottoirs de 3 pieds de largeur de chaque côté, si on le juge convenable, et qu'elle facilite le halage des bateaux;

9° Que l'élargissement des parties souterraines jusqu'à 33 pieds, ayant pour but de faire croiser la navigation, et d'empêcher les retards, ne pourrait être utile qu'au canal Laurent, mais qu'elle devient superflue au canal Devicq, où l'on peut la faire croiser dans la traversée du vallon de Bellenglise.

10° Que parmi les qualités qui doivent décider dans l'adoption du projet d'un bassin de partage pour un grand canal, celui Devicq réunit les plus essentielles à la navigation;

11° Enfin, que le projet présenté par M. Becquey pour les changemens à faire au canal Devicq, le rend préférable au canal Laurent; mais qu'en augmentant la longueur des parties souterraines, il augmente les inconvéniens de ce genre de navigation, sans en tirer aucun avantage;

Malgré ces observations qui étaient appuyées par la Commission, et M. Becquey ayant retiré son projet, l'assemblée des Ponts-et-Chaussées délibérant, dans sa séance du 14 pluviôse suivant (3 février 1802), sur la préférence à donner à l'un des deux premiers projets, adopta, à une majorité de 21 voix contre 9, le projet de M. Laurent.

Le dépouillement des votes n'eut pas été plus tôt consommé, que M. l'inspecteur-général Gauthey, un des membres de la Commission chargée de l'examen des projets, protesta contre la décision qui en était le résultat, annonçant que le Gouvernement ne pouvait adopter un projet qui présentait autant d'inconvéniens, et qui l'obligerait inutilement à un excédant de dépense de près de 4,000,000 fr.

Cette protestation ayant été connue, le Gouvernement crut devoir renvoyer l'examen de ces deux projets à la première classe de l'Institut, devant laquelle trois commissaires, tant de la majorité que de la minorité de l'assemblée des Ponts-et-Chaussées, eurent ordre de discuter les deux projets. Plusieurs mémoires furent publiés par la majorité et par la minorité du conseil des Ponts-et-Chaussées ; et enfin, sur l'avis de la première classe de l'Institut, le Gouvernement, par un arrêté du 11 thermidor an X (30 juillet 1802), terminant une lutte qui n'avait eu d'autre motif que le bien public dont chacun était animé, décida « que le canal serait dirigé en partant de St.-Quentin par Omissy, le « Tronquoy, Bellenglisse, Riqueval et Macquincourt, le tout confor- « mément aux plans rédigés par les ingénieurs des Ponts-et-Chaussées, « et approuvés par le ministre de l'intérieur. »

Le canal de St.-Quentin, auquel nous avons cru devoir nous arrêter quelque temps, parce que plusieurs questions d'art se rattachent à son histoire, confié aux soins de M. Gayant, alors ingénieur en chef et depuis inspecteur-général des Ponts-et-Chaussées, fut commencé dès l'an X (1801), et, à l'exception de quelques ouvrages de détail et de perfectionnement qui restent encore à faire, peut être considéré comme étant terminé.

La navigation y est établie depuis près de neuf ans ; et si dans les premiers temps on a éprouvé, à certaines époques, un défaut d'eau dont il est résulté quelques interruptions dans cette navigation, l'affermissement du sol que peut seul amener le temps, l'exécution successive d'améliorations indiquées par l'expérience, et la faculté d'établir de grandes réserves d'eau si l'on en reconnaissait l'indispensable nécessité, doivent faire espérer, ainsi que nous verrons tout-à-l'heure, que cette grande et importante construction remplira son objet, et pourra ainsi être comptée au nombre des plus beaux et des plus utiles monumens de ce siècle par les services qu'elle est destinée à rendre au commerce.

D'après les modifications que la Commission a fait subir au projet de M. *Devicq*, et d'après les légers perfectionnemens que ce projet rectifié a éprouvés dans les détails de son exécution, le canal de St.-Quentin, dont il serait superflu de rappeler ici l'itinéraire, est disposé ainsi qu'il suit :

La première branche, depuis St.-Quentin jusqu'au bief de partage, passant par Omissy, a de longueur 6512ᵐ, et sa pente, de 10ᵐ,30, est rachetée par 5 écluses.

Longueur du canal et dimensions des écluses.

Le bief de partage, passant à travers deux souterrains précédés et suivis de fortes tranchées, dont la plus considérable a 23ᵐ dans sa plus grande profondeur, s'étend sur une longueur de 20,452ᵐ.

La longueur du premier souterrain, dit du Tronquoy, est de 1100ᵐ; celle du second, dit de Riqueval, le plus long qui soit connu, est de 5676ᵐ.

Ce bief de partage est alimenté par les eaux de l'Escaut qui y entrent immédiatement au-dessus de l'écluse du Bosquet, par plusieurs ruisseaux qui s'y rendent dans la partie à ciel ouvert située entre les deux souterrains, et bientôt recevra les eaux du ruisseau du Noirieu, et, s'il est nécessaire, de l'Oise, qui y seront amenées par une rigole qui, remplaçant sous ce rapport la branche inférieure du canal de la Sambre au canal de St.-Quentin, approuvé par une ordonnance du 27 juillet 1821, et auquel on paraît avoir renoncé, aura 21,673ᵐ de longueur, traversera le seuil qui sépare les deux vallées de l'Oise et de la Somme, au moyen d'un souterrain de 15,500ᵐ de longueur, aura 1ᵐ,50 de largeur au plafond, et pourra fournir 30,000ᵐ cubes par 24 heures.

La deuxième branche peut être considérée comme se composant de deux parties : la première, depuis le bief de partage jusqu'à la dernière écluse du canal dans l'Escaut à Cambrai, dont la longueur est de 22,519ᵐ, et dont la pente, qui est de 37ᵐ,60, est rachetée par 17 écluses;

la seconde, depuis ce point jusqu'à la première écluse sur l'Escaut, dont la longueur, y compris le bassin franc de 305ᵐ, est de 2498ᵐ; en totalité 25,017ᵐ.

Longueur totale du canal, 51,781ᵐ

Nombre total des écluses, 22.

La largeur du plafond du canal dans les tranchées est de 6ᵐ, et dans les parties à ciel ouvert de 10ᵐ.

La hauteur d'eau est de 1ᵐ,65.

Les deux souterrains sont formés en voûte en plein cintre de 8ᵐ d'ouverture, avec pieds-droits de 4ᵐ de hauteur.

Le halage s'y pratique au moyen de deux banquettes de 1ᵐ,40 de largeur, établies à 2ᵐ,70 au-dessus du plafond, et supportées par des encorbellemens.

La longueur des écluses est de 58ᵐ,60 d'un busc à l'autre, et leur largeur entre les bajoyers est de 5ᵐ,20; leur chute varie de 1ᵐ,84 à 2ᵐ,27 de hauteur.

La dépense des deux souterrains s'est élevée à 3,500,000 fr., et celle des parties à ciel ouvert à 8,500,000 fr.; en totalité 12,000,000 fr.

Mouvement du commerce. Les marchandises qui se transportent par le canal de St.-Quentin et par le canal Crozat, qui ne forment plus qu'une même ligne, sont des cendres d'engrais, des grains, des vins, et particulièrement des charbons de terre.

Produit. Il résulte des relevés qui ont été faits dans les différens bureaux de perception, qu'il est passé, en 1825, sur ce canal, 1797 bateaux chargés, dont 1540 de houille, 157 de cendres d'engrais, 19 de tourteaux (résidu des houillères), 11 de bois, 11 de blé, seigle et avoine, 15 de grès, pierres, plâtres, etc., 16 de sel, 10 de tabac, 7 de sable, 4 de marne, 9 d'ardoises, couperose, etc.; et que ces bateaux, formant un tonnage d'environ 200,000 tonneaux, ont procuré pour la totalité du parcours de ces deux canaux, sur une longueur ensemble de 97,152ᵐ,50, un produit de 448,000 fr. (1).

_____

(1) Suivant ce tarif, le droit perçu sur la partie neuve du canal de St.-Quentin

Le mouvement du commerce ne pouvant qu'augmenter sur ce canal destiné, par sa position, au transport de la plus grande partie des charbons de terre qui se consomment à Paris et sur plusieurs points intermédiaires, et dont l'usage se propage et s'accroît de plus en plus, l'administration a cru ne pouvoir trop s'occuper, depuis son achèvement, de conserver et d'augmenter même, s'il était possible, le volume des eaux qui l'alimentent. A partir de ce moment elle n'a cessé, dans cette vue, de faire exécuter des ouvrages pour arrêter les filtrations qui avoient lieu tant à travers les parois des souterrains que dans plusieurs autres parties du canal ; et dans ces dernières années elle a constamment fait travailler à l'ouverture de la rigole du Noirieu, jusqu'au moment où elle a jugé plus expédient de charger une compagnie de la continuation de ces divers travaux, au moyen de ce que le Gouvernement lui abandonnerait momentanément la jouissance des revenus de ce canal et de celui de Crozat, auquel il restait à terminer d'importans perfectionnemens.

Cette résolution n'a pas tardé à être suivie d'une loi qui en consacre l'exécution.

---

entre cette ville et Cambrai, est calculé d'après les distances à parcourir et le chargement possible des bateaux, c'est-à-dire leur capacité réelle en tonneaux de mer du poids de 1000 kilogrammes, ainsi qu'il suit :

Par tonneau et par distance de 5 kilomètres, pour les bateaux exclusivement chargés de pavés, grès, pierres à bâtir, briques, sable, engrais, fumier, gadoue, chaux, cendres fossiles, cendre de mer, cendre de bois, cendre de tourbe, foin ou paille, ci . . . . 5 c.

Les trains d'arbres flottés paieront pour chaque arbre, sans égard à la dimension, le droit fixé pour deux tonneaux, c'est-à-dire 20 c. par arbre et par distance, ci 20

Les trains de bois flotté paieront par chaque mètre de longueur 20

Par tonneau et par distance pour les bateaux dont le chargement se composera, en tout ou en partie, d'objets autres que ceux désignés ci-dessus 10

Par tonneau et par distance pour les bateaux vides . . . . 2 c. 1/2

61.

Par cette loi du 20 mai 1827, et par le cahier des charges qui y est annexé, le sieur Honnorez s'est engagé à exécuter et à terminer, à ses risques et périls, pour le 1er janvier 1831, les travaux nécessaires au perfectionnement et à l'amélioration des canaux de St.-Quentin et de Crozat, de manière à établir constamment (sauf les temps ordinaires de chômage) un mouillage de 1m,65, et ce moyennant la jouissance desdits canaux pendant vingt-deux ans.

Depuis ce moment, de nombreuses améliorations ont été effectuées par le concessionnaire, sous la direction éclairée de M. l'ingénieur en chef Minard. Le bief de partage a été étanché sur 3000m de longueur, et, malgré les pertes qui s'y manifestent encore, l'eau s'y maintient à une hauteur qui permet aux bateaux d'y passer à mesure qu'ils se présentent. Plusieurs ont fait dernièrement le trajet de Cambrai au bassin de la Villette, à Paris, en treize jours. Auparavant, ils étaient obligés, le plus souvent, de marcher par convois, au moyen de flouées ou lâchures, qu'il n'était possible de renouveler que tous les quinze jours, suivant les saisons, et mettaient deux à trois mois à faire le même trajet.

D'autres ouvrages ont été exécutés sur le canal de St.-Quentin, ainsi que sur le canal Crozat. Sur ce dernier, deux des trois écluses de Fargnier, dont nous avons parlé plus haut, ont été fondées.

Enfin, les travaux de la rigole du Noirieu ont été poussés avec activité, et tout fait croire qu'elle ne tardera pas à faire jouir le canal de Saint-Quentin de tout le volume d'eau que réclamait la navigation qu'il est destiné à desservir.

TRIPLE RAMIFICATION

DE LA LIGNE DE JONCTION DES DEUX MERS PAR LE NORD DE LA FRANCE.

Cette grande ligne de jonction des deux mers par le nord de la France, et dont le canal de St-Quentin devient un des liens en unissant l'Oise à l'Escaut par la Somme, après s'être prolongée quelques lieues au-dessus de Cambrai, se divise en trois branches.

La première passant par Gand, qui n'est que la prolongation de la ligne principale, et qui se forme de l'Escaut même jusqu'à Gand, se partage ensuite en trois branches extrêmes formées, l'une des canaux de Bruges et d'Ostende, l'autre du canal du sas de Gand, et enfin la dernière du canal de Moert-Vaert et de la rivière de Durme qui vient tomber dans l'Escaut oriental, au-dessus d'Anvers, et du cours même de l'Escaut jusqu'à son embouchure dans la mer.

La deuxième qui, avant le canal d'Aire à la Bassée, passait seulement par Lille, se compose du canal de la Sensée qui lie l'Escaut à la Scarpe, et de la haute et basse Deule, qui se divise ensuite en deux sous-ramifications, dont la première se compose de la navigation de la Lys inférieure depuis Varneton jusqu'à Gand, et la seconde se forme de la Lys supérieure canalisée, des canaux de la Nieppe, d'Hazebrouck, de Preaven et de la Bourre, du canal de Neuf-Fossé, du canal de l'Aa, sur lequel s'embranchent ceux de Colme, de Bourbourg et de Calais.

Le troisième enfin, passant par Mons et Charleroy, se compose de la partie du cours de l'Escaut depuis Cambrai jusqu'à Condé, du canal de Condé à Mons, de celui projeté de Mons à Charleroy, de la Sambre depuis Charleroy jusqu'à Namur, et ensuite de la Meuse jusqu'à son embouchure dans la mer.

Nous donnerons la description de ces trois ramifications en parlant des canaux qui viennent s'y embrancher.

PREMIÈRE BRANCHE,

PASSANT PAR VALENCIENNES, CONDÉ ET GAND.

NAVIGATION ARTIFICIELLE DE L'ESCAUT.

Cette branche se compose de la portion même de l'Escaut qui, de Cambrai où il commence à être navigable, se dirigeant au nord, passe

à Bouchain, Valenciennes, Condé, en traversant le territoire français
sur une longueur de 68,482ᵐ.

La navigation de l'Escaut fut perfectionnée au moyen d'ouvrages
qui furent exécutés par la province, de 1750 à 1788, sous la direction
de M. Laurent.

Sa pente, qui, depuis Cambrai jusqu'à la limite de la France, est de
26ᵐ,20, est rachetée par 15 écluses de 44ᵐ de longueur d'un busc à
l'autre, et de 5ᵐ,20 de largeur entre les bajoyers, dont 2 sas neufs,
8 sas reconstruits dernièrement, et 4 écluses simples.

Tel serait le seul développement auquel se réduirait la première branche
de la triple ramification de cette longue ligne de navigation du midi au
nord, dont nous avons vu que le canal de St.-Quentin formait une des
portions les plus remarquables ; et à Mortagne, limite de son territoire,
se termineraient les services que pourrait rendre au commerce de la
France tout le cours de l'Escaut, si l'on pouvait imaginer qu'il n'existât
pour les nations aucune relation, aucun commerce extérieur; mais heureusement il n'en est pas ainsi, et lorsque tous les intérêts sociaux, qui
s'accroissent de jour en jour, n'amèneraient pas les peuples à cette libre
communication qui peut seule compléter leur existence morale et politique, la nature leur indiquerait assez par le cours des fleuves que ne
peuvent arrêter ces limites établies par les hommes, que si ces limites sont
nécessaires entre les différens peuples auxquels la faiblesse des institutions
humaines n'a pas permis de se confondre en une même famille, cependant ils ne peuvent que chercher à se dédommager de cette triste nécessité en multipliant autant qu'il leur est possible toutes les relations qui
peuvent du moins leur rappeler leur commune origine.

Nous ne craindrons donc point, non-seulement de parler ici des parties
de rivières qui, coulant sur de territoire étranger, font suite à celles qui
vivifient le nôtre, et des canaux qui, quoique hors de chez nous, peuvent être considérés comme se liant à ceux qui font l'espoir de notre
commerce., mais encore nous croirons répondre par là même aux vues
éclairées du Gouvernement sous lequel nous avons le bonheur de vivre,

et à celles des Gouvernemens des peuples voisins, en indiquant les projets qu'il serait le plus à désirer de mettre à exécution, soit de notre part, soit de la leur, pour l'intérêt commun de nos relations et de notre commerce réciproques, et pour resserrer, de plus en plus, les liens d'amitié et de bon voisinage qui nous unissent.

CONTINUATION DE LA MÊME BRANCHE AU-DELA DES LIMITES DE LA FRANCE.

De Mortagne, l'Escaut, au-delà du territoire français, continue à se diriger au nord jusqu'à Gand, d'où se portant à l'est jusqu'à Dendermonde, il se dirige encore au nord, passe sous Anvers, et poursuit jusqu'au fort Lillo, où il se divise en deux branches sous les noms d'Escaut oriental et d'Escaut occidental, et qui vont toutes les deux se jeter dans la mer, la première en passant sous Bergopzoom, et la seconde en passant sous Flessingue.

Par ce cours de l'Escaut, on voit se prolonger au nord la première branche de notre triple ramification depuis 5000ᵐ au-dessous de Mortagne jusqu'à Gand, sur une longueur de 17 myriamètres, au moyen de 5 écluses, et enfin depuis Gand jusqu'à la mer, et toujours dans la même direction au nord par le canal de Sas-de-Gand qui, prenant naissance à Gand, se termine, après un cours de 25,000ᵐ sur lequel sont établies deux écluses intermédiaires à Poutrelles, à Sas-de-Gand, où il se jette, par une fort belle écluse, dans le bras de mer appelé Brackman.

Mais avant de terminer ainsi au nord la longue ligne de navigation qui traverse la France, cette même branche se divise à Gand en deux autres ramifications extrêmes qui se dirigent, l'une à l'ouest, et l'autre à l'est.

La première, à l'ouest, qu'on peut considérer comme double, se compose, 1° des canaux de Bruges et d'Ostende qui forment ensemble une longueur de 6500ᵐ, et dont la pente est rachetée par quatre écluses, parmi lesquelles on remarque celle dite de Ste.-Agnès à Gand , et une autre très-belle de Slikens à Ostende; 2° de la rivière de Lièvre qui, navigable dans son cours presque parallèle à ces canaux, sur ~5,000ᵐ de longueur, se joint au canal de Sas-de-Gand, par l'écluse du Rabot.

La seconde , à l'est , plus riche par le grand nombre de ses embranchemens, se compose aussi doublement : 1° du canal de Moert-Vaert, simple dérivation du canal de Sas-de-Gand qui, par sa navigation de 15,000ᵐ de longueur et sans écluses, et au moyen de la rivière de la Durme qui se grossit du flux , et devient ainsi navigable naturellement sur 30,000ᵐ de longueur, ouvre une communication au nord vers Hulst par le canal de Stekene , et une seconde communication vers Anvers; 2° de l'Escaut lui-même, depuis Gand jusqu'à sa double embouchure dans la mer, et qui reçoit avant d'arriver à Anvers la rivière de Dender, navigable depuis Ath sur 67,500ᵐ de longueur, au moyen de 20 écluses, et le Rupel, navigable sur 10,000ᵐ de longueur, depuis son embouchure dans l'Escaut à Rupelmonde jusqu'à Boom , où il se forme des eaux de plusieurs rivières et canaux, parmi lesquels on doit compter les trois Nèthes, dont la plus petite, navigable seulement sur 5000ᵐ de longueur, voit passer sur sa rive gauche le grand canal du Nord déjà commencé, et sur lequel nous reviendrons , et dont les deux autres sont navigables sur 10,000ᵐ de longueur; la Dyle , navigable depuis Werchter sur 27,000ᵐ de longueur, qui n'a qu'une écluse , et qui reçoit elle-même la Demer, péniblement navigable depuis Diest sur 30,000ᵐ de longueur, au moyen de 4 écluses ; le canal de Louvain , alimenté par la Dyle, de 30,000ᵐ de longueur, et dont la pente est rachetée par 5 écluses ; la rivière de Senne , qui prend sa source au-dessus de Mons , et passe à Bruxelles, mais n'est point navigable sur son long cours de 70,000ᵐ ; et enfin le canal de Bruxelles, alimenté en partie par la Senne, et dont la pente est rachetée par 5 écluses : octuple ramification, dont les deux branches artificielles, le canal de Louvain et le canal de Bruxelles, pourraient si facilement communiquer, la première à la Sambre, par le canal déjà projeté de Charleroy, et la seconde au Haut-Escaut, par le canal de Mons à Condé, en partie exécuté, ce qui offrirait aux premières villes de précieuses communications au midi vers le centre de la France, comme celles que leur procurent déjà en partie ou leur procureront bientôt ces mêmes canaux, à l'ouest vers la mer, au moyen des divers canaux dont il a déjà été parlé, et à l'est vers le Rhin, au moyen du canal du Nord déjà entrepris.

SECONDE BRANCHE,

PASSANT PAR LILLE.

CANAL DELA SENSÉE.

Ce canal offrait un très-grand intérêt, et était désiré depuis long-temps. Son objet, en joignant l'Escaut auquel il s'unit au-dessous de Cambrai, avec la Scarpe à laquelle il aboutit au-dessus de Douai, est d'ouvrir, au moyen du canal de la Haute-Deule, une communication plus directe de Cambray à Lille, et, au moyen de la Scarpe, de Cambrai à Arras; communication qui ne pouvait avoir lieu auparavant entre Cambrai et ces deux villes que par une navigation presque trois fois plus longue, par l'Escaut, depuis Cambrai jusqu'à Mortagne, en passant par Valenciennes et Condé, et par la Scarpe, depuis Mortagne jusqu'à l'em-bouchure du canal de la Haute-Deule, si l'on se dirigeait sur Lille, et jusqu'à Corbehem, en passant par Douai, si l'on se portait sur Arras. Cette nouvelle ligne de navigation réduit de 63,000ᵐ la longueur de la ligne navigable entre Lille et Cambrai, et de 18,000ᵐ la longueur de celle entre Lille et Valenciennes.

Ce canal est alimenté par les eaux de la Sensée, petite rivière qui prend sa source au hameau de Behagnies, au nord et 'près de Bapaume, tombe dans l'Escaut près de Bouchain, et dont une partie fut dérivée, en 1690, et amenée par le canal du Moulinet dans la Scarpe à Douai, pour alimenter, concurremment avec cette rivière, le canal de la Haute-Deule dont il sera parlé dans la suite.

Partant de l'Escaut au bassin rond du canal de dérivation de l'Escaut à Bouchain, le canal de la Sensée passe par Estrun, Saillencourt, Hem-Lenglet, Fressies, Aubancheul, et vient se rendre à la Scarpe entre Corbehem et Courchelettes.

Sa branche orientale, depuis l'Escaut jusqu'à l'origine du bief de partage, a 9775ᵐ de longueur, et sa pente, de 1ᵐ,50, est rachetée par une écluse.

Le bief de partage, près Arleux, est établi sur une longueur de 12,427ᵐ.

Sa branche occidentale, depuis l'extrémité du bief de partage jusqu'à la Scarpe, a 4500ᵐde longueur, et sa pente, de 6ᵐ,20, est rachetée par 2 écluses.

Longueur totale du canal, 26,700ᵐ.

Indépendamment des 5 écluses dont il vient d'être parlé, il existe encore sur ce canal deux portes de garde, l'une à son embouchure dans la Scarpe, et l'autre à son embouchure dans l'Escaut, tout près du bassin rond. Ce bassin, qui a trois passages, dont l'un vers Bouchain, l'autre vers Cambrai, et le troisième, vers Douai, au moyen du canal de la Sensée, appartient à l'Escaut

Le canal a 10ᵐ de largeur au plafond, 18ᵐ à la ligne d'eau. La profondeur de l'eau est de 2ᵐ.

Les écluses ont 44ᵐ de longueur d'un busc à l'autre, et 5ᵐ,20 de largeur entre les bajoyers.

Ce canal, concédé, en vertu d'une loi du 13 mai 1818, au sieur Honnorez, pour quatre-vingt-dix-neuf ans, a coûté 1,520,000 fr., et 1,750,000 fr., y compris les travaux accessoires de l'Escaut et de la Scarpe, consistant en travaux de terrasses et en trois sas, un sur l'Escaut, et deux sur la Scarpe. Exécuté avec une rapidité extraordinaire par le zèle de M. Vallée, alors ingénieur ordinaire, et par les soins éclairés de M. Cordier, aujourd'hui inspecteur divisionnaire, il a été livré à la navigation, après moins de trois années de travail, le 15 novembre 1820.

NAVIGATION ARTIFICIELLE DE LA SCARPE.

La rivière de Scarpe offre un précieux moyen de communication entre Arras, où elle commence à être navigable, Douai et Tournai.

Cette rivière, qui a plusieurs sources dont la plus considérable est située à Montenescourt, à 1 myriamètre au-dessus d'Arras, se divise en Haute et Basse-Scarpe, dont la longueur totale navigable, depuis Arras jusqu'à son embouchure dans l'Escaut à Mortagne, est de 79,908ᵐ.

La Haute-Scarpe, depuis Arras jusqu'à Douai, fut rendue navigable sous Philippe II et Philippe III, rois d'Espagne. Les travaux, commencés en 1595, furent terminés en 1613. On exécuta, en 1686, un canal pour communiquer des fossés de la ville d'Arras à la Scarpe.

La navigation de la Basse-Scarpe, depuis Douai jusqu'à son embouchure dans l'Escaut, a été établie au moyen d'écluses construites par les abbayes qui avaient établi des péages.

La pente de la Scarpe, depuis l'extrémité du canal de St-Michel, qui joint les fossés d'Arras à cette rivière, jusqu'à son embouchure dans l'Escaut, est rachetée par 10 écluses, dont 6 simples, et 4 à sas. Les écluses de Courchelettes et de Lambres, situées entre l'embouchure du canal de la Sensée et Douai, ont été reconstruites, ainsi qu'une autre écluse dans la ville de Douai. Ces écluses ont 5ᵐ,20 de largeur entre les bajoyers, et 44ᵐ de longueur d'un busc à l'autre.

La navigation depuis long-temps importante de la Scarpe a acquis encore un nouveau degré d'intérêt par l'exécution du canal de la Sensée, qui a réduit à 72,200ᵐ la longueur de la ligne de navigation entre Arras et Valenciennes, dont le développement était autrefois de 109,450ᵐ, et par les perfectionnemens qu'on apporte tous les jours aux ouvrages d'art qui sont établis sur le cours de cette rivière, et qui consistent particulièrement dans la substitution d'écluses à sas aux écluses simples.

62.

Dans ces dernières années, il arrivait et partait tous les ans du bassin d'Arras environ 600 bateaux du port d'à peu près 70 tonneaux, et, d'après les améliorations qui ont été apportées à cette navigation, et qui doivent s'étendre encore, ce mouvement du commerce ne peut qu'augmenter de jour en jour. Le charbon de terre forme le chargement de la presque totalité des bateaux qui remontent cette rivière. Le surplus est employé au transport de quelques barriques de bière, de vins, de cendres pour engrais, de pierre à chaux de Tournai, de farines, de grains, de terre à pipe, et de bois de chauffage et de construction. Les bateaux descendent ordinairement à vide ; quelques-uns seulement sont chargés d'huile, de tourteaux, de grains, de farines et de cendres.

NAVIGATION DE LA DEULE.

La navigation de la Deule, qui, au moyen d'une partie de la Scarpe, fait suite au canal de la Sensée, se divise en deux parties appelées *Haute* et *Basse-Deule*, savoir : la *Haute-Deule*, depuis le fort de Scarpe jusqu'à Lille, et la *Basse-Deule*, depuis Lille jusqu'à la Lys.

La navigation de la Deule, de Lille à Lens, fut établie dans le douzième siècle, et son prolongement jusqu'à Douai, conçu dans le seizième siècle, fut exécuté en 1590, et perfectionné en 1730 et 1750.

La navigation de Lille à la Lys a été également établie dans le douzième siècle.

Nous suivrons, dans la description de ces deux parties qui ont pris le nom de canaux, cette ancienne division.

CANAL DE LA HAUTE-DEULE.

Le canal de la Haute-Deule, quelquefois nommé canal de Lille, commence près du fort de Scarpe sous Douai, se dirige vers Auby, passe à Courrières, Pont-à-Wendin, près Berclau, Ansereuilles, Hau-

bourdin, se rend ensuite à Lille, traverse cette ville, ainsi que les fortifications, et se jette dans la Basse-Deule près la porte d'eau.

Ce canal, qui autrefois se rendait à la Scarpe par une chute de o^m,45
que rachetait l'écluse du fort de Scarpe, et descendait par trois écluses
de Pont-à-Wendin à Lille, pouvait être considéré comme un canal à
bief de partage alimenté par le ruisseau des Pestiférés, qui tire
l'eau de la Scarpe au moyen de la cunette des fossés de la ville de
Douai, par le canal de desséchement de l'Escrébieux et par le ruisseau
du Souchet, ou rivière de Deule.

Depuis, la chute de o^m,45 de l'écluse du fort de Scarpe ayant été effacée par l'exhaussement de o^m,20 de la même écluse, et par le creusement du bief compris entre ce point et Pont-à-Wendin, le canal n'est
plus aujourd'hui qu'une simple dérivation de la Scarpe, qui continue à
recevoir les ruisseaux qui l'alimentaient auparavant.

Sa pente, qui est de 7^m,15, est rachetée par les cinq écluses de
Dons, des Ansereuilles, de Haubourdin, de la Barre et de St.-André,
qui ont été reconstruites, ainsi qu'on le verra tout à l'heure.

Les deux dernières écluses sont dans les fortifications de Lille et sous
la dépendance militaire.

La longueur de ce canal est de 48,669^m.

CANAL DE LA BASSE-DEULE.

La partie de la Deule, qui prend le nom de canal de la Basse-Deule est
une suite du canal de la Haute-Deule. Sa navigation commence dans les
fortifications de Lille, au-dessous du sas de St.-André. Un de ses bras
s'étend dans l'intérieur de cette ville pour en former le port. Cette ligne
de navigation passe à Wambrechies, Quesnoy, et se perd dans la Lys
à Deulemont.

Sa longueur est de 17,000^m, et sa pente, de 5^m, est rachetée par 3
écluses à sas.

Ces trois écluses, dites de Wambrechies, du Quesnoy, et de Deulemont, quoique ayant des sas, ont été pendant long-temps dans le plus mauvais état. Les portes ne s'y composaient que d'un assemblage de planchettes dont la manœuvre était très-longue, et pendant laquelle on perdait une grande quantité d'eau. Les sas de ces écluses, dont les deux dernières étaient construites en maçonnerie, étaient d'une longueur demesurée, et contenaient jusqu'à vingt bateaux chaque. Celui de Wambrechies, qui est en terre, avait au moins 3oo^m de longueur sur 3o^m de largeur. Son remplissage ne pouvait s'effectuer sans faire baisser de o^m,o8 le niveau de l'eau du bief supérieur.

Entre Lille et la Lys il n'existait point de chemin de halage; le tirage s'y faisait avec des hommes.

Malgré ces entraves, la navigation était très-active sur cette ligne depuis Douai jusqu'à Deulemont; elle consistait dans le transport de charbon de terre, de grains, de cendres, de pierre à chaux, etc.

Ce fâcheux état de la navigation sur cette importante communication n'a pu échapper à la sollicitude de l'administration éveillée par le zèle de M. Cordier, ingénieur en chef du département du Nord.

Une loi du 24 mars 1825 autorisant le Gouvernement à suspendre temporairement la perception du droit de navigation créé par la loi du 20 mai 1802, et à établir de nouveaux péages sur les rivières navigables pour subvenir aux frais de leur perfectionnement, l'administration a procédé à la concession des travaux à exécuter sur la Lys et sur la Deule, depuis le fort de la Scarpe jusqu'à Merville, moyennant la jouissance d'un droit de navigation pendant vingt-neuf années.

Par cette concession faite au sieur Honnorez et approuvée par une ordonnance du 16 septembre 1825, ce concessionnaire était tenu de porter à 1^m,65 la profondeur de la Deule, à construire huit sas, ainsi que divers ponts, ponceaux et autres ouvrages d'art.

Ces travaux sont aujourd'hui terminés.

L'administration du département du Nord devra encore à M. l'inspecteur divisionnaire Cordier une nouvelle ligne de navigation; qui d'abord ne présentant qu'une importance secondaire, en ne se rattachant qu'à l'intérêt particulier d'une ville à la vérité d'une industrie déjà fort remarquable, pourra procurer un jour à la ville de Lille une communication directe avec l'Escaut. Cet avantage semble du moins lui être réservé par l'établissement du canal de Roubaix, dont nous dirons un mot.

CANAL DE ROUBAIX.

Le canal de Roubaix, que nous croyons devoir placer ici par la raison que, prolongé jusqu'à l'Escaut, au moyen de la rivière d'Espierre, il peut offrir un jour au commerce, ainsi que nous venons de le dire, une communication précieuse entre ce fleuve et la Haute et Basse-Deule, n'a aujourd'hui pour objet que d'amener dans l'enceinte de Roubaix les eaux nécessaires aux besoins domestiques des habitans et à l'activité de ses nombreuses fabriques, et d'ouvrir à cette ville une communication navigable, au moyen de la petite rivière de la Marque, avec la Haute et Basse-Deule, par laquelle elle pourra diriger sur divers points les produits de son industrie.

Dans le principe, le canal de Roubaix ne devait être ouvert qu'en petite section ; depuis, la compagnie qui, en vertu de la loi du 8 juin 18.5, et par ordonnance du 30 novembre suivant, en a obtenu la concession à perpétuité, a demandé l'autorisation de l'exécuter sur des dimensions qui permissent l'accès aux bateaux qui fréquentent les rivières du département du Nord.

D'après des offres acceptées par le Gouvernement, la ville de Roubaix et le département du Nord ont été autorisés à concourir aux dépenses du canal, savoir : la ville de Roubaix, moyennant une annuité de 20,000 fr., payable pendant trente années, et le département, moyennant une annuité de 10,000 fr., payable pendant vingt-cinq années.

Le canal de Roubaix se composera de la rivière de Marque canalisée, sur environ 7000ᵐ de longueur, depuis son embouchure dans la Basse-Deule, une demi-lieue au-dessous de Lille, jusqu'à l'amont de la route de Croix à Lille, où il sera formé un bassin de 200ᵐ de diamètre, et d'une partie de canal qui, partant de ce bassin, sera dirigée vers Roubaix pour arriver au pied de cette ville après un parcours de 5684ᵐ.

La pente de la rivière de Marque, étant d'environ 5ᵐ, sera rachetée au moyen de 5 écluses et d'une légère pente dans les biez.

Le jaugeage de la Marque, fait à plusieurs reprises au Pont-à-Tressin, n'a donné pour résultat moyen que 21,500ᵐ cubes d'eau en 24 heures. Les eaux de cette rivière étant peu considérables en été, on se proposait d'établir sur le canal qui se dirige sur Roubaix, et à côté de chaque écluse, une machine à vapeur de la force de 12 chevaux pour élever les eaux de la Basse-Deule dans le bief supérieur du canal, et, par ce moyen, fournir en tout temps l'eau nécessaire aux fabriques de Roubaix.

Ce canal, dont partie sera en galerie souterraine, projettera au-delà de Roubaix deux embranchemens : le premier vers Lanoy, qui, d'une part, recueillera les eaux du ruisseau de Carlière et celles de la branche supérieure de la rivière d'Espierre, et d'autre part facilitera par la partie inférieure de la même rivière l'écoulement des eaux sales et chargées de teinture provenant des manufactures de la ville ; et le second embranchement vers Wattrelos, qui, indépendamment des services qu'il rendra à cette ville, aura encore l'avantage d'amener dans le canal les eaux du Moucrou, et de procurer ainsi, avec celles que recueillera la branche de Lanoy, un supplément d'eau que réclamaient et les besoins de la navigation sur cette nouvelle ligne de communication, et ceux de la ville de Roubaix.

La galerie souterraine précédée et suivie d'une coupure, la première de 12ᵐ,95, et la seconde de 12ᵐ,59 de profondeur, aura 1215ᵐ de longueur, et sera voûtée sur toute cette étendue ; sa largeur sera de 6ᵐ, et sa hauteur de 6ᵐ,50, depuis le fond du canal jusqu'à la clef de la voûte.

La longueur de la ligne du canal, depuis son origine dans la Deule, jusqu'à Roubaix, et des deux embranchemens vers Lanoy et Wattrelos, sera en totalité d'environ 52,000ᵐ.

La pente à racheter sur la rivière de Marque est de 5ᵐ.

Le nombre des écluses sera de 2.

Ces écluses auront 5ᵐ,20 de largeur entre les bajoyers, et 40ᵐ de longueur entre les buscs.

La dépense pour la construction de la ligne principale de la Deule à Roubaix était évaluée à la somme de 2,800,000 fr.

Les ouvrages sont commencés, et pourront être terminés pour la fin de 1829.

CANAL DE LA BASSÉE.

Le canal de la Bassée prend son origine au bac de Beauvin, dans le canal de la Haute-Deule, et vient aboutir aux fossés qui entourent la ville de la Bassée.

Sa longueur est de 6903ᵐ, sa largeur est au plafond de 8ᵐ, et à la ligne d'eau de 12ᵐ, et sa profondeur d'eau est de 1ᵐ,20.

Il fut construit en 1660, et perfectionné, en 1771, aux frais de Jean de Châtelain, de Lille, et a été depuis entretenu par la ville de Lille, au moyen d'un droit de navigation. Il est aujourd'hui sous l'administration des Ponts-et-Chaussées.

Il n'existe d'autres ouvrages d'art à ce canal que quelques aquéducs qui sont pratiqués sous son lit pour le desséchement des terres riveraines.

Le canal de la Bassée, avant la prolongation qu'il vient de recevoir sous le nom de canal d'Aire à la Bassée, et dont il sera parlé plus loin, ne pouvait servir uniquement qu'au transport du charbon de terre qu'on conduisait de la Deule à la ville de la Bassée.

NAVIGATION ARTIFICIELLE DE LA LYS.

Le canal de la Basse-Deule vient aboutir, ainsi qu'on l'a vu, dans la Lys à Deulemont ; cette ligne de navigation, qui se termine si brusquement à ce point, et qui aurait pu néanmoins si aisément se diriger vers la mer par une voie plus directe, en se liant au canal de Boësingue, et ensuite à celui de Loo, au moyen du canal d'Yperlée, de Deulemont à Ypres, et duquel il sera parlé, peut être considérée comme se divisant à ce point, au moyen de la Lys, en deux branches qui lui procurent le même avantage, quoique par un plus grand détour, l'une de ces branches se dirigeant sur Gand, et l'autre sur Gravelines.

La rivière de Lys prend sa source à Lisbourg, passe à Aire, où elle commence à être navigable, à Merville, Armentières, Varneton, Commines, Wervick, Menin, Courtrai, et se jette dans l'Escaut à Gand après un cours d'environ 180,000ᵐ.

Cette rivière fut redressée en plusieurs endroits de son cours en 1780.

Sa longueur développée sur le territoire français est de 65,470ᵐ.

Sa pente, d'environ 0ᵐ,14 par kilom. depuis Aire jusqu'au confluent de la Deule, et d'environ 0ᵐ,07 également par kilom. depuis ce point jusqu'à Wervick, formant une pente totale d'environ 9ᵐ,50, est rachetée par 5 écluses dont le mauvais état a attiré l'attention de l'administration.

Sa partie supérieure, jusques et y compris le sas de Merville, est dans les attributions du ministère de la guerre.

Sa navigation est très-active. La Lys, entre Armentières et Wervick, forme la ligne de démarcation entre la France et les états belges; elle est mitoyenne dans presque tout ce développement. En quelques endroits, elle passe entièrement sur le territoire belge ; dans d'autres, tout son cours appartient à la France. L'écluse de Commines appartient à la Belgique ; cette circonstance occasione souvent de fâcheux accidens et de fréquens débordemens, la manœuvre de cette écluse n'étant point en harmonie avec celles des écluses supérieures.

D'après la concession faite au sieur Honnorez d'un droit de navigation à percevoir sur cette rivière, et rappelée à l'article de la Haute et Basse-Deule, cette rivière vient de recevoir, entre Merville et l'embouchure de la Basse-Deule, toute la perfection que le commerce réclamait depuis si long-temps par la reconstruction d'une ancienne écluse à sas, et par la construction à neuf de deux autres sas.

RIVIÈRE CANALISÉE DE LAWE, OU CANAL DE BÉTHUNE.

La rivière de Lawe prend sa source dans la chaîne de Colmes, qui sépare le bassin de l'Escaut de celui de la Somme, et va se jeter dans la Lys au-dessous de la Gorgue, en passant par La Bussière, Béthune, Essars, Locon, Lacouture, Vieille-Chapelle, l'Estrem et la Gorgue.

En 1500, un canal fut creusé de niveau sur 2400ᵐ de longueur pour communiquer avec la Lawe, et le surplus de la rivière fut rendu navigable jusqu'à la Lys.

Plusieurs ouvrages pour l'établissement de deux écluses et d'un pont furent exécutés en 1780 par les États d'Artois.

La longueur de cette navigation, depuis Béthune jusqu'à la Lys, est de 21,629ᵐ, et sa pente, depuis l'extrémité du canal de Béthune jusqu'à la Lys, est de 7ᵐ,20.

La navigation s'opère au moyen de cinq écluses et d'un sas, savoir : l'écluse d'Argent-Perdu, celle de Manchecour, celle de la Vieille-Chapelle, celle de l'Étroit, celle de Rolle et le sas de la Gorgue.

Ces écluses ont 5ᵐ de largeur et 95ᵐ de longueur.

Ce canal sert au transport de blés, de graines grasses, de fruits et légumes, des vins et des fourrages, des pavés pour l'entretien des routes, des vins et des eaux-de-vie, qui sont chargés sur des bateaux générale-

Mouvement du commerce.

63.

ment du port de 20 à 30 tonneaux, et sont dirigés sur les marchés de Béthune, d'Estaires et de Merville.

CANAUX DE LA NIEPPE, DE PRÉAVEN ET DE LA BOURRE.

Ces canaux qui se suivent peuvent être considérés comme suppléant, par leur direction presque parallèle et en petite navigation, à la partie de la rivière de Lys comprise entre Merville et Aire.

Le *canal de la Nieppe*, formé par une dérivation de la Lys, prend son origine dans cette rivière, au-dessous de Thiennes, et se termine au-dessous de la Motte-aux-Bois, où vient s'embrancher le canal d'Hazebrouck, dont il sera parlé ci-après; il fut ouvert par l'administration forestière, et entretenu par elle. Sa longueur est de 9742^m, et sa pente, de .^{m},30, est rachetée par une seule écluse de 3^m,90 de largeur.

Le *canal de Préaven*, qui continue le canal précédent, commence à la Motte-au-Bois, et se termine à la rivière de la Bourre, au-dessus de l'écluse du *Grand-Dam*. Sa longueur est de 1948^m, et sa pente, de 1^m,45, est rachetée par une écluse de 3^m,90 de largeur. Ce canal, comme le précédent, fut ouvert par l'administration forestière.

Le *canal de la Bourre*, qui ne consiste que dans la petite rivière canalisée de ce nom, se rend dans la Lys, au bassin de Merville, après avoir parcouru une longueur de 7794^m; sa pente, d'environ 1^m,07, est rachetée par trois écluses simples. Ce canal a été fait aux frais du pays.

Longueur totale de ces trois canaux, 19,484^m.

CANAL D'HAZEBROUCK.

Le canal d'Hazebrouck, qui n'est qu'un prolongement de celui de la Nieppe, commence au sas de la Motte-aux-Bois, et aboutit à la ville qui lui donne son nom. Sa longueur est de 5845^m. Ce canal a été fait aux frais de la ville d'Hazebrouck, au moyen du péage qui fut établi sur son cours.

Les canaux de la Nieppe, de Préaven, de la Bourre et d'Hazebrouck servent particulièrement aux communications de la ville d'Hazebrouck avec la Lys, et à l'exploitation de la forêt royale de la Nieppe.

Les frais d'entretien se sont montés dans les dernières années à 6950 fr.

CANAL DE SAINT-OMER OU DE NEUF-FOSSÉ.

Le canal de St.-Omer, qui, en unissant la rivière de Lys à celle de l'Aa, entre Aire et St.-Omer, et au moyen de l'Aa, de la Lys, de la Basse et Haute-Deule, et bientôt du canal de la Sensée, sert à établir la seconde branche qui nous occupe, et qui forme une communication de Gravelines à Cambrai, en passant par Lille, offrait trop d'intérêt sous le rapport du commerce de la province et de celui de la France en général, pour n'avoir pas attiré un des premiers l'attention du Gouvernement.

Un immense fossé, qui par sa grande largeur ressemblait assez à un bras de mer, et auquel le canal de St.-Omer doit aussi la dénomination de Neuf-Fossé qu'on lui donne assez souvent, avait été creusé sur plus de 18,000^m de longueur, entre Aire et St.-Omer, à une époque qu'on ne fait pas remonter à moins de sept cent soixante-six ans, par Beaudoin, comte de Flandre, pour séparer la Flandre de l'Artois.

Les Espagnols s'en étaient servis depuis comme d'une ligne de défense contre les Français.

Ces travaux, examinés par un homme animé de l'amour du bien public, ne pouvaient recevoir qu'une double utilité.

Le maréchal de Vauban, cet homme admirable chez lequel le génie de l'art militaire ne put être surpassé que par les qualités qui distinguent le g and citoyen, en proposant de se servir de cette excavation pour tirer un canal entre Aire et St.-Omer, ne voyait pas seulement dans l'exécution de cet ouvrage entre deux places fortes, la création d'une barrière contre les courses des ennemis en temps de guerre, mais encore celui d'une communication la plus importante qu'on pût ouvrir au commerce, en établissant une ligne de navigation continue entre Gravelines, Lille, Cambrai et Paris.

Ce ne fut cependant qu'en 1750 que M. Filley, alors ingénieur en chef à Valenciennes, s'occupa de la rédaction des projets de ce canal, et le 17 décembre 1753, l'intendant de Flandre (1) en fit l'adjudication, en exécution d'un arrêt du conseil du 7 mars précédent.

Les travaux commencés en 1754, interrompus l'année suivante par la guerre, et repris en 1768, furent achevés en 1774, et ont coûté environ 4 millions.

Ce canal prend son origine dans la Lys à Aire, où il a été établi un bassin circulaire de 100ᵐ de diamètre, capable de contenir un convoi de bateaux; communique avec la Lys au moyen de deux écluses de garde, munies chacune de deux portes busquées; passe ensuite près de Racquinghem et d'Arques, et se termine dans l'Aa à St.-Omer.

Sa longueur totale est de 16,294ᵐ.

De niveau depuis Aire jusqu'aux Fontinettes, sur une longueur de 12,844ᵐ, sa pente, de 15ᵐ,16 sur le reste de sa longueur, est rachetée par une écluse à sas simple, et par cinq écluses accolées, connues sous le nom des *écluses de Fontinettes*, et l'un des plus beaux ouvrages de ce genre qui aient été construits.

Ces écluses ont 57ᵐ,55 de longueur d'un busc à l'autre, et 6ᵐ,50 de largeur entre les bajoyers.

Une autre écluse, dite l'*écluse carrée*, la première qui ait été construite dans ce genre, et faisant office d'aquéduc, a pour objet de don-

_____

(1) M. de Seichelles.

ner, à travers le canal, passage aux eaux de la Basse-Meldick, sans
qu'elles puissent se confondre avec celles du canal. A cet effet, deux
paires de portes busquées sont établies pour soutenir extérieurement
les eaux du canal, et intérieurement celles de la Meldick; et deux
vannages ou empellemens sont construits dans le sens des bajoyers de
l'écluse, et à travers le lit de cette rivière, pour pouvoir, au besoin,
en suspendre instantanément le cours.

L'administration du canal de St.-Omer est soumise à la surveillance
du génie militaire.

On estime qu'il passe sur ce canal environ 4700 bateaux du port de
5o tonneaux.

NAVIGATION ARTIFICIELLE DE L'AA.

La rivière de l'Aa prend sa source dans le département du Pas-de-
Calais, au-dessous du village de Bourthes; elle traverse les communes
de Fauquemberg, Arques, St.-Omer; de là elle passe à Watten, où
elle se divise en deux bras, dont l'un à droite prend successivement le
nom de Haute et Basse-Colme, et va se jeter dans la mer par les canaux
de Furnes et de Nieuport à Ostende, et dont celui à gauche conserve
le nom d'Aa, et se rend à la mer en traversant le port de Gravelines.

La rivière d'Aa, au moyen de laquelle se prolonge jusqu'à la mer la
ligne de navigation passant par Lille, et dont le canal de St.-Omer fait
partie, a été rendue navigable, depuis St.-Omer jusqu'à la mer, dès
l'an 132o, par la ville de St.-Omer, au moyen d'un droit de navigation,
qui fut établi sur son cours : en 1665, plusieurs ouvrages furent
exécuté

La longueur développée de la partie de cette rivière canalisée, depuis
St.-Omer jusqu'à Gravelines, est de 29,315ᵐ.

Sa largeur moyenne est de 18ᵐ, et sa profondeur généralement de
1ᵐ,7o.

Sa pente, depuis St.-Omer jusqu'à Gravelines, est de 3°,57.

A son embouchure est établie une écluse à deux passages ; l'un avec porte tournante de chasse, et l'autre avec doubles portes busquées. Cette écluse, construite par Vauban, est sous la direction du génie militaire.

La navigation de l'Aa est très-importante, et consiste particulièrement dans le transport de charbons de terre, et dans celui de tourbes, de bois de construction et de chauffage, de pierres, de grains, de foins, de vins et d'eaux-de-vie. Indépendamment des transports qui se font à l'aide de grands bateaux, il y a une multitude de petits bateaux qui servent à l'approvisionnement des marchés et aux transports des engrais et des récoltes. Chaque jour il part de St.-Omer une barque ou coche d'eau pour Dunkerque ; tous les deux jours un autre coche d'eau pour Calais, et deux fois la semaine un autre pour Bergues. On compte qu'il passe annuellement sur cette rivière 6800 bateaux.

CANAL DE CALAIS.

De la ligne précédente, entre St.-Omer et Gravelines, se projette le canal de Calais qui ouvre une précieuse communication entre ce port, les provinces voisines et l'intérieur de la France.

On voit, par l'Histoire de la ville de Calais et du Calaisis (1), que presque aussitôt après la conquête de St.-Omer, en 1680, la ville de Calais, ayant senti de quel prix serait pour elle une communication avec la Flandre et l'intérieur de la France, avait déjà creusé un canal qui partait des glacis de Calais, et venait aboutir dans l'Aa au-dessus de Gravelines ; mais que ce canal s'étant comblé faute d'entretien, et sa direction obligeant d'ailleurs à un circuit fort long, on prit la résolution d'ouvrir un nouveau canal, qui, ayant son origine dans l'Aa au Wez

---

(1) *Histoire générale et particulière de la ville de Calais et du Calaisis, ou Pays reconquis*, par l'abbé Lefebvre, pag. 655, 656.

au-dessous de Watten, à 65oo^m au-dessus d'Hennuen, entre Grave-lines et St.-Omer, arriverait également à Calais.

Ce canal, qui ne tarda pas à être ouvert, a 29,542^m de longueur totale.

Sa pente, depuis son origine jusqu'à Hennuen, est de 1^m, et rachetée par une écluse placée au-dessus de cette ville; celle depuis ce dernier point jusqu'à Calais est seulement de o^m,32, sur une étendue de 23,042^m, et est rachetée par une écluse établie à Calais.

Sa largeur, à la ligne d'eau, est de 15^m, et sa profondeur d'eau de 1^m,3o.

L'administration du canal de Calais étant commune aux canaux d'Ardres et de Guines, on remettra à en parler après avoir donné la description de ces canaux.

Le mouvement du commerce consiste dans le passage annuel de 2100 bateaux du port de 8 à 5o tonneaux.

CANAL D'ARDRES.

Le canal d'Ardres, qui s'embranche sur le canal de Calais, se pro-longe au nord jusqu'au Fort-Brûlé, et se rend à Ardres. Il a 4700^m de longueur, et est établi de niveau.

Sa largeur est de 8^m au plafond, et de 13^m à la ligne d'eau, et sa profondeur d'eau est de 1^m,3o.

Commencé en exécution des arrêts du conseil d'État des 6 octobre 1714, mai 1716 et 16 novembre 1717, il fut-complètement terminé en 173o.

Ce canal, d'une importance d'ailleurs assez médiocre, si l'on ne con-sidère que sa longueur, offre un des monumens les plus remarquables sous le rapport de l'art.

Un pont, dont la voûte sphérique est pénétrée par quatre lunettes, et s'appuie sur quatre culées, donne à la fois, au point d'intersection

des deux canaux d'Ardres et de Calais, un octuple passage à la navigation et à la route de terre suivant les quatre directions différentes qu'
sont susceptibles de prendre chacune à ce point, et, en attirant et en
excitant par son ingénieuse et belle construction les regards et la surprise des voyageurs, ne peut que perpétuer honorablement la mémoire
de l'ingénieur qui y a attaché son nom (1).

Le mouvement du commerce, sur ce canal, consiste dans le passa
annuel d'environ 550 bateaux du port de 20 tonneaux et au-dessous.

CANAL DE GUINES.

Le canal de Guines prend son origine à la tournée d'Ardres, sur le
canal de Calais, et vient aboutir à Guines.

Ce canal, qui semble n'être que l'ancien lit d'un petit ruisseau formé
des eaux qui venaient de St.-Blaise et de Bienassise, et se jetaient dans
la mer à Calais, paraît avoir été établi en 1680.

Sa longueur est de 6120ᵐ, et son plafond est de niveau.

Sa largeur à la ligne d'eau est de 14ᵐ, et sa profondeur d'eau est de
1ᵐ,50.

Une seule écluse carrée, et sur le même système que celle établie
sur le canal de St.-Omer ou Neuf-Fossé, a été construite, en 1787, sur
le canal de Guines, pour donner, à travers le canal, passage aux eaux
qui viennent d'Ardres et de Balinghem, et se rendent sur l'autre rive
aux Pierrettes.

On compte ordinairement sur le passage annuel de   400 bateaux du
port de 8 à 15 tonneaux.

Les trois canaux de Calais, d'Ardres et de Guines, servent aussi au

(1) M. Barbier; Description de ce pont, par Bellidor, architecture hydraulique;
tome IV, page 438.

dessèchement du pays, et, quoique tirant des eaux de l'Aa, sont alimentés en partie par les eaux pluviales.

Ils servent particulièrement au transport des tourbes, des engrais, des briques, des bois, de la pierre de taille, et à celui tant des marchandises qui viennent de l'intérieur pour être embarquées au port de Calais, que de celles qui, y arrivant par mer, sont importées dans le pays.

Le produit du droit de navigation établi sur ces canaux qui ont été curés, et dont la plus grande partie des ouvrages d'art a été reconstruits dans ces dernières années, n'a jamais été que très-peu considérable, à raison de la faiblesse de ce droit qu'on proposait, en 1802, de fixer à $0^m,02$ par tonneau pour une distance de 5 kilomètres.

CANAL DE LA COLME.

Ce canal, qui est une dérivation de l'Aa, et qui établit une communication intéressante entre St.-Omer et Dunkerque, au moyen du canal de ce port à Bergues, commence au sas de Wattendam, et se termine à Bergues, où il se joint au canal de Bergues à Furnes, dit de la Basse-Colme, et au canal de Bergues à Dunkerque, par lequel ses eaux se rendent à la mer.

Ce canal paraît avoir été ouvert par les Espagnols lorsqu'ils possédaient cette partie des Pays-Bas.

Sa longueur est de 24,785^m, et sa pente, de $2^m,39$, est rachetée par trois écluses, dont celle de Bergues est à double sas.

Sa largeur est au plafond de 6^m, et de 11^m à la ligne d'eau, et sa profondeur d'eau de 1$^m,80$.

Ses écluses ont $3^m,84$ de largeur entre les bajoyers. Les deux premières ont 40^m de longueur d'un busc à l'autre, et celle de Bergues 80^m.

Les travaux neufs dernièrement exécutés ont été payés moitié par le trésor, et moitié par l'administration des Watteringues (1). Les

_____

(1) *Watteringues*, eaux courantes, cours d'eau. On a successivement donné ce

ingénieurs des Ponts-et-Chaussées sont chargés de la direction des travaux, et les employés des impositions indirectes de la recette des péages perçus pour le compte du Gouvernement.

Ce canal, qui sert au transport des marnes et blancs des environs de St.-Omer et de Bergues, est très-fréquenté, et rend les plus grands services à l'agriculture. On est sur le point d'y exécuter des travaux importans.

CANAL DE BERGUES A FURNES, OU DE LA BASSE-COLME.

Ce canal commence à Bergues, où il se rattache au canal de la Haute-Colme, passe au sas d'Houtem, au-dessous duquel il sort du département du Nord, et se termine à Furnes, où il aboutit au canal de Nieuport.

Castel Rodrigo, gouverneur des Pays-Bas, fit construire, en 1662, le canal de Bergues à Furnes.

---

nom, par extension, aux ouvrages de dessèchement et aux terres préservées des inondations par ces ouvrages.

« Suivant M. Cordier, on désigne, dans le département du Nord, sous le nom de « pays à Watteringues, la vaste plaine basse qui s'étend de l'Aa à Furnes, et des « dunes aux premiers coteaux. Ce bassin où se réunissent les eaux des montagnes « voisines, d'un niveau inférieur à celui de la haute mer, n'a été desséché qu'au moyen « d'un grand ensemble de travaux, et par les soins éclairés d'une administration « locale très-vigilante. Les premiers travaux remontent à l'année 1169. »

Le pays des Watteringues est divisé en sections, et la direction et la surveillance des ouvrages exécutés dans chacune de ces sections sont confiées à une commission administrative composée de cinq membres qui sont nommés dans la forme ordinaire des élections publiques, par les trente principaux propriétaires de chaque section convoqués à cet effet par le préfet du Nord. (*Voir, sur ce sujet, l'ouvrage de M. Cordier sur la navigation intérieure du département du Nord.*)

De ce canal se projette une branche sur Hondscoote.

La longueur développée du canal principal, et y compris cet embranchement, est sur le territoire français de 15,680ᵐ.

Sa largeur au plafond est de 8ᵐ, et de 10ᵐ à la ligne d'eau, et sa profondeur d'eau de 0ᵐ,90.

Il existe sur ce canal de niveau la seule écluse d'Hondscoote sur le territoire français, laquelle a 4ᵐ de largeur entre les bajoyers, et 80ᵐ de longueur.

Ce canal sert particulièrement au commerce intérieur de la province.

Le mouvement du commerce consistait, dans ces dernières années, dans le passage d'environ 2000 bateaux chargés et 1500 vides.

Le canal de Bergues à Furnes, qui, ainsi qu'on vient de le faire remarquer, se trouve en partie sur le territoire étranger, est continué par le canal de *Furnes à Nieuport*, et celui-ci par le canal de *Nieuport à Ostende*. Le canal de Furnes à Nieuport, qui commence à Furnes, et se termine à Nieuport par une écluse à sas, s'étend sur une longueur d'environ 10,000ᵐ. Le canal de Nieuport à Ostende, qui vient s'embrancher sur le canal d'Ostende à Bruges près de Plaschendaele et sur lequel sont construites trois écluses, parcourt un espace d'environ 20,000ᵐ.

CANAL DE BOURBOURG.

Ce canal, qui établit une communication entre Dunkerque, Gravelines, Calais et St.-Omer et fait partie de la grande ligne de Dunkerque à Paris, se forme d'une seconde dérivation de l'Aa, dans laquelle il prend son origine au sas du Guindal, passe à Bourbourg, et se termine à Dunkerque.

Il fut creusé, en 1670, aux frais des habitans de Bourbourg et de Dunkerque.

Sa longueur est de 21,462ᵐ, et sa pente, qui depuis son origine jusqu'à Dunkerque est de 1ᵐ,78, est rachetée par trois écluses.

Ce canal, qui est à la fois canal de navigation, d'irrigation et de dessèchement, avait été négligé depuis long-temps; son plafond s'était relevé et rétréci. Les ponts et les écluses tombaient en ruine; tout faisait craindre la submersion du pays.

A la suite d'une visite de M. le directeur-général des Ponts-et-Chaussées, en 1818, des ouvrages ont été exécutés à la grande satisfaction du pays, pour lui rendre ses dimensions primitives et rétablir les ponts et les écluses qui se trouvent sur son cours.

Au moyen de ces ouvrages, qui ont été faits moitié aux frais du Gouvernement et moitié aux frais de l'administration des Watteringues et du département, et montant ensemble à 500,000 fr., on a redressé et recreusé le canal de Bourbourg, de manière à lui procurer un mouillage de 1ᵐ,65; et les écluses ont été reconstruites et portées à la largeur de 5ᵐ,20 entre les bajoyers, et à la longueur de 44ᵐ entre les busos.

CANAL DE DUNKERQUE A FURNES.

Ce canal, dont une partie se prolonge au-delà du territoire français, et lequel commence à Dunkerque et se termine à Furnes, où il se réunit au canal de Furnes à Nieuport, fut ouvert en 1635.

Sa longueur, depuis Dunkerque jusqu'à la frontière de la France à Ghyvelde, est de 14,090ᵐ, et depuis ce point jusqu'à Furnes de 7000ᵐ.

Sa largeur est de 9ᵐ au plafond, et de 15ᵐ à la ligne d'eau; sa profondeur d'eau est de 1ᵐ,30.

Sa pente, qui est de 0ᵐ,90, est rachetée par une écluse qui est établie à Dunkerque, et dont le sas octogone, de 6ᵐ de largeur, a 36ᵐ de longueur.

Les travaux exécutés il y a quelques années ont été faits moitié aux frais du Gouvernement et moitié aux frais de l'administration des Watteringues.

Il sert particulièrement au commerce de la Belgique.

CANAL DE BERGUES A DUNKERQUE.

Ce canal, qui lie les canaux de la Haute et de la Basse-Colme à ceux de Bourbourg et de Dunkerque à Furnes, est de niveau et commence à l'écluse neuve située à Bergues, et se termine à l'écluse dite de Bergues à Dunkerque; cette dernière écluse est munie de doubles paires de portes pour le passage du canal à la mer et réciproquement.

Il fut ouvert en 1654.

Sa longueur est de 8701ᵐ.

Sa largeur est au plafond de 10ᵐ, et sa hauteur d'eau de 1ᵐ,20.

Ce canal est entretenu en entier par le Gouvernement, et rend les plus grands services au commerce.

Il passe annuellement 1900 bateaux chargés, et 400 à vide.

Nous ne terminerons point cette description des différens canaux qui s'étendent dans cette partie de la France, sans dire un mot de quelques lignes de navigation qui se trouvent sur le territoire des Pays-Bas, et dont, à raison de leur liaison avec ces canaux, la connaissance ne peut être indifférente pour les perfectionnemens que les deux royaumes pourraient désirer un jour d'apporter de concert dans ces voies si précieuses pour le commerce.

Rivière canalisée de l'Yser. — La petite rivière d'Yser prend sa source entre Saint-Omer et le Mont-Cassel, passe à Roesbrugge, à la Fintelle, au fort de Cnocke, à Dixmude, et vient se perdre dans la mer au-dessous de Nieuport; elle a été rendue navigable sur 42,000ᵐ de longueur, depuis Roesbrugge jusqu'à la mer, pour des bateaux du port de 45 tonneaux.

Cette rivière se combine assez heureusement, par sa direction, avec le canal de Beesinghe pour prolonger la ligne de la Haute et Basse-Deule dont nous avons parlé, au moyen du canal d'Yperlée, dont nous donnerons la description dans la troisième section; si l'état de sa navigation ne répondait pas à l'importance de cette ligne, elle servirait du moins de lien entre le canal de Boesinghe et celui de Loo, au moyen desquels s'établirait ce prolongement, et dont nous dirons un mot quoiqu'ils se trouvent situés sur le territoire étranger.

On remarque à son embouchure une fort belle écluse à sas et à doubles portes busquées, construite par Vauban.

Canal de Loo. — Ce canal prend son origine sur la rivière d'Yser, à la Fintelle, et se rend à Furnes, où il se joint au canal de Furnes à Nieuport.

Sa longueur est de 10,000^m.

Le niveau des eaux de ce canal est plus bas que celui de l'Yser; les bateaux, qui y sont généralement du port de 40 tonneaux, y descendent au moyen d'une machine à guindage, établie à sa jonction; on proposa, en 1802, de la remplacer par une écluse à sas.

Le mouvement du commerce consiste dans le passage de 200 bateaux du port de 40 tonneaux.

Canal de Boesinghe. — Ce canal, qui peut être considéré comme un grand fossé, prend son origine à Ypres, est alimenté par la petite rivière d'Yperlée, et vient s'embrancher sur la rivière d'Yser au fort de Cnocke, entre l'origine du canal de Loo et Dixmude.

Sa largeur est de 22 à 25^m, et sa profondeur de 2^m,6 à 3^m,20.

Il fut ouvert en 1640.

Sa longueur est d'environ 10,000^m.

Sa pente, qui est de 8 à 9^m, est rachetée en partie par le fameux sas de Boesinghe.

Ce sas, construit en 1643, et dont l'heureuse invention rendra le nom de maître Dubié à jamais célèbre dans l'histoire de l'art, offre, en rachetant une chute de 6^m,50 de hauteur, l'inappréciable avantage, au moyen de deux réservoirs construits de chaque côté du sas à des hauteurs différentes, de pouvoir économiser environ les deux tiers de l'eau qui serait dépensée pour le passage de chaque bateau si l'on eût suivi le système ordinaire.

Cet ingénieux procédé, d'une exécution aussi simple que peu dispendieuse lorsqu'on réduit la construction des réservoirs à ce qu'exige seulement leur destination, ce qui a été imité sur plusieurs canaux d'Angleterre, semble avoir été trop peu apprécié par les ingénieurs qui se sont livrés à la recherche des moyens à l'aide desquels on pourrait économiser la dépense des eaux dans la manœuvre des écluses, et ne peut que justifier l'éloge qu'en fait un des hommes qui aient écrit le plus judicieusement sur l'art de l'ingénieur (1).

Indépendamment de ces canaux dont se composent les principales lignes de navigation que nous avons dû avoir seules en vue, il existe encore, dans les départemens du Pas-de-Calais et du Nord et dans ceux que formait naguère la Belgique, une multitude d'autres petits canaux et d'embranchemens qui servent également au desséchement de ces contrées basses, ainsi qu'au transport des objets de consommation dans l'intérieur du pays, et des engrais nécessaires à l'agriculture. Ces canaux, qui remplacent dans cette contrée les chemins vicinaux toujours mauvais sur un sol aussi humide, se prolongent souvent dans l'intérieur des terres, et même quelquefois jusqu'à de simples fermes; ils deviennent une source de richesse pour le pays, en procurant un moyen de transport aussi facile qu'économique, et dont la surveillance est confiée de toute ancienneté à des administrations locales, qui, par la sagesse de leur institution, ont rendu les plus grands services à l'industrie agricole de cette partie de la France et des Pays-Bas.

En signalant ici l'heureuse influence qu'ont eue sur la prospérité de ces riches provinces les nombreux canaux dont nous venons de rendre compte, il n'est pas inutile de remarquer qu'une grande partie de cette influence est due, sans aucun doute, à la modicité du droit de navigation qui se percevait sur ces canaux. On a vu, à l'article du canal de Guines, qu'on proposait, en 1802, de fixer ce droit à 0 fr. 02 cent. par

---

(1) Bélidor, Architecture hydraulique, t. IV, p. 411.

chaque tonneau de marchandises pour une distance parcourue de 5 kilomètres, et l'on doit ajouter que la même proposition a été faite pour tons les autres canaux, ce qui annonce assez combien, dans l'origine, devait être faible le droit établi sur ces différentes lignes de navigation.

Depuis, à la vérité, et par un décret du 28 messidor an XIII (17 juillet 1805), on a augmenté ce droit, qui varie aujourd'hui suivant les mêmes canaux et certaines localités; mais on doit du moins rendre au Gouvernement la justice de dire qu'en se prêtant à élever les anciens tarifs, il n'a cherché, en cela, qu'à les mettre en rapport avec l'augmentation progressive de toutes les choses, et que, dans leur dernière fixation, il a su conserver une juste proportion, de laquelle il eût été bien désirable qu'on eût pu se rapprocher dans la détermination des tarifs qui ont été adoptés pour la plupart des autres canaux de l'intérieur, si leur construction, à travers un pays presque toujours plus accidenté, n'entraînait pas une mise de fonds plus considérable dont on est forcé de se couvrir.

CANAL D'AIRE A LA BASSÉE.

Nous n'avons pas omis de faire observer par quel circuit le commerce parvenait à franchir l'espace qui sépare Douai de la mer; et à cette occasion nous n'avons pu nous empêcher d'exprimer le regret que des obstacles, dont nous ignorons la nature, se soient opposés à la jonction du canal de la Basse-Deule avec le canal de Boësinghe, au moyen du canal d'Yperlée, qui eût mis en communication, par une voie plus courte, les villes de Douai et de Lille avec Furnes et Dunkerque. Or, un nouveau canal, celui d'Aire à La Bassée, qui, en s'en servant, a apporté une notable amélioration au petit canal de La Bassée, et qui a fait disparaître la lacune qui s'interposait entre cette ville et celle de Béthune, entièrement terminé depuis une année, remplit aujourd'hui, du moins pour la ville de Douai, de la manière la plus satisfaisante, ce but si utile qu'on ne pouvait atteindre sans donner à la ligne de navigation à laquelle il appartient toute la perfection dont elle était susceptible.

Le canal d'Aire à La Bassée évite le détour auquel était condamnée la navigation depuis l'origine du petit canal de La Bassée dans la Deule, jusqu'à la ville d'Aire, de même que, dans une position à peu près semblable, le canal de la Sensée évite celui non moins pénible auquel elle était astreinte depuis Bouchain jusqu'au fort de Scarpe, en suivant la rivière de ce nom et celle de l'Escaut.

Enfin, sous un rapport plus général, le même canal établit la communication la plus directe entre Paris et Dunkerque, au moyen du canal de St.-Quentin et de la rivière d'Oise. Auparavant, les bateaux étaient obligés de descendre la Lys, de remonter la Deule, de passer sur la frontière, et d'acquitter les droits imposés par le Gouvernement des Pays-Bas entre Deulemont et Armentières. La nouvelle ligne abrège presque de moitié le trajet des bateaux. En reportant la navigation dans l'intérieur, elle l'affranchit de ce tribut payé à l'étranger, la met, en cas de guerre, à l'abri des attaques de l'ennemi, et peut elle-même devenir une ligne utile de défense, en même temps qu'elle opèrera le desséchement d'une assez grande superficie de terrains en marais.

Aucune opération n'était donc plus utile que celle de l'établissement du canal d'Aire à La Bassée, dont on donnera ici une description succincte.

Le canal d'Aire à La Bassée, qui continue le canal de La Bassée, prend son origine où se terminait ce dernier canal, passe au-dessus de Chambrin, de Béthune, au-dessous de Robecq, et vient se terminer à Aire. Son développement, entre ses extrémités, est de 41,000^m.

La navigation de ce canal s'opère au moyen de trois écluses, dont l'une sert à racheter une chute d'environ 2^m, et les deux autres carrées donnent passage aux deux rivières de Lawe et de Lys.

Ces écluses ont 44^m de longueur d'un busc à l'autre, et 5^m,20 de largeur entre les bajoyers.

65.

Sa largeur est de 10ᵐ au plafond, et de 17ᵐ,50 au niveau des chemins de halage ; son tirant d'eau a été fixé à 1ᵐ,65.

Concédé, en vertu de la loi du 14 août 1822, à une compagnie qui s'est chargée de son exécution à ses frais, risques et périls, moyennant la jouissance, pendant quatre-vingt-sept ans et onze mois, du droit de navigation, tant sur son étendue que sur celle de l'ancien canal de La Bassée, ce canal a été commencé en 1822.

D'après le compte rendu au Roi, le 31 mai 1827, par le ministre de l'intérieur, la navigation était ouverte depuis le 1ᵉʳ du mois de mars 1825, c'est-à-dire plus d'une année avant l'époque fixée par le cahier des charges; et dans les divers points que traverse le canal, le prix de la houille était tombé de plus de vingt pour cent.

Le tarif des droits établis sur le canal d'Aire à La Bassée est celui qui a servi de type dans la fixation de ceux qui ont été adoptés pour le canal d'Arles à Bouc, pour le canal latéral à la Loire, pour ceux de Berri, de Nantes à Brest, et pour celui de Bourgogne, dont la concession, effectuée suivant un mode que nous avons expliqué aux articles qui concernent ces canaux, a été approuvée par la même loi.

TROISIÈME BRANCHE,

PASSANT PAR BOUCHAIN, VALENCIENNES, CONDÉ, MONS, CHARLEROI ET NAMUR.

Les avantages que la Commission nommée pour l'examen de la jonction de l'Oise à l'Escaut jugeait devoir se rattacher à cette jonction au moyen de la Sambre, bien qu'inférieurs à ceux qui résultaient de la même jonction par la Somme, à laquelle elle finit par donner la préférence, ne pouvaient cependant tarder à se réaliser, et même à prendre une nouvelle extension, en se combinant sous une autre direction avec ceux résultant de la communication qui venait de s'établir par la Somme.

Le canal de S . Quentin une fois ouvert, la jonction de l'Oise à l'Escaut par la Sambre , sous Landrecies, n'offre en quelque sorte qu'un double emploi. Effectuée par Charleroi et Condé , elle réunit toute l'utilité désirable, et recueille sur sa route tous les produits des riches mines de charbon qui abondent sur les bords de la Sambre et de la Haine, depuis Namur jusqu'à Condé, pour les livrer à la consommation du centre et du nord-ouest de la France.

C'est de cette ligne de navigation , dont se forme le troisième rameau, qui avec les deux précédens termine au nord la longue ligne de communication qui, en traversant la France, unit les deux mers, que nous avons à parler. Encore bien qu'aujourd'hui elle soit hors de notre territoire, elle ne peut et ne doit rien perdre de son importance à nos yeux.

CANAL DE MONS A CONDÉ.

L'utilité du canal de Mons à Condé a long-temps fixé les regards des souverains sous le gouvernement desquels ont passé successivement les provinces dont il est destiné à exporter les produits.

La rivière de Haine, qui prend sa source à l'ouest de Charleroi et se jette dans l'Escaut à Condé, était navigable, dès avant le seizième siècle, depuis Jemmapes, où elle reçoit la Trouille, jusqu'à son embouchure dans l'Escaut, sur 3470^m, et offrait ainsi dès cette époque un utile moyen de transport aux charbons des mines situées près de ses rives, qui étaient dirig   vers Arras, et vers Douai, Lille, l'ancienne Belgique, et même la Hollande.

Vauban , lors de la conquête de la Flandre, proposa d'améliorer la navigation de cette rivière, pensant que Mons ferait partie du territoire français; et les États du Hainaut, sous l'administration desquels cette ville rentra, songèrent les premiers, en 1739, à suppléer à cette navigation, en ouvrant un canal de Mons à Antony, par Dibihan.

Enfin, la Belgique ayant été réunie à la France depuis 1793 jusqu'en 1815, le Gouvernement crut devoir s'occuper sérieusement de perfectionner cette ligne de navigation.

On proposa d'abord de redresser la rivière et d'améliorer ses ouvrages d'art ; mais ces travaux exigeant des dépenses aussi considérables que celles auxquelles obligerait la construction d'un canal latéral, on adopta ce dernier parti.

Après divers projets et plusieurs conférences entre les ingénieurs militaires et les ingénieurs des Ponts - et - Chaussées, lesquelles avaient pour objet de concilier les conditions qu'exigeait la défense de la place de Condé avec celles à remplir dans l'intérêt de la navigation, sur l'avis du conseil des Ponts-et-Chaussées, en date du 23 juillet 1807, un décret du 18 septembre suivant décida que le canal latéral de la Haine, entre Mons et Condé, serait tracé d'une seule ligne droite, déterminée par la flèche du château de Mons et l'écluse du marais située à l'entrée de la ville de Condé.

Suivant cette direction, le canal, qui est tracé sur la rive gauche de la Haine, a 24,288^m de longueur.

Sa largeur au plafond est de 10^m, et au niveau des chemins de halage, de 18^m,52.

Sa profondeur est de 2^m,84, dont 2^m de hauteur d'eau.

Les chemins de halage ont 5^m au sommet, et les contre-fossés, séparés des talus extérieurs des chemins de halage par une banquette de 2^m, ont 2^m,40 de largeur.

Sa pente totale depuis Mons jusqu'à Condé, de 11^m,15, a été rachetée par six écluses de 5^m,20 de largeur entre les bajoyers, et de 45^m de busc en busc.

Ce canal est alimenté par les eaux de la petite rivière de Trouille, prises au-dessus du moulin d'Hyon, à 2460^m au-dessus de Mons. Cette rivière, pendant les plus grandes sécheresses, fournit 59,409^m cubes en vingt-quatre heures ; et s'il était nécessaire, on pourrait, sans nuire à sa navigation, tirer une partie des eaux de la rivière de Haine, qui fournit, dans le même temps et la même saison, 119,578^m cubes.

Les fossés qui entourent la ville de Mons peuvent servir de réservoirs naturels à ces eaux, et peuvent contenir 494,000^m cubes d'eau.

Il résulte de ces calculs qu'en supposant que l'on n'employât que les eaux de la Trouille, et qu'un bateau consommât à son passage 1600^m cubes d'eau, y compris les pertes occasionées par l'évaporation, les filtrations et autres causes, il pourrait circuler de Mons à Condé trente-sept bateaux par jour; et qu'en réunissant à ces eaux un tiers de celles de la Haine, ce qui, comme nous l'avons dit, est possible sans nuire à la navigation fluviale de cette rivière, on pourrait passer soixante-deux bateaux par jour, quantité beaucoup supérieure à celle qu'on peut concevoir dans le cas de la navigation la plus active.

Par suite de la nouvelle circonscription du royaume, le canal de Mons à Condé ne s'étend plus sur le territoire de France que sur une longueur de 6400^m, sur laquelle les deux écluses, qui devaient y être établies, restaient à construire au moment où la portion du territoire sur laquelle se trouve située la partie de ce canal rentra sous la domination des Pays-Bas.

Ces deux écluses entreprises ne tardèrent pas à être construites, et l'on vit bientôt le prix du fret réduit de 3900 fr. à 1900 fr. par bateau et par voyage. Cette réduction instantanée du fret, fait remarquer M. Cordier, dans son ouvrage sur la navigation du département du Nord, « surprit et mécontenta les bateliers; mais déjà depuis long-« temps ils ont reconnu les avantages que procure une navigation plus « facile et plus prompte. Aujourd'hui, ils mettent trois fois moins de « temps à chaque voyage, et en entreprennent de plus étendus. » Enfin, le canal offre à présent la navigation la plus florissante, et cette navigation, qui sert particulièrement au transport des charbons de terre, ne peut que s'accroître de jour en jour.

L'exécution du canal de Mons à Condé ne faisait que trop reconnaître la nécessité de celle du canal, qui, en en formant le complément, lui ouvrirait une communication avec la Sambre, et par suite avec la Meuse.

Ce canal, dont le Gouvernement français, par un décret du 5 mai 1810, avait ordonné l'étude sous le nom de canal de Mons à Charleroi, n'ayant pu être exécuté par ce Gouvernement, on se trouva naturellement amené à chercher à y suppléer sur le territoire de la France par une autre ligne de navigation, que, par une espèce de prévision bien digne de remarque, on semblait considérer déjà comme la seule qu'il serait permis un jour à la France de faire ouvrir dans la vue de suppléer au premier canal, et de ressaisir à ce moyen, autant qu'il serait en elle, ceux des avantages qui sont communs à ces deux lignes.

Le projet d'un canal qui joindrait par l'Oise la Sambre au canal de Saint-Quentin ne présentait en effet rien de nouveau; les idées à cet égard avaient été fixées par les études faites concurremment avec celles qui avaient eu lieu pour l'établissement du canal de Saint-Quentin, avec lequel on avait voulu le comparer.

Si les circonstances n'ont pas permis de s'occuper de cette nouvelle ligne de navigation pendant plusieurs années, l'idée ne s'en était pas entièrement perdue, et si peut-être, en la faisant revivre dans ces derniers temps, on a eu moins en vue les services qu'elle pourrait rendre au commerce que le secours dont elle pourrait devenir au canal de St.-Quentin, en lui procurant un supplément d'eau dont il paraissait avoir besoin, ce que ne semblerait que trop faire croire le mode d'après lequel on a cru devoir procéder à son exécution; cependant il n'en est pas moins vrai que l'on n'eût pas dû perdre l'espoir de le voir s'ouvrir, conformément aux dispositions de l'ordonnance qui en prescrit l'établissement, s'il ne devait pas être remplacé avantageusement par le canal qui joindra la Sambre à l'Oise, et particulièrement par le canal de la Sambre à l'Escaut au moyen de la Selle, desquels nous parlerons dans la troisième section.

CANAL DE LA SAMBRE AU CANAL DE SAINT-QUENTIN·

Bien que le canal de la Sambre au canal de Saint-Quentin ne paraisse devoir recevoir d'autre exécution que celle qui a pour objet sa partie inférieure depuis le ruisseau de Noirieu jusqu'au canal de Saint-Quentin, et qui a été convertie en une simple rigole destinée à amener une partie des eaux de ce ruisseau au canal de St.-Quentin, nous croyons toutefois devoir en présenter ici une courte description.

Suivant une ordonnance du roi, du 27 juillet 1821, le canal de la Sambre au canal de St.-Quentin, qui eût pu être considéré comme un canal à point de partage, dont la branche septentrionale eût été formée par la Sambre-Inférieure, fût parti de la Sambre à environ 1088^m de la maison Lebrun vers Renaud-la-Folie, et eût étendu son bief de partage sur 26,888^m de longueur, tant dans les marais d'Olzy que sous la montagne qui sépare la vallée de l'Oise de celle de la Somme, et qui eût été percée à cet effet par un souterrain de 6172^m d'étendue, et par conséquent le plus long de tous ceux qui existent en Europe.

Le même bief de partage eût été alimenté par les eaux de la Sambre, par celles de la Grande et de la Petite-Helpe, ainsi que par celles de quelques petits ruisseaux ; et enfin, s'il eût été nécessaire, par celles de l'Oise qui, dans ce cas, eût été dérivée à Vadencourt.

Sa branche méridionale commençant à 523^m,40 de l'extrémité du bois du Gard, et passant au-dessus d'Aizonville, sous Étave et Croix, au-dessus de Fousomme, puis sous Remancourt, et se terminant à l'extrémité du petit souterrain du canal de St.-Quentin, aurait eu 34,466^m, et sa pente eût été rachetée par vingt-deux écluses.

La longueur totale de ce canal, depuis sa prise d'eau dans la Sambre jusqu'à sa jonction avec celui de Saint-Quentin, eût été de 61,354^m.

Remplaçant, sur le territoire français, le canal de Charleroi qu'il n'est pas en notre pouvoir d'ouvrir, le canal de la Sambre au canal de

St.-Quentin avait pour objet de faciliter l'exportation des vins de Bourgogne, de Champagne, de l'Orléanais, des bords de la Loire, ainsi que
des eaux-de-vie des départemens méridionaux, et de recevoir en
échange les charbons de terre de Charleroi, les plombs et les fers des
environs de Namur, et les marbres et les pierres qui s'exploitent dans
le pays entre Sambre et Meuse.

En renonçant, ainsi qu'on vient de le dire, à l'ouverture de ce canal
qu'on a jugé pouvoir être remplacé par les canaux de la Sambre à l'Oise
et de la Sambre à l'Escaut, on a cru du moins devoir ne pas perdre de
vue le premier motif qui avait suggéré l'idée de rappeler l'attention sur
son exécution, celui de procurer au canal de Saint-Quentin un complément d'eau dont il paraissait manquer.

Les travaux du percement ont donc été commencés vers la fin de
1821; mais, ainsi qu'il a été dit à l'article du canal Saint-Quentin, en
ne lui donnant que la largeur nécessaire pour livrer le passage à une
rigole de 1^m,50 au plafond, destinée à amener environ 30,000^m cubes
d'eau par vingt-quatre heures de la rivière d'Oise au canal de Saint-
Quentin : dernière-disposition qui a permis, dans la vue d'éviter de
grandes tranchées, et d'obtenir par là une notable économie de temps
et d'argent, de prolonger sans inconvénient cette rigole en galerie souterraine sur 13,500^m de longueur.

RIVIÈRE DE SAMBRE.

Avant l'ajournement du canal de Charleroi, la rivière de Sambre
pouvait être considérée comme devant faire suite aux canaux de Condé
à Mons, et de Mons à Charleroi, et continuer, vers le nord-est, la
troisième branche de la ligne qui unit, par le nord de la France, la Méditerranée à l'Océan.

Cette rivière prend sa source à Fontenelle, passe à Landrecies, où elle
commence à être navigable, à Maubeuge, Thain, Charleroi, et va se

jeter dans la Meuse à Namur, après un cours de 56,442ᵐ sur le territoire français, et d'environ 100 kilomètres de développement sur le territoire de la Belgique, ouvrant ainsi au commerce un immense débouché vers la mer d'Allemagne au moyen de la Meuse.

En 1684, on dirigea une de ses sources dans l'Oise par le Noirieu, au-
dessous de Landrecies; en 1698, on dressa des projets relatifs à sa jonction avec l'Oise, entre Landrecies et Guise; en 1749 et 1776, cette
même jonction fut sur le point d'être exécutée; en 1782, de nouveaux
projets furent présentés au Roi. Dans ces derniers temps, en 1809, on compara, ainsi que nous l'avons vu, cette jonction avec celle de l'Oise à l'Escaut par la Somme, au moyen du canal de St.-Quentin; et enfin, en 1812,
le Gouvernement, en ajournant l'exécution du projet du canal de Mons
à Charleroi, ordonna qu'on examinerait s'il ne serait pas possible de lier,
au moyen de l'Oise, la Sambre au même canal de Saint-Quentin, en
établissant une communication qui partirait de cette rivière au-dessus
de Landrecies, et viendrait aboutir au bief de partage du canal de Saint-
Quentin : dernière disposition qui ne pouvait qu'acquérir un nouveau
degré d'utilité, depuis qu'il n'est pas au pouvoir de la France de faire
exécuter le canal de Mons à Charleroi, auquel cette communication
suppléerait sur son propre territoire.

Cette disposition, ainsi qu'on vient de le voir dans l'article précédent, n'a pas échappé à la sollicitude du sage monarque auquel la
France devra une si notable extension dans le système de sa navigation.

Du reste, la navigation de la Sambre, qui n'avait eu lieu jusqu'à ce
jour qu'au moyen de 6 écluses à sas et de 2 écluses simples, qui furent construites sur son cours, de 1760 à 1790, par la province du
Hainaut, devenant de jour en jour plus difficile, est sur le point de recevoir une amélioration qui acquiert un nouveau degré d'importance
depuis l'exécution présumable du canal qui doit lier cette rivière à
l'Oise.

Par suite de la loi du 24 mars 1825, des ouvrages viennent d'être
entrepris depuis Landrecies jusqu'à la frontière des Pays-Bas, au moyen

66.

de la concession d'un péage pendant l'espace de cinquante-quatre ans et dix mois.

Une ordonnance du mois de février 1826 a approuvé cette concession.

Par son traité, le concessionnaire est tenu à des creusemens et redressemens, à construire 12 sas, divers ponts et ponts-ceaux, et autres ouvrages d'art et de terrassemens.

Si, en présentant ici le tableau des lignes de navigation qui traversent les départemens du nord de la France, nous n'avons pas craint de parler déjà de quelques-unes d'entre elles qui, se prolongeant sur le territoire de la Belgique, ne peuvent servir qu'à étendre et rendre plus intimes nos relations de commerce et d'amitié avec ce pays, nous nous croirons d'autant moins obligés de garder le silence lorsqu'il s'agit de deux canaux qui, d'abord conçus et entrepris par le Gouvernement français, à une de ces époques trop fréquentes dans l'histoire des nations, doivent être terminés aujourd'hui par les souverains légitimes des contrées qu'ils sont destinés à vivifier et à mettre en rapport avec les nôtres.

Le premier de ces canaux est le canal du Nord qui doit joindre l'Escaut au Rhin, et lequel, quoique resté encore imparfait, a été exécuté en partie par le Gouvernement français ; le second est le canal de Charleroi auquel le roi des Pays-Bas fait travailler en ce moment-ci, et dont l'établissement nous a paru d'un si grand intérêt en continuant le canal de Mons à Condé et en liant l'Escaut à la Sambre.

Nous parlerons d'abord du premier comme ayant reçu depuis longtemps un commencement d'exécution.

LIGNE DE JONCTION

DE L'ESCAUT AU RHIN

HORS DU TERRITOIRE DE LA FRANCE.

En parlant du canal du Nord qui doit unir le Rhin à l'Escaut en traversant la Meuse, quelques personnes l'ont considéré comme devant ouvrir une communication entre la Méditerranée et la mer d'Allemagne, quoiqu'en effet cette communication fût déjà établie par le Rhin lui-même, et que véritablement ce canal eût plus spécialement pour objet de procurer le moyen d'approvisionner, par la route la plus courte, le port d'Anvers des bois de construction qui croissent sur les bords de ce fleuve.

Cette manière d'envisager le canal du Rhin à l'Escaut comme faisant partie de cette longue ligne de navigation du midi au nord, lui donnant un plus haut degré d'utilité générale, nous eussions été d'autant plus disposé à admettre cette classification, que l'on obtient nécessairement plus de clarté et de simplicité en rattachant ainsi, autant que possible, les divers canaux à ces grandes communications dont se compose le système général de la navigation intérieure.

Sous ce point de vue, la partie de la longue ligne qui traverse la France et dont le canal du Nord forme une des extrémités, serait composée du cours du Rhône, doublement suppléé dans sa partie inférieure par les canaux d'Arles et de Beaucaire, du cours de la Saône depuis Lyon jusqu'à Châlons-sur-Saône, du canal de Monsieur depuis ce dernier point jusqu'au-dessous de Strasbourg, et du cours du Rhin depuis cette ville jusqu'à Lauterbourg.

La partie qui passerait hors et au-dessus du territoire de la France se serait formée du cours du Rhin depuis Lauterbourg jusqu'à Neuss; ensuite, depuis ce point jusqu'à Anvers, du canal du Nord, ayant pour objet de joindre le Rhin à l'Escaut par la Meuse ; et enfin de la branche orientale de l'Escaut depuis Anvers jusqu'à la mer d'Allemagne.

Mais les changemens survenus dans la détermination des limites de la France semblent ne plus nous permettre de considérer sous cet aspect le canal de jonction du Rhin à l'Escaut par la Meuse, connu sous le nom de grand canal du Nord, et qui, ainsi qu'on vient de le dire, se trouve aujourd'hui en entier sur le territoire des Pays-Bas ; néanmoins, comme il a été conçu et commencé par le Gouvernement français, nous avons pensé que l'on ne pourrait voir qu'avec plaisir quelques détails sur ce grand travail, dont l'achèvement, également avantageux à ce pays et à l'Allemagne, tendrait nécessairement à resserrer de plus en plus les liens de bon voisinage qui existent entre les deux nations.

CANAL DU NORD.

Il ne paraît pas que les souverains sous le gouvernement desquels ont passé successivement les provinces qui doivent être traversées par le canal du Nord, se soient jamais occupés avec un grand intérêt de la jonction du Rhin à l'Escaut, qui se compose de celles de ces deux fleuves avec la Meuse dont le cours se dirige également du midi au nord au milieu de l'intervalle qui les sépare ; on rapporte cependant qu'en 1626, et lorsque le Brabant était sous la domination espagnole, on avait commencé à ouvrir un canal de Rhinberg, sur le Rhin, à Venlo, sur le Niers, portant encore aujourd'hui le nom de *Fosse-Eugénienne* (du nom de l'infante Isabelle-Eugénie, fille de Philippe II, et archiduchesse de Brabant) ; mais que les Hollandais s'étant opposés à son exécution, il fut abandonné en 1628.

Les vues que le gouvernement français avait sur le port d'Anvers pouvaient seules le déterminer à s'occuper sérieusement de ce canal, qui, ainsi qu'on l'a fait observer tout à l'heure, ne présentait un intérêt réel que pour l'approvisionnement de ce port.

Ce ne fut donc qu'en 1804 que le Gouvernement, reconnaissant de quelle importance pouvait devenir le port d'Anvers; tourna son attention sur les moyens les plus propres à assurer son approvisionnement; et parmi ces moyens, on devait naturellement considérer comme un des plus efficaces l'établissement d'un canal qui ouvrirait la communication la plus directe entre ce port et le Rhin, sur les rives duquel croissent d'immenses forêts où se trouvent les meilleurs bois de construction.

L'utilité du canal du Nord ne fut pas plus tôt reconnue qu'il fut donné des ordres pour la rédaction des projets, et, dès 1806, les ouvrages furent commencés, et ne furent discontinués qu'en 1813.

Le canal du Nord se composant de la jonction de l'Escaut à la Meuse, et de celle de la Meuse au Rhin, se divise en deux sections. Nous parlerons d'abord de la première, bien que ce ne soit pas celle sur laquelle il ait été exécuté une plus grande masse de travaux.

PREMIÈRE SECTION.

JONCTION DE L'ESCAUT A LA MEUSE.

La Meuse n'étant pas navigable au-dessus de Venlo pour les bateaux du Rhin, ce lieu, comme se rapprochant le plus de la direction que sans cette circonstance il eût été à désirer que l'on pût donner au canal, devait nécessairement devenir le point où viendraient aboutir et s'unir les deux sections dont il se composait, disposition qui d'ailleurs procurait l'avantage de placer les deux embouchures de ces deux lignes sous la protection des feux de la place.

Ce point étant ainsi donné sur la Meuse, le tracé de la branche occidentale du canal se trouvait déterminé sur sa plus grande longueur du côté d'Anvers par la vallée de la Petite-Nethe, qui tombe dans l'Escaut à environ 20,000^m au-dessus de cette place, et à 5000^m au-dessous de Malines, et par laquelle on devait monter jusqu'au point de partage établi sur le seuil qui sépare les deux vallées de l'Escaut et de la Meuse, et duquel on viendrait aboutir à la Meuse à 1500ᵐ au-dessous de Venlo.

Un embranchement, pour établir une communication plus directe avec le port d'Anvers, devait être ouvert entre ce port et la ville d'Herenthals, sous les murs de laquelle devait passer la première branche de cette première section du canal (1).

Nous donnerons ici le tracé de cette première section.

Première branche, ou versant vers l'Escaut. — Cette branche commence à Lier, dans la Nethe, se dirige par un seul alignement sur Herenthals, suit la vallée de la Petite-Nethe qu'elle laisse à gauche, et vient se terminer au-dessous de Fontaine-Sprinck-Put, où elle joint le bief de partage.

Cette ligne, depuis Lier jusqu'à Herenthals, a 19,000ᵐ de longueur; depuis Herenthals jusqu'au bief de partage 30,000ᵐ, ensemble 49,000ᵐ.

Sa pente, depuis Lier jusqu'au bief de partage, qui est de 38ᵐ,80, est rachetée par 12 écluses.

La longueur de l'embranchement d'Herenthals à Anvers est d'environ 30,000ᵐ.

Bief de partage. — Le bief de partage, depuis Fontaine-Sprinck-Put jusqu'à Cautille, a 33,000ᵐ de longueur. Ce bief sera alimenté par les eaux de la Meuse, qui y seront amenées au moyen d'une rigole, qui, partant de Smermasse au-dessous de Maestricht, et passant à l'est de Reckem, à Eesden, à Lanclaërt, à Neer-Oëteren, à l'est de Brée et à Bocholt, se terminera à Cautille, après un développement de 40,303ᵐ de longueur (2).

Deuxième branche, ou versant vers la Meuse. — Cette branche, à partir du bief de partage, se prolonge sur un seul alignement, en se

---

(1) Les deux lignes d'Herenthals à Lier et à Anvers n'avaient point été encore définitivement arrêtées avant la suspension des ouvrages.

(2) Cette rigole est entièrement ouverte et plantée.

dirigeant au nord-ouest de Weerdt jusqu'à 5ooo^m au-delà de Meyel ; prend ensuite le vallon du ruisseau de Rotherbeck, en passant par les villages de Bréc et d'Ols pour venir joindre la Meuse à 2500^m au-dessous de Venlo.

La longueur de cette branche est de 48,000^m ; et sa pente, qui est de 29^m,5o, est rachetée par 9 écluses.

La longueur totale des deux branches et du bief de partage, non compris l'embranchement d'Hérenthals, devait être de 130,000^m ;

Le nombre totale des écluses, de 21 ;

La dépense totale présumée, de 12,000,000 fr.

DEUXIÈME SECTION.

JONCTION DU RHIN A LA MEUSE.

Le point extrême de la première ligne étant donné de position sur la Meuse, il ne s'agissait plus que d'examiner celui où la seconde partie, partant de ce point, devait venir se rendre ensuite au Rhin.

Ayant remarqué que, lorsque les crues de ce grand fleuve avaient atteint la hauteur de 8^m, les eaux s'épanchaient à Neursen dans la Niers, affluent de la Meuse, par le lit de la Krour, qui, partant des marais de Schifbahn, vient, d'un côté, se jeter dans cette rivière, et de l'autre, à Neuss, dans l'Erft tombant elle-même dans le Rhin, on devait nécessairement regarder le marais de Schifbahn comme offrant le point de partage le plus avantageux.

Ce fut, en effet, d'après ces premières bases que le projet fut approuvé, en février 1806, par les comités réunis des Ponts-et-Chaussées et des fortifications.

Voici le tracé de la seconde section.

Première branche, ou versant vers le Rhin. — Cette branche commence à Grimlinghausen, près de l'embouchure de l'Erft, se dirige vers Neuss, et se termine à l'intersection de la route de Cologne à Neuss.

Sa longueur, depuis son embouchure dans le Rhin jusqu'au bief de partage, est de 1728ᵐ; et sa pente, qui est de 7ᵐ,40 jusqu'à l'étiage moyen du Rhin, sera rachetée par 2 écluses de 3ᵐ,70 de chute, dont la première fera office de porte de garde.

Bief de partage.—La portion du canal formant le bief de partage, à partir de l'extrémité de la première branche, passe, après avoir traversé la dérivation de l'Erft, au-dessous et à quelque distance des murs de Neuss; se dirigeant ensuite par la vallée de la Krour, cette ligne passe au milieu des bruyères et des marais de Neuss, de Buttgen et de Schifbahn, dont les eaux s'écoulent dans le Rhin et dans la Meuse en tombant dans la Niers; traverse ensuite cette rivière entre les moulins de Néersen et de Broch-Mühle pour gagner le pied du coteau de sa rive gauche, en se soutenant au-dessus des marais qui occupent le fond de la vallée; passe après sous Viersen, puis dans la plaine au-dessous de Suchtelen et un peu au-dessus de Greferath; à 3000ᵐ de ce point, quitte la vallée de la Niers, et remonte celle de la Nette jusque vis-à-vis des étangs qui environnent le château de Krickenbeck, et se dirige vers le château de Louisbourg, vis-à-vis duquel se termine le bief de partage.

Ce bief, le plus grand qu'on connaisse, et dont le niveau répond à la surface de la Niers à sa rencontre avec le canal, sera alimenté par les eaux de l'Erft, par celles de la Niers, et, s'il était nécessaire, par celles de la Nette.

Sa longueur est de 41,866ᵐ,90.

Deuxième branche, ou versant vers la Meuse. — Cette branche, à partir de l'extrémité du bief de partage, vis-à-vis le château de Louisbourg, descend, par le vallon d'Hereingen, dans les marais de Strahlen; traverse la *Fosse-Eugénienne*, et se dirige vers Venlo pour se jeter, sous les murs de cette ville, dans la Meuse.

La longueur de cette branche est de 9531ᵐ,66.

Sa pente, qui est de 28ᵐ depuis le niveau du bief de partage jusqu'à l'étiage de la Meuse pris à 6ᵐ,46 au-dessous de la tablette de l'angle saillant de l'ouvrage avancé dans cette rivière, est rachetée par 7 écluses de 4ᵐ de chute chacune, et dont la dernière fait office de porte de garde.

Longueur totale des deux branches et du bief de partage formant la ligne du canal, 53,126ᵐ,56.

Le nombre total des écluses, est de 9; celui des ponts-levis, de 7; celui des aqueducs, de 10; celui des barrages ou épanchoirs, de 2; celui des maisons d'éclusiers, de pontonniers et receveurs du droit de navigation, de 17.

La totalité de la dépense pour cette partie était présumée devoir s'élever à la somme de 6,011,864 fr. 24 c.

Dimensions du canal et des écluses.

Ce canal étant destiné à recevoir les bateaux du Rhin de deuxième classe, qui font le trajet de Cologne en Hollande avec un chargement de 200 tonneaux environ, aura constamment 15ᵐ de largeur dans le fond, 4ᵐ de profondeur et 2ᵐ,60 de hauteur d'eau, dont la superficie sera marquée par deux banquettes de 0ᵐ,50 de largeur ayant une légère pente vers l'intérieur, et qui seront plantées de joncs ou iris pour rompre les vagues. La largeur du canal, au niveau du chemin de halage, sera de 27ᵐ,40, et celle des chemins de halage de 6ᵐ.

Les écluses devaient avoir 6ᵐ,60 de largeur entre les bajoyers, et 46ᵐ de longueur entre les buscs.

Les écluses ordinaires auront 64ᵐ,75 d'une tête à l'autre, et les deux écluses de garde 73ᵐ; celles-ci seront munies à l'aval d'une seconde paire de portes busquées pour défendre les ouvrages contre les crues du Rhin et de la Meuse.

La longueur totale des deux sections du canal est de 183,126ᵐ,56.

Le nombre total des écluses devait être de 50.

La totalité des ouvrages était évaluée à la somme de 18 à 19,000,000 fr.

Les ouvrages, commencés en 1806, furent suspendus en 1813.

CANAL DE CHARLEROI

HORS DU TERRITOIRE DE LA FRANCE.

Le projet du canal de Mons à Condé, aujourd'hui exécuté, et qui offre dès ce moment un débouché si utile aux charbons de terre des environs de la première ville vers l'ouest de la Belgique, et vers l'ouest et le centre de la France, réclamait un complément dans l'établissement d'un canal qui lui ouvrirait une communication avec la Sambre et la Meuse.

Tout indiquait que cette communication devait s'opérer par Charleroi, et un décret du 5 mai 1810 ordonna l'ouverture d'un canal entre cette ville et Mons, au moyen duquel s'effectuerait, par la Haine et la Sambre, la jonction de l'Escaut à la Meuse.

D'après ce décret, la dépense devait être supportée moitié par les contrées comprises alors dans la circonscription des départemens de Jemmapes, de Sambre-et-Meuse et de l'Ourthe, et qui devaient contribuer pendant vingt ans pour une somme annuelle de 150,000 fr.; et moitié par la caisse des canaux établie à cette époque, et qui devait rester propriétaire de ce canal, dont la dépense était évaluée à 6,000,000 fr.

Le canal de Mons à Charleroi est susceptible de deux directions, et peut s'exécuter de deux manières : suivant le voeu manifesté par le conseil général du département de Jemmapes, dans ses sessions de 1809 et 1811, il fut l'objet d'une première étude, d'après laquelle il devait suivre d'abord la vallée de la Haine, qui, ainsi qu'on l'a vu, se jette dans l'Escaut à Condé et passe au-dessus de Mons, et ensuite la vallée du Piéton, petit ruisseau qui, prenant sa source non loin de celle de la Haine, entre Binch et Charleroi, va tomber dans la Sambre au-dessous de cette dernière place ; mais cette étude n'ayant pas répondu aux espérances qu'on en avait conçues, on crut pouvoir atteindre plus facilement le but qu'on se proposait, en se dirigeant par la vallée de la Trouille, petite rivière qui vient tomber dans la Haine au-dessus de Mons, et dont on croyait pouvoir effectuer aisément la réunion avec la Sambre au-dessus de Charleroi.

Indépendamment de ces deux projets, un troisième fut encore étudié. Par ce dernier, on passait par les vallons de Lobbes et de Hennochoelles ; mais comme l'établissement du canal, en suivant cette route, eût exigé un percement de 8716ᵐ, sans diminuer sensiblement le nombre des écluses ni la longueur du canal, on renonça à cette direction.

Il ne restait donc plus qu'à comparer les deux premiers projets, qui furent accompagnés de tous les détails qui pouvaient aider à fixer le choix du Gouvernement en faveur de l'un de ces deux projets.

Tracé du canal par la vallée de la Haine et du Piéton.

Par ce tracé, le canal devait prendre naissance sur la rive gauche de la Sambre, près de Marchiennes, au Pont, à une demi-lieue au-dessus de Charleroi, et franchir un seuil de 300ᵐ environ en remontant la vallée du Piéton, qui offre la direction la plus courte et le sol le plus déprimé. Il rencontrait le hameau du Roulx, celui de Sars-les-Moines, le bourg de Gosselies, le Grand-Sars, les fermes du Petit-Hamalle, le hameau de l'Hutré et le village de Pont-à-Celles, où commençait le point de partage : ensuite le canal était ouvert en tranchée dans le fond de la vallée du Piéton jusqu'à la rencontre de la fontaine Saint-Germain, où devait être l'origine du percement à faire sous le village de la Chapelle-Herlaymont. On sortait de ce percement par le vallon du Prince-Charles, près de Morlanvelz, et de là on descendait à Mons par le versant de la Haine, le long des villages de Haine-St.-Pierre, Haine-St.-Paul, Saint-Vaart, Trivières, Maurage, Boussoit, Ville-sur-Haine, Ghislage, Obourg, Havré et Nimy.

Les inconvéniens reprochés à ce projet, d'ailleurs étudié avec beaucoup de soin, étaient d'entraîner la démolition d'un grand nombre d'habitations qui se trouvaient traversées par le canal ; d'établir, sur un seul développement de 53,789ᵐ,75, un souterrain de 2763ᵐ de longueur, une tranchée de 5502^m,5o sur 16^m de profondeur au sommet, et 46 écluses dont 10 sur le versant du Piéton, et 36 sur celui de la Haine. En outre, les 12 écluses voisines du point de partage pouvaient être considérées comme accolées, n'étant séparées que par des biefs d'environ 5o^m de longueur; disposition à laquelle on ne pouvait remédier qu'en substituant à d'aussi petits biefs de larges bassins dont la surface était calculée de manière à ce que chaque éclusée ne fît baisser l'eau que de o^m,12 à o^m,15.

La dépense de ce projet était estimée devoir s'élever à 7,800,000 fr., somme qui excédait de 1,800,000 fr. la dépense présumée.

Tracé du canal par la vallée de la Trouille.

Par ce second projet, qui se réduisait à une simple dérivation de la Sambre prise à Marpent, et conduite à Mons dans le bassin du Polygone, le canal suivait le territoire des villages de Grand-Rang, Vieux-Rang, Villers-Sise-Nicole, Givry, Harmignies, Spiennes, et arrivait à Mons. La longueur de cette ligne était de 27,314^m, savoir : 22,246^m en plaine, 1100^m en percement, et 5968^m en tranchée; et le nombre des écluses était de 53.

De sorte qu'en comparant ce dernier tracé au premier, il en résultait que, d'après celui par la vallée de la Trouille, on avait une différence en moins de moitié sur la longueur totale, de moitié sur la longueur en souterrain, d'un tiers sur la longueur en tranchée, et d'un quart sur le nombre des écluses. On pouvait de plus, si on l'eût jugé nécessaire, supprimer totalement le souterrain, attendu que la tranchée qui l'eût remplacé n'aurait eu que 3o^m de profondeur au sommet.

Ces avantages étaient immenses et ne parurent pas pouvoir être balancés par les inconvéniens dont aucun projet ne peut être entièrement exempt, et qui, résultant de la nature des localités, consistaient principalement, pour celui-ci, dans la difficulté de trancher le canal sur une certaine longueur dans le roc vif, et dans la destruction d'un grand nombre d'usines situées sur la rivière de la Trouille ; deux circonstances qui, malgré la diminution qu'on obtenait d'un autre côté dans la masse des travaux, réduisaient en définitive seulement à 1/9 la différence entre la dépense du dernier projet et celle du premier.

A la vérité, le conseil du département objectait encore que, par cette dernière direction, le canal ne serait d'aucune utilité, ou du moins ne rendrait que de bien faibles services à l'exploitation des houillières situées dans la vallée de la Haine, et qu'il avait de plus l'inconvénient d'aboutir à la Sambre dans un point où la navigation se trouve interrompue, chaque été, par le défaut d'eau.

Mais à ces objections on répondait qu'il n'était pas impossible de trouver une répartition d'écluses à l'aide de laquelle on pourrait diminuer le cube de l'excavation à faire dans le rocher ; que la suppression des usines était un inconvénient inhérent au projet, et que malgré les indemnités auxquelles obligerait leur destruction, la totalité de sa dépense n'en était pas moins de 1/9 au-dessous de celle du projet suivant les vallées de la Haine et du Piéton ; qu'il serait facile d'améliorer la navigation de la Sambre, en rectifiant les ouvrages très-mal conçus qui y avaient été construits ; que si, en effet, le canal ne présentait pas un moyen de débouché très-rapproché aux houillières des vallées de la Haine et du Piéton, il s'agirait de savoir si un simple trajet de six lieues par terre pour se rendre ou à Charleroi ou à Mons, ne serait pas moins dispendieux que le passage de 23 écluses ; et enfin que s'il était plus avantageux pour le département de Jemmapes de faire passer le canal par les vallées de la Haine et du Piéton, on ne devait pas perdre de vue non plus les intérêts des départemens de l'Ourthe et de Sambre-et-Meuse, qui concouraient aussi aux dépenses de ce canal et désiraient voir se rapprocher de leur territoire cette nouvelle ligne de navigation qui était plus favorable au commerce de ces départemens avec la Basse-Meuse, et qui, en définitive, serait de moitié moins longue que celle que l'on eût dirigée par les vallées de la Haine et du Piéton.

Ces différentes considérations furent appréciées par le conseil des

Ponts-et-Chaussées; mais tout en donnant, par son avis du 24 janvier 1812, la préférence au projet qui en faisait l'objet, il crut qu'il appartenait au Gouvernement seul de décider entre les deux projets qui étaient présentés : sur un rapport de M. le directeur-général des Ponts-et-Chaussées qui approuvait cependant les dispositions du dernier projet, le chef du Gouvernement en ajourna l'exécution, et ordonna l'étude d'un autre projet qui aurait pour objet : 1° d'améliorer la navigation de la Sambre dans sa partie inférieure jusqu'à Landrecies ; et 2° d'effectuer la jonction de cette rivière avec le canal de Saint-Quentin au moyen de l'Oise.

Ainsi fut suspendue l'exécution d'un projet dont cependant l'utilité ne paraît plus pouvoir être contestée depuis que, ainsi que nous l'avons dit, le Gouvernement des Pays-Bas s'est décidé à faire procéder à son exécution.

CANAL DE CHAMPAGNE, AUJOURD'HUI CANAL DES ARDENNES.

Historique du canal.

Le canal de Champagne ou des Ardennes peut être considéré comme une des ramifications vers l'est de la sixième ligne de jonction des deux mers par le midi et le nord.

Bien qu'on se fût fait depuis long-temps une juste idée des services que rendrait ce canal, qui devait établir une communication de la Meuse à la Seine par la rivière d'Aisne et celle d'Oise, communication qui pourrait s'opérer d'une manière plus directe aujourd'hui par le canal de l'Ourcq, ce ne fut cependant qu'en 1684 que M. de Louvois donna quelque consistance à ce projet, en s'en occupant plus sérieusement qu'on ne l'avait fait jusqu'alors ; et il y a lieu de croire que ce ministre en eût réalisé l'exécution, si, à cette époque, on n'eût tout à coup porté ses regards sur l'aqueduc de Maintenon, dont la dépense absorba les fonds qui y étaient destinés.

Plusieurs tentatives pour obtenir la concession de cette entreprise furent faites auprès de Louis XIV par M. de Dangeau qui obtint un brevet qui lui fut retiré, et par madame la princesse de Conti qui échoua également dans les demandes qu'elle fit adresser au Gouvernement. A cette époque où la France venait de soutenir plusieurs guerres, quelques réclamations et des considérations tirées du système de défense firent taire, peut-être sans un examen suffisamment approfondi, celles qui naissaient de l'intérêt du commerce.

Depuis, diverses propositions furent renouvelées, pour la réalisation de ce projet, par plusieurs particuliers riches et puissans et par des compagnies.

En 1734, Jean Nicolas , comte de Jumelle, forma une demande sans succès.

En 1746, sur la présentation de projets proposés par MM. Simon et Dumaine, d'après lesquels la dépense était évaluée à 2,500,000 fr., M. le chevalier de Châtillon et M. Legendre furent chargés par le conseil du Roi d'en vérifier la possibilité.

Leur procès-verbal, commencé le 6 octobre 1746 et clos le 7 décembre suivant, ayant été communiqué à l'Académie des sciences par M. Rouillé, intendant du commerce, au mois d'avril 1747, MM. de Mairan, Bouguer, Deparcieux et Camus, chargés par la compagnie d'examiner le projet, en approuvèrent les dispositions par un rapport du 26 avril 1747. M. Camus, qui était commis par arrêt du conseil pour l'examen des projets de cette espèce, donna ensuite son avis au mois d'avril 1749 : en approuvant, comme l'avait fait la Commission, le travail de MM. de Châtillon et Legendre, il éleva quelques doutes sur le point de partage situé près du village de Chêne, et sur le jaugeage de l'étang de Bairon, qu'il ne croyait pas suffisant pour fournir des eaux des deux côtés du point de partage; mais, d'une autre part, il pensait qu'en y ajoutant les eaux de la Bar, prises vers le village de Sey, le canal serait toujours abondamment pourvu. M. de Regemorte fut du même avis par son rapport fait en août 1749.

Tom. I.

68

Madame la princesse de Conti sollicitait depuis 1748 des lettres patentes pour l'exécution de ce canal.

En 1762, un arrêt du conseil du 16 juillet ordonna que les plans et
devis du canal de Champagne seraient dressés. M. Legendre, inspecteur-général des Ponts-et-Chaussées, chargé de la rédaction de ce projet,
remit son travail en 1767.

En 1776, M. le prince de Conti obtint, par lettres-patentes du 24
juin, le privilège de la construction et de la navigation du canal de
Champagne, privilège qui fut prorogé par d'autres lettres patentes du
mois de juillet 1782.

En 1791, l'Assemblée Constituante, par décret du 25 septembre, accorda des fonds pour commencer les travaux.

Enfin, ces différentes tentatives étant restées sans effet, ce ne fut
qu'en l'an II (1793), et ensuite en l'an IX (1801) que M. Deschamps,
actuellement inspecteur-général des Ponts-et-Chaussées, et alors ingénieur ordinaire à la résidence de Rhétel, reconnaissant l'utilité du canal
de Champagne, publia deux mémoires, où il s'attacha à fixer les dispositions qui, adoptées depuis par M. le directeur-général des Ponts-et-
Chaussées, devaient servir de base au projet dont ce magistrat, par
une décision du 20 août 1819, ordonna la rédaction.

Exposé du projet.

Du côté de la Meuse, la petite rivière de Bar, qui a son embouchure
dans cette rivière sous Donchery, près de Sédan, est navigable naturellement, pour les bateaux appelés baroises, depuis ce point jusque près
Pont-Bar, situé à environ 4000ᵐ de Chêne-le-Populeux.

Du côté de la Seine, la rivière d'Aisne est navigable pour les bateaux
de la Seine et de l'Oise jusqu'à Pontavert, 50,000ᵐ environ au-dessous
de Rhetel, et 75,000ᵐ environ au-dessous de Semuy, point où l'Aisne
se dirige au midi, et qui est situé à environ 9000ᵐ de Chêne-le-
Populeux.

D'après cet état de choses, on voit que le projet de réunion de la Seine à la Meuse consistait à assurer la navigation de l'Aisne depuis Pontavert jusqu'à Semuy ; à ouvrir un canal de ce point à Pont-Bar sur environ 13,000ᵐ de longueur, et à descendre la rivière de Bar jusqu'à la Meuse près de Donchery.

Par son projet, M. Legendre proposait d'établir la navigation dans le cours même de l'Aisne depuis Pontavert jusqu'à Semuy, en coupant seulement les sinuosités les plus marquées de cette rivière, en creusant le grand nombre de gués dont elle est traversée, et en contournant par de petites portions de canaux où devaient être établies des écluses, les moulins qu'il jugeait à propos de conserver, et les nouveaux barrages qu'il croyait nécessaire d'établir dans d'autres points pour tempérer la vitesse du courant.

Il proposait d'améliorer la navigation de la Bar en employant des moyens semblables.

Enfin, il joignait les deux rivières par un canal entre Semuy et Pont-Bar, en passant par Chêne-le-Populeux.

La dépense de ces ouvrages, sur 140,000ᵐ de longueur, devait s'élever à environ 5,800,000 fr.

Quelque sages que puissent paraître au premier moment les principes d'économie qui dictèrent les dispositions de ce projet, on ne peut cependant se dissimuler qu'ils ne soient dus, la plupart du temps, qu'au désir de former un établissement dont on reconnaît toute l'utilité, et dont on craint de voir éloigner le bienfait par la considération d'une trop grande dépense : en effet, l'expérience a souvent prouvé que les ouvrages au moyen desquels on avait espéré pouvoir améliorer la navigation des rivières ne répondaient que bien rarement à leur objet ; et M. Deschamps ne balança pas à proposer de substituer à ceux que M. Legendre voulait exécuter pour assurer la navigation dans le lit même des rivières d'Aisne et de Bar, deux portions de canal latéral, qui, prolongeant le canal à ouvrir entre Semuy et Pont-Bar, suivraient la première rivière au moins jusqu'au-dessous du château, et la seconde depuis Pont-Bar

68.

jusqu'à la Meuse, malgré l'augmentation que produirait ce parti dans la dépense, qu'il estimait devoir s'élever, dans cette dernière hypothèse, à 8,000,000 fr.

Tel était le projet que M. Deschamps proposait de substituer à celui de M. Legendre, et par lequel il établissait, ainsi que lui, un canal de grande navigation. Mais la dépense de 8,000,000 fr. dans des circonstances peu favorables devait faire craindre de voir encore ajourner l'exécution d'un canal auquel cet ingénieur attachait un si vif intérêt, et l'on peut dire que ce fut l'amour du bien public qui l'amena à une idée qui, si elle a été abandonnée dans la suite, semblait néanmoins acquérir beaucoup de poids par la liaison que cette nouvelle ligne de navigation pouvait avoir un jour avec celle du canal de l'Ourcq.

M. Deschamps proposa en effet de réduire la largeur du canal de Champagne, et d'adopter des bateaux de 25ᵐ de longueur et de 2ᵐ,50 de largeur, dimensions des bateaux le plus généralement en usage sur la Meuse, et qui se trouvent par un heureux hasard précisément celles d'après lesquelles seules, ainsi que nous l'avons fait observer plusieurs fois, peut s'établir avantageusement le système de petite navigation en France; ces bateaux pouvant, en s'accouplant, passer deux à deux dans les écluses des grands canaux sans perte d'eau.

A la vérité, ce même sentiment du bien public qui l'avait conduit à adopter le premier les dimensions les plus convenables à suivre pour le système de petite navigation, sur lequel on avait eu jusqu'alors des idées si peu arrêtées, l'avait poussé peut-être au-delà du but, en l'engageant à proposer de construire des écluses en charpente, et en se servant, relativement à la navigation de la Bar, des moyens proposés par M. Legendre; mais à ce moment les circonstances n'étaient plus les mêmes : il ne s'agissait pour ainsi dire alors que d'une navigation provisoire, dont on pouvait jouir au modique prix de la somme de 1,360,000 fr., et ces circonstances ayant changé, M. Deschamps lui-même est revenu à son ancien projet dont il évaluait la dépense, par un rapport du 20 mars 1810, à la somme 6,425,795 fr.

Si M. Deschamps ne paraît pas, dans son dernier rapport, s'être prononcé clairement sur le système de navigation à adopter pour le canal, il a du moins le mérite d'avoir proposé le premier d'employer celui de la petite navigation ; et c'est sans doute d'après cette idée qui avait déjà germé dans les esprits, et d'après des explications fournies par M. l'ingénieur en chef du département des Ardennes dans un rapport du 27 mai 1819, où il fait voir la convenance de n'admettre que des bateaux de la dimension le plus ordinairement en usage sur la Meuse, c'est-à-dire de 25^m de longueur et de 2^m,50 de largeur, que M. le directeur-général des Ponts-et-Chaussées, dans sa décision du 20 août suivant, se prononça en faveur de la petite navigation.

Ce parti nous semblait, en effet, le seul qui dût être préféré, et même nous pensions que puisque le canal de Champagne ne se trouve pas seulement ouvrir la communication de la Seine à la Meuse par l'Oise, mais encore et plus directement par le canal de l'Ourcq, il était indispensable de régler les dimensions des bateaux sur celles des bateaux que nous avons vu pouvoir se croiser facilement sur ce dernier canal, et dont nous avons jugé que les dimensions ne pouvaient être portées qu'à 25^m de longueur et à 2^m,30 de largeur.

Les bateaux moyens de la Meuse et ceux d'une dimension supérieure n'eussent pu, à la vérité, être admis ; mais, indépendamment de ce que ceux de dimension inférieure eussent joui de cet avantage, nous croyions qu'il était temps de prendre un parti à cet égard, et de ne pas prolonger davantage, par suite d'un respect superstitieux pour des habitudes qui ne conservent quelque empire que pendant la seule durée de ces frêles machines, le défaut d'accord et les disparates qu'on remarque dans ces différentes constructions, persuadé que nous étions que c'est uniquement parce que l'Angleterre en a jugé ainsi qu'aujourd'hui, à l'exception de ce ce qui a lieu sur quelques canaux qui ne forment pas ensemble une longueur de plus de quatorze lieues, on ne voit plus sur tous les autres canaux, savoir : sur les grands, que des bateaux de 22^m,90 de longueur et de 4^m,40 de largeur, et sur les petits, que des bateaux de même longueur et de 2^m,20 de largeur.

Cependant il en a été tout autrement, et quoiq'e, ainsi qu'on vient de le dire, le canal des Ardennes dût être ouvert en petite section, suivant le rapport de M. le directeur-général des Ponts-et-Chaussées, en date du 4 août 1820, ce canal ayant fait l'objet d'une concession approuvée par une loi du 5 août 1821, il a été décidé, après plusieurs discussions provoquées par la compagnie concessionnaire, qu'il serait établi sur les dimensions du canal de St.-Quentin.

Le degré d'avancement auquel ce canal est aujourd'hui parvenu, nous mettra à même d'en donner une description, qui doit d'autant plus mériter la confiance que nous la devons à l'obligeance des ingénieurs qui en ont suivi l'exécution avec un zèle digne des plus grands éloges.

DESCRIPTION DU CANAL DES ARDENNES.

De tous les affluens de la Meuse, la rivière de Bar étant la seule qui traverse la chaîne des montagnes dites les Crètes, qui s'interposent entre la Meuse et l'Aisne, le tracé devait suivre la vallée de la Bar, ce qui réduisait la question à joindre le bassin de la Bar avec le bassin de l'Aisne.

Les vallées de Noirval et de Mongon permettaient l'une et l'autre ce tracé; mais le seuil à couper, en suivant la première, était plus élevé que celui qu'on avait à franchir en remontant la seconde. De plus, la vallée de Noirval, vers le point culminant, est formée de bancs de terres, de pierrailles, de glaises, qui faisaient redouter de grandes difficultés d'exécution. Enfin, le trajet de Paris à Mézières par Noirval aurait été allongé assez sensiblement. Ces considérations ont donc déterminé à faire passer le canal par la vallée de Mongon, et, comme on vient de le dire, par celle de la Bar, et à joindre ainsi la Meuse à l'Aisne, en se dirigeant de l'embouchure de la Bar, au-dessous de Donchery, à l'embouchure du ruisseau de Mongon et de Neuville à Semuy.

Mais l'Aisne n'étant navigable, au-dessous de Semuy, qu'à partir de Neufchâtel, la navigation entre ces deux points a dû être considérée comme un appendice du canal des Ardennes. Aussi, dans la loi d'emprunt relative à ce canal, il comprend toute la ligne navigable qui s'étend de Neufchâtel à Donchery.

Cette ligne se compose de deux sections, savoir : le canal de jonction de l'Aisne à la Meuse, entre Donchery et Semuy, et la navigation dans la vallée de l'Aisne, de Semuy à Neufchâtel.

Le canal de jonction se divise en trois parties, 1° le versant de la Meuse ; 2° le bief de partage : 3° le versant de l'Aisne.

La navigation dans la vallée de l'Aisne pouvait être établie d'un grand nombre de manières : les principaux projets qu'on avait à balancer consistaient à naviguer en rivière, moyennant quelques redressemens ; à établir un canal entièrement latéral sur une rive ou sur l'autre ; enfin, à naviguer en rivière et en dérivations, soit à droite, soit à gauche. Les deux premières manières semblaient trop dispendieuses, et l'on crut ne pouvoir s'arrêter qu'à la dernière, par laquelle la navigation serait établie partie en rivière et partie en dérivation, soit sur la rive droite, soit sur la rive gauche.

Le tracé sur la rive gauche paraissait au génie militaire plus avantageux à la défense ; l'autre, passant à Réthel et à Château-Portien, plus court et moins dispendieux, paraissait plus avantageux au commerce général. Les ingénieurs des Ponts-et-Chaussées se croyaient d'autant mieux fondés à soutenir l'établissement de cette partie du canal sur la rive droite de l'Aisne, que cette rive, entre Semuy et Réthel, présentait une plaine d'un beau développement et un terrain propre à conserver les eaux. Il eût donc été facile et économique d'y établir un canal latéral ; mais, ainsi que nous venons de le dire, le génie militaire s'y opposa, et après trois années de discussions on a été forcé d'adopter le tracé sur la rive gauche ; ce qui est d'autant plus fâcheux que les portions de canal qui s'y trouveront placées, seront souvent exposées à être dégradées par les crues. Toutefois cette observation ne s'applique qu'à la partie comprise entre Semuy et Réthel : de ce dernier point à Neufchâtel, sa rive gauche est généralement préférable.

Itinéraire du canal.

Versant de la Meuse. — Le canal partant de la Meuse, 3000ᵐ au-dessous de la petite ville de Donchery, et 900ᵐ à gauche de l'embouchure de la Bar, suit la rive gauche de cette rivière, redressée à cet effet dans quelques parties, passe par les communes de Don, Sapogne, Saint-Martin, Saint-Aiguan, Omicourt, Malmy, Vendresse, La Cassine et Sanville pour arriver à Armagea, où commence le bief de partage.

La vallée de la Bar présentant deux méandres très-considérables, on s'est décidé à les couper. La première coupure a été exécutée devant la ferme d'Ambly ; elle abrège la navigation de 1600ᵐ ; mais elle a été faite particulièrement pour dessécher de vastes prairies, qui restent inondées dans les étés pluvieux. La tranchée du canal a 200ᵐ de longueur, et 8ᵐ de profondeur au sommet ; à 50ᵐ à droite de cette tranchée, on en a fait une autre pour le passage de la Bar à travers le même coteau.

La deuxième coupure est située entre les villages de Saint-Aignan et d'Omicourt ; elle abrège de 7064ᵐ. Elle consiste en deux tranchées de 270ᵐ de longueur ensemble, et un souterrain de 260ᵐ, total 530ᵐ. La plus grande profondeur des tranchées est de 17ᵐ. La montagne a 50ᵐ de hauteur.

Le souterrain sera revêtu dans toute son étendue ; il aura 6ᵐ de largeur, 6ᵐ,50 de hauteur totale sous clé, et 2ᵐ,20 de hauteur d'eau ; les deux têtes seront évasées de 2ᵐ,20 sur la hauteur seulement. Il y a un seul puits vers le milieu de la longueur. Il n'y a point de chemins de halage. Les chevaux amèneront le bateau jusqu'à l'entrée du souterrain, au moyen de poteaux de renvoi placés près de chaque tête, puis ils iront regagner l'autre tête par les chemins pratiqués sur la montagne. Des lisses ou mains-courantes en fer, placées dans chaque pied-droit de la voûte, faciliteront la manœuvre des bateaux dans le souterrain. On estime que deux hommes, halant sur ces mains-courantes, pourront imprimer au bateau une vitesse de o^m,31 par seconde; ainsi le souterrain sera parcouru en quatorze minutes.

La longueur de cette branche est de 20,852^m; sa pente de 16^m,65, en supposant l'étiage de la Meuse relevé de o^m,50 pour la navigation, sera rachetée par 7 écluses.

Bief de partage. — Le bief de partage qui est établi à la hauteur des basses eaux de la rivière de Bar qu'il reçoit auprès du pont de Bar, et auquel on a donné le plus de longueur possible, commence, du côté de la Meuse, au-dessous d'Armagea, suit long-temps la rive gauche de la Bar, s'en éloigne ensuite brusquement à partir de Pont-Bar, situé sur la route de Chêne-le-Populeux à Stenay, et, après s'être dirigé par la vallée du petit ruisseau de la Barbonne, traverse la commune de Chêne-le-Populeux sans de grands mouvemens de terres, et vient se terminer près du grand ravin dit la Noue-des-Prêtres.

Sa longueur est de 9556^m.

Ce bief sera alimenté par les eaux de la Bar, qui y entrent directement par le lit du ruisseau de Bairon. Suivant M. de Noël, ingénieur en chef du canal, le produit de cette rivière dans les plus grandes sécheresses est de o^m,26 par seconde, ou 22,464^m par 24 heures, et dans les étés ordinaires, de 30 à 40,000^m. Les deux écluses du bief de partage ayant 3^m et 1^m,50 de chute, et dépensant ensemble 900^m pour le passage d'un bateau, si l'on suppose une navigation très-active à raison de dix bateaux par jour, il restera, suivant cet ingénieur, au minimum 12,400^m pour les évaporations et filtrations, en comptant 1000^m perdus par les portes des écluses. Ces 12,400^m ne serviront du reste qu'à l'alimentation d'une longueur d'environ 5000^m de canal, ses autres parties ayant été creusées dans un sol traversé par un grand nombre de sources et devant recevoir plusieurs affluens.

S'il est nécessaire d'augmenter la quantité d'eau disponible, il sera facile d'amener au bief de partage, 1° le ruisseau de Vendresse, dont le moindre produit est de o^m,07 par seconde; 2° les sources de Buzancy, Bar et Harricourt, qui se jetaient autrefois dans la Bar, et ont été détournées vers l'Aisne ; le produit de ces sources est de $0^m,12$: en totalité $0^m,19$ par seconde, ou $16,416^m$ par 24 heures.

Il sera possible aussi d'établir six réservoirs dans les vallons de Bairon, du Mont-Dieu, de Brieulle, de la Maison-Rouge, des Petites-Armoises et de Vendresse (ce dernier remplacerait le produit du ruisseau). Cependant, comme l'établissement des trois premiers réservoirs donnerait lieu à des indemnités très-considérables, il est raisonnable, ainsi que le fait remarquer M. de Noël, de ne compter que sur les trois autres, qui pourraient contenir $2,000,000^m$ d'eau sur une étendue de cent vingt hectares environ. On trouve, en supposant l'évaporation égale à $0^m,126$ par mois d'été, et ajoutant le double pour les filtrations, qu'au bout de trois mois de sécheresse continue, ce volume d'eau serait réduit à $632,000^m$. On pourrait donc, pendant ces trois mois, tirer par jour moyennement $14,600^m$ d'eau. Ce volume serait plus que triplé si on établissait les trois autres réservoirs, dont la dépense est évaluée de 12 à 1,500,000 fr.

Dans cette hypothèse, on aurait la quantité d'eau suivante :

Le moindre produit de la Bar est par 24 heures de....... $22,464^m$

On peut y joindre les sources de Busancy, produisant $0^m,12$ par seconde, et par 24 heures..................... $10,368$

Pour les six réservoirs........................ .... $46,500$

Total des eaux qui peuvent être amenées au bief de partage par 24 heures....................................... $79,332^m$

Versant de l'Aisne. —La Noue-des-Prêtres, par laquelle descend le canal, s'étend au point où elle se rend dans la vallée du ruisseau de Longwez, sur une largeur variable depuis 30^m environ jusqu'à 60^m, 80^m, et même en quelques endroits 100^m. Le tracé dans cette partie présentait d'assez grandes difficultés d'art. D'abord, il fallait racheter $79^m,50$ de pente sur une longueur de 8422^m ; et la pente étant surtout très-rapide dans le haut, les écluses devaient y être fort rapprochées, et les biefs fort courts. On s'est imposé la condition qu'une dépense d'eau d'une éclusée ne fît pas baisser le bief d'amont de plus de o⁻,16. Pour y satisfaire, il a fallu, malgré quelques obstacles provenant de l'irrégularité du sol, remplacer les biefs par de larges bassins de chacun 4000ᵐ de superficie, et capables de contenir un volume d'eau suffisant.

Les chemins de halage, à raison du grand rapprochement des écluses dans la partie supérieure, ont la pente générale du canal; et au moyen d'un abaissement des buscs d'amont qui réduit le mur de chute à 1ᵐ,60 pour des chutes de 3ᵐ, le fond du canal suit également une pente générale.

Cette branche, qui commence à la Noue-des-Prêtres, passe sous Mongon, Neuville, et se termine à Semuy, complète le canal de jonction proprement dit.

Sa longueur est de 8422ᵐ, et sa pente, qui est de 79ᵐ,10 jusqu'à l'étiage de l'Aisne à Semuy relevé de o⁻,30, sera rachetée par 26 écluses.

Navigation en rivière et en dérivations à gauche, depuis Semuy jusqu'à Neufchâtel.

Arrivé à Semuy, et au moyen d'un barrage construit au-dessus de Mont-de-Jeu à l'effet de procurer le mouillage nécessaire dans cette partie de l'Aisne, le canal traverse cette rivière pour se porter, par une dérivation, sur la rive gauche, où, en passant sous Billy-aux-Oyes, il se maintient jusque près d'Attigny. Rentrant à ce point en rivière, le canal, pour éviter les contours de l'Aisne au droit de l'embouchure de la Charbogne, reprend presque aussitôt, par une seconde dérivation, la rive gauche qu'il quitte ensuite en descendant de nouveau en rivière, au-dessus de Givry.

A ce point, pour satisfaire aux vues du génie militaire, le canal traverse la vallée de l'Aisne au-dessous de Montmarin, de manière à ce qu'un passage de rivière puisse être effectué vers la frontière sous la protection du mamelon sur lequel est le village de Montmarin.

La navigation continue de rester à gauche, tantôt en rivière quand l'Aisne présente de belles parties sur ce côté, tantôt en dérivations à

69.

gauche, quand l'Aisne se porte à droite. On traverse ainsi les villages de Givry, Bierme et Sault-lès-Rhétel.

A Rhétel, la navigation se reporte le plus possible dans l'intérieur des terres suivant la demande du génie, et rentre dans l'Aisne sur la commune d'Acy-Romance; on y reste à Nanteuil et à Taisy. Là, on la quitte, parce qu'elle se porte à droite, à Château-Portien, point où, comme à Rhétel, le génie militaire demandait une dérivation à gauche, qui rentrât dans l'Aisne à la ferme de Pargny.

De la ferme de Pargny, on suit d'abord la rivière, et ensuite, au moyen d'une longue dérivation qui passe à Blanzy, à Asfelt et à Vieux, on arrive à l'endroit où se fait sentir suffisamment le remou du moulin d'Évergnicourt. A ce point, on rentre en rivière; on traverse la vallée en écharpe, et on vient à Évergnicourt. On rachète la chute du moulin par un sas placé dans une dérivation à gauche, et l'on parvient à Neufchâtel.

La longueur de la ligne de navigation, depuis Semuy jusqu'à Neufchâtel, est, pour les parties en rivière, de 23,469^m, pour celles en canal latéral, de 31,626^m, et en totalité de 55,095^m. Sa pente, qui est de 26^m,78, sera rachetée par 12 écluses.

Dimensions du canal et de ses ouvrages d'art.

Largeur au fond....................................	10^m,00 (1)	
Tirant d'eau....	En canal............................	1 60
	En rivière...........................	1 50
Chemin de halage..................................	4 00 à 3^m,	
Marche-pied.......................................	3 00 à 4	
Écluses.........	Largeur du sas.......................	5 20
	Longueur d'un busc à l'autre..........	38
	Longueur totale des écluses..........	45 50 à 48
	Chute...............................	2 50 à 5 70

(1) On élargit le plafond dans les courbes qui ont moins de 600^m de rayon. Entre le Chêne et Semuy les courbes n'ayant que 100^m à 150^m de rayon, on a donné au plafond 12^m de largeur, ce qui était d'ailleurs nécessaire pour que les biefs, qui sont très-courts, eussent assez de superficie.

Ponts fixes..... {
Tous les ponts ont un tablier en charpente et des culées en maçonnerie. Largeur entre les culées.................. 6

Hauteur depuis le point d'eau du canal jusque sous le tablier.................... 3 6o

Largeur du tablier entre les garde-corps......... {
Pour les chemins vicinaux.. 3 28
Pour les routes royales..... 6 } 7 08
}

Récapitulation des longueurs des pentes et du nombre des écluses.

LONGUEUR DES PARTIES.

Jonction de la Meuse à l'Aisne entre Donchery et Semuy...... {
Versant de la Meuse.............. 20,852ᵐ
Bief de partage.................. 9,556
Versant de l'Aisne.............. 8,422
} 38,830ᵐ,oo

Vallée de l'Aisne entre Semuy et Neufchâtel.. {
Parties de rivière rendues navigables.................. 23,469
Parties de canal................. 31,626
} 55,095 oo

Total.............. 93,925 oo

Pentes des diverses parties du canal, et nombre des écluses.

Versant de la Meuse. {
Depuis l'étiage de la Meuse, près Donchery, supposé relevé de 0ᵐ,50 pour la navigation, jusqu'au bief de partage.................... 16ᵐ,85 7 écluses.

Versant de l'Aisne... {
Depuis la fin du bief de partage jusqu'à l'étiage de l'Aisne à Semuy, relevé de 0ᵐ,3o.................... 79ᵐ,10
Pente de la rivière d'Aisne depuis Semuy jusqu'à l'étiage de Neufchâtel, qui ne sera pas relevé 26 78
} 26
} 105 88
} 12

Totaux...................................... 122 53 45

Le trajet de cette ligne de navigation exigera un peu plus de quatre jours, à cause du grand nombre d'écluses ; les bateaux pourront se rendre de Charleville à Neufchâtel en cinq jours.

On estime que le transport sur le canal reviendra à 0 fr. 50 c. par tonneau et par distance de 5 kilom., y compris les droits de navigation. En sorte que de Charleville à Neufchâtel il en coûtera à peu près 12 fr. par tonneau. Le même transport par terre reviendrait à 25 fr., la distance étant de 72 kilom., dont 30 en chemin de traverse.

Indépendamment de ces ouvrages, le traité, passé le 24 mai 1821 et approuvé le 5 août suivant, stipulait que, sur la somme de 8 millions empruntée à la compagnie, on rendrait navigable la rivière d'Aisne, depuis Semuy jusqu'à Senuc, et, s'il y avait lieu, celle d'Aire, dans le cas où le Gouvernement reconnaîtrait que les dépenses de ces travaux ne surpasseraient pas les avantages qu'on devait s'en promettre. De plus, le même traité, sous la même réserve, autorisait M. Sartoris, qui représentait la compagnie, à faire rédiger, par les ingénieurs des Ponts-et-Chaussées, des projets pour l'amélioration du cours de la Meuse et de ses affluens jusqu'à la frontière des Pays-Bas, ainsi que pour le perfectionnement de l'Aisne, depuis Neufchâtel jusqu'à l'Oise, et de ses affluens, y compris la rivière de Vesle depuis son embouchure jusqu'à Reims ; et l'admettait à fournir les fonds nécessaires à l'exécution de ces travaux, à des conditions pareilles à celles du premier emprunt.

Du reste, les autres conditions financières du traité étaient les mêmes que celles arrêtées avec la même compagnie pour l'exécution du canal du Duc d'Angoulême, à la seule exception que la prime, fixée à 1/2 p. 0/0 dans ce dernier cas, était portée à 1 p. 0/0 pour le canal des Ardennes.

Le total général des dépenses faites au 31 mars 1828 était de 7,631,160 fr.

LIGNES DE NAVIGATION

SERVANT PARTICULIÈREMENT A L'APPROVISIONNEMENT DE PARIS.

LA ligne de navigation qui, en faisant partie de la ligne de jonction des deux mers par le midi et l'ouest de la France, sert le plus particulièrement à l'approvisionnement de Paris, est sans contredit la rivière de Seine, à laquelle viennent se rendre dès à présent, et pourront venir se rendre dans la suite, ainsi que nous le verrons, plusieurs autres lignes de navigation.

De tout temps ou s'est occupé des moyens d'assurer l'approvisionnement de Paris ; mais, par un bonheur qui est dû à la position de cette grande capitale, en cherchant à remplir ce but, on ne pouvait que satisfaire en même temps à cette double condition dont nous avons vu souvent se reproduire le principe, celle d'établir des communications entre les deux mers et entre le midi et le nord du royaume Ainsi, ce qui servait à favoriser les progrès du commerce de la France dans sa direction naturelle, servait encore à l'agrandissement et à la prospérité de sa capitale : double circonstance qui prouve assez que cette grande cité se trouve le plus heureusement placée , sinon comme centre ou vernement dont l'établissement dans ses murs n'est ici qu'un effet, du moins comme un des entrepôts les plus naturels du commerce énéral qui s'établit entre le nord et le midi, et qui devient la première cause de son importance.

Lorsque l'administration n'écoute que la voix des besoins du pays, elle ne peut errer, et c'était dès lors sur l'établissement de la ligne qui opère la jonction des deux mers par le midi et le nord-ouest de la France qu'elle devait d'abord porter tous ses regards ; le canal de Briare était un acheminement vers ce but , et nul doute que cette première ligne de jonction, dont ce canal faisait la première partie, n'eût reçu bientôt sa continuation par l'ouverture du canal du Charolais ou par celui du Beaujolais , si un homme , qui a rendu néanmoins un éminent service, n'eût fait une brillante diversion à ce premier projet , en attirant l'attention et le secours du Gouvernement sur la création du canal de Languedoc , qui , pour être devenu une des lignes aujourd'hui les plus importantes dans le système général de la navigation , eût été néanmoins plus utilement remplacé par un des canaux dont on vient de parler, et qui rendaient le triple service d'ouvrir deux communications , l'une du midi à l'ouest, et l'autre du midi au nord-ouest et même au nord , et de concourir aussi efficacement en même temps à assurer l'approvisionnement de la capitale (1).

Après les lignes déjà existantes , et dont il a été parlé , après celle établie par le cours de la Seine , et sur le perfectionnement de laquelle nous appellerons bientôt l'attention, on doit citer d'abord une ligne qui , bien qu'ayant en même temps une autre destination , ne figurera toutefois autant qu'elle le doit sous le premier rapport , que du moment où elle aura reçu le complément qui lui manque à cet égard : cette ligne est celle que présente le canal de l'Ourcq, auquel les doubles services qu'il doit rendre assignent dans cet écrit une place distinguée.

---

(1) Il serait curieux de rechercher de quelle influence eût été sur le commerce la préférence qu'on eût donnée à l'ouverture d'un canal sur l'ouverture d'un autre canal. Ce travail très-difficile ne pourrait sans doute qu'être approximatif, mais il servirait à faire voir combien le Gouvernement doit donner d'attention à la détermination de la priorité à accorder à l'exécution de tel ou tel projet ; question d'économie politique du plus haut intérêt et dont la solution est d'obligation dans un état où le Gouvernement a jusqu'à un certain point, et jusqu'à présent, conservé généralement l'initiative sur l'exécution des ouvrages de ce genre.

CANAL DE L'OURCQ.

Le succès de l'heureuse et brillante entreprise de M. Paul Riquet avait éveillé l'attention de tous les esprits sur les avantages et la gloire que procuraient à la patrie et à leurs auteurs les constructions de ce genre. M. Demanse, gendre du fondateur du canal de Languedoc, ne pouvait qu'être animé du même esprit que cet homme célèbre, et il paraît qu'il ne fit que donner suite à un des projets qui l'avaient occupé pendant sa vie, en proposant l'établissement du canal de l'Ourcq (1).

Depuis long-temps, à l'exemple de l'ancienne et de la nouvelle Rome, et ainsi que venait de le faire en 1608 la ville de Londres, en amenant, des hauteurs du Hertfordshire, une partie des eaux de la petite rivière de Lea pour être distribuées dans les divers quartiers de cette grande cité, la ville de Paris désirait et cherchait les moyens de suppléer par l'art aux ressources naturelles, mais trop péniblement achetées, que lui offrait la Seine pour ses besoins domestiques, lorsque M. Demanse, ayant obtenu des lettres patentes du Roi, en juillet 1676, et en mai 1677 celles de M. le duc d'Orléans, propriétaire de la rivière d'Ourcq rendue navigable dès 1528, tenta de dériver, pour les conduire vers le faubourg de La Villette, les eaux de cette rivière qui, prenant sa source dans la forêt d'Eris, en Soissonnais, au-dessus de La Ferté-Milon, à environ trente lieues de Paris, vient se jeter dans la Marne à Lisy.

Dès ce moment, on concevait que la dérivation de la rivière d'Ourcq ne devait pas seulement avoir pour objet de fournir aux divers quartiers de Paris toutes les eaux nécessaires aux usages de la vie domestique, et toutes celles que réclamaient la salubrité et l'embellissement de cette capitale ; mais on voulait encore, en utilisant ce long cours d'eau, depuis son origine jusqu'au point où il serait livré sans retour aux besoins

____

(1) De Lalande, page 270.

des habitans de Paris, suppléer par cette dérivation à la navigation si-
nueuse, pénible et souvent incertaine de la Marne, et même par les
canaux, exécutés aujourd'hui, qui enceignent Paris depuis Saint-
Denis jusqu'à l'Arsenal, arriver à distribuer sur tous les points de cette
dernière ligne les blés, les bois, les fruits, et par une liaison ultérieure
de ce canal avec l'Aisne, les charbons de terre qui, tirés des provinces
du nord-est de la France, pouvaient servir à son approvisionnement.

C'est particulièrement sous ce dernier rapport, celui des services que
le canal de l'Ourcq pourra rendre à la navigation, et à l'importance desquels on n'a peut-être pas eu encore assez égard dans ces dernières circonstances, qu'on envisagera ici ce grand travail.

Tel fut en effet le double aspect sous lequel la dérivation de l'Ourcq
fut considérée dès son origine, et c'est d'après ce double principe que
M. Demanse commença à faire ouvrir plusieurs parties de ce canal, auquel on donna de très-grandes dimensions, et dont on voit encore des
traces sur environ 20,000ᵐ de longueur entre Lisy et la ville de Meaux.
Mais l'accomplissement de ce beau projet fut arrêté par la mort de Colbert qui favorisait cette entreprise, et qui secondait en cela les vues de
Louis XIV dont l'esprit embrassait avec empressement tout ce qui offrait quelque caractère de grandeur; bientôt aussi la guerre, la mort
de M. Riquet, et quelque temps après celle de M. Demanse, vinrent
contribuer à en suspendre l'exécution.

La veuve de M. Demanse, Catherine Talon, à laquelle M. Demanse
avait confié en mourant les plans et les projets du canal de l'Ourcq,
chercha à rappeler, en 1717, l'attention du Régent sur cette utile entreprise. Les circonstances sous cet interrègne embarrassé n'étaient pas
favorables, et ses démarches restèrent sans résultat.

Depuis, plusieurs projets, dont les uns n'avaient pour objet que la navigation, et d'autres que la conduite des eaux pour les besoins de Paris,
furent présentés.

Quoique, ainsi que nous en avons prévenu, nous ayons l'intention
de considérer particulièrement le canal de l'Ourcq sous le rapport de la

navigation, nous rappelerons ici néanmoins les uns et les autres de ces projets.

En 1718, le sieur Crosnier, ne prenant de l'ancien projet que ce qui concernait la navigation, proposa l'exécution d'un canal de ceinture au nord de Paris, et y ajouta un embranchement sur St.-Denis.

Plus d'un demi-siècle après, n'ayant plus en vue que d'approvisionner d'eau la ville de Paris, MM. Perronet et de Chézy furent chargés en 1769, sur une première idée de M. de Parcieux émise par cet académicien en 1762, de rédiger le projet du canal de l'Yvette, dont les eaux eussent été amenées sur les hauteurs sud de Paris; mais ce projet consistant en un aquéduc de maçonnerie de 17,530 toises (33,804^m,65) de longueur, au moyen duquel on procurerait à la ville de Paris 1500 pouces de fontainier (28,792^m,75) (1), ne reçut pas d'exécution, peut-être à cause de sa grande dépense qui était estimée à 7,826,000 fr.

Quelque temps après, M. Defer, dans la vue de diminuer la dépense, proposa de ne dériver que la rivière de Bièvre, qui, selon lui, aurait fourni environ 650 pouces (12,476^m,94), et ne portait son évaluation qu'à la somme de 475,500 fr. Il obtint des lettres patentes, mais les travaux commencés furent bientôt arrêtés par une querelle et des intérêts particuliers.

On ne parlera point ici, attendu qu'il est entièrement étranger à notre sujet, du privilège qu'obtinrent, en 1777, les frères Périer, pour établir des machines à vapeur qui devaient élever des différens puits de la Seine 1350 pouces (25,914^m), mais qui en effet n'en procurèrent

---

(1) Les auteurs n'étant pas d'accord sur la valeur exacte du pouce d'eau des fontainiers, MM. de Prony, Tarbé, Bruyères et Bérigny composant la commission chargée de la rédaction du rapport publié, en 1819, sur le canal de l'Ourcq, et auquel nous recourrons souvent dans la suite de cet article, ont adopté pour l'énonciation de cette valeur les équations suivantes :

1° 1 pouce d'eau de fontainier . . . . $= 19^m,1953$ par 24 heures.

2° 1 mètre cube . . . . $= 0^m,0520962$.

que 287 pouces. On reconnut bientôt qu'il était préférable de recourir aux affluens du bassin de la Seine, et M. Caperon proposa d'amener à la barrière de St.-Martin le produit des sources de Tillage, Gaussainville et Nantouillet, qui devaient fournir ensemble 2100 pouces (40,310ᵐ).

En 1786, M. Brulé, reproduisant en grande partie l'ancien projet de la dérivation de l'Ourcq, proposa d'amener à la barrière St.-Martin une partie des eaux de cette rivière et de celles de la Beuvronne, dont il évaluait le seul produit à 1800 pouces (54,552ᵐ). Ces eaux réunies étaient destinées aux distributions à faire dans Paris et à alimenter un canal de navigation de la Seine à la Seine, qui partant de l'Arsenal, passant devant l'hôpital Saint-Louis, serait arrivé, à travers la plaine de St.-Denis, à la ville de ce nom, et duquel canal seraient partis à ce point deux embranchemens, dont l'un eût été dirigé sur l'Oise près de Pontoise, et l'autre sur la Seine à Conflans-Sainte-Honorine.

Ce projet fut présenté à l'Assemblée Constituante. Une loi du 30 janvier 1791 accorda à M. Brulé la faculté d'ouvrir ce canal. On fixa les droits de navigation; les travaux furent commencés, et bientôt après abandonnés.

En l'an VIII ou l'an IX (1799 ou 1800), MM. Bossu et de Solages, cessionnaires des droits de M. Brulé, proposèrent de dériver de la Beuvronne, de la Thérouenne et de l'Ourcq, un volume d'eau de 6300 p. (120,930ᵐ), dont une moitié aurait été distribuée dans Paris, tandis que l'autre moitié eût alimenté le canal de jonction de la Seine à l'Oise.

Ce canal devait avoir 9 pouces de pente par chaque mille toises (0ᵐ,125 par kilomètres).

Il devait servir de plus à l'irrigation des contrées qu'il traverserait, et à la navigation des bateaux venant de la Haute-Marne et de la rivière d'Ourcq.

Ce projet ayant été renvoyé à M. le directeur-général des Ponts-et-Chaussées, on procédait depuis quatre mois aux opérations qui avaient été jugées nécessaires pour pouvoir donner, en connaissance de cause, un avis sur ses dispositions, lorsque MM. de Solages et Bossu présentèrent, dans le mois de fructidor an IX (août 1801), de nouveaux projets.

Par ces projets, ils abandonnaient les rivières de Congis, de la Beuvronne et d'Aulnay, et se bornaient à dériver celle de l'Ourcq.

Ils renonçaient à faire servir le canal à la navigation, et le destinaient seulement à alimenter le premier point de partage du canal projeté par eux de Paris à Pontoise, et à fournir de l'eau à la ville de Paris.

Ils établissaient le point d'arrivée, ou bassin de distribution, dans la rotonde de la barrière de Pantin, au niveau du socle de cet édifice, 26^m au-dessus du zéro de l'échelle du pont de la Tournelle; et le point de départ ou prise d'eau, à Lisy, au niveau de l'eau du bief supérieur des écluses Saint-Hubert; lequel point ils annonçaient être élevé de 6^m,78 au-dessus du premier, et de 32^m,78 au-dessus du zéro de l'échelle du pont de la Tournelle.

Du reste, ils dérivaient de la rivière d'Ourcq 8000e d'eau (153,562 kilolitres) qu'ils conduisaient dans un canal en terre de 9^m de largeur dans le haut, de 2^m,30 de profondeur, et réglé sur une pente de 0^m,08 par kilomètre, avec talus de 1 1/2 de base pour 1 de hauteur, de manière à ce que le cours d'eau, sur une section de 10^m carrés, aurait eu une vitesse d'environ 0^m,189 par seconde.

Dans un rapport que fit M. Bruyères, aujourd'hui inspecteur-général, le 9 floréal an X, et publié seulement en l'an XII (1804), cet ingénieur, après avoir posé plusieurs principes sur la conduite des eaux dans les villes, observe que le canal de la Villette à Saint-Denis pouvant être alimenté au moyen des eaux de plusieurs ruisseaux voisins, il serait facile, sans recourir à l'Ourcq, d'approvisionner la ville de Paris de la quantité d'eau nécessaire à sa consommation;

Que ce parti semblait d'autant plus convenable que les eaux de la rivière d'Ourcq, livrées à la navigation depuis le pont de Tronaine jusqu'à Lisy, sur sept lieues de longueur, au moyen de sas, et se mêlant avec celles de plusieurs affluens sur lesquels sont établis un grand nombre d'étangs, ne pourraient conserver leur rapidité, et contracteraient, particulièrement en été, une saveur sulfureuse et peut-être des qualités plus nuisibles encore en passant, en plusieurs endroits, dans des terres qui contiennent de la pierre à plâtre, et que le peu de pente qu'on était forcé de donner au canal ne pourrait leur faire perdre ;

Que la quantité d'eau qu'on désire se procurer en proposant de dériver l'Ourcq, dépasse de beaucoup les besoins des habitans de Paris, et que dès lors il est à craindre qu'on ne s'engage sans utilité dans une dépense trop considérable, en établissant la multitude de tuyaux qui serait indispensable pour la distribution ;

Qu'il est reconnu qu'un pouce d'eau suffit pour mille habitans, et que, comme les eaux de l'Ourcq ne pourraient approvisionner tous les quartiers de Paris, et que beaucoup de ses habitans continueraient à se servir des eaux de la Seine, on pouvait réduire le volume d'eau à distribuer aux habitans à 350 pouces, et celui à fournir pour les fontaines et autres établissemens publics à 850 pouces d'eau, formant en totalité 1200 pouces d'eau (23,034 kilolitres), qui seraient tirés à bien moins de frais de la Beuvronne par un aqueduc voûté, qui conserverait les eaux dans toute leur pureté, tout ayant démontré la possibilité d'approvisionner la partie sud de Paris avec les eaux de l'Yvette et de la Bièvre, ainsi qu'on en avait déjà eu le projet ;

Que d'ailleurs enfin, d'après une erreur de 6^m,78 qui avait été reconnue avoir été faite dans les premiers nivellemens, la dérivation de l'Ourcq, si l'on destinait les eaux de cette rivière à être distribuées dans Paris, devrait être reportée plus haut et jusqu'à trois lieues au-dessus de Lisy, point primitivement fixé pour donner la pente indispensable, ce qui augmenterait considérablement la dépense; mais que cette dérivation, sur laquelle on reviendrait, ne pouvait être de quelque intérêt qu'autant qu'elle servirait à établir une ligne de navigation entre l'Aisne et la Seine.

Ces observations, ainsi que celles qui furent faites dans le même temps par MM. Gauthey et de Prony, avaient répandu beaucoup de jour sur la question; M. de Solages en profita : rectifiant son premier projet et lui donnant une nouvelle extension, il proposa de prolonger la ligne de navigation jusqu'à la rencontre de la rivière d'Aisne à Soissons, et par suite jusqu'à la Meuse, au moyen de la réunion de ces deux rivières par la rivière de Bar, double jonction d'un véritable intérêt, sur laquelle nous reviendrons, et dont la dernière constitue le canal connu sous le nom de canal de Champagne, et aujourd'hui en exécution sous celui de canal des Ardennes.

Cependant, le 29 floréal an X (19 mai 1802), il fut rendu un décret portant qu'il serait ouvert un canal de dérivation de l'Ourcq ; que cette rivière serait amenée à Paris dans un bassin près de la Villette ; qu'il serait en outre ouvert un canal de navigation qui partirait de la Seine, au-dessous du bastion de l'Arsenal, se rendrait dans le bassin de partage de la Villette, et continuerait par Saint-Denis et la vallée de Montmorency pour aboutir à la rivière d'Oise près de Pontoise.

M. de Solages insista pour être chargé de l'exécution du décret en vertu duquel devait être établi le canal qui avait fait pendant plusieurs années l'objet de ses recherches et de ses études ; mais n'ayant pu parvenir à former une compagnie assez nombreuse pour offrir, sous le rapport des fonds, une garantie suffisante, un arrêté du 25 thermidor an X (13 août 1802) statua que les travaux relatifs à la dérivation de l'Ourcq, ordonnés par la loi du 29 floréal an X, seraient commencés le 1er vendémiaire an XI (23 septembre 1802), et dirigés de manière à ce que les eaux fussent arrivées à la Villette à la fin de l'an XIII (1805). Par l'article 7 du même arrêté, ces travaux furent confiés aux ingénieurs des Ponts-et-Chaussées, et, par une décision de M. le directeur-général, M. Girard, ingénieur en chef, fut chargé de leur direction.

Il est peu de travaux qui aient donné lieu à plus de débats et à la publication d'un plus grand nombre de mémoires que ceux du canal de l'Ourcq ; et si l'on ne peut suivre ici dans toutes leurs circonstances les discussions qui s'élevèrent à l'occasion de cette entreprise, on ne doit pas toutefois omettre de dire qu'elles présentèrent des faits et des observations qui ne seront point perdues pour les progrès de l'art et l'avancement de la science de l'ingénieur.

L'ingénieur en chef, chargé de la direction de ces grands travaux, se pénètre de la double obligation qui lui semblait être imposée. Si la loi du 29 floréal an X, en ayant particulièrement pour objet d'amener des eaux à la ville de Paris, ne portait pas en termes formels que le canal de l'Ourcq serait navigable, elle n'excluait pas cette combinaison ; et le décret du 25 thermidor de la même année, en ordonnant la dérivation de la rivière d'Ourcq, c'est-à-dire de toutes les eaux de cette rivière, devait assez faire présumer que le Gouvernement avait l'intention de lui donner cette seconde destination. On doit dire aussi que l'esprit dans lequel, un siècle avant, Demause avait commencé à mettre à exécution son projet, devait nécessairement exercer quelque influence sur l'opinion générale, qui ne voulait point rester, dans cette circonstance, au-dessous de l'idée que Louis XIV s'était formée de cette entreprise.

. Mais le projet de Demanse, qui avait également une double destination, en donnant à l'une une trop grande importance, celle de la navigation, ne remplissait qu'imparfaitement l'autre, à laquelle des idées plus saines et plus perfectionnées attachaient le plus grand prix, celle d'amener à Paris l'eau la plus salubre et la plus appropriée à tous les besoins de la vie de ses nombreux habitans. Et si, depuis, un homme qui d'ailleurs a rendu d'importans services, en opposant au projet du canal actuel un autre projet qui se rapprochait beaucoup de celui de Demanse, tombait dans le même inconvénient de ne pas satisfaire, autant qu'il le devait, aux conditions que lui imposait la distribution des eaux dans Paris, ce n'était que parce que, moins pardonnable que Demanse, il perdait de vue, dans cet instant, les secours auxquels lui-même avait eu plus de confiance dans une autre occasion, et qu'on peut obtenir de la petite navigation.

. M. Girard, après avoir cherché quel était le moindre mouvement qu'on devait imprimer aux eaux, sans compromettre le degré de pureté, et par conséquent de salubrité, qu'il était indispensable de leur conserver et de leur procurer, trouva que d'après la quantité d'eau qui serait amenée tant de l'Ourcq que de ses affluens, et qu'il estimait devoir être de 13,500 pouces de fontainier, ou 260,820 kilol. par 24 heures, la section du courant, à raison d'une vitesse reconnue nécessaire et possible de 0ᵐ,35 par seconde, et d'une hauteur d'eau de 1ᵐ,50, devait être de 8ᵐ,625 carrés; ce qui, en donnant aux talus du canal un 1/2ᵐ de base pour 1ᵐ de hauteur, fixait la largeur du plafond à 3ᵐ,50.

Ce fut principalement sur la petitesse de ce profil, sur lequel a été ouvert le canal de l'Ourcq, que s'élevèrent les observations de M. l'inspecteur-général Gauthey.

Lui-même, dans un premier mémoire de frimaire an XI (décembre 1802) sur la dérivation de l'Ourcq, etc., avait proposé de ne donner au canal que 4ᵐ de largeur au plafond, 7ᵐ à la ligne d'eau, et également 1ᵐ,50 de profondeur d'eau. Mais, dans sa lettre au préfet de la Seine, changeant d'avis, il croyait devoir donner à la section du canal la forme d'un trapèze, dont la plus petite largeur eût été de 10ᵐ, la hauteur de 1ᵐ,66, et les côtés inclinés à 45 degrés.

Si le premier de ces deux profils eût pu être adopté sans diminuer d'une manière nuisible la vitesse du courant, qui se trouvait réduite par son adoption à 0ᵐ,295,68 au lieu de 0ᵐ,35, il en était certainement bien autrement du second, d'après lequel la vitesse eût été réduite à 0ᵐ,12,551, vitesse bien insuffisante pour conserver les eaux dans un état de pureté convenable, première condition qu'on sacrifiait aux faibles et, pour ainsi dire, stériles avantages d'une grande navigation qu'on eût d'ailleurs achetés par des dépenses exorbitantes.

Le profil qui a été adopté paraissait donc celui qui satisfaisait au plus haut degré à sa double destination, en procurant au courant la vitesse nécessaire pour assurer aux eaux toute la pureté désirable, et en permettant l'établissement d'une navigation qui, bien que réduite à un tonnage dont on n'avait point encore d'exemple en France, pouvait présenter encore de grands avantages au commerce.

En effet, si l'on suppose des bateaux d'un tirant d'eau de 1ᵐ, on voit qu'à cette profondeur le canal se trouve avoir une largeur de 5ᵐ, et que des bateaux de 2ᵐ,50 de largeur, de 25ᵐ de longueur, et susceptibles d'une charge de plus de 30 tonneaux, pourront aisément s'y croiser ; ce qui offrirait une navigation tout-à-fait du même genre que celle qui a lieu en Angleterre sur plus de quarante canaux en petite section qui traversent en tous sens ce pays sur quatre cents lieues de longueur ; ces canaux se combinent de la manière la plus heureuse avec les grands canaux, et les bateaux qu'ils portent, et qui s'accouplent pour passer dans les écluses des grands canaux de 25ᵐ à 28ᵐ de longueur, n'ont que 2ᵐ,10 à 2ᵐ,20 de largeur (1).

Tracé général du canal de l'Ourcq.

Ce canal, dont la prise d'eau a lieu à Mareuil, dans le bief supérieur du moulin qui y est établi, se dirige sur le revers du coteau qui borne à droite la vallée de la rivière d'Ourcq, et après avoir reçu le ruisseau de la Collinance, poursuit, en passant sous les villages de Neufchelles, de Vaurinfroy, au-dessus de la ferme de Gesvre, des villages de Marnoue-la-Poterie et de Vernelles, jusqu'au bourg de Lisy au-dessous duquel l'Ourcq se jette dans la Marne.

De ce point, le canal, qui suit l'Ourcq jusqu'à son embouchure, se dirige sur le coteau de la Marne, passe au-dessus de Villers-les-Rigauds, de Congis où il reçoit la Therouenne, ensuite au-dessous de Varreddes et au-dessus de Poincy ; traverse deux fois la route de Champagne pour, en se rapprochant de la ferme de Beauval, suivre la ligne de moindre déblai, revient sur lui-même, contourne la ville de Meaux, continue au-dessus de Villenoy, suit le même coteau de la Marne et,

---

(1) On verra ci-après que la Commission nommée pour constater la situation des travaux au 1ᵉʳ janvier 1816 et indiquer ceux restant à faire, a proposé de ne donner que 2ᵐ de largeur et 14ᵐ,50 de longueur à ces bateaux ; mais cette disposition ne peut être absolue, et si les inflexions du canal le permettent, ce qui est très-vraisemblable, on pourra admettre les dimensions ci-dessus, si on le juge à propos.

après être passé au-dessus des villages de Trilbardou et de Charmentré, quitte à Fresne la vallée de la Marne pour prendre le vallon de la Beuvronne dont, après avoir passé au-dessus de Claye, il reçoit les eaux et celles de l'Arneuse, un peu au-dessous de Souilly. De là, traversant le chemin de Compans, il suit les marais de l'Arneuse, en passant derrière Ville - Parisis bourg situé sur la route de Paris à Châlons, se dirige à travers les bois de Saint-Denis, coupe la route de Livry à Sevran entre ces deux bourgs, traverse les bois de Bondy, s'infléchit à droite vers la route de Châlons, qu'il suit presque parallèlement jusque vis-à-vis Pantin, d'où, se reportant sur la droite vers la Villette, il se dirige dans l'alignement de l'axe de la barrière de Pantin, en se terminant, entre les routes de Flandre et d'Allemagne, par un bassin rectangulaire de 800^m de longueur et de 80^m de largeur.

La longueur de ce canal, qui peut être considéré comme un aqueduc et comme un canal de navigation à pente, sans écluses ni barrages, depuis Marouil jusqu'à la barrière de Pantin, devait être, suivant M. Girard, de 96,000^m.

Sa pente totale, de 10^m,14, devait, d'après cette longueur, donner une pente uniforme de 0^m,000,105 par mètre.

La quantité d'eau amenée était estimée devoir monter en hiver à 13,500 pouces de fontainier, ou 260,820 kilolitres par vingt - quatre heures.

La vitesse, dans cette hypothèse, devait être de 0^m,35 par seconde.

Le canal, ainsi qu'il a été ouvert, a 5^m,50 au plafond et 11^m au sommet; ses chemins de halage ont 5^m de largeur, et sa profondeur est de 2^m,50.

La hauteur d'eau est de 1^m,50.

Ainsi que nous l'avons vu, le seul objet du canal de l'Ourcq n'était pas d'approvisionner la ville de Paris de l'eau nécessaire aux besoins de ses habitans et à l'embellissement de ses différens quartiers, et d'établir une navigation entre la rivière d'Ourcq et Paris; mais il était encore destiné à alimenter, au nord de cette ville, un canal de la Seine à la Seine, au moyen de deux branches navigables, l'une dirigée de la Villette à St.-Denis et portant le nom de canal de St.-Denis, l'autre de la Villette aux fossés de l'Arsenal, connue sous le nom de canal de St.-Martin, et le long desquelles on pourra former, à l'aide des chutes qui y seront établies, les usines que pourra réclamer l'industrie sans cesse croissante de cette grande capitale.

En s'occupant donc des travaux du canal de l'Ourcq, et les eaux de la Beuvronne ayant pu être amenées provisoirement au bassin de la Villette, on préparait, dès 1810, les projets de la distribution des eaux dans Paris, ainsi que ceux du canal de Seine en Seine au moyen des canaux de St.-Denis et de St.-Martin.

Des travaux considérables, indépendamment de ceux du canal de l'Ourcq, furent entrepris pour ces deux derniers grands établissemens, et même poussés pendant plusieurs années avec activité, surtout ceux de la distribution des eaux dans Paris.

Cependant l'ensemble de ces mêmes travaux ayant souffert quelque ralentissement dans les années 1814 et 1815, la ville de Paris pensa que leur achèvement pourrait devenir l'objet d'une concession particulière, à l'exception des ouvrages de la distribution des eaux dans Paris, dont elle se réservait l'exécution; et, à cet effet, elle demanda à M. le directeur général des Ponts-et-Chaussées qu'il fût nommé une commission qui serait chargée d'établir la situation de cette entreprise.

Cette commission, nommée le 15 janvier 1815, et composée de MM. de Prony, Tarbé de Vauxclairs, Bruyères, inspecteurs généraux, Gayant, inspecteur divisionnaire, et Barigny, ingénieur en chef (M. Tarbé de Vauxclairs, rapporteur), établit, dans un rapport très-détaillé du mois de mars 1816, cette situation, ainsi qu'il suit :

*Situation des travaux du canal de l'Ourcq et de ses dépendances,
à l'époque du 1ᵉʳ janvier 1816.*

DÉPENSE DES OUVRAGES EXÉCUTÉS.

Canal de l'Ourcq, y compris le bassin de la
Villette.. 14,353,128 51

Canal de la Villette à St.-Denis............... 445,688 13

Canal de la Villette à la gare de l'Arsenal...... 196,543 56

Gare de l'Arsenal............................... 407,627 99

Aquéduc de ceinture, galeries, fontaines et
service extraordinaire des eaux de Paris......... 6,993,100 36

TOTAL............ 22,396,088 55

*Dépense des travaux restant à faire, et montant général présumé
de la dépense.*

Canal de l'Ourcq. Ouvrages restant à faire...... 9,973,150 00

Dépenses faites.................................... 14,353,128 51

Montant total présumé............................. 24,326,278 51

Canal de St.-Denis. Ouvrages res-
tant à faire... 2,992,000 00 ⎫ 3,437,688 13

Dépenses faites.................................... 445,688 13 ⎭

Canal St.-Martin. Ouvrages restant
à faire.. 6,697,240 00 ⎫ 6,893,785 56

Dépenses faites.................................... 196,543 56 ⎭

Gare de l'Arsenal. Ouvrages res-
tant à faire... 3,154,070 06 ⎫ 5,561,698 05

Dépenses faites.................................... 407,627 99 ⎭

A reporter................................... 38,219,448 25

	fr.	c.
Report.....................	38,219,448	25

Distribution des eaux dans Paris.

| Ouvrages restant à faire (1) ......13,019,600 00 | 20,012,700 | 16 |
| Dépenses faites.............. : . 6,993,100 16 | | |

Montant général présumé de la dépense...... . 58,232,148   41

Produit.

La commission nommée le 15 janvier 1815, pour la vérification des ouvrages faits et à faire pour l'établissement des canaux et la distribution des eaux de l'Ourcq, évaluait le revenu net de cette entreprise, ainsi qu'il suit :

	fr.	c.
Canal de l'Ourcq.........................	60,000	00
Canal de la Villette à St.-Denis..............	204,800	00
Canal de St.-Martin.....................	223,000	00
Gare de l'Arsenal.......................	59,620	00
Distribution des eaux dans Paris..............	1,460,000	00
TOTAL...........	1,987,420	00

Laquelle somme, comparée à la dépense totale, qui est de 58,232,148 fr. 41 cent., ne donne, pour intérêt moyen des fonds, que 3 2/5 pour cent.

La situation de cette grande entreprise une fois établie, la concession en fut prononcée par une loi du 20 mai 1818, en faveur de MM. de St.-Didier et Vassal. Les principales conditions de cette concession

---

(1) On a supposé dans l'évaluation de ces travaux que le nombre des châteaux d'eau et des fontaines monumentales serait porté à 24 ; celui des fontaines ordinaires à 176 ; celui des bornes fontaines à 550, et que pour la conduite des eaux tant aux fontaines que pour le service des particuliers, il serait posé une longueur de 14,000ᵐ de tuyaux.

étaient que sur le produit des eaux du canal de l'Ourcq il en serait réservé 4000 pouces pour être distribués par la ville dans les différens quartiers de Paris, et que les ouvrages restant à faire pour l'achèvement du canal de l'Ourcq et de celui de la Seine à la Seine, ou des canaux de St.-Denis et de St.-Martin, seraient terminés au 1er janvier 1825.

En conséquence de cette concession, les travaux furent repris avec activité; et aujourd'hui le commerce jouit de ces canaux qui sont livrés à la navigation.

Ayant donné l'itinéraire du canal de l'Ourcq, nous ne reviendrons point sur sa description. Nous croyons pouvoir d'autant plus nous en abstenir que M. Girard se propose de publier incessamment un ouvrage spécialement destiné à faire connaître en détail toutes les parties de ce grand travail. Nous nous bornerons à donner une idée succincte des canaux de St.-Denis et de St.-Martin, dont les ouvrages ont été confiés aux soins de M. de Villiers, aujourd'hui ingénieur en chef directeur du pavé de Paris, qui s'est acquitté de cette mission avec autant de zèle que d'habileté, et qui a lui-même donné au public une description très-circonstanciée de ces deux canaux; et nous terminerons cet article par quelques détails sur la distribution des eaux dans Paris.

CANAL DE St.-DENIS.

Le canal de St.-Denis, qui, avec celui de St.-Martin, est destiné particulièrement à éviter les obstacles qu'éprouve la navigation de la Seine depuis St.-Denis jusqu'au-dessous de l'Arsenal, sur près de 18,000m de longueur, et notamment le passage de 15 ponts, dont 10 sont situés dans Paris, et sous quelques-uns desquels le remontage est impraticable, a été commencé en conséquence d'un décret du 24 février 1811, et terminé en 1825.

Ce canal part d'un bassin qui est formé à 700m au-dessus de celui de la Villette, et après être passé sous le village d'Aubervilliers, se

rend à la Seine au-dessous de St-.Denis, et à peu de distance en-deçà
de la Briche.

Sa longueur totale est de 6700ᵐ; sa pente, qui est, entre ses deux
extrémités, de 28ᵐ,80, est rachetée par 8 écluses accolées deux à deux,
et par 4 écluses simples, dont les chutes varient de 2ᵐ,30 à 3ᵐ,50.

Sa largeur est de 15ᵐ au plafond, et de 22ᵐ,80 au sommet; et sa
profondeur est de 2ᵐ,60, y compris 2ᵐ de hauteur d'eau.

Les écluses, dont les dimensions ont été réglées de manière à ce
qu'elles pussent recevoir les bateaux de deuxième classe de la Seine,
ont 7ᵐ,80 de largeur et 39ᵐ de longueur de sas.

Sur ce canal sont établis trois ponts-levis sur la 6ᵉ, la 10ᵉ et la 12ᵉ écluse,
et trois ponts sur les routes royales de Flandres, de Paris à Calais, et
de Paris au Havre.

CANAL DE St.-MARTIN.

Ce canal, qui part du bassin de la Villette et aboutit à la gare de l'Arsenal, après avoir traversé le faubourg du Temple, a 4600ᵐ de longueur.

Sa pente, qui est de 25ᵐ,20, est rachetée par 9 écluses, dont 8 accolées deux à deux : la plus grande chute de ces écluses n'excède pas 3ᵐ.

La largeur de ce canal, formé en maçonnerie, est, entre les quais,
de 27ᵐ, et de 60ᵐ, y compris les quais. Sa profondeur est de 2ᵐ,60, et
sa hauteur d'eau de 2ᵐ.

Sur ce canal, qui traverse plusieurs quartiers de Paris, sont établis
10 ponts, dont trois en pierre et sept tournans en fer et en bois.

Les écluses sont construites sur les mêmes dimensions que celles du
canal de St.-Denis.

DISTRIBUTION DES EAUX DANS PARIS.

Ayant pu amener provisoirement les eaux de la Beuvronne au bassin de la Villette, on s'est occupé, dès 1810, de la distribution des eaux dans Paris, qui en jouit déjà sur plusieurs points.

Par le devis général de cette distribution, en partie mis en exétion, on voit :

1° Que du bassin de la Villette, dont le niveau est fixé à 27^m,011 au-dessus des basses eaux de la Seine, mesure prise sur l'échelle du pont des Tuileries, les eaux à distribuer dans les différens quartiers de Paris devront être dérivées dans un aqueduc en maçonnerie qui se soutiendra à la même hauteur et contournera la partie septentrionale de Paris jusqu'à la plaine de Mouceau ;

2° Qu'à cet effet, il sera pratiqué sur différens points de la longueur de cet aqueduc, des regards de distribution dans lesquels les conduites principales auront leur origine ;

3° Que ces conduites principales seront renfermées dans des galeries voûtées jusqu'au Château-d'Eau, où elles devront se terminer ;

4° Qu'une de ces galeries, dite de *St.-Laurent*, sera destinée à contenir les conduites principales servant à la distribution des eaux dans les quartiers St.-Denis et des Halles, de l'École - de - Médecine, du Temple, de la Place-Royale et de l'Hôtel-de-Ville ;

5° Qu'une deuxième galerie, dite *des Martyrs*, servira à la distribution des eaux dans les quartiers de Montmartre, St.-Honoré, du Palais-Royal , du Louvre et de la place Vendôme ;

6° Qu'une troisième galerie, dite *de Mouceau*, contiendra les conduites principales servant à la distribution des eaux dans les quartiers des Tuileries, de la place Louis XV, du faubourg Saint-Honoré, de l'École-Militaire et des Invalides ;

7° Qu'une quatrième distribution recevra immédiatement les eaux du bassin de la Villette, et sera dirigée par une galerie dite *de St. Antoine*, dans le faubourg de ce nom et les quartiers de l'Arsenal et du Jardin-des-Plantes;

8° Enfin, que les conduites principales de chacune de ces quatre grandes distributions alimenteront un certain nombre de réservoirs que l'on placera, autant que possible, sur les endroits les plus élevés de chaque quartier, afin que les eaux qui seront dérivées de ces réservoirs puissent être distribuées sur le plus grand nombre de points des rues environnantes.

Telles sont les dispositions principales qui furent arrêtées, et sont en grande partie exécutées. On a vu qu'au 1er janvier 1816, 6,993,100 fr. 36 cent. avaient déjà été employés à cet objet; depuis les ouvrages ont été continués, montent aujourd'hui à 9,500,000 fr., et paraissent devoir prendre une activité que pourra seule leur procurer la réalisation du dessein où est la ville de confier cette importante opération aux soins d'une compagnie.

Suivant cette intention, M. Mallet, ingénieur en chef des eaux de Paris, qui avait déjà recueilli de précieux documens sur les différens systèmes de distribution adoptés à Rome et à Venise, et s'était transporté dans la Grande-Bretagne pour prendre connaissance de ceux employés à Édimbourg et particulièrement à Londres, rédigea, au commencement de 1826, un nouveau projet de distribution des eaux de l'Ourcq, qui présentait l'ensemble des ouvrages à exécuter pour satisfaire aux besoins du service public et à ceux des particuliers, en opérant une distribution à domicile.

Dans ce projet, M. Mallet, comme M. Girard, suppose qu'on dérive 7678 modules ou 4000 pouces d'eau du bassin de la Villette; mais en affectant 2000 pouces au service public et 2000 pouces au service particulier. Chacun de ces services se divisait en service inférieur, ou service des quartiers à la hauteur desquels les eaux pouvaient atteindre naturellement, et en service supérieur, ou service des quartiers où les eaux seraient portées au moyen de machines. La population de Paris se composant de 786,600 habitans, chacun d'eux pourrait jouir de 57 lit., 843, et les 2000 pouces réservés au service public eussent alimenté 36 fontaines monumentales, 42 fontaines simples et 1060 bornes-fontaines, ainsi que les établissemens communaux, tels que l'entrepôt des vins, les hôpitaux, les prisons, les casernes, etc.

Par ce projet, M. Mallet prenait les eaux de l'Ourcq au regard de la rigole d'embranchement qui précède la galerie St.-Laurent, et les conduisait, au moyen d'un tuyau de 1ᵐ,50 de diamètre, le long de la rue du faubourg St.-Martin jusqu'à la rencontre du boulevard. De ce point, deux branches de 1ᵐ de diamètre se fussent dirigées, l'une à droite vers le pont Louis XVI, et l'autre à gauche vers les ponts Marie et de la Tournelle, pour traverser chacune la Seine et venir se réunir sur la place de St.-Sulpice, et former ainsi une enceinte fermée.

De ce tuyau circulaire fussent partis des tuyaux répartiteurs, de ceux-ci des tuyaux sous-répartiteurs; et enfin, de ces derniers, des tuyaux dits de service, sur lesquels les particuliers auraient embranché leurs tuyaux.

La dépense de ce projet, dans lequel l'aquéduc de ceinture, déjà construit, ne figurait que pour le service des seuls quartiers supérieurs situés au-dessus des boulevards, était évaluée à la somme de 22,500,000 fr.

Ce projet fut renvoyé à l'examen du conseil des Ponts-et-Chaussées, et, sur un rapport de cinq membres pris dans son sein, donna lieu à une discussion qui se prolongea en raison de l'importance de la matière et d'une circonstance qui semblait ne pouvoir qu'apporter un notable changement dans l'économie du projet présenté.

Quelque crainte sur la jouissance constante d'un volume d'eau dont le moindre accident pouvait retarder ou interrompre l'arrivée, suggéra l'idée d'y ajouter un supplément de 2000 pouces de la Seine, qui assureraient en tout temps le service des particuliers.

Cette proposition, qu'on devait à la sollicitude éclairée de M. le Préfet

72.

de la Seine, devint un trait de lumière qui fit voir la question sous un
nouveau jour.

La qualité des eaux de l'Ourcq, sur laquelle il s'était élevé des préventions fâcheuses, et surtout la considération qu'en cas d'événement,
comme celui d'une rupture de digues, elles ne pourraient être remplacées provisoirement que par les eaux de la Beuvronne, d'une qualité
incomparablement inférieure, devaient nécessairement amener cette
question importante, savoir : s'il ne convenait pas, au lieu de mêler ces
deux espèces d'eau, de les distribuer séparément, en affectant les eaux
de l'Ourcq au service des rues, et celles de la Seine aux besoins domestiques.

Cette question donna lieu à diverses propositions, qui, différant de
celles de la Commission, furent jointes au rapport de cette Commission
qui fut remis à M. le Préfet de la Seine.

De ces propositions se déduisaient et se formaient d'abord deux
moyens distincts de distribution :

Celui d'un système unique, en supposant le mélange ou la distribution
alternative des deux espèces d'eau ;

Celui de deux systèmes séparés, en restreignant les eaux de l'Ourcq
au service public, et en affectant exclusivement les eaux de la Seine
aux besoins domestiques des particuliers.

Enfin, un troisième système fut présenté par l'auteur de cet ouvrage.
Ce système consistait à séparer la distribution des eaux de l'Ourcq de
celle des eaux de la Seine, comme dans le second projet ; mais dans la
vue de diminuer la dépense, et afin d'éviter, autant que possible, la
multiplication des tuyaux, il proposait de restreindre la double distribution des eaux de l'Ourcq et de la Seine à la seule rive droite de la Seine ;
et de pourvoir aux deux services public et particulier de la rive gauche
par les seules eaux de la Seine (1).

_____

(1) On donnera ici le résumé des opinions de l'auteur de cet ouvrage sur

M. Genieys, ingénieur des Ponts-et-Chaussées, attaché aux eaux de
Paris, dans un écrit intitulé : *Note sur un projet de distribution géné-*

cette opération, telle qu'il fut remis par lui pour être joint au rapport de la Commission.

*Résumé des opinions émises par l'inspecteur de la sixième division, au conseil des
Ponts-et-Chaussées dans ses séances des 16, 30 décembre 1826 et suivantes.*

M. le Préfet de la Seine, qui a développé avec tant de clarté, dans son beau et
savant Mémoire imprimé à la suite des Recherches statistiques sur la ville de Paris
pour l'année 1826, les services que peuvent rendre les machines à vapeur pour la
distribution des eaux dans cette grande capitale, a émis l'idée d'ajouter aux eaux de
l'Ourcq 2000 pouces d'eau de la Seine qui, élevés au moyen de machines à vapeur,
seraient introduits dans la conduite annulaire du système destiné à la distribution
des premières eaux.

L'inspecteur soussigné, partant de la proposition de M. le préfet de la Seine, a
cru devoir soumettre au conseil les questions suivantes :

1° Au lieu de mêler les eaux de la Seine avec celles de l'Ourcq, n'y aurait-il pas
de l'avantage à séparer ces eaux en les distribuant chacune par un système particulier ?

2° Si ce principe était admis, n'y aurait-il pas convenance, simplicité et économie à affecter à la partie du nord la totalité des eaux de l'Ourcq, en se servant de
l'ancien système de distribution, d'ailleurs perfectionné, mais qui ne s'étendrait
que jusqu'à la Seine ; au moyen de ce que les 2000 pouces des eaux de la Seine
seraient distribués par un système particulier qui, en embrassant toute la superficie
de Paris, ne fournirait à la partie du nord que les eaux nécessaires aux besoins domestiques, et qui pourraient se réduire à 400 pouces, et approvisionnerait simulta-
nément la partie du sud de celles indispensables au service privé et au service public, qu'on estime pouvoir être amplement satisfaits par 1600 pouces ?

De la séparation des eaux de l'Ourcq de celles de la Seine, de l'affectation des
premières au seul service public de la partie du nord de Paris, et de la distribution
des secondes par un système annulaire qui embrasserait, par ses ramifications,
toute l'étendue des quartiers des parties nord et sud de Paris, il paraissait à l'inspecteur soussigné résulter les avantages suivans :

1° Aucun changement dans les usages domestiques des habitans de Paris, qui recevraient également des eaux de la Seine pour tous les besoins privés.

rale d'eau dans l'intérieur de Paris (1), donne la préférence à ce dernier système, et estime que la dépense de son exécution s'élèverait à la somme de 18,700,000 fr., et sa dépense annuelle d'administration et d'entretien, y compris l'intérêt des fonds avancés pendant la durée des travaux, à 2,131,468 fr.

Par son projet, M. Genieys, qui a changé la proportion dans laquelle l'auteur de cet ouvrage avait proposé de distribuer les 2000 pouces des eaux de la Seine, croit devoir en destiner pour le service particulier, savoir : sur la rive droite 550 pouces, et sur la rive gauche 450 pouces; et pour le service public de la même rive gauche 1000 pouces. Quant aux eaux de l'Ourcq, 400 pouces seulement seraient dirigés sur la rive gauche pour le service public, et les 5600 pouces restant, conservés sur la rive droite, seraient affectés, savoir : 400 pouces au service particulier, et 3200 pouces au service public.

M. Genieys établit qu'en ne changeant pas le prix actuel de l'eau de Seine, le pouce vaudrait 3358 fr., et les 1000 pouces 3,358,000 fr., et que celui des eaux de l'Ourcq serait de 1000 fr. le pouce, et pour les 400 pouces à céder de 400,000 fr.

2° Simplicité et facilité dans la combinaison des deux systèmes, puisque le doublement des tuyaux dans chaque rue n'aurait lieu que dans la partie du nord; les îles et la partie sud de Paris ne recevant, pour les deux services domestique et public, que des eaux de la Seine, par un système unique.

3° Économie, puisque d'une part les anciens ouvrages du système de distribution entièrement conservés, seraient seulement perfectionnés, et qu'il serait possible de réduire le diamètre des nouveaux tuyaux à établir, à raison de leur moindre longueur, et que d'autre part, sur la partie du sud, la moitié du système appartenant à la distribution de l'Ourcq qu'on serait obligé d'y établir d'après la première supposition de la Commission, serait remplacée, d'après celle de l'inspecteur soussigné, par la moitié du système affecté à la distribution des eaux de la Seine.

Paris, 26 mai 1827.

(1) Se vend à Paris, chez Carilian Gœury, quai des Augustins. 1827.

Enfin, cet ingénieur pense que tout en opérant une réduction de moitié sur ces prix, la compagnie, par la vente des eaux et par les remises qui lui seraient faites par la ville, pour la fourniture de 1000 pouces d'eau de la Seine pour le service public de la rive gauche, etc., pourrait s'assurer néanmoins un intérêt de plus de 8 p. o/o de ses avances.

Sans avoir cru devoir nous livrer à tous les détails de cette vaste opération, sur laquelle M. Girard se dispose à présenter des documens qui intéresseront l'ingénieur sous plusieurs rapports importans, nous n'avons eu pour but ici que de donner une idée de son ensemble, et de détruire, s'il était possible, la fausse opinion qu'on en avait conçue.

On pense en effet que le produit du canal de l'Ourcq a été porté trop bas par la Commission, et qu'il peut un jour être triplé par suite de son prolongement jusqu'à l'Aisne, qui ne paraît pas impossible, et de l'ouverture du canal des Ardennes aujourd'hui en exécution, ce qui le mettrait en communication avec la Meuse; et la Commission elle-même, sans avoir égard alors à l'amélioration que retirerait nécessairement le canal de l'Ourcq de l'établissement de ces deux lignes, ne paraissait pas éloignée de croire, qu'ainsi que le supposait la compagnie qui se présentait déjà, le produit des eaux dans Paris pût s'élever jusqu'à la somme de 2,400,000 fr., et en conséquence que le bénéfice des fonds employés et à employer pour cette grande entreprise ne pût s'élever un jour à 5 p. o/o pour le Gouvernement, et pour une compagnie à laquelle on abandonnerait les travaux déjà exécutés, à près de 8 p. o/o; ce que de nouveaux calculs, ainsi qu'on vient de le voir, confirment pleinement.

S'en tenant toutefois à la première hypothèse, par laquelle le taux de l'intérêt des fonds employés à l'opération générale du canal de l'Ourcq se trouve porté à 5 p. o/o, on voit combien les préventions qui se sont élevées contre elle étaient peu fondées; et ce n'est pas sans une vive satisfaction que, d'après les faits qui viennent d'être exposés avec la plus grande sévérité, et sans avoir à craindre d'être taxé d'exagération par tous les esprits éclairés et capables de se faire une juste idée des progrès de l'industrie et du commerce dans une capitale telle que Paris, on croit pouvoir regarder ce grand établissement comme un de ceux dont elle doive le plus s'applaudir.

NAVIGATION DE LA SEINE,

CONSIDÉRÉE PARTICULIÈREMENT SOUS LE RAPPORT DE L'APPROVISIONNEMENT DE PARIS.

Nous avons déjà annoncé que nous nous occuperions des ouvrages qui s'exécutent pour l'amélioration de la navigation de la Seine et de ses affluens.

Nous nous acquitterons de cette promesse en remettant toutefois à parler dans la section suivante des vues, si bien faites pour exciter l'étonnement, que l'on a émises dernièrement dans le dessein de faire remonter les bâtimens de mer jusque sous les murs de Paris, et en nous bornant dans cette section à l'examen des seuls projets aujourd'hui en exécution, ou qui ayant été rédigés sont venus à notre connaissance immédiate.

Si, d'une part, la navigation de ce fleuve fait partie de la ligne de jonction des deux mers par le canal de Briare, de l'autre, elle concourt particulièrement à l'approvisionnement et au commerce de commission de Paris; et en la faisant envisager sous ce dernier point de vue, tant dans cette section pour ce qui concerne les ouvrages en exécution, que dans la section suivante pour ce qui touche les perfectionnemens ultérieurs dont elle est susceptible, nous avons espéré pouvoir ajouter un plus haut degré d'intérêt à ces ouvrages actuels et à ces futurs perfectionnemens.

Bien que la navigation de la Seine ait attiré dès long-temps l'attention et la sollicitude du Gouvernement, cependant il faut convenir que c'est en de simples réglemens de police que consistèrent pendant long-temps les soins donnés à l'entretien et à l'amélioration de ce beau fleuve, un des plus réguliers de ceux qui arrosent la France, et sur lequel on voit encore naviguer les plus forts bateaux qui aient peut-être vogué sur aucune rivière du monde. Ce n'est en effet que depuis peu d'années que le commerce étant devenu plus actif et ne pouvant supporter aussi patiemment qu'autrefois les alternatives des crues nécessaires à sa navigation, et auxquelles, quoiqu'à un moindre degré, ce fleuve est sujet comme tous les autres, le Gouvernement s'est occupé de grands travaux sur son cours, et que plusieurs personnes ont conçu les projets les plus vastes sur sa navigation.

N'ayant à parler pour l'instant, ainsi que nous l'avons dit, que des ouvrages actuellement en exécution et de ceux projetés, nous diviserons son cours en Haute et Basse Seine.

NAVIGATION DE LA HAUTE SEINE, ou CANAL DE TROYES.

Au nombre des ouvrages dont l'objet se lie particulièrement à l'approvisionnement de Paris, peuvent figurer ceux qui s'exécutent pour le perfectionnement de la navigation de la Haute Seine depuis Troyes jusqu'à l'embouchure de l'Aube à Marcilly, et auxquels se lient ceux également en exécution sur l'Aube depuis Plancy jusqu'à la Seine.

A l'époque si glorieuse pour la France, où Colbert imprima à l'industrie et au commerce un nouveau degré d'activité, des compagnies se formèrent dans le dessein de perfectionner et d'étendre la navigation de plusieurs rivières; et le sieur Boutteroue de Bourgneuf, dont le nom se rattache à la première construction de ce genre qui ait été faite en France, le canal de Briare, fut autorisé, par des lettres patentes du mois de novembre 1676, à faire tous les travaux nécessaires pour prolonger la navigation supérieure de la Seine depuis Nogent jusqu'à Troyes.

Par ces lettres, le Roi accordait au sieur Boutteroue, en dédommagement des dépenses auxquelles l'obligeait l'exécution de ces travaux, le privilège exclusif de naviguer et de flotter pendant vingt ans sur la portion de rivière qu'il aurait rendue navigable. Passé ce terme, il était permis à tous les sujets du Roi d'y naviguer, en payant au sieur de Bourgneuf, ou à ses ayant-cause, des droits qui, par les mêmes lettres patentes, étaient établis à perpétuité, et en faveur desquels étaient abolis tous ceux de péage, de pêche, prétendus par des particuliers sur le cours de la rivière.

Dès 1703, et en vertu de ces lettres patentes, la navigation fut ouverte depuis Nogent jusqu'à Troyes, au moyen de onze canaux de dérivation, d'une écluse à sas sur la dérivation de Nogent, et de vingt-un portuis sur les autres; des galiotes ou coches étaient établis depuis Paris jusqu'à Troyes et *vice versâ*, et la compagnie n'avait qu'à se féliciter de cette utile entreprise, lorsqu'en 1720 ces canaux ayant été réunis, par un arrêt du conseil, au domaine du Roi, qui en conserva la jouissance jusqu'en 1728, restèrent pendant ce temps dans un tel état d'abandon, que, restitués à leur premier propriétaire, ils ne purent être rétablis dans leur état primitif qu'au moyen de nouvelles dépenses assez considérables.

Ce fut à cette époque que les marchands commencèrent à faire flotter à bûches perdues; et l'on peut imaginer à quel point les ouvrages souffrirent de cette manœuvre qui, en usage sur plusieurs cours d'eau, n'atteste que trop aujourd'hui combien le système de la navigation intérieure laisse encore à désirer. Vainement les propriétaires demandèrent justice, la ruine des ouvrages et des canaux fut bientôt consommée. L'écluse de Nogent, construite avec plus de soin, est la seule qui ait résisté jusqu'à ce moment; et c'est grace à cette seule circonstance que la navigation peut encore se prolonger jusqu'à Marcilly.

Trop d'avantages sont attachés à la communication de la ville de Troyes avec Paris pour n'avoir pas attiré de nouveau, et quoique après un siècle d'intervalle, l'attention du Gouvernement. Troyes, ville populeuse, dont l'industrie répond si bien au bonheur de sa position, doit encore, par suite de cette heureuse situation, devenir un entrepôt important des vins et des fers de la portion de la Bourgogne qui l'avoisine, et des vins, des charbons et des bois des forêts de son propre département; si les circonstances n'ont pas permis jusqu'à ce jour d'exécuter tous les ouvrages qui étaient ordonnés par le décret du mois de germinal an XIII (avril 1804), d'après lequel la Seine devait être rendue navigable depuis Marcilly jusqu'à Châtillon, 74,000ᵐ au-dessus de Troyes, avantage dont, comme nous le verrons plus loin, le pays ne tardera pas à jouir, grace aux progrès que fait de jour en jour l'esprit d'association, cependant le Gouvernement n'a pas perdu de vue, dans ces dernières années, l'amélioration bien plus pressante de la navigation depuis Marcilly jusqu'à Troyes.

D'après les projets présentés et approuvés en l'an XIV (1806), le canal devait traverser la ville de Troyes, où il serait creusé un port sur la place de Preize; et, à la sortie de la ville, une écluse à sas et à grande chute devait racheter la pente des eaux et la chute d'un moulin.

D'après les mêmes projets, depuis la sortie de la ville jusqu'à Mery, cinq dérivations de 7ᵐ de largeur et de 23,000ᵐ de longueur ensemble, et ayant chacune leur prise d'eau et leur embouchure dans la Seine, ont déjà été ouvertes : la pente très-forte de ces cinq dérivations est adoucie par 33 écluses simples ou pertuis à portes busquées, et par l'écluse à sas et à chute de Mery, qui a été construite en 1806; de manière que chacune des dérivations, à l'exception de la cinquième, présente une suite de sas accolés sans murs de chute. Les portions de la Seine comprises entre ces dérivations, sur environ 10,000 de longueur ensemble, offrent un tirant d'eau suffisant, soit naturellement, soit au moyen de barrages. Les bateaux traverseront la ville de Mery en lit de rivière.

Au-dessous de Mery, on a ouvert une dérivation qui fait un angle à Saint-Just, et qui se prolonge jusqu'à Marcilly; elle a près de 11,000ᵐ de longueur.

Cette dernière dérivation, qui complète la partie inférieure de la navigation de la Seine et du canal de Troyes, parut offrir un moyen de perfectionner celle de l'Aube inférieure. De grands ouvrages ayant été entrepris pour l'amélioration de cette rivière, et notamment pour la construction des écluses d'Anglure et de Plancy, pour l'établissement desquelles le Gouvernement a acquis les pertuis et déversoirs de Plancy, il est venu à l'idée de substituer à la navigation imparfaite de

l'Aube, depuis Anglure jusqu'à Marcilly, une navigation en canal en
dérivant au-dessus d'Anglure, ainsi que le porte le projet, une portion
de la rivière d'Aube que l'on soutenait par un barrage submersible, et
en amenant ses eaux à St.-Just par un nouveau canal, de manière à ce
que la navigation de l'Aube et celle de la Seine perfectionnée jusqu'à
Saint-Just devinssent communes depuis ce point jusqu'à Marcilly.

Les dérivations au-dessous de Marcilly devaient s'effectuer au moyen
d'un barrage et d'une écluse de garde à Saint-Oulph, d'une écluse à
double sas à Saint-Just, d'une écluse à grande chute à Marcilly, d'un
barrage dans la rivière d'Aube, d'une écluse de garde en tête de la
dérivation d'Anglure, et enfin d'un épanchoir dans cette dérivation
pour l'écoulement des eaux de la plaine.

Les ouvrages pour l'établissement de ces lignes de navigation, exécutés en partie, montaient, à la fin de 1823, à environ 2,000,000 fr.

Quelque temps avant cette époque, les circonstances ayant fait
craindre que le Gouvernement ne pût terminer qu'en plusieurs années
ces ouvrages, M. l'ingénieur ordinaire Crozet, dans un mémoire très-
bien fait et qui nous a beaucoup servi pour la réda￫on de cet article,
proposa, dès le 14 juillet 1818, d'ajourner la dérivation d'Anglure à
Saint-Just, ainsi que le prolongement du canal dans la traverse de la
ville de Troyes.

Comparant, dans cette hypothèse, les dépenses auxquelles donneront
lieu ces ouvrages après la réduction qu'il proposait, avec le produit
du canal, y compris celui des plantations, M. Crozet trouvait que
l'intérêt des fonds avancés pour l'exécution de ces mêmes ouvrages,
qu'il évaluait à 2,500,000 fr., ne serait jamais moindre de 9 p. o/o, et que
probablement, attendu l'extension de la navigation, il resterait à peu
près le même en achevant les travaux ainsi qu'ils avaient été projetés.

Tels sont les projets et les ouvrages auxquels on s'est borné jusqu'à
ce jour pour l'établissement du canal de Troyes. On ne peut se dissimuler que l'esprit d'incertitude et les lenteurs qu'on remarque dans
la conception des projets ainsi que dans leur accomplissement, ne té-

moignent que trop l'impuissance où s'est trouvé le Gouvernement, par suite des circonstances qui ont entravé si long-temps sa marche, d'arrêter et de mettre à exécution un projet qui répondît au but qu'on devait se proposer : en effet, soumis qu'on était à l'influence de longues habitudes, il est arrivé que pour conserver sur la Seine supérieure le tonnage excessif de la grande navigation qui a lieu sur la Seine inférieure, et dans la crainte de la dépense considérable à laquelle eût forcé l'établissement d'écluses en pierre de 8ᵐ de largeur et de 40ᵐ de longueur de sas, telles que celle déjà existante à Méry, que l'on désirait cependant conserver, on a cru devoir se borner alors à ne construire que des écluses simples ou pertuis qui ne procurent qu'une navigation imparfaite, et à ne creuser le canal que sur une largeur qui ne permet pas aux bateaux de se croiser, tandis qu'en appliquant au canal de Troyes les dimensions du canal de Bourgogne, avec lequel il n'est pas impossible qu'on ne le mette un jour en rapport, on eût pu établir des écluses à sas et en pierre, ce qui eût permis d'ouvrir de Troyes à Châtillon, et peut-être, par suite, de Châtillon au canal de Bourgogne, une ligne de dimension sous-double, qui eût servi de lien à ces deux canaux.

Les ouvrages exécutés sur le canal de Troyes ont paru vraisemblablement trop avancés pour revenir à ce parti, qui, en présentant quelque économie, eût mis encore ce canal dans une concordance plus parfaite avec les canaux auxquels il peut se lier immédiatement un jour ; et en se décidant à substituer aux vingt-deux pertuis qui sont établis sur les deuxième, troisième et quatrième dérivations, des écluses à sas et en pierre, on a préféré augmenter la dépense pour conserver les dimensions primitivement arrêtées.

En exécution de la loi du 6 juin 1825 qui autorise la concession du canal de Troyes, et en fixe le tarif, la compagnie qui se chargera de cette entreprise devra en présenter les projets d'après les bases suivantes :

2° La partie de la rivière de Seine depuis Châtillon jusqu'à Troyes, sur une longueur de 74,000ᵐ, sera rendue navigable au moyen d'écluses de

19ᵐ de longueur , et de 4ᵐ de large. Ces écluses, pour racheter une ponte
de 103ᵐ, seront au nombre de 50, et la dépense de cette partie est évaluée à 4,000,000 fr. 2° La partie dans la traverse de Troyes sera con-
tinuée d'après les anciens projets, sauf que les écluses, fixées d'abord
à 40ᵐ de longueur entre les buscs, seront réduites à 38ᵐ , et que leur
largeur sera de 8ᵐ. La dépense de cette partie est estimée devoir s'élever
à 900,000 fr. 3° Sur la partie comprise entre Troyes et Marcilly , les
22 pertuis aujourd'hui existans sur les deuxième, troisième et quatrième
dérivations, seront remplacés par 11 écluses à sas en maçonnerie, en
réunissant deux biefs en un. Ces écluses auront les mêmes dimensions
que celle à la sortie de Troyes. La dépense pour cette partie est évaluée
à la somme de 2,100,000 fr.

Longueur totale de Châtillon à Marcilly , 118,800ᵐ;

Pente, par aperçu, 128ᵐ;

Nombre total des écluses et pertuis construits et à construire, 75.

NAVIGATION DE LA BASSE SEINE.

Canal et Écluse de Vernon.

La difficulté du passage du pont de Vernon excite depuis long-temps
de justes plaintes de la part des bateliers qui fréquentent la rivière de
Seine.

On s'occupait depuis long-temps aussi des moyens de les faire cesser,
lorsque, d'après différens projets et sur différens rapports, il fut décidé
sur un dernier avis du 7 avril 1813, confirmant les avis antérieurs
du conseil des Ponts-et-Chaussées, qu'il serait établi, le long des anciens remparts de la ville de Vernon, dans l'emplacement des deux dernières arches du pont et sous la nouvelle arche qui doit les remplacer ,
un canal de dérivation, dans lequel il serait pratiqué une écluse à sas ,
pour faire franchir aux bateaux la chute de 0ᵐ,55 que forme la Seine
sous le pont de cette ville.

Plusieurs discussions ayant eu lieu relativement aux dimensions à donner à ce canal et à cette écluse, d'après le même avis du 7 avril 1815, il fut décidé que l'écluse serait construite sur les mêmes largeurs et longueurs que celles arrêtées pour les écluses du canal de St.-Denis.

D'après ces dispositions, le canal de Vernon, de 500ᵐ de longueur, et pour l'exécution duquel il a été passé une adjudication, devait avoir 8ᵐ de largeur dans le fond, et être formé d'un côté par la rive, et de l'autre par une digue dont les talus seraient revêtus en perrés, sous l'inclinaison d'un angle de 45°.

Sa tête devait être défendue du côté de la rive par un revêtement en maçonnerie, et du côté de la digue par une pile se terminant à des bajoyers espacés comme ceux de l'écluse, et dans lesquels il devait être observé des coulisses destinées à recevoir des poutrelles ayant pour objet de faciliter l'ouverture des portes d'amont et d'aval du sas, et dont l'enlèvement après une crue eût permis d'établir un courant formant chasse dans toute la longueur du canal, à l'effet d'entraîner les dépôts ou attérissemens qui auraient pu s'y former.

L'écluse à construire à l'aval du canal, et dont le sas aurait été formé, comme le reste du canal, par des talus en terre revêtus en perrés, les seules chambres des portes devant être en maçonnerie, aurait eu 7ᵐ,80 de largeur entre les bajoyers des chambres, et 38ᵐ de longueur de sas. Afin de faciliter le plus possible les chasses dont il a été parlé, la chute ne devait point être rachetée par un mur de chute; les radiers devaient être établis sur un même plan de pente, et les buscs des portes découpés pour l'évacuation des graviers qui seraient entraînés par ces chasses.

Les ouvrages du canal de Vernon, dans la supposition où les revêtemens du canal et du sas de l'écluse devraient être faits en maçonnerie, étaient estimés à la somme de 1,715,524 fr. 91 cent.

Canal de Poses.

Ainsi que le passage de Vernon, celui de Poses offre les plus grandes difficultés ; ces dernières même, d'une autre nature, sont beaucoup plus graves et ne se trouvent pas réunies, comme les premières, dans un seul point, mais se reproduisent sur un plus long espace et nécessitent le secours de trente à quarante chevaux de renfort, dépense qui vient augmenter d'autant les frais de transport, indépendamment des accidens fréquens auxquels expose, sur ce point, la manœuvre pénible et dangereuse d'un double halage.

On se décide difficilement à abandonner un moyen que la nature a mis à notre disposition, bien que ce moyen ne satisfasse qu'imparfaitement à des besoins devenus plus compliqués. Sa simplicité et la longue habitude qu'on a de s'en servir influent nécessairement sur les dispositions qui ont pour but de le remplacer.

C'est cette idée qui a fait chercher pendant long-temps à améliorer le cours de la Seine depuis les Damps jusqu'à Porte-Joie, en réunissant plusieurs îles qui se trouvent situées vis-à-vis de Poses, et à établir un bras continu de la rivière dans cet intervalle. C'est elle encore qui, lorsqu'on s'est trouvé amené, ainsi que cela devait arriver, à reconnaître la nécessité d'ouvrir un canal comme l'unique moyen de délivrer la navigation de tous les obstacles qu'elle rencontre dans ce même intervalle, a fait réduire la longueur de ce canal au moindre développement possible.

Quoi qu'il en soit, le canal de Poses, dont on s'est occupé depuis 1795, pour l'exécution duquel on avait déjà rassemblé quelques matériaux, et qui n'a été suspendu que par l'idée de projets plus vastes dont, ainsi que nous l'avons dit, nous parlerons dans la section suivante, devait prendre son origine au Ménil-de-Poses et venir aboutir vis-à-vis l'embouchure de la petite rivière d'Andelle.

Ses dimensions, qu'on avait proposé de régler d'abord de manière à recevoir les bateaux de deuxième classe, ont été réduites à celles adoptées pour les écluses de Vernon et du canal de St.-Denis.

Suivant ce projet, adopté par le conseil des Ponts-et-Chaussées après plusieurs discussions et différens rapports, le canal aurait eu 3887^m de longueur et 20^m de largeur au plafond.

Sa tête devait être défendue par des portes de garde contre les crues de la Seine, qu'on avait eu d'abord l'intention d'admettre dans le canal, mais dont, avec raison, on a proposé ensuite d'interdire l'entrée ; une écluse destinée à racheter la pente de la rivière aurait été placée au Menil-de-Poses ; elle aurait eu 7^m,80 de largeur entre les bajoyers et 38^m de longueur entre les buscs, et ses portes d'aval eussent été élevées au-dessus des grandes crues du fleuve.

Un pont devait être établi sur ce canal pour la communication du Vaudreuil et de Poses.

La dépense était évaluée à la somme de 1,509,153 fr. 08 cent.

En supposant que la dépense n'excédât pas cette estimation, et que le mouvement du commerce s'élevât un jour au passage moyen de quinze cents bateaux du port de 100 tonneaux, payant 0 fr. 40 cent. par tonneau pour le trajet du canal, le produit brut serait de 60,000 fr., se réduisant, après la déduction des frais d'entretien, au produit net de 50,000 fr., ce qui ne fixait plus le bénéfice des fonds employés qu'à 3 3/10 pour cent.

Mais indépendamment du produit des plantations qui eussent pu être faites, de celui des récoltes et de la pêche qui eussent eu lieu, les droits de navigation eussent pu être augmentés dans ce cas particulier sans qu'on eût à craindre de trop surcharger le commerce, qui éprouverait toujours un soulagement considérable par l'ouverture de ce canal ; et ces différentes considérations eussent dû faire regarder son établissement comme une des plus utiles améliorations que pourrait recevoir la navigation de la Seine.

Écluse de Pont-de-l'Arche.

La navigation de la Seine a obtenu un notable perfectionnement par la construction de l'écluse de Pont-de-l'Arche.

Le débouché fourni par les arches du pont de Pont-de-l'Arche, quoique ces arches soient au nombre de vingt-deux, et en y ajoutant même celui de l'arche construite à la suite sur le bras du fossé de l'ancien château, se trouvait insuffisant pour le libre passage du fleuve, par suite de la petite ouverture de ces arches et des différens ouvrages dépendans des moulins qui sont établis sous ce pont ; il en résultait une cataracte de $0^m,50$, dont la remonte exigeait, de temps immémorial, l'emploi de quarante à soixante chevaux, et le secours de deux à trois cents hommes, qui, le plus ordinairement indispensables, avaient converti néanmoins en un véritable droit le salaire fixé par les réglemens de l'administration des ponts ; de sorte que le passage sur ce seul point de la Seine ne s'opérait qu'avec beaucoup de temps, et une dépense qui, pour les grands bateaux, ne s'élevait pas à moins de 150 à 200 fr.

En 1804, enfin, sur diverses plaintes fréquemment renouvelées, et d'après des rapports qui lui avaient été adressés en 1795, le Gouvernement ordonna qu'il serait construit, pour le passage des plus grands bateaux, une écluse à sas, dont l'emplacement fut fixé dans le bras du fossé de l'ancien château de Pont-de-l'Arche, et sur les bajoyers de laquelle il serait construit un pont pour le service de la route de Paris au Havre.

Peut-être eût-ce été le moment de réduire les énormes dimensions des bateaux qui naviguent sur la Seine, dont quelques-uns portent jusqu'à 750 tonneaux, et dont la plupart encore, du port de 3 à 400 tonneaux, n'ont pas moins de 42^m à 48^m de longueur et de 7^m à $8^m,66$ de largeur. Mais l'empire de l'habitude l'emporta, et malgré les dépenses exorbitantes auxquelles entraîne la construction d'écluses et d'ouvrages établis sur une aussi grande échelle, et lesquelles dépenses présentent un obstacle constant à leur prompt établissement, on ne crut pas pouvoir enfreindre des usages depuis long-temps consacrés, et il fut décidé que l'écluse de Pont-de-l'Arche serait construite pour admettre les plus grands bateaux.

L'écluse de Pont-de-l'Arche, une des plus vastes qui aient été construites en France, et peut-être en Europe, a 10ᵐ de largeur entre les bajoyers, et 75ᵐ de longueur d'un busc à l'autre.

CANAL D'HARFLEUR AU HAVRE.

Ce canal, qui peut être considéré comme devant ajouter un perfectionnement important à la navigation de la Seine, conçu par M. le maréchal de Vauban dont il porte encore aujourd'hui le nom, et sur lequel il fut commencé à cette époque quelques travaux depuis abandonnés, paraît dans ces derniers temps susceptible d'être repris avec une nouvelle extension au moyen de deux branches, qui, partant du bassin qui serait établi au-dessous d'Harfleur, se prolongeraient l'une jusqu'à Montivilliers, et l'autre jusqu'à la pointe du Hoc, et par suite, s'il était possible, jusqu'à Villequier.

Sollicité vivement depuis long-temps par les villes du Havre, d'Harfleur et de Montivilliers, ce canal offrait plusieurs avantages :

1° Alimenté par les eaux des rivières d'Harfleur et de Montivilliers, il concourrait à améliorer l'ensemble du projet du port du Havre, en réparant par de nouvelles eaux les pertes qu'éprouve par les chasses le bassin de la Barre ; ce qui donnerait le moyen de prolonger ces chasses un quart d'heure de plus, l'eau ne devant jamais baisser dans ce bassin que d'un mètre et demi, afin d'y maintenir les navires à flot ;

2° Il procurerait au commerce de vastes emplacemens de chaque côté du canal, pour y construire des magasins de toute espèce, et même des manufactures et autres établissemens ; les emplacemens dans l'enceinte du Havre étant fort chers et trop peu étendus ;

5° Il ouvrirait, en temps de guerre, par le bassin de la Barre, un

74.

débouché dans la Seine, à la pointe du Hoc, et par suite à Villequier, aux bâtimens qui remontent la rivière, et que l'ennemi pourrait empêcher de sortir par le chenal ;

4° Il dessécherait les plaines d'Ingouville, de l'Heure et de Graville, où les eaux stagnantes occasionent tous les ans des maladies. ;

5° Enfin, outre ces avantages, on pensait qu'il pourrait procurer les moyens d'effectuer des irrigations d'eaux douces et d'une excellente qualité dans les quartiers bas de la ville du Havre.

Les circonstances n'ont pas permis jusqu'à présent de s'occuper de la branche qu'on proposait de diriger d'Harfleur à Montivilliers, et ou a reconnu l'impossibilité de prolonger, sans d'énormes dépenses, celle d'Harfleur à la pointe du Hoc, depuis ce dernier point jusqu'à Villequier, prolongation à laquelle d'ailleurs il pourra être suppléé plus heureusement et sans des frais aussi considérables, par le canal d'Honfleur à Villequier ou de Quillebœuf, dont nous parlerons dans la section suivante : on a cru devoir en conséquence ne traiter que de la partie de ce canal à ouvrir entre le Havre et Harfleur.

Cette partie que, pour l'admission des bâtimens, on proposait d'ouvrir sur une largeur de 20ᵐ au plafond, de 40ᵐ au sommet, et de 6ᵐ,50 de profondeur sur 6500ᵐ de longueur, était estimée devoir coûter, y compris les ouvrages d'art (1), la somme de 5,067,500 fr.

Cette dépense ayant paru excessive, et les projets réguliers de cette partie n'ayant point été présentés, le conseil des Ponts-et-Chaussées, sur le rapport de l'inspecteur divisionnaire, en date du 25 mars 1810, en ordonna la rédaction définitive par son avis du 15 juin suivant.

---

(1) Ces ouvrages d'art consistent en 2 écluses à sas ; 1 pont à bascule pour la communication de la vallée des communes de Graville et de l'Heure ; 2 jetées en charpente, murs de quais au pourtour, et différens ouvrages accessoires.

CANAL DE MARIE-THÉRESE.

L'exécution du canal de Marie-Thérèse, nommé primitivement canal de St.-Maur, peut être considérée comme une des opérations qui concourent le plus directement à faciliter l'approvisionnement de Paris.

Non loin de son embouchure dans la Seine, la Marne, qui, brusquement repoussée par la côte de Saint-Maur, se dirige sous les hauteurs de Chenevrières, et ensuite sous le village de Creteil, vient, après avoir formé une péninsule de près de quatre lieues de tour, retomber vis-à-vis et à un quart de lieue du point dont elle était partie.

Ce long détour n'était pas le seul inconvénient qu'éprouvât la navigation dans cette partie de la rivière; les bateaux étaient obligés de changer deux fois de chemin de halage, à Champigny et à Creteil, et d'employer un double halage pour assurer leur direction. Le manque d'eau ou la rapidité du courant rendait d'autres points fort incommodes et souvent très-dangereux. Le canal de St.-Maur, par un percement de 600^m et une coupure de 550^m de longueur à travers la côte de ce nom, délivre à jamais la navigation de tous ces obstacles.

Ces services déjà très-importans, surtout si on les compare avec les moyens qui les ont fait obtenir, et qui offrent un des exemples les plus remarquables de la puissance de l'art et des inappréciables avantages de l'invention des écluses (1), n'étaient pas les seuls qui paraissaient devoir être dus au canal de St.-Maur; d'autres résultats d'un grand prix semblaient encore attachés à cette construction digne d'ailleurs d'orner les environs de la capitale.

La pente de la Marne, dans le long circuit qui a été supprimé par le

_____

(1) Les anciens auraient sans doute bien pu couper l'isthme de Saint-Maur; mais en se bornant à supprimer le long détour que fait dans ce point la Marne, ils n'eussent fait de cette rivière qu'un torrent impraticable à la navigation.

canal de St.-Maur, était de 3",5o à 4"; en rachetant cette pente par une
écluse placée à son extrémité, on pouvait, au moyen de cours d'eau latéraux, ouverts le long de la partie inférieure du canal, profiter de
cette chute pour établir des usines et des moulins, dont la création devenait d'autant plus intéressante que, dans ce moment, plusieurs établissemens de ce genre se trouvaient supprimés aux environs de Paris,
par suite des travaux du canal de l'Ourcq, et de ceux à exécuter pour
le perfectionnement de la navigation dans les autres parties du cours de
la Marne.

Non-seulement par l'exécution du canal de St.-Maur on rendait possible l'établissement de nouvelles usines, dont on portait le nombre jusqu'à trente-six, mais encore, en remplaçant le long cours de la Marne
entre l'origine et l'embouchure de ce canal dans cette rivière, on procurait les moyens d'en établir de nouvelles dans cet intervalle, qui ne
présentait plus d'obstacles puisque la navigation devait prendre une
autre direction.

Les trente-six chutes propres à recevoir les nouvelles usines le long
du canal étaient estimées, à raison de 5o,ooo fr. l'une, pouvoir être
vendues 1,o8o,ooo fr. On voyait dans cette vente un moyen de rentrer
en partie dans le capital avancé pour la construction du canal, et d'atténuer ainsi d'autant la retenue à laquelle serait assujetti, pour la formation d'un fonds d'amortissement, le droit de navigation qui pouvait
être perçu, et qui au surplus, nonobstant la petite longueur du canal,
pouvait présenter un assez fort produit, quoiqu'en se tenant, pour la
fixation de ce droit, dans des limites tellement modérées que le commerce, indépendamment de l'économie de temps, trouvât encore un
avantage, sous le rapport des frais, à suivre la nouvelle voie qui lui
était ouverte.

Résumant les avantages que présentait ce canal, on trouvait qu'il avait
pour résultat :

1° De diminuer de plus de trois lieues le trajet de la navigation de la
Marne entre les villages de St.-Maur et de Charenton ;

2° De délivrer la navigation des obstacles et des dangers nombreux auxquels elle est exposée dans ce long trajet ;

3° D'affranchir le Gouvernement des dépenses annuelles qu'il était obligé de faire pour faciliter un peu le passage dans cette partie de rivière, et des frais considérables qui auraient été nécessaires si l'on avait voulu y perfectionner la navigation ;

4° D'offrir, lors des crues et des débâcles, une gare vaste et commode, propre à contenir plus de 150 grands bateaux ;

5° De favoriser le commerce et l'industrie en fournissant un moyen très-simple d'établir trente-six usines de différentes espèces, qui pourraient toutes disposer d'une masse d'eau considérable et d'une chute de 3ᵐ à 4ᵐ, et seraient à l'abri des dépenses extraordinaires et de tous les inconvéniens auxquels elles sont exposées dans les rivières ;

6° De remplacer les moulins qui venaient d'être supprimés au pont de Charenton, et tous ceux qui devaient l'être incessamment sur les rivières de Therouenne, de la Beuvronne et sur la Marne même, à mesure qu'on travaillerait au perfectionnement de la navigation de cette rivière ;

7° De favoriser les moulins déjà existans dans l'intervalle compris entre St.-Maur et St.-Maurice, en leur permettant de barrer la rivière, qui, n'étant plus pratiquée par la navigation, pourra leur être entièrement abandonnée ;

8° D'offrir naturellement, par la vente du droit de disposer d'une grande masse d'eau et d'une forte chute, le remboursement peut-être entier des avances que le Gouvernement aurait faites pour son exécution ; ce qui distingue ce projet de beaucoup d'autres, qui, quoique utiles, ne fournissent pas les mêmes moyens de dédommagemens ;

9° Enfin de présenter, par son ensemble vaste et régulier, un des plus beaux et des plus utiles monumens de ce genre qui aient été élevés en faveur de la navigation, du commerce et de l'industrie nationale.

Le canal de St.-Maur prend son origine dans la Marne, à l'est, et à 240ᵐ au-dessous du pont de ce nom, et traverse la côte par un canal souterrain de 600ᵐ de longueur. Sa largeur, dans cette partie, est de 9ᵐ.

Un trottoir de 2ᵐ de largeur, établi seulement d'un côté, est destiné au service du halage. Une tête d'écluse, avec porte de garde, défend l'entrée du canal contre les grandes crues de la Marne.

A la sortie du souterrain, un bief de 550ᵐ de longueur est ouvert dans la prairie comprise entre le pied de la côte et la Marne, sur une largeur de 28ᵐ,50 au fond, et de 37ᵐ au niveau des quais, et forme une vaste gare pouvant contenir 150 grands bateaux. Cette gare est terminée par une écluse débouchant dans la Marne au-dessus du bief du moulin des Corbeaux. Cette écluse, dont le sas est ouvert sur les mêmes dimensions et les mêmes talus que la gare, a 7ᵐ,80 de largeur entre les bajoyers des portes, et 80ᵐ de longueur entre les buscs, et peut contenir plusieurs bateaux.

La pente de la Marne, entre les points formant les deux extrémités du canal, était de 3ᵐ,50, et est portée à 4ᵐ, au moyen d'un barrage établi au-dessous de l'entrée du canal; on l'a divisée sur la longueur du canal, savoir : en une pente totale de 0ᵐ,50, ménagée à l'effet de procurer aux eaux du canal la vitesse qu'il a paru nécessaire de leur imprimer pour le service des usines, et en une chute de 3ᵐ,50 rachetée par l'écluse inférieure.

Le long de la gare et de l'écluse qui la termine sont réservés des quais spacieux de 25ᵐ de largeur.

De la tête de la gare, et communiquant avec elle au moyen d'aquéducs couverts, devaient partir, de chaque côté, deux grands canaux usiniers qui se seraient prolongés d'abord sur une longueur de 200ᵐ perpendiculairement à l'axe de la gare, et se seraient retournés ensuite parallèlement et sur une longueur égale à la même gare et à l'écluse prises ensemble.

Dans les deux espaces compris entre la gare et les deux grands canaux usiniers, on proposait d'ouvrir, à 25ᵐ de distance des lignes intérieures de la même gare et de ces canaux, deux autres canaux longitudinaux qui recevraient chacun des eaux de la gare et des canaux usiniers par six canaux transversaux qui iraient dégorger leurs eaux dans un canal intermédiaire de fuite, formant ainsi, dans leur disposition régulière, vingt-quatre chutes situées sur vingt-quatre canaux transversaux, bordés de quais et séparés par des places susceptibles de recevoir tous les bâtimens et magasins nécessaires à l'exploitation des usines.

Au-delà, et de chaque côté des deux grands canaux usiniers, devaient être encore établis et séparés par de larges quais, deux autres canaux longitudinaux, qui eussent reçu chacun des mêmes canaux usiniers les eaux nécessaires pour le mouvement de six usines, au moyen de six canaux transversaux qui seraient allés déboucher dans un canal extérieur de fuite.

Ces diverses usines, placées sur une superficie de plus de 35 hectares, et dont le nombre, porté à 36, serait encore susceptible d'être augmenté par l'ouverture de nouveaux canaux, auraient des débouchés vers Paris, par la Marne et par des chemins de terre qui, au moyen de deux rampes servant à racheter l'élévation de la voûte du canal souterrain au-dessus des quais qui bordent de chaque côté la gare et les canaux usiniers, iraient se réunir à la route qui, établie au-dessus et dans le sens même de la voûte du canal souterrain, se dirige vers la capitale.

Malheureusement il paraît aujourd'hui que cette belle disposition, de laquelle devaient ressortir tant d'avantages pour l'industrie et pour l'approvisionnement de Paris, ne pourra recevoir son accomplissement que d'une manière bien imparfaite, ou du moins dans un tems éloigné. Une loi du 17 avril 1822, ayant autorisé le Gouvernement à concéder les eaux qui ne sont pas nécessaires à la navigation et la partie des terrains supérieurs acquise par lui, cette concession n'a été adjugée à M. Dageville, moyennant la somme de 665,200 fr., et approuvée par une ordonnance du 14 août 1822, qu'après qu'une autre partie des terrains sur lesquels devaient être établies les usines projetées avait déjà été achetée par une première compagnie dans l'espérance d'obtenir l'adjudication des eaux; de sorte que ce ne peut plus être que d'un accord bien difficile à établir entre ces deux compagnies, qu'on doit attendre le plein succès de cette entreprise.

Ainsi que tous les autres travaux, ceux du canal de St.-Maur ont éprouvé, sinon une interruption totale, au moins un ralentissement qui en a retardé l'achèvement jusqu'au 10 octobre 1825, jour auquel s'en est faite l'inauguration solennelle, en présence de madame la Dauphine qui a daigné lui donner son nom.

Son exécution est estimée avoir coûté près de 3,000,000 fr.

En supposant le droit à percevoir sur ce canal de 1150^m de longueur, fixé à o fr. 15 c. par tonneau pour cette longueur, et un mouvement de trois mille bateaux de la charge de cinquante tonneaux seulement, à cause des hauts-fonds de la Marne, le produit brut ne serait que de 22,500 fr., ce qui, sans doute, suffirait à peine pour les frais d'entretien, de perception et d'administration : il est bien évident, en outre, que la vente des chutes et celle de la partie des terrains précédemment achetée par le Gouvernement, et dont le prix se trouve compris dans la dépense générale, ne peut couvrir le capital employé à ce grand établissement. Ce n'est donc pas d'après les règles ordinaires qu'on doit juger l'entreprise du canal de Marie-Thérèse. Sans remonter aux vues peu conformes, sans doute, aux véritables principes de l'économie politique, mais qui, dans sa position extraordinaire, en suggérèrent l'idée au chef du Gouvernement jaloux de diriger et d'assurer par lui-même la subsistance de Paris, on ne peut s'empêcher néanmoins de convenir que l'entreprise de ce canal, par son double but, celui de l'amélioration de la navigation, et celui tout autrement remarquable de la formation d'un grand nombre d'usines, bien que devant être abandonnée sous ce dernier rapport aux soins de l'industrie particulière, comme le Gouvernement en a reconnu depuis la nécessité, ne doive, par sa proximité d'une aussi grande ville, avoir la plus notable influence sur son industrie, et par conséquent, en faisant exception aux cas les plus ordinaires, être considérée comme une de celles qui attestent le plus la sollicitude de l'administration, ainsi que les talens de M. l'inspecteur-général Bruyères qui en présenta le projet, et de M. l'ingénieur en chef Emmery qui en surveilla l'exécution.

CANAL DU NIVERNAIS.

Parmi les lignes de navigation en exécution qui peuvent concourir à l'approvisionnement de Paris, on ne doit pas omettre le canal du Nivernais.

Si la ligne de ce canal se trouve aujourd'hui réduite à ce seul objet, il n'est pas cependant inutile de remarquer, pour l'histoire de la navigation intérieure du royaume, que, dans l'origine et d'après la première idée qu'on en conçut, elle devait jouer un plus grand rôle et faire partie d'une ligne d'une bien autre importance, qui fixa si souvent l'attention du Gouvernement et qui avait pour but la jonction des deux mers. On lit dans De Lalande, au chapitre IX relatif au canal de Bourgogne, page 251, que, dans les manuscrits de la Bibliothèque du Roi, volume 646 des mémoires de Dupuy, par un avis proposé sous Louis XIII, touchant la conjonction des deux mers, Jean Du Gert, maître des digues de France, s'exprimait ainsi : « La conjonction des « deux mers se fera au pays de l'Auxois, par le moyen des rivières de « Loire et Saône, distantes en cet endroit de dix-huit à dix-neuf « lieues; pareillement se pourront conjoindre sans difficulté, pour la « commodité de la royale ville de Paris, la rivière qui passe à Clamecy « avec la rivière d'Aron proche d'icelle, laquelle rivière d'Aron se rend « dans la rivière de Loire à Decize, et celle de Clamecy en la rivière « d'Yonne qui se rend dans la Seine; et déjà y a eu quelques propo- « sitions sur le sujet de ladite dépense par MM. des États du duché de « Bourgogne, lorsque le premier avis, pour la conjonction des deux « mers, fut mis ès mains de M. le président Jeannin. » En effet, ajoute De Lalande, « la rivière de Beuvron qui tombe dans l'Yonne à Cla- « mecy, et celle d'Aron qui tombe dans la Loire, dix milles au-dessus « de Nevers, ont leurs sources très-voisines entre Premery, Sange, « Anant et Chanlemy dans le Nivernais. »

Tel était, du temps de De Lalande, le moyen qui avait paru jusqu'alors le plus convenable pour opérer la communication de la Loire à la Seine. Nous verrons plus tard que le point de partage parut devoir être fixé aux étangs de Vaux et de Baye, situés à 58ᵐ,12 plus bas que les étangs d'Aron.

Depuis le moment où l'on s'était occupé du canal du Nivernais, comme pouvant faire partie de la ligne de jonction des deux mers, les canaux de Briare et d'Orléans, et long-temps après le canal de Bourgogne, ayant paru remplir plus convenablement cet objet, on ne revint, plus d'un siècle et demi après, sur le canal du Nivernais que sous le rapport de l'approvisionnement de la ville de Paris, et notamment sous celui du transport des bois de chauffage dont cette grande capitale fait une si énorme consommation, et dont on pouvait tirer une très-grande partie des forêts de la province du Nivernais.

En 1783, la ville de Paris ayant éprouvé des retards dans l'arrivage de ce combustible, M. Desforges, intendant des finances au département des domaines et bois, ordonna à M. Menassier, maître particulier des eaux et forêts de la maîtrise d'Auxerre, d'examiner les moyens qu'il conviendrait d'employer pour assurer la quantité de bois nécessaire aux besoins de cette ville. Cet examen et l'exploration des forêts du Bazois, canton dépendant du Nivernais, auxquels se livra cet agent, firent reconnaître qu'il serait facile de tirer annuellement de ces forêts la quantité de 40,000 cordes de bois.

D'après cette reconnaissance, M. Menassier, qui ne pouvait ignorer l'ancien projet proposé pour l'établissement de cette ligne, fit commencer des opérations topographiques nécessaires pour en fixer la dépense; mais bientôt, reconnaissant que les étangs d'Aron n'étaient pas suffisans pour satisfaire aux besoins de cette ligne de navigation, il préféra établir son point de partage, ainsi qu'il a été dit plus haut, aux étangs de Vaux et de Baye, dont le trop-plein se déverse dans le ruisseau de Baye, lequel se jette dans l'Aron au village de Mingot. En suivant ce parti, il était nécessaire de percer le seuil de la Colancelle, pour aller joindre le ruisseau de ce nom qu'alimentent l'Étang-Neuf, l'étang Gouffier, etc., dont l'excédant s'écoule dans l'Yonne, un peu au-dessus du village de la Chaise; mais ce percement, qui était aussi possible qu'il devenait utile, fournissait le moyen d'augmenter le volume d'eau de l'Yonne qui en manque souvent l'été, pour faire descendre du Haut-Morvan les bois de flottage jusqu'à Clamecy, où on les assemble en trains.

A cette époque, et suivant l'arrêt du conseil d'état du Roi en date du 10 avril 1784, qui en ordonnait l'exécution, les ouvrages à faire pour l'établissement de cette nouvelle ligne de navigation devaient se composer seulement, 1° de l'ouverture d'un canal de navigation depuis Châtillon en Bazois jusqu'aux étangs de Baye, sur une longueur de 15,070ᵐ,83; 2° de celle d'un ruisseau de flottage, qui serait creusé depuis l'étang de Baye jusqu'au ruisseau de la Colancelle; 3° et enfin de l'exécution des ouvrages nécessaires pour rendre la rivière d'Aron navigable depuis Châtillon jusqu'au port de Cercy, ainsi que de ceux relatifs au curage des rivières d'Haleone, de Canne, de Laudage, de Vendresse, des ruisseaux de Moulins et de Moutambert, et de tous les autres qui se jettent dans la rivière d'Aron, à l'effet de les rendre flottables.

Premier projet

Par ces différentes dispositions, on faisait remonter par des bateaux jusqu'aux étangs de Baye, tous les bois qui se trouvent de droite et de gauche et à la proximité de la rivière d'Aron, et même ceux qui peuvent descendre par la Loire; et ensuite on les faisait flotter jusqu'à Paris par le ruisseau de la Colancelle et la rivière d'Yonne.

Ces ouvrages, commencés en 1784 et suspendus sept ans après, consistaient, à la fin de 1791, 1° en l'ouverture du canal de Baye à Châtillon, sur une longueur d'environ 14,418ᵐ,12, et dans la tranchée du ruisseau de la Colancelle sur les 3/5 de sa longueur, et sur 6ᵐ,82 de largeur; 2° dans la construction totale d'une écluse, et dans celle partielle de dix autres plus ou moins avancées; 3° dans celle de cinq maisons éclusières; 4° dans l'établissement de deux ponts, et dans celui plus ou moins avancé de trois autres ponts, et 5° dans la confection de trois aqueducs.

La dépense, tant pour ces ouvrages que pour les frais d'indemnités, de surveillance et d'administration, s'élevait à la somme de 4,315,767 fr. 65 centimes.

Deuxième
projet

Ainsi qu'on le voit, le canal du Nivernais ne devait, dans l'origine, porter bateau que depuis Baye jusqu'à Châtillon, et servir au flottage des bois à brûler, depuis Baye jusqu'à la rivière d'Yonne.

Mais, en 1792, le Gouvernement, ayant reconnu les avantages qui résulteraient pour le commerce, s'il y avait possibilité, de la transformation du canal de flottage en un canal de navigation, donna l'ordre à M. Hageau, alors ingénieur dudit canal, de compléter promptement le projet général de ce canal, depuis Decize, sur la Loire, jusqu'à Auxerre, sur l'Yonne; il lui ordonna, en même temps, de jauger, pendant une année entière, les eaux susceptibles d'être amenées au point de partage, pour alimenter la navigation.

Ce travail, qui a été terminé au mois de mars 1794, a fait connaître que, pour établir une ligne navigable et continue d'Auxerre à Decize, en ouvrant un canal de Clamecy à Cercy, sur les mêmes dimensions que la partie commencée, et en améliorant la navigation de la rivière d'Yonne, depuis Clamecy jusqu'à Auxerre, ainsi que celle de la rivière d'Aron, depuis Cercy jusqu'à Decize, il fallait, à cette époque, dépenser 7,500,000 fr.

Il a également fait connaître qu'indépendamment de la possibilité d'amener, au moyen d'une rigole de dérivation, les eaux de la rivière d'Yonne au point de partage, on pourrait y former une tête d'eau de 27,801,758^m,65, quantité plus que suffisante pour alimenter une navigation florissante.

D'après ce dernier projet approuvé le 18 messidor an III (6 juillet 1795), la première branche, qui partait de l'Yonne, suivait le ruisseau de la Colancelle, traversait le seuil compris entre les sources de ce ruisseau et les étangs de Baye, et avait, jusqu'au bief de partage, 7166^m,61 de longueur; sa pente, qui est de 59^m,74, était rachetée par 24 écluses.

Le bief de partage, qui avait 4447^m,70 de longueur, devait être alimenté par les eaux des étangs de Vaux, de Baye, des Curées, des Jonciéres, de Gouffier et de l'Étang-Neuf, et, ainsi qu'on l'a vu, s'il était nécessaire, au moyen d'une rigole de dérivation, par celles de la rivière d'Yonne.

La deuxième branche partait de l'extrémité du bief de partage, et passait par Bassolle, Marré, Mingot et Châtillon, puis, en suivant la rivière d'Aron, par Anisy, pour se terminer à Cercy ; elle avait 50,091ᵐ,28 de longueur, et sa pente, de 60ᵐ,97, devait être rachetée par 26 écluses.

Longueur totale du canal, 61,705ᵐ,59.

Au-delà, et à partir des deux extrémités de ce canal, les rivières d'Yonne et d'Aron devaient être perfectionnées : la première, depuis l'embouchure de la première branche du canal jusqu'à Auxerre, sur un développement de 101,675ᵐ,03, par la construction de trente-cinq pertuis ; et la deuxième, depuis l'extrémité de la seconde branche du canal à Cercy, jusqu'à son embouchure dans la Loire, vis-à-vis de Decize, sur une longueur de 25,769ᵐ,47, par cinq pertuis ou écluses.

La totalité des dépenses pour l'exécution de ces ouvrages, tant pour compléter l'ouverture du canal entre l'Yonne et l'Aron, que pour établir et améliorer la navigation sur ces rivières, était estimée devoir s'élever à 7,600,000 fr.

Malgré les avantages que présentait ce projet, son exécution ayant été suspendue par la révolution, et la disette du bois de chauffage s'étant fait sentir à Paris, le Gouvernement, qui ne songeait alors qu'à satisfaire le plus promptement possible aux besoins les plus pressans, donna des ordres, le 22 août 1807, pour tirer parti des ouvrages qui avaient déjà été faits au percement de la Colancelle, et conduire à l'Yonne une rigole flottable, en se servant des eaux des étangs de Vaux et de Baye.

Ces derniers ouvrages, quoique réduits à la moindre dépense possible, n'en ont pas moins été suspendus par l'effet des circonstances qui ont affligé la France dans les années 1812 et 1815 ; mais si l'on a à regretter quelque chose, c'est que les sommes qui y ont été employées n'aient pas servi à continuer les premiers travaux qui avaient été exécutés en conséquence de l'arrêt de 1784, et qui montaient à la somme d'environ 1,000,000 fr.

En effet, les avantages attachés à l'exécution du canal du Nivernais, bien que contestés aujourd'hui, surtout lorsqu'on veut comparer cette nouvelle ligne de navigation avec celle établie par le canal de Briare, ne peuvent du moins être révoqués en doute quand on la considère comme servant de débouché à une des contrées les plus fertiles et les plus industrieuses de la France. Le canal du Nivernais, qui traverse deux des plus beaux départemens de l'intérieur, sur 189,146ᵐ de longueur, depuis Decize jusqu'à Auxerre, doit devenir particulièrement une source de richesse pour le département de la Nièvre, en approvisionnant de charbon de terre les fonderies et les forges qui y sont déjà établies et qui languissent faute de ce combustible, en même temps qu'il procurera vers la capitale, à son agriculture, à son industrie, qui ne demandent qu'à s'accroître, et aux immenses forêts dont il est couvert, les précieux débouchés que ces différentes branches du travail de la nature et des hommes attendent pour parvenir au plus haut degré de reproduction.

La nouvelle vie que devait procurer au département de la Nièvre le canal du Nivernais faisait espérer à M. l'inspecteur divisionnaire Hageau, qui en avait été dans le principe un des premiers coopérateurs, que le mouvement du commerce, auquel cette ligne de navigation donnerait lieu, pouvait être évalué(1) à un transport de 162,000 tonneaux pesant de marchandises; ce qui, suivant lui, à raison de 0 fr. 25 c. à 0 fr. 40 c. par tonneau pour chaque distance de 5 kilomètres, selon la nature des marchandises, produirait 1,758,862 fr. 50 c., se réduisant, après la déduction de 380,000 fr. pour frais d'entretien et d'administration, à un produit net de 1,378,862 fr. 50 c.

_____

(1) Rapport de cet inspecteur, du 1ᵉʳ janvier 1818.

Si, dans cette évaluation des divers produits agricoles et industriels qui pourront prendre voie sur le canal du Nivernais, M. l'inspecteur Hageau s'est livré à des espérances qu'on peut craindre de ne pas voir se réaliser de si tôt, et si, dans ces derniers temps, on a essayé de faire voir le peu d'intérêt de ce canal (1), néanmoins plusieurs avantages qui

---

(1) Dans son ouvrage, M. Huerne de Pommeuse, comparant la ligne du canal du Nivernais avec celle du canal de Briare, qui pourraient se suppléer l'une l'autre dans la grande communication du midi au nord de la France, établit :

1° Que la distance entre Decize sur la Loire, point de départ du canal du Nivernais, et Saint-Mamert sur la Seine où s'embouche le canal de Loing, est en totalité de 329,146°, tant pour le parcours du canal depuis Cercy-la-Tour jusqu'à Auxerre, qui est de 189,146°, que pour le trajet de l'Yonne depuis Auxerre jusqu'à Montereau, estimé à 125,000° de longueur, et enfin pour celui de Montereau à Saint-Mamert, porté à 15,000°, tandis que la même distance de Decize à Saint-Mamert, en suivant la Loire et le canal de Briare, n'est que de 234.000° : d'où il résulte en plus pour le trajet par le canal du Nivernais une différence de 95,146°;

2° Qu'en suivant le canal du Nivernais on a à franchir un seuil d'environ 65° plus élevé que celui du canal de Briare, et par conséquent à traverser un plus grand nombre d'écluses;

3° Que la navigation de l'Yonne au-dessus et au-dessous d'Auxerre jusqu'à Saint-Mamert offre incomparablement plus de difficultés que celle de la Loire depuis Decize jusqu'à Briare ;

4° Que tout doit faire craindre que les seules eaux qu'on peut réunir au point de partage du canal du Nivernais ne suffisent pas pour y entretenir la navigation, tandis que la quantité de celles qui servent à l'alimentation du canal de Briare excède tous les besoins, le premier de ces points ne recevant que les eaux d'une superficie de 4 lieues 1/2, lorsque le second dispose de celles d'une superficie de 22 lieues carrées;

5° Enfin que si d'ailleurs le canal du Nivernais pouvait détourner les transports qui suivent la direction actuelle par les canaux de Briare et de Loing, il resterait toujours à juger si, ainsi que le conseil des Ponts-et-Chaussées l'a pensé lorsqu'il fut question d'ouvrir le canal d'Essonne, il ne serait pas juste, comme cela a lieu en Angleterre, d'indemniser les propriétaires des canaux de Briare et de Loing du préjudice qu'ils éprouveraient par la construction de cette nouvelle ligne de naviga-

paraissent incontestables et qui sont attachés à cette nouvelle ligne de
navigation commencée depuis un assez grand nombre d'années, n'ont

---

tion, seul moyen d'établir la confiance, et d'entretenir l'émulation parmi les asso-
ciations qui ont pour but les entreprises de ce genre.

Les différentes observations qu'on vient de lire no pourraient avoir quelque poids
que dans un seul point et qu'autant seulement qu'on aurait en vue, en établissant le
canal du Nivernais, de remplacer par cette ligne celle du canal de Briare. Il est certain que s'il en eût été ainsi, il eût été difficile en effet de répondre à l'objection de
M. de Pommeuse relativement au plus grand nombre d'écluses à franchir par la
première de ces lignes que par la seconde ; mais tel n'a point été le but qu'on s'est
proposé, du moins dans ce dernier moment. En achevant les ouvrages du canal du
Nivernais, on a eu l'intention de satisfaire à d'autres intérêts. Comme on l'a vu,
le canal du Nivernais traverse]des contrées fertiles et industrieuses qui manquaient
vers la capitale d'un débouché que ce nouveau moyen de transport va leur offrir; et
de plus on ne désespère pas que les bois qui se dirigent sur ce grand centre de consommation, en conservant leur qualité dont ils perdent une partie par le flottage
actuel, ne puissent un jour, et lorsqu'une connaissance plus parfaite de leurs véritables intérêts aura éclairé les marchands de ce combustible, se charger avec
avantage sur bateau.

En ne considérant donc le canal du Nivernais que sous ce dernier point de vue,
on voit disparaître les vices que lui reproche M. de Pommeuse : au moyen du p · ·
qu'on a pris de substituer des canaux latéraux aux rivières d'Yonne et d'Aron,
son parcours infiniment moins sinueux sera beaucoup diminué; les nouvelles vérifications ne laissent non plus aucune incertitude sur le volume des eaux qui doivent
l'alimenter, et si, malgré sa destination purement locale, il arrivait parfois qu'il
procurât un écoulement à quelques marchandises qui, sans son établissement,
eussent pris voie sur le canal de Briare, il est cependant difficile de croire qu'attendu
son éloignement de ce canal et l'infériorité dont il est frappé, lorsqu'on compare
ces deux lignes sous le rapport du rôle qu'elles peuvent jouer dans la grande ligne de
transit du midi au nord, ce fût le cas d'appliquer le principe invoqué d'une indemnité envers les propriétaires du canal de Briare, principe que nous croyons néanmoins de toute équité dans certaines circonstances, et dont nous chercherons à démontrer la justice dans plusieurs cas particuliers, comme on pourra le voir dans
l'article suivant.

pu qu'engager le Gouvernement à se procurer les moyens de la terminer : les ouvrages déjà exécutés montant à la somme de 5,500,000 f., et, d'après de nouvelles estimations, ceux restant à exécuter s'élevant à celle de 8,000,000 fr., le Gouvernement a cru devoir passer un traité avec une compagnie pour se procurer ces fonds.

D'après ce traité, qui a été approuvé par une loi du 14 août 1822, l'administration s'engage à achever les travaux dans l'espace de sept ans et trois mois, à partir du 1er octobre 1822; à tenir compte à la compagnie d'un intérêt de 5 fr. 28 c. p. 0/0 de ses fonds pendant la durée du travail, indépendamment d'une prime de 1/2 p. 0/0, du prélèvement annuel de 1 p. 0/0 sur le capital emprunté, pour l'amortissement dudit capital; et à la faire jouir, après la confection du canal, des mêmes avantages que ceux qui étaient stipulés dans le cahier des charges du canal de Bourgogne, en adoptant pour le droit à percevoir celui fixé par le tarif du canal d'Aire à La Bassée, commun au canal latéral à la Loire, aux canaux du Duc de Berri et de Bretagne, et au canal de Bourgogne.

Les ouvrages du canal du Nivernais n'ont pas été plus tôt repris, en conséquence du traité passé avec la compagnie bailleuse de fonds, que différentes questions se sont élevées relativement aux ouvrages d'amélioration qui devaient être exécutés sur les rivières d'Yonne et d'Aron. Plusieurs ingénieurs ayant proposé de transformer en écluses les pertuis qui, de temps immémorial, servaient sur la rivière d'Yonne au flottage des bois qui sont dirigés sur Paris, les marchands de bois et les entrepreneurs du flottage présentèrent plusieurs mémoires et plusieurs réclamations tendant à démontrer que le transport des bois par bateaux entraînerait plus de temps et une augmentation de frais, dont l'effet serait de compromettre l'approvisionnement de Paris et d'élever le prix de ce combustible, en même temps qu'il réduirait à l'inactivité une nombreuse population occupée depuis des siècles aux manœuvres du flottage le long du cours de l'Yonne. Ces observations, qui ne furent pas partagées par tous les ingénieurs, parurent cependant ne pas devoir être repoussées

Troisième et dernier projet aujourd'hui en exécution

76.

par l'administration. Elle ne vit rien de mieux à faire que de respecter de longues habitudes sur lesquelles il lui parut difficile de prononcer, et, en conservant les moyens de flottage subsistans, de former, partie en rivière et partie en canal latéral, une navigation indépendante de ce flottage, pour le transport des autres marchandises et des autres produits du pays qui pourraient prendre voie sur cette nouvelle communication; s'en remettant d'ailleurs à l'expérience et à l'intérêt particulier, de la préférence qu'il était raisonnable d'espérer que donneraient un jour les marchands de bois au canal, sur une navigation aussi imparfaite que celle de la rivière, et qui, en exposant une assez grande quantité de bois à se perdre dans les bas-fonds de son lit, avait encore l'inconvénient d'altérer jusqu'à un certain point la qualité de ceux qui échappaient à ce danger.

De nouvelles études plus approfondies firent reconnaître aussi qu'il serait préférable de substituer un canal latéral à la partie très-tortueuse de l'Aron comprise entre Châtillon et Decize, et, après avoir ouvert un canal dans la vallée des Breuils, de substituer également une autre portion de canal latéral à la rivière d'Yonne, depuis la Chaise jusqu'au-dessous de Coulanges.

C'est d'après ce principe, qui satisfait à la fois aux intérêts du commerce en général, et en particulier à ceux que faisaient valoir les marchands de bois qui alimentent les chantiers de Paris, qu'a été présenté le système général du projet dont nous rappellerons les différentes parties ainsi que leurs longueurs actuelles, en indiquant sommairement les modifications qu'elles ont reçues, et dont tous les détails ne seront parfaitement connus qu'après l'adoption des projets particuliers qui seront approuvés successivement.

*Première branche sur le versant de l'Yonne, se composant
de trois parties distinctes.*

1° Partie se formant d'une portion de l'Yonne canalisée depuis
Auxerre jusqu'à Coulanges, tant en se servant du lit même de la rivière
qu'en y suppléant par des dérivations, et laquelle partie offrira une
navigation indépendante du flottage qui continuera à avoir lieu au
moyen des anciens pertuis améliorés et augmentés en nombre suffisant,
sur une longueur de......................... 51,881ᵐ,00

2° Partie se formant d'une portion de canal latéral à
l'Yonne, depuis Coulanges jusqu'au village de la Chaise,
et passant par Clamecy, sur une longueur de........ 44,553ᵐ,00

3° Partie se composant d'une portion de canal quittant
la vallée de l'Yonne, et suivant latéralement le ruisseau
de la Colanceile, depuis le village de la Chaise, à l'entrée
de la vallée des Breuils, jusqu'au Port-Brûlé où commence le bief de partage, sur une longueur de........ 6,990ᵐ,00

Longueur totale de la première branche.......... 103,424ᵐ,00

La pente de cette branche, qui est de 165ᵐ,77, sera rachetée par
81 écluses.

Bief de partage.

Ce bief, qui s'étendra depuis le Port-Brûlé jusqu'à Baye, et qui
sera alimenté, ainsi qu'il a été dit, par les étangs de Vaux, de Baye,
des Curées, des Joncières, de Gouffier, de l'Étang-Neuf, et, s'il était
nécessaire, au moyen d'une rigole, par les eaux de l'Yonne (1), se

---

(1) MM. les ingénieurs du canal viennent de proposer formellement d'établir
cette rigole qui aurait son origine au moulin de Chassis, à 8ᵐ au-dessus du bief de
partage. Elle passerait au-dessus de Montreuillon, recevrait à ce village les eaux

composera des deux parties extrêmes en tranchées, et, sous la montagne de la Colancelle, d'une partie en souterrain.

Ce souterrain aura 685ᵐ de longueur, et sera soutenu par une voûte à trois centres de 7ᵐ,146 d'ouverture, de 2ᵐ,436 de montée, et avec pieds-droits de 1ᵐ,461.

La cuvette du canal, de 3ᵐ de profondeur, aura 5ᵐ,20 de largeur au plafond, et 5ᵐ,80 au niveau des banquettes ou marche-pieds, qui auront 0ᵐ,65 de largeur chacune.

La longueur totale du bief de partage sera de 4474ᵐ.

Deuxième branche sur le versant de la Loire.

1° Partie se composant d'une portion de canal anciennement exécutée,

---

abondantes de la vallée de l'Abeille ; suivant des coteaux peu inclinés, elle traverserait le plateau de la Grenouillère ; contournerait les petites vallées de Belin et de La Forêt, et aboutirait au Port-Brûlé, après un développement de 20,000 à 24,000ᵐ : au moyen de cette rigole on pourrait amener facilement au bief de partage 1ᵐ,50 cubes d'eau par seconde.

Le seuil de l'aquéduc par lequel doivent se dépenser les eaux de l'étang de Vaux étant de 0ᵐ,50 plus bas que le niveau des chemins de halage du bief de partage et dès-lors, dans cet endroit, de 3ᵐ,30 au-dessus de son plafond, on a pensé qu'il serait possible, en abandonnant l'étang de Baye qui lui est inférieur et qui serait rendu alors à l'agriculture, de relever sans inconvénient le plafond du même bief de 1ᵐ,80, puisque les eaux qui, dans l'Étang de Vaux, se trouvent à plus de 1ᵐ,50 au-dessous du seuil de l'aquéduc de déversement, sont perdues pour la navigation. Du reste, les eaux de l'étang de Baye n'y étant amenées que d'étangs supérieurs au bief de partage, pourraient y être conduites par des rigoles particulières.

Au moyen de cet exhaussement du bief de partage, on éviterait des déblais aussi difficiles que dangereux à exécuter dans plusieurs parties des deux tranchées, où l'on ne croit pouvoir prévenir les éboulemens qu'en proposant d'en soutenir le talus par des parties de voûte de dimension égale à celle du souterrain, et qui y seraient construites sur une longueur ensemble de 500ᵐ.

depuis l'extrémité du bief de partage jusqu'à Châtillon, sur une longueur de.. 15,520ᵐ,00

2ᵉ Partie consistant dans une portion de canal latéral à l'Aron, depuis Châtillon jusqu'à son embouchure dans la Loire à Decize, sur une longueur de.................. 51,147ᵐ,00

Longueur totale de la deuxième branche.......... 66,667ᵐ,00

La pente sur l'étendue de cette branche est de 74ᵐ,65, et sera rachetée par 57 écluses.

Récapitulation.

Longueur de la première branche.................. 103,424ᵐ
——— du bief de partage........................ 4,474
——— de la deuxième branche.................... 66,667
                                                174,565

Total des écluses............................... 118

Ces écluses auront 5ᵐ,20 de largeur entre les bajoyers du sas, et le sas aura 33ᵐ de longueur.

Le total général des dépenses, au 31 mars 1828, se montait à 6,640,961 fr. 49 c.

CANAUX SECONDAIRES.

INDÉPENDAMMENT des lignes de navigation et des canaux qui servent particulièrement à l'approvisionnement de Paris, il est encore d'autres lignes et canaux qui, bien que ne faisant pas partie non plus des six grandes lignes au moyen desquelles s'opère dans autant de directions la jonction des deux mers à travers la France, doivent prendre rang dans cet ouvrage, par les services qu'ils rendent à l'agriculture et à l'industrie particulières des provinces qu'ils traversent. Nous donnerons une description de ces canaux sous le titre de *Canaux secondaires*; et pour plus de clarté, nous les examinerons en commençant par la région de l'ouest, et en remontant ensuite à celle du nord pour descendre après par celles de l'est et du sud, et finir par celle du centre.

CANAL DE SURGÈRES ou DE CHARRAS.

Ce canal, qui concourt au desséchement des marais de Rochefort, et qui est alimenté par les sources des Écumières et de Vandré, ainsi que par les eaux de la petite rivière de Gère, est placé sur la rive droite de la Charente dans laquelle il débouche par un chenal d'environ 300ᵐ de longueur que termine un pont de deux arches de 2ᵐ d'ouverture fermées par des portes battantes faisant office de portes d'èbe et de flot.

Le canal de Charras, sur lequel naviguent des barques d'un faible tonnage pour le transport du sel, est ouvert sur de petites dimensions. Sa largeur est de 5ᵐ au plafond et de 10ᵐ en couronne, et sa profondeur d'eau varie de 1ᵐ,50 à 2ᵐ,00.

Sa longueur, depuis son origine, à Guitcharon, jusqu'à Charras, est de 19,874ᵐ.

CANAL DE LUÇON.

Ce canal autrefois, et avant les améliorations qui ont été exécutées depuis une douzaine d'années, n'était qu'un des anciens chenaux qui servaient à l'écoulement des eaux de la plaine de Luçon vers la mer, qui s'en est éloignée successivement.

Prenant son origine à Luçon, il passe entre les villages de Triaize et de Champagne, traverse les marais aujourd'hui desséchés de Jucherolle, et vient se jeter à la mer, non loin de l'embouchure de la Sèvre-Niortaise dans la rade de l'Aiguillon.

Ce canal est alimenté par les eaux du pays, qui y sont amenées par une rigole dite *canal de Ceinture* ou *des Hollandais,* et qu'il conduit à la mer dont il reçoit le flux lors des sécheresses; sa longueur est de 14,181^m,90. Des vannes et des portes de flot de 4^m,60 de largeur, établies, en 1760, à l'écluse dite du *Chapitre* située à 11,220^m,90 au-dessous de la ville, ont pour objet, les premières, de retenir les eaux dans le canal, les dernières, d'y laisser entrer la mer à volonté.

Servant de toute ancienneté au transport des denrées du pays, et à l'évacuation des eaux, ce canal a été entretenu par les évêques de Luçon, et par les seigneurs de Champagne, au moyen d'un droit de navigation, jusqu'à la révolution, époque où il fit partie du domaine public.

En 1807 et 1808, le Gouvernement s'étant occupé de cette navigation, qui est fort utile au pays, on changea l'emplacement du port, en le comblant et en en creusant un nouveau au-dessous de la ville, sur de plus grandes dimensions; on réserva un espace pour la formation d'un quai.

Il résulta de ces divers travaux, dont la dépense s'est élevée à environ 100,000 fr., une amélioration remarquable dont l'effet fut de donner un nouvel essor au commerce : des maisons de commerce et des magasins d'entrepôt furent construits dans l'étendue du port, et de nouveaux

TOM. I.

.77

établissemens prêts alors à se former appelaient déjà de nouvelles améliorations.

Convaincu de la nécessité de ces améliorations, le Gouvernement donna, il y a peu d'années, des ordres pour qu'on s'occupât des projets des travaux au moyen desquels il pût les obtenir. Il lui paraissait nécessaire que les bâtimens de mer pussent arriver jusque sous la ville de Luçon, et qu'à cet effet le canal, qui jusqu'alors n'avait admis que de légères allèges, fût creusé à la profondeur nécessaire, en construisant les portes sur de plus grandes dimensions.

Suivant les projets qui ont été présentés et approuvés en 1824, le canal devra offrir un tirant d'eau de 3ᵐ, et à l'écluse du Chapitre il sera substitué une nouvelle écluse, avec portes d'èbe et de flot, de 6ᵐ,50 de largeur entre les bajoyers. De cette manière, les navires du port de 50 à 60 tonneaux pourront remonter jusqu'à la ville de Luçon.

CANAL DE BROUAGE.

Ce canal, qui fut principalement entrepris, en 1782, pour le desséchement des marais de Rochefort, n'a été rendu navigable qu'en 1807 par la construction, à ses extrémités, de deux écluses qui retiennent les eaux dans le canal à la hauteur nécessaire pour la navigation, et le garantissent contre l'invasion des marées.

Il joint la Charente, sur laquelle il s'embranche à la Bridoire, à une demi-lieue au-dessus de Rochefort, au chenal de Brouage.

Passant par Pilay, entre Echillais et Montbereau, et par Montermiens, il traverse les marais de St.-Aignan et de Beaugeay; il reçoit les eaux de la petite rivière d'Arnoult que lui apporte le canal de desséchement de Pont-l'Abbé.

Sa longueur totale est de 15,870ᵐ. Ses deux écluses à portes d'èbe et de flot ont 6ᵐ,67 de largeur.

Ce canal, qui sert à l'écoulement principal des desséchemens opérés et restant à opérer sur la rive gauche de la Charente, sur une superficie de près de douze mille hectares, rend encore les plus grands services au commerce de ce pays, en procurant, au milieu de chemins la plupart du temps impraticables, un moyen commode de transport aux sels des immenses salines de Brouage, de Marennes et des rives de la Seudre, et à tous les autres produits du territoire qu'il traverse.

CANAL DE NIORT A LA ROCHELLE.

Ce canal, dont l'exécution, après plus de soixante ans de discussion, n'a été commencée qu'en vertu d'un décret du 28 messidor an XIII (17 juillet 1805), est d'un très-grand intérêt : non-seulement, en servant au desséchement des marais situés de chaque côté de la Sèvre, il doit offrir une communication très-précieuse entre Niort et la Rochelle, mais encore il peut être considéré comme la première partie d'une ligne de navigation qui lierait la Sèvre à la Loire par le Clain et la Vienne, et vivifierait ainsi plusieurs départemens intérieurs de la France, sur une étendue de plus de soixante lieues, depuis Niort jusqu'au-dessus de Saumur.

Ouvert dans ce moment sur le quart de sa longueur, le canal de Niort à la Rochelle, suivant le projet primitif, devait prendre son origine à la Sèvre-Niortaise, entre Arsay et Dampvix; passer à travers les marais de Bouere, ensuite à St.-Cyr, au Doret, à Serigny, à Andilly; traverser la route de Paris à la Rochelle à Groleau, commune de Dompierre; passer sous la colline de St.-Léonard au moyen d'un percement de 1420ᵐ de longueur, qui se termine au village de Terre-Nouvelle, pour se diriger ensuite sur la Rochelle, et se jeter dans la retenue de chasse du port de cette ville. Ce canal devait du reste être alimenté par le Mignon et les eaux des marais environnans.

D'après des projets présentés en 1820, où sont discutées différentes questions très-compliquées, relatives au desséchement des marais qui longent le cours de la Sèvre, et sur deux rapports d'une commission et l'avis du conseil des Ponts-et-Chaussées, le Gouvernement décida, au mois de juillet 1820, que la navigation, au moyen de précautions habilement ménagées dans l'intérêt du desséchement des marais et de l'arrosage des marais desséchés, aurait lieu dans le lit même de la Sèvre, depuis Niort jusqu'à Marans, et de Marans à la Rochelle par un canal artificiel.

D'après cette décision, sa longueur, qui ne devait être que de 44,344ᵐ, se trouvera portée à 78,000ᵐ.

Depuis, et après diverses tentatives infructueuses vis-à-vis de quelques compagnies qui s'étaient présentées et auprès des propriétaires des marais pour amener ces derniers à prendre part à l'exécution des ouvrages, en ce qui concerne le desséchement de ces marais, le Gouvernement a cru devoir, d'après une décision du 18 juillet 1825, se borner à effectuer provisoirement dans le lit de la Sèvre quelques ouvrages, qui, concernant spécialement la navigation, ont aussi pour objet de garantir les marais desséchés d'un nouvel envahissement de la part des eaux. Ces ouvrages consistent seulement dans l'enlèvement des alluvions qui obstruent la Sèvre entre Pomère et les Loges, et dans la construction de deux barrages, l'un à poutrelles dans la rivière du Moulin-des-Marais, et l'autre dans la rivière de Béjou, dans l'espoir que par la suite les propriétaires des marais mouillés se décideraient à contribuer à la confection du projet général des ouvrages depuis Niort jusqu'à Marans, et, d'un autre côté, la partie du canal de Marans à la Rochelle se poursuivant autant que les fonds le permettent.

Considéré sous le seul rapport de la navigation, et réduit pour le moment à joindre les villes de Niort et de la Rochelle, ce canal est encore de la plus grande importance pour les départemens des Deux-Sèvres, de la Vendée et de la Charente-Inférieure, en ouvrant un premier débouché aux grains dont ce pays regorge dans les années d'abondance, et aux eaux-de-vie qui s'y fabriquent, et en procurant un moyen commode de transport aux importations des sels, des vins, des huiles, des savons, et des denrées coloniales qui arrivent à la Rochelle et sont dirigées dans l'intérieur.

CANAL DE LAYON.

La rivière de Layon, qui, depuis Saint-Georges jusqu'à son embouchure dans la Loire, présente un cours de 60,000ᵐ de longueur, et passe au pied du coteau où gisent les mines de houille de Saint - Georges-Chatelaison, aussi connues par leur qualité supérieure que par leur abondance, devait paraître offrir, pour l'exploitation de ces mines, un moyen de transport aussi prompt qu'économique.

Pour atteindre ce but, il fallait rendre cette rivière navigable par plusieurs travaux. M. Paraut, trésorier de France à Angers, qui avait entrepris cette exploitation, en conçut le projet, mais la pente du Layon étant de plus de 52ᵐ, il fut arrêté par la considération du grand nombre d'écluses qu'il faudrait construire pour racheter une chute aussi considérable.

Cependant, quelque temps après, la compagnie concessionnaire, formée par MM. Morat, directeur-général des pompes, Puissan, Puissan-Deslandes, Stocard, Sangrain et Valentin, ayant obtenu, le 17 août 1774, un arrêt du conseil par lequel il leur était permis de rendre navigable et flottable le Layon depuis St.-Georges jusqu'à Chalonne, avec le privilège exclusif pour quarante ans, on commença à travailler, dès le mois de septembre 1774, avec la plus grande activité.

Ainsi qu'on le voit dans De Lalande, le 17 décembre 1775, les propriétaires de ce nouveau canal firent hommage à *Monsieur*, frère du Roi, des plans de leurs travaux, que ce prince prit sous sa protection, et l'on résolut d'ériger une pyramide en son honneur à l'embouchure du canal, auquel on donna le nom de *canal de Monsieur*.

Ces premiers travaux s'élevèrent à la somme de 1,515,000 fr. : mais bientôt de nouvelles dépenses, devenues nécessaires pour suppléer à ces travaux insuffisans et mal conçus, excédèrent les moyens de la compagnie déjà obérée, et la forcèrent d'aliéner le canal au Gouvernement, qui s'en rendit propriétaire au moyen d'un traité dont la principale condition était que la compagnie prendrait à ferme la navigation du canal pendant dix-huit années.

Ce traité ne put recevoir son exécution : la compagnie, grevée de plus de 400,000 fr. de dettes, eut de nouveau recours au Gouvernement, et un arrêt du conseil ayant annulé le traité, à la seule charge par la compagnie de vendre les mines, et d'en transmettre la propriété à des personnes qui pussent offrir toutes les garanties nécessaires pour leur bonne exploitation, l'établissement passa entre les mains de MM. de Pauly et compagnie, avec le privilège exclusif de dix-huit années pour la navigation du canal.

Depuis ce moment, l'exploitation des mines ne fit qu'acquérir une nouvelle extension, et la navigation ne fit que prendre une nouvelle activité jusqu'au moment où l'insurrection de la Vendée, en y portant la dévastation, vint les frapper d'une ruine complète.

La destruction des ouvrages du canal fut regardée comme une mesure de sûreté ; les ponts furent coupés, les portes des écluses enlevées ; tout devint la proie du pillage.

M. de Pauly, qui n'épargna ni soins ni efforts pour arrêter, autant qu'il était en lui, les effets d'un semblable esprit de dévastation, se voyant dans l'impossibilité de remettre son entreprise sur l'ancien pied, s'adressa bientôt après au Gouvernement.

Le canal de Layon, indépendamment des services qu'il rendait à l'exploitation des mines de Saint-Georges, qui approvisionnent de leurs riches houilles les arsenaux de Rochefort, de Nantes, de Lorient et de Brest, ainsi que les forges d'Indret, les verreries de Nantes et de Couëron, offrait encore un débouché très-utile aux produits agricoles du pays qu'il traverse: il ne pouvait donc être vu avec indifférence par le Gouvernement, qui, vers l'an XIII (1805), demanda qu'il lui fût fait un rapport sur la situation de cette ligne de navigation, dont on ne se ferait qu'une idée imparfaite si l'on ne mesurait son importance que sur sa petite étendue.

D'après le rapport qui lui fut remis le 20 ventôse an XIII (11 mars

1805), on évaluait à la somme de 300,000 fr. les ouvrages qu'on proposait d'exécuter, tant pour réparer les dégradations que le canal avait souffertes, que pour diverses améliorations au nombre desquelles on ne comprenait point le prolongement du canal depuis le Port-aux-Mines jusqu'à Concourson.

Depuis, diverses circonstances s'étant opposées à ce que l'administration ait pu prendre un parti sur le canal de Layon, qui est resté dans le même état de dégradation, l'ancienne compagnie a adressé plusieurs mémoires par lesquels elle demandait à être remise en possession de ce canal; mais il ne paraît pas qu'il ait été encore pris aucune décision à ce sujet.

Le canal de Layon commence entre les communes de Concourson et de St.-Georges. Sa largeur est de 7ᵐ,79 dans les endroits les plus étroits, et de 13ᵐ dans les plus larges. Le nombre de ses écluses, dont la première est à Méal et la dernière à Princé, est de 28.

CANAL DE PROVINS.

La ville de Provins, située sur la petite rivière de Voulzie qui se jette dans la Seine une lieue au-dessous de Bray, était trop voisine de ce fleuve et non assez éloignée de Paris pour ne pas désirer de se mettre en communication avec cette capitale, en appropriant la Voulzie à la navigation qui pouvait lui procurer cet avantage.

Suivant De Lalande, les Romains avaient creusé près de Provins un canal dont on   t encore des vestiges et qui vraisemblablement avait pour objet de rectifier quelques parties du cours de la Voulzie. Une vieille tour qu'on nomme *Tour-du-Port* annonce du moins qu'on s'était occupé de la navigation à une époque déjà très-éloignée de nous.

On voit dans un ouvrage manuscrit de M. l'abbé Paquez, bibliothécaire de Provins, que le 25 avril 1531, à la requête de Jehan Guérin, marchand dans cette ville, des mariniers de La Ferté-Alais, de Bray et de Vimpelles, et deux pêcheurs de Bray, visitèrent la rivière de Voulzie afin de savoir si elle serait susceptible de porter bateau, et que, dans le procès-verbal qu'ils dressèrent de cette visite, ils déclaraient que la Voulzie leur avait semblé *bonne et belle, en puissance d'eau pour mener 20 queues de vin et 10 muids de blé et autres marchandises, pourquoi il conviendrait de faire les bateaux de 10 toises de long et 8 pieds de large par haut.*

Cette tentative n'ayant pas eu de suite, ce ne fut qu'en 1665 qu'un arrêt du conseil du 30 juillet et des lettres patentes du mois de novembre suivant concédèrent à perpétuité au sieur Dubuisson de La Moustière, commandant du régiment d'Abouville, et au sieur Étienne Joyeau, seigneur de Marolles, son beau-frère, le privilège de rendre la Voulzie navigable, depuis Provins jusqu'à la Seine, et d'y percevoir à perpétuité des droits qui sont détaillés par le tarif inséré dans ce privilège et enregistré au Parlement, le 23 août 1668.

Des travaux furent commencés, mais M. Joyeau de Marolles s'étant retiré du monde pour prendre l'habit de religieux, et M. Dubuisson de La Moustière s'étant adjoint, par un acte d'union du 19 juillet 1670, un nouvel associé dans la personne de messire Jean de Rancurel, intendant et contrôleur-général des finances de la Reine, qui ne remplit pas ses engagemens, M. de La Moustière, après avoir employé une grande partie de sa fortune, fut obligé en 1678 d'abandonner les travaux faits et ceux restant à faire, bien qu'il soit prouvé qu'en 1671 et 1672 la navigation était en plein exercice de Provins à la Seine.

M. de Vauban, qui examine en mai 1700 ce qu'il y avait à faire pour cette navigation, après avoir cherché à tirer parti de la rivière de Voulzie, soit en la rendant navigable, soit en substituant à quelques-unes de ses parties des dérivations, pensa qu'il était indispensable d'abandonner les ouvrages exécutés et d'ouvrir un canal latéral en rachetant la pente de cette nouvelle ligne au moyen de trois sas d'écluses de huit pieds de chute chacun, ce qui d'ailleurs présentait l'avantage de raccourcir le trajet de 1800 toises. Ce dernier projet était estimé devoir coûter 359,999 fr.

Long-temps après, en 1741, le petit-fils de M. Dubuisson essaya dans un mémoire de reporter l'attention sur ce projet; depuis, des ordres furent donnés pour examiner ce dernier travail. En 1763, le sieur Crété, ingénieur du Roi, fit une nouvelle estimation des ouvrages et la porta à 588,270 livres. Un sieur Lombard en présenta une autre, en 1764, qui s'élevait à 534,598 livres; une troisième estimation fut également faite, en 1765, qui était un peu inférieure à cette dernière. Enfin, M. Peyre, architecte du roi, fit une estimation qu'il portait à 800,000 fr.

Une nouvelle tentative faite auprès du conseil par la dame veuve Adolphe, petite-fille de M. Dubuisson, ancien concessionnaire, n'eut pas plus de succès. Le prévôt des marchands de Paris, et les maire et échevins de la ville de Provins, convenaient tous que le canal serait utile, mais loin de partager la confiance de ceux qui en avaient estimé le produit à 199,315 livres, ils craignaient au contraire que les entrepreneurs ne retirassent pas l'intérêt de leurs avances.

Cette dernière considération qui, pour quelques-uns, devenait un motif de recourir au premier projet de canalisation de la Voulzie, paraît être la seule qui ait arrêté jusqu'à ce moment l'exécution de ce projet que des intérêts plus réels et mieux appréciés aujourd'hui pourraient peut-être faire revivre en faveur du commerce de cette contrée qui a des rapports journaliers avec la capitale.

CANAL DE COURLAVANT.

Ce canal n'est autre chose que la petite rivière de Villenonne qui se jette dans la Seine entre Pont et Nogent, et qui, au moyen de légers redressemens, est navigable pour de petites barques jusqu'à environ 10,000^m au-dessus de son embouchure.

CANAL DE CORNILLON.

Ce petit canal de 370ᵐ de longueur, a pour objet d'éviter le long détour que fait la Marne et les obstacles qu'elle présente dans la traversée de la ville de Meaux. Sa pente de 1ᵐ,30 est rachetée par une écluse.

CANAL DE SÉDAN.

La rivière de Meuse faisant un très-long coude entre Donchery et Sédan, le Gouvernement ordonna, en 1788, qu'il serait ouvert un canal de jonction de la Basse à la Haute-Meuse, entre ces deux points.

Ce canal de dérivation, qui apporte une grande amélioration à la navigation de la Meuse, et dont l'utilité sera particulièrement ressentie lors de l'ouverture du canal des Ardennes dont il a été parlé plus haut, a été commencé en 1790, repris, en vertu d'un arrêté du Gouvernement du 21 thermidor an XI (9 août 1803), et achevé en 1810; il passe dans les fossés de la place de Sédan, et se compose d'une écluse de garde en tête, d'une partie de canal au milieu de laquelle on a ménagé un petit port, et d'une écluse à sas qui le termine à son embouchure dans la Meuse.

La longueur de ce canal entre les écluses est de 576ᵐ,59. La largeur des deux écluses est de 6ᵐ,49, et l'écluse à sas a une chute de 1ᵐ,41.

CANAL DE BIESME.

Ce canal, dont on ne parle ici que parce qu'on le voit figurer dans le Dictionnaire hydrographique de la France par M. Ravinet, n'est, ainsi qu'il le dit, que la rivière de Biesme, qui prend sa source aux étangs de Beaulieu situés dans le département de la Meuse, et se jette dans la rivière d'Aisne au-dessous de Vienne-le-Château, après un parcours de 24,063ᵐ.

Ce canal a servi au flottage à bûches perdues jusqu'en 1807, époque à laquelle les bois de la contrée ont été employés exclusivement au service des verreries, faïenceries, forges et tuileries établies dans la vallée de l ....

CANAL DE RICHECOURT.

Ce canal, flottable à bûches perdues sur tout son cours qui est de 6500ᵐ, transporte, conjointement avec le canal de Moyenvic, les bois destinés à l'exploitation de la saline de ce nom; il commence à l'étang de Richecourt, et se jette dans celui de la Garde au port du Petit-Paris, dans le département de la Meurthe. De ce point, les bois sont transportés par voitures, sur 5 à 6000ᵐ de longueur, jusqu'à l'étang d'Ommercy, où le flottage recommence par le canal de Moyenvic.

CANAL DE MOYENVIC.

Ce canal, qui, ainsi qu'on vient de le dire, fait suite, après un portage de 5 à 6000ᵐ, au canal de Richecourt, et qui, au moyen de son flottage à bûches perdues, conduit les bois destinés à la mine de Moyenvic, a son origine dans l'étang d'Ommercy, et se rend à Moyenvic dans la rivière de Seille, après un parcours de 16,800ᵐ.

CANAL DE REVIGNY.

Ce canal, qui sert au flottage en trains, s'embranche sur l'Ornain, à 2000ᵐ environ au-dessus de Révigny, et se réunit à la rivière de Chée au-dessus d'Alliancelles. Sa longueur est de 12,600ᵐ.

CANAL DE LA BRUSCHE.

Ce canal, exécuté en 1682 d'après les projets de M. le maréchal de Vauban, par M. de La Cour, ingénieur, prend les eaux de la rivière de

Mossig près de Sultz-les-Bains, non loin de Molsheim, et près de la jonction du Mossig avec la Brusche, longe ensuite, plus ou moins parallèlement, la rivière de Brusche, en suivant la rive gauche de cette rivière, et se termine dans l'Ill, 3000ᵐ au-dessus de Strasbourg.

Sa longueur est de 21,120ᵐ,85 ; et sa pente, qui est de 29ᵐ,94, est rachetée par 12 écluses, dont la largeur varie de 4ᵐ,40 à 4ᵐ,64, et la longueur de 45ᵐ à 50ᵐ,50. Sa profondeur d'eau est de 1ᵐ,50.

Ce canal, entretenu dans l'origine par le génie militaire, passa, en 1775, à la charge de la ville de Strasbourg, fut rendu ensuite, par une décision ministérielle du 31 octobre 1793, au génie militaire, et fut remis de nouveau à la charge de la ville par un arrêté du Gouvernement en date du 3 brumaire an XI (25 octobre 1802) qui ordonne que les travaux en seront dirigés par les ingénieurs des Ponts-et-Chaussées, sauf la surveillance des officiers du génie quant à ce qui intéresse la défense de la place.

Aujourd'hui ce canal sert particulièrement au transport du bois de chauffage de la ville de Strasbourg, ainsi qu'à celui des matériaux qui sont extraits des carrières de Wolxheim, et qui arrivent dans cette ville ou sont dirigés au-delà du Rhin.

CANAL DE NEUF-BRISACH ou DE VAUBAN.

Lors de la construction de la place de Neuf-Brisach, le maréchal de Vauban imagina de faire ouvrir ce canal, tant pour faciliter le transport des matériaux qui servaient à cette construction et que l'on tirait des montagnes des Vosges, que pour approvisionner cette nouvelle place des eaux qui lui étaient nécessaires.

Alimenté par la rivière d'Ill, dans laquelle il prend ses eaux au déversoir de Modenheim, sous Mulhausen, il passe à Ensisheim et à Oberherzheim, et arrive à Neuf-Brisach.

Un embranchement qui se terminait à Rastack traversait l'Ill près de Niderherkeim. Cet embranchement ne subsiste plus aujourd'hui.

Le développement du canal se compose des parties suivantes :

Première partie, dite Quatelbach, depuis la prise d'eau jusqu'à l'écluse de décharge construite près d'Ensisheim...... 17,000ᵐ

Deuxième partie, depuis Ensisheim jusqu'au-dessous d'Oberherzheim...... ... . 11,680ᵐ

Troisième partie, depuis ce dernier point jusqu'au rayon kilométrique de la place de Neuf-Brisach.............. 9,939ᵐ

Longueur totale................................. 38,619ᵐ

Ce canal, qui ne sert plus maintenant qu'à procurer l'eau nécessaire au service de la garnison de la place de Neuf-Brisach, présentera en outre, par la suite, un moyen précieux pour rafraîchir la partie du canal de *Monsieur* comprise entre Neuf-Brisach et Marckolsheim, qui est généralement ouverte dans un terrain très-perméable.

CANAL DES SALINES DE DIEUZE.

Toutes les fois qu'un canal a pour objet la desserte d'une exploitation spéciale, il ne peut s'élever de doutes sur son utilité. Ce caractère, qui est propre au canal de Layon, distingue encore celui des salines de Dieuze.

Le canal des salines de Dieuze, approuvé en 1809, a pour objet d'établir une communication entre la Sarre et ces salines, et de réduire ainsi, en substituant le transport par eau à celui par terre, le prix de la houille que cet établissement a intérêt, attendu sa moindre cherté, de tirer de préférence des mines de Sarre-Bruck, pour la cristallisation de ses sels (1).

_____

(1) Le quintal métrique de houille des mines de Sarre-Bruck, coûte sur place 0 fr. 61 c., tandis que pris aux mines de Schelestadt, les seules auxquelles les salines de Dieuze pourraient s'approvisionner sur le territoire français, il revient à 3 f. 60 c.

Par son traité du 15 avril 1806 avec le Gouvernement, la Compagnie concessionnaire des salines de Dieuze devait contribuer pour moitié dans les frais d'établissement du canal à ouvrir entre Dieuze et Sarre-Albe, et participer également suivant la même proportion à son produit.

Ainsi qu'il n'arrive que trop souvent, la compagnie des administrateurs des salines ne parut admettre que comme une charge la condition de concourir à la création d'un moyen de transport dont elle devait retirer cependant un avantage si certain ; mais ce fut particulièrement au moment où les houillères de Sarre-Bruck rentrèrent sous l'administration prussienne, et après l'interruption des travaux, que la même compagnie, prétextant l'incertitude de pouvoir continuer à tirer ses houilles de ces mines, éleva de nouvelles objections et refusa de contribuer à la dépense des ouvrages à faire pour l'achèvement du canal.

L'examen de ces difficultés ayant été renvoyé par M. le directeur-général des Ponts-et-Chaussées à une commission d'ingénieurs, cette commission, par son rapport du 20 avril 1817, et le conseil général, par le sien du 25 du même mois, furent d'avis que la compagnie des administrateurs des salines serait tenue de continuer à entrer pour moitié dans la dépense des travaux restant à exécuter, conformément au traité passé entre elle et le Gouvernement, et que ce dernier de son côté s'assurerait par une négociation auprès du Gouvernement prussien de la libre importation des houilles de Sarre-Bruck, mais que si la compagnie persistait dans son refus elle serait tenue, envers le Gouvernement, à une indemnité équivalente à la valeur de la moitié desdits travaux, et que les ouvrages restant à faire deviendraient l'objet d'une concession particulière, au moyen de la cession d'un droit de navigation pour un temps déterminé.

Il y a lieu d'espérer que la compagnie actuelle des administrateurs des salines, ramenée à des idées plus sages, ne pourra résister plus long-temps à l'évidence du bénéfice qu'elle doit retirer de la complète exécution d'un canal commencé dans l'intérêt de l'établissement qu'elle administre, bénéfice qui, d'après les calculs de personnes aussi éclairées que désintéressées, ne monte pas, malgré la réduction de la fabrication du sel causée par celle du territoire qui s'en approvisionnait, à moins de 400,000 fr., et qu'elle s'empressera d'autant plus de remplir à cet égard ses engagemens, que le Gouvernement étant disposé à prolonger le canal dont il s'agit depuis Dieuze jusqu'à Metz au moyen de la rivière de Seille, cette extension, en lui donnant une nouvelle importance, produira nécessairement dans son revenu une augmentation à laquelle participera la compagnie.

Le canal des salines est à point de partage.

La première branche, partant de Dieuze, passe sous les villages de Vergaville et de Bidestroff, et se prolonge jusqu'à Kutting où est établi le bief de partage.

La longueur de cette branche est de 10,455^m, et sa pente, qui est de 25^m,50, sera rachetée par 8 écluses.

Le bief de partage, qui a 2385^m de longueur, est établi à Kutting moyennant une coupure de 10^m de profondeur au point culminant. Vu la trop grande infériorité du niveau des sources et des étangs environnans, qui ne produisent d'ailleurs qu'un volume d'eau insuffisant, ce bief est alimenté par les eaux de la Sarre prises près de Sarrech au moulin de la Forge, élevé de 22^m au-dessus du même bief, et au moyen d'une rigole de 48,800^m de longueur développée.

La deuxième branche, qui suit la vallée de la Sarre, passera par Londrefing, entre Lhor et Juiviller, de là à Munster, Wibersviller, Jusing, Reich, et viendra se terminer à Sarre-Albe dans la Sarre.

Sa longueur sera de 25,600^m, et sa pente, qui est de 25^m,25, sera rachetée par 8 écluses.

La largeur du canal sera de 8^m au plafond et de 12^m,80 à la ligne d'eau. La hauteur d'eau sera de 1^m,20.

Les écluses auront 30^m de longueur entre les buses et 4^m,10 de largeur entre les bajoyers.

Longueur totale du canal, 36,440^m.

Nombre total des écluses, 16.

La rivière de Sarre, depuis Sarre-Albe jusqu'à Sarre-Bruck, où commence la navigation, devra être rendue navigable sur une longueur de 44,000ᵐ, au moyen de 14 écluses.

Les ouvrages exécutés jusqu'à ce jour et ceux adjugés montent à la somme de.......................... 1,439,057ᶠ

Ceux restant à adjuger sont estimés à la somme de... 1,751,000

Montant général des ouvrages faits et restant à faire... 3,190,057ᶠ·

On a vu que le bénéfice que la compagnie pourrait faire, tant sur l'achat que sur le transport de la houille qu'elle tirerait des mines de Sarre-Bruck, au moyen du canal de Dieuze à Sarre-Albe et de la mise en état de navigation de la Sarre depuis ce dernier point jusqu'à Sarre-Bruck, serait, tous frais d'entretien et d'administration prélevés, de 400,000 fr.

On cherchera de plus à se faire une idée de celui qu'offrirait le canal pour une compagnie qui, se chargeant des ouvrages restant à faire, recevrait, à titre d'indemnité, le droit de navigation à percevoir sur le canal.

D'après les renseignemens donnés, dans l'état actuel des choses, et sans avoir égard au nouveau degré d'importance que procurerait au canal de Dieuze son prolongement jusqu'à Metz, la quantité de houille consommée par les salines se monte à 268,000 quintaux métriques, et celle présumée des marchandises qui prendraient voie sur le canal à 40,000 quintaux, formant ensemble le chargement de 770 bateaux du port de 40 tonneaux.

Si actuellement on suppose que le droit de navigation à percevoir sur le canal et la Sarre, sur une longueur de 100,440ᵐ ou 20 distances de 5 kilomètres, soit fixé à 0 fr. 30 c. par tonneau pour chaque distance, on trouvera que le produit brut, sur cette ligne de navigation, sera de 184,800 fr., et qu'en défalquant les frais d'entretien, etc., montant à 80,000 fr., le produit net sera de 104,800 fr., lequel, comparé au montant des ouvrages restant à faire, qui est de 2,000,000 fr., offrira un bénéfice de 5 1/5 p. o/o.

Ce bénéfice, qui serait susceptible de s'augmenter, serait sans doute suffisant pour engager non-seulement une compagnie à entreprendre l'achèvement de ces travaux, mais bien plus encore le Gouvernement, qui, en établissant cette ligne de navigation, se procurerait les moyens de traiter plus avantageusement, après l'expiration du bail de la compagnie actuelle, avec une nouvelle compagnie pour l'exploitation des salines de Dieuze.

CANAL DE PONT-DE-VAUX.

Ce canal, qui avait pour objet d'exporter à Lyon les productions de la partie de la Bresse où il se trouve placé et dont la ville de Pont-de-Vaux est le principal entrepôt, fut entrepris par le sieur Bertin en vertu d'un arrêt du conseil du Roi, en date du 22 juin 1779, et d'après un traité passé le 20 novembre suivant avec la ville de Pont-de-Vaux.

Le canal de Pont-de-Vaux, partant de la rivière de Reyssouse, au-dessous de Pont-de-Vaux, traverse sur 4000ᵐ de longueur la grande prairie de la Saône dans laquelle il vient aboutir. Ses ouvrages de terrasses et ses deux écluses de prise d'eau et de garde, servant à racheter la pente de 1ᵐ,95 du terrain qu'il parcourt, étaient presque terminés, et montaient à 500,000 fr., lorsqu'ils furent interrompus par l'effet de la révolution.

Depuis, les biens du sieur Bertin étant passés entre les mains du sieur Cardon, et ce dernier ayant refusé de remplir les conditions du traité précité, qui avait été homologué le 26 février 1782, un arrêté du 16 mai 1810 révoqua les concessions accordées au sieur Bertin et à ses ayant-cause par l'arrêt du conseil d'état, ainsi que le traité passé avec la ville de Pont-de-Vaux, et déclara en conséquence que le canal de Pont-de-Vaux faisait partie du domaine public, au moyen des indemnités,

TOM. 1.

pour terrains et ouvrages d'art, qui seraient payées aux représentans du sieur Bertin, et de ce qu'il serait pris de promptes mesures pour l'achèvement dudit canal aux frais de l'État.

Les ouvrages restant à faire ne montant qu'à environ 80,000 fr., il y a lieu d'espérer que le commerce ne tardera pas à jouir de cette utile communication.

NAVIGATION DE LA CORRÈZE ET DE LA VÉZÈRE.

Ce n'était pas dans une des provinces de France où l'on s'est le plus occupé de communications fluviales et de canaux, qu'on pouvait méconnaitre long-temps les services que devait rendre à cette contrée la canalisation de la Corrèze et de la Vézère, soit en se servant de leurs lits, soit au moyen de dérivations. Les richesses de tout genre que recèlent les vallées qu'arrosent ces deux rivières sont aujourd'hui bien connues. Indépendamment de leurs productions agricoles, de leurs bois, de leurs eaux-de-vie, de leurs bois de construction, de leurs terres et de leurs cendres propres aux engrais, de leurs sables déjà recherchés pour les poteries, les verreries et les faïenceries, de leur kaolin, cette matière si précieuse à nos manufactures de porcelaine, d'une multitude de chutes d'eau qui feront un jour de ces lieux le théâtre d'une industrie des plus florissantes ; indépendamment de leurs carrières de chaux hydraulique, de leurs pierres à construction, de leurs ardoises de Traversac, d'un grain égal en beauté à celles d'Angers, de leurs pierres lithographiques, de leurs argiles graphiques, qui donnent de bons crayons pour écrire sur l'ardoise, de leurs pierres à meules, et enfin de leurs établissemens déjà existans, de leurs fours, de leurs forges et hauts-fourneaux, les vallées de la Corrèze et de la Vézère renferment un grand nombre de mines de toute nature, qu'on regarde depuis long-temps comme inépuisables, et dont les riches produits, au grand détriment de la prospérité générale, n'ont pu être jusqu'à ce jour qu'imparfaitement versés dans la circulation, faute de toute la facilité et de toute la perfection que récla-

ment les moyens de transport, qui peuvent seuls leur procurer un
débouché proportionné à l'abondance à laquelle ils sont susceptibles de
s'élever.

Au premier rang de ces richesses minérales, que renferme le sol élevé
duquel descendent la Corrèze et la Vézère pour, après s'être réunies
un peu au-dessous de Brive, venir se jeter dans la Dordogne à Limeuil,
on peut placer les mines de Meymac, de Lapleau, de Cublac et du
Lardin, qui à elles seules remplaceraient plus de la moitié des charbons
de terre importés annuellement dans toute la France. Indépendamment
de ces mines, le terrain houillier, limité par la Vézère, présente sur un
seul point une surface de plus de trente-cinq lieues. Une mine non moins
précieuse de plomb à Chabrignac vient d'être concédée. Une découverte
récente d'un filon de cuivre, aux Farges près Villac, donne les plus
grandes espérances. Une autre mine de cuivre rouge, non loin du premier lieu, paraît ne devoir pas être moins riche. La présence du cuivre
dans ces contrées se manifeste encore à Ayen et sur plusieurs autres
points. Toutes ces richesses minérales, à peu d'exceptions près, se trouvent à portée des ruisseaux qui affluent à la Vézère, tels que le Koly,
le Cern et l'Esse, tous pourvus d'eau et offrant des chutes suffisantes pour
l'établissement d'usines considérables; elles seraient facilement dirigées
sur les manufactures des autres parties du royaume, en prenant voie sur
la Corrèze et la Vézère, améliorées.

Le perfectionnement de ces premiers moyens de transport offerts par
la nature a donc dû faire depuis long-temps l'objet de tous les voeux
de la province que traversent ces rivières, et ces voeux ne pouvaient
manquer d'être entendus du Gouvernement.

Portant d'abord son attention sur la Vézère, en 1606, Henri IV
donna des lettres patentes à ce sujet. Des ouvrages furent commencés
sous son règne, au moyen d'un privilège accordé à M. de Châteauneuf,
lieutenant du Roi dans cette province, mais furent abandonnés pendant
la minorité de Louis XIII.

Le même projet fut repris en 1682, et de nouveau interrompu, les fonds provenant d'une imposition de 120 millions, levés pendant quatre années sur les deux élections de Brive et de Sarlat, ayant été détournés de leur destination pour des besoins de l'État.

M. Polard, ingénieur de la province, qui visita en 1752 cette rivière, jugea son amélioration très-possible. M. Malepeyre de Saillan, dans un mémoire lu le 17 juin 1765 à la Société d'agriculture de Brive, en démontra les avantages. Un arrêt du 13 août 1765 ordonna la rédaction des projets qui embrassaient une partie de la Dordogne. M. Trésaguet en rendit les meilleurs témoignages. Mais tout fait croire que ces projets ne furent suivis d'aucun commencement d'exécution.

Depuis cette époque, plus de vingt années s'écoulèrent sans qu'il paraisse avoir été question de cette navigation, et ce ne fut qu'en 1786 que le Gouvernement, revenant sur cette opération, donna l'ordre de lui présenter les projets des ouvrages dont seraient susceptibles les rivières de Corrèze et de Vézère, depuis Brive jusqu'à Limeuil, où l'on a vu que cette dernière se jette dans la Dordogne; et il est vraisemblable que ces projets, qui furent rédigés et remis en 1788 par M. Brémontier, depuis inspecteur-général des Ponts-et-Chaussées, eussent reçu cette fois leur exécution, si la révolution, qui se manifesta à cette époque, ne fût venue en retarder le bienfait.

Mais enfin l'heureux retour de nos Rois au trône de notre ancienne monarchie ayant fait renaître la confiance et éveillé de toutes parts l'esprit d'association, auquel, par suite du progrès des idées, le Gouvernement se trouve amené à s'en remettre aujourd'hui, comme au juge le plus éclairé des besoins du commerce, du soin de l'exécution des établissemens qui peuvent l'intéresser, cette partie du Languedoc dont se composent les départemens de la Corrèze et de la Gironde touche, après quarante années d'attente, au moment de voir ses désirs accomplis; et les habitans de cette heureuse contrée vont être mis en possession des moyens de navigation qui doivent l'élever au plus haut degré de prospérité.

Depuis plusieurs années, M. l'ingénieur des Ponts-et-Chaussées Conrad, profitant des opérations graphiques des ingénieurs Cornuau et

Richer, s'occupait des projets qui ont mis à même le Gouvernement, après quelques légères modifications, de passer, le 16 février 1825, un traité avec une compagnie pour l'exécution de la canalisation des rivières de la Corrèze et de la Vézère, et nous chercherons à donner ici une idée de ces projets.

Les projets de M. Conrad se divisaient en trois chapitres : le premier avait pour objet *la canalisation de la moyenne Corrèze entre Tulle et Brive* ; le deuxième *celle des rivières de Corrèze et de Vézère depuis Brive jusqu'à la Dordogne* ; enfin le troisième concernait *les perfectionnemens dont était susceptible la navigation naturelle de la Dordogne, entre l'embouchure de la Vézère et Saint-Jean-de-Blugnac sous Castillon.*

1° Canalisation de la moyenne Corrèze entre Tulle et Brive, sur une longueur de 31,700ᵐ.

La vallée de la Corrèze entre ces deux villes est généralement fort étroite; son ouverture varie de 50ᵐ à 20ᵐ, et cette dernière largeur est celle du lit de la rivière, dont le cours sinueux se trouve alors resserré entre des bords escarpés ou même tout-à-fait à pic. La pente de la Corrèze est approximativement de 102ᵐ depuis Tulle jusqu'à Brive, et sa longueur entre ces deux points est de 31,700ᵐ. Une pente aussi considérable ne pouvant être rachetée que par environ 40 écluses, qui avec les barrages à construire en rivière eussent exigé une dépense de plus de trois millions et demi, et, d'un autre côté, le resserrement de la vallée rendant très-difficile et presque aussi dispendieux un canal latéral, M. Conrad proposait l'emploi d'une machine, en faveur de laquelle les sieurs Durassié et Trocard avaient obtenu un brevet d'invention, ainsi que l'autorisation d'en faire l'application à la rivière du Dropt. Cette machine, au moyen de laquelle on enlève les bateaux avec leur chargement, et leur fait franchir sur dix-huit lieues de longueur les vingt-un barrages existans entre Eymet et Gironde, paraissait à M. Conrad

pouvoir être établie sur la moyenne Corrèze, bien qu'elle ne puisse enlever qu'un poids de quinze tonneaux, y compris celui du bateau et de
ses agrès évalué à trois tonneaux. L'établissement des barrages sur la
rivière de Corrèze et d'une machine de cette espèce près de chaque
barrage était estimé devoir coûter 1,200,000 fr., et son entretien, y
compris les frais de perception, 108,860 fr.

2° *Canalisation des rivières de Corrèze et de Vézère depuis Brive
jusqu'à la Dordogne, sur une longueur ensemble de 97,600ᵐ.*

Le régime de la Corrèze et celui de la Vézère sont très-différens. La
Corrèze, depuis Brive jusqu'à son embouchure dans la Vézère, coule,
sur une longueur de 7600ᵐ, dans une vallée moins resserrée que celle de
la Vézère. Par l'abondance de ses eaux, qui offrent dans les plus
grandes sécheresses 5600 pouces de fontainier (106,662ᵐ,53), et par
sa pente, qui est de 12ᵐ,28, elle fournit à la dépense de plusieurs moulins à quatre meules, dont deux tournent sans interruption le jour et
la nuit lors des basses eaux ; mais son lit est fort sinueux, et embarrassé
par un grand nombre d'îles, d'attérissemens ou de bancs de graviers.

La Vézère, au contraire, depuis le confluent de la Corrèze jusqu'à la
Dordogne, sur une étendue de 90,000ᵐ, coule, à l'exception d'une petite étendue de 9000ᵐ entre les moulins de Lomeuil et de l'Escure où
la vallée se rélargit un peu, entre deux coteaux souvent semés de rochers
à pic, et ne laissant en beaucoup d'endroits à cette rivière que la largeur
de son lit, qui est moyennement de 50ᵐ. Du reste, sur cet espace, et
par le moyen d'une pente de 41ᵐ,36 et d'un volume d'eau double de
celui de la Corrèze, elle imprime l'activité à un grand nombre de
moulins à huit tournans, dont quatre peuvent marcher jour et nuit
dans les plus basses eaux d'été, et des bateaux remontent de la Dordogne dans son lit jusqu'à la hauteur de Montignac.

Suivant le régime de ces deux rivières et la configuration de leurs
vallées, M. Conrad a cru devoir apporter des différences dans les

moyens qui lui ont paru propres à les faire entrer dans le système de la navigation générale. Pour la première, la Corrèze, il a pensé, ainsi que M. Brémontier, qu'il convenait d'y faire une prise d'eau en amont de Brive, pour alimenter un canal de dérivation qui partirait de cette ville, et se rendrait, latéralement à son cours, jusqu'à son confluent dans la Vézère. Pour cette dernière rivière, adoptant également les vues de M. Brémontier, à l'exception d'une longueur de canal que cet ingénieur voulait établir latéralement sur 9000^m de longueur entre les moulins de Lomeuil et de l'Escure, M. Conrad propose d'établir la navigation en rivière, au moyen de barrages et de dérivations qui contourneraient ces barrages et sur lesquelles seraient placées des écluses submersibles.

La pente du canal latéral à la Corrèze, étant de 12^m,28, serait rachetée par 6 écluses; et celle de la Vézère, étant de 41^m,36, serait rachetée par 24 écluses.

Différentes convenances déduites de l'état actuel de la navigation de la Dordogne, ont fait penser à M. Conrad que ces écluses devaient, ainsi que celles qui se construisent aujourd'hui sur la rivière d'Isle, avoir 25^m de longueur de sas et 4^m,55 de largeur, dimensions qui permettent d'y recevoir des bateaux du port de 35 tonneaux.

Suivant le même ingénieur, les ouvrages à exécuter, tant pour l'ouverture du canal latéral depuis Brive jusqu'au confluent de la Corrèze dans la Vézère, que pour l'établissement de la navigation en lit de rivière dans la Vézère, sont estimés devoir monter à la somme de 4,750,000 fr., et leur entretien annuel, y compris les frais de perception, à 116,200 fr.

3e *Navigation de la Dordogne depuis l'embouchure de la Vézère jusqu'à St.-Jean-de-Blagnac, sur une longueur de 138,000^m.*

Depuis long-temps le commerce se plaint des obstacles qu'éprouve la navigation sur la Dordogne entre la Vézère et Saint-Jean-de-Blagnac sous Castillon: M. Conrad a pensé que les travaux de perfectionnement à exécuter dans cette rivière devaient être la suite naturelle de l'ouverture du canal latéral à la Corrèze et de la canalisation de la Vézère.

Selon cet ingénieur, deux projets se présentaient : celui d'une simple amélioration, d'après lequel on se bornerait à faire disparaître les principaux obstacles, et celui par lequel on donnerait de suite à la navigation toute la perfection dont elle est susceptible. Dans le premier cas, il évaluait à 300,000 fr. le montant des ouvrages à exécuter, qui consistent dans l'enlèvement de plusieurs bancs de graviers, dans l'extirpation de blocs de rochers, et dans l'élargissement du chenal de la navigation, dont la largeur est insuffisante en plusieurs endroits, et particulièrement au saut de la Gratusse, et entre Badefol et Saint-Caprais. Dans le second cas, les travaux, qui consisteraient dans la construction de six écluses capables, de recevoir les plus grands bateaux, de six barrages, de six maisons éclusières, d'une maison de perception, et d'un chemin de halage, étaient estimés à la somme de 1,500,000 fr., y compris la construction de différens pont-ceaux et aquéducs, l'escarpement de plusieurs rochers, et les indemnités pour achat de terrains et de bâtimens.

Ces projets ayant été présentés à M. le directeur-général des Ponts-et-Chaussées, le Conseil, dans sa séance du 3 août 1824, après avoir entendu le rapport d'une Commission spéciale et ensuite celui de la Commission des canaux, consacra entièrement par son avis les propositions de cette dernière Commission.

Sur les ouvrages à exécuter relativement à la moyenne Corrèze, le Conseil reconnaissait avec la même Commission que le moyen proposé d'un canal latéral à cette rivière était celui auquel il convenait de s'arrêter, et que la prise d'eau du canal devait avoir lieu à l'amont du moulin de Beauvis au-dessous de la ville de Tulle.

Du reste, il pensait que les ponts-canaux devaient être établis sur une largeur dans œuvre de 5m,20, largeur égale à celle des écluses entre les bajoyers des chambres des portes.

Sur la canalisation de la Vézère le même Conseil, en demandant plusieurs études ultérieures, approuvait en principe les dispositions de

M. Conrad qui, sur un développement de 81,380^m, entre le moulin de Lomeuil près de Brive et le point où la Vézère s'unit à la Dordogne, proposait de racheter par 25 écluses la pente de 48^m,5o qui existe entre ces deux points.

Pour ce qui concerne *le perfectionnement du cours de la Dordogne depuis l'embouchure de la Vézère jusqu'à Libourne*, le Conseil, qui reconnaissait la nécessité d'enlever plusieurs bancs de graviers, et d'extirper plusieurs rochers qui présentaient des obstacles à la navigation, émettait le vœu, d'une part, que l'administration entreprît à ses frais les ouvrages à faire entre Bergerac et Libourne, dont la dépense n'était estimée qu'à 110,125 fr., et qu'en conséquence le droit de navigation ne fût point aliéné sur la distance de 94,000^m qui sépare ces deux villes ; et, d'autre part, qu'on rédigeât un projet définitif des ouvrages à exécuter dans la partie supérieure, pour être compris dans la concession relative à la canalisation de la Vézère et à un canal latéral à la Corrèze, cette partie lui paraissant devoir être soumise, pour la perception des droits, au nouveau tarif qu'on adopterait pour la Vézère et la Corrèze.

Enfin, les projets ayant été rectifiés suivant ces différentes dispositions, une loi du 8 juin 1825 disposa que l'offre faite par le sieur Eugène Melvil, d'exécuter à ses risques et périls les canaux de la Corrèze et de la Vézère, moyennant la jouissance à perpétuité desdits canaux et de leurs dépendances, était acceptée, à la charge par ledit concessionnaire de se conformer d'ailleurs aux clauses et conditions stipulées dans le cahier des charges approuvé le 16 février 1825.

Par ce cahier des charges, la Compagnie s'engage à terminer les ouvrages, évalués à 5 millions, pour le 1er janvier 1835, en se conformant aux projets approuvés par M. le directeur-général des Ponts-et-Chaussées.

Les ouvrages, exécutés par des agens du choix de la Compagnie, seront néanmoins soumis au contrôle de l'administration et reçus par un commissaire délégué par elle.

Pendant la durée des travaux, fixée à dix années, le Gouvernement s'engage à tenir compte à la Compagnie d'un intérêt de 4 pour cent des sommes qui seront avancées par elle pour la confection des ouvrages, et ce dans la supposition d'une dépense annuelle de 500,000 fr.

La Compagnie pourra, soit pour établissement de moulins, soit pour irrigation de terrains, concéder les eaux qui ne seraient pas jugées par l'administration nécessaires à la navigation, en se conformant, pour la forme des prises d'eau, aux règles établies pour le canal de Languedoc.

Faute par la Compagnie, après avoir été mise en demeure, d'avoir exécuté les travaux, elle encourra la déchéance.

La Compagnie était autorisée, jusqu'au 1er janvier 1827, à présenter les projets des ouvrages à faire pour le perfectionnement de la navigation de la Dordogne depuis le confluent de la Vézère jusqu'à Bergerac, et pour établir un chemin de fer de Brive à Tulle.

La concession des canaux de la Corrèze et de la Vézère assure la jouissance de ces canaux à perpétuité, et celle de la navigation de la Dordogne, depuis l'embouchure de la Vézère jusqu'à Bergerac, pendant quatre-vingt-dix-neuf ans.

Pour indemniser la compagnie de ses frais de construction, elle percevra, sur les canaux de la Corrèze et de la Vézère: pour 1000 kilog. de marchandises, par chaque distance de 5000m, et, sans égard aux fractions, un droit de 0 fr. 40 c.; pour même poids d'engrais 0 fr. 20 c.; pour chaque bateau vide 1 fr.; pour un mètre cube de bois de construction 0 fr. 40 c.; pour radeaux de bois à brûler 0 fr. 05 c.; pour objets chargés sur radeaux, le double de ce qu'ils paieraient s'ils étaient portés sur bateaux; par chaque voyageur 0 fr. 15 c.; pour droit de garage et de stationnement qui ne dépasserait pas trois jours 0 f. 02 c.

Dans le cas où les travaux à faire sur la Dordogne ne s'élèveraient pas à 2 millions, le tarif ci-dessus serait diminué dans la proportion de la différence.

Récapitulation des longueurs des parties, des pentes à racheter, et du nombre des écluses.

	Longueurs	Pentes	Éclu.
1° Canalisation de la moyenne Corrèze depuis Brive jusqu'à Tulle.................	31,700ᵐ	102ᵐ,00	40
2° Canalisation des rivières de Corrèze et de Vézère depuis Brive jusqu'à la Dordogne.	97,600	53 64	30
3° Navigation de la Dordogne depuis l'embouchure de la Vézère jusqu'à Saint-Jean-de-Blagnac, avec rachat de la pente de 16ᵐ entre Badefol et St.-Caprais.................	138,000	16 00	6
Totaux...........	267,300ᵐ	171,64	76

NAVIGATION DE L'ISLE ENTRE LIBOURNE ET PÉRIGUEUX.

La rivière d'Isle prend sa source dans le département de la Haute-Vienne près de Ladignac, et se jette dans la Dordogne à Libourne, après avoir traversé une des contrées les plus productives en grains, en vins et en bois de construction et de chauffage, et à laquelle il n'a manqué jusqu'à ce jour qu'un moyen de communication avec les autres parties de la France méridionale, pour porter dans la circulation ses productions superflues dans les années d'abondance, et en tirer celles dont elle a besoin dans les années où les grêles et les orages, événemens si communs dans ce pays, viennent souvent lui enlever ces denrées de première nécessité.

La canalisation de cette rivière, en devenant une ramification extrême de la deuxième ligne de jonction de la Méditerranée et de l'Océan par le midi, et en se liant un jour avec la Vienne, associerait, d'une part, la ville de Périgueux aux intérêts de Marseille, de Toulouse et de

Bordeaux, et d'autre part en ferait le lien commun du commerce qui pourrait s'établir entre le bassin de la Loire et celui de la Garonne; cette canalisation présentait trop d'avantages à l'ancienne province du Périgord pour n'avoir pas dès long-temps attiré l'attention de ses habitans.

La rivière d'Isle était déjà navigable, à la faveur de la marée, sur 27,000ᵐ de longueur environ, depuis son embouchure dans la Dordogne jusqu'au port de la Fourché près Coutras, où elle reçoit la Dronne. On essaya, dès 1696, de prolonger sa navigation jusqu'à Périgueux, et même jusqu'à 30,000ᵐ au-dessus de cette ville.

A cette époque, M. Fery, dans une visite qu'il fit de cette rivière, trouva qu'il y avait 41 pas ou pertuis à ouvrir vis-à-vis autant de moulins; dont les digues furent reconstruites en grande partie. Mais les mêmes précautions n'ayant pas été prises pour assurer le passage près de Coutras, la navigation resta imparfaite, et fut bientôt abandonnée.

En 1761, M. le chevalier de Conolle, de Bergerac, renouvela la proposition de rendre navigable la rivière d'Isle; M. Bertin, ministre secrétaire d'état, qui mettait en général le plus vif intérêt à tout ce qui tendait à améliorer ou à étendre la navigation du royaume, ne pouvait que seconder ses voeux en faveur d'une province où il avait pris naissance, et M. Tardif, alors premier ingénieur de la province, dressa, en 1763, un état de la dépense à faire pour réparer les pertuis anciennement construits, et pour établir des digues dans la vue de resserrer le lit de la rivière et d'augmenter sa profondeur dans les hauts-fonds.

Ces moyens ne remplissaient qu'imparfaitement le but qu'on devait se proposer. En 1766, M. de Saint-André, qui succéda à M. Tardif, crut devoir en présenter de plus sûrs, et en 1768 on construisit, d'après ses projets, 9 écluses avec des barrages et des digues latérales.

Ce sont ces dernières écluses dont on voyait encore les ruines lorsque le Gouvernement, sur de nouvelles demandes des départemens intéressés, se décida à accepter l'offre faite par M. Froidefond de Bellisle et d'autres propriétaires du département de la Dordogne, de prêter une somme de 2,500,000 fr. afin de subvenir aux dépenses nécessaires pour rendre la rivière d'Isle navigable depuis Libourne jusqu'à Périgueux.

Par le traité passé entre le Gouvernement et M. de Bellisle le 10 janvier 1821, et qui a été approuvé le 5 août de la même année, les prêteurs n'entendant se charger en aucune manière de la confection des travaux, ni entrer dans aucun détail des dépenses qu'ils pourront occasioner, ne s'engagent à verser la somme de 2,500,000 fr. en dix paiemens égaux, de six mois en six mois, qu'à la condition de toucher des caisses du Gouvernement, et quel que soit le produit du péage qui sera établi sur la rivière, 10 pour cent, tant pour le service des intérêts des sommes versées que pour l'amortissement du capital, et ce pendant dix-neuf ans après le dernier versement, époque après laquelle la navigation et les droits de péage seront dégrevés du privilège réservé sur iceux par les soumissionnaires.

En vertu de ce traité et de la loi qui en consacre toutes les dispositions, les travaux, dont la durée est fixée à cinq années, ont été commencés, et un grand nombre d'écluses ont été réparées ou reconstruites.

Les travaux projetés doivent consister dans la construction d'environ 55 écluses servant à racheter la pente qui existe entre Périgueux et Coutras, et s'étendre sur une longueur totale de 104,833ᵐ.

TABLEAU *des Canaux exécutés et en exécution.*

NOTA. Les Canaux en exécution sont désignés par un astérisque.

N° d'ordre	NOMS des CANAUX	DÉSIGNATION des PARTIES	Pente ascendante	Pente descendante	Total des pentes à racheter	Nombre des écluses	LONGUEURS	OBSERVATIONS
	PREMIÈRE LIGNE DE JONCTION							
	DES DEUX MERS PAR LE MIDI ET L'OUEST, PASSANT PAR LE CENTRE DE LA FRANCE.							
1	De Briare.........	»	38m,25	78m,75	117m,00	40 dont plusieurs neuves	55,137m,59	
2	D'Orléans.........	»	29 86	40 22	70 08	28	73,306 22	
3	De Loing	»	»	»	41 58	23	52,934 20	
	DEUXIÈME LIGNE DE JONCTION							
	DES DEUX MERS PAR LE MIDI ET LE SUD-OUEST DE LA FRANCE.							
4	De Languedoc.....	»	64 00	189 00	253 00	101	240,985 00	Les uns formant le corps d'écluses indépendamment de l'art. cinquième.
5	De Saint-Pierre....	»	»	»	»	1	1,500 00	
6	De Narbonne......	»	»	»	23	7 corps d'écluses Bons	4,410 00	
7	De la Robine......	»	»	»	9	5	25,805 00	
8	De Sainte-Lucie ...	»	»	»	»	»	5,845 00	
9	De Carcassonne....	»	»	»	11 15	4	7,064 00	
10	Des Étangs........	»	»	»	»	»	28,300 00	
11	De la Peirade......	»	»	»	»	»	3,000 00	
12	De Cette..........	»	»	»	»	»	1,530 00	
13	De Lez ou de Grave.	»	»	»	»	3	10,000 00	
14	Du Grau-de-Lez ou de Palavas.......	»	»	»	»	»	1,500 00	
15	De Vic	»	»	»	»	»	2,800 00	
16	Latéral à l'étang de Mauguio........	»	»	»	»	»	10,960 00	
17	De Lunel.........	»	»	»	»	»	10,000 00	
18	De la Radelle......	»	»	»	»	»	11,239 00	
19	Du Grau-du-Roi ou d'Aigues-Mortes..	»	»	»	»	»	6,000 00	
20	De Bourgidou.....	»	»	»	»	»	11,232 00	
21	De Silvéréal.......	»	»	»	5 30	1	8,592 00	
22	De Beaucaire......	»	»	»	4 20	4	50,354 00	
23	D'Arles au port de Bouc *..........	»	»	»	3 30	4	45,883 00	
24	De Craponne......	»	»	»	»	»	80,000 00	
25	De Provence......	»	»	»	»	»	217,190 00	
							965,564 01	

Numéros d'ordre	NOMS des canaux.	DÉSIGNATION des parties.	Pente ascendante.	Pente descendante.	Total des pentes à rachetter.	Nombre des écluses.	LONGUEURS.	OBSERVATIONS.
		Report............................					965,564m,01	

TROISIÈME LIGNE DE JONCTION

DES DEUX MERS DU MIDI A L'OUEST EN PASSANT PAR LE CENTRE DE LA FRANCE.

26	De Givors.........		"	"	"	82m,67	28	16,241m,00	

QUATRIÈME LIGNE DE JONCTION

DES DEUX MERS DU MIDI A L'OUEST EN PASSANT PAR LE CENTRE DE LA FRANCE.

27	Du Centre.........		"	77 64	130 91	208 55	80	114,322 05	
28	Latéral à la Loire *.	De Digoin au bec d'Allier.	2 79	55 61	108 50	43	185,561 00	Ingr. M. Baintard.
		Du bec d'Allier à Briare.....	2 60	47 50				
29	Du Duc de Berri *.	De Nevers à Tours......	26 65	150 59	246 97	113	320,351 00	
		Canal de jonct. du Cher à la Loire......	0 75	"				
		Embranchem. de Mont-Lu-çon au Rhin-ld........	27 38	41 60				
30	De Nantes à Brest *,	De la Loire à la Vilaine......	17 30	18 60	539 20	180 non compris 5 de garde.	369,537 20	
		De la Vilaine au Blavet......	118 91	70 60				
31	Canalisation du Bla-vet *...........	Du Blavet à l'Aulne.......	131 73	182 06				
			"		52 83	27	59,818 00	
32	D'Ille-et-Rance *..		"	42 34	52 79	95 13	48	80,796 00	

CINQUIÈME LIGNE DE JONCTION

DES DEUX MERS PAR LE MIDI ET L'EST DE LA FRANCE.

33	De Monsieur *....	Ligne princip..	208 92	151 41	360 33	152	378,299 00	
		Embranchem. vers le Rhin...	"	"	9 80	4	26,526 00	
							2,489,015 26	

N.º d'ordre	NOMS des CANAUX.	DÉSIGNATION des PARTIES.	Pente montante.	Pente descendante.	Total des pentes à ras. et.	Nombre des écluses.	LONGUEURS.	OBSERVATIONS.
		Report.....................					2.459,015m,26	

SIXIÈME LIGNE DE JONCTION

DES DEUX MERS PAR LE MIDI ET LE NORD DE LA FRANCE.

34	De Bourgogne *.....	»	199 27	299 54	498 81	191	242,372 00	
35	Amélioration de la rivière d'Oise....	»				9	»	V. la prem. seul pour la longueur.
36	Crozat.............	»	25 05	6 10	31 15	13	45,351 50	
37	Du Duc d'Angoulême *..........	»	»	65 09	24	158,310 36		
38	De Saint-Quentin..	»	10 30	37 60	47 90	22	51,781 00	

TRIPLE RAMIFICATION DE LA MÊME LIGNE.

Première branche passant par Valenciennes, Condé et Gand.

39	Navigation de l'Escaut..............	»	»	»	26 20	15	»	V. pour la long. la première seul.

Deuxième branche passant par Lille.

40	De la Sensée	»	1 50	6 20	7 70	5 y compris celles d'un trés dans l'Escaut et la Scarpe.	26,700 00	
41	Navigation artific. de la Scarpe.....	»	»	»	»	10	79,908 00	
42	De la Haute-Deule.	»	»	»	7 15	5	48,669 00	
43	De la Basse-Deule..	»	»	»	3 00	3	17,000 00	
44	De Roubaix *......	»	»	»	5 00	3	32,000 00	
45	De la Bassée.......	»	»	»	»	»	6,903 00	
46	Navigat. artificielle de la Lys........	»	»	»	9 50	5 5 doubles	65,470 00	Sur le territoire français.
47	Rivière canalisée de Lawe ou canal de Béthune..........	»	»	»	7 20	6	21,629 00	
48	De la Nieppe......	»	»	»	1 30	1	9,742 00	
49	De Préaven	»	»	»	1 45	1	1,948 00	
50	De la Bourre.....	»	»	»	1 07	3 simples	2,791 00	
51	D'Hazebrouck.....	»	»	»	»	»	3,643 00	
52	De Saint-Omer ou de Neuf-Fossé...	»	»	»	15 16	5 doubles 1 ovale	16,294 00	
						7	3,395,732 12	

N°s d'ordre	NOMS des CANAUX.	DÉSIGNATION des PARTIES.	Pente ascendante.	Pente descendante.	Total des pentes à racheter.	Nombre des écluses.	LONGUEURS.	OBSERVATIONS.
		Report........................			3,296,732ᵐ,₁₂			
53	Navigat. artificielle de l'Aa............	»	»	»	3 57	1	»	V. pour le long. la première seul.
54	De Calais..........	»	»	»	1 32	2	39,542 00	
55	D'Ardres..........	»	»	»	»	2	4,700 00	
56	De Guines.........	»	»	»	»	1 carrée	6,120 00	
57	De la Colme.......	»	»	»	»	»	24,785 00	
58	De Bergues à Furnes ou de la Basse-Colme............	»	»	»	2 39	3		
59	De Bourbourg......	»	»	»	»	1	13,680 00	Sur le territoire français.
60	De Dunkerque à Furnes...........	»	»	»	1 78	3	21,462 00	Sur le territoire français.
61	De Bergues à Dunkerque...........	»	»	»	0 90	1	14,090 00	
62	D'Aire à la Bassée..	»	»	»	2	2 / 2 carrées	8,701 00 / 41,000 00	

Troisième branche passant par Bouchain, Valenciennes, Mons, Charleroi et Namur.

N°s d'ordre	NOMS des CANAUX.	DÉSIGNATION des PARTIES.	Pente ascendante.	Pente descendante.	Total des pentes à racheter.	Nombre des écluses.	LONGUEURS.	OBSERVATIONS.
63	De Mons à Condé .	»	»	»	4	2	6,400 00	Sur le territoire français.
64	Rivière de Sambre.	»	»	»	»	12	»	V. le prem. seul. pour la longueur.
65	Can. des Ardennes. Navigation en rivière et en dérivation de Semuy à Neufchâtel......	Versant de la Meuse...... V. de l'Aisne. Parties en riv. long. 23,469ᵐ Parties en dérivation. long. 31,626.	16 65	79 10	95 75 / 26 78	33 / 12	38,830 00 / 55,095 00	

LIGNES DE NAVIGATION

QUI SERVENT PARTICULIÈREMENT A L'APPROVISIONNEMENT DE PARIS.

N°s d'ordre	NOMS des CANAUX.	DÉSIGNATION des PARTIES.	Pente ascendante.	Pente descendante.	Total des pentes à racheter.	Nombre des écluses.	LONGUEURS.	OBSERVATIONS.
66	De l'Ourcq........	»	»	»	10 16	»	96,000 00	
67	De Saint-Denis....	»	»	»	28 80	8 nouvelles à 2	6,700 00	
68	De Saint-Martin...	»	»	»	25 20	4 simples 8 nouvelles à 2 1 simple	4,600 00	
69	Navigation de la haute Seine, ou canal de Troyes	»	»	»	Par aperçu 128 00	75 écluses et portuis.	118,000 00	
70	Écluse de Pont-de-l'Arche...........	»	»	»	0 50	1	75 00	
							3,766,512 12	

Numéros d'ordre	NOMS des CANAUX.	DÉSIGNATION des PARTIES.	Profondeur	Prise d'eau	Total du poids à verser	Nombre des écluses.	LONGUEURS.	OBSERVATIONS.
						Report..........................	3,786,512m,12	
71	Canal de Marie-Thérèse..........	»					1,150 00	
72	Du Nivernais *......	»	165 77	74 65	240 42	118	174,565 00	

CANAUX SECONDAIRES.

73	De Surgères ou de Charras.........	»	»	»	»	1 porte d'èbe	19,874 00	
74	De Luçon........	»	»	»	»	1 porte d'èbe	14,181 90	
75	De Brouage	»	»	»	»	2 écluses à porte d'èbe	15,870 00	
76	De Niort à la Rochelle *..........	»	»	»	»	»	78,000 00	
77	De Layon........	»	»	»	»	28	60,000 00	
78	De Courlavant....	»	»	»	»	»	10,000 00	
79	De Cornillou	»	»	»	1 30	1	370 00	
80	De Sédan	»	»	»	1 41	2	576 59	
81	De Biesme.......	»	»	»	»	»	21,063 00	
82	De Richecourt....	»	»	»	»	»	»	Seulement flottable sur 66m0 mèt.
83	De Moyenvic.....	»	»	»	»	»	»	Seulem. flottable sur 16,500 m.
84	De Revigny	»	»	»	»	»	»	Seulem. flottable sur 11,500 m.
85	De la Bruche.....	»	»	»	29 94	12	21,120 85	
86	De Neuf-Brisach ou de Vauban	»	»	»	»	»	»	Ce canal de 38,609 mèt. de long., ne sert qu'à procurer de l'eau à Neuf-Brisach.
87	Des salines de Dieuze *........	»	25 50	23 25	48 75	16	36,430 00	
88	De Pont-de-Vaux.	»	»	»	1 95	2	4,000 00	
89	Navigation de la Corrèze et de la Vézère *........	Canalisation de la moyenne Corrèze.....	»	»	100 00	40	31,700 00	
		Canali. des riv. de Corrèze et de Vézère, de Brive à la Dordogne...	»	»	53 64	30	50,600 00	Non comprise une longueur de 49,000 mèt. de Montignac à la Dordogne, perdu dans la première moitié.
		Navi. de la Dordogne jusqu'à Saint-Jean de Blagnac.	»	»	16 00	6	138,000 00	V. la prem. sect. pour le long.
90	Navig. de l'Isle *.		»	»	»	55	»	
						Total général des longueurs......................	4,497,013 46	

TABLE GÉNÉRALE

DES MATIÈRES

CONTENUES DANS LE PREMIER VOLUME.

VERSANT DE LA MÉDITERRANÉE.

SECONDE SECTION.

TABLE ALPHABÉTIQUE

DES FLEUVES ET RIVIÈRES NAVIGABLES.

TABLE ALPHABÉTIQUE

DES CANAUX EXÉCUTÉS ET EN EXÉCUTION.

TOM. I. 82

FIN DE LA TABLE ET DU PREMIER VOLUME.

ERRATA

DU PREMIER VOLUME.

Page 118, lig. 31; *au lieu de* 74 sas, *lisez :* 95 sas; et *au lieu de* 121 portes, *lisez :* 120 portes.

Page 119, lig. 4; *au lieu de* 63 corps d'écluses, *lisez :* 62 corps d'écluses.

Même pag., lig. 5; *après ces mots :* 168 portes, *lisez :* y compris 5 portes de 5 écluses simples.

Page 131, lig. 5; *au lieu de* 5,177^m, *lisez :* 4,410^m.

Même pag., lig. 31; *au lieu de* 31,711^m, *lisez :* 25,805^m.

Page 136, lig. 10; *au lieu de* 300^m, *lisez :* 3,000^m.

Page 140, lig. 12; *au lieu de* ouverte, *lisez :* ouvert.

Page 161, lig. 4; *au lieu de* Pont de Bouc, *lisez :* Port de Bouc.

Page 225, lig. 26; *au lieu de* 107^m ou 0^m,5725, *lisez :* 98^{m}72 ou 0^m,5282.

Page 262, lig. 31; *au lieu de* 53,000^m, *lisez :* 59,000^m.

Page 263, lig. 5; *au lieu de* 200,772^m, *lisez :* 206,672^m.

Page 267, lig. 3; *au lieu de* réservoirs, *lisez :* reversoirs.

Page 269, lig. 3; *au lieu de* 1 pour 100, *lisez :* 1/2 pour 100.

Page 285, lig. 17; *au lieu de* déversoirs, *lisez :* réservoirs.

Page 374, lig. 1; *au lieu de* 658^m (1,282^{m}44), *lisez :* 6,580$_m$ (12,820^m,44).

Page 446, lig. 22; *au lieu de* 5,400^m, *lisez :* 5,250^m.

Même pag., lig. 25; *au lieu de* 7,269^m, *lisez :* 7,069^m.

Page 497, lig. 4; *au lieu de* 2 écluses, *lisez :* 3 écluses.

Page 580, lig. 7; *au lieu de* au-dessous de Marcilly, *lisez :* au-dessus de Marcilly.

Page 639, *à l'article du canal latéral à la Loire substituez l'article suivant :*

	Canal latéral	de Digoin	Pente ascendante.	Pente descendante.	Total des pentes.	Nombre des écluses.	Longueur.	Observations.
28	à la Loire.	à Briare.	6^m,20	104^m,92	111^m,12	44	192,053^{m}95	Suivant le projet actuel.